“十四五”高等职业教育新形态一体化教材

信息技术基础
（WPS Office + 数据思维）

聂 哲 林伟鹏◎主编

中国铁道出版社有限公司
CHINA RAILWAY PUBLISHING HOUSE CO., LTD.

内 容 简 介

本书紧紧围绕《高等职业教育专科信息技术课程标准（2021 年版）》，以信息社会责任为切入点，以数据思维培养为导向，注重学生信息素养提升，以社团招新、社团章程、奖学金评定、校园消费等项目为载体，在提升学生基于 WPS Office 的文字排版、数据处理与分析、演示文稿制作技能的同时，重点培养学生具备就业所需要的信息意识、数据思维、数字化创新与发展、信息社会责任核心素养。

本书共分 11 章，主要包括计算机文化、操作系统应用、WPS Office 文字文稿基本与综合应用、WPS Office 表格文稿基本与综合应用、WPS Office 演示文稿基本与综合应用、数据思维与数据洞察、数据思维应用、数据思维表达等内容。

本书配备在线开放课程，包括教学教案、教学课件、教学视频、案例素材、课后习题等教学资源，通过智慧职教 MOOC 学院 https://icve-mooc.icve.com.cn/cms/ 搜索主编姓名“聂哲”或课程名称“信息技术——基于 WPS + 数据思维”，即可以学习该课程，完成课程学习者将获得 MOOC 证书。

本书适合作为职业教育本科及专科层次教育、成人高等学校教育的信息技术课程教材，也可作为广大信息技术爱好者的自学用书。

图书在版编目（CIP）数据

信息技术基础：WPS Office+ 数据思维 / 聂哲，林伟鹏主编 .—北京：中国铁道出版社有限公司，2022.9
“十四五”高等职业教育新形态一体化教材
ISBN 978-7-113-29593-6

Ⅰ. ①信… Ⅱ. ①聂… ②林… Ⅲ. ①电子计算机 - 高等职业教育 - 教材 Ⅳ. ① TP3

中国版本图书馆 CIP 数据核字（2022）第 156087 号

书　　名：信息技术基础（WPS Office + 数据思维）
作　　者：聂　哲　林伟鹏

策　　划：翟玉峰　　编辑部电话：（010）83517321
责任编辑：翟玉峰　徐盼欣
封面设计：尚明龙
封面制作：刘　颖
责任校对：苗　丹
责任印制：樊启鹏

出版发行：中国铁道出版社有限公司（100054，北京市西城区右安门西街 8 号）
网　　址：http://www.tdpress.com/51eds/
印　　刷：三河市航远印刷有限公司
版　　次：2022 年 9 月第 1 版　2022 年 9 月第 1 次印刷
开　　本：880 mm×1 230 mm　1/16　印张：19.5　字数：628 千
书　　号：ISBN 978-7-113-29593-6
定　　价：58.00 元

“十四五”高等职业教育新形态一体化教材

编审委员会

序

2021年十三届全国人大四次会议表决通过的《中华人民共和国国民经济和社会发展第十四个五年规划和2035年远景目标纲要》，对我国社会主义现代化建设进行了全面部署，"十四五"时期对国家的要求是高质量发展，对教育的定位是建立高质量的教育体系，对职业教育的定位是增强职业教育的适应性。当前，在百年未有之大变局下，在"十四五"开局之年，如何切实推动落实《国家职业教育改革实施方案》《职业教育提质培优行动计划（2020—2023年）》等文件要求，是新时代职业教育适应国家高质量发展的核心任务。伴随新科技和新工业化发展阶段的到来和我国产业高端化转型，必然引发企业用人需求和聘用标准随之发生新的变化，以人才需求为起点的高职人才培养理念使创新中国特色人才培养模式成为高职战线的核心任务，为此国务院和教育部制订和发布的包括"1+X"职业技能等级证书制度、专业群建设、"双高计划"、专业教学标准、信息技术课程标准、实训基地建设标准等一系列具体的指导性文件，为探索新时代中国特色高职人才培养指明了方向。

要落实国家职业教育改革一系列文件精神，培养高质量人才，就必须解决"教什么"的问题，必须解决课程教学内容适应产业新业态、行业新工艺、新标准要求等难题，教材建设改革创新就显得尤为重要。国家这几年对于职业教育教材建设下了很大的力度，2019年，教育部发布了《职业院校教材管理办法》（教材〔2019〕3号）、《关于组织开展"十三五"职业教育国家规划教材建设工作的通知》（教职成司函〔2019〕94号），在2020年又启动了《首届全国教材建设奖全国优秀教材（职业教育与继续教育类）》评选活动，这些都旨在选出具有职业教育特色的优秀教材，并对下一步如何建设好教材进一步明确了方向。在这种背景下，坚持以习近平新时代中国特色社会主义思想为指导，落实立德树人根本任务，适应新技术、新产业、新业态、新模式对人才培养的新要求，中国铁道出版社有限公司邀请我与鲍洁教授共同策划组织了“‘十四五’高等职业教育新形态一体化教材”，尤其是我国知名计算机教育专家谭浩强教授、全国高等院校计算机基础教育研究会会长黄心渊教授对课程建设和教材编写都提出了重要的指导意见。这套教材在设计上把握了这样几个原则：

1. 价值引领，育人为本。牢牢把握教材建设的政治方向和价值导向，充分体现党和国家的意志，体现鲜明的专业领域指向性，发挥教材的铸魂育人、关键支撑、固本培元、文化交流等功能和作用，培养适应创新型国家、制造强国、网络强国、数字中国、智慧社会的不可或缺的高层次、高素质技术技能型人才。

2. 内容先进，突出特性。充分发挥高等职业教育服务行业产业优势，及时将行业、产业的新技术、新工艺、新规范作为内容模块，融入教材中去。并且为强化学生职业素养养成和专业技术积累，将专业精神、职业精神和工匠精神融入教材内容，满足职业教育的需求。此外，为适应项目学习、案例学习、模块化学习等不同学习方式要求，注重以真实生产项目、典型工作任务、案例等为载体组织教学单元的教材、新型活页式、工作手册式等教材，反映人才培养模式和教学改革方向，有效激发学生学习兴趣和创新潜能。

3. 改革创新，融合发展。遵循教育规律和人才成长规律，结合新一代信息技术发展和产业变革对人才的需求，加强校企合作、深化产教融合，深入推进教材建设改革。加强教材与教学、教材与课程、教材与教法、线上与线下的紧密结合，达到信息技术与教育教学的深度融合，通过配套数字化教学资源，打造满足教学需求和符合学生特点的新形态一体化教材。

4. 加强协同，锤炼精品。准确把握新时代方位，深刻认识新形势、新任务，激发教师、企业人员内在动力。组建学术造诣高、教学经验丰富、熟悉教材工作的专家队伍，支持科教协同、校企协同、校际协同开展教材编写，全面提升教材建设的科学化水平，打造一批满足学科专业建设要求，能支撑人才成长需要、经得起实践检验的精品教材。

按照教育部关于职业院校教材的相关要求，充分体现工业和信息化领域相关行业特色，以高职专业和课程改革为基础，编写信息技术课程、专业群平台课程、专业核心课程等所需教材。本套教材计划出版4个系列，具体为：

1．信息技术课程系列。教育部发布的《高等职业教育专科信息技术课程标准（2021年版）》给出了高职计算机公共课程新标准，新标准由必修的基础模块和由12项内容组成的拓展模块两部分构成。拓展模块反映了新一代信息技术对高职学生的新要求，各地区、各学校可根据国家有关规定，结合地方资源、学校特色、专业需要和学生实际情况，自主确定拓展模块教学内容。在这种新标准、新模式、新要求下构建了该系列教材。

2．电子信息大类专业群课程系列。高等职业教育大力推进专业群建设，基于产业需求的专业结构，使人才培养更适应现代产业的发展和职业岗位的变化。构建具有引领作用的专业群平台课程和开发相关教材，彰显专业群的特色优势地位，提升电子信息大类专业群平台课程在高职教育中的影响力。

3．新一代信息技术类典型专业课程系列。以人工智能、大数据、云计算、移动通信、物联网、区块链等为代表的新一代信息技术，是信息技术的纵向升级，也是信息技术之间及其与相关产业的横向融合。在此技术背景下，围绕新一代信息技术专业群（专业）建设需要，重点聚焦这些专业群（专业）缺乏教材或者没有高水平教材的专业核心课程，完善专业教材体系，支撑新专业加快发展建设。

4．本科专业课程系列。在厘清应用型本科、高职本科、高职专科关系，明确高职本科服务目标，准确定位高职本科基础上，研究高职本科电子信息类典型专业人才培养方案和课程体系，重在培养高层次技术技能人才，组织编写该系列教材。

新时代，职业教育正在步入创新发展的关键期，与之配合的教育模式以及相关的诸多建设都在深入探索，按照“选优、选精、选特、选新”的原则，发挥在高等职业教育领域的院校、企业的特色和优势，调动高水平教师、企业专家参与，整合学校、行业、产业、教育教学资源，充分发挥教材建设在提高人才培养质量中的基础性作用，集中力量打造与我国高等职业教育高质量发展需求相匹配、内容形式创新、教学效果好的教材体系，努力培养德智体美劳全面发展的高层次、高素质技术技能人才。

本套教材内容前瞻、体系灵活、资源丰富，是值得关注的一套好教材。

国家职业教育指导咨询委员会委员

北京高等学校高等教育学会计算机分会理事长

全国高等院校计算机基础教育研究会荣誉副会长

2021年8月

前　言

云计算、物联网、大数据、人工智能、区块链、元宇宙等新一代信息技术的不断发展，改变了经济发展的模式，重塑了全球产业链分工。近年来，我国数据产业发展环境日益完善，融合应用不断深化，数字经济量质齐升，对社会经济创新驱动、融合的带动作用显著增强，数据意识及数据思维已经成为现代人必备的信息素养。

数据意识及数据思维的核心就是用数据思考、用数据说话、用数据决策。用数据思考，就是要实事求是，坚持以数据为基础，避免以偏概全、单一视角；用数据说话，就是要以数据为依据，言之有理，论断合乎逻辑；用数据决策，就是要通过数据的关联分析、预测分析、事实推理获得结论，避免通过直觉做决定和情绪化决策。

本书紧紧围绕《高等职业教育专科信息技术课程标准（2021年版）》，以信息社会责任为切入点，以数据思维培养为导向，面向职业教育本科及专科学生，培养学生的信息意识、数据思维能力、数字化创新与发展能力、信息社会责任核心素养。在内容选取上，选择与学生生活息息相关的社团招新、社团章程、奖学金评定、校园消费等实例，注重实用性和代表性；在内容编排上，将相关知识点分解到项目中，让学生通过对项目的分析和实现来掌握相关理论知识；在编写风格上，强调项目先行，通过项目引入、知识讲解、分析提高，逐步为学生建立完整的信息技术知识体系及学科核心素养。

（1）以“计算机与生活”切入课程，让学生深入了解信息及信息素养在现代社会中的作用与价值。通过计算机发展过程中的典型事件及我国在此领域的科技创新，激发学生家国情怀、使命担当，培养学生的信息意识与信息社会责任。

（2）采用社团章程、奖学金评定等案例，通过“项目分析→知识点解析→任务实现→总结与提高（知识拓展）”项目化教学，提升学生基于WPS Office的文字排版、数据处理与分析、演示文稿制作技能，增强学生实事求是、勇于探究与实践的责任感和使命感，注重培养学生综合应用实践、数字化创新与发展能力。

（3）以数据思维应用能力培养为目标，将数据思维与数据洞察有机结合，通过“问题提出→数据采集→数据分析→数据表达”，培养学生用数据思考、用数据说话、用数据决策的数据思维能力。

本书配备在线开放课程，包括教学教案、教学课件、教学视频、案例素材、课后习题等教学资源，通过智慧职教 MOOC 学院 https://icve-mooc.icve.com.cn/cms/ 搜索主编姓名“聂哲”或课程名称“信息技术——基于 WPS+ 数据思维”，即可以学习该课程，完成课程学习者可获得 MOOC 证书。本书配备的案例素材、教学教案、教学课件等教学资源，也可登录中国铁道出版社有限公司官方网站（http://www.tdpress.com/51eds/）的下载区下载。

本书由聂哲负责全书设计、统稿，并承担第 1～6 章及第 9 章的撰写及教学资源开发工作，其他章由林伟鹏负责撰写及教学资源开发工作。感谢辽宁轻工职业学院焦战和海南软件职业技术学院郝海妍对本书提出的宝贵建议。

由于编者水平有限，书中难免存在疏漏和不妥之处，敬请广大读者批评指正。

编　者

2022 年 6 月

目 录

第7章 WPS Office演示文稿基本应用——产品介绍和工作汇报 178

第8章 WPS Office演示文稿综合应用——企业宣传 210

第9章 数据思维与数据洞察——让数据更有价值 235

第10章 数据思维应用——校园消费分析 252

第 1 章

计算机文化——计算机与生活

计算机（computer）俗称电脑，是一种用于高速计算的电子计算机器。计算机既可以进行数值计算，又可以进行逻辑计算，还具有存储记忆功能，是能够按照程序运行，自动、高速处理海量数据的现代化智能电子设备。

计算机作为这个时代的科技产物，已经广泛应用到军事、科研、经济、文化等各个领域，并逐步渗透到人们的日常生活中。在现实世界中，计算机扮演着各种各样的角色，丰富着人们的生活，使人们的生活水平在不知不觉中得到提高。

1.1　计算机的产生和发展

1.1.1　计算机的产生背景

第一台通用电子计算机埃尼阿克（ENIAC，见图 1-1）诞生于 1946 年 2 月 14 日的美国宾夕法尼亚大学。当时，弹道计算日益复杂，原有的一些计算工具已不能满足使用要求，迫切需要有一种新的快速的计算工具。在一些科学家和工程师的努力下，在当时电子技术已显示出具有计数、计算、传输、存储控制等功能的基础上，电子计算机应运而生。

图 1-1　埃尼阿克

1.1.2 计算机的发展进程

从诞生至今，计算机经历了“四代”的变革。第一代是电子管计算机，第二代是晶体管计算机，第三代是集成电路计算机，第四代是大规模和超大规模集成电路计算机。目前正在向新一代——会思考的机器过渡，从而向人们展现人类将制造出“会思考”的机器的美好前景。数代计算机的变革如图 1-2 所示。

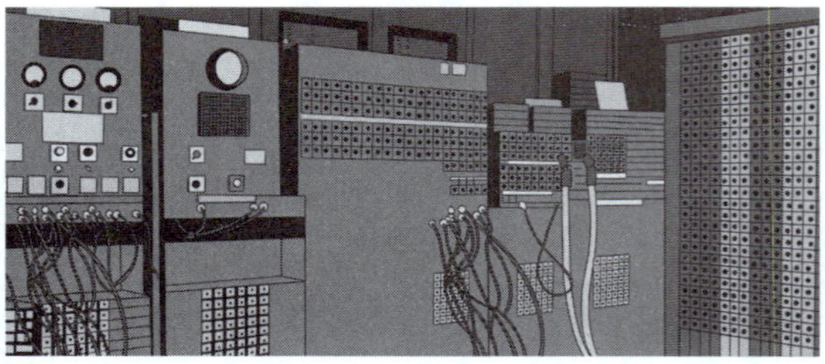

（a）埃尼阿克采用了 18 000 个电子管

（b）世界上第一台晶体管计算机 TRADIC 由美国贝尔实验室研制

（c）IMB 的 System 360 是第三代计算机的里程碑

（d）苹果微机以及“天河二号”超级计算机

（e）会思考的机器

图 1-2　数代计算机的变革

当前计算机还处于第四代历程中，随着科技的进步和社会的需求，正朝着巨型化、微型化、智能化和网络化方向不断发展。

① 巨型化：是指运算速度更快、存储容量更大、功用更强。超级计算机是计算机中功能最强、运算速度最快、存储容量最大的一类计算机，主要应用于天文、气候、基因科学、核、能源、军事等高科技领域和尖端技术研究领域，是一个国家科研实力的体现。例如，我国首台千兆次超级计算机“天河一号”曾长期处于世界前十；2017 年 11 月发布的全球超级计算机 500 强榜单中，我国的超级计算机“神威 • 太湖之光”（见图 1-3）荣获冠军，其浮点运算速度达到每秒 9.3 亿亿次。2022 年上半年的榜单冠军由美国的超级计算机“前沿”摘得，其运算峰值速度超过每秒 100 亿亿次。

图 1-3　超级计算机“神威 • 太湖之光”

② 微型化：是指体积更小、功用更强、可靠性更高、携带更便利、价格更便宜、适用范围更广。同时要求性能越来越强大，主要针对个人计算机领域。由于大规模和超大规模集成电路的飞速发展，微处理器芯

片连续更新换代，使得“摩尔定律”的寿命一再被延长。对于微型计算机领域而言，个人计算机（PC）、笔记本式计算机、掌上式计算机、穿戴式计算机等各种微型计算机（见图 1-4）的功能愈加强大和丰富。尤其是最近几年，穿戴型设备已成为一股潮流，越来越深入人们的生活。

③ 智能化：是指让计算机模拟人的感觉、行为、思维过程等，使计算机具有视觉、听觉、语言、推理、思维、学习等才能，成为智能型计算机，这也是第五代计算机要实现的目标。智能化的研究领域很多，其中最具代表性的领域是专家系统和机器人。目前已研制出的机器人(见图 1-5)可以代替人类从事部分危险工作，甚至可以在人类无法触及的环境中劳动，如水下探测机器人、高空作业机器人等。

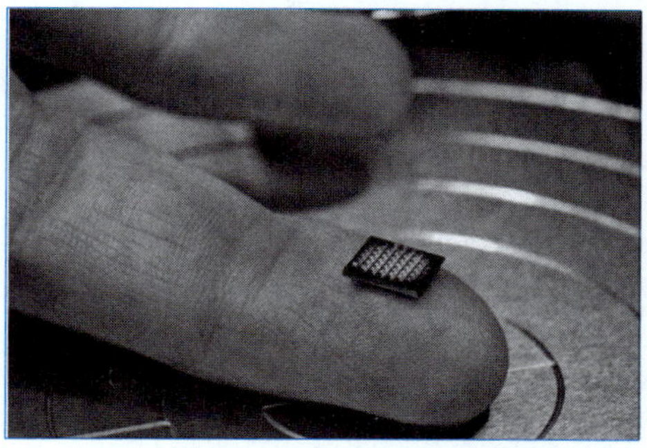

图 1-4　IBM 研发的微型计算机

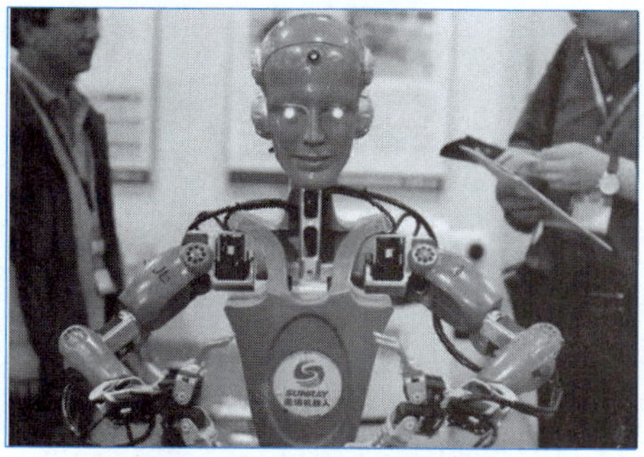

图 1-5　智能机器人

④ 网络化：计算机网络是现代通信技术与计算机技术相结合的产物，网络化就是利用现代通信技术和计算机技术，将分布在不同地点的计算机连接起来，按照网络协议相互通信，以达到联网的所有用户都可共享软件、硬件和数据资源的目的。当今社会是一个网络化的社会，尤其是最近几年 4G 及 5G 移动网络的发展，给人们的生活带来了巨大的改变，同时也让网络化成为计算机基本能力的一部分。如今计算机网络化的一个发展变化就是各种非传统型计算机的加入，使得计算机的外延也在不断发生变化。当前计算机发展演化示意图如图 1-6 所示。

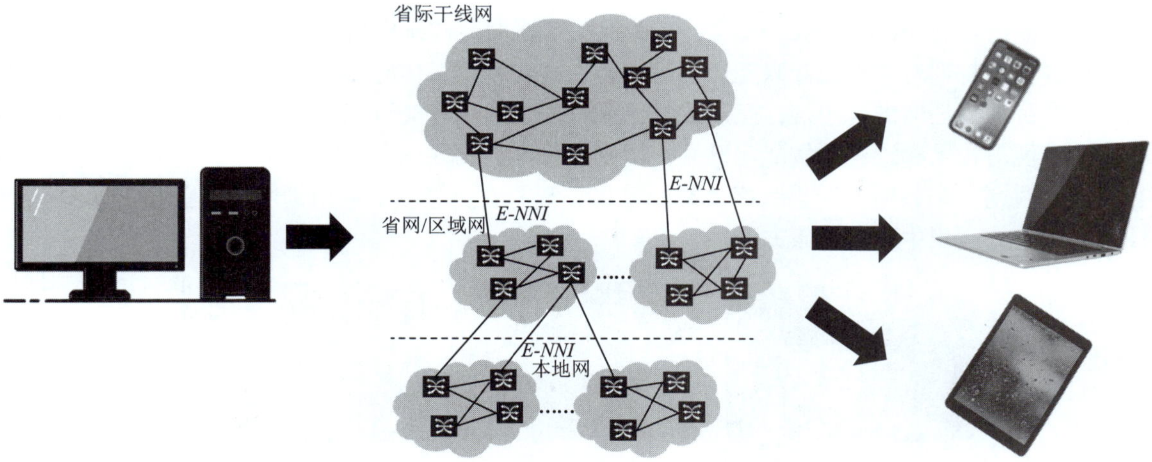

图 1-6　当前计算机发展演化示意图

1.1.3　技术影响生活

在日常生活中，各种先进的计算机技术影响着人们的生活，冲击着传统的计算机技术观念。主要包括以下方面。

1. 云计算

云计算是一种通过互联网（Internet）以服务的方式提供动态可伸缩的虚拟化资源的计算模式。它的主要特点是通过网络为用户提供计算服务（见图 1-7）。云计算为人们带来的一个最为直接的变化在于获取资源的方便性。

图 1-7　云计算

云计算早期是简单的分布式计算，完成任务分发，并进行计算结果的合并。通过云计算，可以在很短的时间内完成对数以万计的数据的处理，从而提供强大的网络服务。现阶段所说的云服务已经不再单单是一种分布式计算，而是分布式计算、效用计算、负载均衡、并行计算、网络存储、热备份冗杂和虚拟化等计算机技术混合演进并跃升的结果。云计算演进如图 1-8 所示。

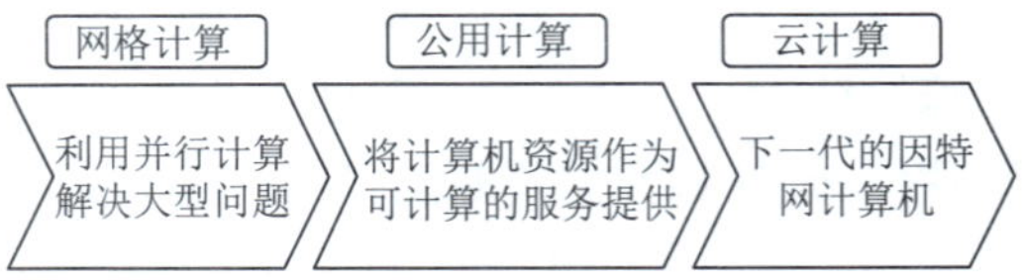

图 1-8　云计算演进

云计算对于人们生活的影响主要体现在三个方面：其一是获取计算服务更加方便；其二是网络服务的使用体验更好；其三是网络服务能完成的事情越来越多。

2. 物联网

物联网（The Internet of Things，IoT）是一个基于互联网、传统电信网等的信息承载体，它使得所有能够被独立寻址的普通物理对象形成互联互通的网络，通过各种信息传感器、射频识别技术、全球定位系统等装置与技术，实时采集任何需要连接、互动的物体或过程，通过各类可能的网络接入，实现物与物、物与人的泛在连接，实现对物品和过程的智能化感知、识别和管理。物联网在智能家居、智能穿戴、智慧城市、智能电网、工业互联网、车联网、智慧医疗、智能零售、智能农业等多个应用领域崭露头角，如图 1-9 所示。物联网技术在当前的应用主要有以下方面。

图 1-9　物联网的应用

(1) 智能家居

物联网系统的一个重要应用就是智能家居。现在，越来越多的公司积极参与智能家居以及该领域的相关应用，如 AlertMe、Nest、飞利浦、海尔。

(2) 智能穿戴

智能穿戴设备是物联网应用的热门话题，如苹果智能手表、索尼 SmartB Trainer、LookSee 手镯或 Myo 手势控制等，让人们的生活变得轻松。

(3) 智慧城市

智慧城市涵盖了从水分配和交通管理到废物管理和环境监测的各种使用案例。它提供了物联网解决方案，用于解决各种与城市相关的问题，包括交通、减少空气和噪声污染，以及帮助城市更加安全。

(4) 智能电网

智能电网以自动化方式提取有关消费者和电力供应商行为的信息，以提高配电的效率、经济性和可靠性。

(5) 工业互联网

工业互联网是新一代信息通信技术与工业经济深度融合的新型基础设施、应用模式和工业生态，通过对人、机、物、系统等的全面连接，构建起覆盖全产业链、全价值链的全新制造和服务体系，为工业乃至产业数字化、网络化、智能化发展提供了实现途径。

(6) 车联网

车联网是一个由多个传感器、天线、嵌入式软件和技术组成的庞大而广泛的网络，用于在复杂的世界中进行通信导航。

(7) 智慧医疗

物联网在医疗保健领域有多种应用。从远程监控设备到先进技术，从智能传感器到设备集成，医疗领域的物联网带来了新的工具，这些工具采用了生态系统中的最新技术，有助于发展更好的医疗保健。

(8) 智能零售

零售商已开始采用物联网解决方案，并在多个应用程序中使用物联网嵌入式系统，以改善商店运营、增加购买、减少盗窃、实现库存管理和增强消费者的购物体验。

(9) 智能农业

智能农业，是指在相对可控的环境条件下，采用工业化生产，实现集约高效可持续发展的现代农业生产方式，它是具有高度的技术规范和高效益的集约化规模经营的生产方式。

3. 大数据

大数据（big data）是指无法在一定时间范围内用常规软件工具进行捕捉、管理和处理的数据集合，是需要新处理模式才能具有更强的决策力、洞察发现力和流程优化能力的海量、高增长率和多样化的信息资产。对于很多行业而言，如何利用大数据是赢得竞争的关键。例如，对大量消费者提供产品或服务的企业可以利用大数据进行精准营销；采用小而美模式的中小微企业可以利用大数据做服务转型。大数据应用可以给不同类型的服务形体提供数据采集、监控、分析、监管、考核等。大数据的主要应用场景包括互联网行业、政府行业、金融行业、教育、医疗、地产、制造、能源、电信、军事等。

一些大数据企业先后开发了各种基于大数据技术的平台和工具，用于城市管理与监控，如图 1-10 所示。

4. 人工智能

人工智能（artificial intelligence，AI）是研究、开发用于模拟、延伸和扩展人的智能的理论、方法、技术及应用系统的一门技术科学，由不同的领域组成，如机器学习、计算机视觉等，总的来说，人工智能研究的一个主要目标是使机器能够胜任一些通常需要人类智能才能完成的复杂工作。例如，1997 年 5 月，IBM 公司研制的深蓝（Deep Blue）计算机战胜了国际象棋大师卡斯帕洛夫（Kasparov）；2016 年，AlphaGo 战胜人类围棋世界冠军李世石（见图 1-11）。

图 1-10　大数据技术在城市管理与监控中的应用

5. 区块链

区块链就是一个又一个区块组成的链条。每一个区块中保存了一定的信息，它们按照各自产生的时间顺序连接成链条。区块链本质上是一个去中介化的数据库，它还具备分布式数据存储、点对点传输、共识机制、加密算法等计算机技术的新型应用模式。

区块链技术可以实现如下三个方面的功能：第一，保证链上数据不可篡改、不可伪造，提高数据的公信力和可信性；第二，实现交易的追溯，做到溯源监管和责任追踪；第三，智能合约可以基于契约自动执行，从而提高工作效率，降低运营成本。作为一种底层协议或技术方案，区块链可以有效地解决信任问题，实现价值的自由传递，在数字货币、金融资产的交易结算、数字政务、存证防伪数据服务等领域具有广阔前景。

例如目前的热门话题数字货币。在经历了实物、贵金属、纸钞等形态之后，数字货币已经成为数字经济时代的发展方向之一。相比实体货币，数字货币具有易携带存储、低流通成本、使用便利、易于防伪和管理、打破地域限制，能更好整合等特点。区块链技术上实现了无须第三方中转或仲裁，交易双方可以直接相互转账的电子现金系统。我国早在 2014 年就开始了央行数字货币的研制。我国的数字货币 DCEP 采取双层运营体系：央行不直接向社会公众发放数字货币，而是由央行把数字货币兑付给各个商业银行或其他合法运营机构，再由这些机构兑换给社会公众供其使用（见图 1-12）。2019 年 8 月初，央行召开下半年工作电视会议，会议要求加快推进国家法定数字货币研发步伐。

图 1-11　人机大战

图 1-12　数字人民币

区块链技术还能存证防伪。区块链可以通过哈希时间戳证明某个文件或者数字内容在特定时间的存在，加之其公开、不可篡改、可溯源等特性，为司法鉴证、身份证明、产权保护、防伪溯源等提供了解决方案。在知识产权领域，通过区块链技术的数字签名和链上存证可以对文字、图片、音频、视频等进行确权，通过智能合约创建执行交易，实时保全数据形成证据链，同时覆盖确权、交易和维权三大场景。在防伪溯源领域（见图 1-13），通过供应链跟踪区块链技术广泛应用于食品医药、农产品、酒类等各领域。

图 1-13　京东区块链防伪追溯平台

6. 元宇宙

元宇宙（metaverse）是利用科技手段进行链接与创造的与现实世界映射与交互的虚拟世界，是具备新型社会体系的数字生活空间。

元宇宙本质上是对现实世界的虚拟化、数字化过程，需要对内容生产、经济系统、用户体验以及实体世界内容等进行大量改造。元宇宙重新定义了人与空间的关系，AR、VR、云计算、5G 和区块链等技术搭建了通往元宇宙的通道，创造了虚拟与现实融合的交互方式，并正在影响人们的生活。目前，许多元宇宙的应用已经落地，如办公、集会、游戏。

（1）办公

远程办公变得更加普遍，但传统的远程办公仍然面临一些问题，如缺少实时互动、沟通效率低等。元宇宙能够使得虚拟办公以“面对面”互动的方式进行（见图 1-14）。Project Starline 计划旨在 3D 化远程互动形式，参与者能从不同角度观察互动对象，并进行肢体或者眼神交流。Horizon Workrooms 是一种远程协作工具，支持佩戴 VR 设备的用户在同一个虚拟会议室中面对面交流，打破屏幕的阻隔感。

图 1-14　云办公

（2）集会

借助虚拟现实和增强现实，元宇宙中的集会将会是 3D 沉浸式的。参与者以虚拟形象出现，能够互相交流，提升会议的参与感。目前，不少学术讲座、毕业典礼等集会都以元宇宙的方式举行。

全球顶级 AI 学术会议之一的 ACAI 将 2020 年的研讨会放在了任天堂的《动物森友会》上举行，第七届中国虚拟现实产学研大会（CVRVT 2021）以元宇宙会展形式在元宇宙空间召开。一些高校在沙盘游戏

Minecraft（《我的世界》）中为学生举办虚拟毕业典礼（见图 1-15）。

图 1-15　虚拟毕业典礼

（3）游戏

游戏作为虚拟电子形式存在，与元宇宙这一概念天然具有非常强的互相吸引力。元宇宙将现实生活的真实感带入游戏中，玩家能够在游戏当中构建自己的“地盘”，甚至能够改变游戏的模式和未来的走向。

1.1.4　未来计算机的发展趋势

1. 量子计算机

量子计算机是一类遵循量子力学规律进行高速数学和逻辑运算、存储及处理的量子物理设备。加拿大量子计算公司 D-Wave 发布了全球第一款商用型量子计算机 D-Wave One，如图 1-16 所示。

2. 神经网络计算机

人脑总体运行速度相当于每秒 1 000 万亿次，可把生物大脑神经网络看作一个大规模并行处理的、紧密耦合的、能自行重组的计算网络。从大脑工作的模型中抽取计算机设计模型，用处理机模仿人脑的神经元机构，将信息存储在神经元之间的联络中，并采用大量的并行分布式网络，就构成了神经网络计算机，如图 1-17 所示。

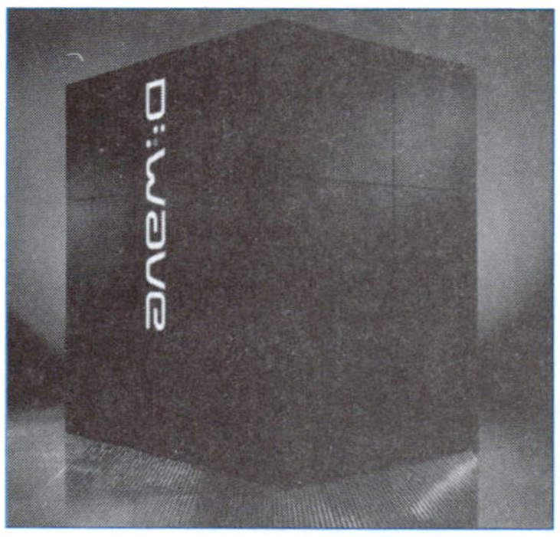

图 1-16　D-Wave One

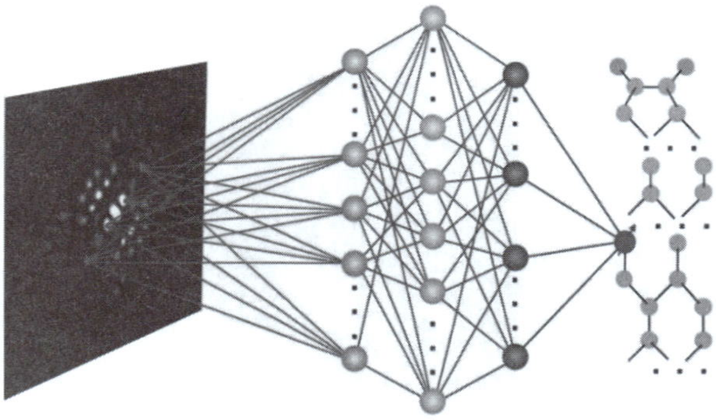

图 1-17　神经网络在计算机技术的应用

3. 化学生物计算机

如图 1-18 所示，化学计算机以化学制品中的微观碳分子作信息载体，来实现信息的传输与存储。DNA 分子在酶的作用下可以从某基因代码通过生物化学反应转变为另一种基因代码，转变前的基因代码可以作为输入数据，反应后的基因代码可以作为运算结果，利用这一过程可以制成新型的生物计算机。生物计算机的优点是生物芯片的蛋白质具有生物活性，能够跟人体的组织结合在一起，特别是可以和人的大脑和神经系统有机连接，使人机接口自然吻合，免除了烦琐的人机对话，这样，生物计算机可以听人指挥，成为人脑的外延或扩充部分，还能够从人体的细胞中吸收营养来补充能量。由于生物计算机的蛋白质分子具有自我组合的能力，因此生物计算机具有自调节能力、自修复能力和自再生能力，更易于模拟人类大脑的功能。

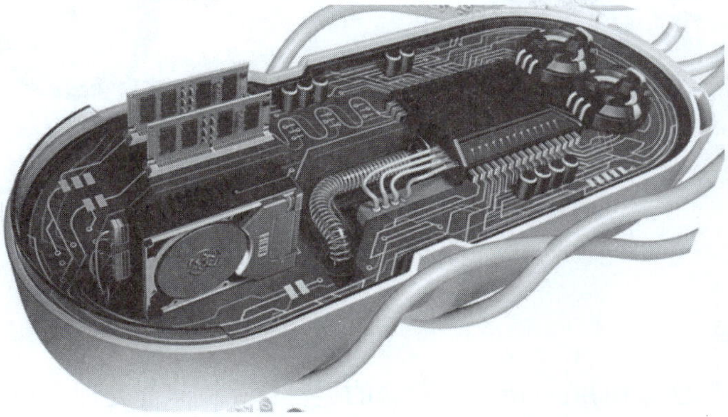

图 1-18　化学生物计算机

4. 光计算机

光计算机是用光子代替半导体芯片中的电子，以光互连来代替导线制成数字计算机。与电的特性相比光具有各种优点：光计算机是“光”导计算机，光在光介质中以许多个波长不同或波长相同而振动方向不同的光波传输，不存在寄生电阻、电容、电感和电子相互作用问题；光器件无电位差，因此光计算机的信息在传输中畸变或失真小，可在同一条狭窄的通道中传输大量数据。

1.2　信息编码

信息本身是摸不到、看不着的，但是可以用一定的方式把它表现出来。图 1-19 所示为地震时受灾村民在山间田地发出的求救信号，图 1-20 所示为身份证编码含义。

图 1-19　地震 SOS 求救信号

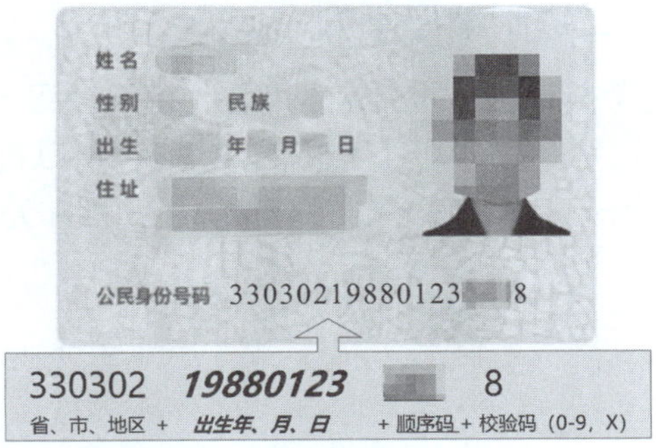

图 1-20　身份证编码含义

信息编码实际上是采用某种原则或方法编制代码来表示信息。进行信息编码的主要原因是希望对信息进行有效处理和加密等。

1.2.1　生活中的进制

数学课上加减法的法则（十进制）：逢十进一，借一当十。

成语：半斤八两（十六进制）。在古代，1 斤等于 16 两。

在日常生活中，人们对数值的描述有多种进制形式，如一般采用十进制计数，采用六十进制计时等，如图 1-21 所示。

（a）十进制　　（b）六十进制

图 1-21　生活中的进制

1.2.2　计算机中的编码

计算机是怎样“看见”文字图片、“听见”声音的呢？计算机只能处理 0 和 1 组成的二进制代码，所以计算机处理信息时，先要对信息进行二进制编码，如图 1-22 所示。

1.2.3　二进制编码

客观世界中，大量事物、概念的存在状态与变化方式都可以用 0 和 1 两种符号表示：

① 电灯亮与不亮——两态。

② 门开着与门关着——两态。

③ 铃响着与铃不响——两态。

④ 座位空着与座位有人——两态。

⑤ 硬币的正与反两态。

⑥ 电梯的上与下两态。

⑦ 东西的大与小两态。

这种只有数字 0 和 1 两个数的计数方法，称为二进制。

1.2.4　二进制编码举例

就考试时使用的机读卡而言，由于“阅卡人”是计算机，所以答题信息必须让计算机“看懂”，而计算机只能识别 0 和 1 符号串组成的代码，所以机读卡才设计成“涂黑”和“空白”两种状态（见图 1-23），正好可以用 1 和 0 来表示，符合计算机识别和处理信息的特点。

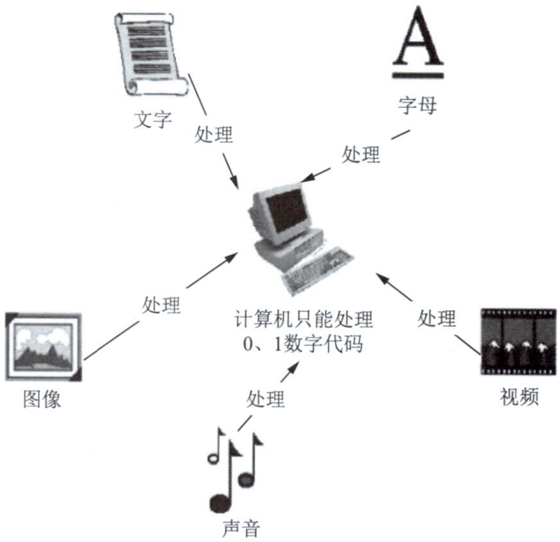

图 1-22　计算机处理信息示意图

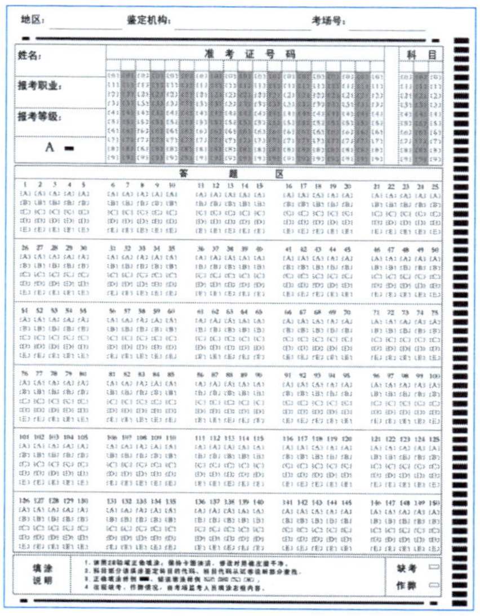

图 1-23　机读卡

1.2.5 进制比较

常见进制比较见表 1-1。

表 1-1 常见进制比较

进 制	二 进 制	十 进 制	十 六 进 制
基本数码	0、1	0、1、2、3、4、5、6、7、8、9	0、1、2、3、4、5、6、7、8、9、A、B、C、D、E、F
规则	逢二进一	逢十进一	逢十六进一
权值	2^N (N=0，1，2，…)	10^N (N=0，1，2，…)	16^N (N=0，1，2，…)
标识	B	D	H

1.2.6 数制间的转换

1. 十进制数转换为二进制数

十进制数转换成二进制数的方法是：整数部分采用除 2 取余法，即反复除以 2 直到商为 0，取余数，采用逆序排列（即在二进制整数表示中，第一次得到的余数在最右边，最后一次得到的余数在最左边）；小数部分采用乘 2 取整法，即反复乘以 2 取整数，直到小数为 0 或取到足够的二进制位数，采用正序排列（即在二进制小数表示中，第一次取整部分在最左边，最后一次取整数部分在最右边）。

例如，将十进制数 25.625 转换成二进制数，其过程如下：

① 先转换整数部分。

```
2 | 25    余数为1   ↑
2 | 12    余数为0   |
2 | 6     余数为0   |
2 | 3     余数为1   |
2 | 1     余数为1   |
    0
```

转换结果为：$(25)_{10}=(11001)_2$

② 再转换小数部分。

```
  0.625
×     2
-------
  1.250    取整数部分1，小数部分为0.25   |
  0.25                                   |
×    2                                   |
-------                                  |
  0.50     取整数部分0，小数部分为0.5    |
  0.5                                    |
×   2                                    |
-------                                  ↓
  1.0      取整数部分1，小数部分为0结束
```

转换结果为：$(0.625)_{10}=(0.101)_2$

③ 最后结果：$(25.625)_{10}=(11001.101)_2$

如果一个十进制小数不能完全准确地转换成二进制小数，可以根据精度要求转换到小数点后某一位停止。例如，0.36 取四位二进制小数为 0.0101。

2. 二进制数转换为十进制数

二进制数转换成十进制数的方法是：按权相加法，把每一位二进制数所在的权值相加，得到对应的十进制数。各位上的权值是基数 2 的若干次幂。例如：

$$(1101.11)_2=1\times2^3+1\times2^2+0\times2^1+1\times2^0+1\times2^{-1}+1\times2^{-2}=(13.75)_{10}$$

3. 二进制数与八进制数、十六进制数的相互转换

每一位八进制数对应三位二进制数，每一位十六进制数对应四位二进制数，这样大大缩短了二进制数

的位数。

(1) 二进制数转换成八进制数

以小数点为基准，整数部分从右至左，每三位一组，最高位不足三位时，前面补 0；小数部分从左至右，每三位一组，不足三位时，后面补 0，每组对应一位八进制数。

例如，二进制数 $(01011.01)_2$ 转换成八进制数为

001 011 . 010

1 3 . 2

即 $(01011.01)_2=(13.2)_8$

(2) 八进制数转换成二进制数

把每位八进制数写成对应的三位二进制数。

例如，八进制数 $(47.3)_8$ 转换成二进制数为

4 7 3

↓ ↓ ↓

100 111 011

即 $(47.3)_8=(100111.011)_2$

(3) 二进制数转换成十六进制数

例如，二进制数 $(10101.11)_2$ 转换成十六进制数为

0001 0101 1100

1 5 C

即 $(10101.11)_2=(15.C)_{16}$

(4) 十六进制数转换成二进制数

把每位十六进制数写成对应的四位二进制数。

例如，十六进制数 $(4F.8)_{16}$ 转换成二进制数为

4 F 8

↓ ↓ ↓

0100 1111 1000

即 $(4F.8)_{16}=(1001111.1)_2$

4. 八进制数、十六进制数与十进制数的相互转换

八进制数、十六进制数转换成十进制数，也是采用“按权相加”法。例如：

$$(25.14)_8=2\times 8^1+5\times 8^0+1\times 8^{-1}+4\times 8^{-2}=(21.0703)_{10}$$

$$(AB.6)_{16}=10\times 16^1+11\times 16^0+6\times 16^{-1}=(171.375)_{10}$$

十进制整数转换成八进制、十六进制整数，采用除 8、16 取余法。十进制数小数转换成八进制、十六进制小数采用乘 8、16 取整法。

1.2.7 数据单位

计算机中采用二进制数来存储数据信息，常用的数据单位有以下几种。

1. 位

位是指二进制数的一位 0 或 1，也称比特（bit）。它是计算机存储数据的最小单位。

2. 字节

8 位二进制数为一个字节（byte），缩写为 B。字节是存储数据的基本单位。通常，一个字节可以存放一个英文字母或数字，两个字节可存放一个汉字。

存储容量单位还有千字节（KB）、兆字节（MB）、吉字节（GB），它们之间的换算关系为（以 2^{10}=1 024 为一级）

1 B=8 bit

1 KB=1 024 B

1 MB=1 024 KB

1 GB=1 024 MB

3. 字

字(word)由一个或多个字节组成。字与字长有关。字长是指CPU能同时处理二进制数据的位数，分8位、16位、32位、64位等。如486机字长为32位，字由4个字节组成。

1.2.8 字符编码（ASCII码）

字母、数字等各种字符都必须按约定的规则用二进制编码才能在计算机中表示。目前，国际上使用最为广泛的是美国标准信息交换码（American Standard Code for Information Interchange），简称ASCII码。

通用的ASCII码有128个元素，包括0～9共10个数字、52个英文大小写字母、32个各种标点符号和运算符号、34个通用控制码。

计算机在存储使用时，一个ASCII码字符用一个字节表示，最高位为0，低7位用0或1的组合来表示不同的字符或控制码。例如，字母A和a的ASCII码为

A：01000001

a：01100001

其他字符和控制码的ASCII码见表1-2。

表1-2 通用ASCII码

低4位	高4位							
	0000	0001	0010	0011	0100	0101	0110	0111
0000	NUL	DLE	Sp	0	@	P	`	p
0001	SOH	DC1	!	1	A	Q	a	q
0010	STX	DC2	"	2	B	R	b	r
0011	ETX	DC3	#	3	C	S	c	s
0100	EOT	DC4	$	4	D	T	d	t
0101	ENQ	NAK	%	5	E	U	e	u
0110	ACK	SYN	&	6	F	V	f	v
0111	BEL	ETB	‘	7	G	W	g	w
1000	BS	CAN	(	8	H	X	h	x
1001	HT	EM	)	9	I	Y	i	y
1010	LF	SUB	*	:	J	Z	j	z
1011	VT	ESC	+	;	K	[	k	{
1100	FF	FS	,	<	L	\	l	|
1101	CR	GS	-	=	M	]	m	}
1110	SO	RS	.	>	N	^	n	～
1111	SI	US	/	?	O	–	o	DEL

1.2.9 汉字编码

为了满足汉字处理与交换的需要，1981年我国实施了国家标准信息交换汉字编码，即GB 2312—1980国标码。在该标准编码字符集中共收录了汉字和图形符号7 445个，其中一级汉字3 755个，二级汉字3 008个，图形符号682个。

国标码是一种机器内部编码，在计算机存储和使用时，它采用两个字节来表示一个汉字，每个字节的最高位都为1。这样，不同系统之间的汉字信息可以相互交换。

要说明的是，在 Windows 95 及以后的中文版操作系统中，采用了新的编码方法，并使用汉字扩充内码 GBK 大字符集，收录的汉字达 2 万以上，并与国标码兼容，这样可以方便地处理更多的汉字。

汉字编码的基本过程如图 1-24 所示。

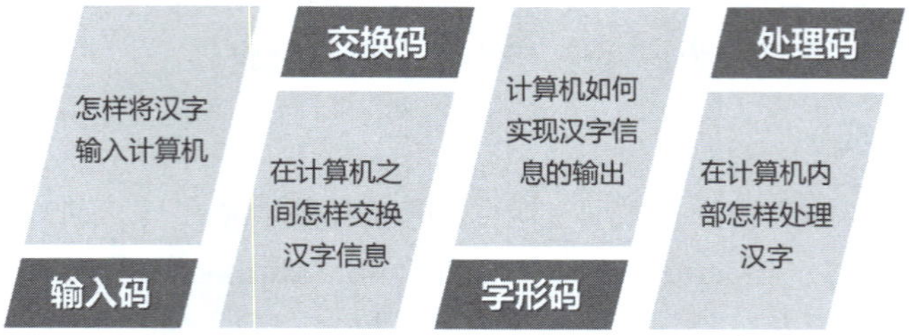

图 1-24　汉字编码的基本过程

① 输入码包括如音码（全拼）、形码（五笔）、音形码（搜狗）等。

② 交换码（也称区位码），如 GB 2312—1980 国际码。

③ 处理码也称机内码，是计算机内部处理和存储汉字时所用的代码。无论何种输入码输入的汉字都会转换成统一的机内码。

④ 字形码，如点阵方式和矢量方式。

1.2.10　多媒体信息编码

1. 概念

多媒体信息编码是指如何用二进制数码表示声音、图像和视频等信息，也称多媒体信息的数字化。

2. 声音的数字化

声音的数字化是指通过采样和量化，将模拟信号转换成数字信号，如图 1-25 所示。

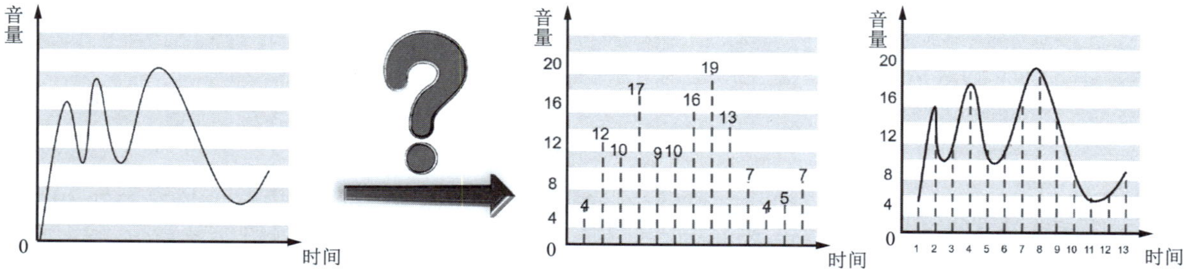

图 1-25　声音信号的模数转换

3. 图像的数字化

图像的数字化是指把一幅图看成由许许多多或各种级别灰度的点组成，这些点纵横排列起来构成一幅画，这些点称为像素。每个像素有深浅不同的颜色，像素越多，排列越紧密，图像就越清晰。

1.3　网络与安全

1.3.1　计算机网络

1. 计算机网络的概念

计算机网络是指把分布在不同区域的计算机用通信线路连接起来，以实现资源共享和数据通信的系统。它是现代计算机技术和通信技术相结合的产物。

（1）计算机网络的功能

① 共享资源，包括共享硬件资源、软件资源、数据资源等。

② 数据通信，包括传真、电子邮件、电子数据交换、电子公告板等。

③ 提高计算机可靠性和可用性。

④ 分布式处理与均衡负荷。

(2) 计算机网络的分类

① 按地理范围分为局域网（LAN）、城域网（CAN）、广域网（WAN）等。

② 按拓扑结构（物理连接形式）分为星状网、总线网、环状网等。

(3) 网络的传输介质

传输介质是网络中发送方与接收方之间的物理通路，它对网络数据通信的质量有很大的影响。常用的网络传输介质可分为双绞线、同轴电缆、光缆等有线通信介质和无线电、微波、卫星通信、移动通信等无线通信介质。

2. 计算机网络的组成

计算机网络由网络硬件和网络软件两大部分组成。网络硬件包括计算机、网络设备、通信介质；网络软件包括网络操作系统、网络协议、网络应用软件。

3. 因特网（Internet）

Internet 音译为因特网。它起源于美国，采用 TCP/IP 将世界上成千上万台计算机连接在一起，是当今世界上最大的多媒体信息网。我国于 1994 年实现了与 Internet 的连接。

(1) 因特网的结构

因特网由主干网、国际出口、用户接入层这三个层次构成。例如，中国公用互联网（ChinaNET）就是因特网的主干网。

(2) 因特网的资源

因特网有着丰富的资源，主要包括信息资源、服务资源、系统资源。

(3) 因特网的接入

连入因特网的方法主要有调制解调器接入（ADSL、Cable Modem 等）、光纤接入、无线接入、局域网接入等方式。

(4) 因特网提供的服务

目前，因特网提供的服务主要有：

① 通信（即时通信、电邮、微信、百度 HI）。

② 社交（微博、空间、博客、论坛）。

③ 网上贸易（网购、售票、工农贸易）。

④ 云端化服务（网盘、笔记、资源、计算等）。

⑤ 资源的共享化 [电子市场、门户资源、论坛资源、媒体（视频、音乐、文档）、游戏、信息]。

⑥ 服务对象化（互联网电视直播媒体、数据以及维护服务、物联网、网络营销、流量等）。

1.3.2 计算机网络安全

1. 网络安全的定义

从本质上讲，网络安全就是网络上的信息安全，是指网络系统的硬件、软件和系统中的数据受到保护，不受偶然的或者恶意的攻击而遭到破坏、更改、泄露，系统连续可靠正常地运行，网络服务不中断。广义上讲，凡是涉及网络上信息的保密性、完整性、可用性、真实性和可控性的相关技术和理论都是网络安全所要研究的领域。

2. 网络安全的发展

(1) 网络安全现状特征

① 在网络和应用系统保护方面采取了安全措施，每个网络 / 应用系统分别部署了防火墙、访问控制设备等安全产品，采取了备份、负载均衡、硬件冗余等安全措施。

② 实现了区域性的集中防病毒，实现了病毒库的升级和防病毒客户端的监控和管理。

③ 安全工作由各网络 / 应用系统具体的维护人员兼职负责，安全工作分散到各个维护人员。

④ 应用系统账号管理、防病毒等方面具有一定流程，在网络安全管理方面的流程相对比较薄弱，需要进一步进行修订。

⑤ 员工安全意识有待加强，日常办公中存在一定非安全操作情况，终端使用和接入情况复杂。

这可以说是具有代表性的网络安全建设和使用的现状，从另一个角度来看，单纯依靠网络安全技术的革新，不可能完全解决网络安全的隐患，如果想从根本上克服网络安全问题，需要首先分析与真正意义上的网络安全到底存在哪些差距。

(2) 网络安全发展趋势

① 网络攻击从网络层向 Web 应用层转移，迫切需要提供 Web 应用层安全解决方案。Web 应用安全是当前安全防护的主要方向，如强调对于 SQL 注入、XSS 跨站等攻击的防护。

② 漏洞利用从系统漏洞向软件漏洞转移。例如，应防范 MS Office、Realplayer 播放器、Adobe PDF 阅读软件、暴风影音的漏洞被利用。

③ 移动安全问题凸显。例如，应注重移动终端的安全接入、移动数据的安全性、移动智能终端的操作系统和软件安全等。

(3) 网络脆弱性的原因

① 开放性的网络环境。

② 协议本身的缺陷。

③ 系统、软件的漏洞。

④ 网络安全设备的局限性。

⑤ 人为因素（三分技术、七分管理）。

随着网络技术的迅猛发展，国家利益范畴逐渐超越传统的领土、领海和领空，网络空间安全已成为国家安全的重要基石。近年来，世界范围内发生了一系列典型网络安全事件，病毒、木马数量逼近千万，系统漏洞、应用软件漏洞等层出不穷，隐私数据丢失、虚拟财产被窃等事件不断显现，用户正遭受着越来越严重的网络安全威胁，这让网民意识到安全的重要性以及对安全行业有了更深入的了解。

3. 常见的攻击方式及防范措施

(1) 病毒 virus（蠕虫 Worm）

计算机病毒是指编制或者在计算机程序中插入的破坏计算机功能或者破坏数据，影响计算机使用并且能够自我复制的一组计算机指令或者程序代码。病毒必须满足两个条件：必须能自行执行和自我复制。

蠕虫是计算机病毒的一种，一般利用网络进行复制和传播，它具有病毒的一些共性，如传播性、隐蔽性、破坏性等，同时具有自己的一些特征，如不利用文件寄生（有的只存在于内存中）、对网络造成拒绝服务，以及和黑客技术相结合等。因此蠕虫在传播速度、破坏性上都远远超过一般的计算机病毒。

防范措施：

① 安装杀毒软件，养成每次开机后杀毒的习惯。定期全盘扫描。（针对有些病毒极具潜伏性）

② 做好重要文件的备份，在打开重要备份文件前先对载体和计算机进行杀毒体检。不使用感染病毒的计算机打开文件，避免造成新的感染。

③ 有些病毒首次运行时杀毒软件会有提示，可以根据杀毒软件提示的病毒类型作出判断（与一些破解补丁和破解软件区分开来）。如遇此病毒立即删除并进行全盘扫描，特别是系统文件。

④有些病毒可能进行捆绑运行，在使用未知安装包或软件时，当无法做出判断是否是病毒而又非用不可时，可先在沙箱中隔离运行。当确认软件或文件安全后再进行使用。

⑤ 安装安全浏览器，不直接用无防护或 Windows 自带的浏览器浏览未知网页。

⑥ 定期对 Windows 系统漏洞进行修复，不给病毒可乘之机。

(2) 木马程序（Trojan）

木马程序可以直接侵入用户的计算机并进行破坏，它常被伪装成工具程序或者游戏等，诱使用户打开带有木马程序的邮件附件或从网上直接下载，一旦用户打开了这些邮件的附件或者执行了这些程序，它们就会像古特洛伊人在敌人城外留下的藏满士兵的木马一样留在用户的计算机中，并在用户的计算机系统中隐藏一个可以在 Windows 启动时悄悄执行的程序。当用户连接到因特网时，这个程序就会通知黑客，并报告用户的 IP 地址以及预先设定的端口。黑客在收到这些信息后，再利用这个潜伏在其中的程序，就可以任意地修改受感染的计算机的参数设定、复制文件、窥视整个硬盘中的内容等，从而达到控制用户计算机的目的。

防范措施：

① 不从不受信任的网站上下载软件运行。

② 不随便点击来历不明邮件所带的附件。

③ 及时安装相应的系统补丁程序。

④ 为系统选用合适的正版杀毒软件，并及时升级相关的病毒库。

⑤ 为系统所有的用户设置合理的用户口令。

(3) 拒绝服务和分布式拒绝服务攻击 (DoS&DDoS)

拒绝服务攻击（DoS）会想办法让目标机器停止提供服务，是黑客常用的攻击手段之一。分布式拒绝服务攻击（DDoS）是指借助客户 / 服务器技术，将多个计算机联合起来作为攻击平台，对一个或多个目标发动 DDoS 攻击，从而成倍地提高拒绝服务攻击的威力。

防范措施：

① 定期扫描。

② 配置防火墙。

③ 优化服务器端口。

④ 部署高防服务器。

(4) 漏洞攻击 (Bugs Attack)

许多系统都存在安全漏洞（Bugs），其中某些是操作系统或应用软件本身具有的，如 Sendmail 漏洞，这些漏洞在补丁未被开发出来之前一般很难防御黑客的破坏；还有一些漏洞是由于系统管理员配置错误引起的，如在网络文件系统中，将目录和文件以可写的方式调出，将未加 Shadow 的用户密码文件以明码方式存放在某一目录下，这都会给黑客带来可乘之机，应及时加以修正。

防范措施：

① 防火墙技术。作用原理是在用户端网络周围建立起一定的保护网络，从而将用户的网络与外部的网络相区隔。

② 防病毒技术。最常使用的防病毒方式就是安装杀毒软件。

③ 数据加密技术。它的作用原理是将加密的算法与加密密钥结合起来，将明文转换为密文，在计算机之间进行数据传输。为了营造一个安全、良好、有序的网络环境，有必要采取有效的安全防范措施。

(5) 电子邮件攻击 (Mail Attack)

电子邮件攻击主要表现为两种方式：一是电子邮件轰炸和电子邮件“滚雪球”，也就是通常所说的邮件炸弹，指的是用伪造的 IP 地址和电子邮件地址向同一信箱发送数以千计、万计乃至无穷多次的内容相同的垃圾邮件，致使受害人邮箱被“炸”，严重者可能会给电子邮件服务器操作系统带来危险，甚至瘫痪；二是电子邮件欺骗，攻击者佯称自己为系统管理员（邮件地址和系统管理员完全相同），给用户发送邮件要求用户修改口令（口令可能为指定字符串）或在貌似正常的附件中加载病毒或木马程序，这类欺骗只要用户提高警惕即可防范。

防范措施：

① 对邮件附件做出风险评估。

② 避免仅使用过时技术处理电子邮件安全。

③ 通过特定的文档传输策略限制员工自带的办公设备。

④ 限定员工可运行的文件格式和功能种类。

(6) 口令破解 (Password Crack)

口令破解一般有三种方法：一是通过网络监听非法得到用户口令，这类方法有一定的局限性，但危害性极大，监听者往往能够获得其所在网段的所有用户账号和口令，对局域网安全威胁巨大；二是在知道用户的账号后（如电子邮件 @ 前面的部分）利用一些专门软件强行破解用户口令，这种方法不受网段限制，但黑客要有足够的耐心和时间；三是在获得一个服务器上的用户口令文件（此文件称为 Shadow 文件）后，用暴力破解程序破解用户口令，该方法的使用前提是黑客获得口令的 Shadow 文件。此方法在所有方法中危害最大，因为它不需要像第二种方法那样一遍又一遍地尝试登录服务器，而是在本地将加密后的口令与 Shadow 文件中的口令相比较就能较为容易地破获用户密码，因此可以在很短的时间内完成破解。

防范措施：

① 确保密码是唯一的。

② 使用长密码。

③ 使用组合字符。

④ 经常更改密码。

⑤ 使用软键盘。

(7) 社会工程（Social Engineering）

社会工程攻击是一种利用“社会工程学”来实施的网络攻击行为，是一种利用人的弱点进行诸如欺骗、伤害等危害手段，获取自身利益的攻击。Gartner 集团信息安全与风险研究主任 Rich Mogull 认为：“社会工程学是未来10年最大的安全风险，许多破坏力最大的行为是由于社会工程学而不是黑客或破坏行为造成的。”

防范措施：

① 注重保护个人隐私。

② 网络安全意识培养。

③ 注重安全审核。

4. 网络安全技术

(1) 数据加密

数据加密的思想核心就是：既然网络本身并不安全可靠，那么所有重要信息就全部通过加密处理。加密的技术主要分两种：对称加密技术和非对称加密技术。加密算法有多种，目前我国具有 SM1、SM2、SM3、SM4 等多种加密算法。

(2) 身份认证

身份认证主要解决网络通信过程中通信双方的身份认可，是用电子手段证明发送者和接收者身份及其文件完整性的技术，即确认双方的身份信息在传送或存储过程中未被篡改过，主要包括口令认证、令牌认证、数字签名和证书、生物特征等。

(3) 防火墙

网络防火墙是一种用来加强网络之间访问控制，防止外部网络用户以非法手段通过外部网络进入内部网络，访问内部网络资源，保护内部网络操作环境的特殊网络互联设备和技术。它对两个或多个网络之间传输的数据包如链接方式按照一定的安全策略来实施检查，以决定网络之间的通信是否被允许，并监视网络运行状态。

(4) 防病毒技术

病毒历来是信息系统安全的主要问题之一。由于网络的广泛互联，病毒的传播途径和速度大大加快。病毒防护主要包含病毒预防、病毒检测及病毒清除。

(5) 入侵检测技术

入侵检测的目的是提供实时的入侵检测及采取相应的防护手段，如记录证据用于跟踪和恢复、断开网络连接等。

实时入侵检测能力之所以重要，是因为首先它能够对付来自内部网络的攻击，其次是它能够缩短发现黑客入侵的时间。入侵检测系统可分为基于主机和基于网络两类。

(6) 安全扫描

安全扫描不能实时监视网络上的入侵，但是能够测试和评价系统的安全性，并及时发现安全漏洞。通常分为基于服务器和基于网络的扫描两种。

基于服务器的扫描主要扫描服务器相关的安全漏洞，如password文件、目录和文件权限、共享文件系统、敏感服务、软件、系统漏洞等，并给出相应的解决办法建议。

基于网络的安全扫描主要扫描设定网络内的服务器、路由器、网桥、交换机、访问服务器、防火墙等设备的安全漏洞，并可设定模拟攻击，以测试系统的防御能力。

5. 相关的法律法规

(1)《互联网信息服务管理办法》（中华人民共和国国务院令　第292号）

① 互联网信息服务是指通过互联网向上网用户提供信息的服务活动。

② 互联网信息服务分为经营性和非经营性。

经营性互联网信息服务是指通过互联网向上网用户有偿提供信息或者网页制作等服务活动。

非经营性互联网信息服务是指通过互联网向上网用户无偿提供具有公开性、共享性信息的服务活动。

③ 国家对经营性互联网信息服务实行许可制度；对非经营性互联网信息服务实行备案制度。

④ 未取得许可或者未履行备案手续的，不得从事互联网信息服务。

⑤ 互联网信息服务提供者应当按照经许可或者备案的项目提供服务，不得超出经许可或者备案的项目提供服务。

⑥ 非经营性互联网信息服务提供者不得从事有偿服务。

⑦ 互联网信息服务提供者应当在其网站主页的显著位置标明其经营许可证编号或者备案编号。

⑧ 互联网信息服务提供者应当向上网用户提供良好的服务，并保证所提供的信息内容合法。

⑨ 互联网信息服务提供者不得制作、复制、发布、传播含有下列内容的信息：

- 反对宪法所确定的基本原则的；
- 危害国家安全，泄露国家秘密，颠覆国家政权，破坏国家统一的；
- 损害国家荣誉和利益的；
- 煽动民族仇恨、民族歧视，破坏民族团结的；
- 破坏国家宗教政策，宣扬邪教和封建迷信的；
- 散布谣言，扰乱社会秩序，破坏社会稳定的；
- 散布淫秽、色情、赌博、暴力、凶杀、恐怖或者教唆犯罪的；
- 侮辱或者诽谤他人，侵害他人合法权益的；
- 含有法律、行政法规禁止的其他内容的。

(2) 全国人大常委会关于维护互联网安全的决定

① 为了保障互联网的运行安全，对有下列行为之一，构成犯罪的，依照刑法有关规定追究刑事责任：

- 侵入国家事务、国防建设、尖端科学技术领域的计算机信息系统；
- 故意制作、传播计算机病毒等破坏性程序，攻击计算机系统及通信网络，致使计算机系统及通信网络遭受损害；
- 违反国家规定，擅自中断计算机网络或者通信服务，造成计算机网络或者通信系统不正常运行。

② 为了维护国家安全和社会稳定，对有下列行为之一，构成犯罪的，依照刑法有关规定追究刑事责任：

- 利用互联网造谣、诽谤或者发表、传播其他有害信息，煽动颠覆国家政权、推翻社会主义制度，或者煽动分裂国家、破坏国家统一；
- 通过互联网窃取、泄露国家秘密、情报或者军事秘密；
- 利用互联网煽动民族仇恨、民族歧视，破坏民族团结；
- 利用互联网组织邪教组织、联络邪教组织成员，破坏国家法律、行政法规实施。

③ 为了维护社会主义市场经济秩序和社会管理秩序，对有下列行为之一，构成犯罪的，依照刑法有关规定追究刑事责任：

- 利用互联网销售伪劣产品或者对商品、服务作虚假宣传；
- 利用互联网损坏他人商业信誉和商品声誉；
- 利用互联网侵犯他人知识产权；

- 利用互联网编造并传播影响证券、期货交易或者其他扰乱金融秩序的虚假信息；
- 在互联网上建立淫秽网站、网页，提供淫秽站点链接服务，或者传播淫秽书刊、影片、音像、图片。

④ 为了保护个人、法人和其他组织的人身、财产等合法权利，对有下列行为之一，构成犯罪的，依照刑法有关规定追究刑事责任：

- 利用互联网侮辱他人或者捏造事实诽谤他人；
- 非法截获、篡改、删除他人电子邮件或者其他数据资料，侵犯公民通信自由和通信秘密。
- 利用互联网进行盗窃、诈骗、敲诈勒索。

习　题

1. 单项选择题

（1）与二进制数 101.01011 等值的十六进制数为（　　）。

A. A.B　　B. 5.51　　C. A.51　　D. 5.58

（2）十进制数 2004 等值于八进制数（　　）。

A. 3077　　B. 3724　　C. 2766　　D. 4002　　E 3755

（3）$(2004)_{10}+(32)_{16}$ 的结果是（　　）。

A. $(2036)_{10}$　　B. $(2054)_{16}$　　C. $(4006)_{10}$　　D. $(100000000110)_2$　　E. $(2036)_{16}$

（4）第一台通用计算机埃尼阿克诞生于（　　）年。

A. 1946 年　　B. 1928 年　　C.1943 年　　D. 1902 年

（5）因特网（Internet）采用的是（　　）协议。

A.TCP/IP　　B. IPX/SPX　　C.IPv4　　D. IPv6

（6）下列安全产品中用来划分网络结构、管理和控制内部和外部通信的是（　　）。

A. 防火墙　　B.CA 中心　　C. 加密机　　D. 防病毒产品

（7）防火墙是指（　　）。

A. 一个特定软件　　B. 一个特定硬件

C. 执行访问控制策略的一组系统　　D. 一批硬件的总称

（8）身份认证的主要目标包括确保交易者是交易者本人、避免与超过权限的交易者进行交易和（　　）。

A. 可信性　　B. 访问控制　　C. 完整性　　D. 保密性

（9）物联网的核心是（　　）。

A. 应用　　B. 产业　　C. 技术　　D. 标准

（10）大数据的起源是（　　）。

A. 金融　　B. 电信　　C. 互联网　　D. 公共管理

（11）大数据最显著的特征是（　　）。

A. 数据规模大　　B. 数据类型多样

C. 数据处理速度快　　D. 数据价值密度高

（12）云计算是（　　）计算技术的一种。

A. 同步式　　B. 异步式　　C. 分布式　　D. 集中式

（13）推动人工智能发展的三大要素是（　　）。

A. 运算速度、存储容量、存取周期　　B. 显存、硬盘转速、主频

C. 数据、算力、算法　　D. 内存容量、外存容量、显存容量

（14）RFID 属于物联网技术中的（　　）。

A. 感知与识别技术　　B. 通信与网络技术

C. 信息处理与服务技术　　D. 自组网技术

（15）中国在超级计算机方面居于国际先进水平国家行列。早在 1983 年我国就研制出（　　）超级

计算机。

A. 银河一号　　B. 天河一号　　C. 神威一号　　D. 曙光一号

（16）利用 RFID 、传感器、二维码等随时随地获取物体的信息，指的是（　　）。

A. 可靠传递　　B. 全面感知　　C. 智能处理　　D. 互联网

（17）大数据的本质是（　　）。

A. 挖掘　　B. 联系　　C. 搜集　　D. 洞察

（18）区块链带来的（　　）特性是和现有股份制完全不同的。

A. 自由交换　　B. 价值交换　　C. 全面开放　　D. 独立安全

（19）在区块链的领域里，（　　）是被提到最多的概念之一，很多人第一次听到这个概念也是因为区块链。

A. 随机森林算法　　B. 哈希算法　　C. 遗传算法　　D. 朴素贝叶斯算法

2. 多项选择题

（1）在以下人为的恶意攻击行为中，不属于主动攻击的是（　　）。

A. 身份假冒　　B. 数据窃听　　C. 数据流分析　　D. 非法访问

（2）传输介质是网络中发送方与接收方之间的物理通路，下面属于传输介质的有（　　）。

A. 双绞线　　B. 同轴电缆　　C. 电话线　　D. 无线电

（3）下面属于因特网能提供的服务有（　　）。

A. 微信　　B. 淘宝　　C. 在线直播　　D. 云计算

（4）以下属于计算机病毒的防治策略的有（　　）。

A. 防毒能力　　B. 查毒能力　　C. 解毒能力　　D. 禁毒能力

（5）以下关于计算机病毒的特征说法错误的是（　　）。

A. 计算机病毒只具有破坏性，没有其他特征

B. 计算机病毒具有破坏性，不具有传染性

C. 破坏性和传染性是计算机病毒的两大主要特征

D. 计算机病毒只具有传染性，不具有破坏性

（6）指纹识别的流程包括（　　）。

A. 指纹图像采集　　B. 指纹图像处理　　C. 特征提取　　D. 特征值的比对与匹配

（7）语音识别技术的应用包括（　　）。

A. 语音拨号　　B. 室内设备控制　　C. 数据录入　　D. 语音导航

（8）自动识别技术包括（　　）。

A. 条码技术　　B.IC 卡技术　　C. 射频识别技术　　D. 语音识别技术

（9）区块链的特点包括（　　）。

A. 去中心化　　B. 不可篡改　　C. 共识验证　　D. 匿名性

（10）大数据的主要特质表现为（　　）。

A. 数据容量大　　B. 商业价值高　　C. 处理速度快　　D. 数据类型多

3. 简答题

（1）你所认为的智慧城市或智慧校园应该具备哪些特征？你所在的城市或学校有哪些应用让你感受到了“智慧”？

（2）请梳理出云计算、物联网、大数据、人工智能的区别和联系，并用思维导图表示。

（3）请谈谈人工智能技术发展对你生活的影响，以及你对人工智能未来的展望。

（4）区块链是如何工作的？为什么说区块链是一种值得信赖的方法？

（5）谈谈你对“元宇宙”的理解。

第 2 章

操作系统应用——高效管理计算机

2.1 项目分析

某公司准备给员工举办一次关于“如何更合理地利用 Windows 10 管理自己的计算机”的培训，培训老师为了了解员工需求，特意制作了一份调查问卷，在对回收的问卷经过整理分析后，决定从以下几个方面进行培训：

1. 了解计算机

① 查看计算机属性。

② 查看计算机的硬件配置。

2. 桌面定制

① 为桌面添加图标。

② 为桌面添加程序快捷方式。

③ 设置个性化桌面主题。

④ 调整桌面图标和文字的大小。

⑤ 设置屏幕分辨率。

⑥ 设置个性化任务栏。

3. 个人文件管理

① 文件的归类存储及文件夹的创建。

② 文件和文件夹搜索。

③ 设置共享文件夹。

4. 高级管理

① 查看计算机 IP 地址。

② 设置远程桌面连接功能。

③ 访问远程计算机。

④ 卸载应用软件。

⑤ 添加计算机用户。

⑥ 更改计算机密码。

2.2　了解计算机

2.2.1　知识点解析

1. 计算机基本信息

计算机基本信息包含操作系统的版本、CPU 型号、内存大小、计算机名称等。

2. 计算机的硬件配置

计算机硬件配置包含组装计算机时所用到的所有配件的型号。查看计算机硬件配置可以通过“设备管理器”进行。

2.2.2　任务实现

1. 任务分析

通常人们选用计算机时很关心硬件配置，因为硬件配置决定了计算机性能的高低。通过下面介绍的内容，你可以轻松看到计算机配置。

2. 实现过程

(1) 查看计算机的基本信息

① 单击屏幕左下角的“ ”按钮，找到并打开“Windows 系统”菜单。

② 右击“此电脑”选项，鼠标指针移至“更多”菜单，选择“属性”命令，如图 2-1 所示，即可弹出计算机基本信息显示界面，如图 2-2 所示。

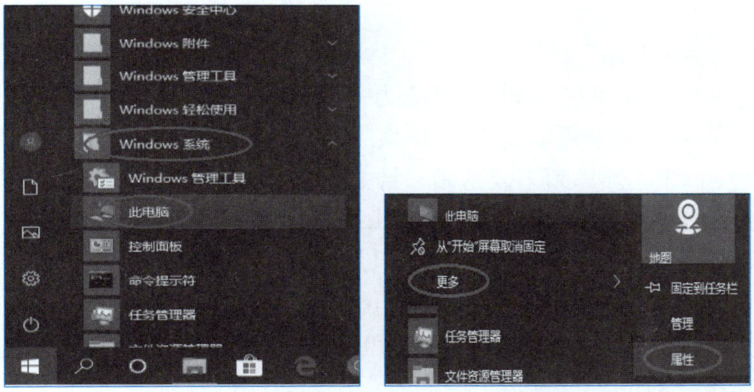

图 2-1　查看计算机基本信息

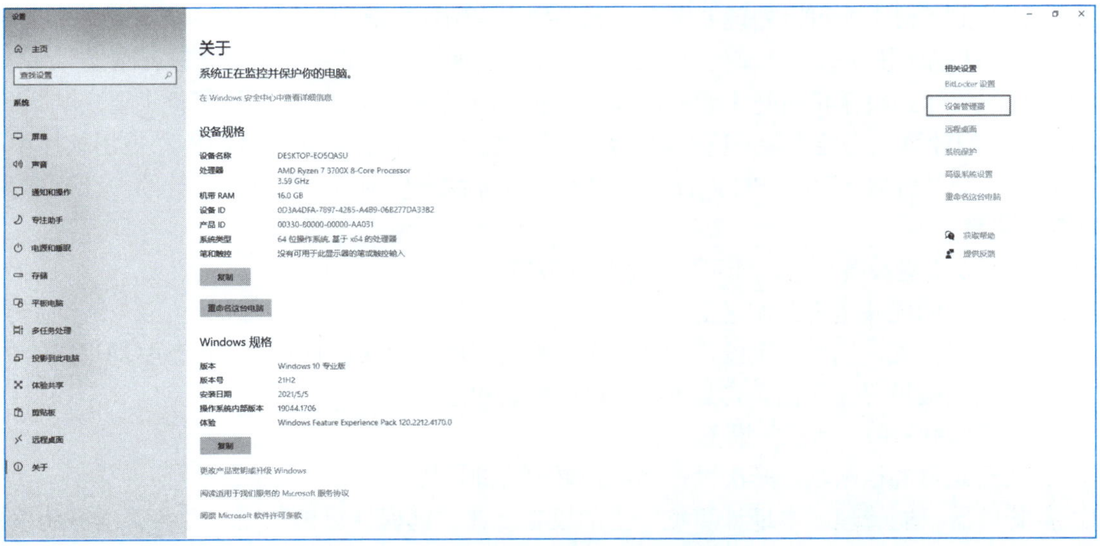

图 2-2　计算机基本信息显示界面

(2) 查看计算机硬件配置

① 单击图 2-2 中的“设备管理器”选项，弹出“设备管理器”窗口。

② 双击任意一个设备，即可弹出显示该设备详细信息的对话框，如图 2-3 所示。

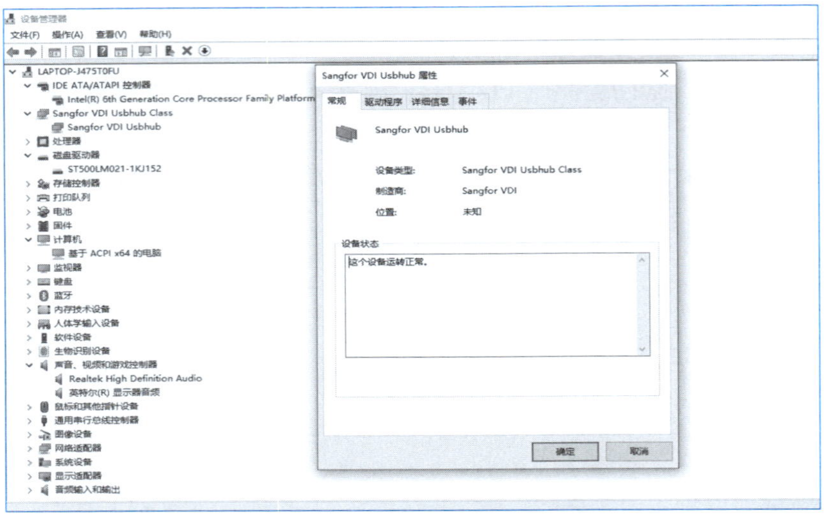

图 2-3 “设备管理器”窗口及处理器详细信息对话框

2.2.3 总结与提高

1. CPU 主频

通常所说的 CPU 是“多少兆赫”的，这个“多少兆赫”就是“CPU 的主频”。CPU 的主频表示在 CPU 内数字脉冲信号振荡的速度，与 CPU 实际的运算能力并没有直接关系。由于主频并不直接代表运算速度，所以在一定情况下，很可能会出现主频较高的 CPU 实际运算速度较低的现象。CPU 主频是外频和倍频的一个运算结果参数。外频也叫 CPU 外部频率或基频，计量单位为兆赫 [兹]（MHz）。CPU 的主频与外频有一定的比例（倍频）关系。由于内存和设置在主板上的 L2 Cache 的工作频率与 CPU 外频同步，所以使用外频高的 CPU 组装计算机，其整体性能比使用相同主频但外频低一级的 CPU 要高。倍频系数是 CPU 主频和外频之间的比例关系，一般为“主频 = 外频 × 倍频”。Intel 公司所有 CPU（少数测试产品例外）的倍频通常已被锁定(锁频),用户无法用调整倍频的方法来调整CPU的主频,但仍然可以通过调整外频设置不同的主频。

2. CPU 的位与操作系统的位

CPU 的位是指一次性可同时传输的数据量是多少位（1 字节 =8 位），32 位处理器可以一次性处理 4 字节的数据量，64 位处理器 1 次可以处理 8 字节。如果把 1 字节比做高速公路上的一个车道，那么 32 位处理器就是在进行数据传输时使用的是 4 车道高速公路，64 位处理器使用的是 8 车道高速公路。

因为计算机的软件和硬件相匹配才能发挥最佳性能，所以在 32 位 CPU 的计算机上要安装 32 位操作系统，在 64 位 CPU 的计算机上要安装 64 位操作系统。换句话讲，操作系统只是硬件和应用软件中间的一个平台。32 位操作系统是针对 32 位 CPU 设计的，64 位操作系统是针对 64 位 CPU 设计的。

3. 设备管理器

设备管理器可以查看设备信息，还可以完成以下功能：

① 确定计算机上的硬件是否工作正常。

② 更改硬件配置设置，标识每个设备加载的设备驱动程序，并获取有关每个设备驱动程序的信息。

③ 更改设备的高级设置和属性，安装更新的设备驱动程序。

④“启用”、“禁用”和“卸载”设备。

⑤ 使用设备管理器的诊断功能解决设备冲突和更改资源设置。

使用设备管理器只能管理“本地计算机”上的设备。在“远程计算机”上，设备管理器将仅以只读模式工作，此时允许查看该计算机的硬件配置，但不允许更改配置。

2.3　桌面定制

2.3.1　知识点解析

1. 系统桌面

系统桌面是指计算机开机后操作系统运行到正常状态下显示的画面，如图 2-4 所示。一般来说，系统桌面包含桌面墙纸、桌面图标、任务栏、系统托盘四部分。

图 2-4　Windows 系统桌面

2. 像素

在计算机中把一张照片放大到一定程度，就会发现照片是由无数颜色不同、浓淡不一样的不相连的“小点”组成的，这些小点就是构成这幅照片的像素。像素是组成一幅图像的最基本单元。

3. 屏幕分辨率

屏幕分辨率就是屏幕上显示的像素个数，分辨率 160×128 的意思是水平方向含有像素数 160 个，垂直方向含有像素数 128 个。分辨率越高，像素的数目越多，感应到的图像越精密。而在屏幕尺寸一样的情况下，分辨率越高，显示效果就越精细和细腻。

4. 桌面主题

桌面主题包含计算机的桌面背景、窗口颜色、声音和屏幕保护程序。

2.3.2　任务实现

1. 任务分析

计算机启动 Windows 10 后，就进入了 Windows 桌面。Windows 桌面就像办公桌面一样，简洁、美观、使用方便的桌面总会使人心情愉悦。

Windows 在安装后，桌面上只有“回收站”图标。利用 Windows 强大的设置功能，用户可以根据自己爱好和工作需要设置桌面背景，在桌面和任务栏添加图标。

接下来介绍如何美化计算机桌面，如何创建个性化桌面。

2. 实现过程

（1）为桌面添加图标

为计算机桌面添加“网络”图标，操作步骤如下：

① 右击桌面，在弹出的快捷菜单中选择“个性化”命令。

② 在“个性化”对话框中选择“主题”。

③ 在“相关的设置”菜单下选择“桌面图标设置”。

④ 单击“桌面图标设置”，在弹出的对话框中“桌面图标”选项组中勾选“网络”复选框。

在桌面添加“网络”图标的过程如图 2-5 所示。

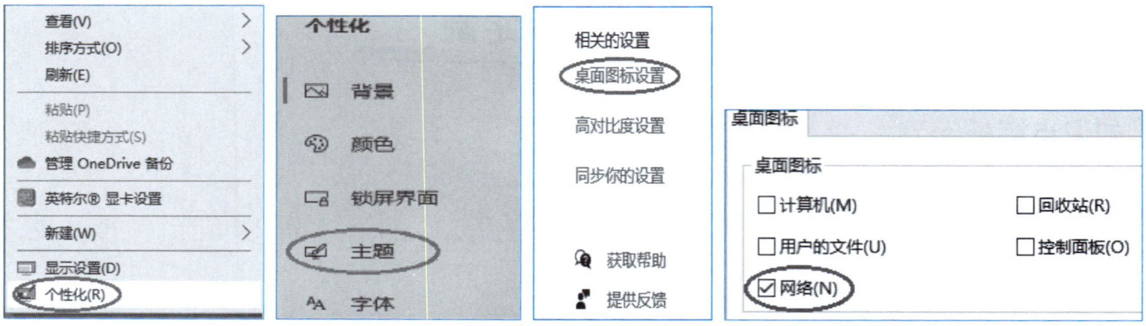

图 2-5　在桌面添加“网络”图标的过程

(2) 为桌面添加程序快捷方式

为计算机桌面添加“画图 3D”程序的快捷方式，操作步骤如下：

① 单击屏幕左下角的“ ”按钮（“开始”按钮），打开“开始”菜单。

② 选中“画图 3D”选项，鼠标拖动图标到桌面创建快捷方式，如图 2-6 所示。

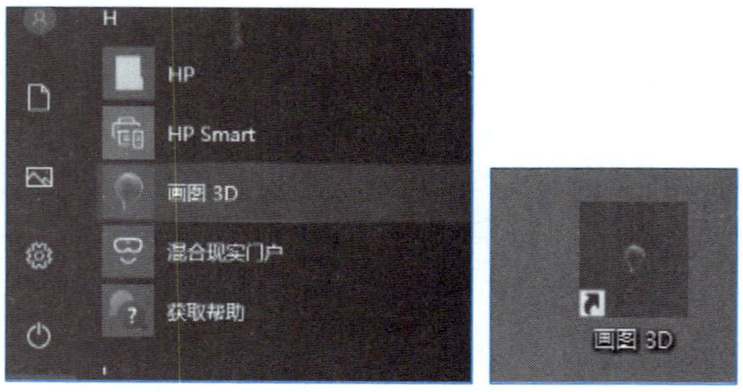

图 2-6　创建桌面快捷方式

(3) 设置个性化桌面主题

为桌面设置一组图片，图片来自“C:\Windows\Web\Wallpaper”文件夹中的风景，图片每隔 30 min 更换一次，窗口颜色、锁屏界面、主题程序任意选择，操作步骤如下：

① 右击桌面空白处，在弹出的快捷菜单中选择“个性化”命令，弹出图 2-7 所示的界面。

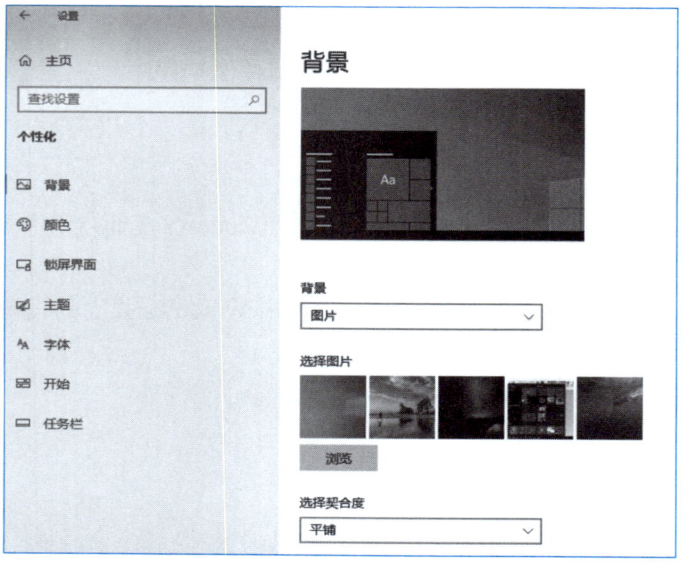

图 2-7　桌面设置窗口

② 在“背景”下拉列表框中，选择“幻灯片放映”，单击“浏览”按钮选择幻灯片相册文件夹，设置图片切换频率为 30 min，如图 2-8 所示。

③ 在图 2-7 所示的窗口中依次选择颜色、锁屏界面、主题，分别进行设置。

(4) 调整桌面图标和文字的大小

将桌面图标和文字的大小设置为 125%，操作步骤如下：

① 右击桌面空白处，在弹出的快捷菜单中选择“显示设置”命令，如图 2-9 所示。

② 在弹出的窗口中选择“缩放与布局”，在“更改文本、应用等项目的大小”下拉列表框中选择 125%，如图 2-10 所示。

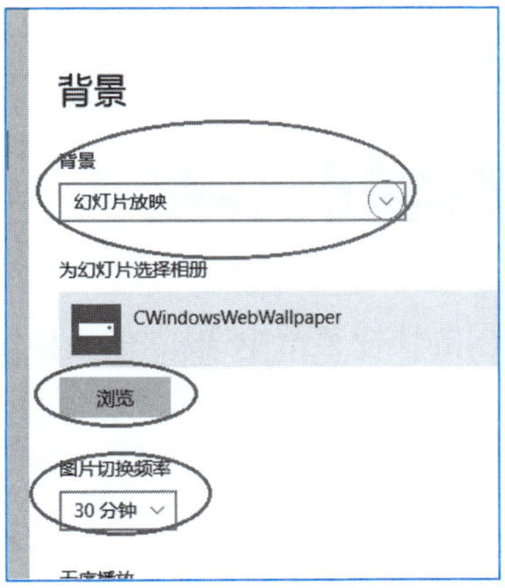

图 2-8　选择图片所在文件夹并更换图片切换频率

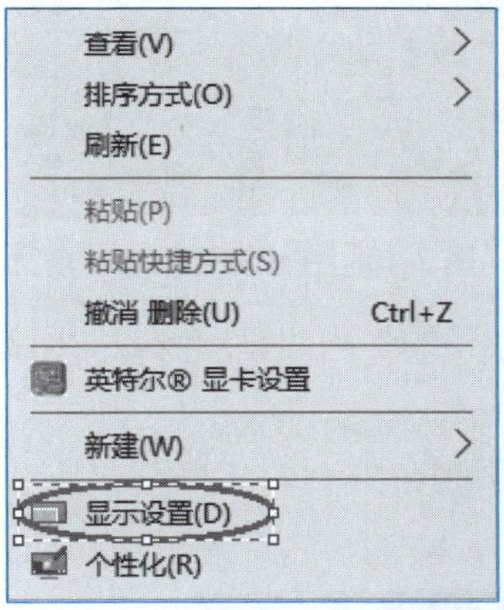

图 2-9　个性化设置界面

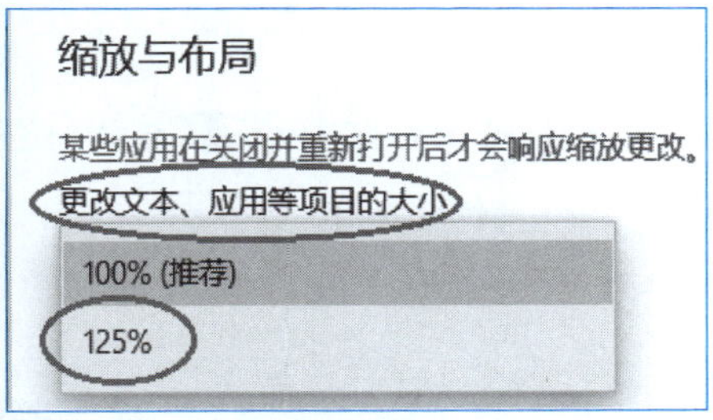

图 2-10　设置屏幕图标和文字的大小

(5) 设置屏幕分辨率

将屏幕分辨率设置为 800×600 像素，操作步骤如下：

① 右击桌面空白处，在弹出的快捷菜单中选择“显示设置”命令。

② 在“显示分辨率”下拉列表框中选择“800×600”，如图 2-11 所示。

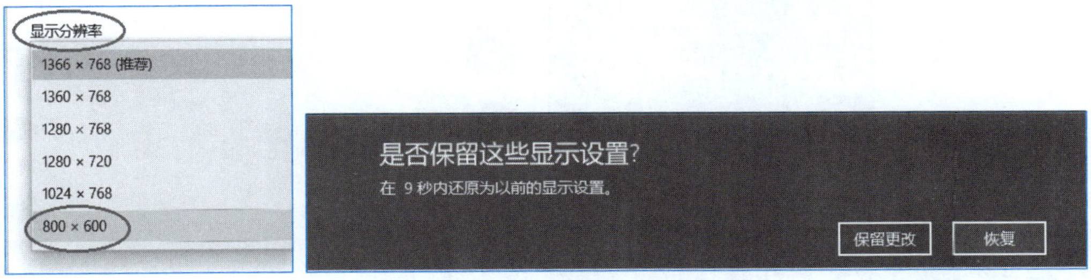

图 2-11　设置屏幕分辨率

③ 单击“保留更改”按钮。

(6) 设置个性化任务栏

分别将画图 3D 程序、桌面图标添加到任务栏，隐藏任务栏的时钟图标，操作步骤如下：

① 打开“开始”菜单，选择“画图 3D”。

② 右击“画图 3D”选项，在弹出的快捷菜单中选择“更多”→“固定到任务栏”命令，如图 2-12 所示。

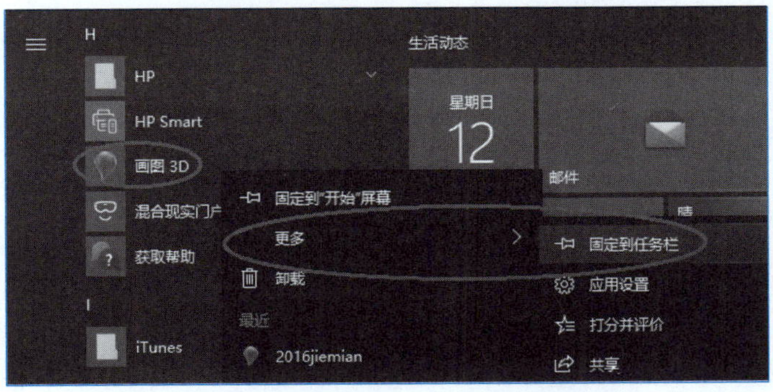

图 2-12　画图程序固定到任务栏

③ 在任务栏空白处右击，在弹出的快捷菜单中选择“工具栏”→“桌面”命令，（该选项前面的复选框中出现一个√），如图 2-13 所示，任务栏右边就会出现一个桌面图标。

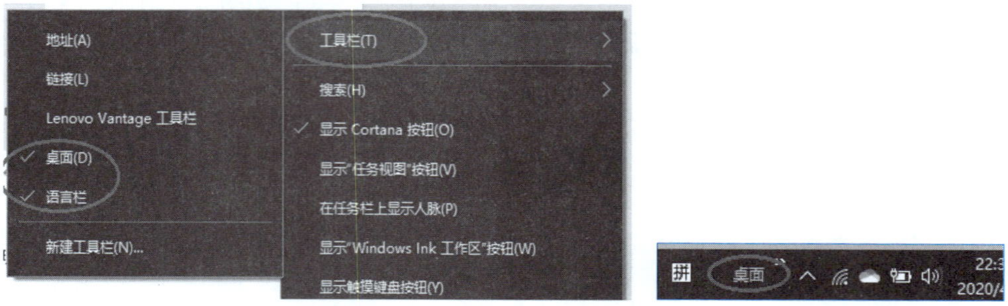

图 2-13 在任务栏添加“桌面”图标

④右击任务栏中的“^”按钮（该按钮的作用为显示隐藏的图标），在弹出的快捷菜单中选择“任务栏设置”命令。

⑤ 在“打开或关闭系统图标”对话框中，将“时钟”图标右边“行为”列选项设置为“关”，如图 2-14 所示。

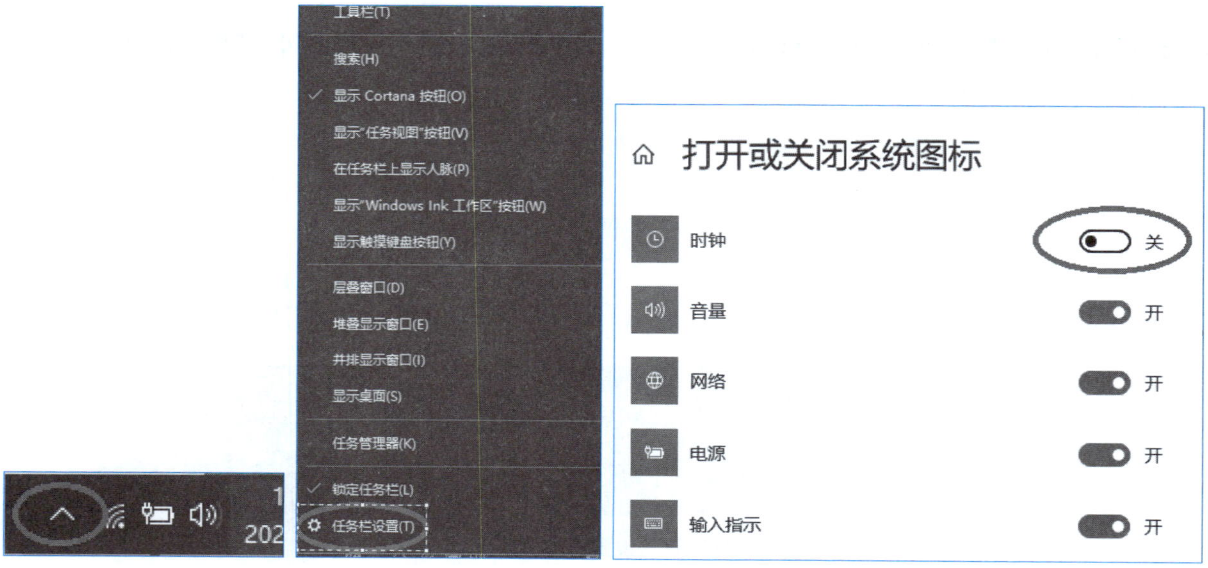

图 2-14 隐藏系统图标

2.3.3 总结与提高

1. 屏幕图标和文字的大小

前面介绍的调整屏幕图标和文字大小的方法，除了调整桌面上显示的图标和文字之外，也调整了对话框和窗口中图标和文字的大小。

如果只希望调整桌面图标和文字，可以在桌面空白处右击，在弹出的快捷菜单中选择“查看”→“中等图标”命令，如图 2-15 所示。

2. 设置个性化任务栏

前面讲解了如何设置个性化任务栏，其实，在任务栏中显示的图标只是一个快捷方式，删除它对程序没有任何影响。

除了上面介绍的方法，利用鼠标直接拖动“开始”菜单中指定的程序到任务栏，也可以实现将该程序添加到任务栏的功能。

右击任务栏中添加的程序的图标，在弹出的快捷菜单中选择“从任务栏取消固定”命令，可以删除任务栏中的图标。

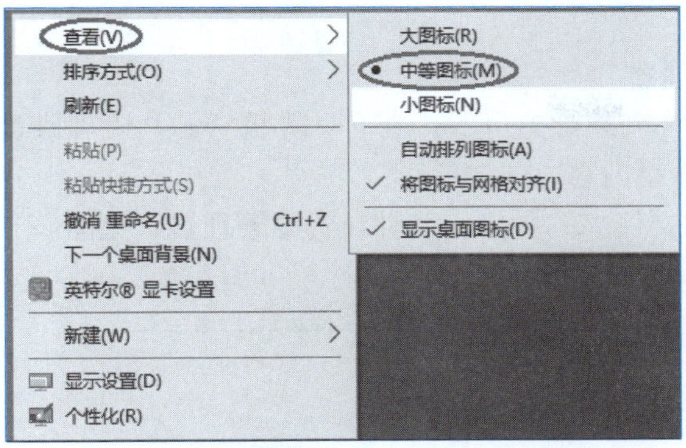

图 2-15 屏幕图标和文字的大小调整

2.4 个人文件的管理

2.4.1 知识点解析

1. 文件与文件夹

文件是计算机中数据的存储形式，可以是文字、图片、声音、视频等。所有文件的外观都是由文件图标和文件名称组成的，文件名称包含文件名和扩展名，中间用“.”隔开。

Windows 的文件夹可以用来保存文件和管理文件。文件夹中既可以包含文件，也可以包含文件夹。

对文件和文件夹的命名应尽量做到“见名知意”。

2. 文件通配符

通配符是一类键盘字符，有星号“*”和问号“?”两种。

当查找文件夹时，可以使用通配符来代替一个或多个真正字符。当不知道真正字符或者不想输入完整名字时，常常使用通配符代替。

① 星号（*）：代替 0 个或多个字符。

② 问号（?）：代替一个字符。

例如，“t*.*”表示搜索文件名中包含字符 t 的所有类型的文件；“?t*.docx”表示搜索文件名中第二个字符是 t、扩展名为 docx 的所有文件。

3. Windows 的回收站

Windows 的回收站保存了删除的文件、文件夹、图片、快捷方式和 Web 页等。这些项目将一直保留在回收站中，直到清空回收站。灵活地利用各种技巧可以更高效地使用回收站，使之更好地为自己服务。

4. 库

打开 Windows 10 的资源管理器，在导航窗格中就会看到与个人文件夹看上去类似的“库”文件夹，如图 2-16 所示，包含“视频”、“图片”、“文档”和“音乐”。库实际上不存储项目，而是将需要的文件和文件夹集中到一起，就如同网页收藏夹一样，只要单击库中的链接，就能快速打开添加到库中的文件夹。另外，它们会随着原始文件夹的变化而自动更新，并且能够以同名的形式存在于库中。

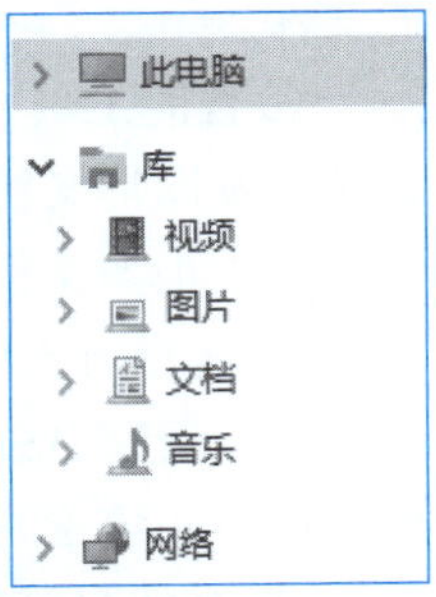

图 2-16 库的位置

库跟文件夹有很多相似的地方，如跟文件夹一样，在库中也可以包含各种子库与文件。但是，其本质上跟文件夹有很大的不同，在文件夹中保存的文件或者子文件夹都是存储在同一个地方的，而库中并不真正存储文件，它的管理方式更加接近于快捷方式，用户可以不用关心文件或者文件夹的具体存储位置。例如，用户有一些工作文档主要存放在自己计算机的移动硬盘中。为了以后工作的方便，用户可以将移动硬盘中的文件都放置到库中。在需要使用的时候，只要直接打开库即可（前提是移动硬盘已经连接到用户主机上了），而不需要再去定位到移动硬盘上。

5. Windows 10的资源管理器

资源管理器的功能：以文件夹浏览窗口形式查看计算机资源，管理磁盘、管理文件夹和文件，启动应用程序，更新资源设置，查看网络内容。

Windows 10 中，对文件和文件夹的操作一般都在资源管理器（见图 2-17）中进行。资源管理器中各个元素的含义和功能如下：

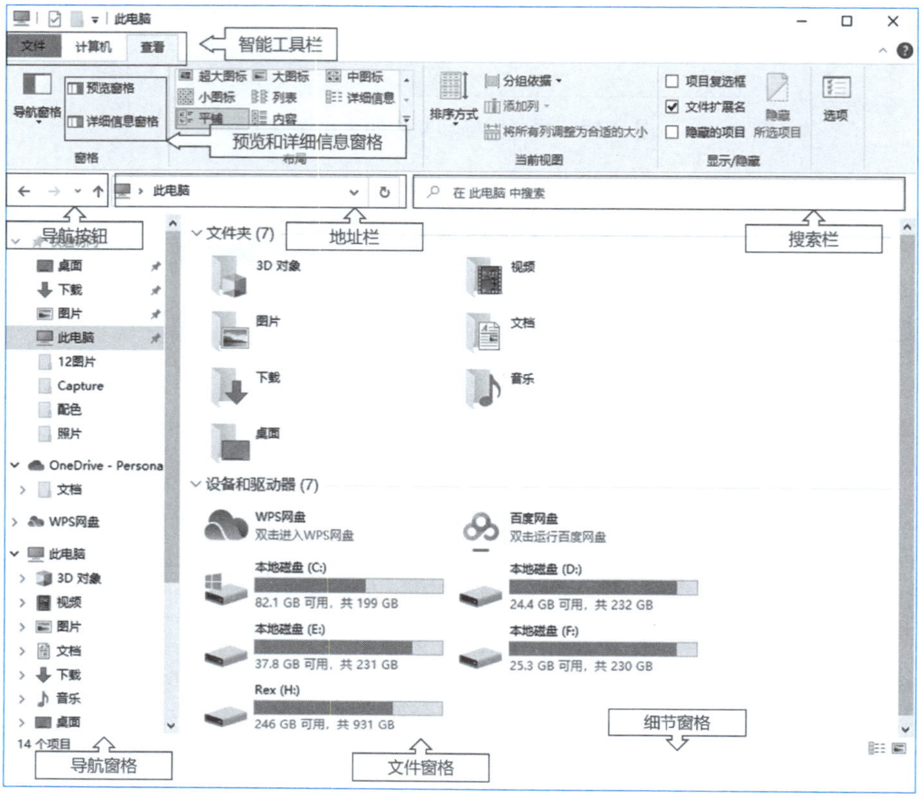

图 2-17 Windows 10 资源管理器

① 导航按钮：包含前进、后退和显示浏览记录列表三部分。单击“前进”和“后退”按钮可快速访问上一个或下一个浏览过的位置，单击右侧的小箭头，可以显示浏览记录列表。

② 地址栏：地址栏显示当前访问位置的完整路径，单击路径中任何一个文件夹节点，可快速跳转到对应的文件夹。

③ 搜索框：在搜索框中输入关键字，可在当前位置下搜索到所有文件名称或文件内容中包含该关键字的文件。

④智能工具栏：该工具栏可自动感知当前位置的内容，并显示相应选项。例如，如果当前文件夹中保存了大量图形文件，那么该工具栏上就会显示“预览”、“放映幻灯片”和“打印”等选项。如果当前文件夹中保存了很多文件夹，则会提供“打开”和“共享”等选项。

⑤ 显示方式切换开关：可控制当前文件夹使用的视图模式、显示或隐藏预览窗格以及打开帮助。

⑥ 导航窗格：该窗格默认是显示的。导航窗格中以树状图的方式列出了一些常见位置，同时该窗格中还根据不同位置的类型，显示了多个子节点，每个子节点可以展开或合并。

⑦ 文件窗格：文件窗格中列出了当前浏览位置包含的所有内容，例如文件、文件夹和虚拟文件夹等。在文件窗格中显示的内容，可通过视图按钮更改显示视图。

⑧ 预览窗格：该窗格默认是隐藏的。如果在文件窗格中选中了某个文件，随后该文件的内容就会直接显示在预览窗格中，这样不需要双击文件将其打开，就可以直接了解每个文件的详细内容。如果希望打开预览窗格，单击窗口右上角的“显示预览窗格”按钮即可。

⑨ 细节窗格：该窗格默认是显示的。在文件窗格中单击某个文件或文件夹项目后，细节窗格中就会显示有关该项目的属性信息，单击“预览窗格”下方的“详细信息窗格”，会显示文件的创建日期、修改时间等信息。

2.4.2 任务实现

1. 任务分析

每个人的计算机都有很多文件，如果管理不当，就有可能为了找一个文件而花费很长时间，也可能因一个误操作而删除重要文件。

对文件的管理就像日常生活中的衣物或书籍一样，分类存储有助于快速查找有用文件。另外，学会利用 Windows 10 强大而且快速的搜索功能，也有利于快速找到文件。对重要文件做好备份，学会从回收站中恢复文件，可以减少因为误操作而带来的损失。

2. 实现过程

(1) 文件的归类存储及文件夹的创建

下面通过对“大学计算机”课程学习资料的存储，介绍怎样创建文件夹、怎样对文件夹命名，以及怎样对文件归类存储。

在 D 盘根目录下创建“大学计算机学习资料”文件夹，然后按级别在该文件夹下逐次创建子文件夹，分别如下：

① 在“大学计算机学习资料”文件夹下创建四个名称分别为“计算机文化与生活”“Windows 10 操作”“Office 高级应用”“计算思维基础”的子文件夹。

② 在“Office 高级应用”文件夹下创建三个名称分别为“Word”“Excel”“Ppt”的文件夹。

③ 在“Excel”文件夹下创建两个名称分别为“第 5 章 Excel 入门”和“第 6 章 Excel 高级应用”的文件夹。

④ 在“第 5 章 Excel 入门”文件夹下创建四个文件夹，名称分别为“课堂实训结果”“课堂实训素材”“习题结果”“习题素材”。

⑤“课堂实训结果”文件夹中创建四个结果文件，文件名称和类型分别如图 2-18 所示，保存在“课堂实训结果”文件夹下。

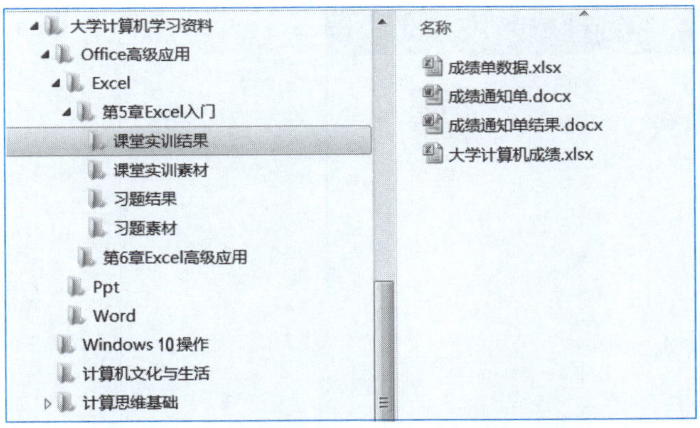

图 2-18　文件夹结构及文件夹和文件命名

操作步骤如下：

① 打开资源管理器，在资源管理器的导航窗格中选择 D 盘，在文件窗格空白处右击，在弹出的快捷菜单中选择“新建”→“文件夹”命令，如图 2-19 所示，同时将文件夹命名为“大学计算机学习资料”。

② 双击进入该文件夹后，按照步骤① 创建文件夹的方法，在该文件夹下创建四个子文件夹，名称分别为“计算机文化与生活”、“Windows 10 操作”、“Office 高级应用”和“Raptor 基础”。

③ 用同样的方法，按要求在其他文件夹下创建对应的子文件夹，并按要求命名。

④双击“课堂实训结果”文件夹，在右边文件窗格右击，在弹出的快捷菜单中选择“新建”→“Microsoft Word 文档”命令，如图 2-20 所示，创建一个 Word 文档，文件名称为“成绩通知单”。

⑤ 用同样的方法创建其他几个文件，文件类型和文件名称分别如图 2-18 所示。

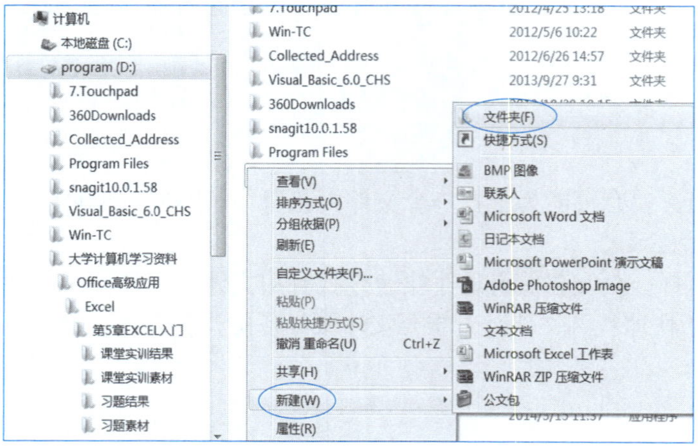

图 2-19　创建文件夹

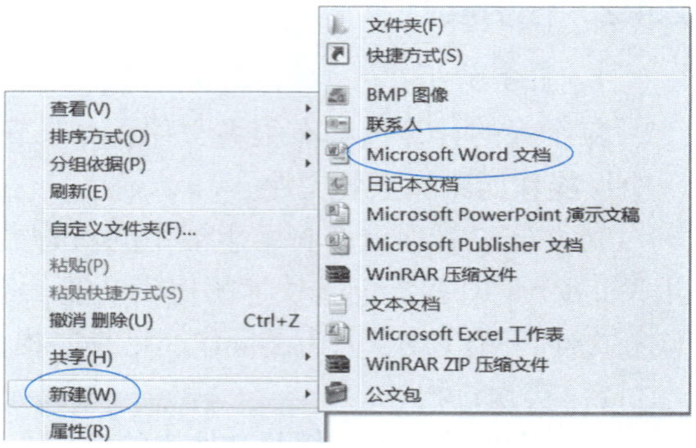

图 2-20　创建文件

（2）文件和文件夹搜索

在计算机中按下面要求搜索以下文件和文件夹：

① 利用“开始”菜单搜索 Windows 自带的“画图”程序。

② 利用“开始”菜单搜索扩展名为“.docx”的所有文件。

③ 利用搜索筛选器在 C 盘搜索名称中含有“图片”的所有文件夹和文件。

④ 利用搜索筛选器在 C 盘搜索扩展名为“.xlsx”并且在指定日期创建的文件。

操作步骤如下：

① 右击“开始”按钮或者单击“🔍”按钮，在搜索框中输入“画图 3D”，立即显示“画图 3D”相关的程序，如图 2-21 所示。

② 右击“开始”按钮或单击🔍按钮，在搜索框中输入“.docx”，扩展名为“.docx”的所有文件就会显示在窗口，如图 2-22 所示。

图 2-21　利用“开始”菜单搜索程序

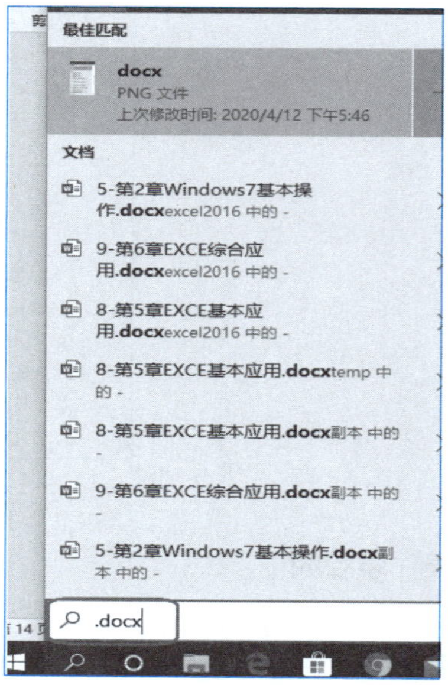

图 2-22　利用“开始”菜单搜索文件

③ 打开资源管理器，在左边导航窗格中选择 C 盘，在右上角的搜索框中输入“图片”，在文件窗格中就会显示 C 盘中包含“图片”两个字的所有文件夹和文件，如图 2-23 所示。

④ 打开资源管理器，在左边导航窗格中选择 C 盘，在右上角的搜索框中输入“.xlsx”，在弹出的对话框中

选择“修改日期”，在下拉列表中可以选择指定日期，在文件窗格中就会显示符合要求的所有文件，如图 2-24 所示。

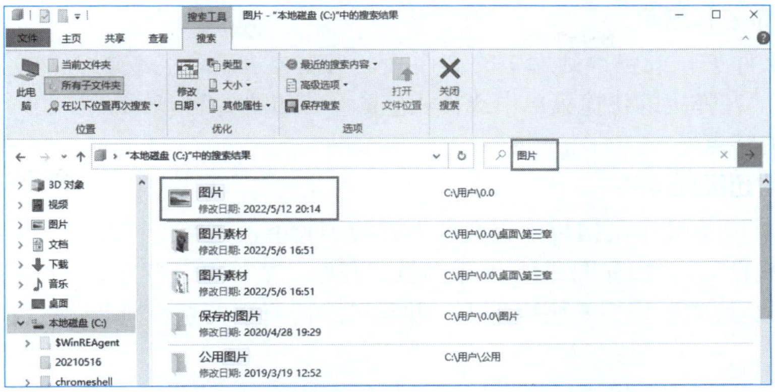

图 2-23　利用搜索筛选器搜索指定文件夹和文件

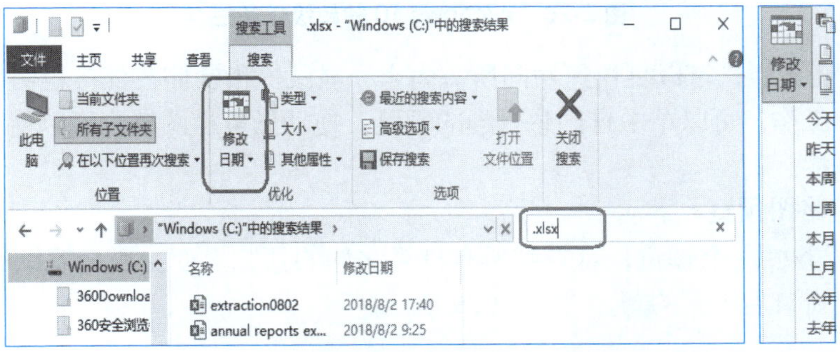

图 2-24　搜索指定要求的文件

(3) 设置共享文件夹

将 D 盘根目录下的“大学计算机学习资料”设置为共享文件夹，操作步骤如下：

① 打开资源管理器，在导航窗格中选择“大学计算机学习资料”。

② 右击该文件夹，在弹出的快捷菜单中选择“属性”命令，即可打开文件夹属性对话框，选择“共享”选项卡，如图 2-25 所示。

③ 单击“高级共享”按钮，弹出“高级共享”对话框，选中“共享此文件夹”复选框，如图 2-26 所示。

④ 依次单击“确定”按钮。

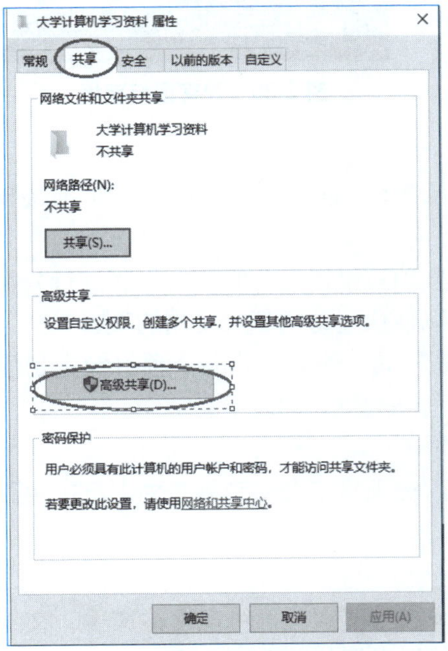

图 2-25　文件夹属性对话框

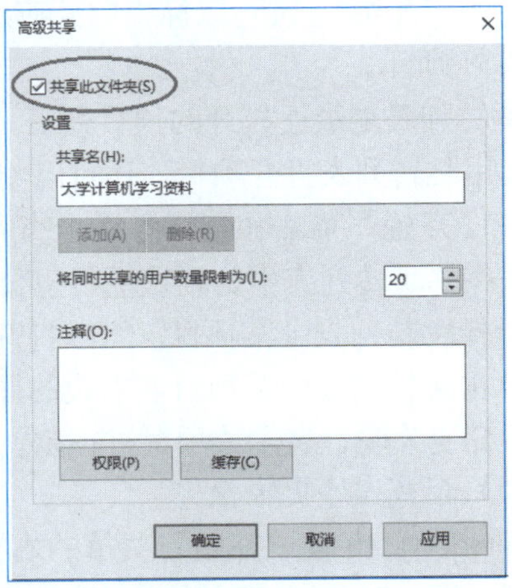

图 2-26　“高级共享”对话框

2.4.3 总结与提高

1. 文件夹的重新命名和删除

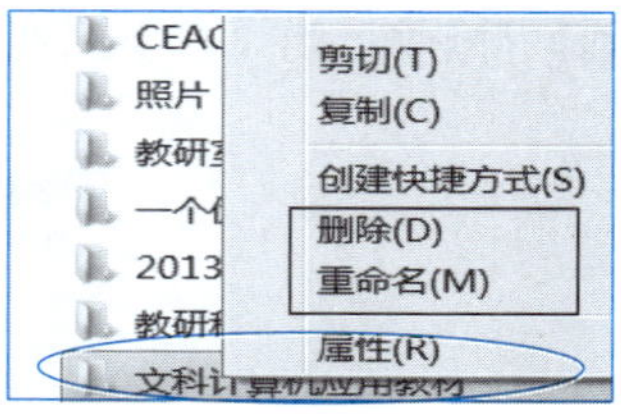

图 2-27　文件夹重新命名或删除

对于已经建立的文件夹，或包含到库中的文件夹，当需要重新命名或删除时，可右击该文件夹，在弹出的快捷菜单中选择相应命令，如图 2-27 所示。

2. Windows 10 的特点

（1）Windows 10 的超级任务栏

任务栏在 Windows 10 桌面中是指位于桌面最下方的小长条，主要由“开始”菜单、快速启动栏、应用程序区、语言选项带和托盘区组成，如图 2-28 所示。从“开始”菜单可以打开大部分安装的软件与控制面板；快速启动栏里面存放的是最常用程序的快捷方式，并且可以按照个人喜好拖动并更改；单击最右边小矩形块可以“显示桌面”。

图 2-28　Windows 10 的超级任务栏

通过 Windows 10 任务栏，可以更快速访问所需内容，当鼠标指针停在任务栏图标上方时，可以看到所打开的内容。若要开始工作，可以单击自己感兴趣的预览。拖动任务栏图标，可以使图标重新排序，也可以将常用程序附加到任务栏。

（2）实时任务栏缩略图预览

将鼠标指针指向任务栏一个按钮，可看到所有打开文件的预览界面。用户可以通过预览窗口轻松地关闭应用程序（单击预览窗口右上角的⊠），如图 2-29 所示。

（3）通知区域

位于任务栏右侧的通知区域用来显示某些应用程序的图标，还有系统音量和网络连接的图标。隐藏的图标集中放置在一个小面板中，只需单击通知区域右侧箭头就能显示，如图 2-30 所示。如果需要隐藏一个图标，只要将图标向通知区域上方空白处拖动即可；反之，如果要显示一个图标，只要将其从隐藏面板中拖回下方通知区域即可。

图 2-29　任务栏实时任务缩略图

图 2-30　隐藏图标面板

（4）跳转列表

单击“开始”按钮，鼠标指向某应用程序，或在任务栏中右击某图标，都会出现 Windows 10 的跳转列表，如图 2-31 所示。

跳转列表是最近打开的项目列表，如文件、文件夹或网站，这些项目根据打开它们的程序进行分类组织。可以使用跳转列表打开项目，还可以将收藏夹锁定到跳转列表，以便快速访问每天使用的项目。

在“开始”菜单和在任务栏上查看的跳转列表中的项目始终相同。例如，将某个项目锁定到任务栏上某个程序的跳转列表中，则该项目也会出现在“开始”菜单上该程序的跳转列表中。

选择跳转列表中某项目，可以打开对应文件。

单击跳转列表中某项目名右边的图标，如图 2-32（a）所示，该项目就会移到列表中“已固定”类下，并且图标变为，表示该项目被锁定，如图 2-32（b）所示。

（5）查找程序更轻松

Windows 10 在“开始”菜单的右方和资源管理器的右上角添加了搜索框，可以搜索文件、文件夹、库和控制面板。“开始”菜单的搜索框如图 2-33 所示，资源管理器的搜索框如图 2-34 所示。

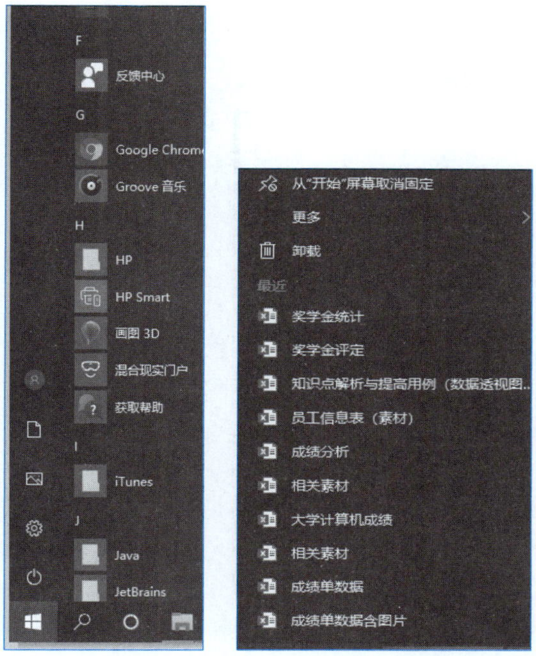

（a）“开始”菜单中的跳转列表　（b）任务栏中的跳转列表

图 2-31　跳转列表

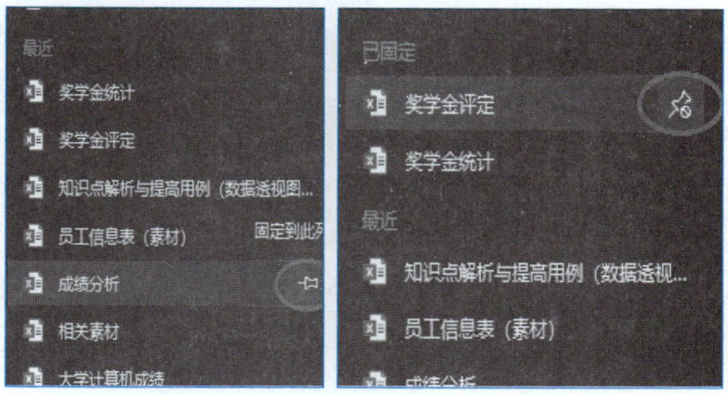

（a）未锁定　（b）已锁定

图 2-32　跳转列表中锁定图标

图 2-33　“开始”菜单的搜索框

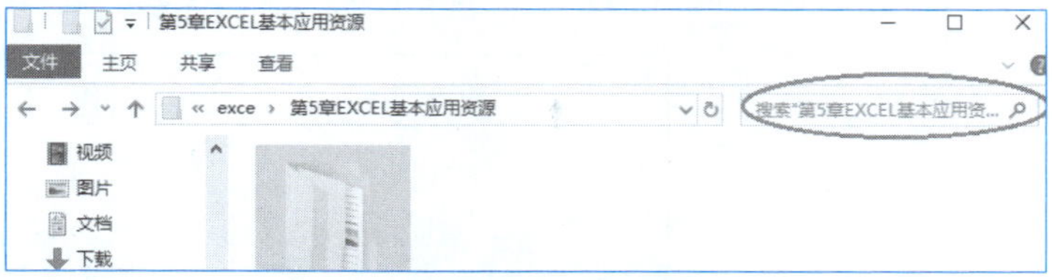

图 2-34　资源管理器的搜索框

2.5　高级管理

2.5.1　知识点解析

1. IP 地址

为了在互联网上能准确地找到某一台计算机或计算机网络，Internet 为每一台在互联网上的计算机或网络分配了一个唯一的地址，称为 IP 地址。其中，IPv4 地址长 32 位，用四个十六进制数表示，中间用点号“.”隔开；IPv6 地址长 128 位，用 32 个十六进制数表示。

2. 控制面板

控制面板（control panel）是 Windows 图形用户界面一部分，控制面板可在“开始”菜单下打开。它允许用户查看并操作基本的系统设置和控制，如添加设备、添加/删除软件、控制用户账户、进行网络设置、更改辅助功能选项等。图 2-35 所示为控制面板访问方式及界面。

2.5.2　任务实现

1. 任务分析

计算机用户除了会管理个人计算机中的文件、会定制桌面、能进行网络的设置之外，为计算机加密也是必不可少的。

Windows 系统还提供了远程桌面连接功能。当计算机开启远程桌面连接功能后，就可以被网络中的另一台计算机访问。

图 2-35　控制面板访问方式及界面

2. 实现过程

（1）查看计算机 IP 地址

① 打开“控制面板”，选择“网络和 Internet/ 查看网络状态和任务”选项，如图 2-36 所示。

图 2-36　控制面板界面

② 在图 2-37 所示的“网络和共享中心”窗口中选择“更改适配器设置”。

③ 在“网络连接”窗口中，右击“WLAN”图标，在弹出的快捷菜单中选择“属性”命令，如图 2-38 所示。

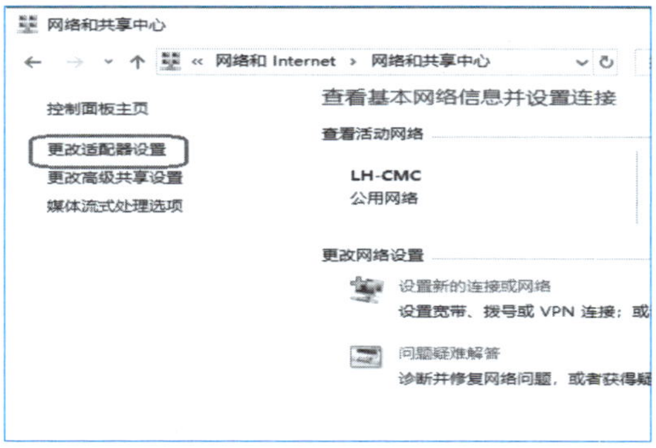

图 2-37　“网络和共享中心”窗口

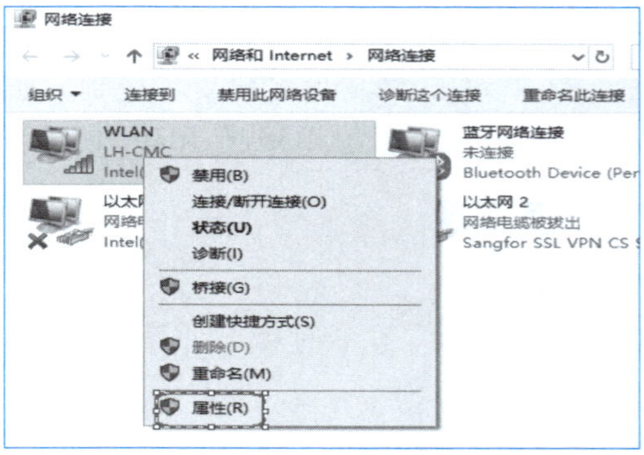

图 2-38　“网络连接”窗口

④ 在“本地连接 属性”对话框中选择“Internet 协议版本 4（TCP/IPv4）”，如图 2-39 所示，单击“属性”按钮。

⑤ 在“Internet 协议版本 4（TCP/IPv4）属性”对话框中，可以看到计算机的 IP 地址，如图 2-40 所示。

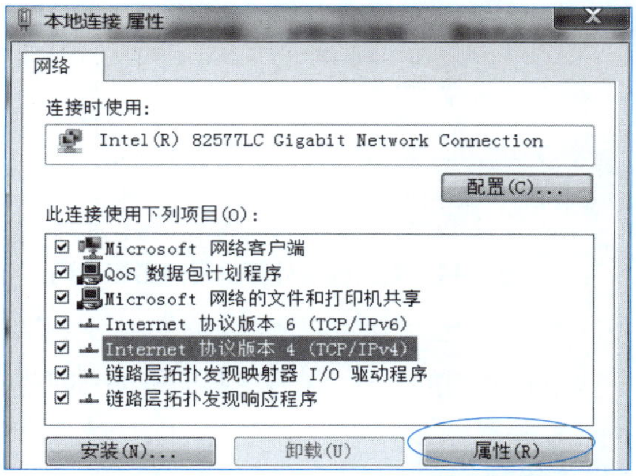

图 2-39 “本地连接 属性”对话框

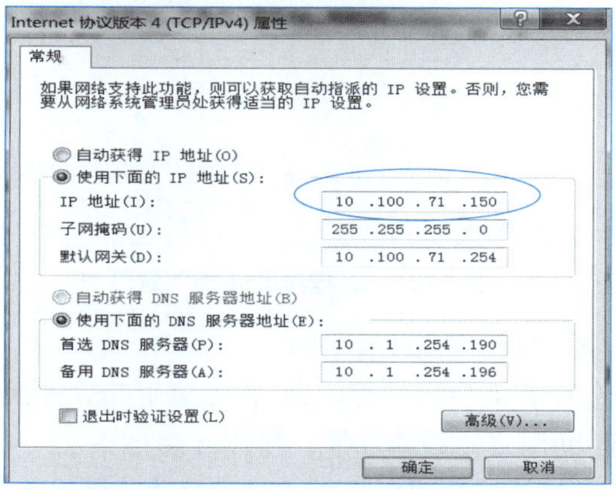

图 2-40 “Internet 协议版本 4（TCP/IPv4）属性”对话框

(2) 设置远程桌面连接功能

① 打开控制面板，选择“系统和安全”选项，在“系统和安全”窗口中选择“系统”，在“系统”窗口中选择“远程设置”，如图 2-41 所示。

② 在“系统属性”对话框中选择“允许远程协助连接这台计算机”和“允许此计算机被远程控制”复选框，如图 2-42 所示，最后单击“应用”按钮。

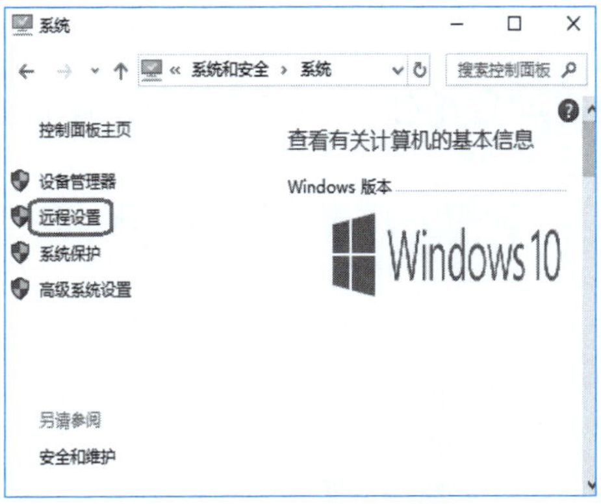

图 2-41 “系统”窗口

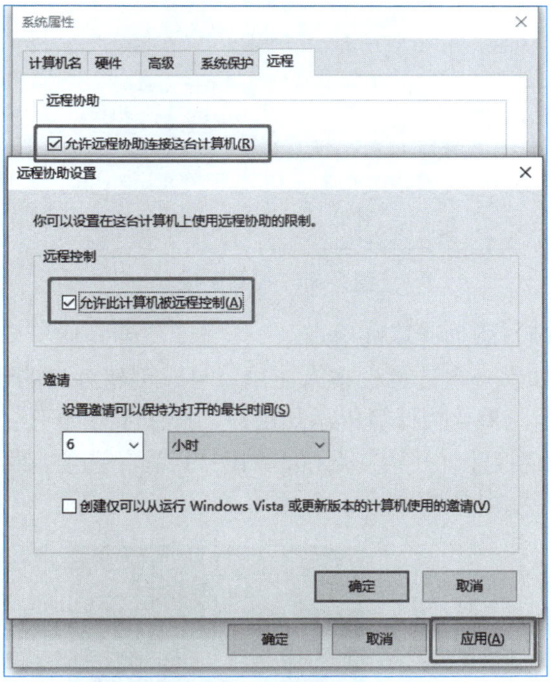

图 2-42 “系统属性”对话框

(3) 访问远程计算机

对于已经设置了远程桌面连接功能的计算机，可在局域网内的其他计算机中进行访问（确保远程计算机打开且不处于睡眠状态），操作步骤如下：

① 在“开始”菜单的搜索框中输入命令“mstsc”，打开“远程桌面连接”窗口，如图 2-43 所示。

② 在“远程桌面连接”窗口输入远程计算机的 IP 地址，单击“连接”按钮，待连接成功后，输入远程计算机的用户名和密码，如图 2-44 所示。

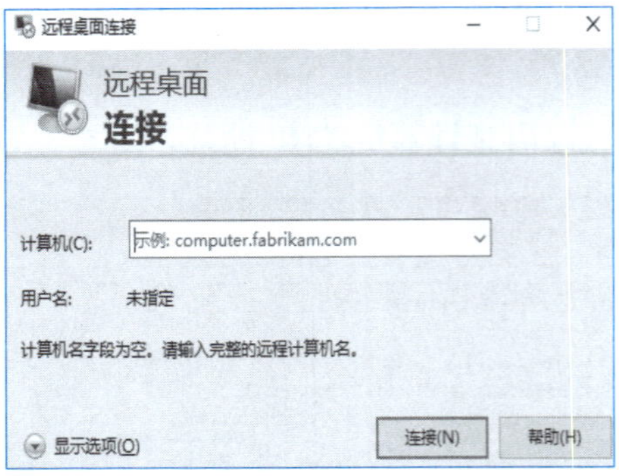

图 2-43 “远程桌面连接”窗口

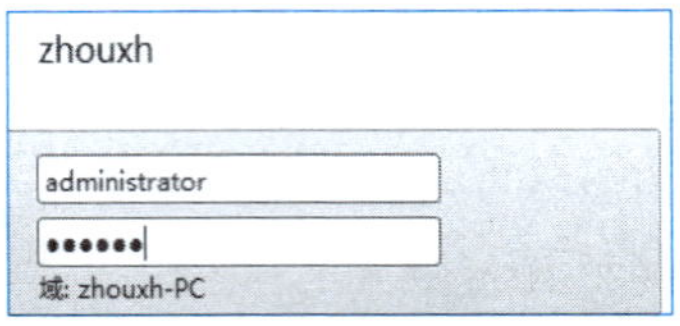

图 2-44 输入远程计算机用户名和密码

（4）卸载应用软件

在计算机使用过程中，经常需要更新软件版本或删除一些不再使用的软件，利用控制面板的“卸载程序”可以帮助用户完成该功能，操作步骤如下：

① 打开控制面板，单击“程序 / 卸载程序”选项，如图 2-45 所示。

② 在打开的“程序和功能”窗口中，右击要卸载的程序，在弹出的快捷菜单中选择“卸载”命令，如图 2-46 所示。

图 2-45 控制面板

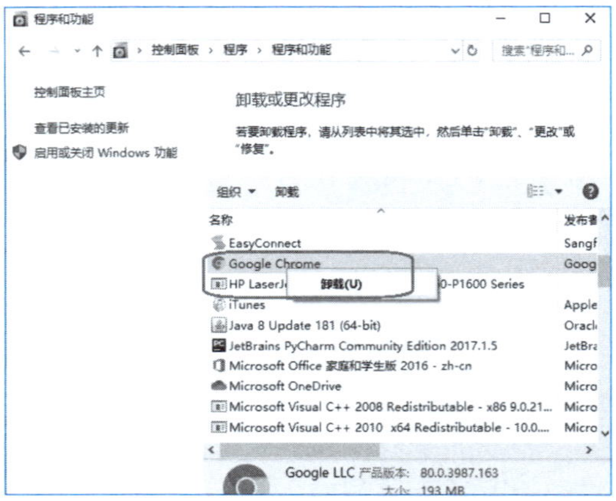

图 2-46 “程序和功能”窗口

（5）添加计算机用户

如果一台计算机多人使用，可以创建各自的账户并设置密码，这样别人就看不到存放在硬盘上的资料了，因此需要为计算机添加用户，操作步骤如下：

① 打开“开始”菜单，单击“设置”选项，然后选择“账户”，在弹出的菜单中选择“家庭和其他用户”选项，如图 2-47 所示。

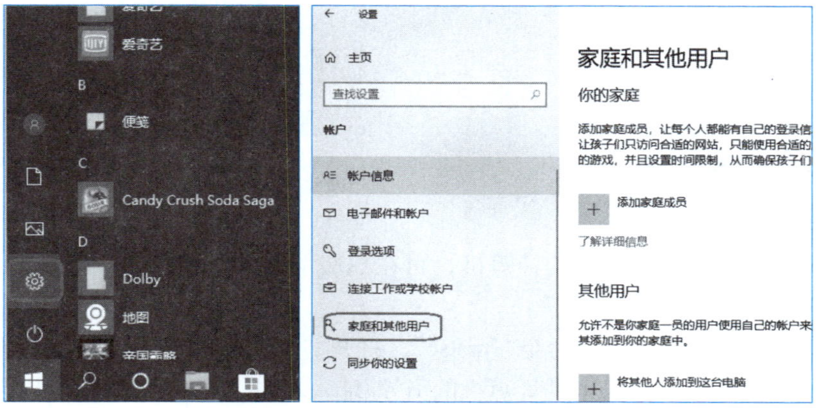

图 2-47 “开始”菜单的“设置”选项

② 在打开的“设置”对话框中选择“其他用户”选项，然后在右窗格单击“将其他人添加到这台电脑”命令，选择“我没有这个人的登录信息”，如图 2-48 所示，单击“下一步”按钮。

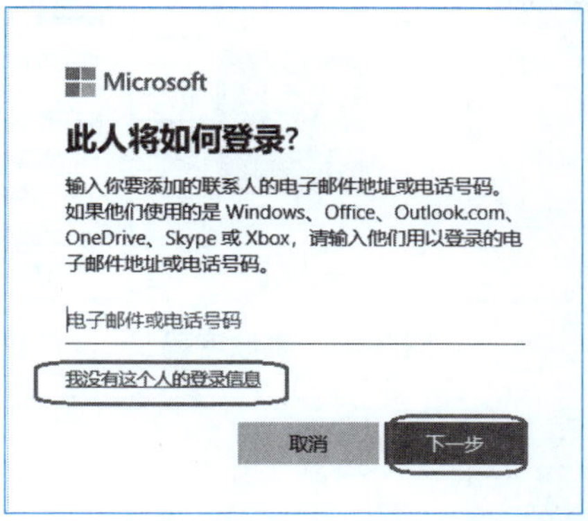

图 2-48　在“设置”对话框新建用户

③ 在“创建账户”对话框中，单击“添加一个没有 Microsoft 账户的用户”选项，输入新建账户的用户名和密码，如图 2-49 所示。

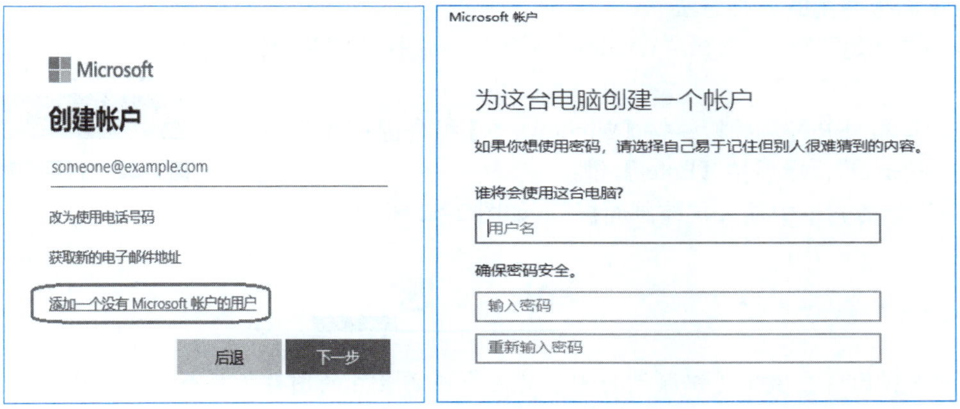

图 2-49　创建新用户

(6) 更改计算机密码

为了个人计算机的安全，有必要不定期地更改计算机的密码，操作步骤如下：

① 打开控制面板，选择“用户账户”选项下的“更改账户类型”选项，如图 2-50 所示。

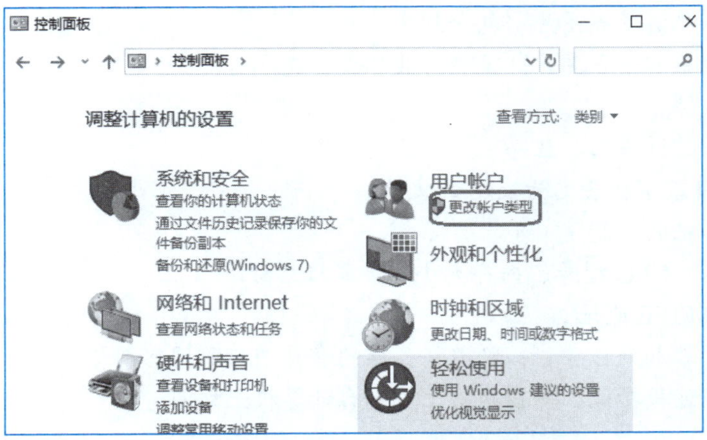

图 2-50　更改账户类型

② 在“管理账户”对话框中选择要更改密码的用户，在弹出的“更改账户”对话框中选择“更改密码”，在弹出的对话框中按向导提示操作，如图 2-51 所示。

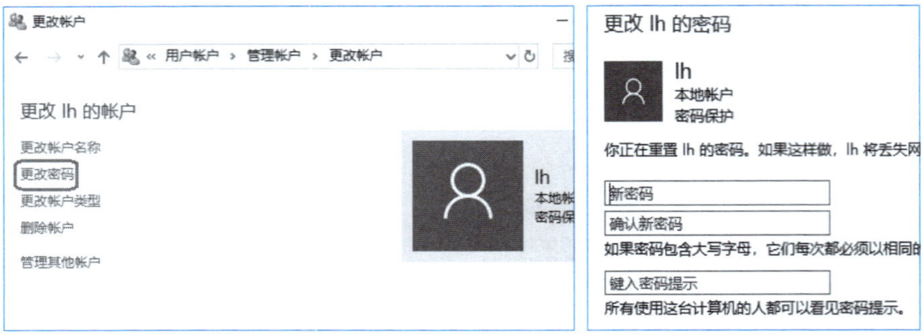

图 2-51　更改密码

2.5.3　总结与提高

1. 设置远程桌面连接功能注意事项

设置了远程桌面连接功能的计算机，网络上的任何一台计算机都可以访问它，所以，远程计算机的密码设置尤为重要，最好不要使用生日、姓名等容易识别的信息作为密码。

另外，远程计算机一旦处于睡眠状态，将无法远程访问。

2. 打开控制面板常用的三种方法

方法一：单击“开始”菜单，选择“Windows 系统”，再选择“控制面板”命令。

方法二：使用运行打开控制面板。按【Windows+R】组合键打开“运行”框。输入“control panel”，然后按【Enter】键。

方法三：在开始搜索框中输入“控制面板”，如图 2-52 所示。

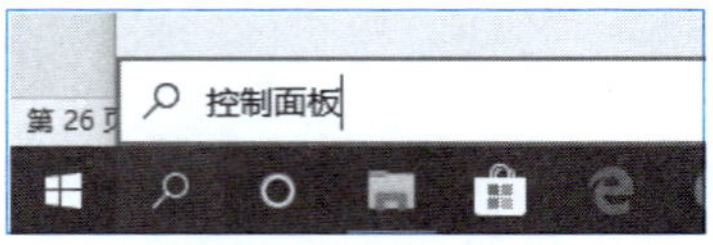

图 2-52　利用搜索框打开控制面板

习　题

1. 请在网上下载你所在城市（以深圳为例）的五个旅游景点的图片（每个景点不少于六张图片），按要求操作：

（1）为每张图片添加标记（拍摄地点）。

（2）创建文件夹“深圳旅游景点图片”，在该文件夹下再分别创建五个子文件夹，文件夹名称为上面下载的旅游景点名称。

（3）按拍摄地点将图片分别存储在对应文件夹。

（4）将文件夹“深圳旅游景点图片”包含到库。

（5）将文件夹“深圳旅游景点图片”设置为共享文件夹。

2. 按要求搜索指定文件：

（1）搜索计算机上的“计算器”程序。

（2）搜索 Windows 目录下扩展名为 .exe 的文件。

3. 查看当前所用计算机的信息：

（1）操作系统的版本、CPU 型号、内存大小、计算机名称。

（2）查看当前计算机的 IP 地址。

4. 将“计算器”程序添加到任务栏，隐藏任务栏的音量图标和网络图标。

5. 设置计算机的远程连接功能，并在网络上另一台计算机上访问。

第 3 章

WPS Office 文字文稿基本应用——招聘启事

3.1 项目分析

李丽是校学生会宣传部干事，为做好今年校学生会的换届选举工作，学生会主席让李丽负责本次招聘宣传工作，学生会主席提出了如下的要求 ：

① 制作招聘启事。

② 设计职务申请表。

③ 将学生会各部门职责及相关介绍做成一个简单的宣传画册。

李丽经过多方学习和请教，终于做出了一份满意的招聘启事，效果如图 3-1 和图 3-2 所示。

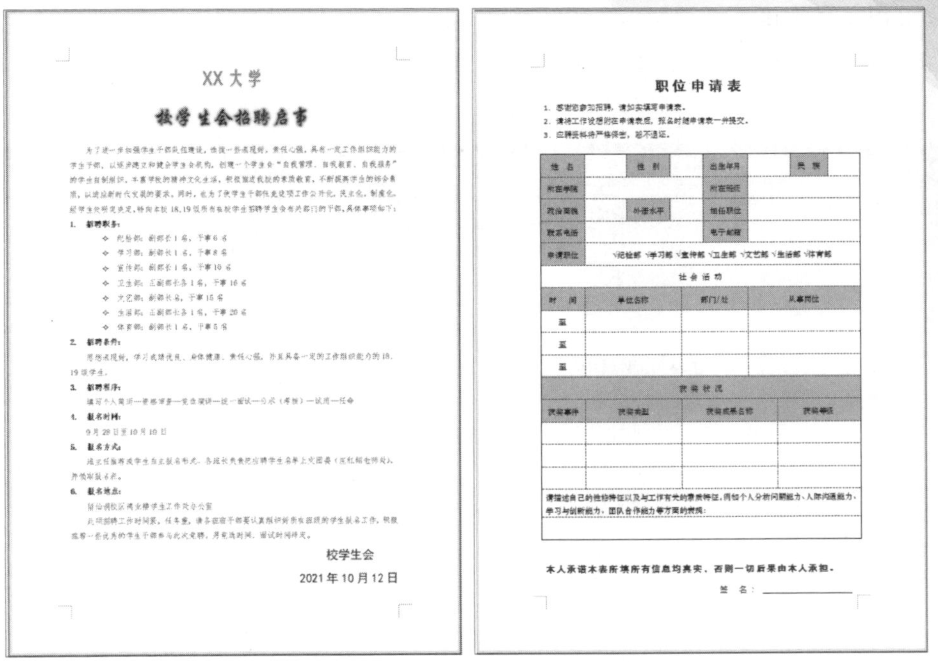

图 3-1 招聘启事及职务申请表效果

图 3-2　各部门简介宣传画册效果

3.2　招聘启事的制作

3.2.1　知识点解析

1. WPS Office 简介

WPS Office 是一款由金山公司开发的集文字文稿、表格文稿、演示文稿为一体的信息化办公平台。WPS 秉承兼容、开放、高效、安全的原则，拥有强大的文档处理能力，符合现代中文办公的需求。

2. WPS Office 文字文稿工作界面

如图 3-3 所示，WPS Office 的文字文稿工作界面由快速访问工具栏、标题栏、功能区选项卡、文档编辑区、状态栏等组成。

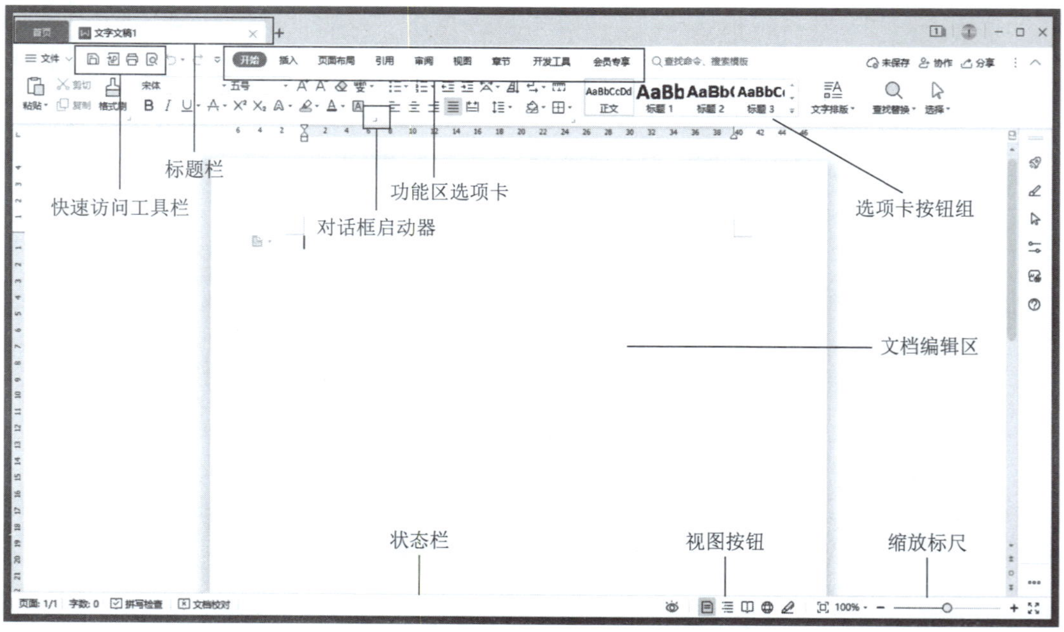

图 3-3　WPS Office 文字文稿工作界面

① 快速访问工具栏：单击其中的快捷图标按钮，可以快速执行相应的操作。

② 标题栏：用于显示当前文字文稿的名称。

③ 功能区选项卡：按功能分为“开始”“插入”“页面布局”等功能区选项卡。

选项卡命令组：每个选项卡下有许多自动适应窗口大小的按功能划分的组，称为选项卡命令组。某些命令组的右下角会有一个对话框启动器 ⌟，单击它将打开相关的对话框或任务窗格，可进行更详细的设置。

④ 文档编辑区：文字文稿的编辑区域。

⑤ 状态栏：位于窗口下方，用于显示当前文档的页数、字数、使用语言、输入状态、视图切换方式和缩放标尺等信息，可通过右键快捷菜单显示或隐藏相应的状态信息。其中，视图按钮 用于切换文档的视图方式。缩放标尺 100% - + 用于调整当前文档的显示比例。

3. 文字文稿的新建与保存

启动 WPS Office，单击图 3-4 所示的“新建”按钮，在弹出的图 3-5 所示“新建”窗口中，单击“文字”下的“新建空白文字”，就新建了一个 WPS Office 文字文稿，默认文件名为“文字文稿 1”。

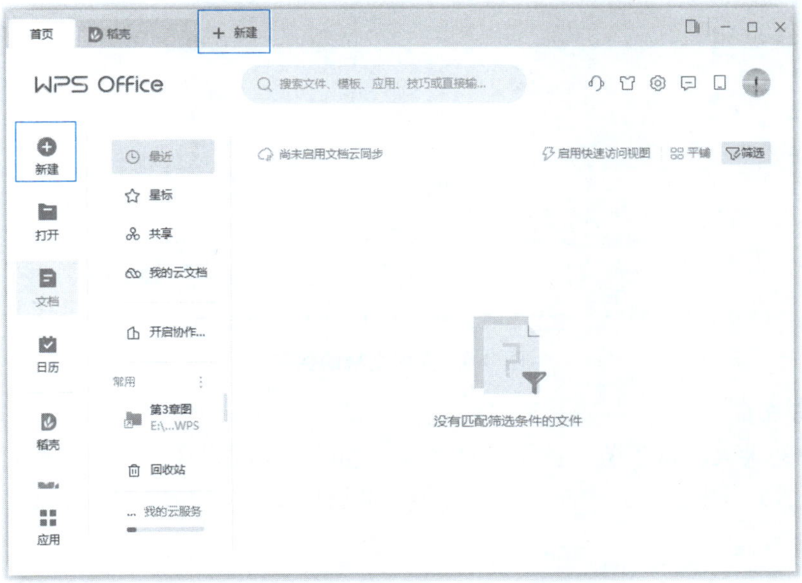

图 3-4　新建文字文稿步骤 1

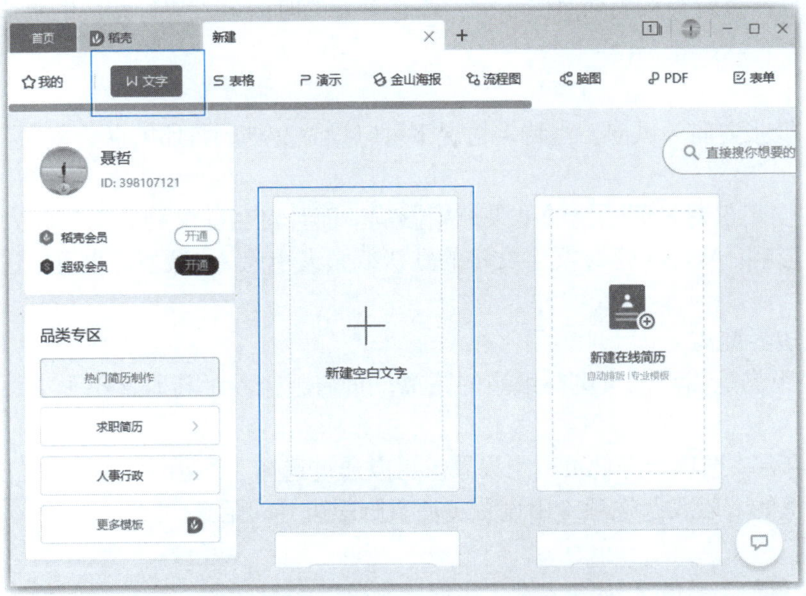

图 3-5　新建文字文稿步骤 2

要保存文字文稿，可以单击快速访问工具栏中的“保存”按钮，或者单击“文件”选项卡中的“保存”

按钮，弹出图 3-6 所示的“另存文件”对话框。

① 系统默认文字文稿存放位置为“WPS 网盘”。要存放到本地磁盘，可以单击“我的电脑”，选择需要存放的位置。

② 为便于与其他文字文稿软件交换文件，存放的文件类型通常选择“Microsoft Word 文件 (*.docx)”。

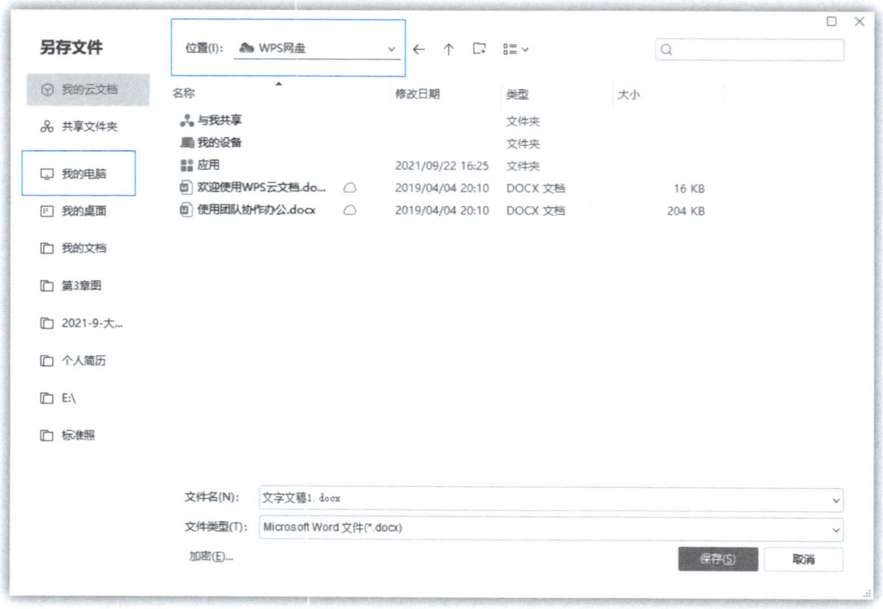

图 3-6　文字文稿的保存

4. 文档中的页面布局

在进行文字文稿的录入、排版前，首先要对其版面进行相应的设计，其中，页面设置是非常重要的一个环节。页面设置包括页边距、纸张方向、纸张大小、页眉与页脚距边界距离等信息。图 3-7 所示为文档页面设置示意图。

(1) 页边距

页边距就是字的范围和纸的边的距离。通常，页边距的值与文档版面范围的设置密切相关，根据纸张类型、纸张方向、页眉、页脚等相关信息的不同，需在开始的时候就设置好相应的页边距，完成对版面的整体设计。

(2) 纸张方向

在默认状态下，纸张方向为纵向，当特定情况下可以设置文档的打印方向为横向，如宽表格。

(3) 纸张大小

纸张的大小和方向不仅对打印输出的结果产生影响，而且对当前文档的工作区大小和工作窗口的显示方式都会产生直接的影响。WPS Office 文字文稿的默认纸张大小为 A4 纸型，也可以选择不同纸型，或自定义纸张的大小。

(4) 页眉页脚距边界距离

页眉页脚距边界距离是指页眉页脚与纸边的距离。页眉距边界距离通常小于上页边距，页脚距边界距离通常小于下页边距。

可以通过“页面布局”选项卡进行页边距设置。可以通过选择“页边距”按钮的“自定义页边距”命令，在“页面设置”对话框的“版式”选项卡中设置页眉页脚距边界的距离。

5. 字体格式

字体格式是指对各种字符的大小、字体、字形、颜色，字符间距，字符之间的上、下位置等，还可以通过更改文字的阴影、倒影、发光、三维格式等更改文字的外观，使文字看起来更加美观。可以通过“开始”选项卡进行字体格式设置。

6. 段落格式

段落格式是指以段落为单位所进行的格式设置，凡是以段落标记“↵”结束的一段内容都称为一个段落，按【Enter】键将产生一个新的段落。可以在“开始”选项卡中的“段落”组中设置段落的对齐方式、段落的缩进、行间距以及段间距使得文本更为美观。图 3-8 所示为段落设置示意图。

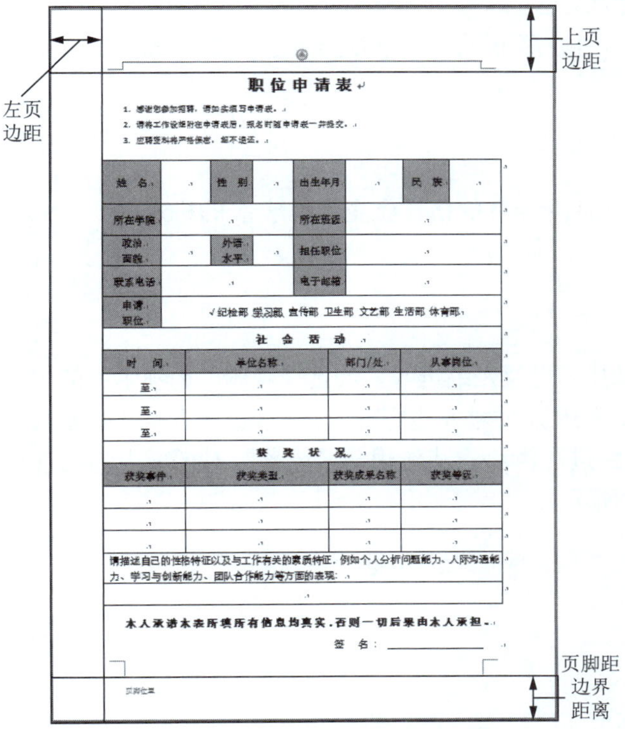

图 3-7　文档页面设置示意图

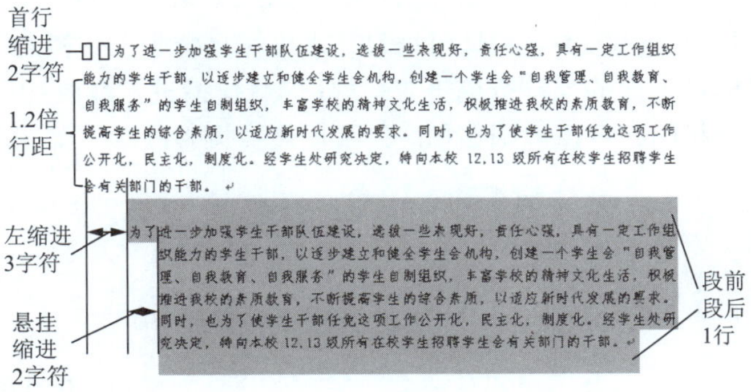

图 3-8　段落设置示意图

7. 选择文本

处理文本的首要步骤就是选择需要的文本，选中文本后方可进行复制、移动、设置字体或段落格式等操作，完成操作后或决定退出选择状态时，可以单击文档中任意位置以取消选中状态。文本的选择方式见表 3-1。

表 3-1　文本的选择方法

选择目标	方　法
单个词语	双击该词
单独一行	在该行左侧页边距区域单击
单独一段	三击该段中的某一词或双击该段左侧页边距区域
文档中的一部分	在需要选中的文本开始处单击，然后按住鼠标左键拖至需选中文本的结尾处
不连续的若干行	按住【Ctrl】键不松手，在对应行的左侧页边距区域单击
不连续的若干段	按住【Ctrl】键不松手，三击对应段中的某一词或双击该段左侧页边距区域
大段文本	在需要选中的文本开始处单击，然后按住【Shift】键单击选中文本的末尾
整个文档	在左侧页边距区域三击

8. 格式刷

“格式刷”按钮位于“开始”选项卡，用它“刷”格式，可以快速将指定段落或文本的格式沿用到其他段落或文本上。

将文字块 A 的格式应用到文字块 B 的步骤如下：

① 采用表 3-1 的方法，选定文字块 A。

② 单击“格式刷”按钮，此时，“格式刷”按钮底纹为灰色。

③ 将鼠标指向文字块 B 的起始位置，按下鼠标左键不松手，拖动鼠标到文字块 B 的结束位置，松开鼠标，这时文字块 B 的格式已变为文字块 A 的格式。

将段落 A 的格式应用到段落 B 的步骤如下：

① 将鼠标指针定位到段落 A 的任意位置。

② 单击“格式刷”按钮，此时，“格式刷”按钮底纹为灰色。

③ 将鼠标指向段落 B 的任意位置，按下鼠标左键，这时段落 B 的格式已变为段落 A 的格式。

将段落 A 的格式应用到段落 B、C、D 的步骤如下：

① 将鼠标指针定位到段落 A 的任意位置。

② 单击“格式刷”按钮两次。

③ 将鼠标指向段落 B 的任意位置，按下鼠标左键，这时段落 B 的格式已变为段落 A 的格式。

④对段落 C 和段落 D 重复上一步骤。

⑤ 按【Esc】键，结束格式刷。

9. 标尺

使用标尺，可以快速设置页边距、制表位、首行缩进、悬挂缩进及左缩进等。勾选“视图”选项卡中的“标尺”复选框 标尺，可显示标尺。水平标尺位于工具栏的下方，标尺从文档左边距度量，而不是从边界开始度量。标尺上面的“首行缩进”滑块、“悬挂缩进”滑块和“右缩进”滑块，其作用与“段落”对话框中的缩进功能相同，可通过调整相应的滑块快速调整段落，如图 3-9 所示。

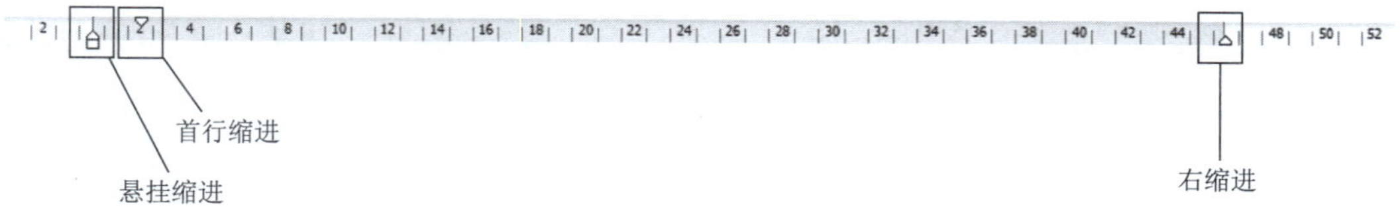

图 3-9　标尺

10. 显示 / 隐藏编辑标记

在编辑文档时，可以通过“开始”选项卡中的“显示 / 隐藏编辑标记”下拉按钮，选择“显示 / 隐藏段落标记”来显示或隐藏段落标记。段落标记也称段落控制符，是用来控制文档的段落显示方式的，不会出现在打印稿上。段落标记通常包括回车符号、分页符、分节符等，可以通过单次单击“显示 / 隐藏编辑标记”来显示段落标记，双次单击“显示 / 隐藏编辑标记”来隐藏段落标记。

单击或双击“显示 / 隐藏编辑标记”下拉列表中的“显示 / 隐藏段落布局按钮”，还可以显示或隐藏段落布局。在显示段落布局的情况下，当鼠标指针定位到某一段落时，该段落前面会出现按钮，单击该按钮，段落会被选中并出现相关的段落布局控制符，如图 3-10 所示。可以通过段落布局控制符调整段前间距、段后间距、首行缩进、悬挂缩进等段落布局格式。同时，在选项卡区也会出现“段落布局”选项卡。

可以通过单击图 3-10 的按钮退出段落布局状态。单击按钮的下拉按钮，还可以清除段落的段前间距、段后间距、首行缩进、悬挂缩进等段落布局格式。

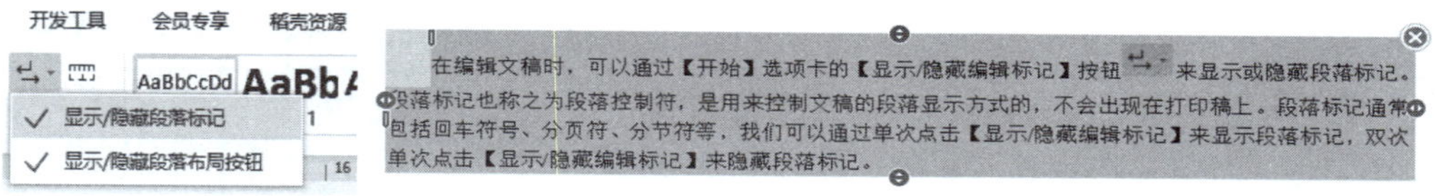

图 3-10　段落布局

11. 内容输入

(1) 生僻字的录入

文档编辑有时会遇到一些生僻字，如“禔”“翀”“喆”“懋”“碶”等。这些字用常用的输入法较难输入，利用 WPS Office 内置插入法，只要录入生僻字的偏旁部首，即可查到包含该偏旁的所有按笔画顺序排列的生僻字。

如图 3-11 所示，要录入“忎”，可先录入“心”字，选中该字，单击“插入”选项卡中的“符号”下拉按钮，选择“其他符号”，在弹出的“符号”对话框中选择“忎”，单击“插入”按钮，即在文档当前位置插入了“忎”字。

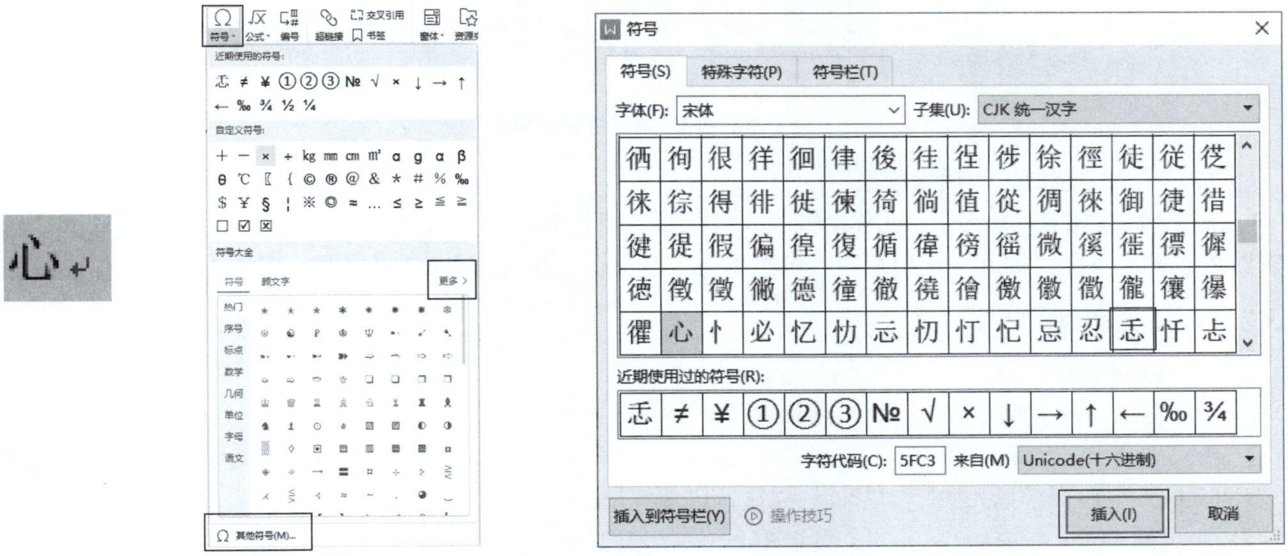

图 3-11 “忎”字的录入过程

(2) 特殊符号的录入

对于无法通过键盘上的按键直接录入的符号，通过单击图 3-12 所示的“更多”按钮，打开图 3-12（a）所示 WPS Office 的“符号大全”面板来选择需要的符号。如果仍没有找到需要的字符，可以单击“更多”按钮，打开图 3-12（b）所示的“符号”对话框，通过选择不同字体来查找需要的字符。例如，很多常用的项目符号都会在字体 Wingdings 集中找到。

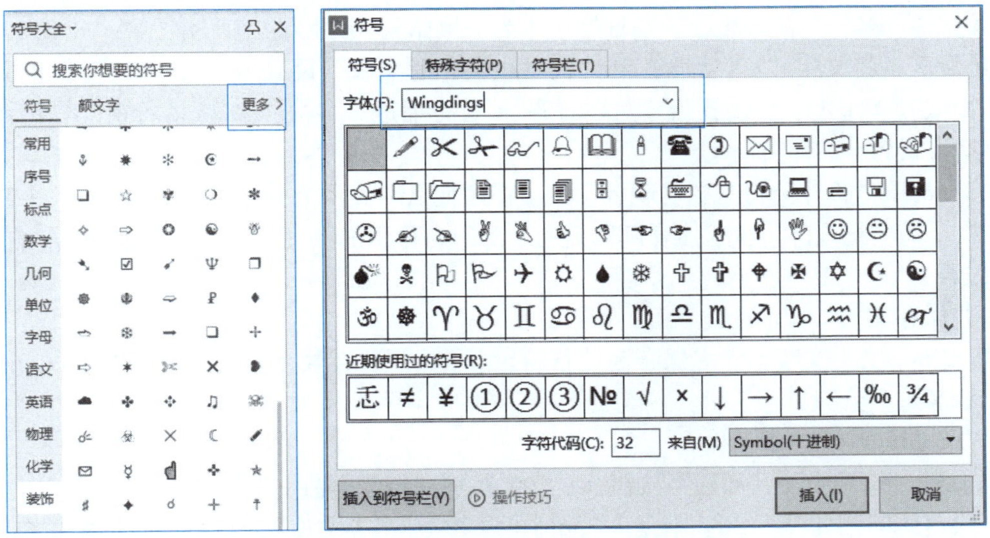

(a) (b)

图 3-12 特殊符号的录入

(3) 日期与时间的插入

要在文字文稿时插入当前日期或时间，可直接单击“插入”选项卡中的“日期”按钮，在弹出的“日期和时间”对话框中选择需要的格式。

12. 项目符号及编号

文档编辑时，对于并列的内容，可以通过设置项目符号或编号，使得文档更具条理性，如图 3-13 所示。“开始”选项卡中的按钮用于设置项目符号，按钮用于设置编号。

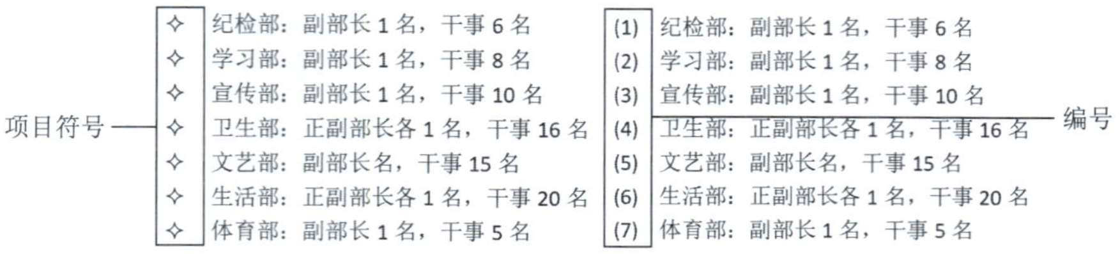

图 3-13　项目符号及编号

13. 插入“空白页”预设版面

对于短文档的排版，由于页数比较少，可以预先通过插入“空白页”的方式预留版面，便于各个版面的整体设计。可在“插入”选项卡中，多次单击“空白页”按钮生成空白页面。

3.2.2　任务实现

1. 任务分析

制作图 3-1 所示的校学生会的招聘启事，要求：

① 新建并保存文档。命名为“招聘启事 .docx”，保存到 D 盘的“我的 WPS Office 文字文稿”文件夹下。

② 插入空白页。插入四个空白页，并显示段落标记。

③ 页面设置。纸张大小为 A4；页边距上、下为 2.2 cm，左、右为 2.8 cm；纸张方向为纵向，页眉距边界的距离为 1.6 cm，页脚距边界的距离为 1.8 cm。

④录入文字文稿。包括文档标题、正文及日期。

⑤ 格式化字体。“XX 大学”字体为“方正姚体”，字号为“小一”，加粗，文字效果为“艺术字”的“填充 - 矢车菊蓝，着色 1，阴影”；“校学生会招聘启事”字体为“华文行楷”，字号为“一号”，加粗。文字效果为“阴影”-“外部 - 右下斜偏移”，“发光”-“矢车菊蓝，5 pt 发光，着色 1”，“三维格式”-“深度 - 颜色与‘XX 大学’文字的颜色一致，大小 4.5 磅”-“曲面图 - 颜色与‘XX 大学’文字的颜色一致，大小 0.5 磅”，“材料”-“标准 - 亚光效果”；正文部分（“为了进一步”～“面试时间待定。”）字体为“仿宋”，字号为“五号”。“校学生会”及日期字体为“黑体”，字号为“三号字”。

⑥ 格式化段落。将文字“XX 大学”和“校学生会招聘启事”设置为“居中对齐”；正文部分（“为了进一步”～“面试时间待定。”）设置为“两端对齐”“首行缩进 2 字符”“1.25 倍行距”；最后两段文字“校学生会”和日期设置为“右对齐”。

⑦ 插入编号与项目符号。将“招聘职务”～“报名地点”等六个具体事项文字添加“1.2.3.…”样式的编号并设置加粗；为“纪检部”～“体育部”等七个部门名称添加项目符号◇，并增加段落缩进量。

2. 实现过程

(1) 新建并保存文档

新建 WPS Office 文字文稿，命名保存为“招聘启事 .docx”，存放在 D 盘“我的 WPS Office 文字文稿”文件夹。操作步骤如下：

① 启动 WPS Office。

② 单击“文件”选项卡→“新建”按钮→“文字”→“新建空白文字”，新建一个文字文稿。

③ 单击“快速访问工具栏”中的“保存”按钮，在弹出的“另存文件”对话框的左边导航窗格中，选择“我的电脑”，找到 D 盘“我的 WPS Office 文字文稿”文件夹。

④ 输入文件名“招聘启事”，文件类型选择“Microsoft word 文件 (*.docx)”，如图 3-14 所示，单击“保存”按钮。

(2) 插入空白页

① 单击“插入”选项卡的“空白页”按钮三次，生成四个空白页，再按【Ctrl+Home】组合键将光标定位到文档起始位置。

② 单击“开始”选项卡的“显示 / 隐藏编辑标记”下拉列表中的“显示 / 隐藏段落标记”命令，在“显示 / 隐藏段落标记”被勾选的情况下，可以看到各页的“分节符（下一页）”标识。

图 3-14　保存文件

（3）页面设置

对“招聘启事.docx”进行页面设置。纸张大小为 A4；页边距上、下为 2.2 cm，左、右为 2.8 cm；纸张方向为纵向，页眉距边界的距离为 1.6 cm，页脚距边界的距离为 1.8 cm，如图 3-15 所示，操作步骤如下：

① 单击“页面布局”选项卡，设置页边距为上、下 2.2 cm，左、右 2.8 cm。

② 单击“纸张方向”下拉按钮，选择“纵向”。

③ 单击“纸张大小”下拉按钮，选择“A4”。

④ 单击“页边距”下拉按钮，选择“自定义页边距”，弹出“页面设置”对话框。

⑤ 选择“版式”选项卡，设置距边界页眉 1.6 cm，页脚 1.8 cm，单击“确定”按钮。

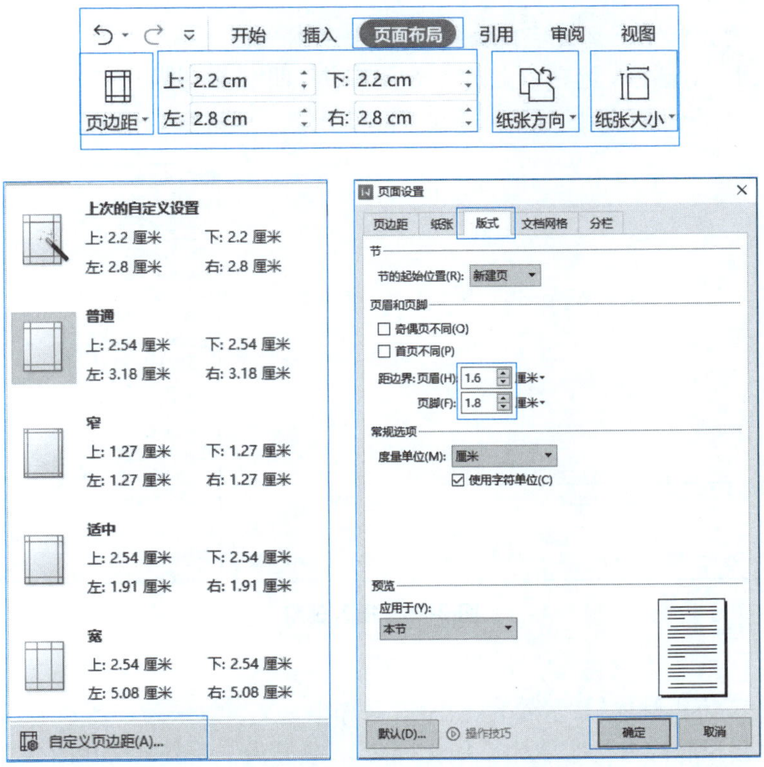

图 3-15　页面设置

（4）录入文字文稿信息

从键盘录入前两行标题，正文部分利用“插入”选项卡的“对象”下拉列表中的“文件中的文字”，从素材文件“招聘启事文稿素材 1.docx”中插入，正文中“庄红娼”老师的“娼”字利用插入特殊符号的方式录入，文字文稿结尾处插入自动更新的日期和时间，效果如图 3-16 所示。操作步骤如下：

① 将光标定位到第 1 页分页符前（此时状态栏最左边显示“页面：1/4”），输入文字“XX 大学”，按【Enter】键，输入“校学生会招聘启事”，按【Enter】键。

② 如图 3-17 所示，单击“插入”选项卡中的“对象”下拉按钮，选择“文件中的文字”，打开“插入文件”对话框，选择“招聘启事文稿素材 1.docx”，单击“插入”按钮。

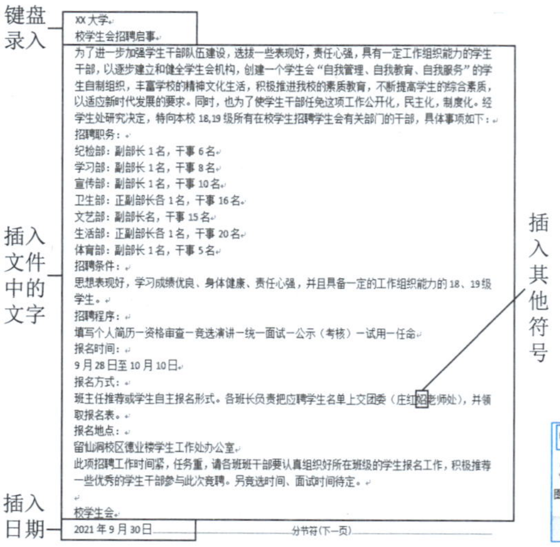

图 3-16　文字文稿信息录入图解

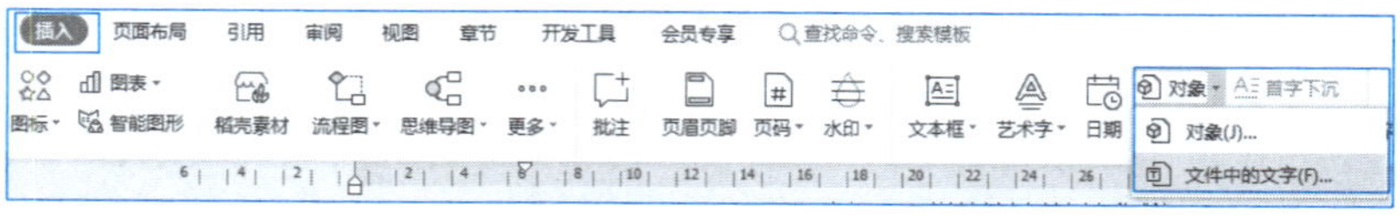

图 3-17　插入文件中的文字

③ 在“庄红老师处”的“红”字后面输入并选择“女”字，单击“插入”选项卡的“符号”下拉列表中的“其他符号”，打开“符号”对话框，可以看到带“女”字旁的很多汉字，找到“娼”字，单击“插入”按钮。

④ 如图 3-18 所示，将光标定位到文字文稿结尾处（“校学生会”下一行），单击“插入”选项卡中的“日期”按钮，打开“日期和时间”对话框，选择中文语言及所需的日期格式，并勾选“自动更新”复选框，单击“确定”按钮。

图 3-18　插入日期

（5）格式化字体

“XX 大学”字体为“方正姚体”，字号为“小一”，加粗，文字效果为“艺术字”的“填充 - 矢车菊蓝，着色 1，阴影”；“校学生会招聘启事”字体为“华文行楷”，字号为“一号”，加粗，文字效果为“阴影”-“外

部 - 右下斜偏移”，“发光” - “矢车菊蓝，5 pt 发光，着色 1”，“三维格式” - “深度 - 颜色与‘XX 大学’文字的颜色一致，大小 4.5 磅” - “曲面图 - 颜色与‘XX 大学’文字的颜色一致，大小 0.5 磅”，“材料” - “标准 - 亚光效果”；正文部分（“为了进一步”～“面试时间待定。”）字体为“仿宋”，字号为“五号”，首行缩进 2 字符，1.2 倍行距。设置操作步骤如下：

① 如图 3-19 所示，选中文字“XX 大学”，单击“开始”选项卡，选择字体为“方正姚体”，字号为“小一”，单击字体加粗按钮（按钮底色变为灰色）。设置“文字效果”为“艺术字”的“填充 - 矢车菊蓝，着色 1，阴影”。

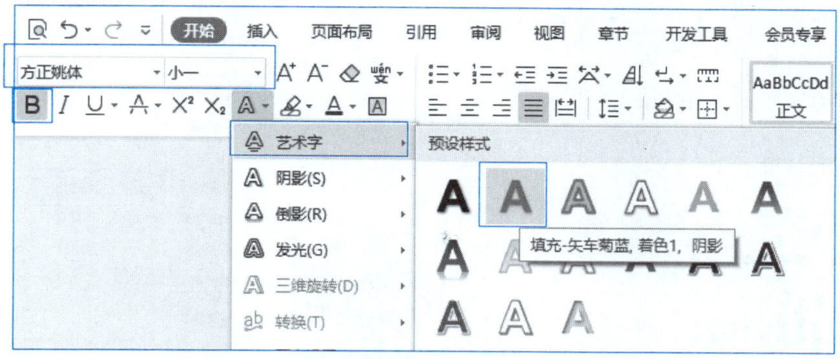

图 3-19　设置“XX 大学”文字格式

② 选择文字“校学生会招聘启事”，设置字体为“华文行楷”，字号为“一号”，加粗，单击“开始”选项卡中的“文字效果”下拉按钮，选择“更多设置”命令，在屏幕右边弹出“属性”面板。

③ 如图 3-20 所示，设置“阴影”为“外部 - 右下斜偏移”，设置“发光”为“矢车菊蓝，5 pt 发光，着色 1”。

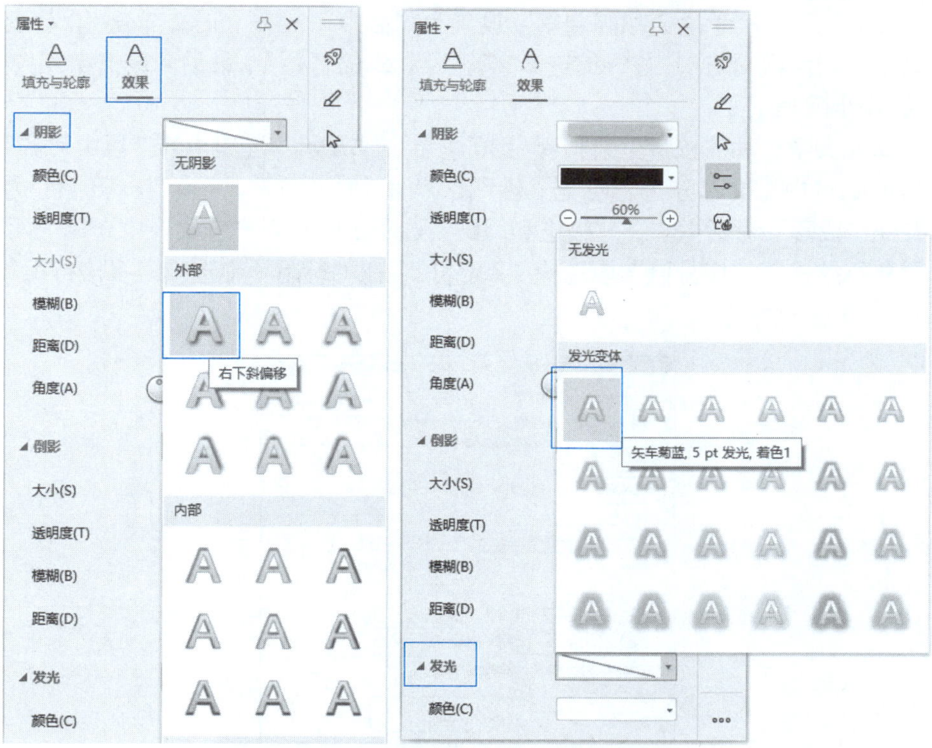

图 3-20　设置文字的阴影和发光效果

④ 如图 3-21 所示，单击“三维格式”的“深度”，在弹出的面板中选择“取色器”，将鼠标指向“学”字并按下鼠标左键，调整大小为 4.5 磅。设置“三维格式”的“曲面图”颜色，并调整大小为 0.5 磅。设置“材料”为“标准”的“亚光效果”。

⑤ 选中正文部分（“为了进一步”～“面试时间待定。”），参照步骤①，设置字体为“仿宋”，字号为

“五号”。

⑥ 参照步骤①，设置右下角“校学生会”及日期字体为“黑体”，字号为“三号字”。

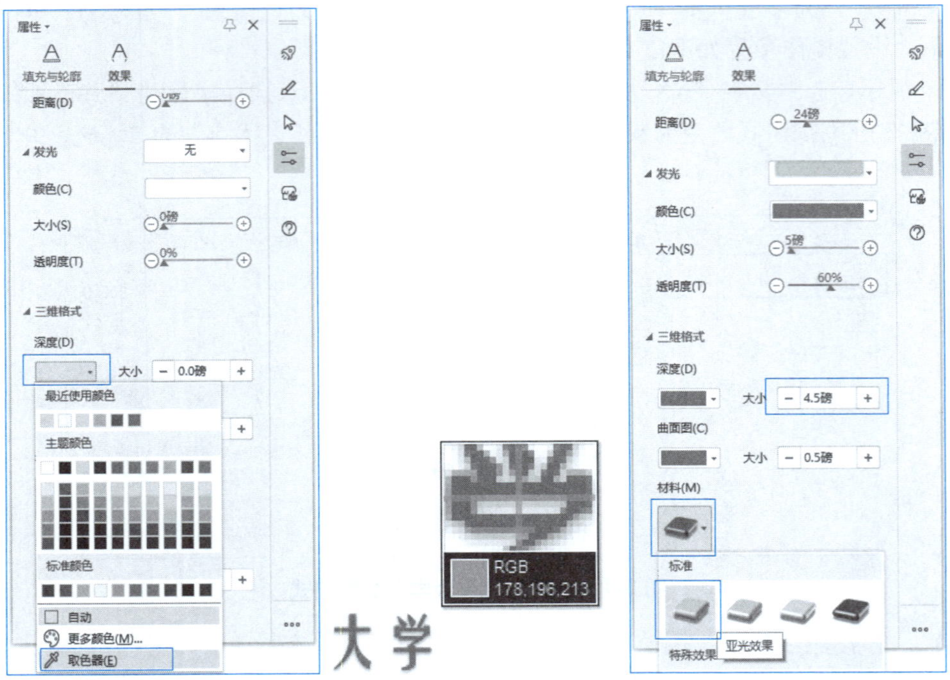

图 3-21　设置文字的三维格式和材料

（6）格式化段落

将标题“XX 大学”和“校学生会招聘启事”设置为“居中”对齐；正文部分（“为了进一步”～“面试时间待定。”）设置为“两端对齐”“首行缩进 2 字符”“1.25 倍行距”；最后两段文字“校学生会”和日期设置“右对齐”。操作步骤如下：

① 选中文字“XX 大学”和“校学生会招聘启事”，单击“开始”选项卡的“居中对齐”按钮。

② 如图 3-22 所示，选中正文部分（“为了进一步”～“面试时间待定。”），单击“开始”选项卡的“段落”对话框启动器，打开“段落”对话框，在“缩进和间距”选项卡的“对齐方式”中选择“两端对齐”；在“特殊格式”中选择“首行缩进”，“度量值”中选择“2 字符”；在“行距”中选择“多倍行距”，在“设置值”输入“1.25”，单击“确定”按钮。

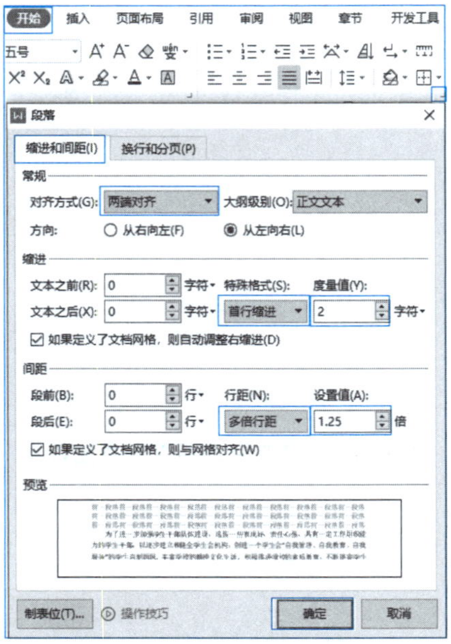

图 3-22　格式化段落

③ 选中最后两段文字（“校学生会”及日期），单击“开始”选项卡的“右对齐”按钮。

(7) 插入编号与项目符号

将“招聘职务”～“报名地点”等六个具体事项文字添加“1.2.3.…”样式的编号并设置加粗；为“纪检部”～“体育部”等七个部门名称添加项目符号✧。操作步骤如下：

① 按下【Ctrl】键，选中“招聘职务”～“报名地点”等六个具体事项文字，单击“开始”选项卡的“加粗”按钮，单击“开始”选项卡的“编号”按钮，在其下拉列表中选择“1.2.3.…”样式的编号，如图 3-23（a）所示。

② 选中“纪检部”～“体育部”等七个段落，单击“开始”选项卡“段落”组中“项目符号”按钮的✧，如图 3-23（b）所示。

③ 选中“纪检部”～“体育部”等七个段落，单击“增加缩进量”按钮两次，调整其缩进到合适位置。

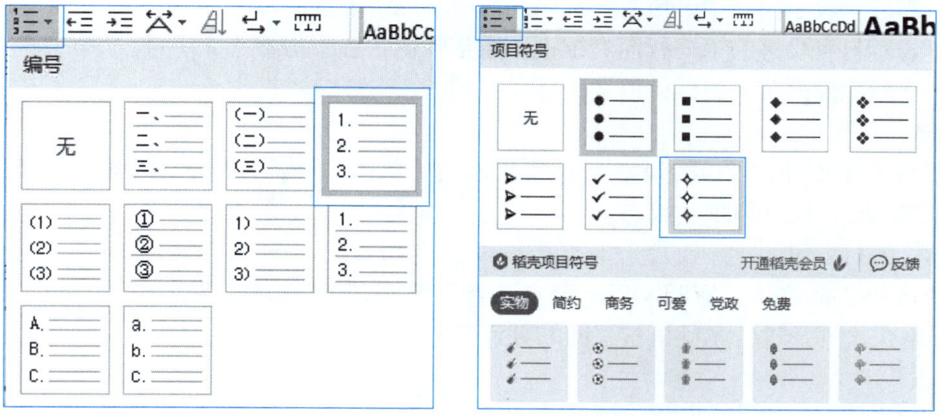

（a）　　（b）

图 3-23　插入编号与项目符号

3.2.3 总结与提高

1. 另存文件

若希望将文档另存到某个新文件夹，可以单击“文件”选项卡的“另存为”命令，在图 3-24 所示的“另存文件”对话框中，选择需要存放的位置，单击“新建文件夹”按钮，输入文件夹的名称，然后双击进入该文件夹，输入文件名称，单击“保存”按钮。

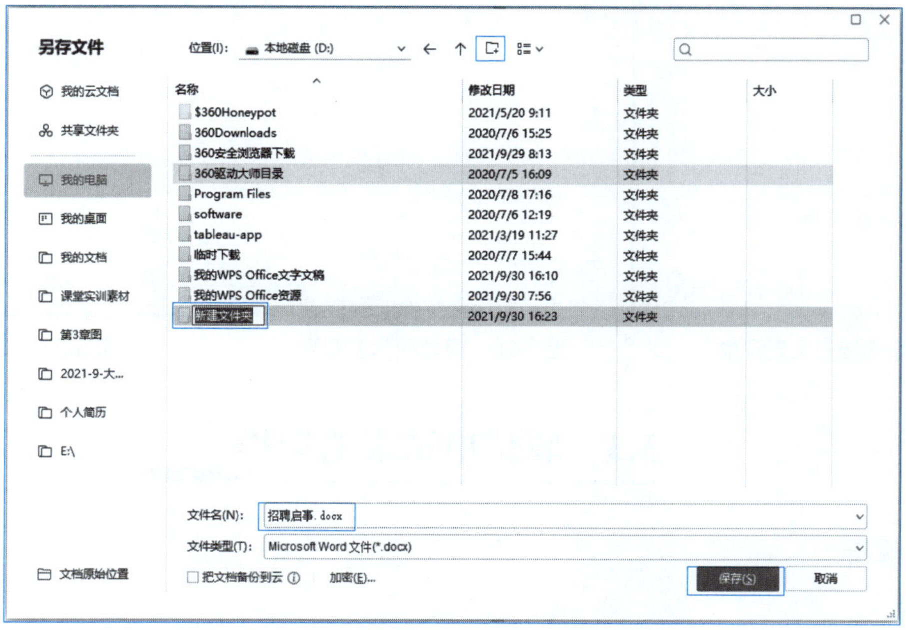

图 3-24　另存文件

2. 文档加密

若希望文档不被其他用户打开或修改，可对文档进行加密。操作步骤为：单击“文件”选项卡中的“文档加密”，选择“密码加密”，在“密码加密”对话框中输入相应的密码。

3. 字间距及位置调整

在给字体进行格式化设置时，有时需要加宽或紧缩字符间距、提升或降低字符的位置，操作步骤如下：选择文本，单击“开始”选项卡中的“字体”对话框启动器，打开“字体”对话框，在“字符间距”选项卡中可以看到，间距和位置的默认状态是“标准”，可在其下拉列表中选择调整的具体方式，并在右边的“磅值”列表框中输入一定的磅值，如图 3-25 所示，最后单击“确定”按钮即可。

4. 段落缩进类型

左缩进和右缩进：表示段落中的所有行都向左或向右进行缩进。

首行缩进：表示只有段落的第一行向右缩进，通常默认状态下是缩进 2 字符。

悬挂缩进：表示除段落第一行以外的各行都向右缩进。

5. 清除格式

对于设置错误或不需要的文字格式，可选择文本后，单击“开始”选项卡中的“清除格式”按钮，将设置的格式全部清除，恢复到默认状态。

6. 浮动字体工具栏

选中需要更改格式的文本，WPS Office 会自动弹出图 3-26 所示的“浮动字体工具栏”，可以对选定的文本进行快速的格式设置及进行不同语言之间的翻译等。

7. 文档属性

可以单击“文件”选项卡中的“文档加密”，选择“属性”，在“属性”对话框的“摘要”选项卡中，输入文档的标题、主题、作者等信息，如图 3-27 所示。

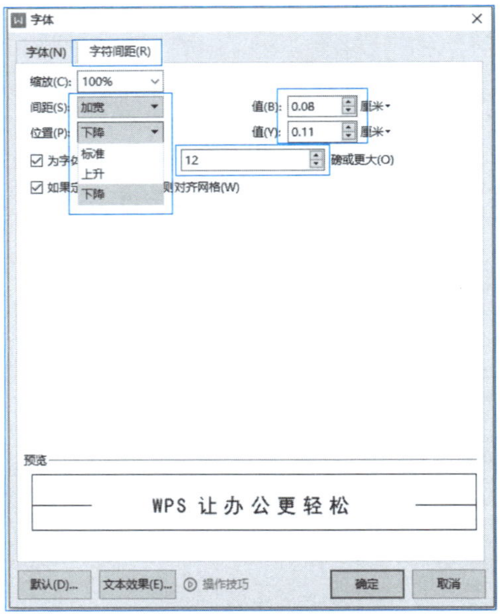

图 3-25 字间距及位置调整

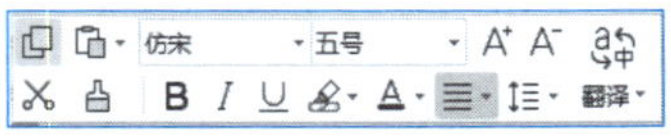

图 3-26 浮动字体工具栏

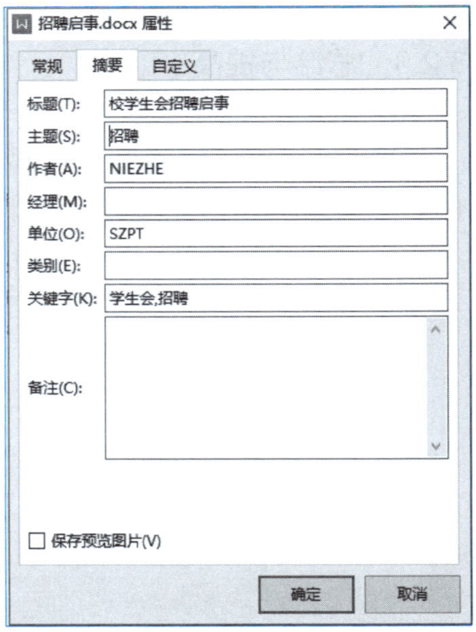

图 3-27 文档属性

3.3 职位申请表的制作

3.3.1 知识点解析

1. 创建表格

在制作报表、合同文件、宣传单、工作总结等文字文稿时，经常需要用表格来清晰地表现各类数据。

WPS Office 文字文稿中创建表格有两种方式：一种是直接插入几行几列的表格；另外一种是手动绘制表格。通常会将两种方式结合使用，以绘制不规则的表格。如要绘制 4 行 8 列的表格，可通过“插入”选项卡中的“表格”下拉列表直接插入“4 行 *8 列表格”，如图 3-28 所示。

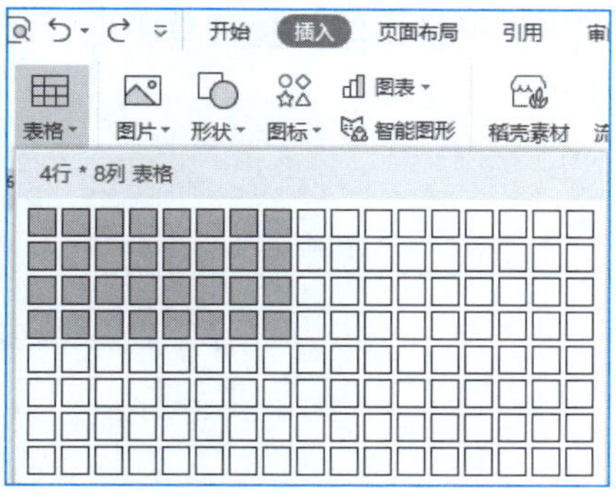

图 3-28 创建 4 行 8 列的表格

2. 快速选取表格中的对象

在编辑表格时，可以根据需要选取单个单元格、整行、整列或整个表格，然后对多个单元格进行合并、删除、设置底纹等操作。表格的选择方法见表 3-2。

表 3-2 表格的选择方法

选择目标	方 法
选取整个表格	在表格任意位置单击，此时表格的左上角会出现一个标识，单击它就可以选中整个表格
选取单个单元格	将鼠标指针悬停在某一单元格的左边框，当指针变成形状时，单击即可选中该单元格
选取相邻的单元格	在需要选取的起始单元格内单击，按住鼠标左键拖动到需要选取的结束单元格
选取整行	鼠标指针移到表格某行的左边空白处，当指针变成形状时，单击鼠标左键即可选中该行
选取整列	将鼠标指针移到表格某列的上边线处，当指针变成形状时，单击鼠标左键即可选中该列
选取不相邻的单元格、行或列	选取首个单元格、行或列后，按住【Ctrl】键不松手，再依次选取其他单元格、行或列，即可选取不相邻的单元格、行或列

3. 单元格合并

WPS Office 文字文稿中直接插入的表格都是行列平均分布的。但在表格应用中，经常需要将若干个相邻的单元格合并成一个单元格。单元格合并的具体操作：选中要合并的单元格区域，右击，在弹出的快捷菜单中选择“合并单元格”命令，如图 3-29 所示；或选中要合并的单元格区域，单击“表格工具”的“合并单元格”按钮。

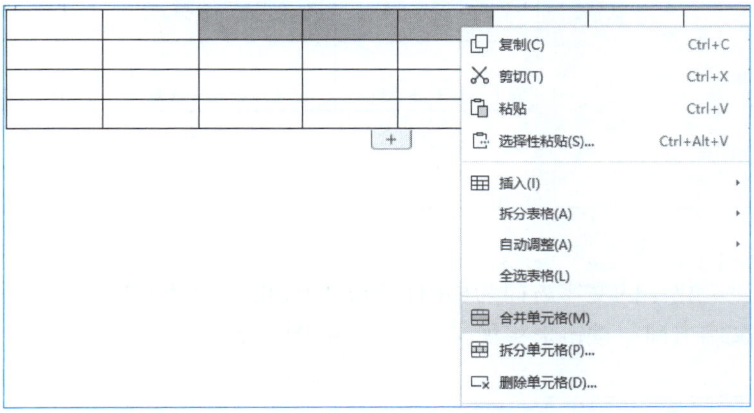

图 3-29 合并单元格

4. 调整列宽与行高

(1) 手动调整

表格框架绘制出来后，某些行高或列宽可能需要进行一些调整，将鼠标指针悬停在要调整的边框上，当指针变成÷或 ·|· 形状后，拖动鼠标就可以调整所选边框的位置。此外，若要调整某几个单元格的列宽，可先选中指定的单元格，然后将鼠标悬停在这一单元格需要调整的边框上，当指针变成 ·|· 形状后，拖动鼠标即可调整该单元格的列宽。

(2) 行或列的平均分布

若要将表格中的行或列设置成统一的行高或列宽，可选择整个表格或需要设置平均分布的行或列，右击，在弹出的快捷菜单中选择“自动调整”中的“平均分布各行”或“平均分布各列”命令，如图 3-30 所示。

图 3-30　行或列的平均分布

5. 调整对齐方式

如表 3-3 所示，WPS Office 文字文稿中为表格单元格中的内容显示提供了多种对齐方式。可以在选择单元格区域后，单击“表格工具”选项卡中的“对齐方式”按钮，选择需要的对方方式即可。

表 3-3　表格单元格内容的对齐方式

对齐方式	示　例
靠上两端对齐	
靠上居中对齐	
靠上右对齐	
中部两端对齐	
水平居中	
中部右对齐	
靠下两端对齐	
靠下居中对齐	
靠下右对齐	

靠上两端对齐示例	靠上居中对齐示例	靠上右对齐示例
中部两端对齐示例	水平居中示例	中部右对齐示例
靠下两端对齐示例	靠下居中对齐示例	靠下右对齐示例

6. 调整文字方向

默认情况下，表格单元格中的文字方向为横向分布。如表格单元格中的文字需要纵向分布，可通过“表格工具”选项卡中的“文字方向”按钮来实现文字方向的调整，如图 3-31 所示。

图 3-31　调整文字方向

7. 设置底纹和边框

为了增强表格的美观度，可以对表格设置底纹和边框，使得内容更加醒目突出。如图 3-32 所示，选择需要设置底纹的两个单元格后，通过“表格样式”选项卡中的“底纹”下拉按钮，设置需要的底纹；选择需要设置边框的四个单元格后，设定好外框的线型、线的磅值、线的颜色后，单击“边框”下拉列表中的“外侧框线”，设置外框线格式；设定好内框的线型、线的磅值、线的颜色后，单击“边框”下拉列表中的“内部框线”，设置内框线格式。

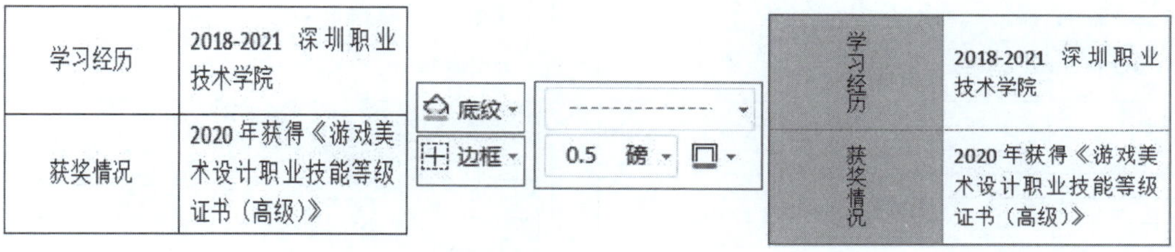

图 3-32 设置底纹和边框

8. 智能控件的插入

在表格中设计智能控件可以减少录入信息的不规范性，如设计“单选”按钮控件可以单击录入性别，设计“下拉列表”按钮控件可以选择要输入的选项等。

例如，在一张调查问卷表中，想设计“满意”“一般”“不满意”等几个选项供用户选择，通过“开发工具”选项卡中的“复选框内容控件”按钮☑，在各选项内容前插入复选框后，可以多次单击复选框来选中或不选中相应选项。

3.3.2 任务实现

1. 任务分析

制作图 3-1 右图所示的文字表格，要求：

① 表头及落款信息的插入。将素材中的表头及落款信息复制粘贴到第 2 页开始处。

② 插入 17 行 1 列的表格。

③ 绘制表格。绘制表格并将第 2 行中的第 2 ～ 4 列合并成一个单元格。

④内容录入及对齐方式调整。将“招聘启事文稿素材 2.docx”中表格内容的素材复制粘贴到相应的单元格中，将文字对齐方式设置为水平居中，并调整单元格列宽。

⑤ 设置底纹和边框。将相应的单元格设置底纹“白色，背景 1，深色 25%”，并设置外边框为“单实线，黑色，1.5 磅”，内边框为“虚线，‘巧克力黄，着色 2，深色 50%’，0.5 磅”。

⑥ 插入复选框内容控件。在“申请职位”右边单元格内的七个部门名称前插入七个复选框，并将复选框的选中方式改为☒。

2. 实现过程

（1）表头及落款信息的插入

将素材中的表头及落款信息复制粘贴到第 2 页开始处，如图 3-33 所示，操作步骤如下：

① 打开“招聘启事文稿素材 2.docx”，将表头及落款信息的相关内容选中，复制。

② 将光标定位到正在编辑的文档的第 2 页开始处分页符前，单击“开始”选项卡的“粘贴”下拉按钮，选择“保留源格式”。

③ 将光标定位到文字“3. 应聘资料将严格保密，恕不退还。”后，按两次【Enter】键，产生两个新的段落。

（2）插入 17 行 1 列的表格

光标定位到第 2 个新段落位置，插入一个 17 行 1 列的表格，操作步骤如下：

① 单击“插入”选项卡中的“表格”下拉按钮，选择“插入表格”，弹出“插入表格”对话框。

② 在“列数”输入“1”，在“行数”输入“17”，单击“确定”按钮。

（3）绘制表格

绘制图 3-1 所示的不规则表格，操作步骤如下：

① 将鼠标指针移动到表格的最末一行的下框线上，当鼠标指针变成÷形状时，按住鼠标左键向下拖动到合适位置，扩大表格范围，效果如图 3-33（a）所示。

② 通过单击表格左上角的⊞按钮，选中整个表格，单击“表格工具”选项卡中的“自动调整”下拉按钮，选择“平均分布各行”，效果如图 3-33（b）所示。

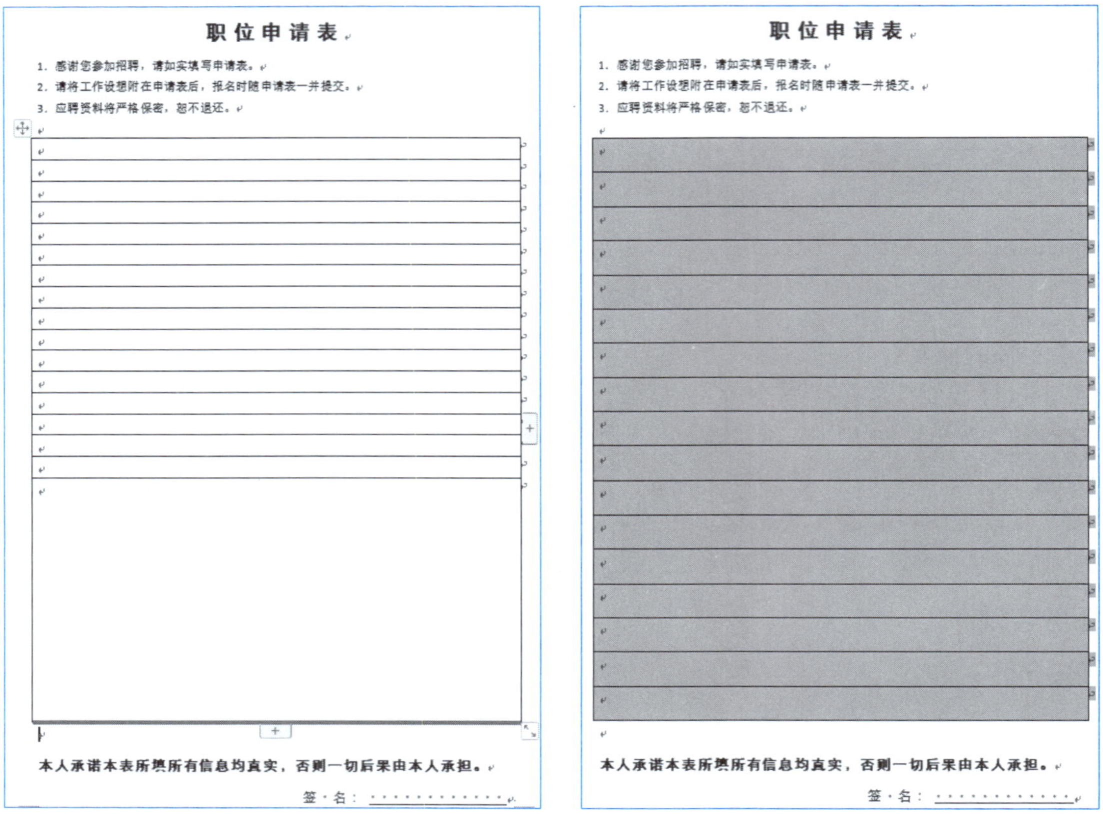

（a）　　（b）

图 3-33　调整表格并平均分布各行

③ 单击“表格工具”选项卡中的“绘制表格”按钮，此时鼠标指针将变成✎形状，按住鼠标左键在垂直方向上拖动，绘制出相应的竖线，如图 3-34 所示。

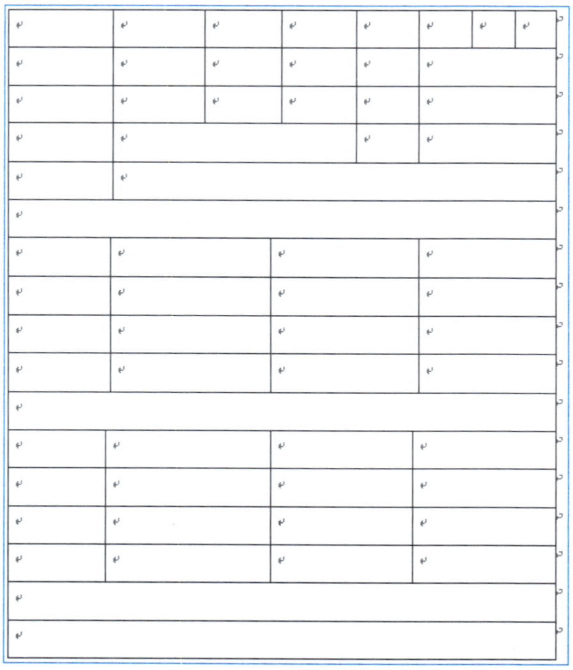

图 3-34　手动绘制表格

④ 选中第 2 行中的第 2 ～ 4 列。

⑤ 单击“表格工具”选项卡中的“合并单元格”按钮。

(4) 内容录入及对齐方式调整

将“招聘启事文稿素材 2.docx”中“表格内容”的素材复制粘贴到相应的单元格中，将文字对齐方式设置为水平居中，并调整单元格列宽。操作步骤如下：

① 分部分选中素材中的表格内容，再选中表格中的相应单元格，依次粘贴各单元格内容。

② 选取整个表格。

③ 单击“表格工具”选项卡中的“水平居中”下拉按钮，选择“水平居中”。

④ 光标定位到倒数第二行的单元格，将其对齐方式改为“中部两端对齐”，操作同步骤③ 。

⑤ 调整单元格列宽，避免单元格内文本换行，表格效果如图 3-35 所示。

<table>
<tr><td>姓 名</td><td></td><td>性 别</td><td></td><td>出生年月</td><td></td><td>民 族</td><td></td></tr>
<tr><td>所在学院</td><td colspan="3"></td><td>所在班级</td><td colspan="3"></td></tr>
<tr><td>政治面貌</td><td></td><td>外语水平</td><td></td><td>担任职位</td><td colspan="3"></td></tr>
<tr><td>联系电话</td><td colspan="3"></td><td>电子邮箱</td><td colspan="3"></td></tr>
<tr><td>申请职位</td><td colspan="7">纪检部 学习部 宣传部 卫生部 文艺部 生活部 体育部</td></tr>
<tr><td colspan="8">社 会 活 动</td></tr>
<tr><td>时 间</td><td colspan="2">单位名称</td><td colspan="2">部门/处</td><td colspan="3">从事岗位</td></tr>
<tr><td>至</td><td colspan="2"></td><td colspan="2"></td><td colspan="3"></td></tr>
<tr><td>至</td><td colspan="2"></td><td colspan="2"></td><td colspan="3"></td></tr>
<tr><td>至</td><td colspan="2"></td><td colspan="2"></td><td colspan="3"></td></tr>
<tr><td colspan="8">获 奖 状 况</td></tr>
<tr><td>获奖事件</td><td colspan="2">获奖类型</td><td colspan="2">获奖成果名称</td><td colspan="3">获奖等级</td></tr>
<tr><td></td><td colspan="2"></td><td colspan="2"></td><td colspan="3"></td></tr>
<tr><td></td><td colspan="2"></td><td colspan="2"></td><td colspan="3"></td></tr>
<tr><td></td><td colspan="2"></td><td colspan="2"></td><td colspan="3"></td></tr>
<tr><td colspan="8">请描述自己的性格特征以及与工作有关的素质特征，例如个人分析问题能力、人际沟通能力、学习与创新能力、团队合作能力等方面的表现：</td></tr>
<tr><td colspan="8"></td></tr>
</table>

图 3-35 表格效果

(5) 设置底纹及边框

将录有文字的部分单元格选中，设置底纹“白色，背景 1，深色 25%”，并设置外边框为“单实线，自动颜色，1.5 磅”，内边框为“虚线，‘巧克力黄，着色 2，深色 50%’，0.5 磅”，操作步骤如下：

① 配合【Ctrl】键选取需要设置底纹的单元格，单击“表格样式”选项卡的“底纹”按钮的“灰色 -50%，背景 1，深色 25%”命令（第 1 列第 4 行）。

② 选中整个表格，单击“表格工具”选项卡的“边框”下拉按钮，选择“边框和底纹”，弹出“边框和底纹”对话框。

③ 单击“边框”选项卡的“设置”区域的“自定义”命令，在“线型”列表框中选择单实线（第 1 种样式），在“宽度”列表框中选择“1.5 磅”，在“预览”区域中选中外框线。

④ 在“线形”列表框中选择虚线（第 3 种样式），在“颜色”对话框中选择“巧克力黄，着色 2，深色 50%”（第 6 列第 6 行），在“宽度”列表框中选择“0.5 磅”，在“预览”区域中单击内框线。

⑤ 在“应用于”下拉列表框中选择“表格”，如图 3-36 所示。

（6）插入复选框内容控件

在“申请职位”右边单元格内的七个部门名称前插入七个复选框内容控件，并将复选框的选中方式改为“√”，操作步骤如下：

① 光标定位到“纪检部”前面，单击“开发工具”选项卡中的“复选框内容控件”按钮。

② 选中插入的控件，单击“开发工具”选项卡中的“控件属性”按钮，弹出“内容控件属性”对话框，如图 3-37 所示。

③ 在“复选框属性”区域中的“选中标记”右侧单击“更改”按钮，打开“符号”对话框。

④ 在“数学运算符”子集中，找到“√”，单击“确定”按钮。

⑤ 利用复制粘贴，将此复选框内容控件粘贴到其余六个部门名称前。

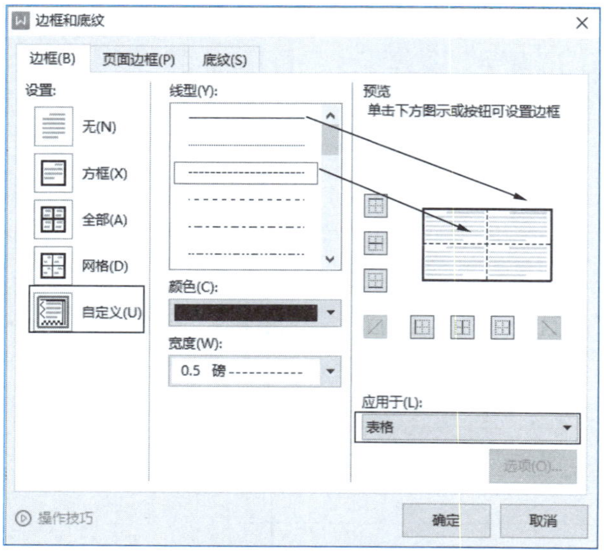

图 3-36　设置底纹和边框

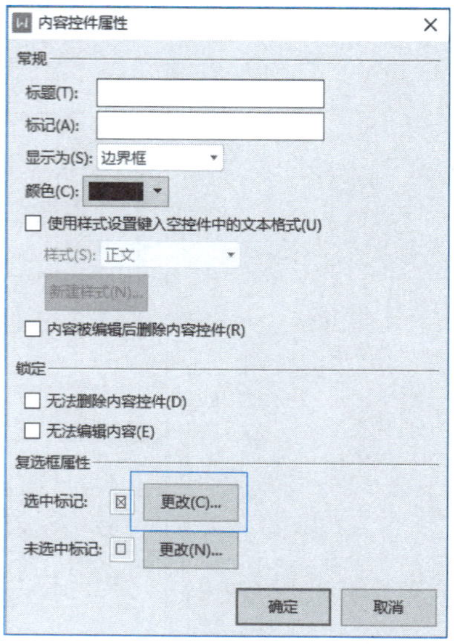

图 3-37　插入复选框内容控件

3.3.3　总结与提高

1. 利用擦除合并单元格

单元格的合并除可利用前面讲到的“合并单元格”按钮，还可通过“表格工具”选项卡中的“擦除”按钮更加方便快捷地合并单元格。

2. 拆分单元格

在 WPS Office 文字文稿中编辑表格时，经常需要将某个单元格拆分成多个单元格，可以将光标定位到要拆分的单元格，右击，在弹出的快捷菜单中选择“拆分单元格”命令，弹出“拆分单元格”对话框，输入相应的“列数”和“行数”，单击“确定”按钮。

3. 表格单元格、行、列的增减

编辑表格时，对于不需要的表格有时可能需要删除、重新设计，或者为已有的表格增加或删减行或列，可单击图 3-38 所示的功能按钮实现：

（1）增加行或列：光标定位到要插入行或列的单元格，单击“表格工具”选项卡中的“在上方插入行”按钮、“在下方插入行”按钮、“在左侧插入列”按钮或“在右侧插入列”按钮。

（2）删除行或列：光标定位到要删除行或列的单元格，单击“表格工具”选项卡中的“删除”下拉按钮，选择“行”“列”命令。

（3）删除表格：光标定位到表格的任意单元格，单击“表格工具”选项卡中的“删除”下拉按钮，选择“表格”命令。

4. 文本转换为表格

对于行和列分布比较有规律的表格，可以预先输入表格的文字内容。这些文字内容之间要使用统一的分隔符隔开，如逗号、空格、分号等，该分隔符用以指示将文本分成列的位置，并且使用段落标记来指示将文本分成行的位置。

例如，某班考勤数据如图 3-39 所示，数据之间用空格分开。现将其文本转换成表格的具体操作如下：

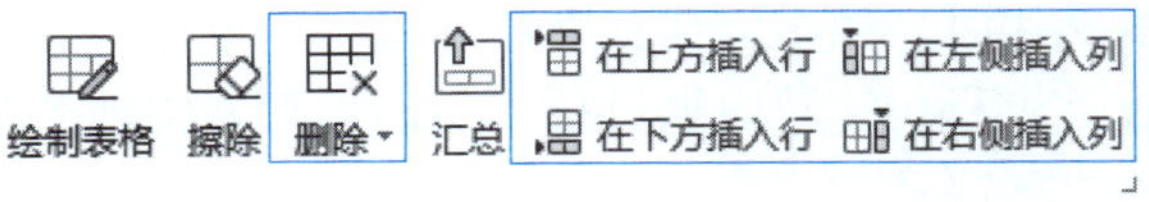

图 3-38　表格单元格、行、列的增减

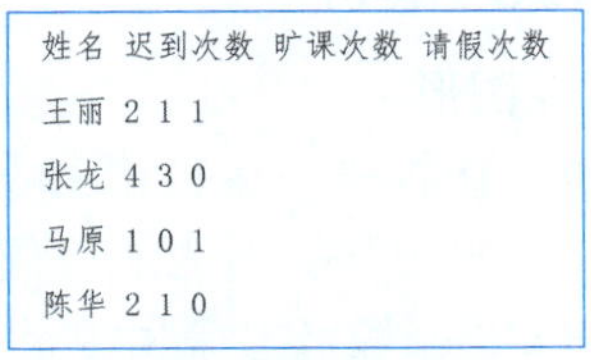
姓名 迟到次数 旷课次数 请假次数
王丽 2 1 1
张龙 4 3 0
马原 1 0 1
陈华 2 1 0

图 3-39　某班考勤数据

① 打开“课堂实训素材 01- 文本转化表格 .docx”，选中 5 行文本，单击“插入”选项卡中的“表格”下拉按钮，选择“文本转换成表格”。

② 如图 3-40（a）所示，在“将文字转换成表格”对话框的“文字分隔位置”处，选择“空格”单选按钮，单击“确定”按钮。最终转换的效果如图 3-40（b）所示。

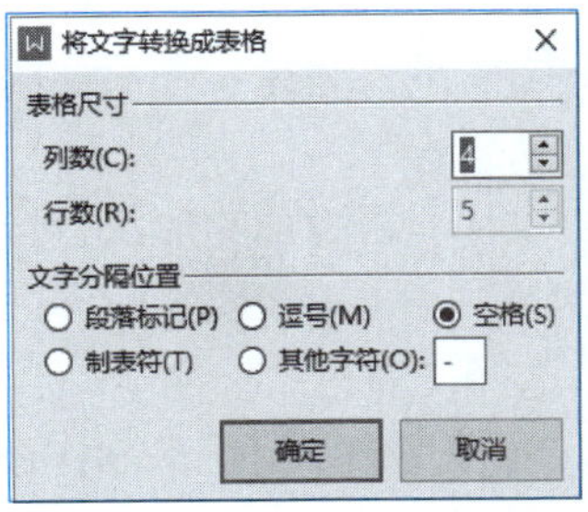

（a）

姓名	迟到次数	旷课次数	请假次数
王丽	2	1	1
张龙	4	3	0
马原	1	0	1
陈华	2	1	0

（b）

图 3-40　文本转换成表格

5. 表格样式

WPS Office 文字文稿为表格提供了很多内置样式供选择，可以通过“表格样式”选项卡来选择合适的样式，如图 3-41 所示。

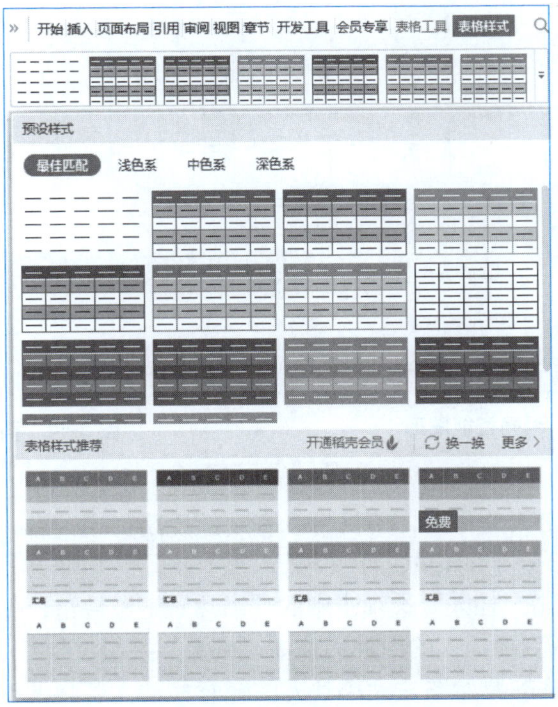

图 3-41　表格样式

3.4 岗位宣传页的制作

3.4.1 知识点解析

1. 智能图形

在编辑工作报告、各种图书杂志以及宣传海报等文稿时，经常需要在文中插入生产流程、公司组织结构以及其他表明相互关系的流程图，在 WPS Office 文字文稿中，可以通过插入智能图形来实现此类图形的绘制。WPS Office 文字文稿中的智能图形提供有八个基本关系图形，分别为列表、流程、循环、层次结构、关系、矩阵、对比、时间轴。利用这些智能图形，可以很方便地传达各种信息。例如，通过清晰美观的顺序结构向用户展示本章制作招聘启事的具体过程，最终效果如图 3-42 所示，操作步骤如下：

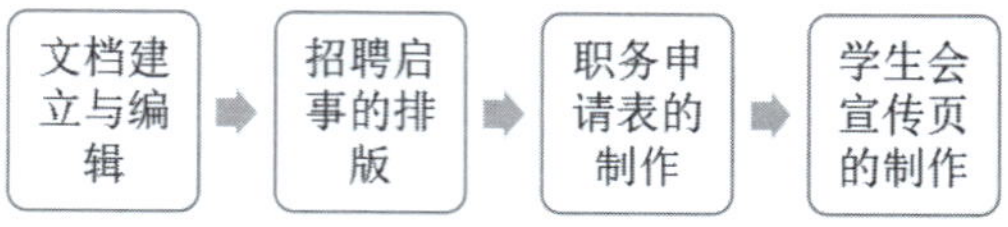

图 3-42　智能图形制作本章招聘启事流程图

① 单击“插入”选项卡中的“智能图形”按钮，弹出“智能图形”对话框。

② 在“流程”选项卡中，选择“基本流程”。

③ 选中第 3 个形状块，单击“设计”选项卡中的“添加项目”下拉按钮，选择“在后面添加项目”，添加第 4 个形状块。

④ 单击第 1 ～ 3 个形状块中“[文本]”字样，可直接输入相应的文字，对于新添加的形状，可选中该形状，按【Enter】键，即可输入相应的文字。

⑤ 选中整个图形，单击“设计”选项卡中的“更改颜色”按钮，选择“着色 2”。

如图 3-43 所示，除了基本的智能图形，还可以选择不同类型的“稻壳智能图形”，制作图 3-44 所示更精美的图形。

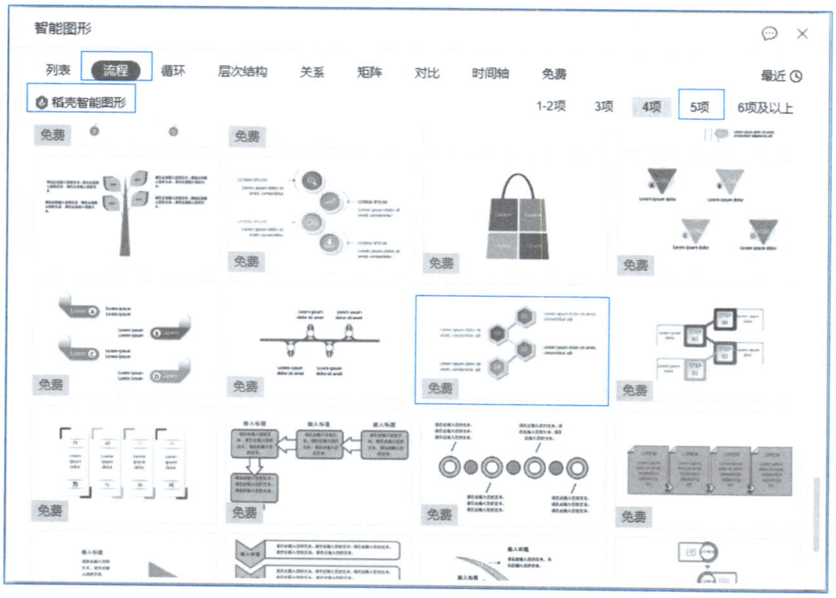

图 3-43　稻壳智能图形

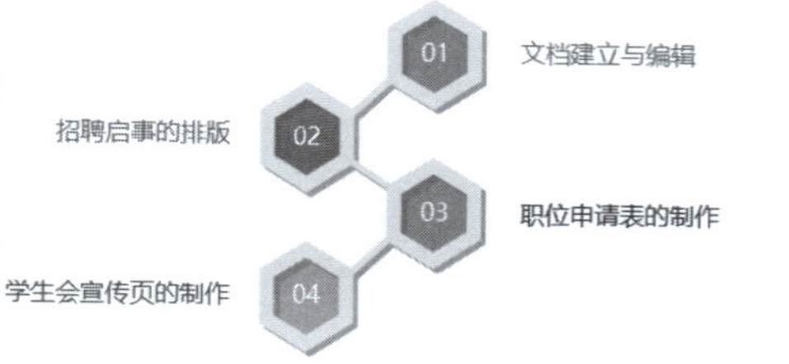

图 3-44　稻壳智能图形制作本章招聘启事流程图

2. 插入图片

图片在文档编辑中起着非常大的作用，不仅可以直观地说明文字内容，还可以起到美化布局的作用。有了图片的插入，才可以制作出图文并茂的文字文稿。

常用插入图片的方法为：单击“插入”选项卡中的“图片”下拉按钮，选择“本地图片”，打开“插入图片”对话框，到相应的路径下找到要插入的图片，单击“确定”按钮。

通常，插入的图片都是默认的原始图片大小且无法随意移动。若想调整图片的大小及位置，可以在选中图片的情况下，通过“图片工具”选项卡进行设置。

(1) 背景图片。选中图片，单击“图片工具”选项卡中的“文字环绕”下拉按钮，选择“浮于文字下方”命令。

(2) 图文混排。选中图片，单击“图片工具”选项卡中的“文字环绕”下拉按钮，选择“四周型环绕”命令，图片就可以拖动到任意位置，图片周边的文字也随之变化位置。

(3) 可以通过“图片工具”选项卡中的“旋转”“效果”等按钮进行图片的个性化设置。

3. 插入题注

编辑文档时，若需要在文档中插入多个表格或图片，为方便阅读，通常都会根据表格或图片在章节中出现的次序进行编号并对其进行文字性说明，如表 1-1、表 1-2、图 2-1、图 2-2 等。若表格或图片数目不是很多，直接手动录入编号即可，如果表格或图片数目庞大，则可借助题注功能，为文字文稿的表格或图片进行自动编号。通过题注进行自动编号后，若有新插入表格或图片，或者删除任意表格或图片后，只要更新题注,其他表格或图片的编号就会自动变化。例如,为两个表格添加题注“表 3-1 通信费用报销单样表”“表 3-2 现金支出单样表”，如图 3-45 所示，操作步骤如下：

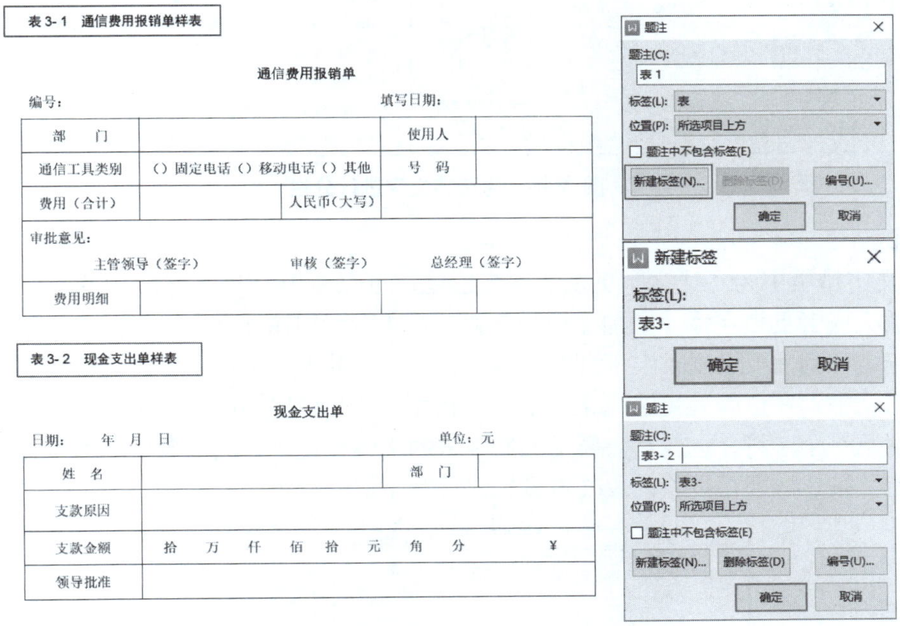

图 3-45 为表格插入题注

① 打开“课堂实训素材 02- 插入题注 .docx”，选中第 1 个表格，右击，在弹出的快捷菜单中选择“插入题注”命令，打开“题注”对话框。

② 单击“新建标签”，在“标签”文本框中录入“表 3-”，单击“确定”按钮。

③ 此时，在“题注”文本框内会自动出现“表 3-1”，在其后录入题注信息“通信费用报销单样表”，并选择“位置”为“所选项目上方”，单击“确定”按钮。

④ 参照第 1 个表格插入题注的方法，为第 2 个表格插入题注，在“题注”对话框的“标签”中选择“表 3-”，在“题注”文本框内会自动出现“表 3-2”。

4. 插入形状、文本框

WPS Office 文字文稿提供了大量的形状供绘图使用，可以根据需要选择线条、矩形、基本形状、箭头、标注等形状丰富文档版面设计。

单击“插入”选项卡中的“形状”按钮，选择需要的形状，按下鼠标左键，就可以在文档中绘制处需要的形状。可以通过“绘图工具”选项卡来对形状的边框、轮廓等进行设置。

文本框作为分隔内容的容器非常实用,在文档排版时,经常需要将不同的内容放在不同的位置。单击“插入”选项卡中的“文本框”按钮，选择需要的文本框形式，按下鼠标左键，就可以在文档中插入文本框。可以通过“文本工具”选项卡来对文本框的显示效果等进行设置。

5. 分栏

根据文字文稿的版式设计要求，有时需要将文字文稿分成多栏显示。如图 3-46 所示，要将文字分三栏显示，并在栏间添加分隔线，可以在选中“课堂实训素材 03- 分栏 .docx”要分栏的文字后，单击“页面布局”选项卡的“分栏”按钮，在下拉列表中选择相应的分栏数或单击“更多分栏”命令，在弹出的“分栏”对话框的“预设”中选择“三栏”，并勾选“分隔线”复选框。

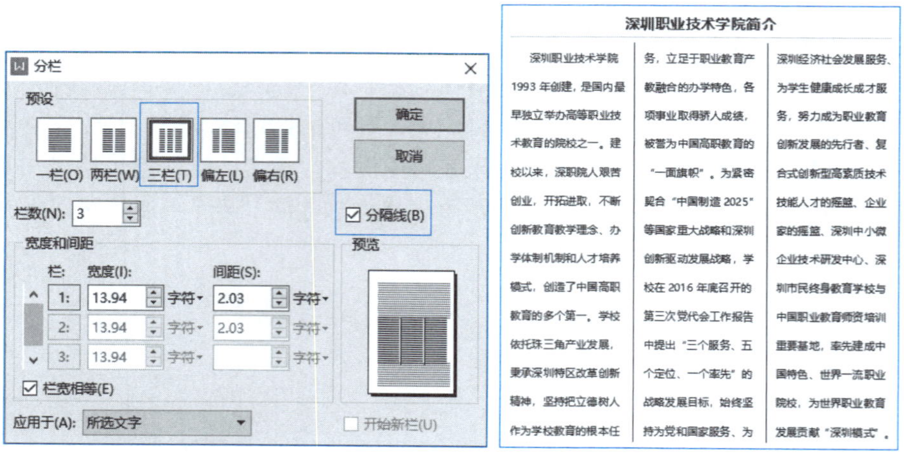

图 3-46　为选定文字进行分栏

6. 首字下沉

WPS Office 文字排版中为了让文字更加美观个性化，可以使用 WPS Office 中的“首字下沉”功能来让某段的首个文字放大或者更换字体，增加文档的美感。首字下沉用途非常广，常见于报纸、书籍、杂志。具体操作为：将光标定位到需要设置首字下沉的段落中，单击“插入”选项卡中的“首字下沉”按钮，此时弹出“首字下沉”对话框。在位置处可选择无、下沉、悬挂。若想设置为第一个字符下沉并占据多行的效果，则选择下沉。设置第一个字符，也就是需要下沉的字符的字体样式、下沉行数与段落正文的距离，如图 3-47 所示。单击“确定”按钮，即可以将此段文本设置成首字下沉的效果。

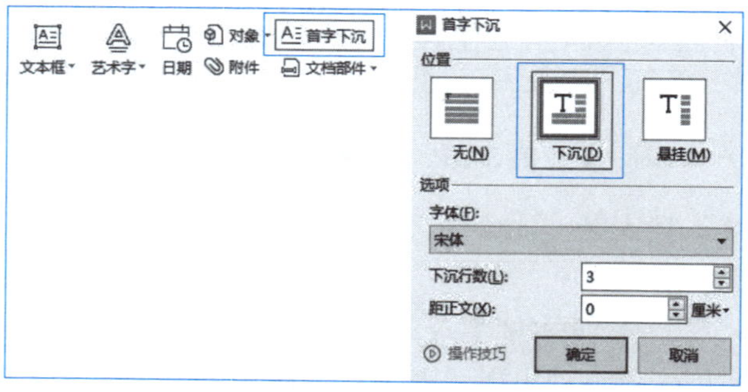

图 3-47　设置首字下沉

3.4.2 任务实现

1. 任务分析

制作图 3-48 所示的三张宣传页，要求：

① 在第 1 张宣传页中，将素材中的“学生会简介”的内容复制过来，设置标题“学生会简介”为方正姚体，小初，加粗，文字效果为“艺术字” - “渐变填充 - 亮石板灰”。

② 将简介文字部分（“学生会是在”～“校园文化氛围”）设置为仿宋，四号，单倍行距，首行缩进 2 字符。

③ 插入智能图形，布局类型为“组织结构图”，“更改颜色”为“彩色”第三个，样式效果为第五个。

④通过“添加项目”增加图形。

⑤ 在图形中的相应位置输入组织架构文字信息，并设置字体为“宋体”。

⑥ 在图形下面输入题注信息“学生会组织架构图”，字体为宋体，五号，加粗。

⑦ 添加“枫叶”背景图片，图片布局设置为“衬于文字下方”。

⑧ 在第 2 张宣传页中，将素材中的“学生会各部门职能简介”的内容复制过来，设置字体为“华文中宋”，7 个部门的名称设置加粗，并分 3 栏显示，将第 1 段文字设置为“首字下沉”。

⑨ 插入形状“横卷形”，设置形状填充为“纹理” - “纸纹 2”。

⑩ 在形状中输入文字“学生会各部门职能简介”，设置字体为“华文行楷”，小初，加粗，文本效果和版式为“填充沙棕色，着色 2，轮廓 - 着色 2”“倒影：紧密倒影，接触”。

⑪ 在简介下方插入竖向文本框，将素材中“我们的口号”内容复制过来，设置标题“我们的口号”字体为“华文琥珀”，三号，加粗，居中对齐，文本效果和版式为“填充 - 白色，轮廓 - 着色 2，清晰阴影 - 着色 2”。口号内容（“我们是学生会”～“加油！”）设置为楷体，五号，黑色。

⑫ 将文本框的形状更改为“圆角矩形”，应用预设样式“细微效果 - 巧克力黄，强调颜色 2”。

⑬ 在文本框右侧插入图片“奔放 .jpg”，调整大小，设置图片样式为“柔化边缘”。

⑭ 在第 3 张宣传页中插入智能图形，布局类型为“垂直图片列表”，调整大小，应用预设样式为第 5 个，“更改颜色”为“彩色”第 1 个。

⑮ 在左侧的图片框中，依次插入“篮球赛 .jpg”“辩论赛 .jpg”“运动会 .jpg”“主持人大赛 .jpg”“宿舍文化节 .jpg”“风采之星大赛 .jpg”“书法大赛 .jpg”“十佳歌手大赛 .jpg”八张图片，并将素材中相应的描述性文字复制到右边的文本框中，设置标题字体为“隶书、18 号、加粗、白色，背景 1”，设置内容字体为“楷体、14 号、白色，背景 1”。

图 3-48 岗位宣传页

2. 实现过程

(1) 第 1 张宣传页的制作

① 文字录入。完成第 1 张宣传页的文字录入。操作步骤如下：

a. 打开“招聘启事（素材）.docx”，将其中“学生会简介”部分的素材内容复制到第 3 页开始处分页符前，设置标题“学生会简介”为方正姚体，小初，加粗，文字效果为“艺术字” - “渐变填充 - 亮石板灰”。

b. 将光标定位到该段开头，按【Enter】键，将标题下移一行。

c. 将简介文字部分（“学生会是在”～“校园文化氛围”）设置为仿宋，四号，单倍行距，首行缩进 2 字符，段前 2 行。

② 插入智能图形。

在简介下方插入“学生会组织架构图”，最终效果如图 3-49 所示，操作步骤如下：

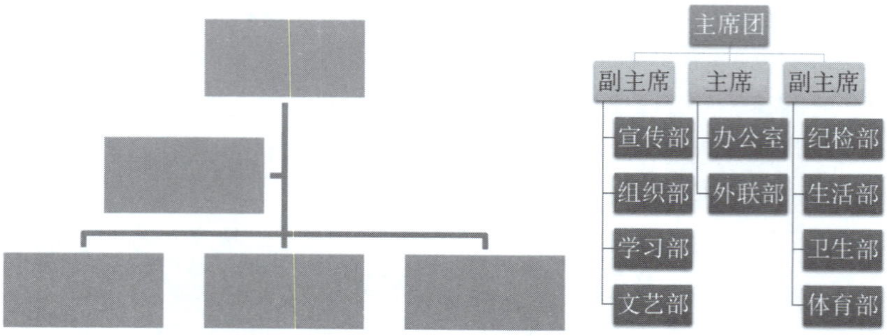

图 3-49　学生会组织架构效果

a. 单击“插入”选项卡中的“智能图形”按钮，弹出“智能图形”对话框。

b. 在“层次结构”选项卡中选择“组织结构图”，如图 3-50 所示。

c. 在“设计”选项卡中单击“更改颜色”按钮的“彩色”第 3 个颜色（第 2 行第 3 个），如图 3-51 所示，在预设样式中选择第 5 个样式。

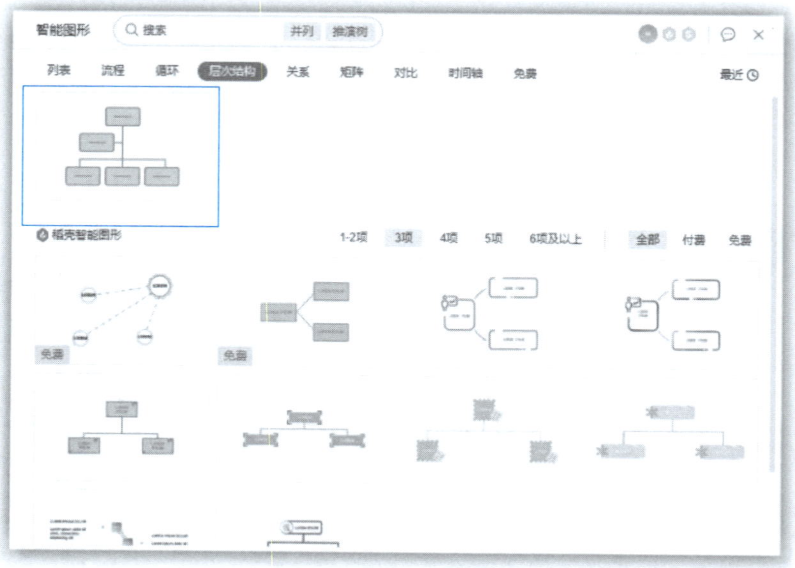

图 3-50　“智能图形”对话框

d. 选中智能图形中第 2 行第 1 个文本框，如图 3-52 所示，按【Delete】键删除该文本框（也可以右击并选择“删除”命令）。选中第 2 行第 1 个文本框，选择“添加项目”→“在下方添加项目”选项，效果如图 3-53 所示。

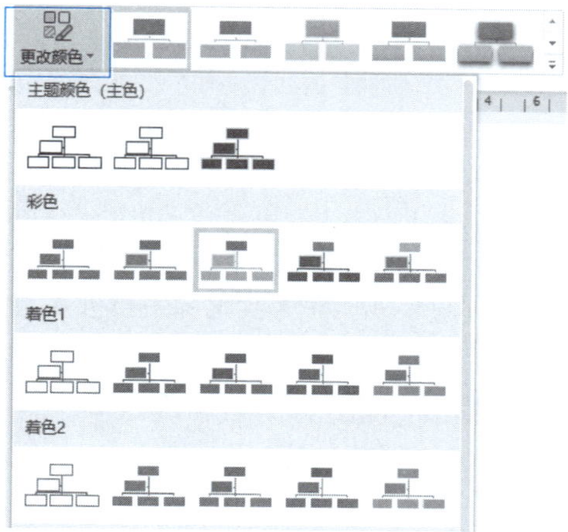

图 3-51　选择智能图形颜色和样式

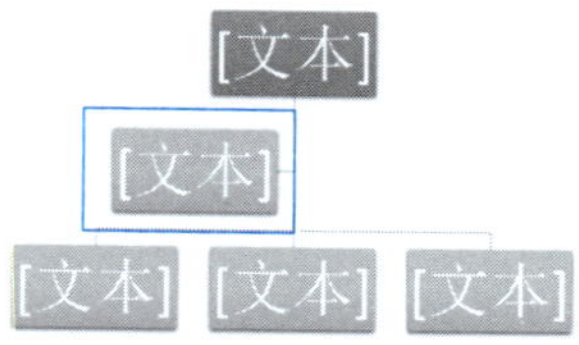

图 3-52　删除文本框

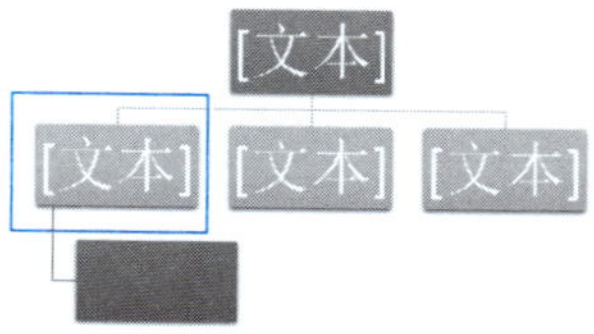

图 3-53　添加项目

e. 利用同样的方法，继续添加形状，效果如图 3-54 所示。

f. 在有“[文本]”字样的地方单击输入相应的组织架构名称，对于新添加的形状，则单击选中输入相应的组织架构名称，如图 3-55 所示。

③ 插入“学生会组织架构图”题注。为“学生会组织架构图”智能图形插入题注信息，操作步骤如下：

a. 将光标定位到智能图形下一行分页符前，单击“引用”选项卡中的“题注”按钮，弹出“题注”对话框。

b. 在“题注”文本框内默认标签后输入“学生会组织架构图”，如图 3-56 所示，单击“确定”按钮。

c. 在文档中删除默认标签及编号，并将该题注居中显示。

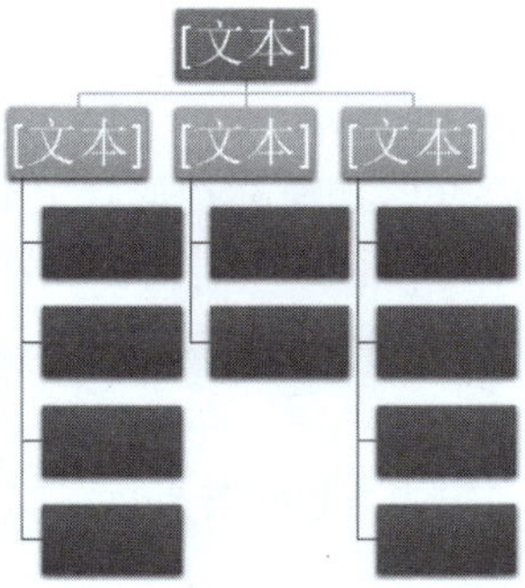

图 3-54　添加项目

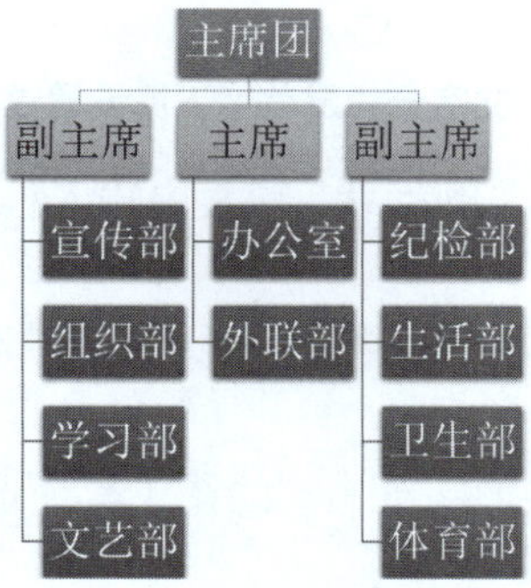

图 3-55　输入组织架构名称

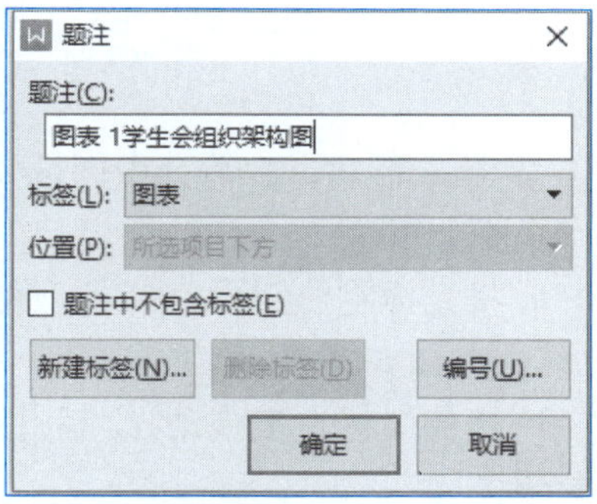

图 3-56　插入“学生会组织架构图”题注

④ 插入“枫叶”背景图片。为该宣传页设计背景图片，操作步骤如下：

a. 光标定位到文档开始处，单击“插入”选项卡中的“图片”按钮，在弹出的“图片”对话框中，单击“本地图片”按钮，选择“图片素材”文件夹中的图片“枫叶.jpg”。

b. 单击“图片工具”选项卡中的“环绕”下拉按钮，选择“浮于文字下方”，如图 3-57 所示。

c. 调整图片大小，使其充满整个页面。

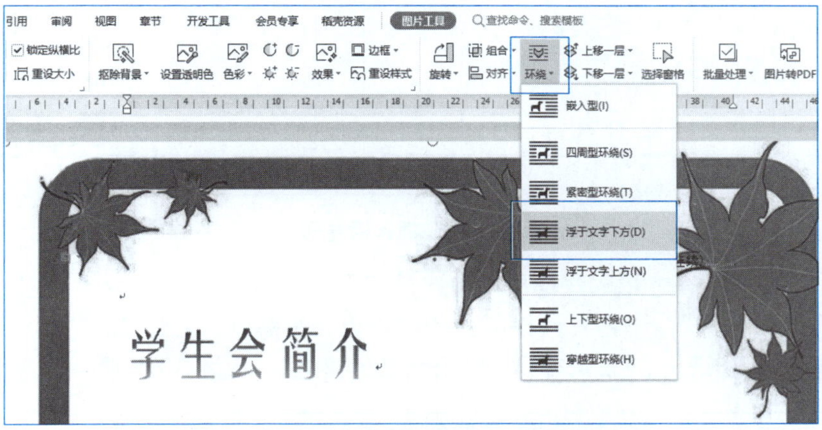

图 3-57　枫叶背景图片的设置

(2) 第 2 张宣传页的制作

① 文字分栏。将素材中的“学生会各部门职能简介”部分文字内容分三栏显示，并设置首字下沉及字体格式，操作步骤如下：

a. 打开“招聘启事（素材）.docx”，将“学生会各部门职能简介”部分文字内容复制到第 4 页开始处分页符前，选中该段文字（最后一个段落标记符不要选中），单击“页面布局”选项卡中的“分栏”下拉按钮，选择“三栏”，如图 3-58（a）所示。

b. 将整段文字选中，设置字体为“华文中宋”，配合【Ctrl】键选中 10 个部门的部门名称，设置为加粗。

c. 将光标定位到第 1 段，单击“插入”选项卡中的“首字下沉”按钮，在“首字下沉”对话框中选择“下沉”，如图 3-58（b）所示。

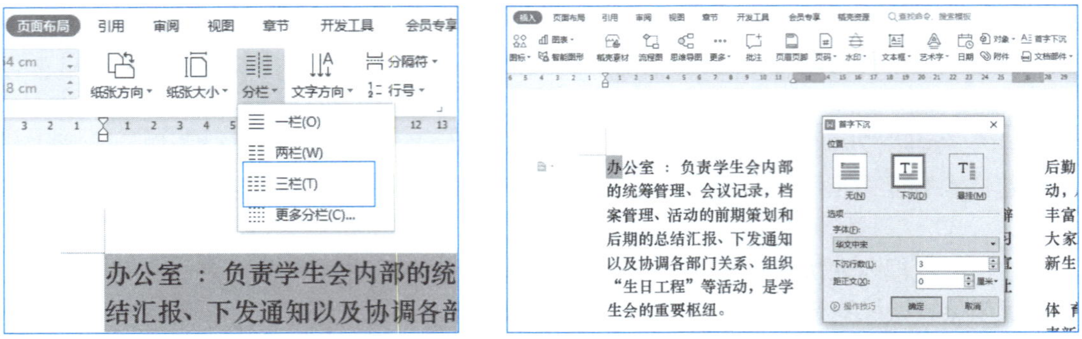

（a）　　　　（b）

图 3-58　文字分栏及首字下沉设置过程

② 插入形状。在简介中间插入“横卷形”的形状，在其中输入标题文字，并设置形状轮廓及形状填充，操作步骤如下：

a. 将光标定位到简介中间任意位置处，单击“插入”选项卡中的“形状”下拉按钮，选择“星与旗帜”→“横卷形”，如图 3-59（a）所示。

b. 按住鼠标左键拖动，绘制出一个“横卷形”，单击“绘图工具”选项卡中的“环绕”下拉按钮，选择“四周型环绕”。

c. 选中“横卷形”，单击“绘图工具”选项卡中的“填充”下拉按钮，选择“图片或纹理”→“纸纹 2”（第 4 行第 3 列），如图 3-59（b）所示。

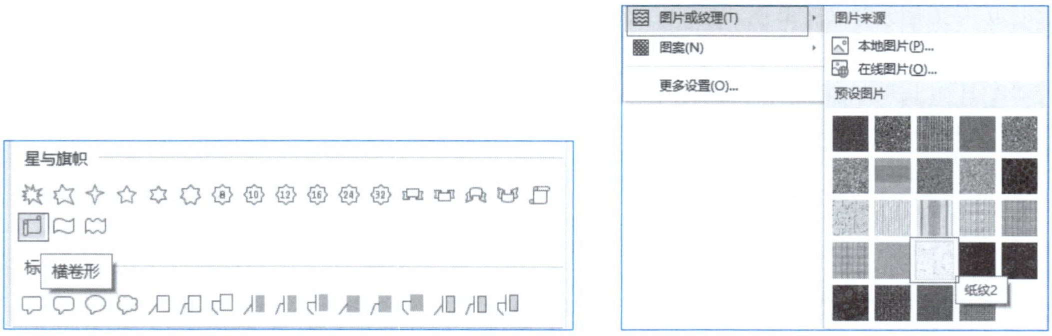

（a）　　　　（b）

图 3-59　插入横卷形

d. 选中“横卷形”，右击，在弹出的快捷菜单中选择“添加文字”命令，输入“学生会各部门职能简介”字样，设置字体为“华文行楷”，小初，预设样式为“填充 - 沙棕色，着色 2，轮廓 - 着色 2”（第 1 行第 3 列），“形状效果”选择“倒影”→“倒影变体 / 紧密倒影，接触”，如图 3-60 所示。

图 3-60　设置横卷形效果

③ 插入竖向文本框。在简介文本下方插入竖向文本框，将素材中的相应内容复制过来并设置格式，操作步骤如下：

a. 将光标定位到文本下方的新段落标记处，单击“插入”选项卡中的“文本框”下拉按钮，选择“竖向”。按住鼠标左键拖动，绘制大小适中的竖向文本框，如图 3-61（a）所示。

b. 选中文本框，单击“绘图工具”选项卡中的“编辑形状”下拉按钮，选择“更改形状”→“矩形”→“圆角矩形”（第 1 行第 2 个），如图 3-61（b）所示。

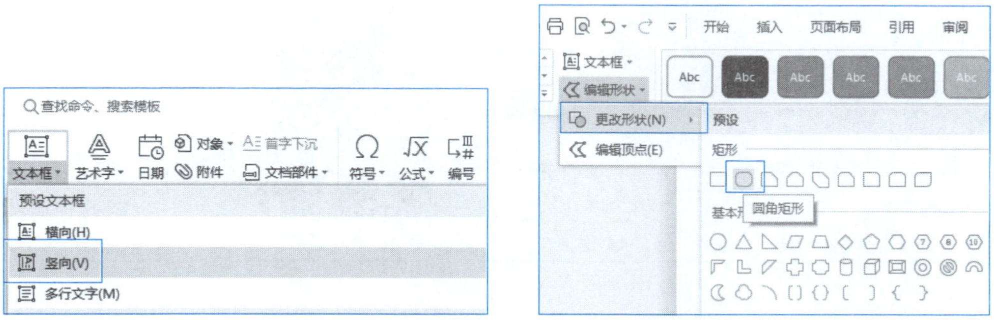

（a）　　　　（b）

图 3-61　竖向文本框的设置

c. 单击“绘图工具”选项卡“预设样式”组的“细微效果 - 巧克力黄，强调颜色 2”（第 4 行第 3 列）；然后，单击“填充”下拉列表中的“主题颜色”→“巧克力黄，着色 2，浅色 40%”（第 4 行第 6 列），如图 3-62 所示。

d. 打开“招聘启事（素材）.docx”，将“我们的口号”部分文字内容复制到文本框中，设置标题“我们的口号”字体为“华文琥珀”，三号，加粗，居中对齐，“预设样式”为“填充 - 白色，轮廓 - 着色 2，清晰阴影 - 着色 2”（第 2 行第 4 列）。口号内容（“我们是学生会”～“加油！”）设置为楷体，五号，黑色。

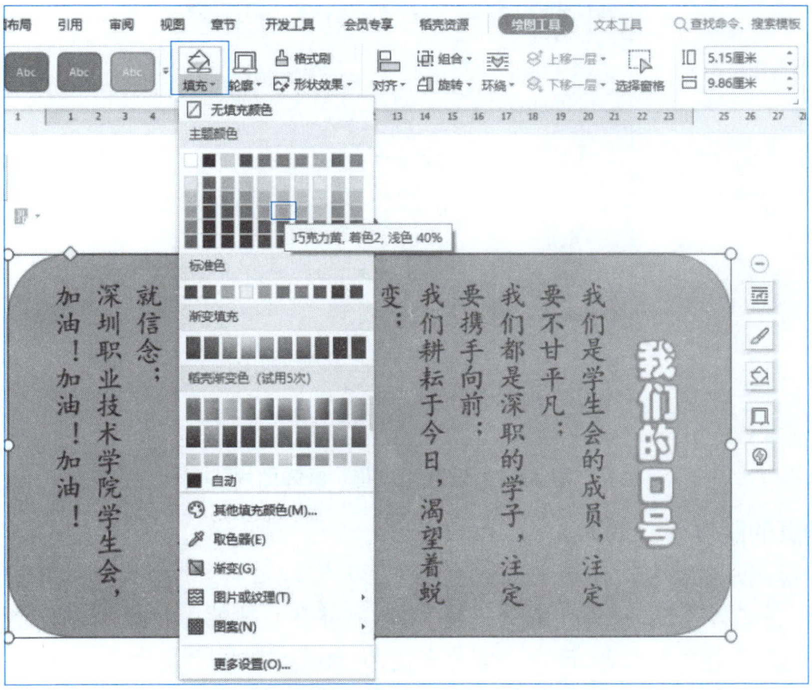

图 3-62　竖向文本框的颜色设置

④插入图片。在文本框右侧插入图片，并设置图片样式，操作步骤如下：

a. 单击“插入”选项卡中的“图片”按钮，弹出“插入图片”对话框，单击“本地图片”按钮，如图 3-63（a）所示。

b. 将“图片素材”文件夹中的图片“奔放 .jpg”插入到文档中，设置其“环绕”为“浮于文字上方”。

c. 调整图片大小及位置，单击“图片工具”选项卡中的“效果”下拉按钮，选择“柔化边缘”→“25 磅”，如图 3-63（b）所示。

（a）　　　　（b）

图 3-63　插入图片并设置样式

⑤ 插入修饰图片。将“角框 .jpg”和“边花 .jpg”两幅图片插入第 2 张宣传页，设置相应效果，操作步骤如下：

a. 插入“图片素材”文件夹下的图片“角框 .jpg”，单击“图片工具”选项卡中的“环绕”下拉按钮，选择“浮于文字下方”，并将其移动到页面右上角。

b. 插入“图片素材”文件夹下的图片“边花 .jpg”，单击“图片工具”选项卡“环绕”下拉按钮，选择“浮于文字下方”，并将其移动到页面左侧，然后单击“色彩”下拉按钮，选择“灰度”，如图 3-64 所示。

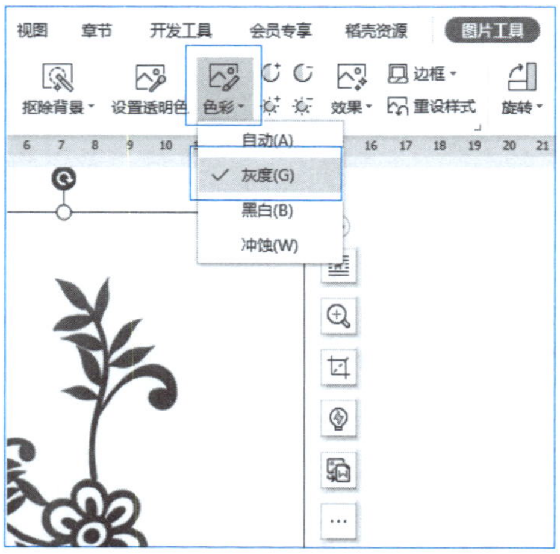

图 3-64　设置“边花”修饰图片

（3）第 3 张宣传页的制作

参照前面插入智能图形的方法，在第 3 张宣传页中插入智能图形，类型为“垂直图片列表”，增加形状，调整大小，“更改颜色”为“彩色”第 1 个（第 2 行第 1 列）。并在左侧的图片框中，依次插入“篮球赛 .jpg”“辩论赛 .jpg”“运动会 .jpg”“主持人大赛 .jpg”“宿舍文化节 .jpg”“风采之星大赛 .jpg”“书法大赛 .jpg”“十佳歌手大赛 .jpg”八张图片，并将素材中相应的描述性文字复制到右边的文本框中，设置标题字体为“隶书、18 号、加粗、白色”，设置内容字体为“楷体、14 号、白色”。具体操作步骤略。

3.4.3　总结与提高

1. 手绘流程图

以智能图形为基础可以轻松创建排列较为规则的流程图、示意图。但在实际工作中，经常会遇到一些特殊的、呈不规则外观的示意图，这时可以通过插入绘图画布，然后再插入箭头、标注框、流程图示等手绘图形，灵活排列、组合、连接这些简单的图形拼出各类复杂流程图、示意图。此外，由于要插入多个形状，为避免其随文档的删减而发生形状位置的错乱，手绘图形最好在画布中进行。例如，若要绘制图 3-65 所示的程序设计流程图，可按操作步骤如下：

① 单击“插入”选项卡中的“形状”下拉按钮，选择“新建绘图画布”。

② 单击“插入”选项卡中的“形状”下拉按钮，选择“基本形状”→“圆柱形”，然后在画布中拖动鼠标绘制出合适大小的圆柱形。

③ 单击“绘图工具”选项卡中的“填充”下拉按钮，选择“图片或纹理”→“纸纹 1”。

④ 选中这个圆柱形，复制三个相同的圆柱形，调整位置。

⑤ 用同样的方法插入四个箭头及圆角矩形，并设置它们的“填充”均为“渐变”→“线性渐变”。

⑥ 选中每个图形，右击，选择“添加文字”，输入相应文字内容。

⑦ 按住【Shift】键，选中各个图形，在“开始”选项卡中统一设置字体为 Arial，五号，加粗。

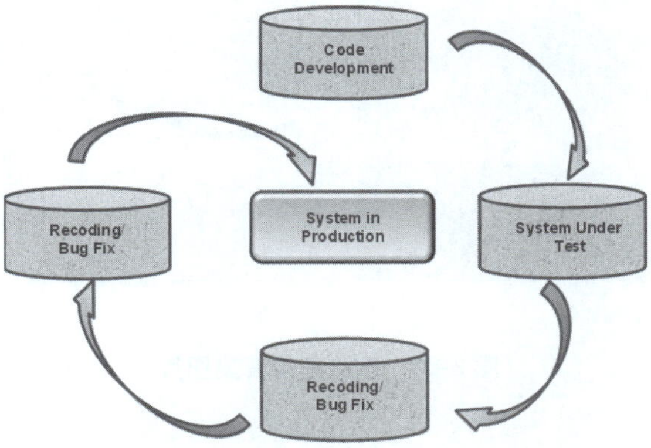

图 3-65 手绘程序流程图

2. 插入屏幕截图

如同 QQ 的截图功能，WPS Office 文字文稿的屏幕截图功能（见图 3-66）可使在脱机状态下轻松截图。操作步骤如下：

单击“插入”选项卡中的“更多”下拉按钮，选择“截屏”，进入截屏的工作状态，鼠标指针变成彩色的，拖动鼠标左键，即可得到需要截图的范围。可以选择不同的形状区域进行截图。

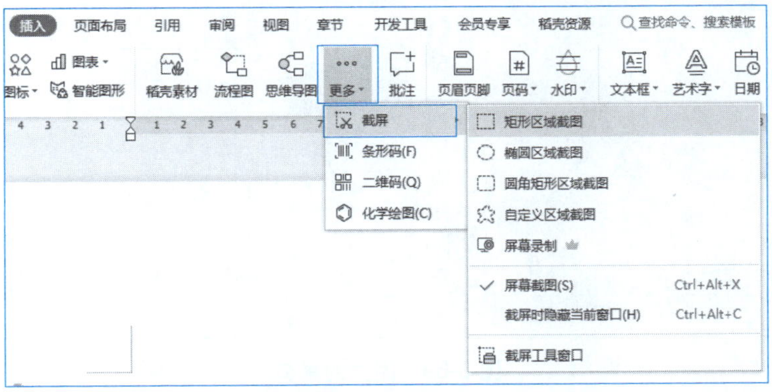

图 3-66 屏幕截图

3. 删除图片背景

在图文混排时，有时插入的图片需要删除背景以更好地融合到整个文档中，WPS 提供了此项功能。例如，将图 3-67（a）中的绿色背景删除，只保留图 3-67（b）所示的袋鼠图片，具体操作步骤如下：

① 选中“袋鼠 - 纯色背景 .jpg”图片，单击“图片工具”选项卡中的“设置透明色”按钮，这时鼠标会变成形状，在需要删除的背景区域单击，即可删除背景。

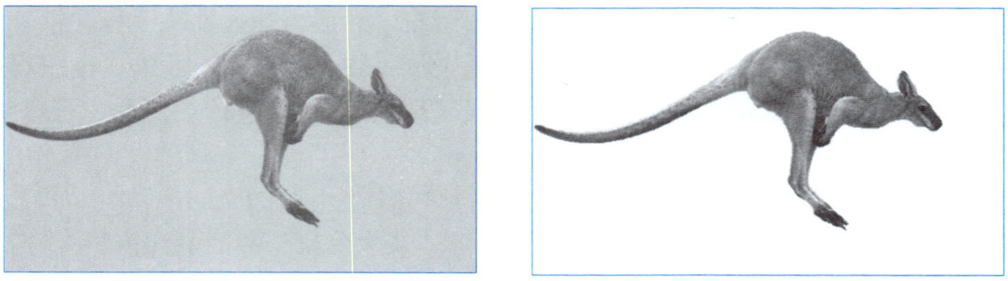

（a）　　　　　　　　（b）

图 3-67　删除简单背景图片

② 如果照片的背景比较复杂，比如是一片草地背景，如图 3-68（a）所示，“设置透明色”就无法完全删除背景，这时可以选中“袋鼠 - 草地背景 .jpg”图片，单击“图片工具”选项卡中的“抠除背景”下拉按钮，选择“抠除背景”，弹出“智能抠图”对话框，就可以一键抠图。

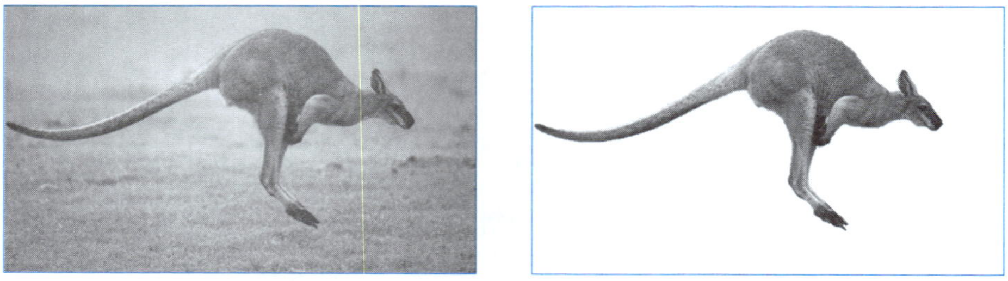

（a）　　　　　　　　（b）

图 3-68　删除复杂背景图片

4. 图片的裁剪

如果插入 WPS 文档中的图片包含与文档主题无关的内容，可以使用 WPS 自带的图像裁剪功能，将图像主题周围的无关内容删除掉。例如，在图 3-69 中若只希望将“青蛙”图片插入文档，可按如下步骤操作：

选中该图片，单击“图片工具”选项卡中的“裁剪”按钮，此时在图片周围会出现一个方框，拖动方框四周的控制句柄至合适大小，再次单击“裁剪”按钮即可。

图 3-69　图片的裁剪

习　题

参照“美丽的凤凰古城 (样例).pdf”文件，利用 WPS Office 演示文稿相关排版技术及相关的文字素材和图片素材，制作凤凰古城的宣传海报。具体要求如下：

1. 新建 1 个 WPS Office 演示文稿文件，命名为“美丽的凤凰古城 (学号 + 姓名).docx”，利用分页符分出2个空白页。

2. 设置页面属性。

（1）纸张大小：A4。

（2）纸张方向：纵向。

（3）页边距：左为3 cm，右为3 cm，上为2.5 cm，下为2.5 cm。

3. 第1页“历史沿革及旅游发展史”介绍。

（1）在第1页开始处录入艺术字标题“美丽的凤凰古城”，文字效果为“渐变填充 - 钢蓝”，环绕文字为“嵌入型”，居中显示。

（2）将光标定位到标题下一行，从“文字素材.docx”文件中复制“历史沿革”部分内容，并设置文字“历史沿革”为方正姚体，小二，文本效果和版式为“填充 - 橙色，着色4，软边缘”，段前1行。

（3）将第2～9段文字（“凤凰县自古以来～直到如今”）设置字体为华文中宋。第2段首行缩进2字符；第3～9段前，添加项目符号“➢”。

（4）从“文字素材.docx”文件中复制“旅游发展史”部分内容，利用格式刷设置文字“旅游发展史”格式同“历史沿革”。

（5）利用“文字转换成表格”功能，将内容自动转换成2列10行的表格，并在表格上方增加1行，录入“时间”和“描述”列标题，居中显示，设置表格样式为“主题样式1- 强调1”，表格字体为楷体，时间列加粗显示。

提示：将年份后面的“，”替换成空格。

4. 第2、3页“凤凰美景”介绍。

① 从“文字素材.docx”文件中复制“凤凰美景”部分内容，将第1段文字（“凤凰古城陈斗南宅院～病故于汉口医院”）设置字体为仿宋，首行缩进2字符，段前1行，单倍行距。

② 利用格式刷将第1段格式复制到第2～8段文字（“世人知道凤凰～像一幅永不回来的风景。”）。

③ 绘制竖排文本框，录入文字“凤凰美景”，字体格式同“历史沿革”，设置文本框轮廓无颜色，四周型环绕，调整位置，设置字符间距加宽5磅。

④依次插入“图片素材”文件夹中的“陈斗南宅院.jpg”“沈从文故居.jpg”“虹桥艺术楼.jpg”“天星山.jpg”，设置环绕方式、效果、阴影、边框、旋转角度、柔化边缘，调整大小及位置，可参见样例。

⑤ 将第5～8段文字（“奇梁洞位于～像一幅永不回来的风景。”）置于第3页，分3栏显示，显示分隔线，去除各段首行缩进，设置首字下沉，并插入相应图片，可参见样例。

5. 第4页“古城美食”介绍。

① 录入标题“古城美食”，利用格式刷复制“历史沿革”格式。

② 插入智能图形“垂直图片列表”，将“图片素材”文件夹中的美食图片插入其中，并录入相应文字，更改图形颜色为“彩色”下的第1个颜色组合，设置三维样式效果为第4个效果。

提示：大段的文本无法复制进智能图形文本框，可以另外插入横向文本框，设置文本框填充和轮廓为无，移动到合适的位置。

最终效果如图3-70所示。

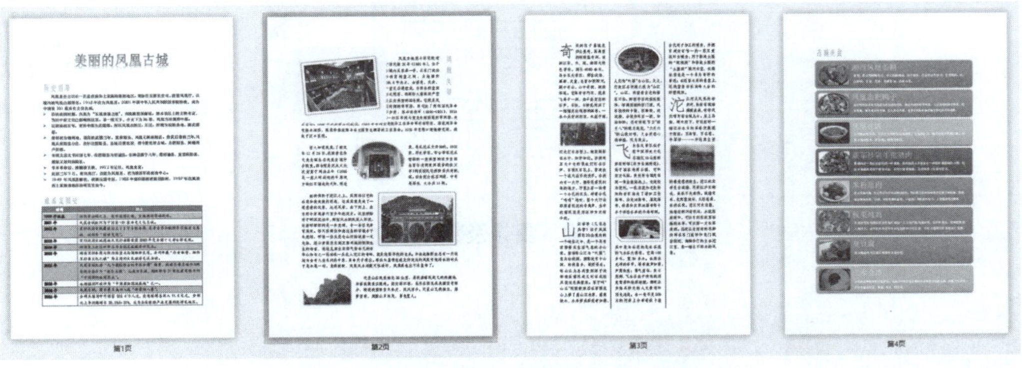

图3-70 最终效果

第 4 章

WPS Office 文字文稿综合应用——学生社团章程

4.1　项目分析

大一学生小张今年新加入校学生会组织部。组织部长为培养新人并令其快速了解组织部所辖组织，让其收集校内各学生社团章程，并汇编成册。小张积极收齐了七个学生社团的章程，却发现各个社团做的格式都不一样，有些章程还有错误。如何把这些零散的章程统一格式并汇编成册呢？小张在老师的指导下，顺利完成了学生社团章程的排版。封面、目录及部分正文效果如图 4-1 所示。

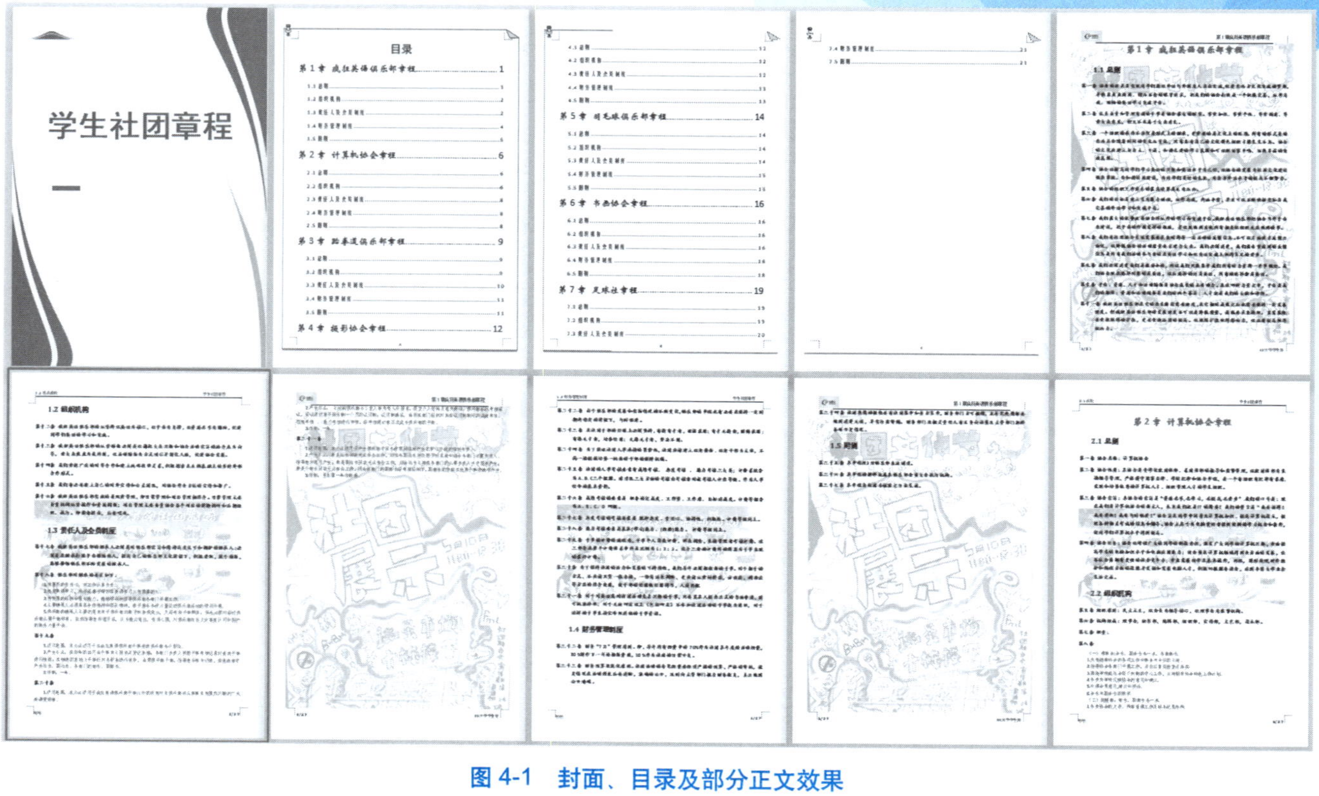

图 4-1　封面、目录及部分正文效果

4.2 新建文档及素材整理

4.2.1 知识点解析

1. 大纲视图

WPS Office 文字文稿中的“大纲视图”主要用于对文档进行相关设置和显示标题的层级结构，并可以方便地折叠和展开各种层级的文档。在大纲视图中，可以将文档大纲折叠起来，仅显示所需标题和正文，而将不需要的标题和正文隐藏起来，这样可以突出文档结构，简化查看文档的时间；还可以在文档中移动和重新组织大块文本。详细描述如下：

① 只有设置了内置标题样式（标题 1 ～标题 9）或大纲级别（1 ～ 9 级）的文本才可以在大纲视图中折叠和展开。

② 若要折叠某一级标题下的文本，可单击“视图”选项卡中的“大纲”下拉按钮，在“大纲”→“显示级别”中选择要显示的最低级别编号。例如，单击“显示级别 3”，则整篇文档只显示第一级到第三级的标题，第三级以下的标题将被折叠而隐藏起来。

③ 若要折叠或展开某一标题下的所有子标题和正文，双击该标题前面的分级显示符号“✣”即可，或单击“大纲工具”组的“展开”按钮⊞或“折叠”按钮⊟。

④若只显示正文的第一行，可勾选“显示首行”复选框。正文的内容只显示第一行，后面用省略号来表示下面还有内容，只显示首行可以快速查看文档结构和内容。

⑤ 若要整体移动大块文本的位置，可选中标题前的分级显示符，按住鼠标左键拖动即可，或单击“大纲”选项卡中的“上移”按钮⌃或“下移”按钮⌄。

2. 文档属性

文档属性是一些说明文档内容的元数据，包括标题、标记、作者、单位等。文档属性的设置有助于后期进行文档的快速组织和查找，特别是在页眉页脚的设置中，也经常插入文档属性的相关信息，如图 4-2 所示，所以应重视文档属性的设置。

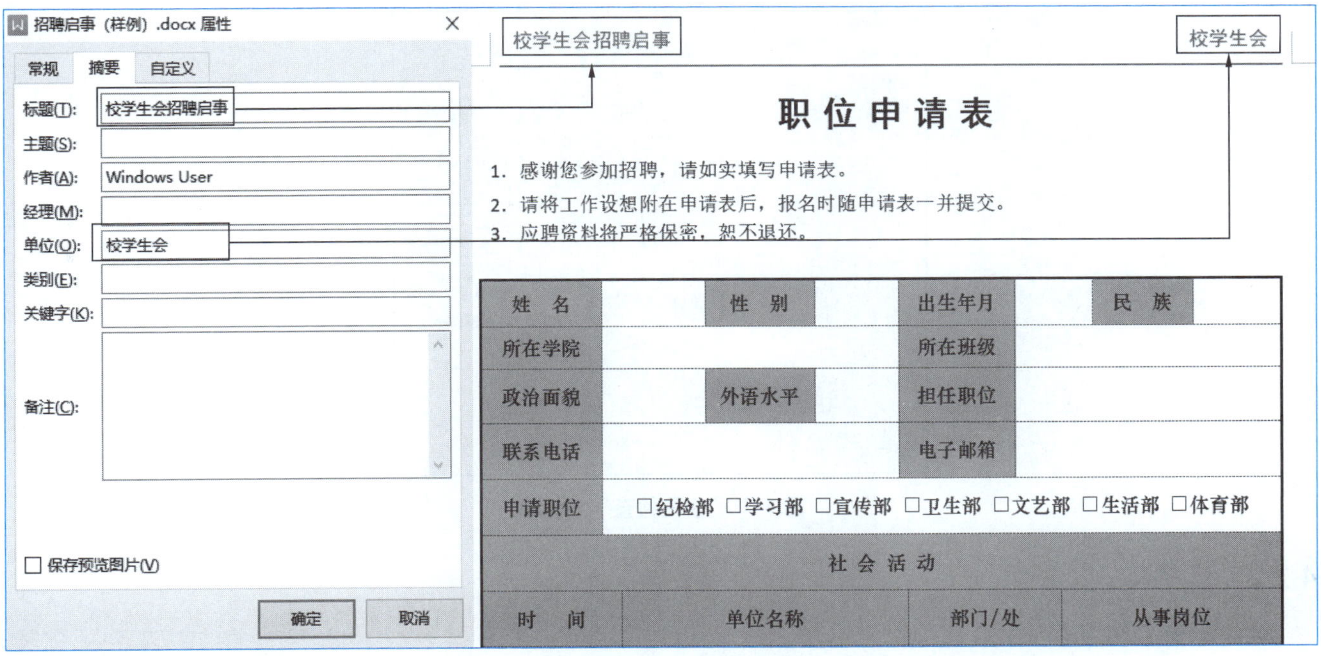

图 4-2 应用文档属性

3. 查找和替换

WPS Office 文字文稿中的“查找替换”功能，不仅可以查找和替换字符，还可以查找和替换字符格式、段落格式，可以完成文档中错误内容的批量修改及字符或段落格式的整体调整，是非常重要的一个工具。如图 4-3 所示，可将文本中的“成员”替换为“干事”。

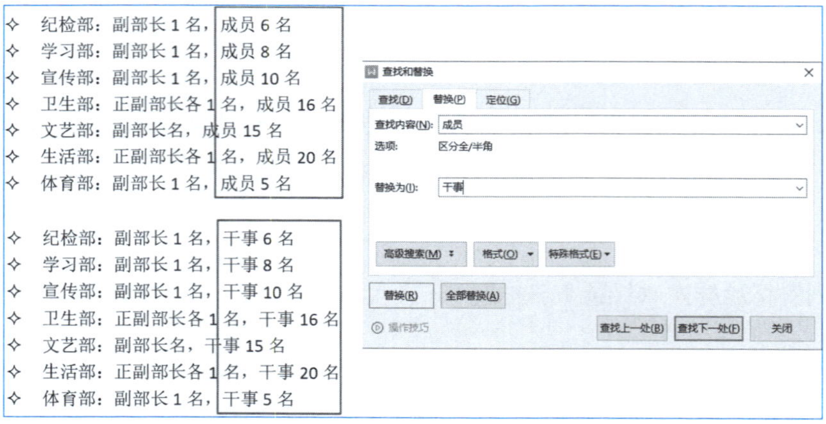

图 4-3　将“成员”替换为“干事”

4. 检查“拼写检查”错误

用户可以借助 WPS Office 文字文稿中的“拼写检查”功能检查文档中存在的单词拼写错误或语法错误，并且可以根据实际需要设置“拼写检查”选项，使拼写和英文语法检查功能更适合需求。单击“审阅”选项卡中的“拼写检查”按钮，可弹出“拼写检查”对话框（见图 4-4）或“英文语法检查”对话框，对于文档中有疑似拼写错误的文字，系统均用红色波浪线标注。其中，各项按钮描述如下：

①“忽略”：当前该文字忽略。

②“全部忽略”：文档中所有与该文字相同的内容都忽略。

③“添加到词典”：可将该词添加到词典中，这个词语将不再被识别为拼写错误的词语。

④“更改”：根据“更改建议”列表框内的提示，选择正确的词语，更改此处文字。

⑤“全部更改”：根据“更改建议”列表框内的提示，选择正确的词语，更改文档中全部文字。

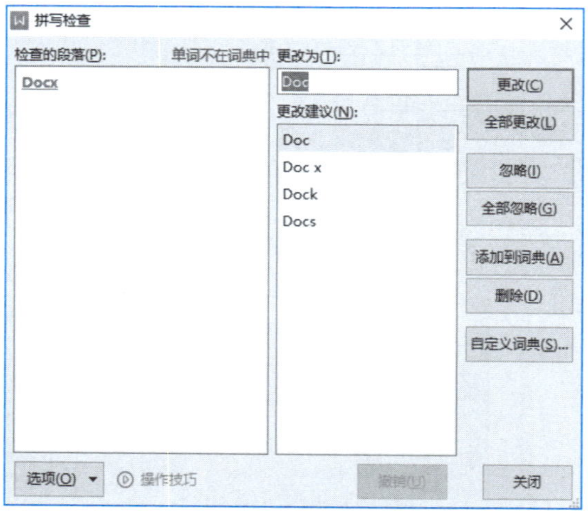

图 4-4　“拼写检查”对话框

4.2.2　任务实现

1. 任务分析

利用大纲视图建立文档结构，将素材复制粘贴后，进行整理，要求如下：

① 新建文档，在大纲视图录入七个社团章程的两级标题名称，一级标题为“疯狂英语俱乐部章程”“计算机协会章程”“跆拳道俱乐部章程”“摄影协会章程”“羽毛球俱乐部章程”“书画协会章程”“足球俱乐部章程”。各一级标题的二级标题为“总则”“组织机构”“责任人及会员制度”“财务管理制度”“附则”。将该

文档保存为“学生社团章程 .docx”。

② 将七个社团的章程选取合适的内容复制粘贴到相应的二级标题下。(为节约时间，本章素材提供粘贴好素材的文档“学生社团章程（素材）.docx”，读者可直接使用）

③ 利用“查找替换”功能去除多余的空行并将文档中的“足球社”全部替换为“足球俱乐部”。

④利于“审阅”工具检查文档中的拼写与语法错误，消除文档中红色的波浪线。

⑤ 进行页面设置：页边距为上、下 2.5 cm；左、右 2 cm。A4 纸张，奇偶页不同。

⑥ 进行文档属性设置：标题为“学生社团章程”；作者为“jszx”；单位为“XX 大学学生处”。

2. 实现过程

(1) 新建文档并草拟大纲

新建 WPS Office 文字文稿文档，命名保存为“学生社团章程 .docx”，并在其大纲视图内建立一、二级标题结构，操作步骤如下：

① 新建 WPS Office 文字文稿文档，命名为“学生社团章程 .docx”，并保存到 D 盘的素材文件夹下。

② 单击“视图”选项卡中的“大纲”按钮，进入大纲视图。

③ 在光标处录入文字“疯狂英语俱乐部章程”，按【Enter】键。

④ 在各行录入“总则”“组织结构”“责任人及会员制度”“财务管理制度”“附则”。

⑤ 选中“总则”～“附则”,单击“大纲”选项卡中的“降低”按钮 ,将这五个标题降级,如图 4-5 所示。

⑥ 按【Enter】键转入下一行，录入“计算机协会章程”，单击“大纲”选项卡中的“提升”按钮，将该级标题升级。

⑦ 参照上述操作流程，完成其余六个社团章程一、二级标题的录入。

⑧ 单击“关闭”按钮，回到页面视图查看效果。

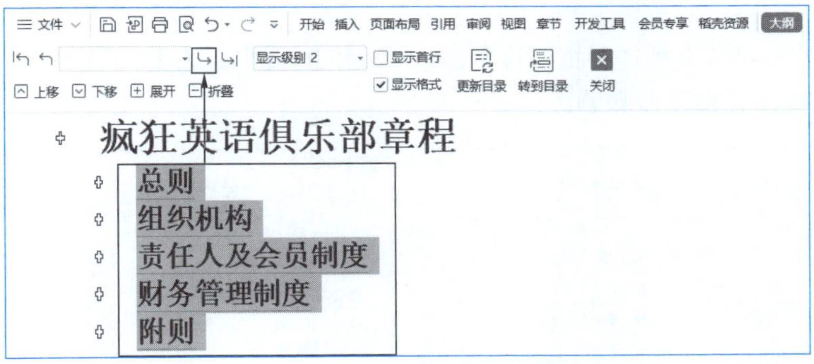

图 4-5　在大纲视图建文档结构

(2) 利用“查找和替换”功能整理文档

将“学生社团章程（素材）.docx”打开，另存为“学生社团章程 .docx”，同名覆盖前面新建的文档，去除多余的段落并将文档中的“足球社”全部替换为“足球俱乐部”，操作步骤如下：

① 保存并关闭文档“学生社团章程 .docx”。

② 打开“学生社团章程（素材）.docx”，另存为“学生社团章程 .docx”，弹出“学生社团章程 .docx 已存在。要替换它吗？”对话框，单击“是”按钮。

③ 单击“开始”选项卡中的“查找替换”按钮，弹出“查找和替换”对话框。

④ 单击下方的“特殊格式”按钮，在其下拉列表中选择“段落标记”。

⑤ 重复步骤④，再次插入两个“段落标记”。

⑥ 选择“替换”选项卡，将光标定位到“替换为”文本框，单击下方的“特殊格式”下拉按钮，在其下拉列表中选择“段落标记”，如图 4-6 所示。

⑦ 单击“全部替换”按钮，在弹出的提示框中单击“确定”按钮。

⑧ 在“查找内容”文本框中输入“足球社”,在“替换为”文本框中输入“足球俱乐部”,单击“全部替换”按钮，在弹出的提示框中单击“确定”按钮。关闭“查找和替换”对话框。

图 4-6　利用“查找和替换”对话框整理文档

(3) 利用“审阅”工具检查文档中的拼写和语法错误

利用“审阅”工具检查文档中的拼写和语法错误，消除文档中红色的波浪线。操作步骤如下：

① 单击“审阅”选项卡中的“拼写检查”按钮。

② 在弹出的“拼写检查”对话框中，会显示系统认为有误的文字（用红色波浪线标注），根据需要选择相应功能，若检查有误，直接在原文处修改，然后单击“更改”按钮即可。

③ 完成检查后，文档中“拼写检查”错误提示的红色波浪线即会消失。

(4) 页面设置

利用第 3 章所学知识，对该文档进行页面设置，具体要求为：页边距为上、下 2.5 cm；左、右 2 cm。A4 纸张，奇偶页不同，如图 4-7 所示，操作步骤略。

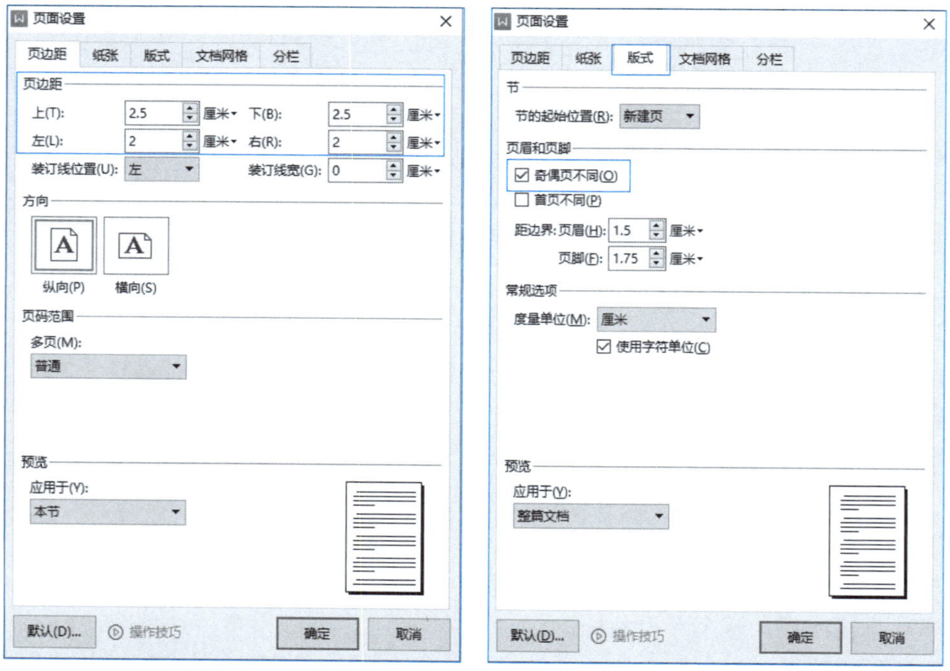

图 4-7　设置奇偶页不同

(5) 文档属性的设置

进行文档属性设置：标题为“学生社团章程”；单位为“XX 大学学生处”；作者为“jszx”。如图 4-8 所示，操作步骤如下：

① 单击“文件”选项卡中的展开按钮﹀，选择“文件”→“属性”，如图 4-8（a）所示。

② 在“标题”“单位”“作者”文本框中录入相应的文字内容，如图 4-8（b）所示。

（a）　　　　（b）

图 4-8　设置文档属性

4.2.3　总结与提高

1. 删除超链接

整理文档过程中，由于有些素材是从网页上复制粘贴或下载，文档中经常会带有一些超链接，可通过两种方式取消超链接：

① 选中全部文档，按【Ctrl+Shift+F9】组合键。

② 从网页上复制文档后，在 WPS Office 文字文稿中单击“开始”选项卡中的“粘贴”下拉按钮，选择“只保留文本”，即可粘贴不带任何格式的纯文本。

2. 巧用导航窗格

WPS Office 文字文稿具有“导航窗格”，不但可以为长文档轻松“导航”，更有非常精确方便的搜索功能。可通过单击“视图”选项卡中的“导航窗格”按钮，打开导航窗格，如图 4-9 所示。WPS Office 文字文稿的文档导航功能有目录、章节和结果三种导航方式，可以轻松查找、定位到想查阅的段落或特定的对象。

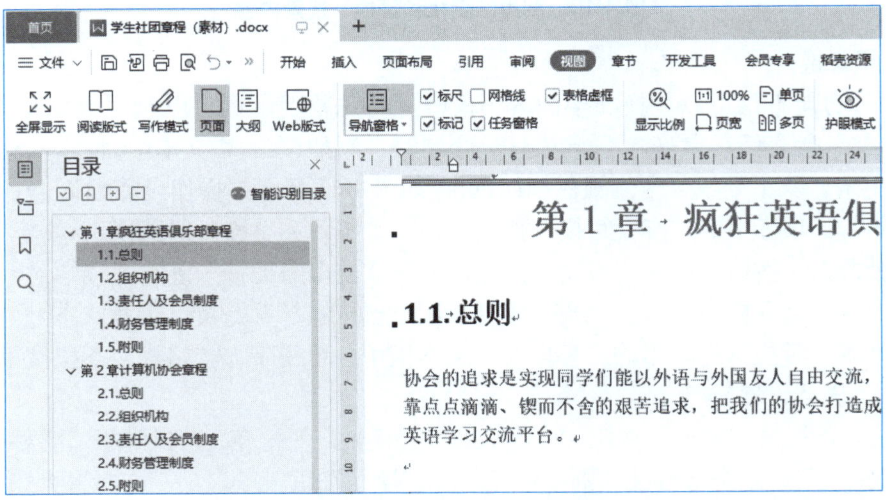

图 4-9　导航窗格

（1）目录导航

打开 WPS Office 文字文稿的“导航窗格”后，单击最左边的“目录”按钮，文档导航方式即可切换到“目录”导航。对于包含有分级目录的长文档，WPS Office 文字文稿会对文档进行智能分析，并将所有的文档目录在“导航窗格”中按层级列出，只要单击目录，就会自动定位到相关段落。

（2）章节导航

单击“导航窗格”左边的“章节”按钮，即可将文档导航方式切换到“章节”导航，WPS Office 文字文稿会在“导航”窗格上以缩略图形式列出文档分页，只要单击分页缩略图，就可以定位到相关页面查阅。

（3）结果导航

WPS Office 文字文稿除了可以标题和页面方式进行导航，还可以通过关键词搜索进行导航，单击“导航窗格”中的“查找和替换”按钮，然后在文本框中输入关键词，“导航窗格”上就会列出包含关键词的导航块，鼠标指针移动上去还会显示对应的页数和标题，单击这些搜索结果导航块就可以快速定位到文档的相关位置，如果搜索结果数量实在太大，“导航窗格”中便不会显示具体的搜索结果导航块，可以在正文中看到标黄的搜索结果，如图 4-10 所示。

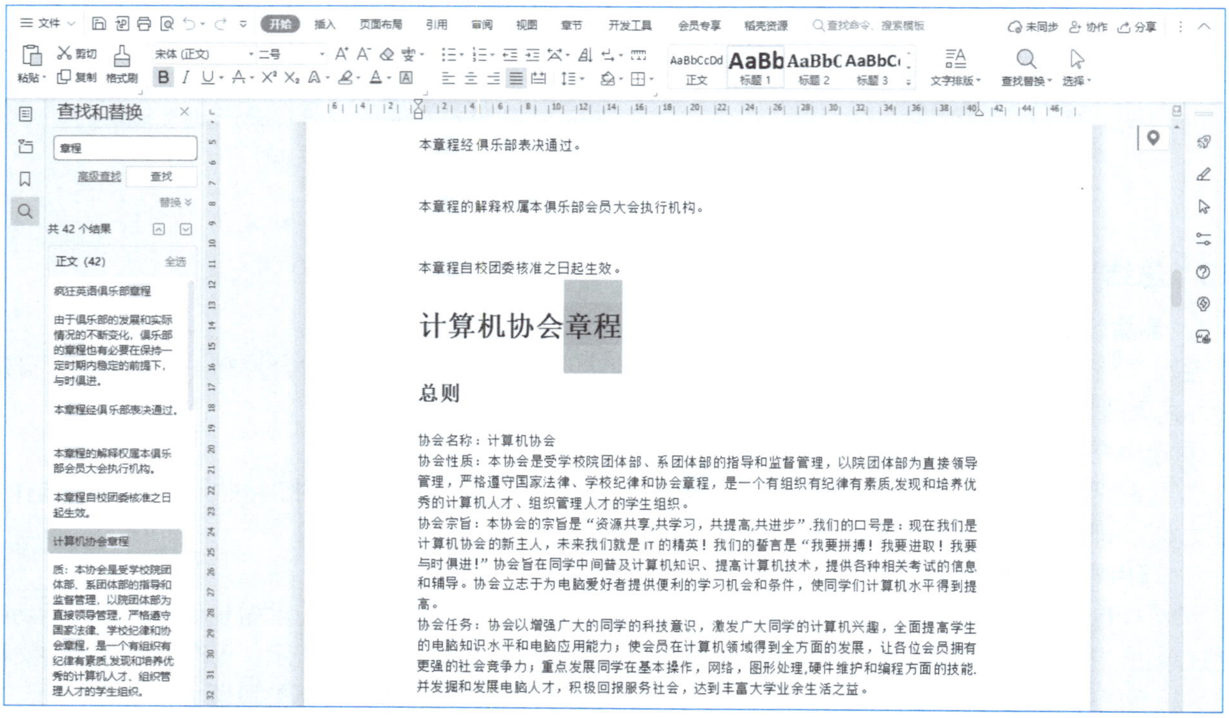

图 4-10　利用“查找和替换”搜索内容

3. 再谈查找和替换

“查找和替换”功能不仅可以替换文字内容、段落等特殊格式，还可以利用通配符进行字符格式的替换，常用通配符中“*”代表任意字符；“?”代表任一个字符。例如，在一块文本中，将“× × 部:”替换为“字体：（中文）华文中宋，双下划线，字体颜色：红色”，如图 4-11 所示，操作步骤如下：

① 单击“开始”选项卡中的“查找替换”按钮，弹出“查找和替换”对话框。

② 单击“高级搜索”按钮，展开下方功能区域，勾选“使用通配符”复选框。

③ 在“查找内容”文本框中录入“?? 部：”（注意，此处的“?”是英文半角状态）。

④ 将光标切换到“替换”选项卡的“替换为”文本框中，单击下方“格式”下拉按钮，选择“字体”，打开“字体”对话框进行设置。

⑤ 替换格式时，若选择“替换”按钮，可逐个进行替换，方便检查，若碰到不需要替换的地方，可单击“查找下一处”按钮，若确定全部替换，则单击“全部替换”按钮。

若在“替换为”文本框内不录入任何内容，也不进行任何格式设置，则在替换时将会删除该查找内容。

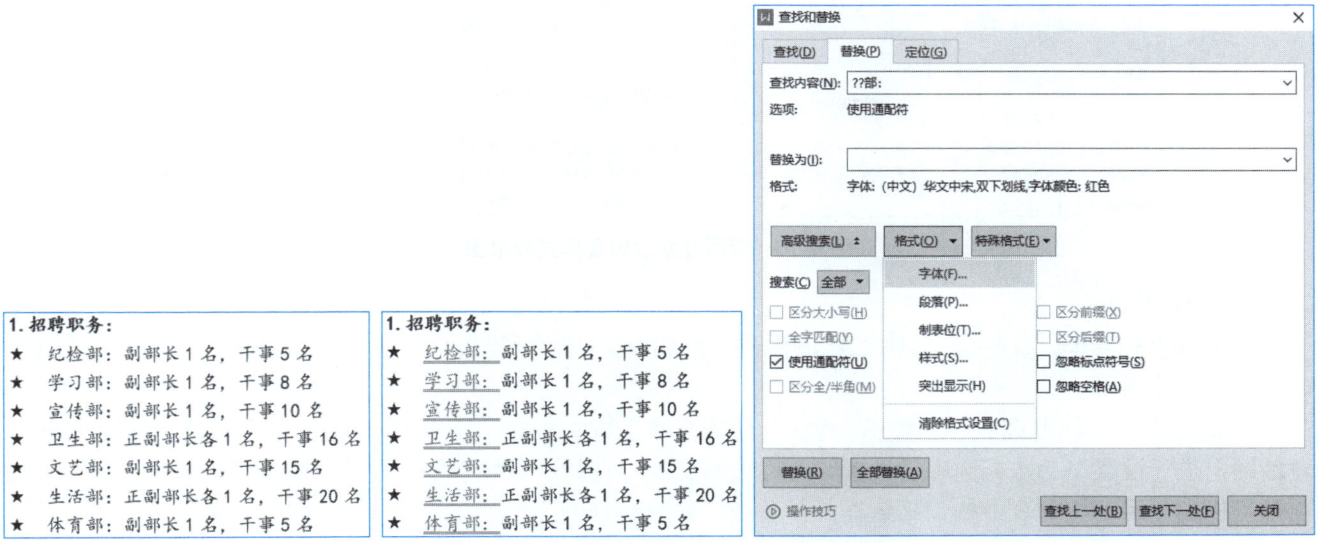

图 4-11　利用通配符查找替换字符格式

4.3　应用样式

4.3.1　知识点解析

1. 样式

在 WPS Office 文字文稿中，样式是指一组已经命名的字符或段落格式。WPS Office 文字文稿自带有一些书刊的标准样式，如正文、标题等，每一种样式所对应的文本段落的字体、段落格式等都有所不同。常用快速样式集如图 4-12 所示。

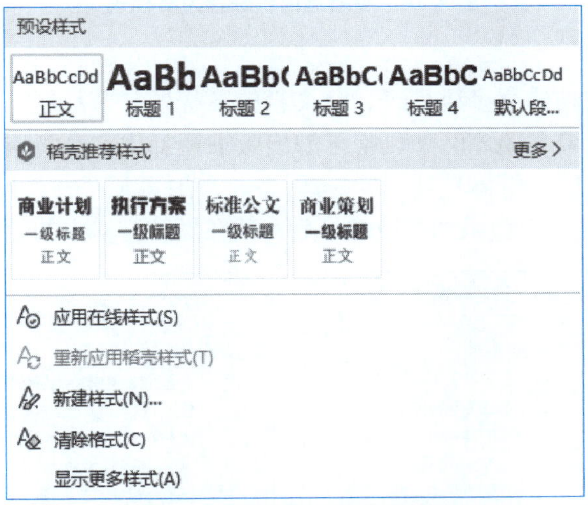

图 4-12　常用快速样式集

2. 应用及修改内置样式

编辑文档时，可根据需要应用内置标题样式，但有时会发现它们并不符合要求。可能字体或者字号不对，或者间距不合适，这就需要对样式进行修改。

修改样式有两种途径：一是单击右侧导航条“样式和格式”按钮，打开“样式和格式”任务窗格，在相应的样式右侧的下拉列表中选择“修改”命令或右击并选择“修改”命令；二是在“开始”选项卡→“快速样式”中找到相应的样式，右击并选择“修改”命令。例如，将应用了内置样式标题 1、标题 2、标题 3 的文字进行样式修改后，效果如图 4-13 所示。

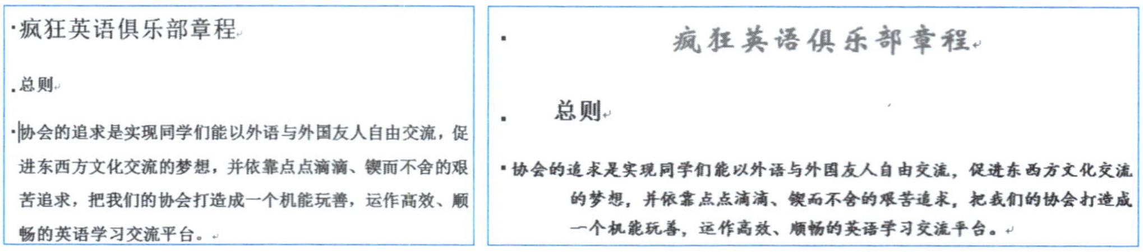

图 4-13　应用及修改内置样式效果图

3. 新建样式

尽管 WPS Office 文字文稿提供了默认样式，但编辑文档时可能会觉得不太够用，此时可以自行设计样式来满足实际需求。

新建样式有两种方式：一是单击“样式”任务窗格上方左侧的“新样式”按钮，在弹出的“新建样式”对话框中进行设置；二是先选中要设置为新样式的文本，自行设置好字体、段落等格式后，单击“开始”选项卡“样式”组下拉列表中的“新建样式”命令，如图 4-14 所示。

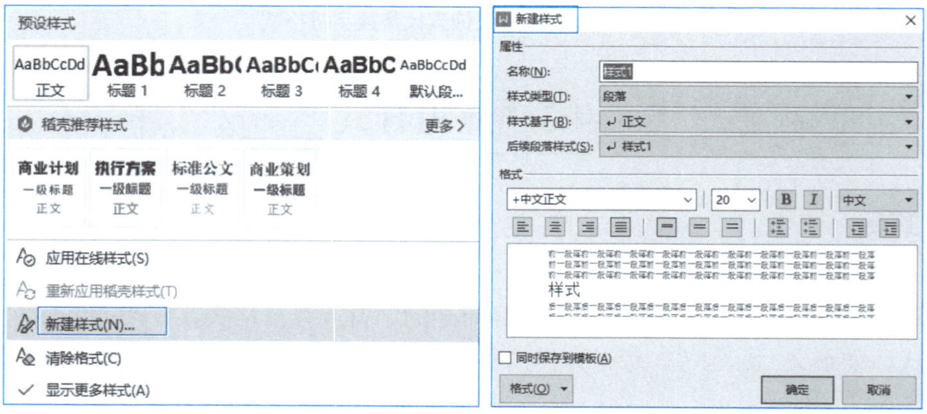

图 4-14　将所选内容保存为新样式

4. 多级编号

编辑长文档时，需要对文档建立多级列表，将文档的章标题、节标题、小节标题划分到不同级别，这样既方便作者编辑，又方便读者阅读。例如，常见的出版书籍都由多个章组成，每一章又由若干节组成，每一节可能又会由若干小节组成，整体呈现“章标题”—“节标题”—“小节标题”的层次结构。例如，为图 4-15（a）所示设置好样式的标题添加多级编号后，其在导航窗格内的效果如图 4-15（b）所示。

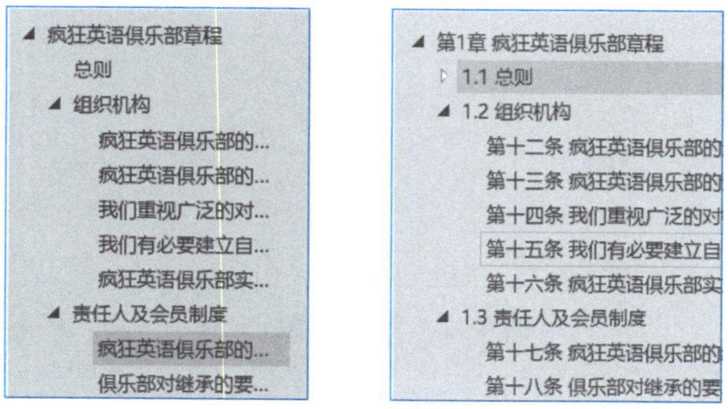

（a）　（b）

图 4-15　设置多级编号效果

4.3.2 任务实现

1. 任务分析

应用 WPS Office 文字文稿的内置样式并进行修改，新建样式应用于文档中的部分文字，为各级样式标题设置多级编号，要求如下：

① 将所有“正文”文字应用标题 3 样式。

② 按照表 4-1 要求，修改各级标题样式。

表 4-1 修改 WPS Office 文字文稿内置样式要求

样式名称	字体格式	段落格式
标题 1	华文新魏，二号，加粗，红色	段前、段后 1 行，2 倍行距，居中对齐，段前分页
标题 2	宋体，三号，加粗	段前、段后 13 磅，1.5 倍行距，左缩进 1 cm
标题 3	楷体，小四，加粗	段前、段后 6 磅，1.25 倍行距

③ 新建“细节文本”样式，具体要求为：仿宋，五号，首行缩进 2 字符。

④将“细节文本”样式应用于文档中“明显强调”样式的文字。

⑤ 按照表 4-2 要求，为各级标题设置多级编号。

表 4-2 标题样式与对应的多级编号

样式名称	多级编号	位置
标题 1	第 X 章（X 的数字格式为 1,2,3,…）	左对齐、0 cm
标题 2	X.Y（X,Y 的数字格式为 1,2,3,…）	左对齐、1 cm
标题 3	第 X 条（X 的数字格式为一,二,三，…）	左对齐、0 cm；文本缩进 1.2 cm

2. 实现过程

(1) 将所有“正文”文字应用“标题 3”样式

如图 4-16 所示，操作步骤如下：

① 单击文档中任意一处正文，单击“开始”选项卡中的“选择”下拉按钮，选择“选择格式相似的文本”，即可选中所有的正文文本。

② 单击右侧导航条“样式和格式”按钮，打开“样式和格式”任务窗格。

③ 此时，“正文”样式处于选中状态，单击“标题 3”样式。

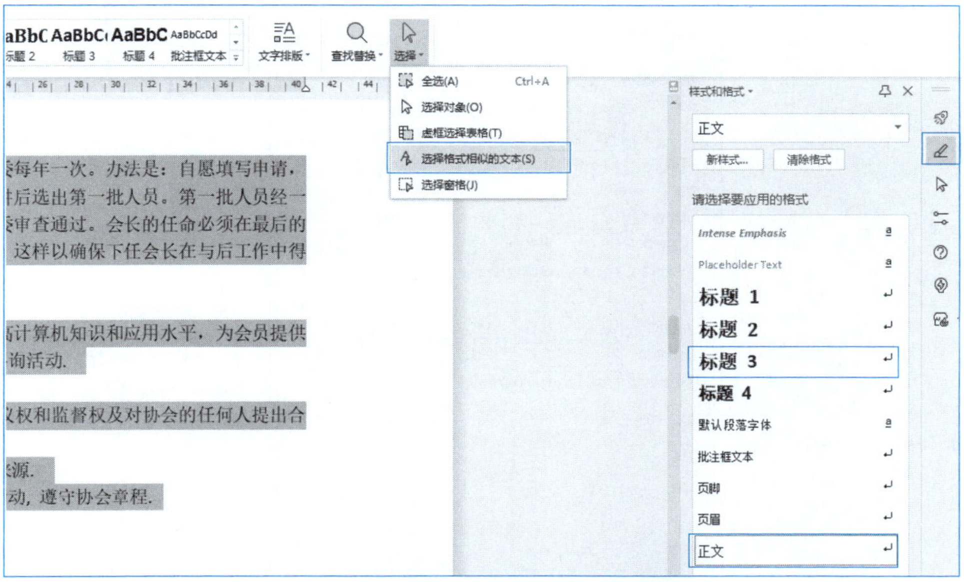

图 4-16 将所有正文应用标题 3 样式

(2) 修改各级标题样式

若内置样式不符合要求，可对其进行修改，按表 4-1 要求对其进行修改，操作步骤如下：

① 打开“导航窗格”，单击窗格内的一级标题“疯狂英语俱乐部章程”，光标将迅速定位到文档中一级

标题“疯狂英语俱乐部章程”处。

② 在“开始”选项卡的“预设样式”窗格中，可以看到“标题 1”样式已被选中，在“标题 1”上右击，选择“修改样式”命令，如图 4-17 所示。

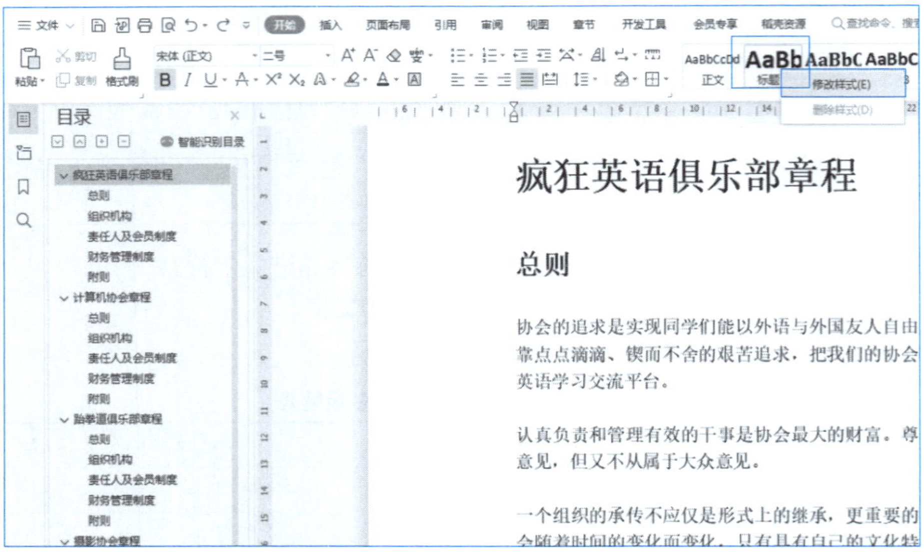

图 4-17　样式中的修改命令

③ 在弹出的“修改样式”对话框中，进行如下设置：在“格式”选项组中，选择字体为“华文新魏”，字号为“二号”，加粗，颜色为“红色”。

④ 单击左下角的“格式”下拉按钮，在弹出的下拉列表中选择“字体”命令，在“所有文字”选项卡中，选择字体颜色为“红色”，单击“确定”按钮。

⑤ 单击“格式”下拉按钮，在弹出的下拉列表中选择“段落”命令，弹出“段落”对话框，在“常规”选项卡中，设置对齐方式为“居中对齐”，在“间距”选项组中，设置段落格式为段前、段后 1 行，“2 倍行距”。在“换行和分页”选项卡的“分页”选项组中，选中“段前分页”复选框，如图 4-18 所示，单击“确定”按钮。

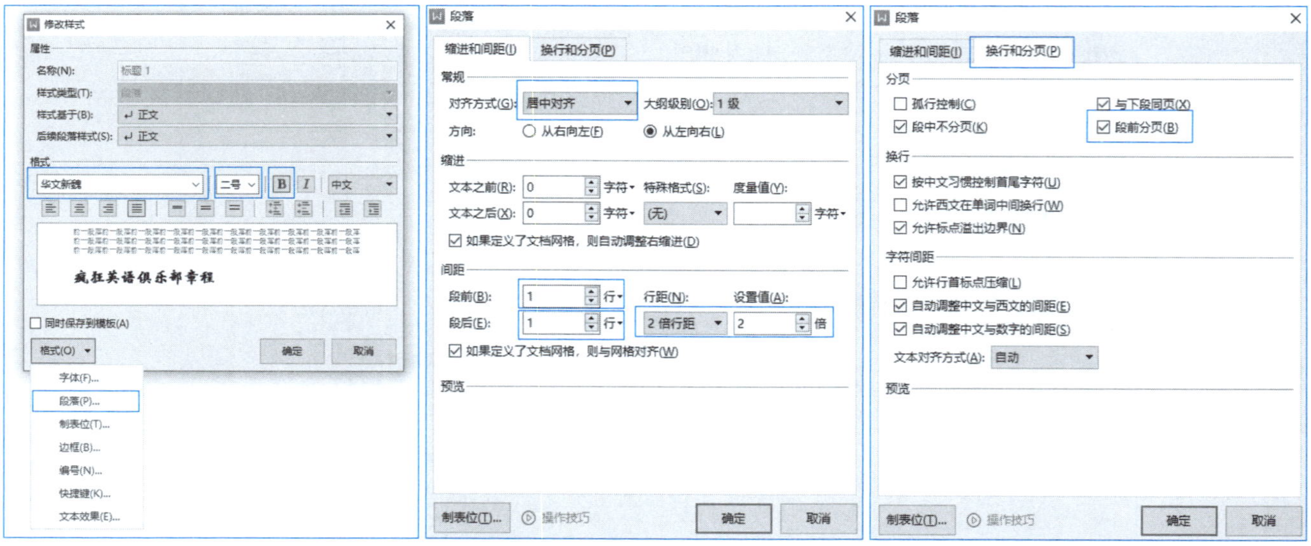

图 4-18　修改标题 1 样式

此时，文档中所有一级标题被批量修改，且每一章均从新的一页开始显示。

⑥ 利用“导航窗格”快速定位到任意二级标题和三级标题处，利用上述方法，参照表 4-1 对标题 2 和标题 3 进行修改。

(3) 新建样式

新建一个名为“细节文本”的样式，具体要求为：仿宋，五号，首行缩进 2 字符。并将其应用到文档中“明显强调”的文本中，操作步骤如下：

① 单击文档中“明显强调”格式的文本的任意一处，单击“开始”选项卡中的“选择”下拉按钮，选择“选择格式相似的文本”选项，即可选中所有“明显强调”格式的正文文本。

② 单击右侧导航条“样式和格式”按钮，打开“样式和格式”任务窗格，单击上方左侧的“新样式”按钮，弹出“新建样式”对话框。

③ 在“属性”选项组的“名称”文本框中输入“细节文本”，在“样式基于”和“后续段落样式”下拉列表框中选择“正文”，其他设置如图 4-19 所示。

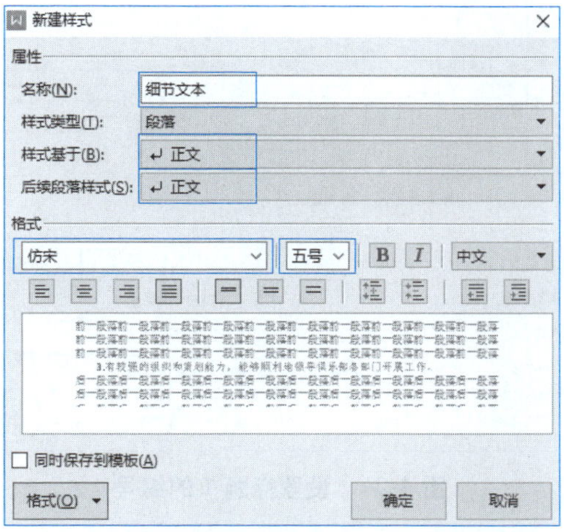

图 4-19 “新建样式”对话框

④ 单击“确定”按钮，新建的“细节文本”样式就出现在“样式和格式”任务窗格中。

⑤ 单击“清除格式”按钮。此时，被选中的文本格式被全部清除。

⑥ 单击“细节文本”，将选中的文本重新应用新建的“细节文本”的样式，如图 4-20 所示。

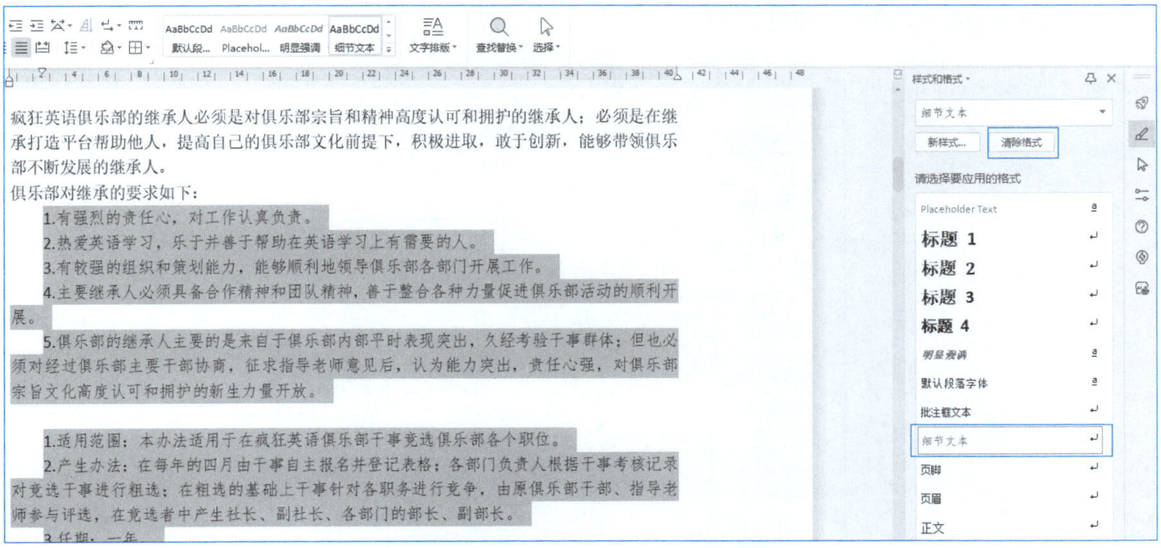

图 4-20 清除原有样式并应用新样式

(4) 设置多级编号

在使用 WPS Office 文字文稿编辑文档的过程中，很多时候需要插入多级列表编号，以便清晰地标识出段落之间的层次关系。按表 4-2 的要求，为各级标题设置多级编号，操作步骤如下：

① 利用“导航”窗格，将光标定位到文档的任意一级标题处。

② 单击“开始”选项卡中的“编号”下拉按钮，选择“自定义编号”。

③ 在弹出的“项目符号和编号”对话框中，选择“多级编号”选项卡，选择选项卡下的第 8 个预设样式，单击“自定义”按钮进行如下设置：

a. 设置标题 1 的编号。在“级别”列表框中选择“1”选项，准备设置 1 级标题的编号。下方默认的“编号样式”符合要求，只需在“编号格式”文本框内“①.”前录入“第”字，删掉右下角小数点，在“①”后录入“章”字即可。单击“高级”按钮，在“将级别链接到样式”下拉列表中选择“标题 1”。在“编号之后”下拉列表中选择“空格”，如图 4-21 所示。

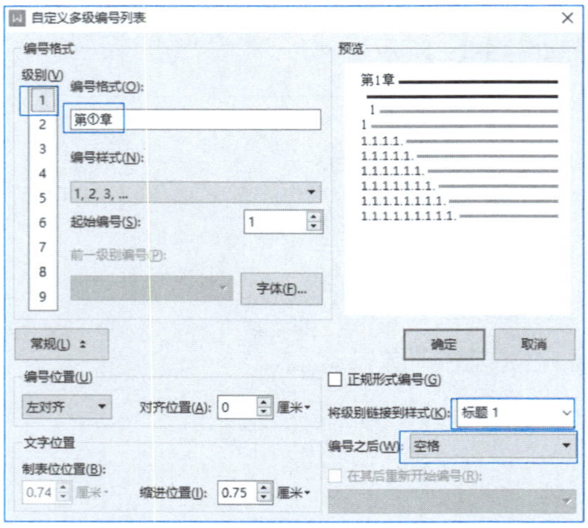

图 4-21　设置标题 1 的编号

b. 设置标题 2 的编号。在“级别”列表框中选择“2”选项，准备设置 2 级标题的编号。下方默认的“编号样式”符合要求，无须修改，将“编号格式”中“②.”后面的小数点删掉。在“位置”选项组中，设置编号对齐方式为“左对齐”，对齐位置为“1 厘米”。在“将级别链接到样式”下拉列表框中选择“标题 2”。在“编号之后”下拉列表框中选择“空格”，如图 4-22 所示。

注意：若“输入编号的格式”无显示，则先在“包含的级别编号来自”下拉列表框中选择“级别 1”，再在“此级别的编号样式”下拉列表框中选择需要的样式。

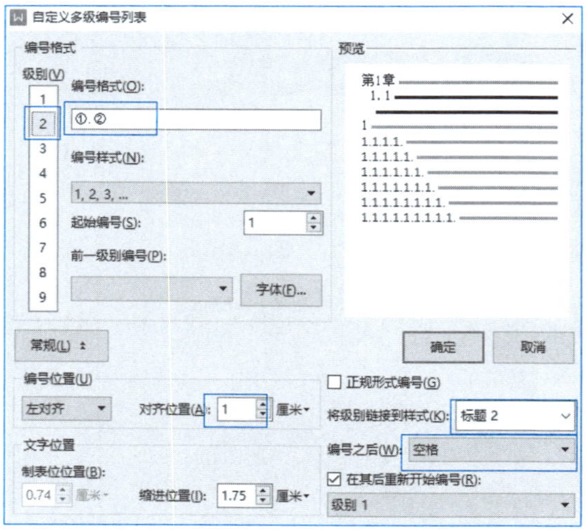

图 4-22　设置标题 2 的编号

c. 设置标题 3 的编号。在“级别”列表框中选择“3”选项，准备设置 3 级标题的编号。将“编号格式”文本框内的内容清空，在“编号样式”下拉列表中选择“一,二,三，…”。在“编号格式”文本框中的“③”前录入“第”字，在“③”后录入“条”字。在“位置”选项组中，设置编号对齐方式为“左对齐”，对齐位置为“0 厘米”。文本缩进位置为“1.2 厘米”。在“将级别链接到样式”下拉列表框中选择“标题 3”。

在“在其后重新开始编号”复选框下方的下拉列表框中选择“级别 1”。在“编号之后”下拉列表框中选择“空格”，如图 4-23 所示。

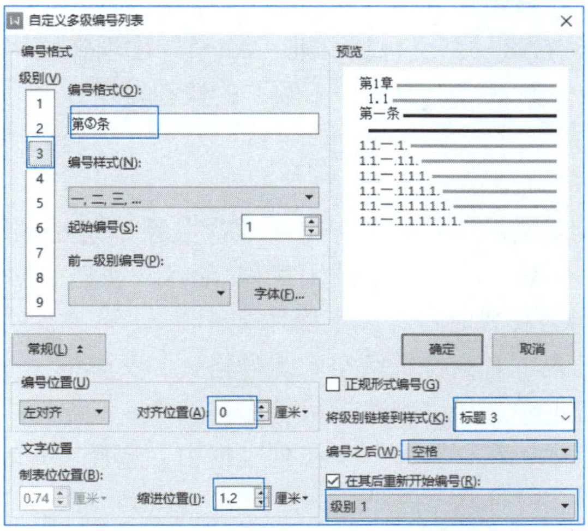

图 4-23　设置标题 3 的编号

4.3.3　总结与提高

1. 快捷键【F4】

在文档编辑过程中，存在大量重复性的操作，利用快捷键【F4】可以重复上一次操作，非常方便。

2. 快速应用样式

除普通应用样式的方法外，还有两种常用的快速应用样式的方法：

（1）利用格式刷

对于已设置好的样式，可通过选中该样式文字，单击或双击“格式刷”按钮，在需要设置相同样式的文字上按住鼠标左键进行拖动。单击“格式刷”按钮可复制样式一次；双击“格式刷”按钮可复制样式多次。

（2）利用快捷键

对于使用频率比较多的样式，可为其设置快捷键，提高排版效率。例如，为“学生社团章程 .docx”文档的标题 2 设置快捷键【Alt+1】，如图 4-24 所示，操作步骤如下：

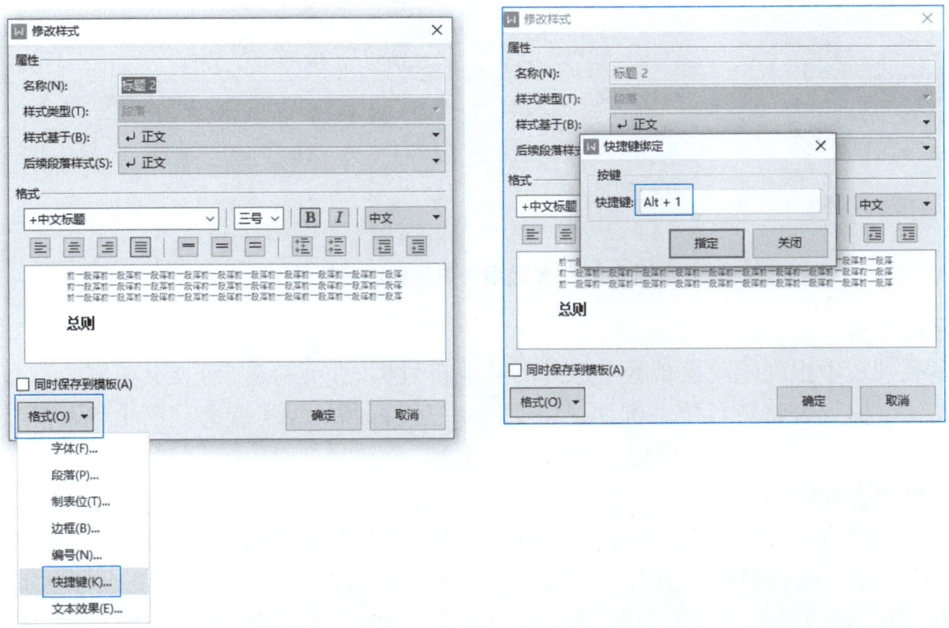

图 4-24　为标题 2 设置快捷键

① 在“预设样式”任务窗格中的“标题 2”上右击，在弹出的快捷菜单中选择“修改样式”命令，弹出“修改样式”对话框。

② 单击左下方的“格式”下拉按钮，选择“快捷键”，打开“快捷键绑定”对话框。

③ 在“快捷键”文本框内按【Alt+1】组合键，则“Alt+1”出现在文本框内。

④ 单击“指定”按钮，【Alt+1】就被设置为“标题”的快捷键了。

3. 再谈多级编号

(1) 设置项目符号

多级编号的样式除了可以设置成数字格式外，对于层次关系不是特别明显的章节标题，其某一级的编号样式还可以设置成项目符号。例如，将“学生社团章程 .docx”文档中的各级标题编号按表 4-3 设置（见图 4-25），则可在设置 2 级标题编号样式时进行如下操作：

① 打开“自定义多级编号列表”对话框，清空“编号格式”文本框。

② 在“编号样式”下拉列表框中选择“新建项目符号”选项。

③ 在打开的“符号”对话框中，在“字体”下拉列表框中，选择“Wingdings”字符集。

④ 单击需要的项目符号，单击“插入”按钮。

⑤ 单击“编号格式”选项组的“字体”按钮，打开“字体”对话框，设置颜色为“蓝色”。

表 4-3 标题样式与多级编号

样式名称	多级编号	要　求
标题 1	第 X 章（X 的数字格式为 1，2，3…）	左对齐、0 厘米
标题 2	🕮	蓝色
标题 3	第 X 条（X 的数字格式为一、二、三…）	左对齐、0 厘米；文本缩进 1.2 厘米

图 4-25 多级编号中设置项目符号

(2) 正规形式编号

若不允许多级列表中出现除阿拉伯数字以外的其他符号样式，可勾选“正规形式编号”复选框，此时“此级别的编号样式”下拉列表将不可用。例如，将文档中三级标题的编号变为“第 1 条”“第 2 条”等，可直接在设置 3 级标题编号时，勾选“正规形式编号”复选框，如图 4-26 所示。

(3) 重新开始列表的间隔

若选中“在其后重新开始编号”复选框，然后从下拉列表中选择相应的级别，可在指定的级别后，重新开始编号。默认的每一级标题编号会在上一级编号后重新开始编号。例如，若 3 级标题编号的“在其后重新开始编号”为 2 级，则效果如图 4-27（a）所示，但本文档中的 3 级标题由于在每一章中都是从“第一条”开始显示，所以要选择“在其后重新开始编号”为 1 级，如图 4-27（b）所示。

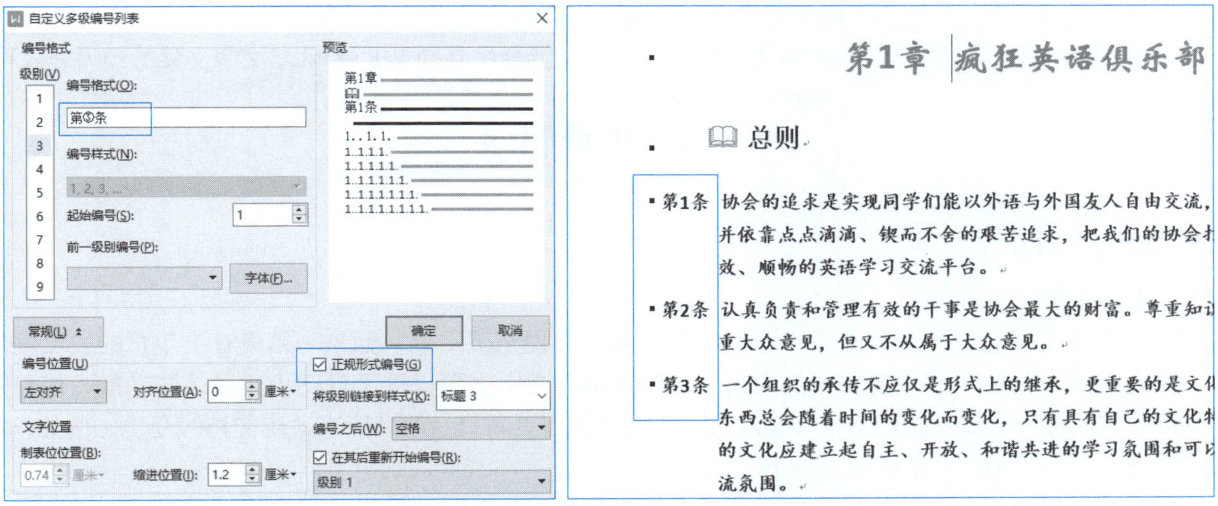

图 4-26 将标题 3 编号设置为“正规形式编号”

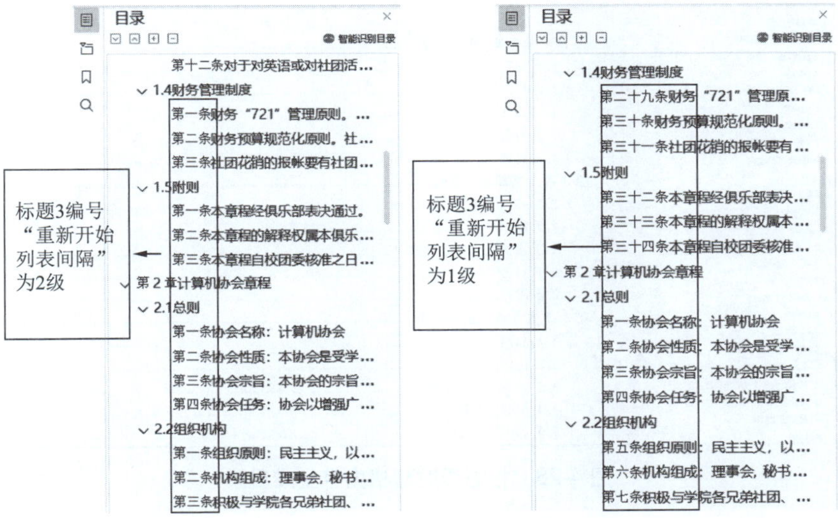

（a）（b）

图 4-27 “重新开始列表间隔”示例

4.“修改样式”对话框

无论是修改还是新建样式，都需要打开“样式设置”对话框，设置相应的内容，其中各选项意义如下：

① 名称：显示在“样式和格式”对话框中的样式名称。可以输入新名称来新建样式，长文档中，样式的名称要注意易于理解和记忆，如“篇样式”“章样式”等可以直观反映样式的级别。

② 样式类型：有字符、段落两种。单击字符可创建新的字符样式，单击段落可创建新的段落样式。如果要修改原有样式，则无法使用此选项，因为不能更改原有样式的类型。

③ 样式基于：最基本或者原始的样式，文档中的其他样式以此为基础。如果更改文档基准样式的格式元素，则所有基于基准样式的其他样式也相应发生改变。

④后续段落样式：如果在用新建或修改样式设置格式的段落结尾处按【Enter】键，WPS Office 文字文稿会将“后续段落样式”样式应用于后面的段落。此设置很重要，如果设置不当，就会重复操作。比如，若“篇样式”后续段落设置为正文样式，则通常情况下“篇样式”下一段落直接为“章样式”，那么，每次在“篇样式”设置结束回车后，还需将这一段落设置为“章样式”；同理，如果“节样式”的后续段落设置为“节样式”，则常规情况下，“节样式”后续段落一般为正文样式（或者基于正文样式的自定义样式），也会重复设置。总之，后续段落样式的设置，必须结合文档的实际情况而定。

⑤ 格式：在“格式”组中，可以进行快速设置文本和段落的一些属性，如果需要更精确和复杂的设置，

可以单击左下方的“格式”按钮，以便对字体和段落或者其他格式进行进一步设置。

⑥ 同时保存到模板：如果勾选此复选框，那么此样式就会保存到 WPS Office 文字文稿的预设样式中。

4.4 生成目录

4.4.1 知识点解析

1. 插入目录

目录由文章的标题和页码组成，对于长文档的阅读来说至关重要，如果一篇成百上千页的长文档没有目录，则会令读者无法快速了解文章的内容。WPS Office 文字文稿提供了自动生成目录的功能，使目录的制作变得非常简便，而且在文档发生改变以后，还可以利用更新目录的功能来适应文档的变化。例如，根据导航窗格内的文档结构，可生成图 4-28 所示的目录。

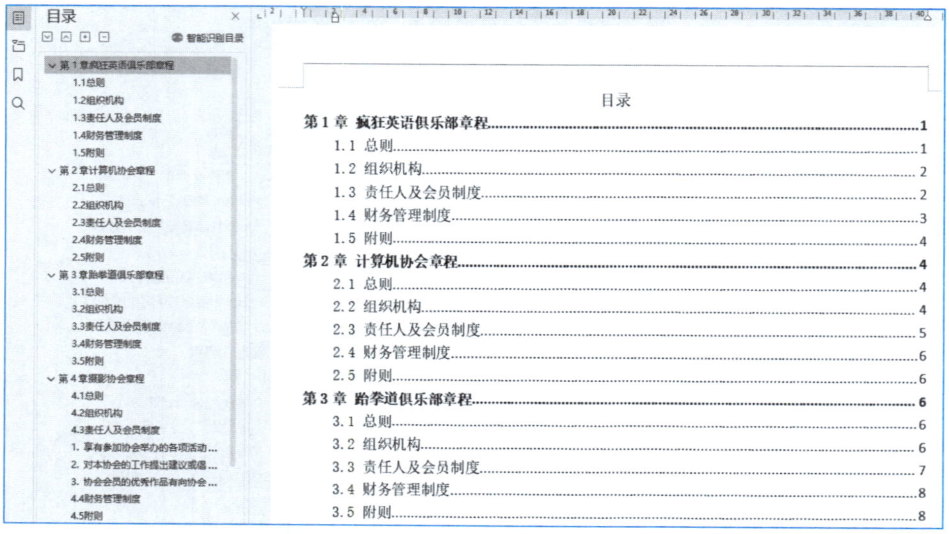

图 4-28　根据导航窗格内容生成目录

2. 修改目录样式

目录生成后，其默认的样式若不符合要求，可对其字体、字号、颜色、段落格式等进行修改，效果如图 4-29 所示。

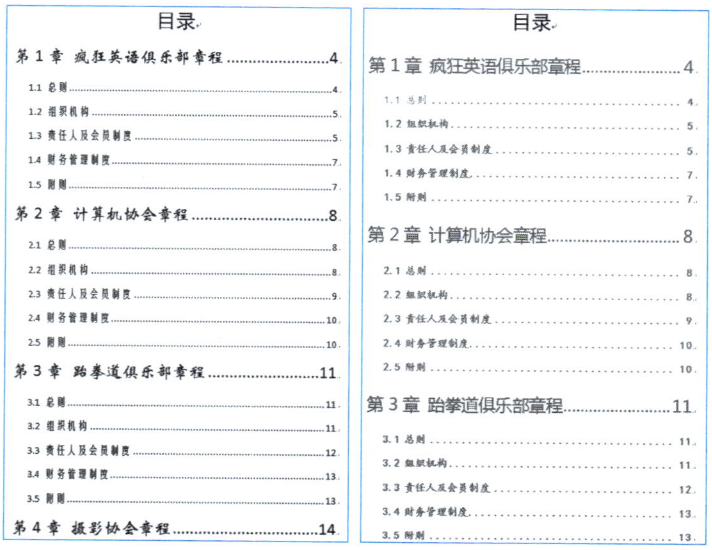

图 4-29　修改目录样式前后效果

3. 更新目录

若文档中任意一级标题内容或页码发生了变化，需在目录处右击，选择“更新目录”命令，在弹出的“更新目录”对话框中，选择“更新整个目录”单选按钮即可，如图 4-30 所示。

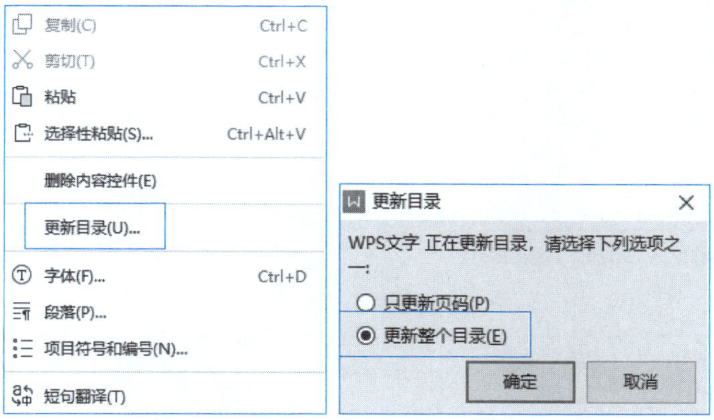

图 4-30 更新目录

4.4.2 任务实现

1. 任务分析

文档标题样式及多级编号设置好后，就可以生成目录了，要求如下：

① 将光标定位到文档最前面，生成一个空白页。

② 在空白页中录入“目录”，并设置为黑体、一号、居中。

③ 在下一行插入二级目录，并修改目录格式，具体要求见表 4-4。

表 4-4 目录样式

样式名称	字体格式	段落格式
目录 1	华文新魏、二号	段前、段后 0.5 行，1.5 倍行距
目录 2	方正姚体、四号	左缩进 2 字符，单倍行距

2. 实现过程

在文档最前面生成一个空白页，生成目录，并修改目录格式，操作步骤如下：

① 按【Ctrl+Home】组合键，将光标定位到文档开头处。

② 单击“插入”选项卡中的“分页”按钮，如图 4-31 所示。

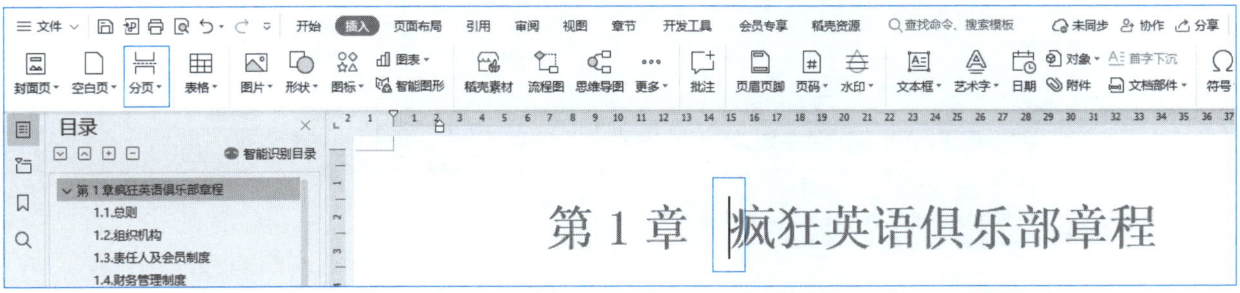

图 4-31 插入分页符

③ 单击“开始”选项卡中的“显示 / 隐藏编辑标记”按钮↵，可以看到“分页符”标记。

④ 在“分页符”标记前录入“目录”二字，按【Enter】键，产生一个新的段落。

⑤ 选中“目录”二字，设置为黑体、一号、居中。

⑥ 光标定位到下一行“分页符”标记前，单击“引用”选项卡中的“目录”下拉按钮，选择“自定义目录”命令，弹出“目录”对话框，设置显示级别为“2”，单击“确定”按钮即可插入目录，如图 4-32 所示。

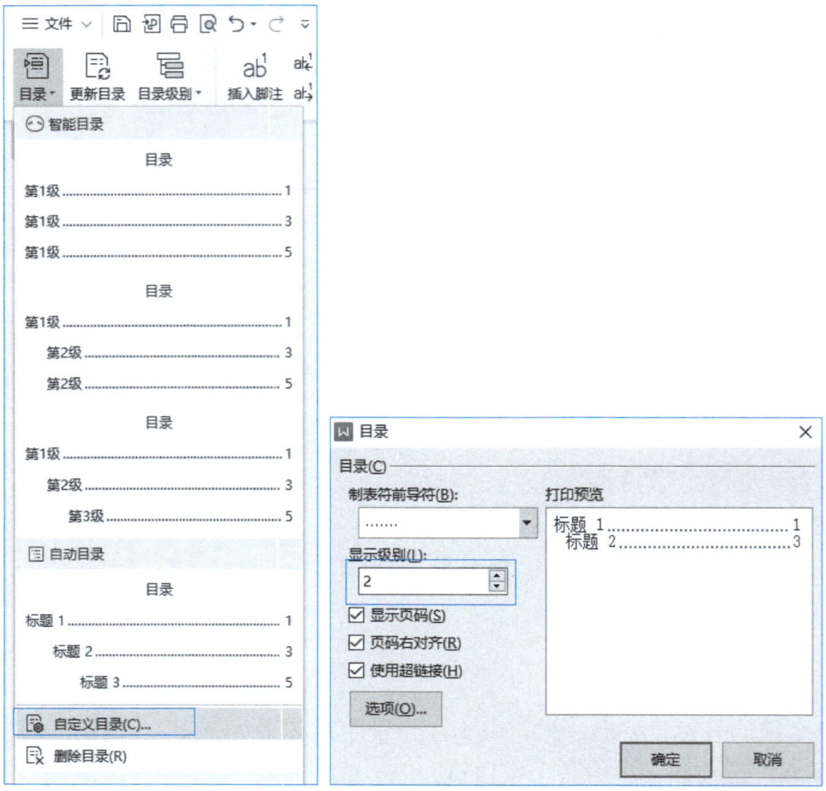

图 4-32　手动插入目录演示过程

⑦ 接下来调整目录格式，将光标定位到一级目录文本上，在“开始”选项卡的“预设样式”→“目录 1”上右击，选择“修改样式”命令，弹出“修改样式”对话框，在“格式”选项组中设置字体为“华文新魏、二号、加粗”，如图 4-33（a）所示，接着单击左下方的“格式”按钮，选择下拉列表的“段落”命令，打开“段落”对话框，设置“段前、段后 0.5 行，1.5 倍行距”，如图 4-33（b）所示，单击“确定”按钮，所有一级目录的格式就设置好了。

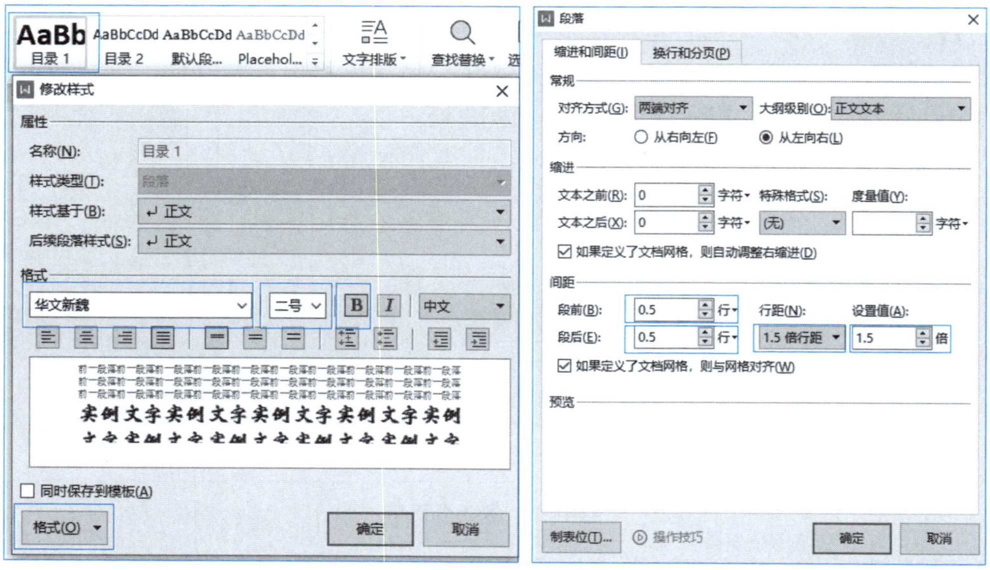

（a）　　　　　　　　　　　　　　（b）

图 4-33　设置一级目录文字格式

⑧ 将光标定位到二级目录文本上，按上面的方法设置二级目录文字的格式为“方正姚体、四号”“左缩进 2 字符，单倍行距”，如图 4-34 所示。

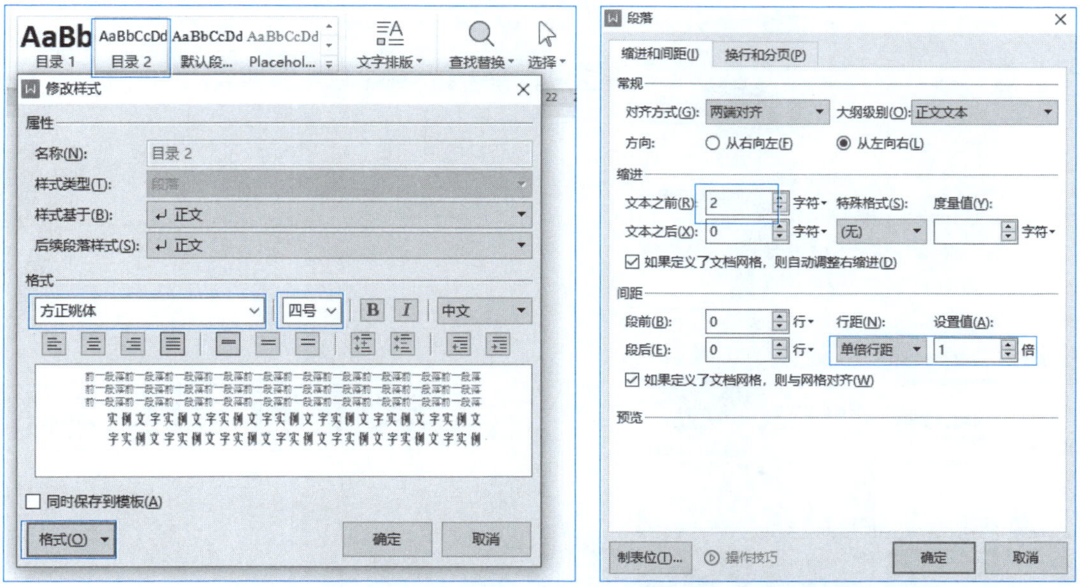

图 4-34　设置二级目录文字格式

4.4.3　总结与提高

1. 更新目录

WPS Office 文字文稿有两种更新目录的方式（见图 4-35）一种是“只更新页码”，这种方式适合没有改动标题的情况，只增删了正文导致页码变化，单击“只更新页码”之后，其他格式和内容都不会改变，只有页码会更新；另一种是“更新整个目录”，当文档章节改动时，可以更新整个目录，重新生成正确的目录。

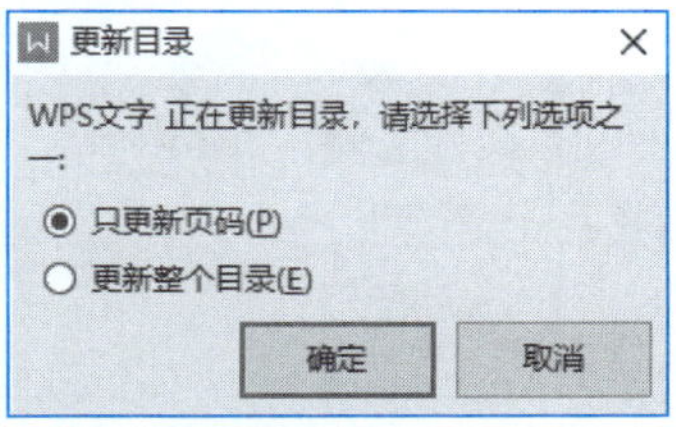

图 4-35　更新目录

2. 删除目录

对于不需要的目录可进行删除，将光标定位到目录结构任一处，单击“引用”选项卡中的“目录”下拉按钮，选择“删除目录”即可。

4.5　插入封面

4.5.1　知识点解析

封面是书籍装帧设计艺术的门面。它是指书刊外面的一层，有时特指印有书名、著者或编者、出版者名称等的第一面。它是通过艺术形象设计的形式来反映书籍的内容。通过使用插入封面功能，用户可以借助 WPS Office 文字文稿提供的多种封面样式为文档插入风格各异的封面。并且无论当前插入点光标在什么位置，插入的封面总是位于 WPS Office 文字文稿文档的第 1 页。

4.5.2　任务实现

1. 任务分析

为文档添加预设封面页，删除“摘要”属性域，并将自己的实际信息更新到相应的文档属性域中。

2. 任务实现

如图 4-36 所示，操作步骤如下：

① 单击“插入”选项卡中的“封面页”按钮，在展开的“预设封面页”中，选择第四个封面页。

② 删除除标题外所有文字框。

③ 在标题文字框内输入“学生社团章程”。

图 4-36　封面的设置

4.5.3　总结与提高

主题的应用

主题是一套统一的设计元素和配色方案，是为文档提供的一套完整的格式集合。其中包括主题颜色（配色方案的集合）、主题文字（标题文字和正文文字的格式集合）和相关主题效果（如线条或填充效果的格式集合）。利用文档主题，可以非常容易地创建具有专业水准、设计精美、美观时尚的文档。图 4-37 所示为文档应用了不同主题后的效果。

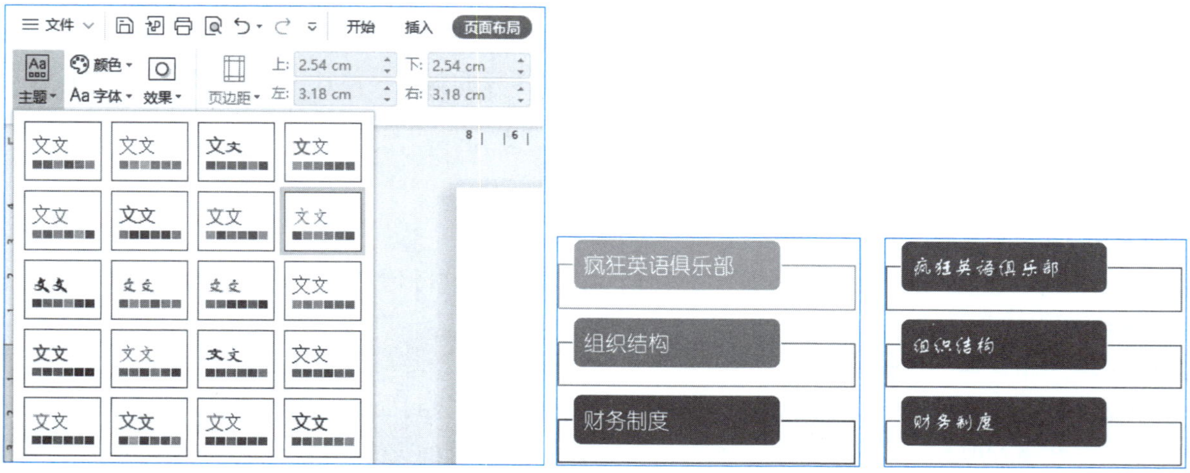

图 4-37　应用不同主题效果

4.6　设置页眉页脚

4.6.1　知识点解析

1. 分节符

分节符是指为表示节的结尾插入的标记。分节符包含节的格式设置元素，如页边距、页面的方向、页眉和页脚，以及页码的顺序。为进行文档不同页面的个性化设置，必须使用分节符。例如，一篇长文档中有一个超大表格，必须令纸张方向变为横向，此时可利用分节符来实现纸张方向的变化，如图 4-38 所示，具体操作如下：

① 将光标定位到超大表格页面的最前面的空行处，单击“页面布局”选项卡中的“分隔符”按钮，选择“下一页分节符”。

② 单击“页面布局”选项卡中的“纸张方向”下拉按钮，选择“横向”即可。

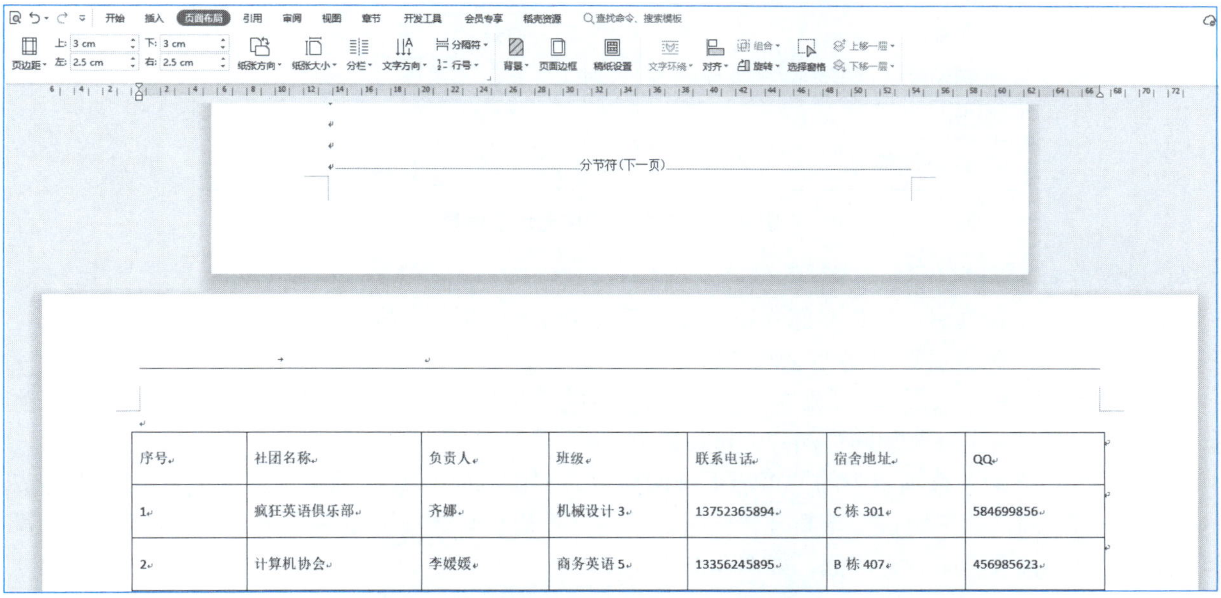

图 4-38　利用分节符设置不同纸张方向

2. 页眉和页脚的设置

为使文档更具可读性和完整性，通常会在文档不同页面的上方和下方设置一些信息，包括文字信息、图片信息、页码信息等，这些就称为页眉和页脚的设置。

3. WPS Office 文字文稿中的域

在 WPS Office 文字文稿中，域分为公式、跳至文件、当前页码、本节总页数、自动序列号、标记目录项、当前时间、打印时间、创建目录、文档的页数及文档变量的值等 23 种类型。在文档中域有两种显示方式：域代码和域结果。对于刚插入文档中的域，系统默认的是显示域结果，以灰色底纹为标志。域和普通的文字不同，它的内容是可以更新的。更新域就是使域的内容根据情况的变化而自动更改。

4.6.2　任务实现

1. 任务分析

将整篇文档分为 3 节，分别设置不同页面的页眉和页脚信息，要求如下：

① 将封面分为第 1 节、目录为第 2 节、正文部分为第 3 节。

② 封面页没有页眉和页脚。

③ 目录页没有页眉，但页脚设有页码，格式为“A, B, C, …”，起始页码为“A”，显示位置在底端中间。

④正文部分开始设置页眉，其中，奇数页页眉左侧是“社团人 logo.jpg”图片，右侧是“标题 1 编号 +

标题 1 内容”；偶数页页眉左侧是“标题 2 编号 + 标题 2 内容”，右侧是“社团人 logo.jpg”图片。

⑤ 正文部分页脚设置。奇数页页脚左侧是页码，格式为“1，2，3，…”，起始页码为“1”，右侧插入“单位”属性；偶数页页脚左侧是“作者”属性，右侧是页码，格式同上。

2. 实现过程

（1）插入分节符

将封面分为第 1 节、目录为第 2 节、正文部分为第 3 节，如图 4-39 所示，操作步骤如下：

① 将光标定位到“目录”二字前，单击“页面布局”选项卡中的“分隔符”下拉按钮，选择“下一页分节符”。

② 在底部状态栏右击，弹出“自定义状态栏”，勾选“节”复选框，此时在状态栏左侧会出现当前页面的节信息。

③ 将光标定位到“第 1 章疯狂英语俱乐部章程”的“疯”字前，再次选择“下一页分节符”。

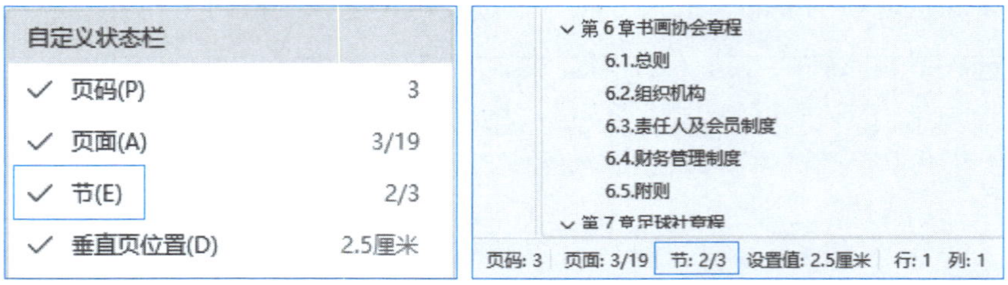

图 4-39　在状态栏中显示节信息

（2）设置页眉

封面、目录页没有页眉，从正文部分开始按奇偶页设置不同页眉，操作步骤如下：

① 取消“首页不同”并断开各节之间的链接。

a. 将光标定位到目录页页眉处，双击，进入页眉页脚编辑状态，单击“页眉页脚”选项卡中的“同前节”按钮，此时，文字“与上一节相同”消失，链接断开。

b. 单击“页眉页脚”选项卡中的“页眉页脚切换”或“显示前一项”“显示后一项”按钮，将各节奇偶页页眉页脚处的“同前节”链接全部断开，同时，单击“页眉页脚选项”按钮，弹出“页眉 / 页脚设置”对话框，取消选中“首页不同”复选框，如图 4-40 所示。

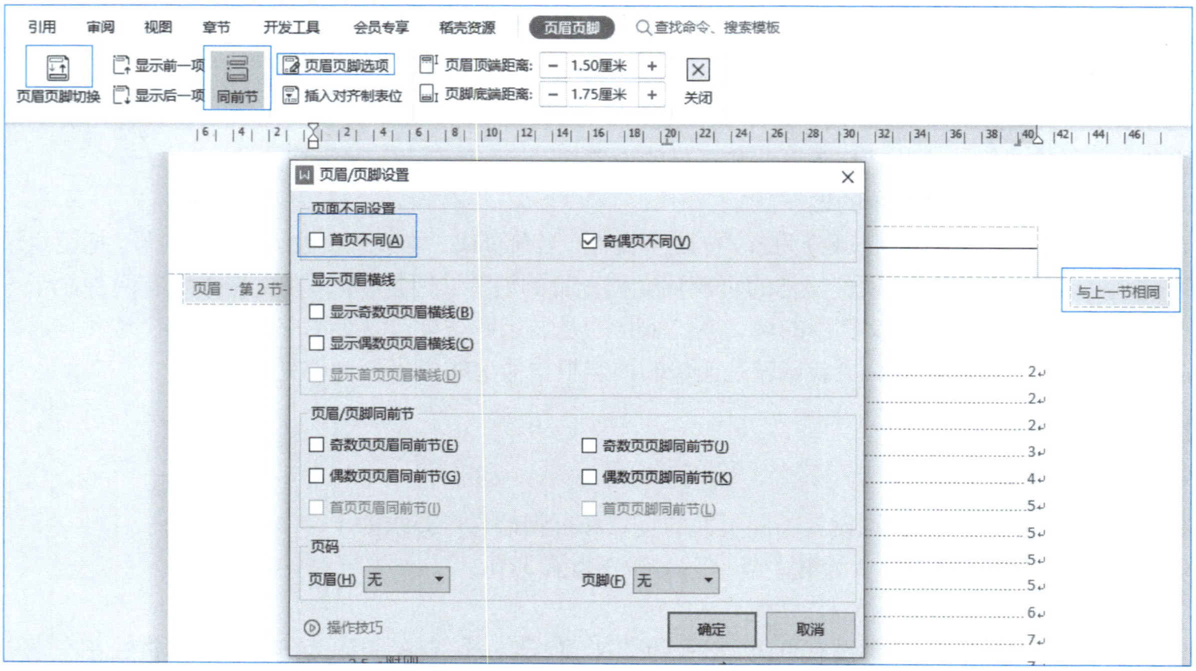

图 4-40　节与节之间断开链接

② 设置奇数页页眉。

a. 将光标定位到正文部分第 1 章奇数页页眉处（若此时显示偶数页页眉，可在“页码”下拉列表中选择“页码”，在弹出的“页码”对话框中，将“起始页码”设置为 1 即可），单击“页眉页脚”选项卡中的“页眉”下拉按钮，选择“三栏页眉”，如图 4-41 所示。

b. 将中间的“工作内容”文本框选中删除。

c. 单击左侧的“工作项目”处，删除文本框内文字，单击“插入”选项卡中的“图片”下拉按钮，选择“本地图片”，弹出“插入图片”对话框，到“图片素材”文件夹中找到“社团人 logo.jpg”图片，单击“打开”按钮。

d. 单击插入的图片，选择“图片工具”选项卡，将“锁定纵横比”复选框选中，调整图片高度为 0.9 cm，如图 4-42 所示。

e. 单击右侧“公司名称”处，删除文本框内文字，单击“页眉页脚”选项卡中的“域”按钮。

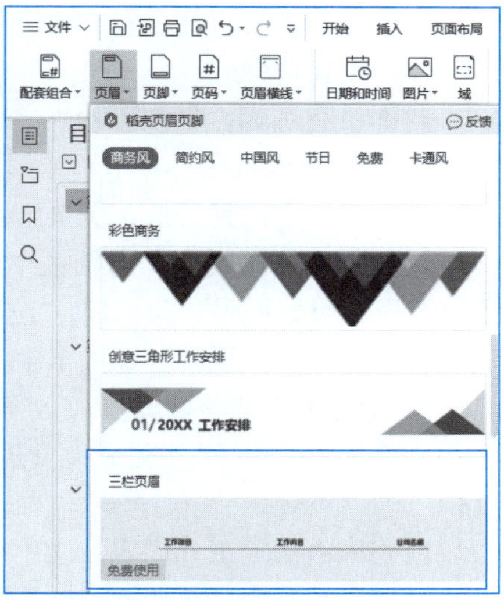

图 4-41 设置页眉三栏显示

f. 在弹出的“域”对话框中，选择“样式引用”，样式名选择“标题 1”，勾选“插入段落编号”复选框，单击“确定”按钮，插入标题 1 编号。

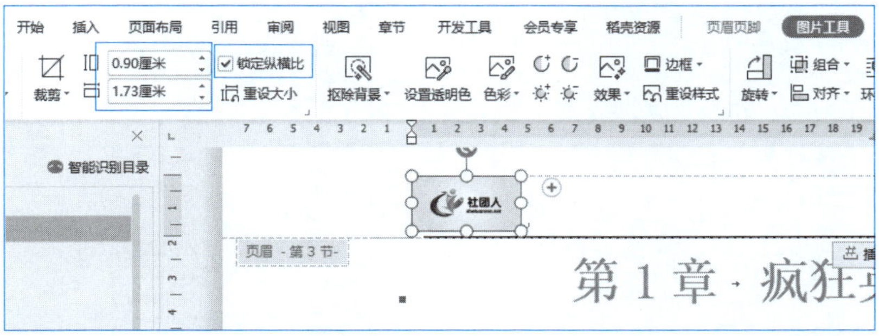

图 4-42 设置图片大小

g. 重复步骤 e、f，但不勾选“插入段落编号”复选框，单击“确定”按钮，插入标题 1 内容，如图 4-43 所示。

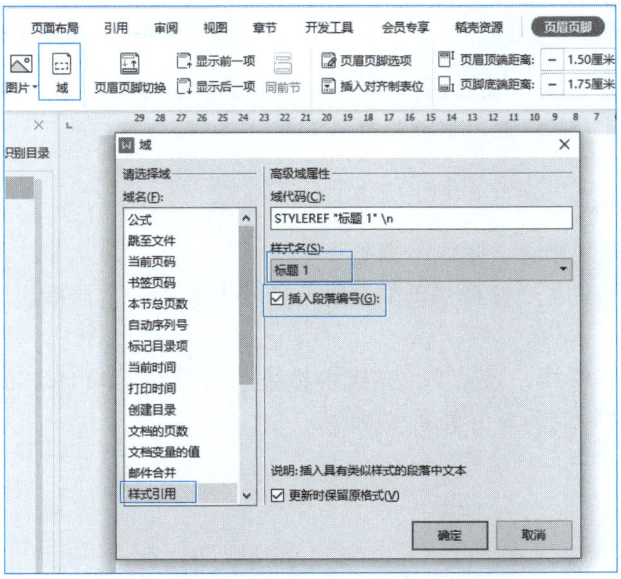

图 4-43 页眉处插入标题 1 编号及内容

③ 设置偶数页页眉。

a. 单击“页眉页脚”选项卡中的“显示后一项”按钮，转至偶数页页眉。

b. 参照奇数页页眉设置方法设置，左侧页眉为标题 2 编号及其内容，右侧页眉为文档属性中的标题。

(3) 设置页脚

封面没有页脚，目录页和正文部分均有页脚，且内容与页码格式均不同，操作步骤如下：

① 设置目录页码。

a. 将光标定位到目录首页页脚处，单击“页眉页脚”选项卡中的“页码”下拉按钮，选择“页码”。

b. 在弹出的“页码”对话框中，在“样式”下拉列表框中选择“A,B,C...”样式，在“页面编号”选项组中选择“起始页码”为“1”，“应用范围”设置为“本节”，如图 4-44 所示，单击“确定”按钮。

c. 单击“页眉页脚”选项卡中的“显示后一项”按钮，转至偶数页页脚，重复步骤 b。

② 设置正文部分页脚。

a. 将光标定位到正文第 1 页页脚处，单击“页眉页脚”选项卡中的“页脚”下拉按钮，选择“三栏页脚”。

b. 将中间的“工作内容”文本框选中删除。

c. 单击左侧“工作项目”处，删除文本框内文字，参照目录页码格式设置方法，设置“样式”为“1,2,3…”，“起始页码”为“1”。

d. 单击右侧“公司名称”处，删除文本框内文字，单击“页眉页脚”选项卡中的“域”按钮，在弹出的“域”对话框中选择“文档属性”→“Company”，插入单位属性，如图 4-45 所示。

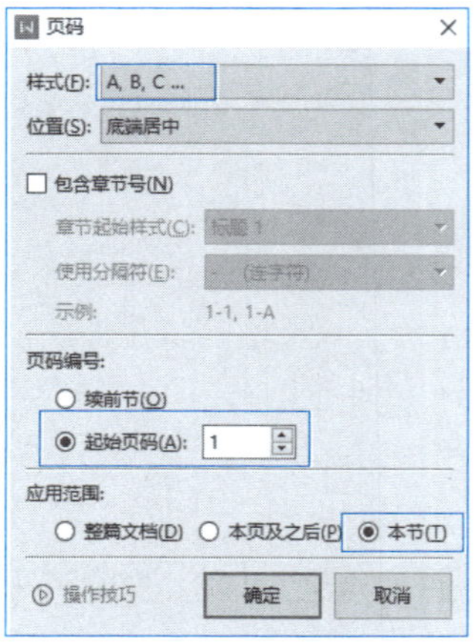

图 4-44　设置目录页页码格式

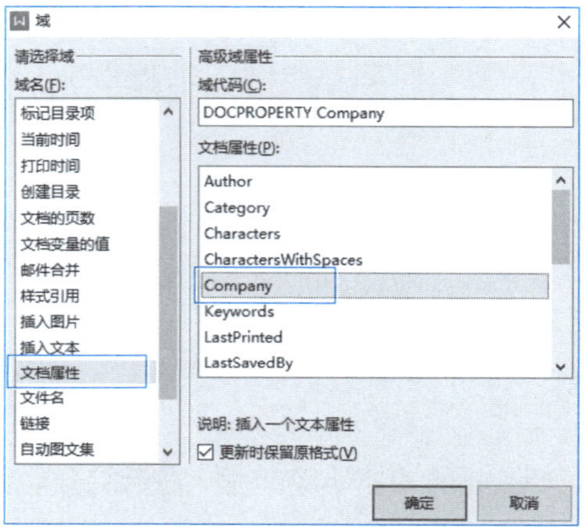

图 4-45　在页脚处插入单位域

e. 参照奇数页页脚的设置方法，设置偶数页页脚。需要注意的是，设置偶数页页码时，无须再次设置页码格式，只需将光标定位到相应位置，重复步骤 d 即可。

f. 更新目录。

(4) 删除不需要的页眉边框

将封面、目录页的页眉框线删除，操作步骤如下：

① 将光标定位到封面页页眉处，打开“页眉页脚”选项卡中的“页眉横线”下拉按钮，选择“无线型”即可。

② 针对预设页眉样式中的横线，只需要单击选中横线，然后按【Delete】键删除就可以了。

③ 参照步骤①、②，将目录页各页页眉线删除。

4.6.3　总结与提高

1. 分隔符

编辑 WPS Office 文字文稿文档时，根据需要可将文档进行相应的分隔，WPS Office 文字文稿中的分隔符可实现此项功能。分隔符包括分节符和分页符两类。

(1) 分节符

分节符包含四个选项：下一页分节符、连续分节符、偶数页分节符、奇数页分节符。各项含义如下：

① 下一页分节符：可将接下来的内容在新的一页中开始显示，并且生成新的一节。

② 连续分节符：在编辑完一个段落后，若想将下一段内容设置为不同格式或版式，可以插入连续分节符，将鼠标指针后面的段落作为一个新节。例如，一个双栏显示的页面，通常的阅读次序是从上到下看完左栏再看右栏，但若页面较长，阅读起来比较吃力，可将原文从上到下分为几块，每块内容首字符前插入连续分节符，可再将内容以双栏显示，这样读起来就轻松多了，如图 4-46 所示。

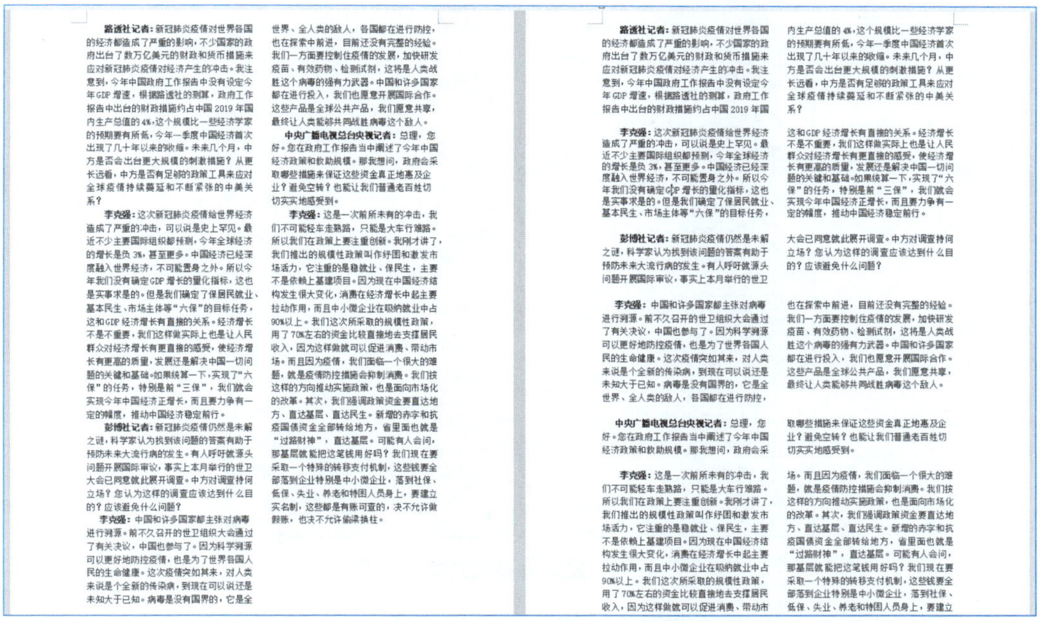

图 4-46 双栏文档中插入连续分节符前后效果图

③ 偶数页 / 奇数页分节符：当需要将鼠标指针后面的段落变成一个新节，并让它们从下一个偶数页或奇数页开始时，可以插入偶数页 / 奇数页分节符。

(2) 分页符

分页符最主要的特点是分页不分节，即接下来的内容在新的一页中开始显示，但与上一页仍属于同一节。此功能与“段落”对话框“换行与分页”选项卡中的“段前分页”复选框功能相同。

2. 页眉线型

为提高文档的美观度，页眉的线型也可以多样化。例如，要设置图 4-47 所示的线型，可按如下步骤操作：

① 双击任意页眉处，进入“页眉页脚”编辑状态。

② 单击“页眉页脚”选项卡中的“页眉横线”按钮，选择“ ”线型，如图 4-47 所示。

图 4-47 页眉线型的设置

4.7 设置背景图片及页面边框

4.7.1 知识点解析

1. 背景图片

背景图片的设置通常有水印图片法和页眉插入法两种方法，根据需求不同，两种方法略有差别。若希望整篇文档都统一设置一样的背景图片，则水印图片法较好。如图 4-48 所示，具体操作如下：

① 单击“插入”选项卡中的“水印”下拉按钮，选择“插入水印”，弹出“水印”对话框。

② 选择“图片水印”复选框，单击“选择图片”按钮，选择所需图片文件，单击“打开”按钮。

③ 若某些节的页面不需要背景图片，则可双击该节页眉处，进入“页眉页脚”编辑状态，选中该图片，按【Delete】键，删除即可。

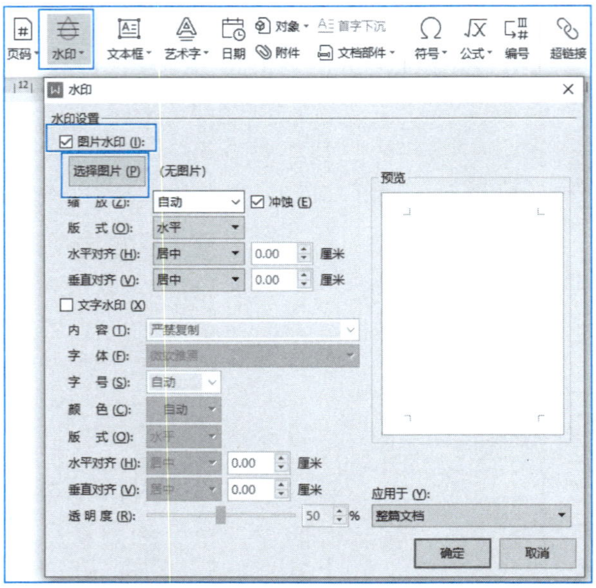

图 4-48　设置背景图片水印效果

页眉插入法可实现不同节、奇偶页设置不同的背景图片，更加灵活多变，具体操作见“任务实现”。

2. 页面边框

编辑文档时，根据需要可以为文档页面添加边框。页面边框的线型、颜色、宽度、阴影和艺术型等参数可由用户自定义，在长文档中，需要在哪些页面添加页面边框，取决于图 4-49 所示的“应用于”下拉列表框的选择。若仅希望某些页面设置页面边框，需将这些页面分到同一节，再根据具体情况选择相应的选项。

图 4-49　“边框和底纹”对话框

4.7.2　任务实现

1. 任务分析

为文档正文部分添加背景图片，并为“目录”页添加页面边框，要求如下：

① 奇数页背景图片为“社团海报 .jpg”，偶数页背景图片为“社团活动 .jpg”。

② 为“目录”页添加页面边框为艺术型，效果如图 4-50 所示。

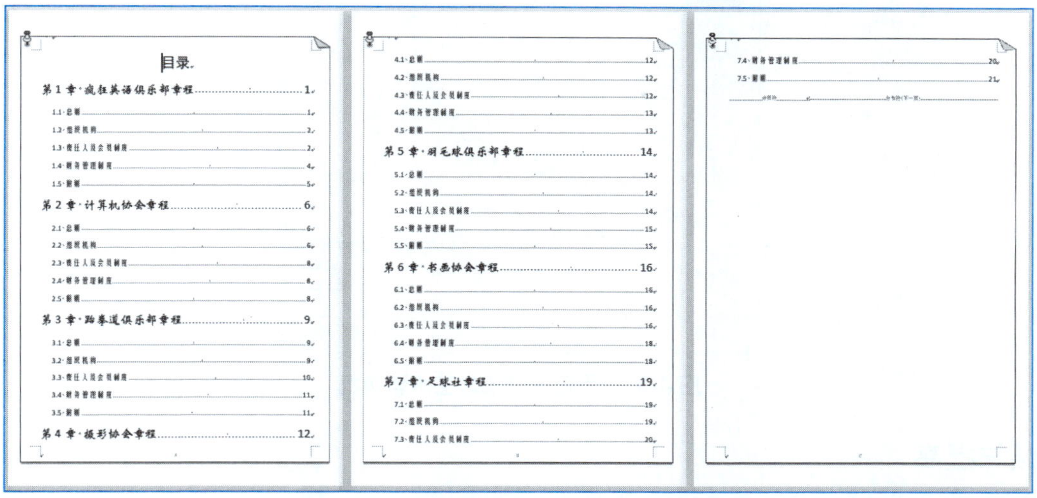

图 4-50 目录页艺术型边框效果

2. 实现过程

(1) 在奇偶页插入不同背景图片

为文档正文部分添加奇偶页不同的背景图片，如图 4-51 所示，操作步骤如下：

① 双击第 1 章页眉处，进入页眉页脚编辑状态，将光标定位到页眉最左侧。

② 单击“页眉页脚”选项卡中的“图片”按钮，弹出“插入图片”对话框。

③ 在“图片素材”文件夹下找到“社团海报 .jpg”图片，单击“打开”按钮。

④ 在“图片工具”选项卡下，单击“环绕”按钮的“衬于文字下方”。

⑤ 调整图片位置及大小，单击“图片工具”选项卡中的“色彩”下拉按钮，选择“冲蚀”。

⑥ 参照奇数页背景图片设置方法，插入偶数页背景图片。

⑦ 单击“关闭页眉和页脚”按钮。

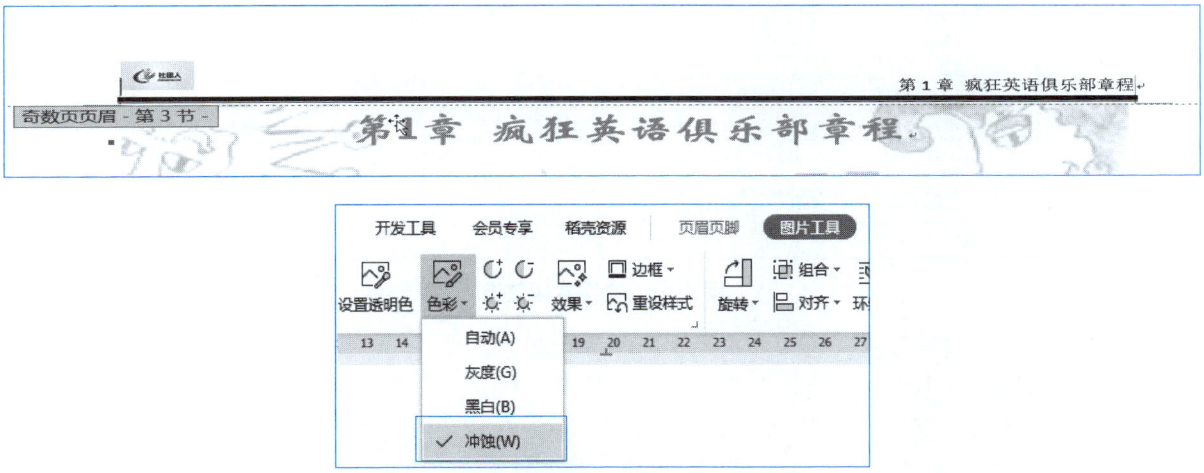

图 4-51 在奇数页插入背景图片

(2) 为目录页添加艺术型边框

只在目录页添加艺术型边框，如图 4-52 所示，操作步骤如下：

① 将光标定位到目录页，单击“页面布局”选项卡中的“页面边框”按钮，弹出“边框和底纹”对话框。

② 在“页面边框”选项卡中，选择“艺术型”下拉列表框中的。

③ 在右侧的“应用于”下拉列表框中选择“本节”，单击“确定”按钮。

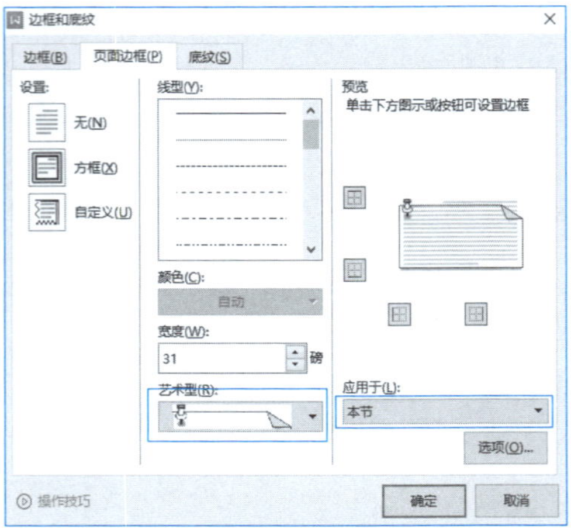

图 4-52　为目录页添加艺术型边框

4.7.3　总结与提高

1. 添加文字水印

文档不仅可以插入背景图片，还可设置文字水印。例如，为本文档添加文字水印，要求封面和目录页没有水印，正文奇数页设置文字水印“请勿复制”，偶数页设置文字水印“社团章程”，效果如图 4-53 所示，操作步骤如下：

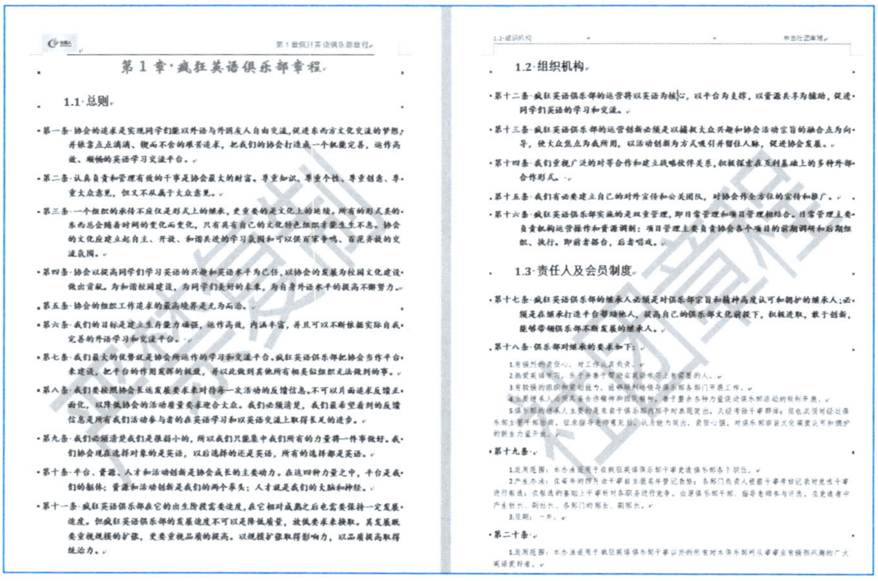

图 4-53　文字水印效果

① 双击正文任一处页眉位置，进入“页眉页脚”编辑状态。

② 单击“插入”选项卡中的“水印”下拉按钮，选择“插入水印”，弹出“水印”对话框。

③ 勾选“文字水印”复选框，在“内容”下拉列表框中选择“严禁复制”，在“字体”“字号”“颜色”等下拉列表框中根据需要选择相应选项，单击“确定”按钮。

④ 在文档已分节且节与节之间的链接已断开的前提下，单击封面及目录页中的文字水印，按【Delete】键，删除封面及目录页的文字水印。

⑤ 单击正文偶数页中的文字水印，右击，在弹出的快捷菜单中选择“编辑文字”命令，弹出“编辑‘艺术字’文字”对话框。

⑥ 将文字内容更改为“社团章程”，单击“确定”按钮，如图 4-54 所示。

⑦ 双击任一处文档部分，关闭“页眉和页脚”状态。

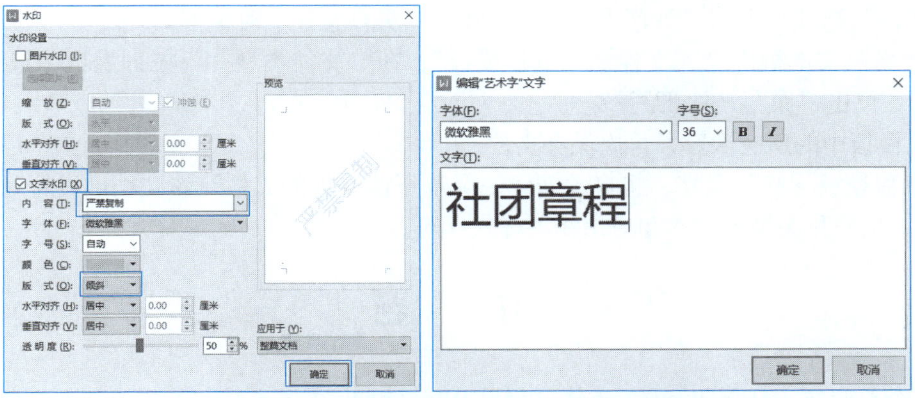

图 4-54　水印对话框及编辑“艺术字”文字对话框

2. 打印预览

文档编辑完成后，通常需要打印出来，其打印效果如何可在“打印”功能界面先行预览。单击“文件”选项卡中的“打印”下拉按钮，选择“打印预览”，可对页面或打印相关的参数进行修改。单击右上角的“单页”按钮，即可单页预览；若想在预览窗口显示多个页面，可单击“多页”按钮，通过右下方的显示比例滑块进行调节，如图 4-55 所示。

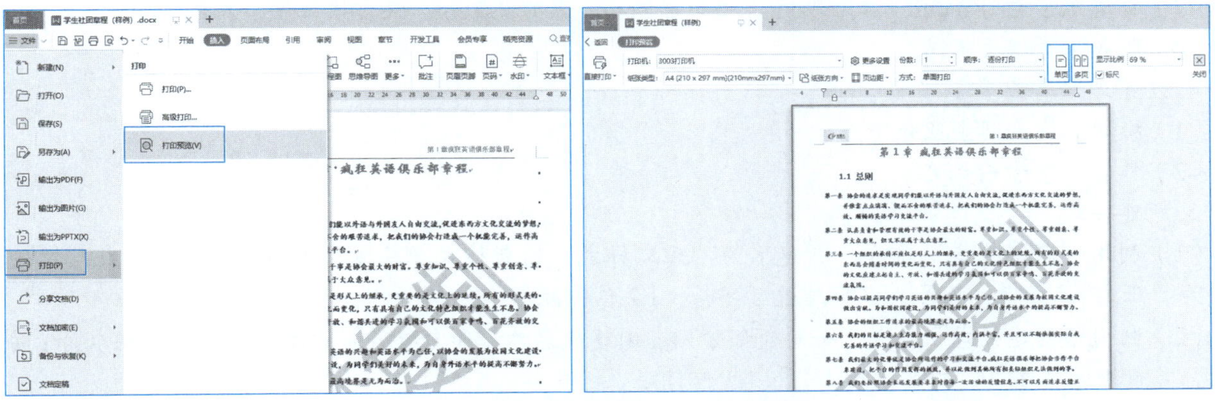

图 4-55　打印预览

3. 制作文档模板

文档模板是一个具备完整样式、排版合理的 WPS Office 文字文稿文档。为方便以后反复使用这种样式风格，可将文档另存为模板类型，如图 4-56 所示，操作步骤如下：

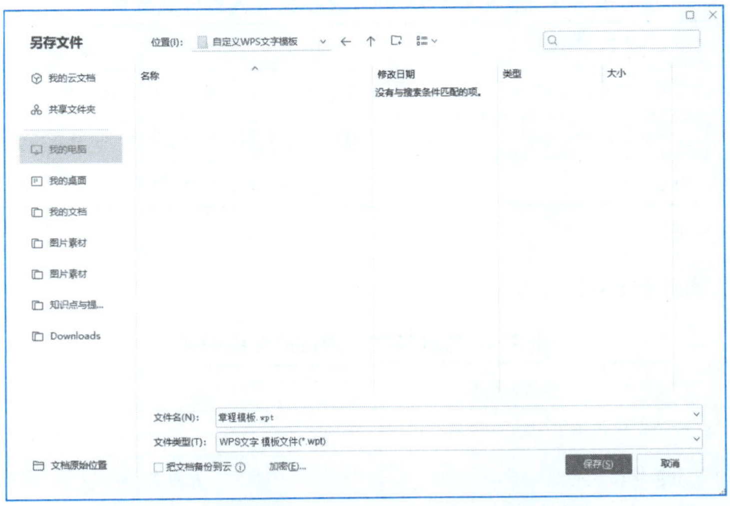

图 4-56　将文档“另存为”WPS 文字模板

① 单击“文件”选项卡中的“另存为”选项，弹出“另存文件”对话框。

② 在“文件名”文本框中录入文件名“章程模板”，在“文件类型”下拉列表框中选择“WPS 文字模板文件（*.wpt)”，单击“保存”按钮。

③ 删除文档模板中的所有内容，再次保存文件。

④ 双击“章程模板 .wpt”文档，将自动新建一个基于该模板的文档，该文档已设置好相关页面设置、样式及其他格式，用户只需录入文本和应用相关样式即可。

习　题

参照“淘宝企业介绍（样例）.pdf”文件，利用 WPS Office 文字文稿相关排版技术及相关的文字素材和图片素材，制作淘宝企业的宣传册。具体要求如下：

1. 打开“淘宝企业介绍(素材).docx”文件，另存为“淘宝企业介绍(学号＋姓名).docx”文件。

2. 利用“查找替换”功能，删除文中多余空行。

3. 设置页面属性。

（1）纸张大小：A4。

（2）纸张方向：纵向。

（3）页边距：左为 3 cm，右为 3 cm，上为 2.5 cm，下为 2.5 cm。装订线位置：左侧 1 cm。

（4）版式：奇偶页不同。

4. 设置文档属性

（1）标题：淘宝网企业介绍。

（2）作者：学号＋姓名。

5. 新建样式

（1）利用“新建样式”命令，新建名为“正文样式”的新样式，具体要求为：样式基准及后续段落样式均为“正文”，仿宋，五号，首行缩进 2 字符，1.2 倍行距。

（2）利用“创建样式”命令，将简介部分内容新建成名为“简介样式”的新样式，具体要求为：幼圆，三号，首行缩进 2 字符，段前段后 1 行，1.5 倍行距。

6. 应用及修改样式

将所有红色文字应用样式“标题 1”，蓝色文字应用样式“标题 2”，绿色文字应用样式“标题 3”。正文应用样式“正文样式”，简介部分内容应用样式“简介样式”。

按照表 4-5 的要求修改样式。

表 4-5　修改 WPS Office 文字文稿内置样式要求

样式名称	字体格式	段落格式
标题 1	方正姚体，二号，加粗，蓝色	段前、段后 1 行，单倍行距，居中对齐，段前分页
标题 2	楷体，三号，加粗，红色	段前、段后 6 磅，1.5 倍行距，左缩进 0.75 cm
标题 3	华文行楷，四号，加粗	段前、段后 8 磅，1.5 倍行距

7. 设置多级编号

按照表 4-6 的要求设置各级编号。

表 4-6　标题样式与对应的多级编号

样式名称	多级编号	位　置
标题 1	第 X 篇（X 的数字格式为 1，2，3，…）	左对齐、0 cm、编号之后有空格
标题 2	X.Y（X、Y 的数字格式为 1，2，3，…）	左对齐、0.75 cm、编号之后有空格
标题 3	（字符代码：37）	左对齐、0 cm、编号之后有空格

8. 插入封面页，选择第三个预设封面，删除掉不需要的属性框，设置相应文字。
9. 在封面下方插入目录，显示 2 级标题，具体样式参照标题 1、标题 2。
10. 将全文分为四节：封面 1 节，目录 1 节，简介 1 节，正文 1 节。
11. 设置页眉页脚。
（1）封面、目录页无页眉。
（2）简介页眉中间插入“淘宝 logo.jpg”，将图片大小缩放为原图的 5%。
（3）正文奇数页页眉：左侧为“标题 1 编号 + 标题 1”，右侧为文档属性“标题”域；
正文偶数页页眉：中间为“标题 2 编号 + 标题 2”。
（4）封面、目录和简介无页脚，正文页页码格式为“1，2，3…”，起始页码为“1”。
12. 插入背景图片及文字水印。
（1）在正文奇数页插入“淘宝背景图片 .jpg”图片，设置冲蚀效果，调整图片大小及位置。
（2）在正文偶数页插入文字水印“传阅”。
13. 更新目录。
部分最终效果如图 4-57 所示。

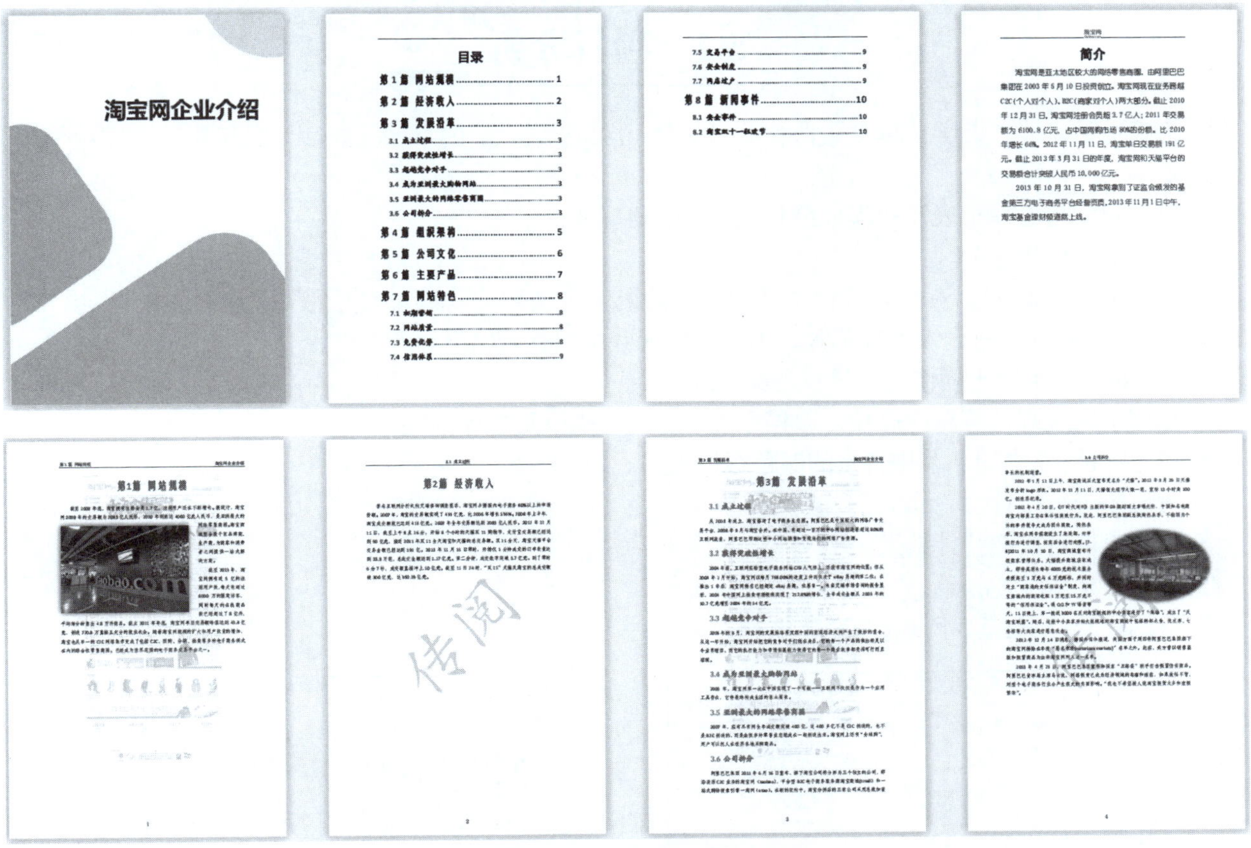

图 4-57 部分最终效果

第 5 章 WPS Office 表格文稿基本应用——成绩计算

5.1 项目分析

张老师需要记录“大学计算机”课程的考勤情况及成绩。为了便于记录和计算成绩，张老师给出了如下的要求：

① 制作课堂考勤登记表及课程成绩登记表的表格样式。

② 快速编排学生学号。

③ 为了防止误输入，对于某些信息（如未出勤记录应该只可以输入“迟到”、“请假”或者“旷课”），能够限定其输入内容，在输入不规范时，不允许输入并给出提示信息。

④统计每个学生的出勤情况，计算考勤成绩。

⑤ 根据给定规则计算总评成绩、课程绩点、总评等级以及总评排名。

⑥ 将总评前 10 名的名单用特定的颜色标识出来。

⑦ 对成绩进行统计。

⑧ 用图表展现成绩统计结果。

⑨ 制作学生成绩通知单。

效果如图 5-1 ～图 5-5 所示。

课堂考勤登记表

课程：大学计算机

学号	姓名	出勤情况										缺勤次数	计算出勤成绩	实际出勤成绩
		出勤1	出勤2	出勤3	出勤4	出勤5	出勤6	出勤7	出勤8	出勤9	出勤10			
01301001	朱志豪	迟到		请假							旷课	3	70	70
01301002	许可		旷课						请假			2	80	80
01301003	张炜发											0	100	100
01301004	萧嘉慧				请假							1	90	90
01301005	林崇嘉											0	100	100
01301006	郑振灿											0	100	100
01301007	杜秋楠											0	100	100
01301008	杨德生	迟到	迟到	迟到			旷课		请假	迟到	请假	7	30	0
01301009	韩振峰											0	100	100
01301010	罗曼琳											0	100	100
01301011	潘保文											0	100	100
01301012	曾繁智											0	100	100
01301013	江希超											0	100	100
01301014	谢宝宜				请假		请假		请假			3	70	70
01301015	张颖											0	100	100
01301016	欧源											0	100	100
01301017	杨淼坤						请假					1	90	90
01301018	蔡朝丹											0	100	100
01301019	曾胜强											0	100	100
01301020	许桂忠		迟到		迟到		迟到		旷课			4	60	60
01301021	郑夏琪											0	100	100
01301022	郑铭伟		旷课			迟到			迟到			3	70	70
01301023	钟霸星											0	100	100
01301024	欧雅丽											0	100	100
01301025	陈钊锋		迟到									1	90	90
01301026	洪金奎									迟到		1	90	90
01301027	陈志鹏											0	100	100
01301028	杜嘉颖							迟到				1	90	90
01301029	谢俊辉											0	100	100
01301030	杨定康										迟到	1	90	90
01301031	江梓健				请假							1	90	90
01301032	侯必莲											0	100	100
01301033	李炫廷											0	100	100
01301034	赖永伟						旷课			旷课		2	80	80
01301035	李勇											0	100	100
01301036	詹婷珊							请假				1	90	90

图 5-1 课堂考勤登记表效果

课程成绩登记表

课程名称：大学计算机

课程学分：4　　平时成绩比重：50%

学号	姓名	出勤成绩	课堂表	课后实	大作业	平时成绩	期末成绩	总评成绩	课程绩点	总评等级	总评排名
		20%	20%	20%	40%						
01301001	朱志豪	70	92	85	84	83	91	87	3.0	B	8
01301002	许可	80	87	81	82	82	89	86	3.0	B	10
01301003	张炜发	100	82	83	79	85	80	83	2.7	B	14
01301004	萧嘉慧	90	83	90	71	81	64	73	2.0	C	30
01301005	林崇嘉	100	91	97	76	88	68	78	2.4	C	21
01301006	郑振灿	100	96	85	71	85	61	73	2.0	C	30
01301007	杜秋楠	100	90	87	79	87	82	85	2.9	B	12
01301008	杨德生	0	77	86	64	58	45	52	0.0	F	36
01301009	韩振峰	100	86	84	76	84	75	80	2.5	B	19
01301010	罗曼琳	100	92	98	95	95	92	94	3.6	A	3
01301011	潘保文	100	90	92	80	88	77	83	2.7	B	14
01301012	曾繁智	100	89	90	78	87	76	82	2.7	B	18
01301013	江希超	100	90	85	89	91	87	89	3.2	B	6
01301014	谢宝宜	70	95	90	95	89	97	93	3.5	A	4
01301015	张颖	100	98	96	93	96	87	92	3.4	A	5
01301016	欧源	100	90	100	96	96	94	95	3.6	A	2
01301017	杨淼坤	90	88	86	78	84	67	76	2.2	C	26
01301018	蔡朝丹	100	86	96	85	90	77	84	2.8	B	13
01301019	曾胜强	100	85	93	77	86	63	75	2.1	C	28
01301020	许桂忠	60	84	88	82	79	74	77	2.3	C	23
01301021	郑夏琪	100	91	85	75	85	50	68	1.6	D	35
01301022	郑铭伟	70	88	75	75	77	73	75	2.1	C	28
01301023	钟霸星	100	93	87	78	87	64	76	2.2	C	26
01301024	欧雅丽	100	93	87	70	84	60	72	1.9	C	32
01301025	陈钊锋	90	86	78	79	82	71	77	2.3	C	23
01301026	洪金奎	90	94	88	80	86	67	77	2.3	C	23
01301027	陈志鹏	100	91	86	97	95	99	97	3.8	A	1
01301028	杜嘉颖	90	92	80	86	87	84	86	3.0	B	10
01301029	谢俊辉	100	94	83	80	87	68	78	2.4	C	21
01301030	杨定康	90	90	78	85	86	79	83	2.7	B	14
01301031	江梓健	90	88	89	85	87	78	83	2.7	B	14
01301032	侯必莲	100	90	86	81	88	69	79	2.4	C	20
01301033	李炫廷	100	95	87	87	91	82	87	3.0	B	8
01301034	赖永伟	80	95	84	76	82	60	71	1.8	C	33
01301035	李勇	100	88	85	70	83	55	69	1.7	D	34
01301036	詹婷珊	90	92	82	89	88	83	88	3.1	B	7

图 5-2 成绩登记表效果

成绩数据统计	
统计项目	统计结果
总评成绩最高分	97
总评成绩最低分	52
总评成绩平均分	81
高于总评成绩平均分的学生人数	18
低于总评成绩平均分的学生人数	18
期末成绩90以上的学生人数	5
期末成绩80～89的学生人数	8
期末成绩70～79的学生人数	9
期末成绩60～69的学生人数	11
期末成绩60以下的学生人数	3
平时和期末均85分以上的学生人数	7
学生总人数	36

图 5-3　成绩统计效果

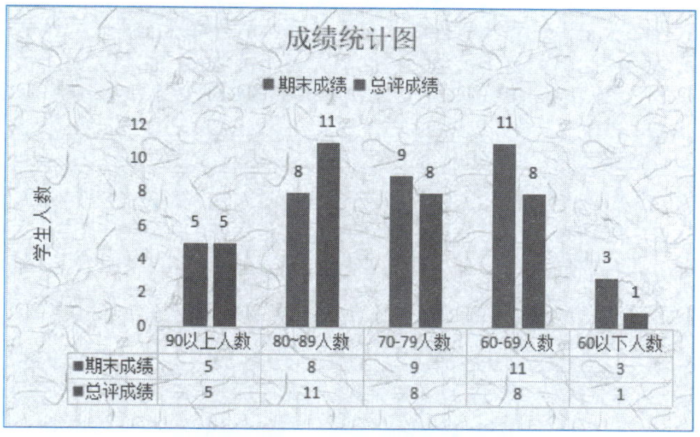

图 5-4　成绩统计图效果

成绩通知单

朱志豪同学，你本学期的《大学计算机》课程成绩如下：

平时成绩	期末成绩	总评成绩	总评等级	课程绩点
83	91	87	B	3

备注：

任课教师：张大鹏

成绩通知单

许可同学，你本学期的《大学计算机》课程成绩如下：

平时成绩	期末成绩	总评成绩	总评等级	课程绩点
82	89	86	B	3

备注：

任课教师：张大鹏

图 5-5　课程成绩通知单效果

5.2　制作课堂考勤登记表

5.2.1　知识点解析

1. WPS 表格文稿简介

WPS 表格文稿是 WPS Office 工具中的电子表格软件。利用它能够方便地制作出各种电子表格，使用公式和函数对数据进行复杂的运算，用各种图表来表示数据；利用超链接功能，用户可以快速打开网络上的 WPS 表格文件，与其他用户实现共享。

每个 WPS 表格文稿文件也称一个工作簿。每个工作簿可以由许多工作表（表格）组成。每张工作表都是一个由若干列和行组成的二维表格，WPS 表格文稿最多可以有 16 384 列（列标题以 A、B……AA、AB……表示）和 1 048 576 行（行标题以 1、2……表示），每个列和行的交叉处所对应的格子称为单元格。每个单元格用其所在的列标题和行标题命名，称为单元格地址。如工作表的第 1 列、第 1 行的单元格用 A1 表示，第 5 列第 4 行的单元格用 E4 表示。

2. WPS 表格文稿工作界面

如图 5-6 所示，WPS 表格文稿的界面由快速访问工具栏、标题栏、功能区、列标识、行标识、编辑栏、编辑区、工作表标签和状态栏组成。

快速访问工具栏：单击快捷图标按钮，可以快速执行相应的操作。此外，也可以单击自定义快速访问“工具栏”按钮，自行添加或删除快速访问工具栏中的图标按钮。

标题栏：用于显示当前工作簿和程序名称。

功能区：由选项卡、组和按钮组成，每个选项卡分为不同的组，组是由功能类似的按钮组成。每单击一个选项卡，在其下方就会出现和选项卡相关的组。

编辑栏：用于显示当前单元格的数据和公式。它由名称框 A1（显示当前活动单元格的名称）、按钮组 fx 和编辑栏组成。

编辑区：电子表格的编辑区域。

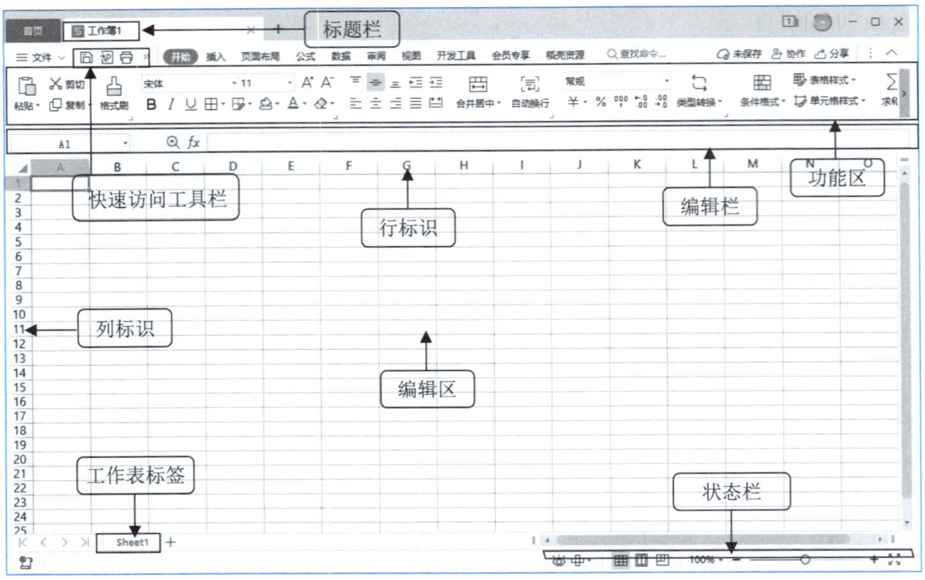

图 5-6　WPS 表格文稿界面

工作表标签：用于显示当前工作簿中的工作表名称，如 Sheet1、Sheet2 等。

状态栏：用于工作表的视图切换 和缩放显示比例。单击 100%，可以弹出“缩放”对话框，在该对话框中可调整缩放比例。

3. 单元格地址与单元格选择

为了便于访问工作表中的单元格，每个单元格都用其所在的列标题和行标题来标识，称为单元格地址。如工作表的第 1 列、第 1 行所对应的单元格地址用 A1 表示（也称 A1 单元格），第 3 列第 4 行的单元格地址用 C4 表示。当选择了某个单元格时，该单元格对应的行标题和列标题会用突出颜色特别标识出来，名称框中显示该选择的单元格地址，编辑栏中显示该选择的单元格中的内容，如图 5-7 所示。

要在单元格中输入内容，需要先选择该单元格。默认情况下，单元格中输入的内容以 1 行来显示。

而要选择多个单元格，可以进行以下操作：

① 如果要选中多个连续的单元格，可以先选中第 1 个单元格（如 B2），按下鼠标左键，拖动鼠标到最后 1 个需要被选择的单元格（如 D5），松开鼠标。可以看到，由第 1 个和最后 1 个单元格的行、列标题所构成的矩形区域中的所有单元格（称为单元格区域，标记为 B2:D5）都被选择，在名称框中显示的是第 1 个被选择的单元格的地址（B2），如图 5-8（a）所示。

② 而要选择非连续单元格区域（如 B2，B4，C3），可以先选中第 1 个单元格 B2，按下【Ctrl】键不松手，单击 B4 和 C3，松开【Ctrl】键，则 B2、B4 和 C3 这 3 个单元格都被选中了，在名称框中显示的是第 1 个被选择的单元格的地址（C3），如图 5-8（b）所示。

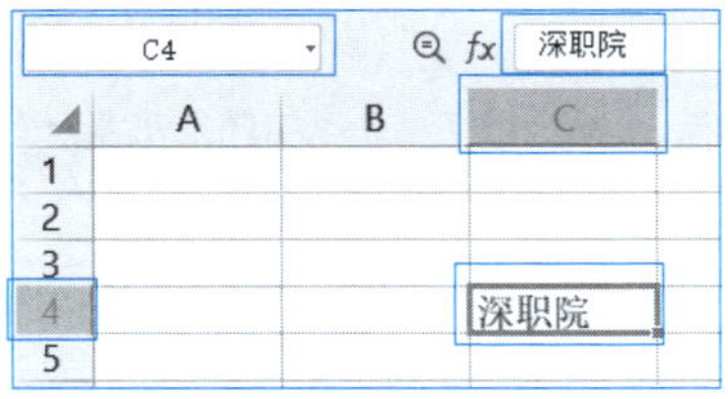

图 5-7　单元格地址

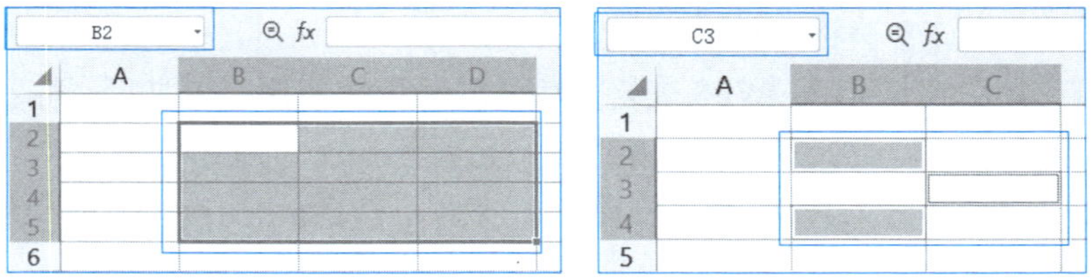

（a）　（b）

图 5-8　单元格区域选择

③ 如果要选择某一列或者某一行，单击对应的列标题或行标题即可。而要同时选择多行或多列，其操作方式与连续单元格区域和非连续单元格区域的选择方式类似。

4. 用填充柄快速填充数据

在使用 WPS 表格文稿输入数据的时候，经常要输入许多连续或不连续的数据，如星期一到星期日等，如果采用手工输入的方法，是一件非常麻烦而且容易出错的事情，通过使用 WPS 表格文稿中“填充柄”即可轻松快速输入许多连续或不连续的数据。

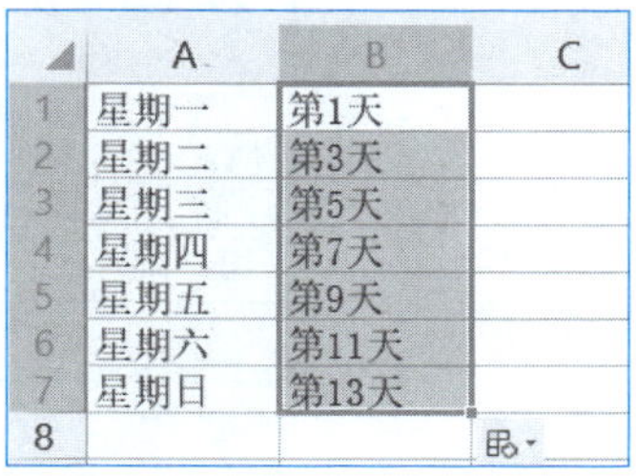

图 5-9 通过填充柄快速填充数据

如图 5-9 所示，可以在第 1 个单元格（A1）输入“星期一”后，选择 A1 单元格，移动鼠标指针至单元格右下角，在鼠标指针变成黑色填充柄✚的情况下，按下鼠标左键，拖动鼠标到 A7 单元格，松开鼠标，则在 A2:A7 单元格里自动填充了“星期二”到“星期日”。

如果填充数据非连续但又规律，则可以在第 1 个单元格（B1）输入“第 1 天”，在第 2 个单元格（B2）输入“第 3 天”后，选择 B1:B2 单元格，移动鼠标，在鼠标指针变成黑色填充柄✚的情况下，按下鼠标左键，拖动鼠标到 B7 单元格，松开鼠标，则在 B2:B7 单元格里自动填充了“第 5 天”到“第 13 天”。

5. 设置单元格格式

“开始”选项卡主要用于设置单元格格式。其中，“字体”组主要用于设置被选择的单元格（单元格区域）的字体、字号、颜色、边框等。“对齐”组主要用于设置被选择的单元格（或单元格区域）中的内容相对于单元格的对齐方式、单元格内容的多行显示及合并居中（即将多个单元格合并成 1 个单元格）等。“数字”组主要用于设置被选择的单元格（或单元格区域）的数字显示格式。

5.2.2 任务实现

1. 任务分析

制作图 5-10 所示的表格，要求：

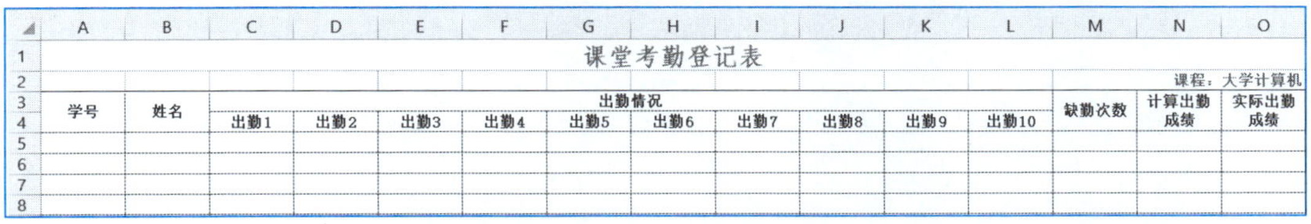

图 5-10 课堂考勤登记表样式

① 标题为“仿宋”，16 号字，蓝色，加粗，位于 A 列至 O 列的中间。

② 学期及课程信息为“宋体”，10 号字，蓝色，加粗。课程信息为文本右对齐。

③ 表格区域（A3:O40）为“宋体”，10 号字，自动颜色，单元格文本水平居中和垂直居中对齐。

④表头区域（A3:O4）加粗。

⑤ A3:A4、B3:B4 以及 C3:L3 分别合并后居中，并设置为垂直居中。

⑥ M3:M4、N3:N4、O3:O4 分别合并后居中，并设置为垂直居中及自动换行。

⑦ 表格外边框为黑色细实线，内边框为黑色虚线。

⑧ 调整单元格为合适的行高和列宽。

2. 实现过程

(1) 新建并保存工作簿

新建 1 个 WPS 表格文稿工作簿，将其 Sheet1 工作表命名为“课堂考勤登记”，并保存到自己的工作目录，文件名为“大学计算机成绩 .xlsx”。操作步骤如下：

① 启动 WPS Office。

② 单击“新建”按钮，打开新建功能区，如图 5-11 所示。

③ 在图 5-11 中选择“新建空白表格”，然后单击即可创建新文稿。

④ 双击工作表名称 Sheet1，将工作表重命名为“课堂考勤成绩”。

⑤ 单击快速访问工具栏中的“保存”按钮，在弹出的“另存文件”对话框中，选择工作簿的保存位置，并输入文件名“大学计算机成绩”，单击“保存”按钮，将当前工作簿保存为“大学计算机成绩 .xlsx”，如图 5-12 所示。

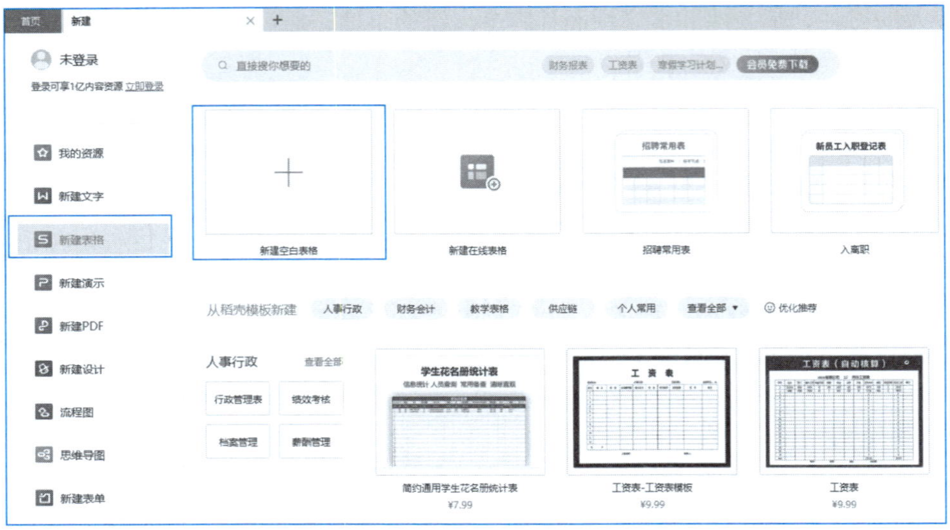

图 5-11　新建空白文稿

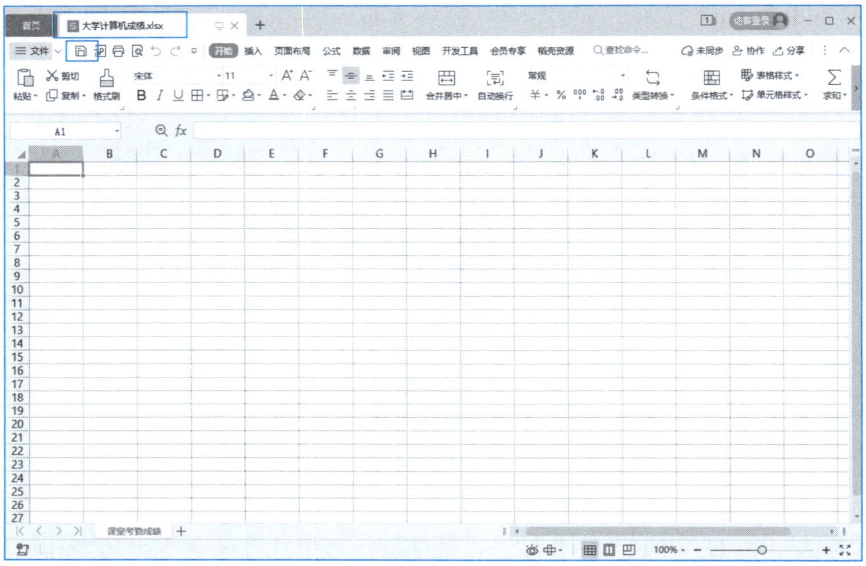

图 5-12　工作簿及工作表命名

（2）输入表格项信息

在“课堂考勤成绩”工作表中输入图 5-10 所示的表格项信息。操作步骤如下：

① 在 A1 单元格输入表格标题“课堂考勤登记表”。

② 在其他表格项单元格输入表 5-1 所示的内容。

表 5-1　“课堂考勤登记”工作表表格项内容

单元格地址	单元格内容	单元格地址	单元格内容
A3	学号	O2	课程：大学计算机基础
C3	出勤情况	B3	姓名
N3	计算出勤成绩	M3	缺勤次数
C4	出勤 1	O3	实际出勤成绩

（3）通过填充柄快速填充考勤序列

选择 C4 单元格，移动鼠标，在鼠标指针变成黑色填充柄✚的情况下，按下鼠标左键，拖动鼠标到 L4 单元格，松开鼠标，则在 D4:L4 单元格里自动填充了“出勤 2”～“出勤 10”。

(4) 格式化单元格

将 A1 单元格的内容设置“仿宋”,16 号字,蓝色,加粗,位于 A 列至 O 列的中间。学期及课程信息为“宋体”,10 号字,蓝色,加粗。课程信息为文本右对齐。表格区域(A3:O40)为“宋体”,10 号字,自动颜色,单元格文本水平居中和垂直居中对齐。表头区域(A3:O4)加粗。A3:A4、B3:B4 以及 C3:L3 分别合并后居中。M3:M4、N3:N4、O3:O4 分别合并后居中,并分行显示。操作步骤如下:

① 选择 A1 单元格(这时名称框显示为“A1”)。

② 在“开始”选项卡中,将 A1 单元格设置为“仿宋”,16 号字,蓝色,字体加粗,如图 5-13 所示。

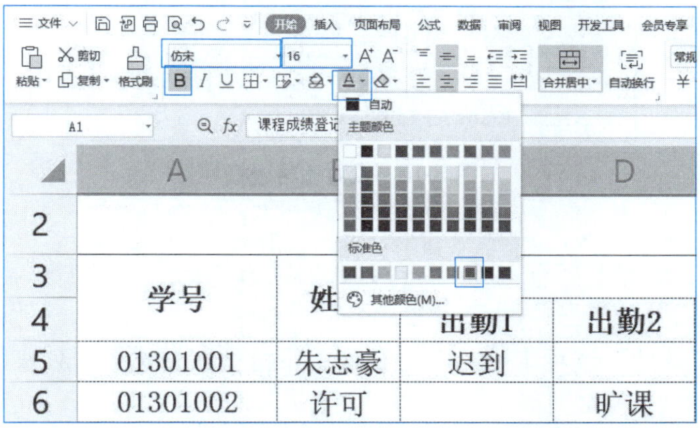

图 5-13 设置字体格式

③ 选择 A1:O1 单元格区域,单击“开始”选项卡中的“合并居中”按钮,将 A1:O1 单元格区域合并为 1 个单元格,并将内容居中显示。

④ 选择非连续单元格 A2 和 O2,设置为“宋体”,10 号字,蓝色,加粗。

⑤ 选择 O2 单元格,单击“开始”选项卡中的“右对齐”按钮,设置 O2 的对齐方式为“右对齐”。

⑥ 选择 A3:O40 单元格区域,设置为“宋体”,10 号字,自动颜色,单元格文本水平居中和垂直居中对齐。

⑦ 选择 A3:O4 单元格区域,设置为加粗。

⑧ 分别将 A3:A4、B3:B4 以及 C3:L3 合并居中。

⑨ 分别选择 M3:M4、N3:N4、O3:O4 单元格区域,设置其为合并居中,并设置为自动换行,如图 5-14 所示。

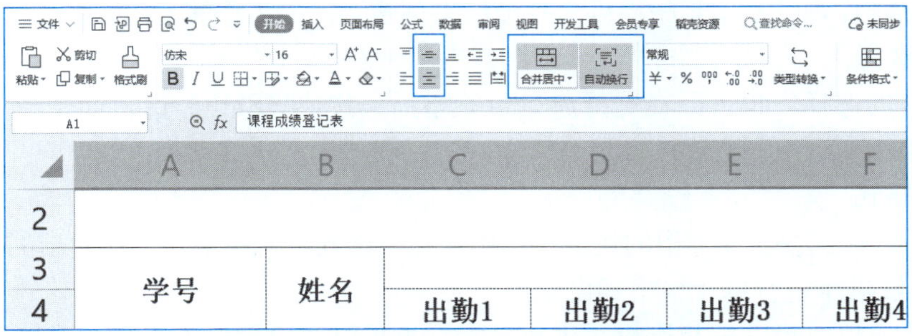

图 5-14 设置对齐方式和自动换行

(5) 设置表格边框

将表格的外边框设置为细实线,内边框为细虚线。操作步骤如下:

① 选择 A3:O40 单元格区域,右击,在弹出的快捷菜单中选择“设置单元格格式”命令,打开“设置单元格格式”对话框,选择“边框”选项卡,在“线条”选项组“样式”列表框中选择“细实线”,单击“外边框”,将表格外边框设置为细实线,如图 5-15 所示。

② 在“线条”选项组的“样式”列表框中选择“细虚线”,单击“内部”,将表格内部边框设置为细虚线。

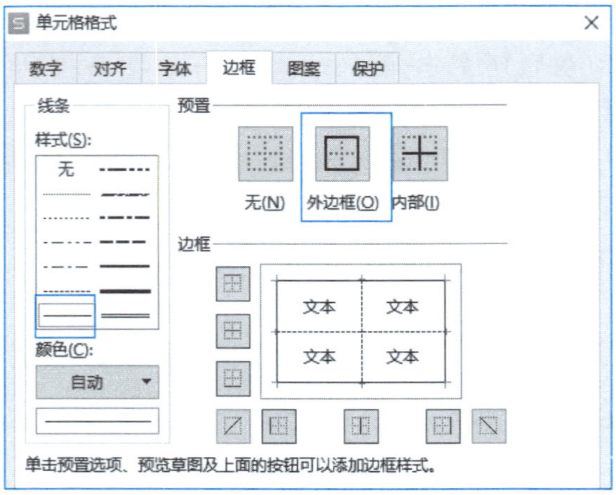

图 5-15　设置表格边框

（6）设置行高和列宽

设置 A 列列宽为 10.5，B 列列宽为 6.25，C 到 L 列列宽为“最适合的列宽”，M、N 及 O 列列宽为显示 2 个汉字宽度。操作步骤如下：

① 选择 A 列，单击“开始”选项卡中的“行和列”下拉按钮，选择“列宽”，弹出“列宽”对话框，设置为 10.5 字符。

② 选择 B 列，将其列宽设置为 6.25 字符。

③ 选择 C 到 L 列，单击“开始”选项卡中的“行和列”，选择“最适合的列宽”。

④ 将鼠标定位在列标题 M 和列标题 N 中间，当变成左右双向箭头时，按下鼠标左键，移动鼠标，调整 M 列的列宽为显示 2 个汉字。调整 N 列和 O 列的列宽为显示 2 个汉字。

⑤ 选择 1 ～ 40 行，单击“开始”选项卡中的“行和列”下拉按钮，选择“最适合的行高”。

⑥ 将光标定位在行标题 4 和行标题 5 中间，当变成上下双向箭头时，按下鼠标左键不松手，向下拖动，改变第 4 行的行高，使 M3:O3 中的内容分 3 行显示。

5.2.3　总结与提高

1. 根据模板生成 WPS 表格文稿

在 WPS 表格文稿中，可以根据系统提供多种模板来创建自己的工作簿，从而简化电子表格的排版工作。

2. 单元格区域选择

对于连续单元格的选择，也可以在选择起始单元格后，按住【Shift】键，选择最后一个单元格，就将两个单元格为对角线的单元格区域选中了。

3. 设置单元格格式

在选择单元格后，可以右击，在弹出的快捷菜单中选择“设置单元格格式”，在弹出的“设置单元格格式”对话框中，通过切换选项卡进行单元格格式设置。

对于相同格式单元格，可以一起选择后进行设置，也可以在设置好第 1 个单元格后，利用格式刷进行格式复制。

4. 对齐方式

单元格中的内容相对于单元格边框左右的对齐方式称为“水平对齐”，相对于单元格边框上下的对齐方式称为“垂直对齐”。其中，“水平对齐”方式包括“常规”“靠左（缩进）”“居中”“靠右（缩进）”“填充”“两端对齐”“跨列居中”“分散对齐”八种方式。“垂直对齐”方式包括“靠上”“居中”“靠下”“两端对齐”“分散对齐”五种方式。

“自动换行”按钮和“合并居中”按钮属于双态按钮，即第一次按时实现单元格中的内容根据单元格宽度自动调整成多行显示，第二次按时实现单元格中的内容用一行显示。

5. 自动换行

除了可以通过单元格格式的“对齐”设置“自动换行”来实现单元格内容分行显示外，也可以通过在单元格中需要换行显示的内容前同时按下【Alt】键和【Enter】键来实现单元格内容的分行显示。

但这两种换行还是有区别的：第一种是“软”换行，只有该单元格的列宽不够显示单元格中的内容，才将内容以两行（甚至多行）来显示；第二种是“硬”换行，无论将列调整到多宽，该单元格总是将“Alt”键和【Enter】键处开始的内容另起一行显示。

5.3 课堂考勤成绩计算

5.3.1 知识点解析

1. 单元格内容复制

WPS 表格文稿单元格数据可以快速地复制和粘贴。可以选择需要复制的单元格和单元格区域，按【Ctrl+C】组合键复制数据，选择需要复制到的第 1 个单元格位置，按【Ctrl+V】组合键就实现了单元格内容的粘贴。也可以通过“开始”选项卡中的“复制”和“粘贴”按钮来实现。

在粘贴到目标位置后，将会出现粘贴选项按钮，可以单击打开，进行各种选择性的粘贴，如表示将内容及格式都复制过来，而表示只将单元格内容复制过来，而不复制单元格格式等。

2. 文本数据的输入

如图 5-16 所示，在单元格 A1 中，输入自己的身份证号（如 432302199410080933，本书所输入身份证号均为虚拟）。会发现输入的身份证号码显示为 4.32302E+17；单元格编辑栏的内容变成了 432302199410080000。

这是因为 WPS 表格文稿工作表的单元格，默认的数据类型是“常规”，在单元格中输入“432302199410080933”时，系统自动判断其为数字型数据，因此以科学计数法来表示该数据。

要解决以上问题，可以通过如下方式之一来实现：

① 在数字型文本数据前添加英文单引号“'”。

② 将该单元格数字格式设置为“文本”。

3. 数据有效性设置

在某些时候，需要将数据限制为一个特定的类型，如整数、分数或文本，并且限制其取值范围。例如，如果希望在 C1 单元格中输入身份证号码时，必须输入 18 位字符，可以将其有效性设置为“允许的文本长度为 18”（选中需要设置的单元格，单击“数据”选项卡中的“有效性”按钮，在弹出的对话框中设置文本长度），如图 5-17 所示。

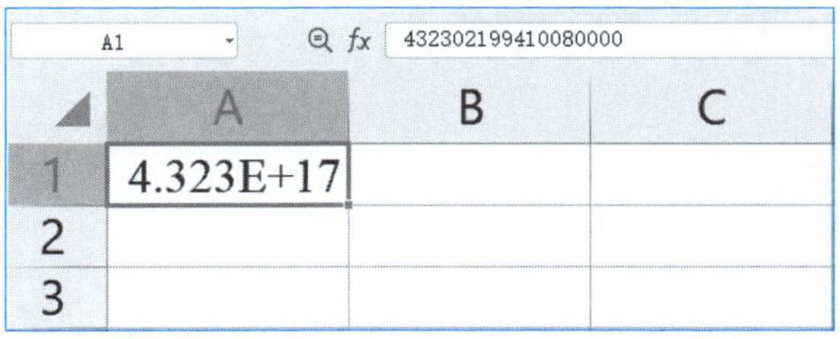

图 5-16 文本数据的输入

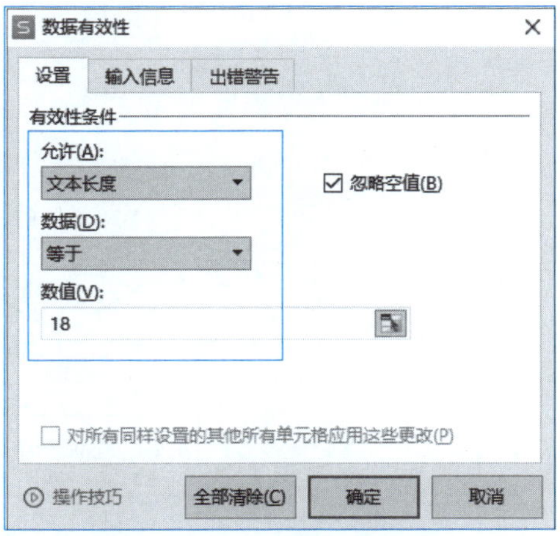

图 5-17 数据有效性设置

4. 公式与相对引用

如图 5-18 所示，由于李春的总工资等于 B2 单元格的值加上 C2 单元格的值，因此可以在 D2 单元格中输入“=B2+C2”。“=B2+C2”就是 WPS 表格文稿中的公式，表明 D2 单元格引用了 B2 单元格的数据和 C2 单元格的数据，将它们的和作为自己单元格的内容。要计算许伟嘉的总工资，可以将 D2 单元格的内容复制到 D3 单元格。可以看到，D3 单元格的公式为“=B3+C3”。

在进行公式复制时，公式中引用的地址发生了变化，这是因为引用 B3 和 C3 单元格时，使用的是“相对引用”，在此公式中，B3 和 C3 称为相对地址。相对引用是指当把公式复制到其他单元格时，公式中引用的单元格或单元格区域中代表行的数字和代表列的字母会根据实际的偏移量相应改变。D2 中的公式“=B2+C2”表明“D2 的值等于当前单元格的前 2 列单元格加上前 1 列单元格的和”，因此，将 D2 单元格中的公式复制到 D3 后，系统认为“D3 的值也应该等于当前单元格的前 2 列单元格加上前 1 列单元格的值”，因此公式自动变化为“=B3+C3”。

5. 函数与统计函数 COUNTA

WPS 表格文稿函数是系统预先定义的，使用一些称为参数的特定数值来执行计算、分析等任务的特殊公式，并返回一个或多个值。可以用函数对某个区域内的数值进行一系列运算。例如，SUM 函数对单元格或单元格区域进行加法运算。

COUNTA 函数功能是返回参数列表中非空值的单元格个数。COUNTA 函数的语法格式为：

```
COUNTA(value1,value2,...)
```

value1, value2, ... 为所要计算的值，参数个数为 1 ～ 255 个，代表要计数的值、单元格或单元格区域。

如图 5-19 所示，需要统计 A1:A4 单元格中非空单元格的个数，可以在 B1 单元格输入函数“=COUNTA(A1:A4)”，则 B1 单元格中的内容为 3，即表示 A1:A4 中有 3 个非空的单元格。

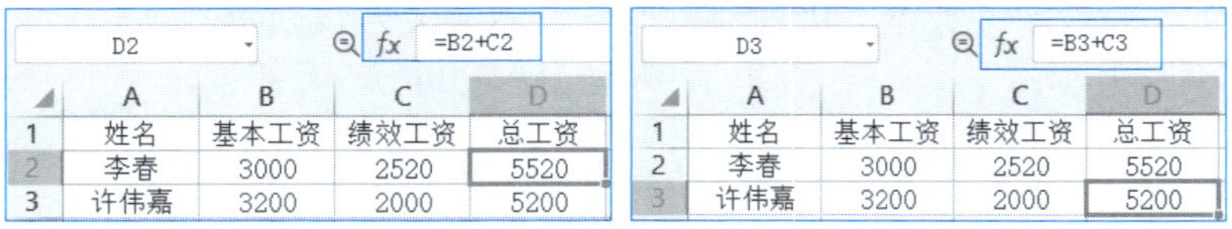

图 5-18　公式与单元格引用

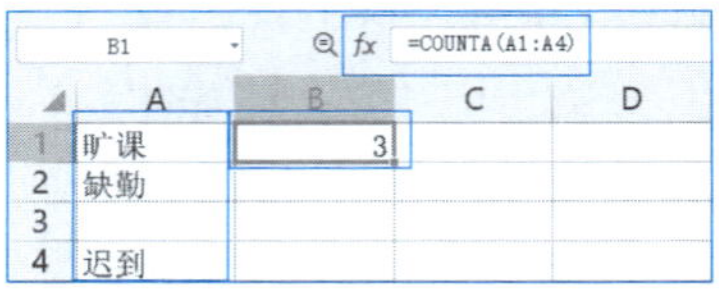

图 5-19　COUNTA 函数

6. IF 函数

假设公司本月的绩效工资与出勤有关：全勤（出勤天数 >=22）员工的绩效工资为 2 520 元，非全勤员工的绩效工资为 2 000 元。为了计算“李春”的绩效工资，需要根据其出勤情况（B2）来进行判断，如果 B2 中为“全勤”，C2 单元格的值为“2520”，否则 C2 单元格的值为“2000”。可以用图 5-20 表示这种逻辑关系。

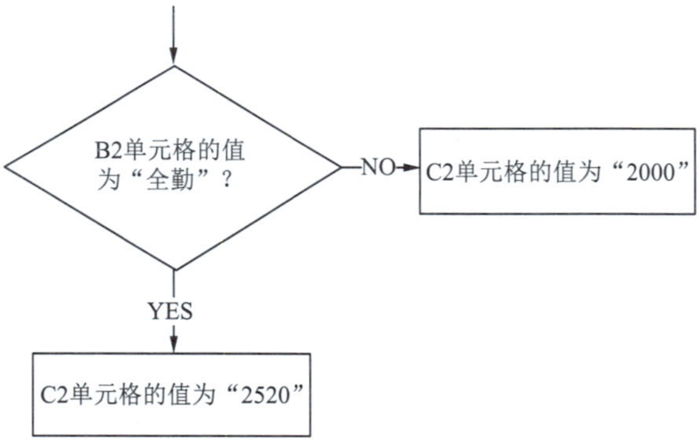

图 5-20　绩效工资逻辑

可以使用 IF 函数来实现。IF 函数的语法格式为：

```
IF(测试条件，真值，假值)
```

参数的含义分别是：

① 测试条件：逻辑表达式。

② 真值：如果逻辑表达式的值为真，则返回该值。

③ 假值：如果逻辑表达式的值为假，则返回该值。

其执行过程是：

① 如果测试条件的结果为 TRUE（真），则返回真值的值作为结果。

② 如果测试条件的结果为 FALSE（假），则返回假值的值作为结果。

测试条件是计算结果可能为 TRUE 或 FALSE 的任意值或表达式。测试条件可使用的比较运算符有 =(等于)、>（大于）、<（小于）、>=（大于或等于）、<=（小于或等于）以及 <>（不等于）。

因此，“李春”的绩效工资对应的函数是“=IF(B2=" 全勤 ",2520,2000)”，如图 5-21 所示。

7. 条件格式

作为一名教师，在分析考卷时经常要进行的工作有：统计排名前 20% 的学生，统计排名后 20% 的学生，统计低于平均值的学生。作为一名销售经理，关心的可能会是：在过去五年的利润汇总中有哪些异常情况，过去两年的营销调查反映出哪些倾向，这个月谁的销售额高，哪种产品卖得最好。

因此，在某些时候，需要将一些特别的数据突出显示出来。WPS 表格文稿的条件格式有助于快速完成上述要求，它可以预置一种单元格格式，并在指定的某种条件被满足时自动应用于目标单元格。可预置的单元格包括边框、底纹、字体颜色等。

例如，将单元格区域 A1:D2 所有大于 100 的单元格用红色字体标注出来，可以通过设置条件格式来实现，如图 5-22 所示。

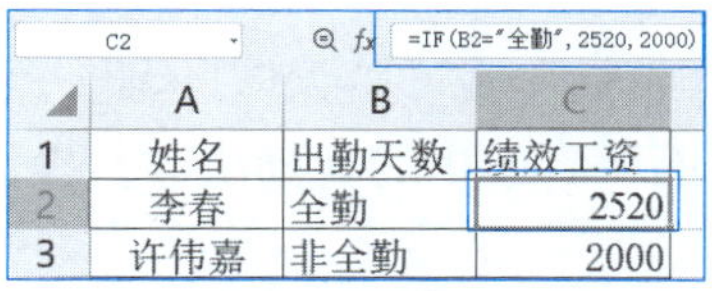

图 5-21 绩效工资计算函数

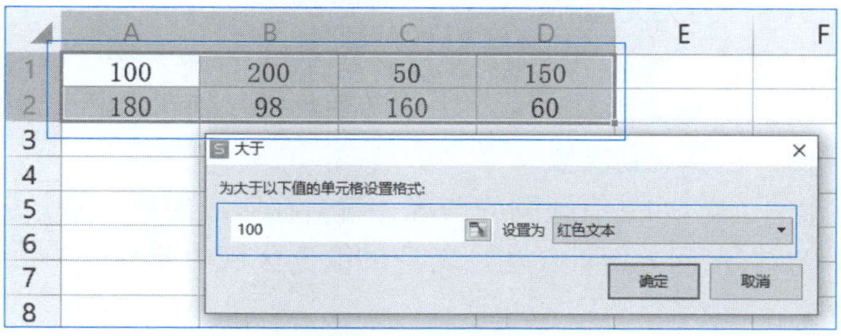

图 5-22 设置条件格式

5.3.2 任务实现

1. 任务分析

完成课堂考勤成绩计算，要求：

① 将所有学生名单复制到“课堂考勤成绩”工作表中，并不得改变工作表的格式。

② 编排学生学号，起始学生的学号为“01301001”，学号自动加 1 递增。

③ 出勤区域的数据输入只允许为迟到、请假或旷课，并将考勤数据复制到工作表中。

④计算学生的缺勤次数。

⑤ 计算学生的计算出勤成绩。计算出勤成绩 =100– 缺勤次数 ×10。

⑥ 计算学生的实际出勤成绩。如果学生缺勤达到 5 次以上（不含 5 次），实际出勤成绩计为 0 分，否则实际出勤成绩等于计算出勤成绩。

⑦ 将 80 分（不含 80）以下的实际出勤成绩用“浅红填充色深红色文本”特别标注出来。

⑧ 隐藏工作表的网格线，设置出勤表打印在一页 A4 纸上，并水平和垂直居中。

2. 实现过程

（1）复制学生名单

将“相关素材 .xlsx”中的学生名单复制到“课堂考勤成绩”工作表中。操作步骤如下：

① 打开“相关素材 .xlsx”工作簿，选择“学生名单”工作表的 A2:A37 单元格区域，按【Ctrl+C】组合

键，对选择的单元格区域进行复制。

② 切换到“大学计算机成绩 .xlsx”工作簿的“课堂考勤成绩”工作表，定位到单元格 B5，按【Ctrl+V】组合键，将姓名粘贴到“课堂考勤成绩”工作表中。

③ 单击粘贴区域的粘贴选项按钮，选择粘贴值按钮，则在未改变工作表的现有格式的前提下，实现了学生名单的复制。

（2）编排学号

起始学生学号“01301001”，学号自动加 1 递增进行编排。操作步骤如下：

① 在 A5 单元格中输入学号 01301001。

② 选择 A5 单元格，移动鼠标，当鼠标指针变为黑十字＋时，按住鼠标左键向下拖动填充柄，拖动过程中填充柄的右下方出现填充的数据，拖至目标单元格（A40）时释放鼠标。

③ 单击图 5-23 所示的“自动填充选项”，扩展开选项菜单，选择“不带格式填充”，即可实现学号的自动填充，同时没有破坏其原来表格样式。

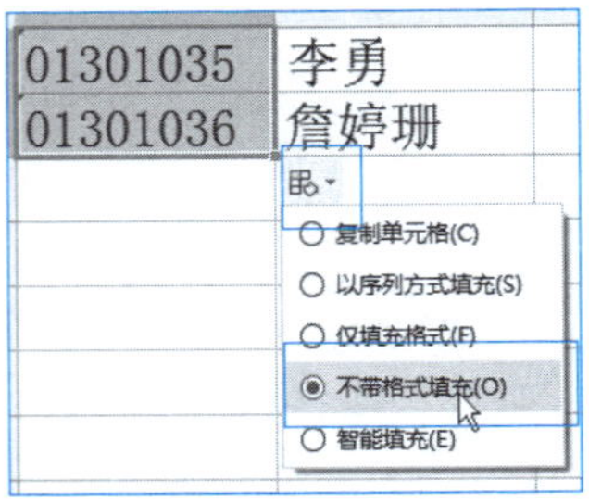

图 5-23　不带格式填充

（3）设置出勤数据验证

出勤区域的数据输入只允许为迟到、请假或旷课，可以通过设置数据有效性来实现。操作步骤如下：

① 选择 C5:L40 单元格区域。

② 单击“数据”选项卡中的“有效性”下拉按钮，选择“有效性”，弹出图 5-24 所示的“数据有效性”对话框。

③ 在“设置”选项卡中，在“允许”下拉列表框中选择“序列”，来源中输入“迟到，请假，旷课”，注意分隔符为英文逗号。

④ 单击“确定”按钮。这样，对 C5:L40 单元格区域，就只允许选择性输入迟到、请假或旷课了。

⑤ 将“相关素材 .xlsx”中的考勤数据复制到“课堂考勤成绩”工作表中，并不改变工作表的格式。

（4）计算缺勤次数

由于学生如果有缺勤的情况，就会在对应的单元格标记上“迟到”、“请假”或“旷课”，因此，可以通过 COUNTA 函数统计学生所对应的缺勤区域中非空值的单元格个数，从而得到学生的缺勤次数。操作步骤如下：

① 选择 M5 单元格，单击 M5 单元格编辑栏区域的“插入函数”按钮 fx，弹出图 5-25 所示的“插入函数”对话框，选择“统计”类别及 COUNTA 函数，单击“确定”按钮。

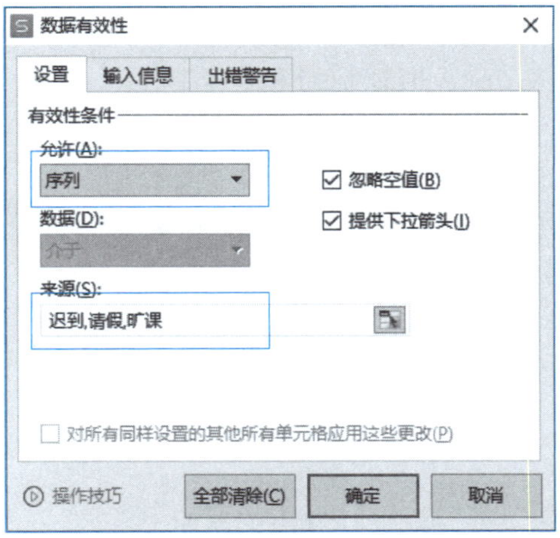

图 5-24　数据有效性设置

图 5-25　插入 COUNTA 函数

② 在图 5-26 所示“函数参数”对话框中，将光标定位到“值”区域，用鼠标左键选择 C5:L5 单元格区域，“值”区域中显示“C5:L5”，单击“确定”按钮。这时，M5 单元格的值为 3，M5 编辑区的内容为“=COUNTA(C5:L5) ”。

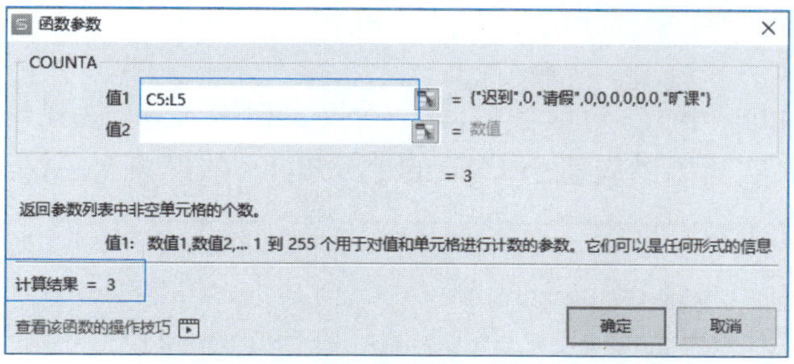

图 5-26　COUNTA 函数参数设置

③ 选择 M5 单元格，鼠标指向 M5 单元格的填充柄，按住鼠标左键向下拉动，完成自动复制填充。

④ 单击“自动填充选项”，展开选项菜单，选择“不带格式填充”。

(5) 计算出勤成绩

由于学生的计算出勤成绩 =100- 缺勤次数 ×10，因此可以用公式来实现。操作步骤如下：

① 选择 N5 单元格，输入“=100-M5*10”，按【Enter】键确认。这时，N5 单元格的值为 70，N5 单元格编辑栏的内容为“=100-M5*10”。

② 选择 N5 单元格，鼠标指向 N5 单元格的填充柄，按住鼠标左键向下拉动，完成自动复制填充。

③ 单击“自动填充选项”，扩展开选项菜单，选择“不带格式填充”，完成公式复制。

(6) 计算实际出勤成绩

由于学生的实际出勤成绩与缺勤次数有关，如果学生缺勤达到 5 次以上（不含 5 次），实际出勤成绩计为 0 分，否则实际出勤成绩等于计算出勤成绩。因此可以用 IF 函数进行判断实现。操作步骤如下：

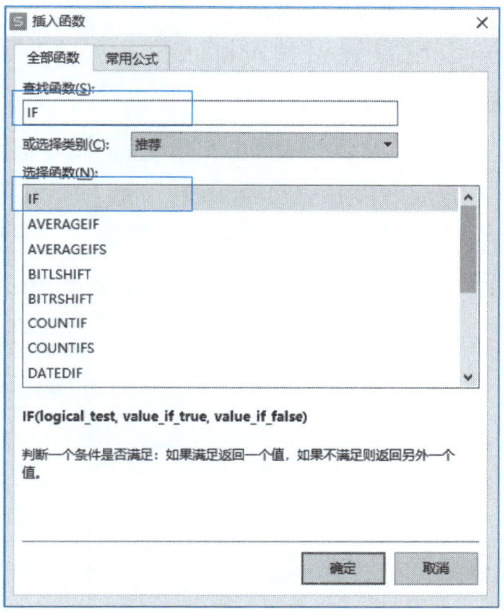

图 5-27　插入 IF 函数

① 选择 O5 单元格，单击 O5 单元格编辑栏区域的“插入函数”按钮，弹出图 5-27 所示的“插入函数”对话框，在“查找函数”区域输入“IF”，选择“IF”函数，单击“确定”按钮。

② 在图 5-28 所示的“函数参数”对话框的“测试条件”文本框中，单击 N5，这时，测试条件显示 N5，输入“>=50”，在“真值”文本框中输入 N5，在“假值”文本框中输入 0，单击“确定”按钮。这时，O5 单元格的值为 70，O5 单元格编辑栏的内容为“=IF(N5>=50,N5,0) ”。

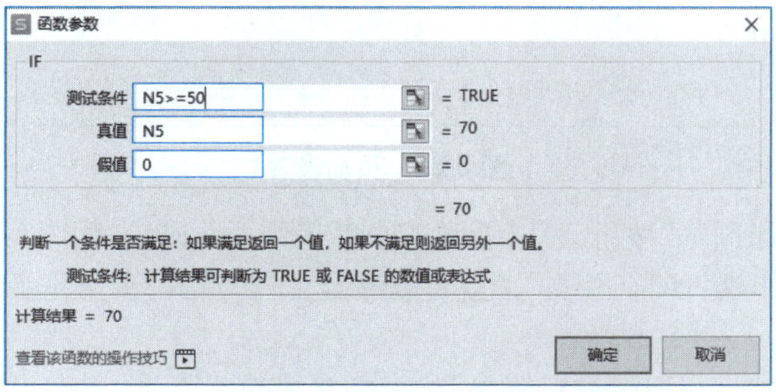

图 5-28　IF 函数参数设置

③ 选择 O5 单元格，鼠标指向 O5 单元格的填充柄，按住鼠标左键向下拉动，完成自动复制填充。

④ 单击“自动填充选项”，扩展开选项菜单，选择“不带格式填充”。

(7) 实际出勤成绩特别标注

由于需要将 80 分（不含 80 分）以下的实际出勤成绩用“浅红填充色深红色文本”特别标注出来，可以通过条件格式来实现。操作步骤如下：

① 选择实际出勤成绩单元格区域 O5:O40，单击“开始”选项卡中的“条件格式”下拉按钮，选择“突出显示单元格规则”→“小于”。

② 在弹出的图 5-29 所示的“小于”对话框中，第一个文本框输入 80，设置为“浅红填充色深红色文本”，单击“确定”按钮。可以看到，实际出勤成绩小于 80 的单元格用“浅红填充色深红色文本”特别标注出来了。

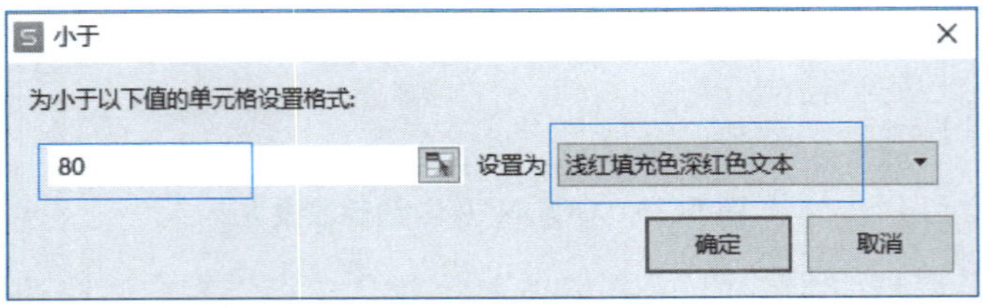

图 5-29　条件格式设置

(8) 打印设置

要设置出勤表打印在一页 A4 纸上，并水平和垂直居中，可以通过“页面布局”选项卡的功能来实现。操作步骤如下：

① 单击“页面布局”选项卡中的“纸张大小”按钮，选择“A4”。

② 单击“页面布局”选项卡中的“页边距”按钮，选择“自定义边距”，在弹出的“页面设置”对话框的“页边距”选项卡中，设置上、下页边距为 3 cm，左、右页边距为 2 cm，勾选“居中方式”选项组中的“水平”和“垂直”复选框，如图 5-30 所示。

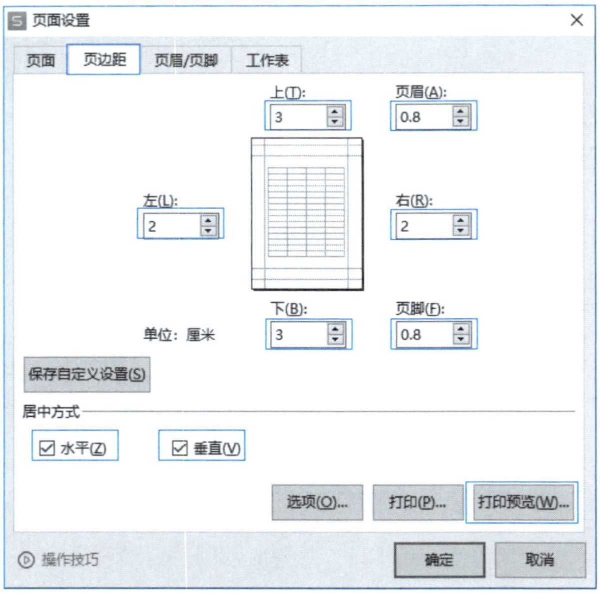

图 5-30　页面设置

③ 单击图 5-30 中的“打印预览”按钮，可以看到工作表在两页上显示，如图 5-31 所示。单击“无打印缩放”下拉按钮，选择“将整个工作表打印在一页”，就可以看到工作表在一页上显示了。

(9) 隐藏网格线

为了隐藏工作表的网格线，可以通过设置 WPS 表格文稿的“选项”来实现。操作步骤如下：

① 单击“文件”选项卡中的“选项”按钮，在弹出的图 5-32 所示的“选项”对话框中单击“视图”选项。

② 在“窗口选项”选项组中，清除“网格线”复选框。可以看到，当前工作表中不再显示网格线。

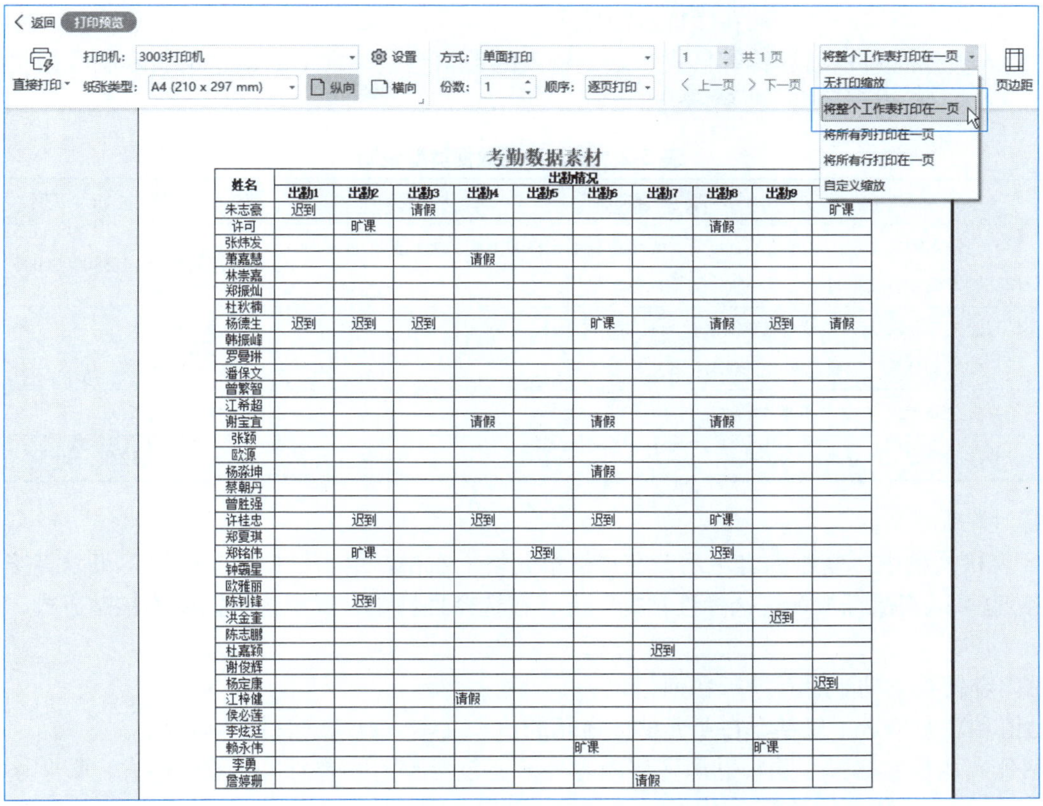

图 5-31　打印预览及设置

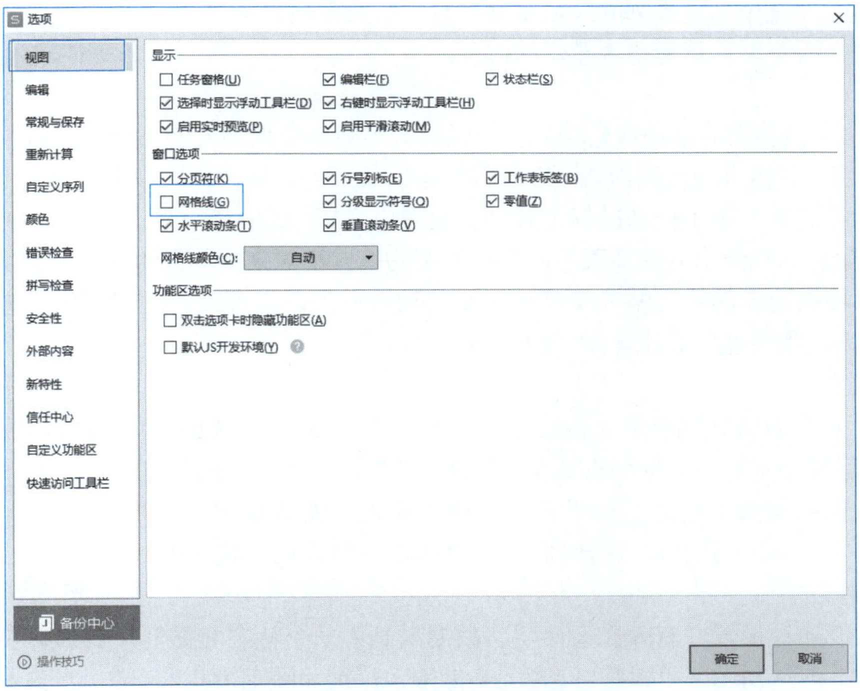

图 5-32　设置工作表的显示项

5.3.3　总结与提高

1. 数据类型

系统默认的单元格数据类型为“常规”，在输入内容后，系统则会根据单元格中的内容，自动判断数据类型。例如，如果 A1 单元格的类型为“常规”，则在其输入“432302199501100001”，系统会自动判断其为数字型，因此将其以“4.323E+16”的科学计数法显示。

可以在输入数据时通过前导符等形式，限制输入的数据类型。常用的通过录入限制数据类型的方法见表 5-2。

表 5-2　录入不同数据类型说明

数据类型	录入说明	示　例
文本	（1）当输入的文本超出单元格的宽度时，需要调整单元格的宽度才能完整显示。 （2）输入数字型文本时，可以在数字前输入单引号“'”	输入手机号码：'13800000000
数值	（1）输入“3/4”时，系统自动将其转化为日期 3 月 4 日。 （2）要输入分数，需要在其前面输入 0 和空格	输入分数：0 3/4
日期	年月日之间用“/”或“-”号分隔。	输入日期：2022/3/21
时间	时分秒间用“：”分隔。	输入时间：12:32:05

2. 选择性粘贴

在 WPS 表格文稿中，复制内容之后，在目标单元格上右击，单击“粘贴”按钮，可以直接将内容粘贴到目标区域，也可以将鼠标放在“选择性粘贴”上，在选择性粘贴方式中选择需要的粘贴方式，选择性粘贴分为：

① 粘贴内容转置：粘贴时互换行和列。

② 粘贴值和数字格式：仅粘贴在单元格中显示的值和文本、数值、日期等内容。

③ 粘贴公式和数字格式：除粘贴源区域内容外，还包含源区域的公式和数值格式。数字格式包括货币样式、百分比样式、小数点位数等。

④仅粘贴格式：仅粘贴单元格格式，不粘贴内容。

⑤ 仅粘贴列宽：将某个列宽或列的区域粘贴到另一个列或列的区域。

⑥ 粘贴为数值：仅粘贴在单元格中显示的值。

3. 自动填充

使用 WPS 表格文稿提供的自动填充功能，可以极大地减少数据输入的工作量。通过拖动填充柄，就可以激活自动填充功能。利用自动填充功能可以进行文本、数字、日期、公式等序列的填充和数据的复制。

（1）自动填充或复制，除了拖动鼠标方式外，也可以在鼠标变为黑十字时右击，拖动鼠标到需要填充的最后位置，松开鼠标，在弹出的快捷菜单中选择需要的填充模式来实现自动填充。

（2）除了可以根据选择的单元格或单元格区域自动填充外，还可以通过“开始”选项“填充”下拉列表中的“序列”来实现等差、等比等序列的自动填充。

4. 数据验证

默认情况下，WPS 表格文稿对单元格的输入是不加任何限制的。但为了保证输入数据的正确性，可以为单元格或单元格区域指定输入数据的有效范围。通过“数据”选项卡中的“有效性”按钮设置数据的有效范围后，如果在单元格中输入了无效数据，WPS 表格文稿会弹出一个图 5-33 所示的“错误提示”对话框，警告用户输入的数据是不符合限制条件的。

图 5-33　数据输入错误提示

数据有效性可以通过设置“有效性条件”将数据限制为一个特定的类型并限制其取值范围，还可以设置输入提示等。如图 5-34 所示，可以将 A1 单元格的输入范围为限定为 0 ～ 100，当输入错误时，给出“成绩范围为 0 ～ 100 分！”的提示，同时取消输入或要求重新输入。操作步骤如下：

① 选择 A1 单元格，在数据有效性设置中，将“有效性条件”的允许设置为“整数”，“数据”选择“介于”，“最小值”设置为“0”，“最大值”设置为 100。

②“出错警告”选项卡中，在“标题”文本框中输入“你的输入不合法”，在“错误信息”文本框中输入“成绩范围为 0 ～ 100 分！”，单击“确定”按钮。这样，在输入错误时，将出现自定义的出错警告。

此外，还可以将单元格区域的内容作为有效性输入的数据限制，如图 5-35 所示。

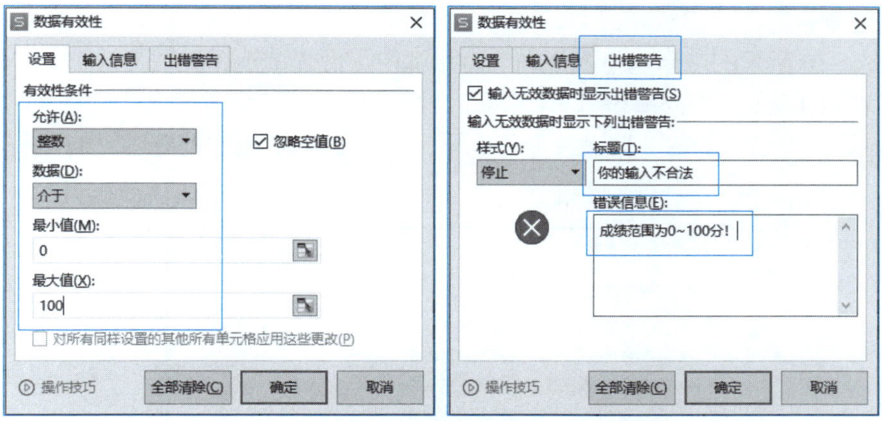

图 5-34 数据验证设置

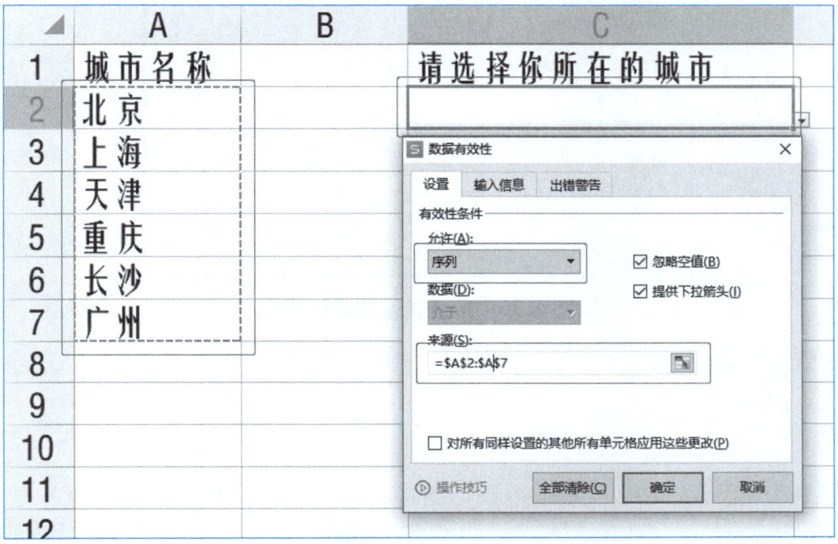

图 5-35 来源自单元格区域的数据验证设置

5. 条件格式

“条件格式”中最常用的是“突出显示单元格规格”与“项目选取规则”。“突出显示单元格规格”用于突出一些固定格式的单元格，而“项目选取规则”则用于统计数据，如突出显示高于 / 低于平均值的数据，或按百分比来找出数据。

WPS 表格文稿中，对每个工作表最多可以设置 64 个条件格式。对同一个单元格（或单元格区域），如果应用有两个或两个以上的不同条件格式，这些条件可能冲突，也可能不冲突：

（1）规则不冲突。例如，如果一个规则将单元格格式设置为字体加粗，而另一个规则将同一个单元格的格式设置为红色，则该单元格格式设置为字体加粗且为红色。因为这两种格式间没有冲突，所以两个规则都得到应用。

（2）规则冲突。例如，一个规则将单元格字体颜色设置为红色，而另一个规则将单元格字体颜色设置为绿色。因为这两个规则冲突，所以只应用一个规则，应用优先级较高的规则。

因此，在设置多条件的条件格式时，要充分考虑各条件之间的设置顺序。若要调整条件格式的先后顺序或编辑条件格式，可以通过“条件格式”的“管理规则”来实现。如果想删除单元格或工作表的所有条件格式，可以通过“条件格式”的“清除规则”来实现。

此外，也可以通过公式来设定单元格条件格式。例如，希望将计算考勤成绩在 80 分以下（不含 80 分）的学生姓名用红色标识出来，操作步骤如下：

① 选择“课堂考勤成绩”工作表的姓名单元格区域 B5:B40，单击“开始”选项卡中的“条件格式”下

拉按钮，选择“新建规则”。

② 在弹出的图 5-36 所示的“新建格式规则”对话框中，设置“选择规则类型”为“使用公式确定要设置格式的单元格”，在编辑规则中输入公式“=N5<80”（表示条件为“计算考勤成绩 <80”），单击“格式”按钮，设置为“红色，加粗”，单击“确定”按钮。可以看到，计算考勤成绩在 80 分以下的姓名以“红色、加粗”突出显示。

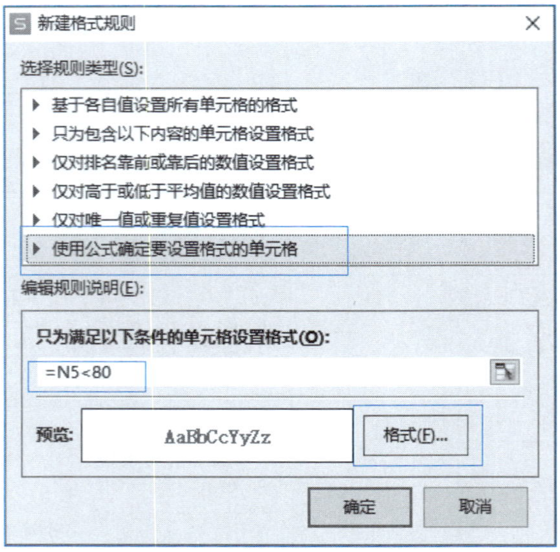

图 5-36　用公式设置条件格式

其中，公式“=N5<80”指明的条件格式为：如果 N5 中的内容小于 80，那么 B5 单元格的内容以“红色、加粗”突出显示。

6. 插入函数

除了可以通过单元格编辑栏区域的“插入函数”按钮 *fx* 外，还可以通过“公式”选项卡来选择插入逻辑类、文本类以及数字和三角函数等不同函数。此外，如果公式的计算结果与预期有误，可以通过“公式”选项卡的相关审核功能来进行错误检查。

7. 逻辑表达式

在函数中，经常要判断某个数所处的区域，例如：

（1）如果 B3 单元格中的数据大于等于 100，C3 单元格中的结果为“GOOD”，否则为“BAD”。其对应的逻辑表达式为“B3>100”，公式为“=IF(B3>100,"GOOD","BAD")”。

（2）如果 B4 单元格中的数据大于 100 并且小于等于 200，C4 单元格返回结果为 1，否则为 0。其对应的逻辑表达式为“AND(B4>100,B4<=200) ”，公式为“=IF(AND(B4>100,B4<=200),1,0) ”。

（3）如果 B5 单元格中的数据小于等于 100 或者大于 200，C5 单元格返回结果为“真”，否则为“假”。其对应的逻辑表达式为“OR(B5<=100,B5>200) ”，公式为“=IF(OR(B5<=100,B5>200)," 真 "," 假 ")”。

8. WPS 表格文稿“选项”

WPS 表格文稿“选项”主要用来更改 WPS 表格文稿的常规设置（如将默认使用的“正文 11 号字”修改为其他字体字号）、公式计算设置、工作簿保存设置、高级设置（如设置工作表网格线不显示）、自定义功能区等。

如图 5-37 所示，为了防止由于没有及时保存文件，可以通过“选项”→“备份中心”按钮打开“备份中心”对话框，启用自动定时保存功能。除了“本地备份设置”功能，WPS 还可以设置“云端备份”，实现文稿云同步。

自动保存的运作机理如下：

① 要让自动保存起作用的文稿必须是至少保存过一次的文稿（也就是硬盘中存在的文稿），如果是在程序中直接新建的空白文稿，需要先保存为硬盘中的某个文稿以后才可以启用此功能。

图 5-37　设置定时备份功能

② 在前一次保存（包括手动保存或自动保存）后，在文稿发生新的修改后，系统内部的计时器开始启动，到达指定的时间间隔后发生一次自动保存动作。

③ 只有在 WPS 表格文稿程序窗口被激活的状态下，计时器才会工作。假设打开了 WPS 表格文稿，并进行了修改，但又切换到了其他应用程序，此时计时器将停止工作。

④在计时器工作过程之中，如果提前发生了手动存档事件，计时器将清零停止工作。

⑤ 在一次自动保存事件发生过后，如果文稿没有新的编辑动作产生，计时器也不会开始工作。

如图 5-38 所示，可以通过“文件”选项卡中的“备份与回复”→“备份中心”查看文件自动保存的版本信息。

图 5-38　查看自动保存版本信息

WPS 表格文稿默认的功能区包括“开始”“插入”等选项卡，每个选项卡下都包含相应的功能选项，如在“开始”选项卡中有“字体”设置、“对齐”等功能。功能区只是显示了经常使用的功能，如果想使用的功能不在这里，而又经常要使用，就可以通过“选项”对话框的“自定义功能区”修改或添加 WPS 表格文稿功能区。

如图 5-39 所示，可以在“开始”选项卡下“新建组”，并将组重命名为“工作表操作”，然后将“插入工作表”

命令添加到“工作表操作”中。这样，在“开始”选项卡中就出现了“工作表操作”组，该组下面有一个“插入工作表”按钮。

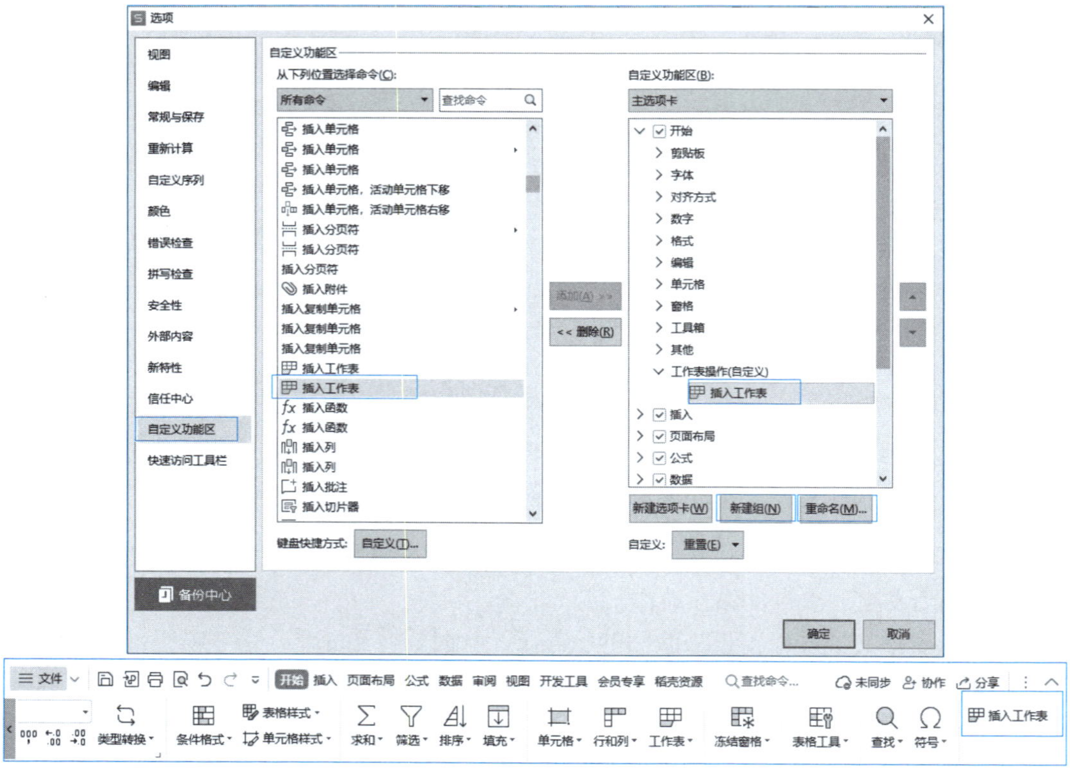

图 5-39　新建自定义功能区

5.4　课程成绩计算

5.4.1　知识点解析

1. 绝对引用

如果希望公式中引用的单元格或单元格区域不随公式位置的变化而变化，公式中引用的单元格或单元格区域需要使用绝对地址，而这种引用称为绝对引用。

绝对引用是指当把公式复制到其他单元格时，公式中引用的单元格或单元格区域中行和列的引用不会改变。绝对引用的单元格名称中其行和列之前均会加上 $ 以示区分，如 $A$4 表示绝对引用 A4 单元格，$A$4 称为绝对地址。

如图 5-40 所示，李明的荣誉奖章积分“=B4*C2”，陈思欣的荣誉奖章积分“=B5*C2”……彭培斯的荣誉奖章积分“=B11*C2”，即“某人对应的荣誉奖章积分 = 他所持有的荣誉奖章积分 *C2”。在进行公式复制时，必须保证 C2 的引用不随公式位置的变化而变化，因此需要使用绝对地址 $C$2。

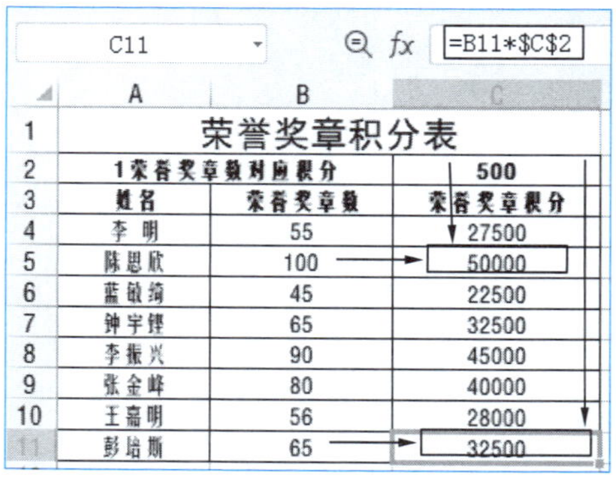

图 5-40　绝对引用与绝对地址

2. 四舍五入函数 ROUND

ROUND 函数返回某个数字按指定位数取整后的数字。ROUND 函数的语法格式为

```
ROUND(数值，小数位数)
```

两个参数的含义分别是：

① 数值：需要进行四舍五入的数字。

② 小数位数：指定的位数，按此位数进行四舍五入。如果小数位数大于 0，则四舍五入到指定的小数位。如果小数位数等于 0，则四舍五入到最接近的整数。如果小数位数小于 0，则在小数点左侧进行四舍五入。例如，ROUND(7.351,0) 的结果是 7，ROUND(7.351,1) 的结果是 7.4，ROUND(7.351,-1) 的结果是 10。

3. IF 函数嵌套

假设需要根据荣誉奖章积分来进行奖励，奖励的规则是：如果荣誉奖章积分大于或等于 20 000 分，则奖励积分 1 000 分。如果荣誉奖章积分大于或等于 15 000 分，则奖励积分 500 分，否则奖励积分 0 分。

要实现上述计算，可以用 IF 函数嵌套来实现多条件判断。

以计算李明的荣誉奖章积分为例，可以描述为图 5-41。

因此，李明的荣誉奖章积分（C3 单元格）里的公式是“=IF(B3>=20000,1000,IF(B3>=15000,500,0))”，计算出的奖励积分为 500，如图 5-42 所示。

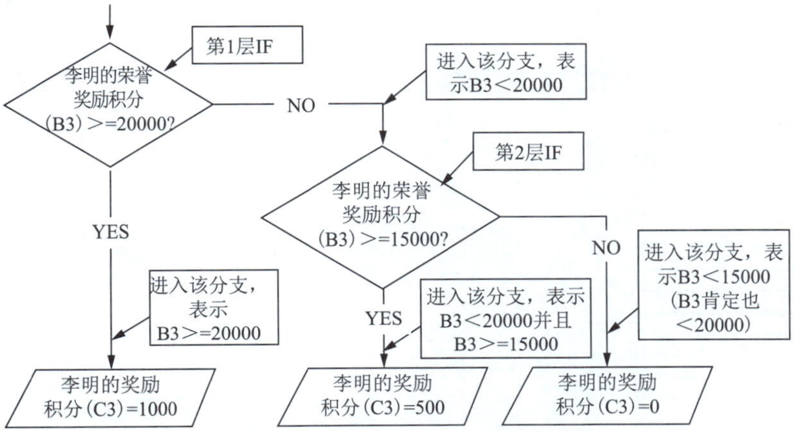

图 5-41　IF 嵌套示意

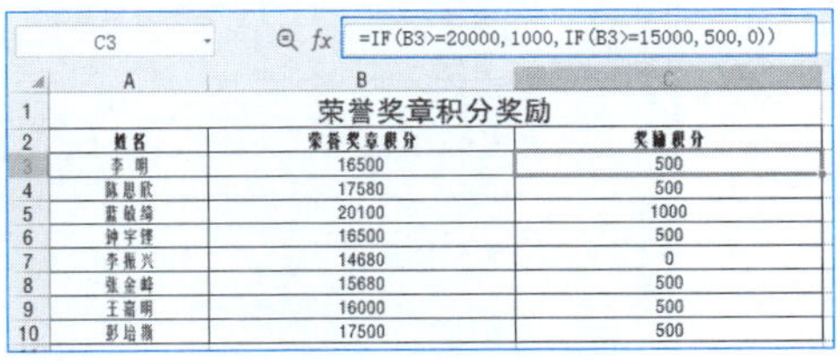

图 5-42　IF 嵌套

4. 排位函数 RANK.EQ

RANK.EQ 函数的功能是返回一个数字在数据区域中的排位。其排位大小与数据区域中的其他值相关。如果多个值具有相同的排位，则返回该组数值的最高排位。

RANK.EQ 函数的语法格式为

```
RANK.EQ(数值，引用，排位方式)
```

三个参数的含义分别是：

① 数值：需要找到排位位置的数字或单元格。

② 引用：需要参与排位的数据区域，引用中的非数值型值将被忽略。

③ 排位方式：如果排位方式为 0 或省略，是按降序排位，否则为升序排位。

如图 5-43 所示，要计算 B3 单元格在 B3:B10 单元格区域中排在第几位（通常认为数值大的排位为 1，因此该排序应该是降序排序），其对应的参数分别是：数值为 B3，引用为 \$B\$3:\$B\$10，排位方式为 0，C3 单元格对应的公式为“=RANK.EQ(B3, \$B\$3:\$B\$10,0)”。

函数 RANK.EQ 对重复数的排位相同。但重复数的存在将影响后续数值的排位。例如，B3 和 B6 单元格的数值一样，它们对应的排位都为 4，B9 单元格的排位则为 6（没有排位为 5 的数值）。

需要特别注意的是，由于每个人的积分排名都是在 B3:B10 单元格区域中比较，因此 Ref 参数需要用绝对地址 \$B\$3:\$B\$10。

5. 复杂条件格式与混合引用

通过条件格式，可以将某单元格区域中满足特定条件的单元格标识出来。但在很多时候，往往需要将包含有特定值的单元格所在行的所有信息都标识出来。要实现该功能，就要对需要标识的单元格区域使用复杂条件格式。

例如，如果需要将排行榜（C 列）前三名的整行数据（A 列至 C 列）都用“灰色背景”标识出来，就需要对 A3:C10 单元格区域运用复杂条件格式。

第 3 行数据（A3:C3）的所有单元格对应的条件格式可以描述为：如果第 3 行中的第 C 列单元格中的数据 <=3（C3<=3），那么对该单元格应用“灰色背景”格式。

第 4 行数据（A4:C4）的所有单元格对应的条件格式可以描述为：如果第 4 行中的第 C 列单元格中的数据 <=3（C4<=3），那么对该单元格应用“灰色背景”格式。

从以上分析可以知道，对第 3 ～ 10 行（A3:C10）的所有单元格对应的条件格式的公式为“=$C3<=3”。在该条件表达式中，地址“$C3”为混合引用单元格地址。

混合引用是指单元格地址中既有相对引用，又有绝对引用。“$C3”标识具有绝对列 C 和相对行，当公式在复制或移动时，保持列不变而行变化。

例如，在用条件“=$C3<=3”对 A3:C10 的单元格进行条件格式判断时，A3、B3、C3（第 3 行）单元格的格式判断条件为“C3 单元格的内容是否 <=3”，在 A8、B8、C8 单元格（第 8 行）单元格的格式判断条件为“C8 单元格的内容是否 <=3”。

将满足公式“=$C3<=3”条件的所有单元格用“灰色背景”格式的结果如图 5-44 所示。

C3　fx　=RANK.EQ(B3,$B$3:$B$10,0)

	A	B	C
1	荣誉奖章积分排行榜		
2	姓名	荣誉奖章积分	排行榜
3	李 明	16500	4
4	陈思欣	17580	2
5	蓝敏绮	20100	1
6	钟宇铿	16500	4
7	李振兴	14680	8
8	张金峰	15680	7
9	王嘉明	16000	6
10	彭培斯	17500	3

图 5-43　排位函数 RANK.EQ 应用

荣誉奖章积分排行榜		
姓名	荣誉奖章积分	排行榜
李 明	16500	4
陈思欣	17580	2
蓝敏绮	20100	1
钟宇铿	16500	4
李振兴	14680	8
张金峰	15680	7
王嘉明	16000	6
彭培斯	17500	3

图 5-44　复杂条件格式

6. 单元格保护

为了防止别人对工作表的误操作，可以设置保护工作表。默认情况下，一旦设置了保护工作表，所有单元格都不能被编辑。因此，在必要的时候，可以通过设置单元格的锁定状态，来确定哪些单元格不允许被编辑。例如，为了防止对某些单元格（如 G6:G41）进行编辑，需要：

① 将所有单元格设置为不锁定。

② 将不允许编辑的单元格（G6:G41）设置为锁定。

这样，在保护工作表后，就可以对未被锁定的单元格进行编辑了。

5.4.2 任务实现

1. 任务分析

制作图 5-45 所示的表格，要求：

① 将“相关素材 .xlsx”工作簿中的成绩空白表复制到“大学计算机成绩 .xlsx”工作簿中的“课堂考勤成绩”工作表之后，将其命名为“课程成绩”工作表，并设置出勤成绩、课堂表现、课后实训以及大作业的比重分别为 20%、20%、20%、40%。并将学生的出勤成绩、课堂表现、课后实训、大作业以及期末考试成绩复制到相应位置。

② 计算学生的平时成绩及总评成绩（平时成绩和总评成绩四舍五入为整数）。平时成绩 = 出勤成绩 × 出勤成绩比重 + 课堂表现 × 课堂表现比重 + 课后实训 × 课后实训比重 + 大作业 × 大作业比重，总评成绩 = 平时成绩 × 平时成绩比重 + 期末成绩 ×（1- 平时成绩比重）。

③ 计算学生的课程绩点。课程总评成绩为 100 分的课程绩点为 4.0，60 分的课程绩点为 1.0，60 分以下课程绩点为 0，课程绩点带一位小数。60 ～ 100 分间对应的绩点计算公式如下：

$$r_k=1+(X-60)\times\frac{3}{40}\quad(60\leqslant X\leqslant 100，X \text{为课程总评成绩})$$

④计算学生的总评等级。总评成绩 >=90 分计为 A，总评成绩 >=80 分计为 B，总评成绩 >=70 分计为 C，总评成绩 >=60 分计为 D，其他计为 F。

⑤ 根据学生的总评成绩进行排名。

⑥ 将班级前 10 名的数据用灰色底纹进行标注。

⑦ 锁定平时成绩、总评成绩、课程绩点、总评等级、总评排名区域，防止误输入。

⑧ 对“课程成绩”工作表进行打印设置。打印要求为：上、下页边距为 3 cm，左、右页边距为 2 cm，纸张采用 B5 纸横向、水平居中打印。如果成绩单需要分多页打印，则每页需要打印标题（第 1 ～ 4 行）信息。

课程成绩登记表

课程名称：大学计算机

课程学分：4　　平时成绩比重：50%

学号	姓名	出勤成绩	课堂表现	课后实训	大作业	平时成绩	期末成绩	总评成绩	课程绩点	总评等级	总评排名
		20%	20%	20%	40%						
01301001	朱志豪	70	92	85	84	83	91	87	3	B	8
01301002	许可	80	87	81	82	82	89	86	3	B	10
01301003	张炜发	100	82	83	79	85	80	83	2.7	B	14
01301004	萧嘉慧	90	83	90	71	81	64	73	2	C	30
01301005	林崇嘉	100	91	97	76	88	68	78	2.4	C	21
01301006	郑振灿	100	96	85	71	85	61	73	2	C	30
01301007	杜秋楠	100	90	87	79	87	82	85	2.9	B	12
01301008	杨德生	0	77	86	64	58	45	52	0	F	36
01301009	韩振峰	100	86	84	76	84	75	80	2.5	B	19
01301010	罗曼琳	100	92	98	93	95	92	94	3.6	A	3
01301011	潘保文	100	90	92	80	88	77	83	2.7	B	14
01301012	曾繁智	100	89	90	78	87	76	82	2.7	B	18
01301013	江希超	100	90	85	89	91	87	89	3.2	B	6
01301014	谢宝宜	70	95	90	95	89	97	93	3.5	A	4
01301015	张颖	100	98	98	93	96	87	92	3.4	A	5
01301016	欧源	100	90	100	96	96	94	95	3.6	A	2
01301017	杨淼坤	90	88	86	78	84	67	76	2.2	C	26
01301018	蔡朝丹	100	86	96	85	90	77	84	2.8	B	13
01301019	曾胜强	100	85	93	77	86	63	75	2.1	C	28
01301020	许桂忠	60	84	88	82	79	74	77	2.3	C	23
01301021	郑夏琪	100	91	85	75	85	50	68	1.6	D	35
01301022	郑铭伟	70	88	75	75	77	73	75	2.1	C	28
01301023	钟霸星	100	93	87	78	87	64	76	2.2	C	26
01301024	欧雅丽	100	93	87	70	84	60	72	1.9	C	32
01301025	陈钊锋	90	86	78	79	82	71	77	2.3	C	23
01301026	洪金奎	90	94	88	80	86	67	77	2.3	C	23
01301027	陈志鹏	100	91	88	97	95	99	97	3.8	A	1
01301028	杜嘉颖	90	92	80	86	87	84	86	3	B	10
01301029	谢俊辉	100	94	83	80	87	68	78	2.4	C	21
01301030	杨定康	90	90	78	85	86	79	83	2.7	B	14
01301031	江梓健	90	88	89	85	87	78	83	2.7	B	14
01301032	侯必莲	100	90	86	81	88	69	79	2.4	C	20
01301033	李炫廷	100	95	87	87	91	82	87	3	B	8
01301034	赖永伟	80	95	84	76	82	60	71	1.8	C	33
01301035	李勇	100	88	85	70	83	55	69	1.7	D	34
01301036	詹婷珊	90	92	82	89	88	88	88	3.1	B	7

图 5-45　课程成绩

2. 实现过程

(1) 工作表制作

完成图 5-45 所示的工作表的样式及内容设置。操作步骤如下：

① 打开“相关素材 .xlsx”工作簿，选择“课程成绩空白表”工作表，鼠标定位在底部工作表名称处，右击，在弹出的快捷菜单中选择“移动或复制工作表”命令。在图 5-46 所示的“移动或复制工作表”对话框中，选择工作表移至“大学计算机成绩 .xlsx”工作簿的 Sheet2 工作表之前，并勾选“建立副本”复选框。

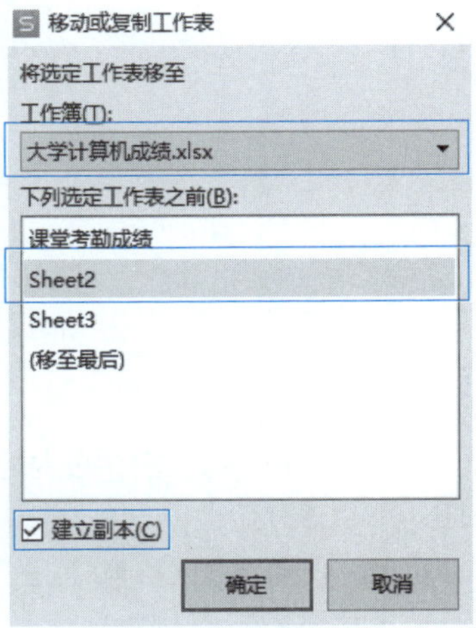

图 5-46　工作表的复制

② 将“大学计算机成绩 .xlsx”工作簿的“课程成绩空白表”工作表重命名为“课程成绩”工作表。

③ 选择“课程成绩”工作表的 C5:F5 单元格区域，将其数据格式设为“百分比”，通过“减少小数位数”按钮，设置小数位数为 0，如图 5-47 所示。

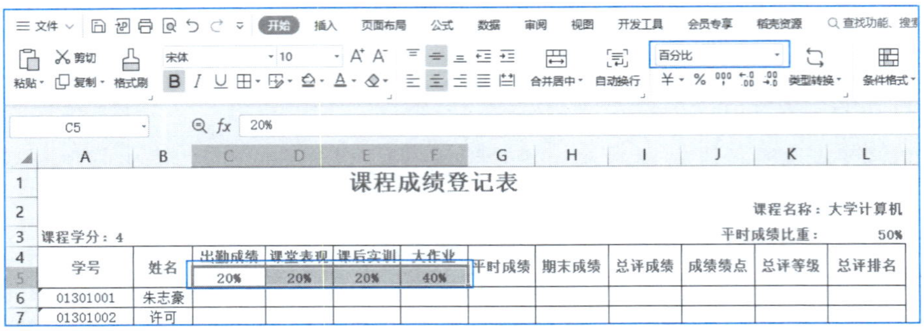

图 5-47　数据格式设置

④ 选择 C6 单元格，输入“=”，切换到“课堂考勤成绩”工作表，选择 O5 单元格，按【Enter】键确认输入，C6 单元格编辑栏区域的内容为“= 课堂考勤成绩 !O5”，表示 C6 单元格中的出勤成绩引用自“课堂考勤成绩”工作表的 O5 单元格。选择 C6 单元格，移动鼠标，当鼠标指针变成黑色填充柄时，双击，完成公式的复制。

⑤ 在不改变表格格式的前提下将“相关素材 .xlsx”工作簿的“成绩数据素材”工作表中的课堂表现、课后实训、大作业以及期末考试成绩复制到相应位置。

（2）计算平时成绩及总评成绩

平时成绩 = ∑各项成绩 × 各项成绩比重，总评成绩 = 平时成绩 × 平时成绩比重 + 期末成绩 × （1- 平时成绩比重）。由于在公式复制时，各项比重的引用地址不随公式位置的变化而变化，因此需要使用绝对地址。操作步骤如下：

① 选择 G6 单元格，输入“=”，用鼠标选取 C6 单元格，输入“*”，用鼠标选取 C5 单元格，按【F4】键，将 C5 转换为绝对地址，此时，G6 单元格编辑区域的内容为“=C6*$C$5”。在此基础上，输入“+”，重复前面的操作，完成平时成绩 = ∑各项成绩 × 各项成绩比重的计算。G6 单元格编辑区域的内容最终为“=C6*$C$5+D6*$D$5+E6*$E$5+F6*$F$5”。

② 选择 I6 单元格，完成总评成绩的计算。I6 单元格编辑区域的内容最终为“=G6*$L$3+H6*(1-$L$3)”。

（3）将平时成绩和总评成绩四舍五入为整数

① 选择 G6 单元格编辑栏中“=”之后的内容，按【Ctrl+X】组合键，将平时成绩计算公式（C6*$C$5+D6*$D$5+E6*$E$5+F6*$F$5）剪切下来。单击“公式”选项卡“数学与三角”的 ROUND 函数，弹出图 5-48 所示的“函数参数”对话框。将鼠标定位在数值区域，按【Ctrl+V】组合键，将平时成绩计算公式粘贴到此处。在“小数位数”文本框输入 0，单击“确定”按钮。G6 单元格编辑区域的内容最终为“=ROUND(C6*$C$5+D6*$D$5+E6*$E$5+F6*$F$5,0) ”。

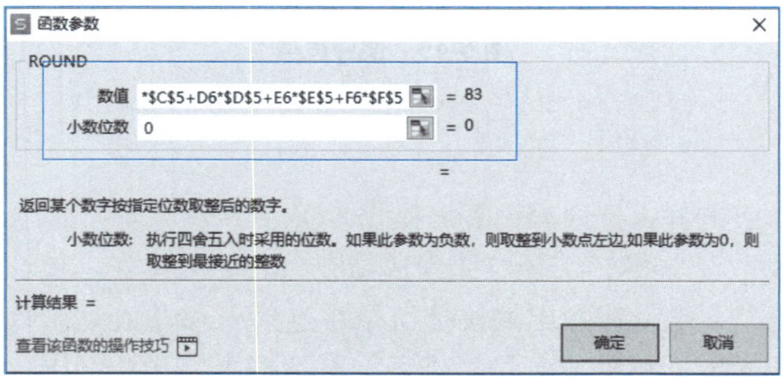

图 5-48　ROUND 函数参数设置

② 对 I6 单元格中的内容进行四舍五入取整运算。I6 单元格编辑区域的内容最终为“=ROUND(G6*$L$3+H6*(1-$L$3),0) ”。

③ 分别选择 G6 和 I6 单元格，移动鼠标，当鼠标指针变成黑色填充柄时，双击，完成函数及公式的复制。

（4）计算成绩绩点

课程绩点计算公式为 $r_k=1+(X-60)\times\frac{3}{40}$ （$60\leqslant X\leqslant 100$，$X$ 为课程总评成绩），结果带一位小数（四舍

五入）。操作步骤如下：

① 选择 J6 单元格，单击“公式”选项卡“逻辑”下拉列表中的 IF 函数，弹出图 5-28 所示的“函数参数”对话框。根据计算规则（如果总评成绩 >=60，则课程绩点 =H（×-60）$\times\frac{3}{40}$，否则课程绩点 =0），输入相应的参数值。J6 单元格编辑区域的内容为“=IF(I6>=60,1+(I6-60)×3/40,0)”。

② 对 J6 单元格中的内容进行四舍五入，保留一位小数。J6 单元格编辑区域的内容最终为“=ROUND(IF(I6>=60,1+(I6−60)×$\frac{3}{40}$,0),1)”。

③ 选择 J6 单元格，移动鼠标，当鼠标指针变成黑色填充柄时，双击，完成函数及公式的复制。

④ 选择 J6:J41 单元格区域，设置其数值格式为“数字，带 1 位小数”。

(5) 计算总评等级

由于总评成绩≥ 90 分计为 A，总评成绩≥ 80 分计为 B，总评成绩≥ 70 分计为 C，总评成绩≥ 60 分计为 D，其他计为 F，因此可以用 IF 嵌套来实现，对应的逻辑结构如图 5-49 所示。操作步骤如下：

① 选择 K6 单元格，单击“公式”选项卡“函数库”组“逻辑”中的 IF 函数，在对应的参数区域输入表 5-3 所示的第一行参数后，将光标定位在假值区域，选择需要嵌入的函数 IF，将弹出第二个 IF 函数，如图 5-50 所示。

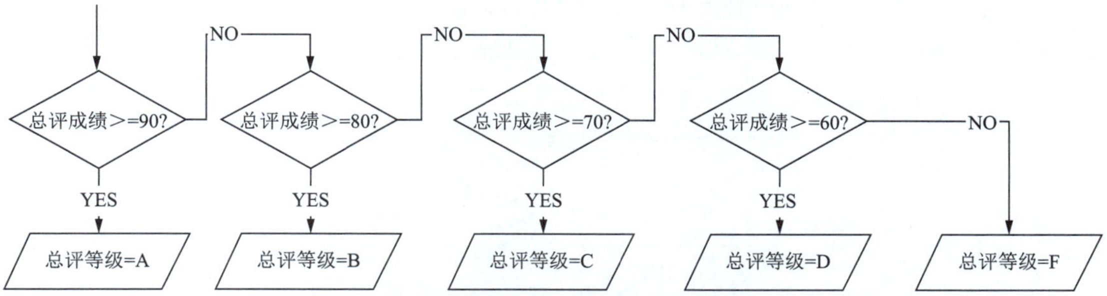

图 5-49　成绩等级转换逻辑图

表 5-3　IF 函数嵌套的参数值

IF 函数层次	测试条件	真　值	假　值
1	I6>=90	"A"	光标定位在此处，选择第 2 层 IF
2	I6>=80	"B"	光标定位在此处，选择第 3 层 IF
3	I6>=70	"C"	光标定位在此处，选择第 4 层 IF
4	I6>=60	"D"	"F"

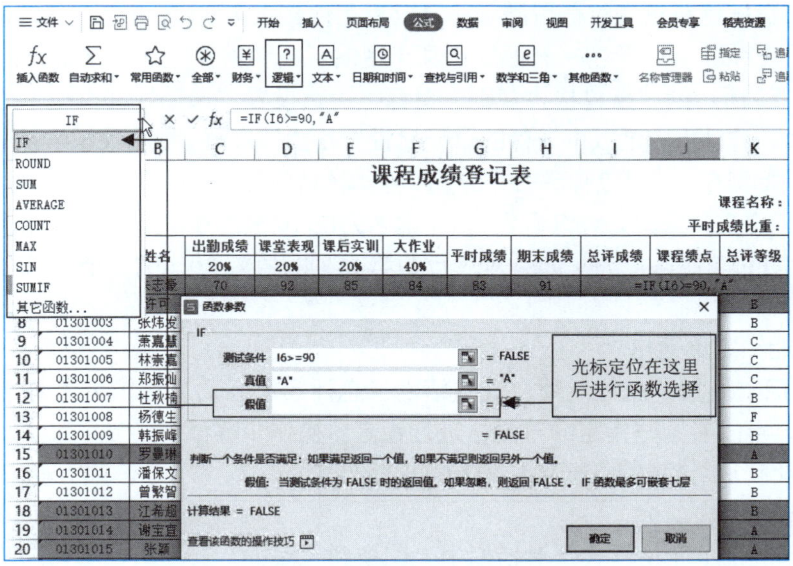

图 5-50　IF 函数嵌套

② 在第 2 个 IF 函数中对应的参数区域输入表 5-3 所示的第 2 行参数后，再将光标定位在假值区域，选择需要嵌入的函数 IF，将弹出第 3 个 IF 函数。

③ 在第 3 个 IF 函数中对应的参数区域输入表 5-3 所示的第 3 行参数后，再将光标定位在假值区域，选择需要嵌入的函数 IF，将弹出第 4 个 IF 函数。

④ 在第 4 个 IF 函数中对应的参数区域输入表 5-3 所示的第 4 行参数。K6 单元格编辑栏的最终内容为“=IF(I6>=90,"A",IF(I6>=80,"B",IF(I6>=70,"C",IF(I6>=60,"D","F"))))”。

⑤ 选择 K6 单元格，移动鼠标，当鼠标指针变成黑色填充柄时，双击，完成函数及公式的复制。

（6）总评成绩排名

根据学生的总评成绩进行排名，分数最高的排名第 1。可以用 RANK.EQ 函数来实现，参与排位的数据区域需要使用绝对地址。操作步骤如下：

① 选择 L6 单元格，单击单元格编辑栏前的“插入函数”按钮，在弹出的“插入函数”对话框中选择“统计”中的 RANK.EQ 函数。

② 在图 5-51 所示的 RANK.EQ 函数的“数值”文本框中输入“I6”，“引用”文本框中选择单元格区域 I6:I41，按【F4】键，将其转变为绝对地址区域 $I$6:$I$41，在“排位方式”文本框输入“0”。L6 单元格编辑栏的最终内容为“=RANK.EQ(I6,$I$6:$I$41,0)”，表示按降序方式计算 I6 在单元格区域 $I$6:$I$41 中的排名。

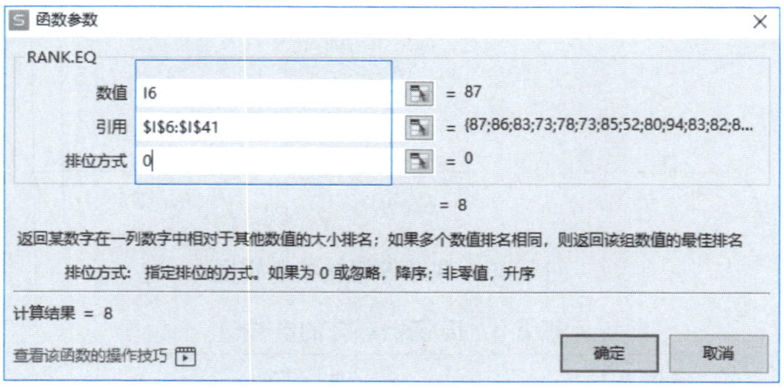

图 5-51　RANK.EQ 函数参数设置

③ 选择 L6 单元格，移动鼠标，当鼠标指针变成黑色填充柄时，双击，完成函数及公式的复制。可以看到，在所有 RANK.EQ 中，数值参数随着单元格位置的变化而变化，而 Ref 的参数都为 $I$6:$I$41，表示要计算的总是在 $I$6:$I$41 区域中的排名。

（7）特别标注信息

将班级前 10 名的数据用灰色底纹标识出来，可以用条件格式来实现。操作步骤如下：

① 选择单元格区域 A6:L41，单击“开始”选项卡中的“条件格式”下拉按钮，选择“新建规则”。

② 在弹出的图 5-52 所示的“新建格式规则”对话框中，设置“选择规则类型”为“使用公式确定要设置格式的单元格”。单击“只为满足以下条件的单元格设置格式”区域，选择 L6 单元格，按【F4】键两次，编辑规则公式显示为“=$L6”，在其后面输入“<=10”，编辑规则公式为“=$L6<=10”。选择“格式”，设置为“灰色底纹”，单击“确定”按钮。可以看到，总评排名为前 10 名的所有单元格都用灰色底纹进行标注了。公式“=$L6<=10”指明的条件格式为：如果对应行的第 L 列的值≤ 10，则对所有符合条件的单元格区域用灰色底纹标识出来。

（8）利用审阅功能锁定单元格

由于平时成绩、期末成绩、总评成绩、成绩绩点、总评等级以及总评排名等是通过公式和函数计算出来的，为防止误修改，可以对这些指定的单元格进行锁定。操作步骤如下：

① 单击“课程成绩”工作表的行标题和列标题交接处图标◢，右击，在弹出的快捷菜单中选择“设置单元格格式”命令。

② 在图 5-53 所示的“单元格格式”对话框中，切换到“保护”选项卡，不勾选“锁定”和“隐藏”复选框，单击“确定”按钮。

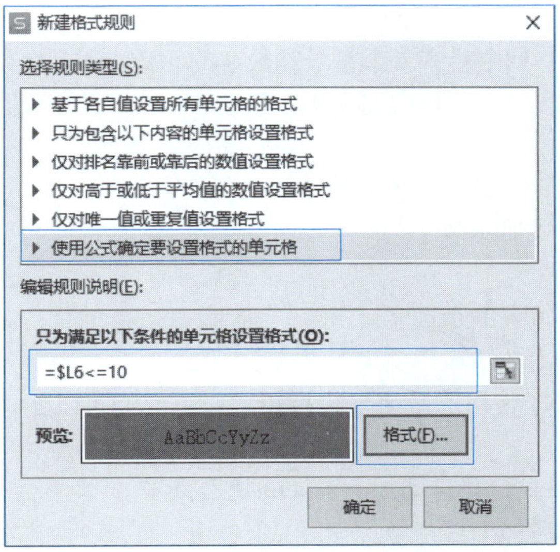

图 5-52　用公式设置条件格式

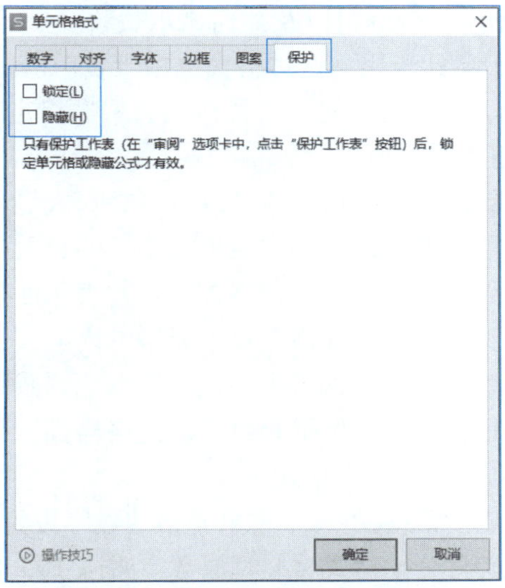

图 5-53　取消对所有单元格的锁定

③ 选择不允许编辑的单元格区域（G6:G41，I6:L41），右击，在弹出的快捷菜单中选择“设置单元格格式”命令，在格式设置中勾选“锁定”复选框。

④ 选择当前工作表的任一单元格，单击“审阅”选项卡中的“保护工作表”按钮，在弹出的图 5-54 所示的“保护工作表”对话框中，勾选“选定锁定单元格”和“选定未锁定单元格”复选框，清除其他复选框，单击“确定”按钮。这样，平时成绩等区域中的单元格就不能被编辑了。

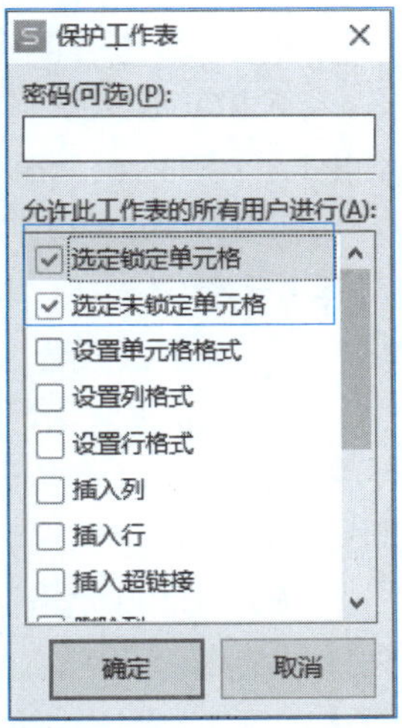

图 5-54　设置保护工作表

(9) 用页面布局设置打印格式

设置上、下页边距为 3 cm，左、右页边距为 2 cm，纸张采用 B5 纸横向、水平居中打印。如果成绩单需要分多页打印，则每页需要打印标题（第 1 ～ 5 行）信息。操作步骤如下：

① 单击“页面布局”选项卡“页边距”中的“自定义边距”，在弹出的“页面设置”对话框的“页边距”选项卡中，设置上、下页边距为 3 cm，左、右页边距为 2 cm，勾选“水平”复选框。

② 单击“页面布局”选项卡中的“纸张方向”下拉按钮，选择“横向”。

③ 单击“页面布局”选项卡中的“纸张大小”下拉按钮，选择“B5（JIS）”。

④ 单击“页面布局”选项卡中的“打印标题”按钮，在弹出的“页面设置”对话框的“工作表”选项卡中，光标定位在“顶端标题行”文本框，用鼠标选定 1 ～ 5 行，“顶端标题行”文本框出现“$1:$5”，表示在打印的每一页中，当前工作表的 1 ～ 5 行都会被打印。

⑤ 单击“文件”选项卡中的“打印预览”按钮，可以看到成绩表被分成两页打印，每页都带有工作表的 1 ～ 5 行的标题信息。

5.4.3　总结与提高

1. 数字格式设置

WPS 表格文稿单元格中的数据，总是以某一种形式存在，称为数字格式。WPS 表格文稿中常用的数字格式如下：

① 常规：这种格式的数字通常以输入的方式显示。如果单元格的宽度不够显示整个数字，常规格式会用小数点对数字进行四舍五入，常规数字格式还对较大的数字（12 位或更多位）使用科学计数（指数）表示法。

② 数值：这种格式用于数字的一般表示。可以指定要使用的小数位数、是否使用千位分隔符以及如何显示负数。

③ 货币：这种格式用于一般货币值并显示带有数字的默认货币符号。可以指定要使用的小数位数、是

否使用千位分隔符以及如何显示负数。

④会计专用：这种格式也用于货币值，但是它会在一列中对齐货币符号和数字的小数点。

⑤ 日期或时间：这种格式会根据指定的类型和区域设置（国家 / 地区），将日期和时间系列数值显示为日期值或时间值。

⑥ 百分比：这种格式以百分数形式显示单元格的值，可以指定要使用的小数位数。

⑦ 分数：这种格式会根据指定的分数类型以分数形式显示数字。

⑧ 科学计数：这种格式以指数表示法显示数字。

⑨ 文本：这种格式将单元格的内容视为文本，即使输入的是数字。

⑩ 特殊：这种格式将数字显示为邮政编码、中文小写数字或中文大写数字。

在“开始”选项卡的“单元格格式”组中提供了若干常用的数字格式按钮，通过它们可以快速设置被选定单元格的数字格式：

① 货币格式¥·：将单元格的数字设置为会计专用格式，并自动加上选择的货币符号。

② 百分比格式%：将原数字乘以 100 后，再在数字后加上百分号。

③ 千位分隔格式 ⁰⁰⁰：每三位数字以“,”隔开，并添加两位小数。

2. 函数 ROUND、ROUNDUP 与 ROUNDDOWN

① ROUND 函数：按指定位数对数字进行四舍五入。如输入“=ROUND(3.158,2)”，则会出现数字 3.16，即按两位小数进行四舍五入。

② ROUNDUP 函数：按指定位数向上舍入指定位数后面的小数。如输入“=ROUNDUP(3.152,2)”，则会出现数字 3.16，将两位小数后的数字入上去。

③ ROUNDDOWN 函数：按指定位数舍去数字指定位数后面的小数。如输入“=ROUNDDOWN(3.158,2)”则会出现数字 3.15，将两位小数后的数字全部舍掉。

3. IF 函数嵌套

在 IF 函数嵌套时，不要出现类似“15000<=B3<20000”的连续比较条件表达式，否则将导致不正确的结果。此外，还需要防止出现条件交叉包含的情况。如果条件出现交叉包含，在 IF 函数执行过程中条件判断就会产生逻辑错误，最终导致结果不正确。

例如，B3 单元格值为 16500，如果 C3 单元格公式是“=IF(B3>=20000,1000,IF(15000<=B3<20000,500,0))”，则计算结果为 0。这是因为在执行“B3>=20000”判断时，结果为假，转向执行“IF(15000<=B3<20000,500,0)”表达式，在该表达式执行的过程中，在进行“15000<=B3<20000”条件判断时，执行顺序是先执行“15000<=B3”比较，结果为 "TRUE"，接着进行“"TRUE"<20000”的条件判断，由于“"TRUE"”是字符串，系统会把其当作比任何数字都大的值来与 20000 进行比较，"TRUE"<20000 条件为假，从而得到 0 的结果。其错误结果如图 5-55 所示。

B5 单元格的值为 20100，如果 C5 单元格中的公式为“=IF(B5>=15000,500,IF(B5>=20000,1000,0))”，则 C5 单元格的值为 500。这是因为在进行 B5>=15000 条件判断时，B5 满足该条件，因此就将 500 的结果返回。IF(B5>=15000,500,IF(B5>=20000,1000,0)) 由于出现了条件的交叉包含，实际上实现的功能是 IF(B5>=15000,500,0)，即交叉包含的其他条件不会被执行。其错误结果如图 5-55 所示。

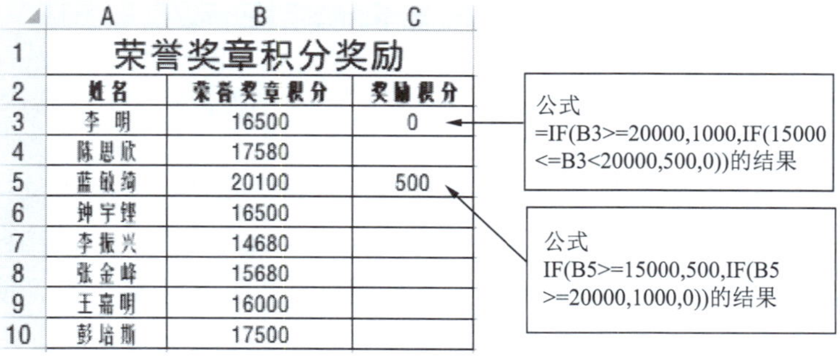

图 5-55　IF 函数的错误嵌套

为防止出现条件交叉包含，在进行多条件嵌套时：

① 条件判断要么从最大到最小，要么从最小到最大，不要出现大小交叉情况。

② 如果条件判断为从大到小，通常使用的比较运算符为大于“>”及大于或等于“>=”。

③ 如果条件判断为从小到大，通常使用的比较运算符为小于“<”及小于或等于“<=”。

4. 公式审核

为了查看公式的执行过程，可以通过“公式”选项卡中的“公式求值”功能来实现。例如，查看 C5 单元格中公式“=IF(B5>=15000,500,IF(B5>=20000,1000,0))”的执行过程的步骤如下：

① 选择 C5 单元格，单击“公式”选项卡中的“公式求值”按钮，弹出“公式求值”对话框。

② 通过单击“公式求值”对话框的“求值”按钮，可以看到公式的每个执行步骤，如图 5-56 所示。

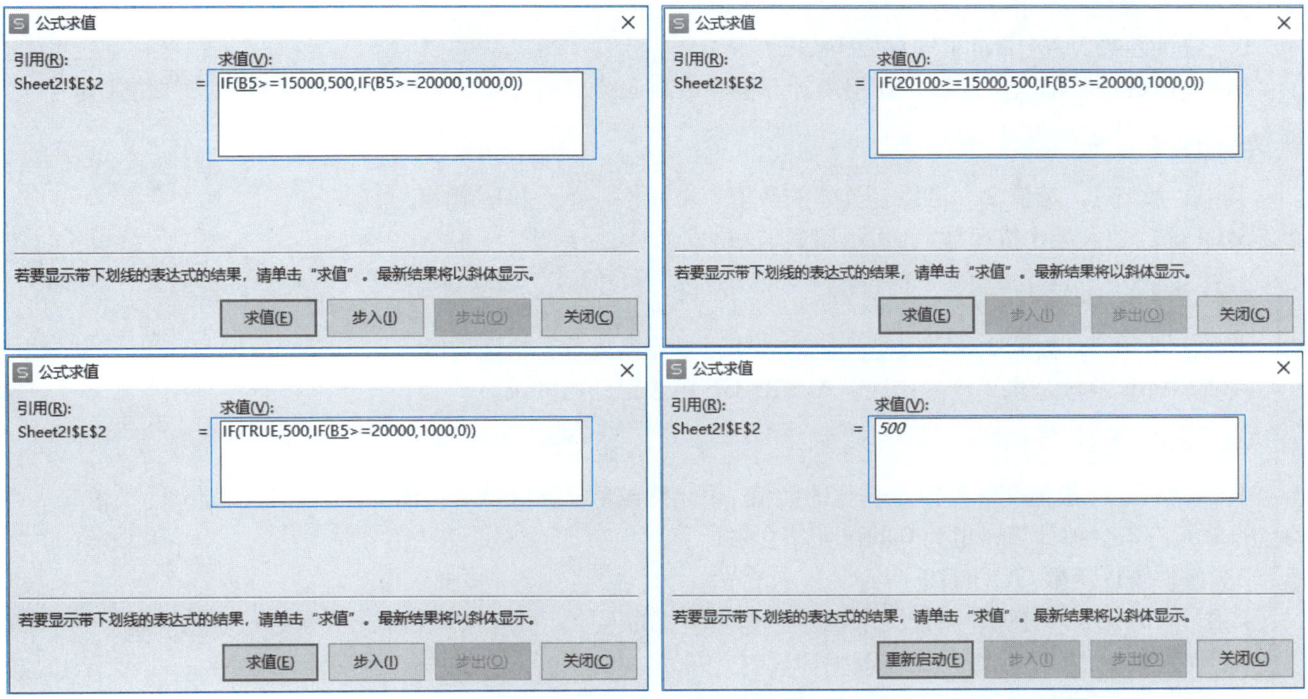

图 5-56 公式审核

5. 条件格式高级使用

通过使用数据条、色阶或图标集，条件格式设置可以轻松地突出显示单元格或单元格范围、强调特殊值和可视化数据。数据条、色阶和图标集是在数据中创建视觉效果的条件格式。这些条件格式使同时比较单元格区域的值变得更为容易。

如图 5-57 所示，为了将公司销售情况更为直观地展现出来，可以对销售额使用“数据条”条件格式，数据条在单元格中的长度表示了数据的大小，数据条越长，则表示数据越大。对销售定额使用“色阶”条件格式，用不同的单元格底纹将每个人的销售定额标识出来，具有相同销售定额的单元格底纹颜色一样。对完成百分比使用“图标集”条件格式，根据完成百分比情况用不同的刻度图标标识出来（按百分点值大小）。

公司9月份销售情况一览表

销售代表	销售额	销售定额	完成百分表
王钧	21000	20000	105%
李中华	23650	30000	79%
肖中国	13230	40000	33%
李哲斌	13599	20000	68%
叶凯明	28000	30000	93%

图 5-57 条件格式的数据条、色阶和图标集

5.5　课程成绩统计

5.5.1　知识点解析

1. 套用表格格式

WPS 表格文稿提供了自动格式化的功能，它可以根据预设的格式，将选择的单元格区域进行格式化。这些被格式化的单元格区域称为表格。表格具有数据筛选、排序、汇总和计算等多项功能，并能自动扩展数据区域、构造动态报表等。

通常，可以先套用表格的预定义格式来格式化工作表，然后用手工方式对其中不太满意的部分进行修改，就可以快速完成工作表的格式化。

2. 统计函数 MAX、MIN 与 AVERAGE

MAX 函数是求最大值函数，如用来计算学生最高成绩、员工最高工资等。MAX 函数语法格式为：

```
MAX(数值 1,数值 2,...)
```

其中，数值 1，数值 2,... 可以是具体的数值、单元格或单元格区域等。

MIN 函数是求最小值函数，MIN 函数语法格式为：

```
MIN(数值 1,数值 2,...)
```

其中，数值 1，数值 2,... 可以是具体的数值、单元格或单元格区域等。

AVERAGE 函数是求平均数函数。AVERAGE 函数语法格式为：

```
AVERAGE (数值 1,数值 2,...)
```

其中，数值 1，数值 2,... 可以是具体的数值、单元格或单元格区域等。需要注意的是，数值 1，数值 2,... 中为空的单元格不会被计算，但为 0 的单元格会被计算。

3. 条件统计函数 COUNTIF

如图 5-58 所示，要统计荣誉奖章积分“<16000”的人数，可以按照如下方式来进行手动实现：

① 确定要查找的单元格区域（B3:B10）。

② 将荣誉奖章积分“<16000”的单元格找出来。

③ 对找出来的单元格进行计数，得到的值就是要统计的荣誉奖章积分 <16000 的人数。

而要实现上述功能的自动计算，可以采用 COUNTIF 函数来完成。COUNTIF 函数的语法格式为：

```
COUNTIF(区域,条件)
```

其中，区域为要统计的单元格区域（即第① 步中确定的单元格区域），条件为指定的条件（即第② 步中给定的条件），COUNTIF 函数将得到符合条件的单元格计数的结果（即第③ 步中的单元格计数）。

针对图 5-58，B11 单元格中的公式为“=COUNTIF(B3:B10,"<16000")”。其含义是：对 B3:B10 单元格区域中满足条件“<16000”的单元格进行计数，得到的结果作为函数的计算结果。

	A	B
1	荣誉奖章积分排行榜	
2	姓名	荣誉奖章积分
3	李 明	16500
4	陈思欣	17580
5	蓝敏绮	20100
6	钟宇铎	16500
7	李振兴	14680
8	张金峰	15680
9	王嘉明	16000
10	彭培斯	17500
11	荣誉奖章积分<16000的人数	2
12	荣誉奖章积分16000～20000的人数	
13	荣誉奖章积分>=20000的人数	

图 5-58　条件统计示意图

4. 多条件统计函数 COUNTIFS

COUNTIFS 函数与 COUNTIF 函数类似，用来统计同时满足多个条件的单元格个数。

COUNTIFS 函数的语法格式为：

```
COUNTIFS(区域 1, 条件 1, [区域 2, 条件 2]...)
```

其中，区域 1 和条件 1 为统计单元格区域区域 1 中满足条件条件 1 的单元格个数；区域 2 和条件 2 为统计单元格区域区域 2 中满足条件条件 2 的单元格个数；依此类推。

COUNTIFS 函数返回的最终结果是同时满足上述所有区域及条件的单元格个数。

例如，要统计图 5-58 中 B3:B10 单元格区域中数值在 16 000 ～ 20 000（含 16 000，不含 20 000）的单元格个数，可以采用 COUNTIFS 函数来实现。其对应的公式为“=COUNTIFS(B3:B10,">=16000",B3:B10,"<20000")”，计算结果为 5。

其实现过程是：

① 区域 1 为 B3:B10，条件 1 为“>=16000”，即找出对 B3:B10 单元格区域中“>=16000”的单元格，找到的符合条件的单元格是 B3/B4/B5/B6/B9 和 B10。

② 在此基础上，区域 2 为 B3:B10，条件 2 为“<20000”，是在 B3:B10 单元格区域中，对第① 步中找到的 B3/B4/B5/B6/B9 和 B10 单元格中，找出中“<20000”的单元格，找到的符合条件的单元格是 B3/B4/B6/B9 和 B10 共 5 个，如图 5-59 所示。

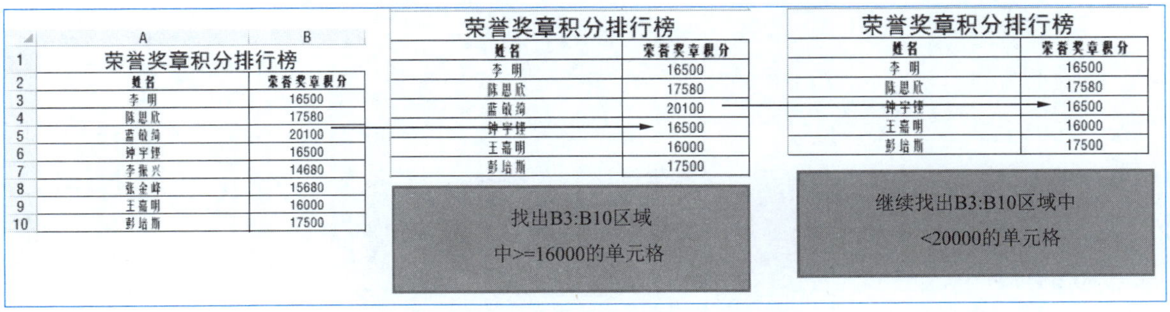

图 5-59　COUNTIFS 统计示意图

5. 数据图表

WPS 表格文稿图表可以用来表现数据间的某种相对关系，在常规状态下一般运用柱形图比较数据间的多少关系，用折线图反映数据间的趋势关系，用饼图表现数据间的比例分配关系等。

图表通常分为内嵌式图表和独立式图表。内嵌式图表是以“嵌入”的方式把图表和数据存放于同一个工作表，而独立式图表是图表独占一张工作表。

如图 5-60 所示，图表通常包含有图表区、绘图区、图表标题、坐标轴、数据系列、数据表等。

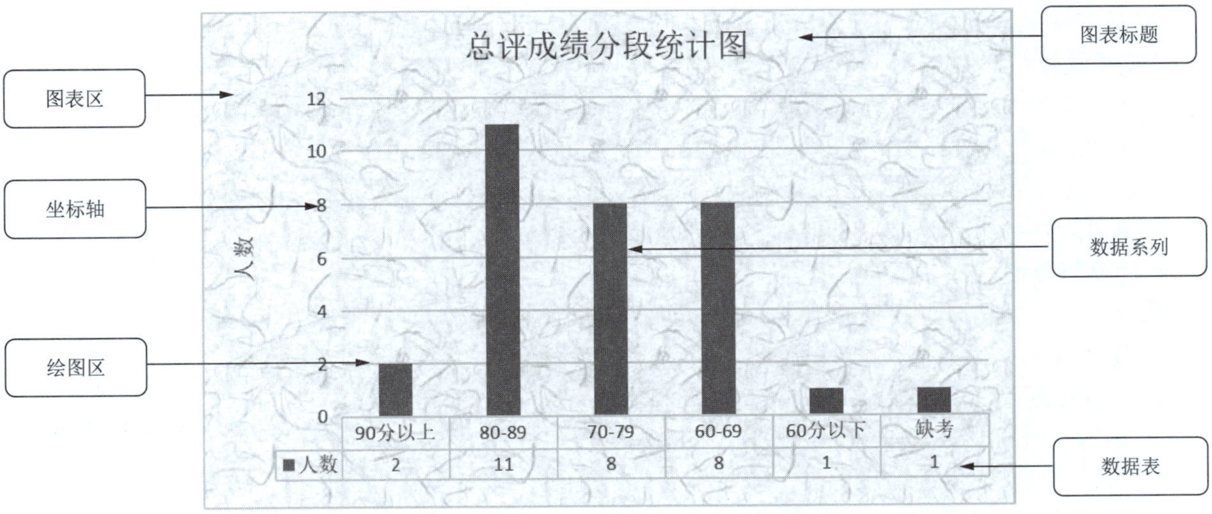

图 5-60　图表的各部分名称

制作图表的通常步骤是：

① 选择要制作图表的数据区域。

② 选择图表类型，插入图表。

③ 利用“图表工具”选项卡，对图表进行美化。

④ 确定图表位置。

5.5.2　任务实现

1. 任务分析

对“课程成绩”工作表中的数据进行统计分析，要求：

① 如图 5-61 所示，套用表格格式，快速格式化成绩统计表。计算总评成绩最高分、最低分、平均分，分别统计高于和低于总评成绩平均分的学生人数，以及分别统计期末成绩 90 分以上、80 ～ 89 分、70 ～ 79 分、60 ～ 69 分、60 分以下的学生人数，平时和期末均 85 分以上的学生人数和学生总人数。

② 如图 5-62 所示，制作期末成绩及总评成绩的成绩统计图，要求图表下方显示数据表，图形上方显示数据标签，在顶部显示图例，绘图区和图表区设置纹理填充，图表不显示网格线。

成绩数据统计

统计项目	统计结果
总评成绩最高分	97
总评成绩最低分	52
总评成绩平均分	81
高于总评成绩平均分的人数	18
低于总评成绩平均分的人数	18
期末成绩90以上的学生人数	5
期末成绩80~89的学生人数	8
期末成绩70~79的学生人数	9
期末成绩60~69的学生人数	11
期末成绩60以下的学生人数	3
平时和期末均85分以上的学生人数	7
学生总人数	36

图 5-61　成绩数据统计表

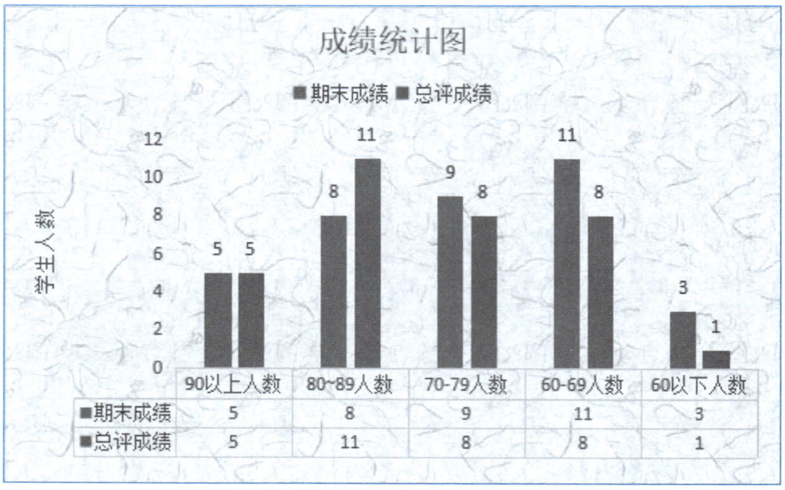

图 5-62　成绩统计图

2. 实现过程

(1) 工作表制作

将素材中的“统计素材”复制到“课程成绩”工作表之后，将其重命名为“成绩统计”工作表，完成图 5-63 所示的工作表的样式及内容设置。操作步骤如下：

① 打开“相关素材 .xlsx”工作簿，选择“统计素材”工作表，复制到“课程成绩”工作表之后，并重命名为“成绩统计”。

② 选择 A2:B14 单元格区域，单击“开始”选项卡中的“表格样式”下拉按钮，选择“表样式浅色 2”，在弹出的“套用表格样式”对话框中选择“仅套用表格样式”单选按钮，如图 5-63 所示。

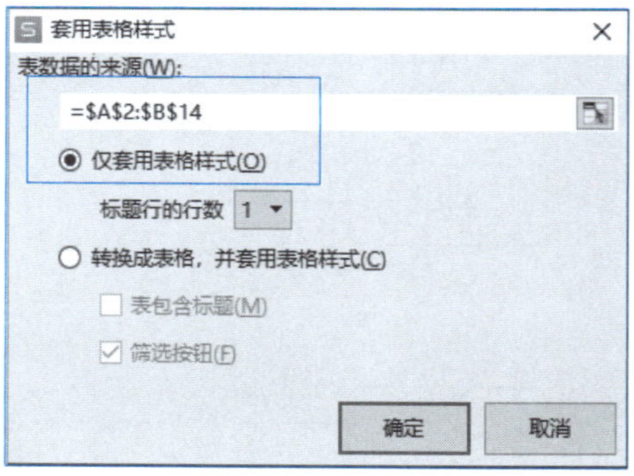

图 5-63　套用表格样式

③ 选择 B3:B14 单元格区域，设置其格式为“数值”，小数位数为 0。

(2) 计算与统计

计算总评成绩最高分、最低分、平均分，可以使用 MAX 函数、MIN 函数及 AVERAGE 函数。统计高于和低于总评成绩平均分的学生人数、期末成绩 90 分以上以及 60 分以下的学生人数可以使用 COUNTIF 函数。统计期末成绩 80 ～ 89 分、70 ～ 79 分、60 ～ 69 分的学生人数以及平时和期末均 85 分以上的学生人数，可以使用 COUNTIFS 函数。而要统计学生总人数，可以对学生期末考试成绩区域统计（使用 COUNT 函数）或对学生姓名区域统计（COUNTA 函数）。操作步骤如下：

① 选择“成绩统计”工作表的 B3 单元格，单击“开始”选项卡中的“求和”下拉按钮，在弹出的下拉列表中选择“最大值”，选择“课程成绩”工作表的 I6:I41 单元格区域，按【Enter】键，就完成了“成绩统计”工作表中 B3 单元格的总评成绩最高分的计算。B3 单元格的公式为“=MAX（课程成绩 !I6:I41）”，结果为 97。

② 分别选择“成绩统计”工作表的 B4、B5 单元格，完成总评成绩最低分和总评成绩平均分的计算，并将总评平均成绩四舍五入为整数。

③ 选择“成绩统计”工作表的 B6 单元格，插入 COUNTIF 函数，完成高于总评成绩平均分的学生人数统计。其中，参数区域为“课程成绩 !I6:I41”，条件为“>81”。

④选择“成绩统计”工作表的 B7 单元格，插入 COUNTIF 函数，完成低于总评成绩平均分的学生人数统计。其中，参数区域为“课程成绩 !I6:I41”，条件为“<81”。

⑤ 选择“成绩统计”工作表的 B8 单元格，插入 COUNTIF 函数，完成期末成绩 90 以上的学生人数统计。其中，参数区域为“课程成绩 !H6:H41”，条件为“>=90”。

⑥ 选择“成绩统计”工作表的 B12 单元格，插入 COUNTIF 函数，完成期末成绩 60 以下的学生人数统计。其中，参数区域为“课程成绩 !H6:H41”，条件为“<60”。

⑦ 选择“成绩统计”工作表的 B9 单元格，插入 COUNTIFS 函数，完成期末成绩 80 ～ 89 的学生人数统计。其中，区域 1 为“课程成绩 !H6:H41”，条件 1 为“<90”，区域 2 为“课程成绩 !H6:H41”，条件 2 为“>=80”。

⑧ 选择“成绩统计”工作表的 B10 单元格，插入 COUNTIFS 函数，完成期末成绩 70 ～ 79 分的学生人数统计。其中，区域 1 为“课程成绩 !H6:H41”，条件 1 为“<80”；区域 2 为“课程成绩 !H6:H41”，条件 2 为“>=70”。

⑨ 选择“成绩统计”工作表的 B11 单元格，插入 COUNTIFS 函数，完成期末成绩 60 ～ 69 分的学生人数统计。其中，区域 1 为“课程成绩 !H6:H41”，条件 1 为“<70”；区域 2 为“课程成绩 !H6:H41”，条件 2 为“>=60”。

⑩ 选择“成绩统计”工作表的 B13 单元格，插入 COUNTIFS 函数，完成平时和期末均 85 分以上的学生人数统计。其中，区域 1 为“课程成绩 !G6:G41”，条件 1 为“>=85”；区域 2 为“课程成绩 !H6:H41”，条件 2 为“>=85”。

⑪ 选择“成绩统计”工作表的 B14 单元格，插入 COUNT 函数，通过统计期末成绩区域中有数值的单元格个数来获得学生总人数，B14 单元格的公式为“=COUNT（课程成绩 !H6:H41)”。

（3）制作成绩统计图

根据相关素材中的数据制作期末成绩及总评成绩的成绩统计图，要求图表下方显示数据表，图形上方显示数据标签，在顶部显示图例，绘图区和图表区设置纹理填充，图表不显示网格线，图表标题为“成绩统计图”，垂直轴标题为“学生人数”，生成的成绩统计图放置于新的工作表“成绩统计图”。操作步骤如下：

① 打开“相关素材 .xlsx”工作簿，选择“图表素材”工作表，复制到“成绩统计”工作表之后，并重命名为“成绩统计图数据”工作表。

② 选择 A2:F4 单元格区域，单击“插入”选项卡“插入柱形图”中的“簇状柱形图”，在当前工作表中就插入了一张基于选定单元格区域数据的图表。

③ 单击图表的任一位置，该图表被选择（菜单中会出现“图表工具”选项卡）。

④ 单击“图表工具”选项卡中的“快速布局”下拉按钮，选择 /“布局 5”。

⑤ 将图表标题“图表标题”改为“成绩统计图”，将“坐标轴标题”改为“学生人数”。

⑥ 单击“图表工具”选项卡中的“添加元素”下拉按钮，选择 /“网格线”→“主要横网格线”，即可取消选择“主要横网格线。

⑦ 单击“图表工具”选项卡中的“添加元素”下拉按钮，选择“数据标签”→“数据标签外”。单击“图例”按钮，在弹出的下拉列表中选择“顶部”。

⑧ 单击“图表工具”选项卡中的在“预设样式”下拉按钮，选择“样式 1”。

⑨ 单击“图表工具”选项卡中的“设置格式”按钮，在弹出的对话框中单击“填充与线条”选项卡中的“填充”按钮，选择“图片或纹理填充”单选按钮，单击“纹理填充”图标，选择“纸纹 2”，如图 5-64 所示。

⑩ 单击“图表工具”选项卡中的“移动图表”按钮，在弹出的对话框中输入选择新工作表，并输入“成绩统计图”。

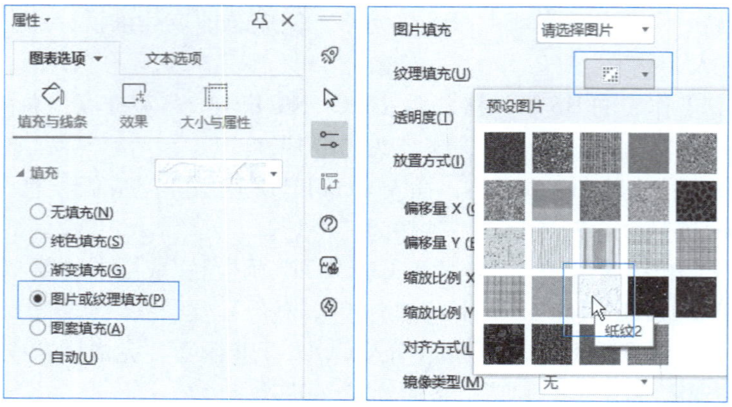

图 5-64　设置背景填充

5.5.3　总结与提高

1. 引用单元格作为函数参数

在统计高于总评成绩平均分的学生人数时，条件为“>81”，而不是引用的 B5 单元格的数据。一旦某个学生的成绩发生改变，就会引起平均分的变化，从而需要修改公式的参数值。这显然达不到所期望的自动计算的效果。

那么，是否可以将条件改为“>B5”呢？一旦 B6 单元格中的公式变为“=COUNTIF（课程成绩 !I6:I41,">B5")”，得到的结果就变为 0 了，显然是错误的。通过“公式审核”功能，可以看到条件不是所期望的“大于 B5 单元格的值”，而是“大于 B5”。

因此，如果希望条件实现“大于 B5 单元格的值”，条件应该为“">"&B5”，B6 中的公式为“=COUNTIF（课程成绩 !I6:I41,">"&B5)”。在公式执行时，首先取 B5 单元格中的值，然后将其与“>”进行连接，形成“>81”，作为条件的值。其中，“&”为连接符，实现将两个数据连接在一起。

2. 公式审核

如图 5-65 所示，通过“追踪引用单元格”和“追踪从属单元格”，可以查看公式引用是否正确。通过“追踪引用单元格”，工作表当中出现蓝色箭头，此箭头说明选中单元格的公式所引用的单元格，还可以继续通过“追踪引用单元格”，查看刚才被引用单元格中公式引用其他单元格的情况。通过“追踪从属单元格”，可以查看选中单元格中的值将会影响到哪些单元格，还可以继续通过“追踪从属单元格”，查看刚才被影响的单元格继续影响到其他单元格中的值。如可以通过“移去箭头”删除追踪引用。

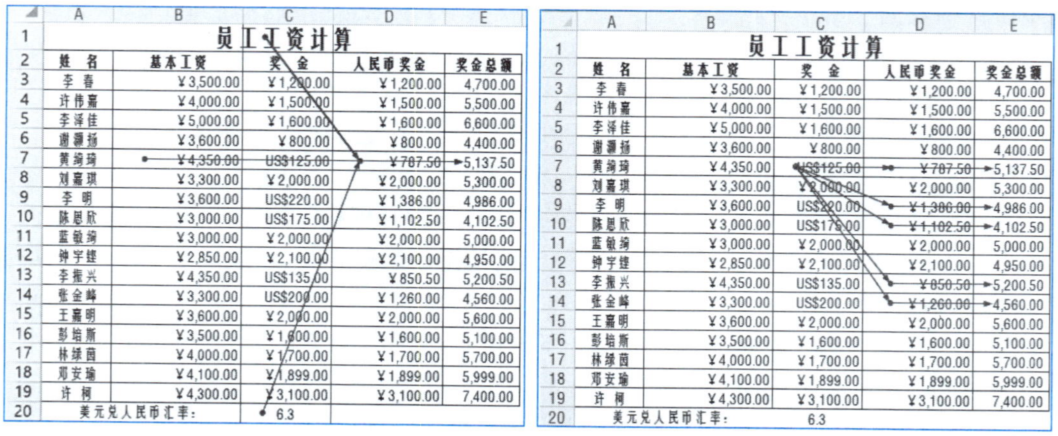

	A	B	C	D	E
1	员工工资计算				
2	姓名	基本工资	奖金	人民币奖金	奖金总额
3	李春	¥3,500.00	¥1,200.00	¥1,200.00	4,700.00
4	许伟嘉	¥4,000.00	¥1,500.00	¥1,500.00	5,500.00
5	李泽佳	¥5,000.00	¥1,600.00	¥1,600.00	6,600.00
6	谢灏扬	¥3,600.00	¥800.00	¥800.00	4,400.00
7	黄绮琦	¥4,350.00	US$125.00	¥787.50	5,137.50
8	刘嘉琪	¥3,300.00	¥2,000.00	¥2,000.00	5,300.00
9	李明	¥3,600.00	US$220.00	¥1,386.00	4,986.00
10	陈思欣	¥3,000.00	US$175.00	¥1,102.50	4,102.50
11	蓝敏绮	¥3,000.00	¥2,000.00	¥2,000.00	5,000.00
12	钟宇铿	¥2,850.00	¥2,100.00	¥2,100.00	4,950.00
13	李振兴	¥4,350.00	US$135.00	¥850.50	5,200.50
14	张金峰	¥3,300.00	US$200.00	¥1,260.00	4,560.00
15	王嘉明	¥3,600.00	¥2,000.00	¥2,000.00	5,600.00
16	彭培斯	¥3,500.00	¥1,600.00	¥1,600.00	5,100.00
17	林绿茵	¥4,000.00	¥1,700.00	¥1,700.00	5,700.00
18	邓安瑜	¥4,100.00	¥1,899.00	¥1,899.00	5,999.00
19	许柯	¥4,300.00	¥3,100.00	¥3,100.00	7,400.00
20	美元兑人民币汇率：		6.3		

图 5-65　公式审核“追踪引用单元格”和“追踪从属单元格”

3. 用名称简化单元格区域的引用

在上一节的“计算与统计”任务中，在进行总评成绩计算时，需要频繁使用到“课程成绩”工作表的单元格区域 I6:I41，在引用过程中很容易出错。此外，对于公式“=MAX（课程成绩 !I6:I41)”也无法看出是计算总评成绩中的最高分。

因此，可以将“课程成绩”工作表的单元格区域 I6:I41 命名为“所有学生总评成绩”，这样，在需要引用“课程成绩”工作表的单元格区域 I6:I41 的地方，就可以直接用“所有学生总评成绩”来替代，从而简化单元格区域的引用。如计算总评成绩中的最高分的公式就可以写成“=MAX（所有学生总评成绩）”，简单明了。

4. 数据图表的类型

WPS 表格文稿的图表类型包括：

① 柱形图：柱形图通常用于显示一段时间内的数据变化或说明各项之间的比较情况。柱形图分为簇状柱形图、堆积柱形图、百分比堆积柱形图。

② 折线图：折线图通常用于显示随时间而变化的连续数据。折线图分为折线图和带数据标记的折线图（通常用于比较随时间或排序的类别而变化的趋势）、堆积折线图和带数据标记的堆积折线图（通常用于比较每一数值所占百分比随时间或排序的类别而变化的趋势）以及百分比堆积折线图和带数据标记的百分比堆积折线图。

③ 饼图：饼图通常用于显示一个数据系列中各项所占的比例。饼图分为二维饼图和三维饼图（通常用于比较各个值相对于总数值的分布情况）、复合饼图和复合条饼图（通常用于从主饼图提取用户定义的数值并组合成次饼图或堆积条形图）以及圆环图。

④条形图：条形图通常用于比较各项之间的情况。条形图包括簇状条形图、堆积条形图和百分比堆积条形图。

⑤ 面积图：面积图通常用于强调数量随时间而变化的程度。面积图包括面积图、堆积面积图和百分比堆积面积图。

⑥ XY 散点图：散点图通常用于比较若干数据系列中各数值之间的关系。散点图包括仅带数据标记的散点图（通常用于比较成对的值）、带平滑线和数据标记的散点图（通常用于需要以平滑曲线来连接比较的数据）、带平滑线的散点图、带直线和数据标记的散点图（通常用于需要以直线来连接比较的数据）、带直线的散点图、气泡图以及三维气泡图。

⑦ 股价图：股价图通常用来显示股价的波动。股价图包括盘高 - 盘低 - 收盘图（通常用于显示股票价格）、开盘 - 盘高 - 盘低 - 收盘图（这种类型的股价图要求有四个数值系列，且按开盘 - 盘高 - 盘低 - 收盘的顺序排列）、成交量 - 盘高 - 盘低 - 收盘图（这种类型的股价图要求四个数值系列，且按成交量 - 盘高 - 盘低 - 收盘的顺序排列）以及成交量 - 开盘 - 盘高 - 盘低 - 收盘图（这种类型的股价图要求有五个数值系列，且按成交量 - 开盘 - 盘高 - 盘低 - 收盘的顺序排列）。

⑧ 雷达图：雷达图通常用于比较几个数据系列的聚合值。雷达图包括雷达图和带数据标记的雷达图（通常用于显示各值相对于中心点的变化）以及填充雷达图（通常用不同颜色覆盖的区域来表示一个数据系列）。

⑨ 组合图：组合图能从多个角度展示数据特征。组合图包括簇状柱形图 - 折线图、簇状柱形图 - 次坐标轴上的折线图、堆积面积图 - 簇状柱形图这几种，此外，还可以根据需求自定义组合不同的图表。

5. 图表工具

在选择图表后，会出现“图表工具”选项卡，通过“图片工具”选项卡，可以更改图表类型、变更产生图表的数据区域、切换图表的纵横向坐标以及图表的显示样式以及主要用于在图表中插入文字及图片、更改图表标签（如图表标题、坐标轴标题等）、更改坐标轴格式以及为图表添加趋势线等。在“设置格式”按钮下的“属性”对话框中可设置图表形状、图表文字格式以及图表大小等。

5.6 制作成绩通知单

5.6.1 知识点解析

1. WPS Office 文字文稿的邮件合并功能

如图 5-66 所示，“邮件合并”是将一组变化的信息（如每个学生的姓名、总评成绩等）逐条插入一个包含有模板内容的 WPS Office 文字文稿（如未填写的成绩通知单）中，从而批量生成需要的文稿，大大提高工作效率。

包含有模板内容的 WPS Office 文字文稿称为邮件文稿（也称主文稿），而包含变化信息的文件称为数据源（也称收件人），数据源可以是 WPS Office 文字文稿及 WPS 表格文稿、Access 数据表等。

邮件合并功能主要用于批量填写格式相同、只需修改少数内容的文稿。“邮件合并”除了可以批量处理信函、信封等与邮件相关的文稿外，还可以轻松地批量制作工资条、准考证等。

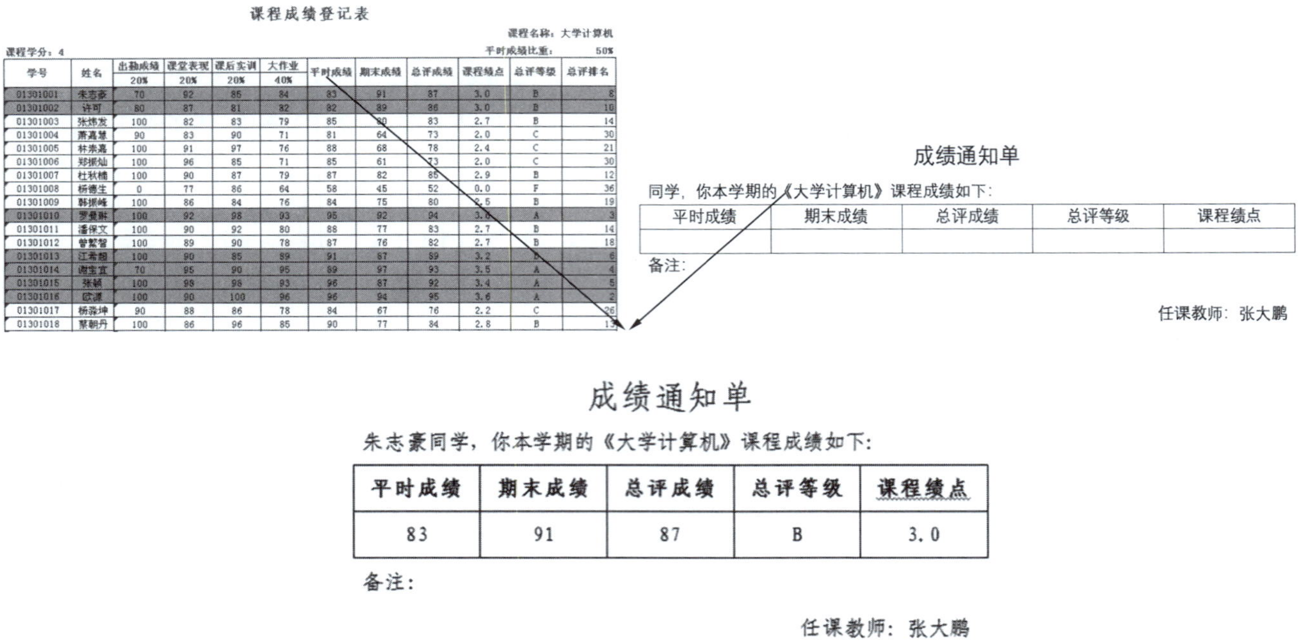

图 5-66　邮件合并

2. WPS Office 文字文稿的邮件合并实现方式

实现邮件合并的方式：单击“引用”选项卡的“邮件”按钮，打开“邮件合并”选项卡来执行邮件合并操作。通过选择数据源文件、插入合并域、预览信函和完成合并等步骤，最终生成邮件合并文件。

3. WPS 表格文稿的名称定义

在 WPS 表格文稿中，工作表中可能有些区域的数据使用频率比较高，在这种情形下，可以将这些数据定义为名称（如“邮件合并成绩区域”），由相应的名称（“邮件合并成绩区域”）来代替这些数据，这样可以让操作更加便捷，提高工作效率。

由于在 WPS 文字文稿中进行邮件合并时，需要使用到的数据只是“课程成绩”工作表中的 B4:K41 单元格区域（其中第 4、5 行的数据为标题栏）中的数据，因此，可以将 B4:K41 单元格区域定义为名称（“邮件合并成绩区域”），以便在 WPS 文字文稿中来访问这些数据。

5.6.2　任务实现

1. 任务分析

现在要为每位同学制作一张图 5-66 所示的“大学计算机”课程成绩通知单：

① 根据“课程成绩”中的各项成绩，生成每个学生的成绩单。

② 如果总评成绩低于 60 分，则在备注栏中显示“课程补考于开学第 1 周进行，具体安排请访问教务处网站”。

③ 每张纸打印两个学生的成绩单。

2. 实现过程

(1) 定义名称“邮件合并成绩区域”

将“成绩单数据 .xlsx”工作簿“课程成绩”工作表中的 B4:K41 单元格区域定义为名称“邮件合并成绩

区域”。操作步骤如下：

① 打开“成绩单数据 .xlsx”工作簿，选择“课程成绩”工作表中需要生成成绩单的数据单元格区域 B4:K41（其中第 4、5 行的数据为标题栏）。

② 在上方编辑栏左边对应的名称框中输入“邮件合并成绩区域”。

③ 保存并关闭“成绩单数据 .xlsx”工作簿。

(2) 建立邮件文稿“成绩通知单”

在 WPS Office 文字文稿中，制作一张图 5-66 右上图所示的没有具体数据的“成绩通知单 .docx”，保存在与“成绩单数据 .xlsx”同一文件夹中。

(3) 在“成绩通知单”中打开数据源

在邮件文稿“成绩通知单 .docx”中打开数据源“大学计算机成绩 .xlsx”。操作步骤如下：

① 单击“引用”选项卡中的“邮件”按钮，打开“邮件合并”选项卡，单击“打开数据源”，打开“选取数据源”对话框。

② 找到数据源“成绩单数据 .xlsx”，打开后出现“选择表格”对话框，如图 5-67 所示。

③ 在对话框中，选择“邮件合并成绩区域”，单击“确定”按钮，此时数据源“邮件合并成绩区域”被打开，“邮件合并”选项卡中的“插入合并域”按钮也已被激活。

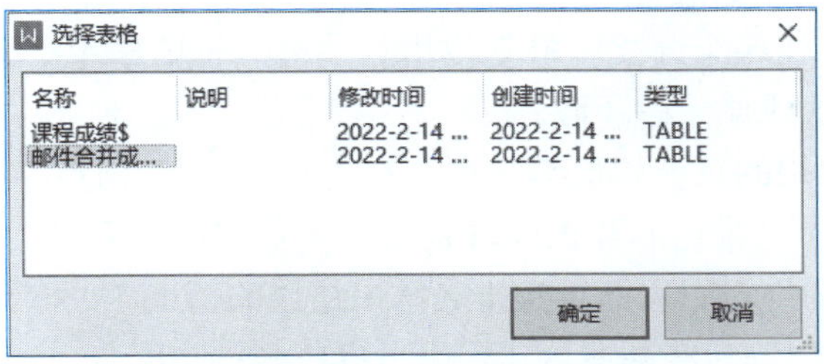

图 5-67 “选择表格”对话框

(4) 插入合并域

插入数据源中的姓名、总评成绩等合并域。操作步骤如下：

① 插入点放在“成绩通知单”（邮件文稿）的“同学”左边，单击“邮件合并”选项卡中的“插入合并域”按钮，在弹出的“插入域”选择列表中选择“姓名”，在当前单元格中就插入了合并域“« 姓名 »”。

② 重复上述步骤，用同样的方法插入图 5-68 所示的其他合并域。

成绩通知单

«姓名»同学，你本学期的《大学计算机》课程成绩如下：

平时成绩	期末成绩	总评成绩	总评等级	课程绩点
«平时成绩»	«期末成绩»	«总评成绩»	«总评成绩»	«课程绩点»

备注：

任课教师：张大鹏

图 5-68 插入合并域

(5) 一页放置两张“成绩通知书”

在一张纸上放置两张成绩通知单。操作步骤如下：

① 选择并复制“成绩通知单”的所有内容。

② 插入点放在表格下面的空白处，单击“邮件合并”选项卡中的“插入 Next 域”按钮，在当前位置就插入了规则域“«Next Record»”。

③ 按【Enter】键三次，插入点放在最后插入的段落的起始位置。

④ 将复制的内容粘贴在当前位置。

⑤ 将制作好的邮件文稿保存为“成绩通知单 .docx”。

（6）合并数据，生成成绩通知单

将“成绩单数据.xlsx”中“邮件合并用数据区域”的数据合并到“成绩通知单.docx”邮件文稿中，操作步骤如下：

① 单击“邮件合并”选项卡中的“合并到新文稿”按钮。

② 在弹出的“合并到新文稿”对话框中，“合并记录”选择“全部”，单击“确定”按钮，就生成了包含所有学生的成绩通知单的新文稿“文字文稿 1”。

在“文字文稿 1”中，会发现第一个成绩通知单为空白通知单，这是由于在进行合并时，与第一个成绩通知单相对应的是 B5、G5:K5 单元格中的数据，而这些单元格中的数据是空的，所以就生成了空白通知单。而最后一个成绩通知单也是空白通知单的原因是由于生成“詹婷珊”同学的成绩单后，由于一页需要生成两张成绩通知单，因此在最后自动生成了空白通知单。

如果不希望生成空白通知单，则可以在第② 步的“合并记录”区域中选择从“2”到“37”即可。

5.6.3 总结与提高

1. 名称的综合应用

名称是用来代表单元格、单元格区域、公式或常量的单词和字符串。使用名称的目的是便于理解和使用。

在如下的情形下，通常会使用到名称：

① 某一个单元格区域需要在多个公式中重复使用时，可以将该单元格区域命名为某个名称，在公式中就可以通过定义的名称来引用这些单元格区域。

② 在公式复制时，如果引用的单元格区域需要是绝对地址，可将这些单元格区域定义成某一个名称。如在成绩排名中，可以将需要参与排位的数据区域定义成名称“排名区域”，这样，在公式复制时，就不会出现由于没有将引用区域设置为绝对引用而导致排名结果错误的情况。

③ 对于公式中需要重复调用的一些其他公式，也可以将被调用的公式定义成名称。

2. 合并域的正确显示

如果将“詹婷珊”的期末成绩改为“缓考”，而在生成的每个同学的成绩通知单中，可以发现“詹婷珊”同学的期末成绩显示为 0，而不是“邮件合并用数据区域”中的“缓考”。

这是因为邮件合并时，以第一条记录的数据类型来决定合并后的数据类型。在生成成绩通知单时，默认“期末成绩”是“数字型”的，因此对应的“缓考”显示为 0。要解决上述问题，可以将期末成绩数据设置为“文本”类型。

3. 将图片作为合并域

如果需要将总评等级不用 A/B/C/D/F 表示，而用图片来替代，可以将图片作为合并域插入邮件文稿中。需要注意的是，图片需要存放在与邮件合并主文稿的同一文件夹或下级文件夹中（如邮件合并主文稿所在文件夹的下一级文件夹 photos 中）。

操作步骤如下：

① 在数据源（“成绩单数据含图片.xlsx”）中，加入一列数据（等级照片），指示每位同学对应的等级照片的存放位置和名称，如图 5-69 所示。其中，名称“邮件合并成绩区域”指向 B4:L41 单元格区域。

课程成绩登记表

课程名称：大学计算机

课程学分：4　　平时成绩比重：50%

学号	姓名	出勤成绩	课堂表现	课后实训	大作业	平时成绩	期末成绩	总评成绩	课程绩点	总评等级	等级照片
		20%	20%	20%	40%						
01301001	朱志豪	70	92	85	84	83	91	87	3	B	photos\\B.JPG
01301002	许可	80	87	81	82	82	89	86	3	B	photos\\B.JPG
01301003	张炜发	100	82	83	79	85	80	83	2.7	B	photos\\B.JPG
01301004	萧嘉慧	90	83	90	71	81	64	73	2	C	photos\\C.JPG
01301005	林崇嘉	100	91	97	76	88	68	78	2.4	C	photos\\C.JPG
01301006	郑振灿	100	96	85	71	85	61	73	2	C	photos\\C.JPG
01301007	杜秋楠	100	90	87	79	87	82	85	2.9	B	photos\\B.JPG
01301008	杨德生	0	77	86	64	58	45	52	0	F	photos\\F.JPG

图 5-69　含图片的数据源

② 在邮件合并文稿（“成绩通知单含图片 .docx”）中，打开数据源，插入点放在需要显示照片的位置，单击“插入”选项卡中的“文档部件”按钮 文档部件，在弹出的下拉列表中选择“域”选项，打开“域”对话框。

③ 在“域”对话框的“域名”列表框中选择“插入图片”，在“域代码”下的文本框最后面输入任意字符（如 X），勾选“更新时保留原格式”复选框，单击“确定”按钮，完成照片域的插入。

④ 选择整个文稿，按【Shift+F9】组合键，切换为域代码显示方式。

⑤ 选择“IncludePicture”域中的“X”,单击“引用”选项卡中的“邮件”按钮,打开“邮件合并”选项卡，单击“插入合并域”，在弹出的合并域选择列表中选择“等级照片”，单击“插入”，然后关闭“插入域”对话框,可以看到插入的代码变为“{INCLUDEPICTURE « 等级照片 »* MERGEFORMAT}”。选择整个文稿，按【Shift+F9】组合键，调整图片成合适大小。

⑥ 完成并合并生成结果，将结果保存到与主文稿“成绩通知单含图片 .docx”的同一文件夹中（如“成绩通知单（图片）结果 .docx”）。在“成绩通知单（图片）结果 .docx”中选择全部内容，按【F9】键刷新，就可以看到图片正确显示出来了，如图 5-70 所示。

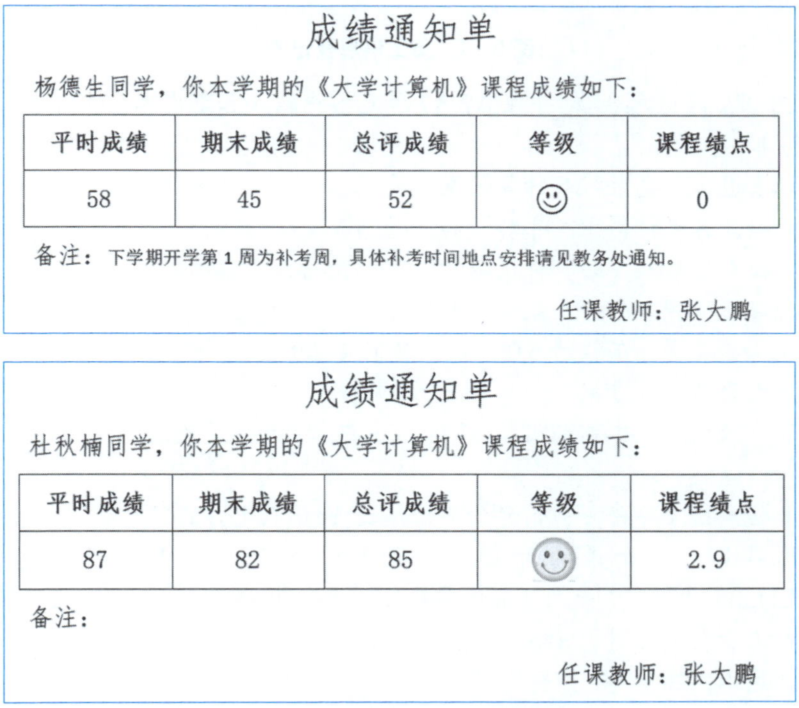
成绩通知单

杨德生同学，你本学期的《大学计算机》课程成绩如下：

平时成绩	期末成绩	总评成绩	等级	课程绩点
58	45	52	☺	0

备注：下学期开学第 1 周为补考周，具体补考时间地点安排请见教务处通知。

任课教师：张大鹏

成绩通知单

杜秋楠同学，你本学期的《大学计算机》课程成绩如下：

平时成绩	期末成绩	总评成绩	等级	课程绩点
87	82	85	☺	2.9

备注：

任课教师：张大鹏

图 5-70　图片域的邮件合并结果

习　题

1. 新建一个 WPS 表格文稿文件，命名为“员工信息登记表 .xlsx”，并将工作表 Sheet1 命名为“个人信息登记表”，制作图 5-71 所示员工信息登记表，要求：

（1）标题字体为“黑体，20 号字”，表格居中对齐。

（2）表格的 2～4 行的表格项字体为“宋体，10 号字，黑色，分散对齐”，背景为“暗板岩蓝，文本 2，浅色 80%”。

（3）表格的 6、12、17 行的表格项字体为“宋体，10 号字，加粗，白色，居中对齐”，背景为“蓝色”。

（4）表格的 7、13、18 行的表格项字体为“宋体，10 号字，黑色，居中对齐”，背景为“暗板岩蓝，文本 2，浅色 80%”。

（5）表格边框为细双实线。

飞达公司员工信息登记表					
姓名	吴飞	性别	男	民族	汉
身份证号码	432302197910080933			年龄	43
工作部门	技术部	婚姻状况	未婚	职称	工程师
联系电话	13713613521			基本工资	¥ 6,000
个人学习经历					
开始时间	截止时间	院校及专业			
个人工作经历					
开始时间	截止时间	工作单位			
主要社会关系					
称谓	姓名	工作单位			

图 5-71　员工信息登记表

2. 将 Sheet2 改名为“公司信息表”，并在 A2:A7 单元格中输入如下内容：部门名称，技术部，工程部，财务部，行政部，贸易部。

3. 对员工信息登记表进行信息录入及计算设置，要求：

（1）录入身份证号码，自动计算出“年龄”和“性别”。

（2）只允许根据“公司信息表”的“部门名称”来选择输入工作部门。

（3）职称输入只允许选择“工程师”或者“其他”。

（4）根据职称计算基本工资（工程师 6 000 元，其他 4 000 元）。

（5）基本工资的格式为“会计专用”。

（6）将“基本工资”“职称”“工作部门”“年龄”锁定，不允许修改。

提示：

（1）年龄 = 当前年份 - 出生年份；当前年份可以通过 Year(Today( )) 函数获得。

（2）身份证号的第 17 位，如果为奇数，表示此人为“男”，否则为“女”。因此可以用公式“IF(MOD(MID(C3,17,1),2)=1," 男 "," 女 ")”来计算其性别（MOD(X,2) 函数的结果是 X 用 2 整除的余数）。

4. 打开“员工基本工资表（素材）.xlsx”，进行设置：

（1）标题字体为“黑体，20 号字”，表格居中对齐。

（2）表格项设置为“宋体，10 号字”，边框为细虚线。

（3）基础工资、入职津贴、基本工资数据以会计专用格式显示，不带小数。

（4）从“088001”开始编排员工号。

5. 对上述表格进行计算：

（1）计算基础工资，基础工资标准为：工程师 6 000 元，其他 4 000 元。

（2）计算入职津贴，入职津贴标准为：100 乘以入职年限。

（3）计算基本工资，基本工资 = 基础工资 + 入职津贴。

（4）将“行政部”特别标识出来（颜色自定）。

（5）计算基本工资的最大值、最小值、平均值及总和。

第 6 章

WPS Office 表格文稿综合应用——奖学金评定

6.1 项目分析

辅导员李老师从成绩系统中导出了今年电子信息工程专业全体学生的成绩，他需要对比了解各班级的成绩情况以及评定本学期的奖学金。根据学校的奖学金评选条例，除了要满足相关的基本条件外，成绩必须满足：

① 德育绩点 3.0 以上（含，下同），平均课程绩点 2.88 以上，单科课程绩点 2.5 以上。其中，平均课程绩点（不含德育）计算公式为

$$\frac{\sum \text{课程学分绩点}}{\sum \text{课程学分}} = \frac{\sum（\text{课程学分} \times \text{课程绩点}）}{\sum \text{课程学分}}$$

平均课程绩点带两位小数位（四舍五入）。

② 为鼓励模范带头、积极奉献精神，担任学生干部的，可以适当下调单科课程绩点。其中，担任主要学生干部的学生，其单科课程绩点可在上述基础上适当下调 0.3（不超过两门，含两门）。一般学生干部的单科课程绩点可适当下调 0.1（不超过两门，含两门）。

其中，主要学生干部是指校团委、校学生会副部长以上（含副部长）的学生干部，院分团委、学生会部长（含部长）以上学生干部，班级班长、团支部书记。其他学生干部为一般学生干部。

③ 奖学金按平均课程绩点排序，当平均课程绩点相同时，按德育绩点排序。

④一等奖学金名额不超过专业总人数 2%（含，下同），二等奖学金名额不超过专业总人数 5%，三等奖学金名额不超过专业总人数 8%，人数出现小数的，采用去尾法计算。

⑤ 当平均课程绩点和德育绩点相同导致奖学金等级不同时，奖学金等级按最高等级计算，下一等级奖学金名额相应减少。如果平均课程绩点和德育绩点相同导致最后一个等级名额不够时，则自动扩充奖学金。

⑥ 奖学金一次性发放。一等奖 1 500 元 / 人，二等奖 1 250 元 / 人，三等奖 750 元 / 人。

6.2 成绩分析

6.2.1 知识点解析

1. 冻结窗格

对一个超宽超长表格中的数据进行操作时，当行、列标题行消失后容易混淆各行、列标题的相对位置。为解决该问题，可以通过“冻结窗格”视图来实现将标题部分保留在屏幕上不动，而数据区域部分则可以滚动。

2. 数据排序

很多时候，希望表格中的数据按照某种方式来组织，可以使用“数据排序”功能来实现。“数据排序”通常是对选定的数据按照某一列或多列的升序或降序进行排序。图 6-1（a）是对“某年中国县级城市竞争力排行榜”按照“分值”降序排序数据，而图 6-1（b）是按照“所在省份升序，如果省份相同，则按照分值升序”排序数据。

中国县级城市竞争力排行榜

城市名称	所在省份	分值
晋江市	福建省	94.35
增城市	广东省	88.68
迁安市	河北省	90.86
长沙县	湖南省	84.84
海门市	江苏省	83.66
丹阳市	江苏省	89.5
太仓市	江苏省	91.51
宜兴市	江苏省	93.57
常熟市	江苏省	94.67
张家港市	江苏省	94.89
江阴市	江苏省	95.68
昆山市	江苏省	95.81
庄河市	辽宁省	85.83

按分值从大到小排序

（a）

中国县级城市竞争力排行榜

城市名称	所在省份	分值
昆山市	江苏省	95.81
江阴市	江苏省	95.68
张家港市	江苏省	94.89
常熟市	江苏省	94.67
晋江市	福建省	94.35
宜兴市	江苏省	93.57
绍兴市	浙江省	91.84
太仓市	江苏省	91.51
慈溪市	浙江省	91.04
迁安市	河北省	90.86
龙口市	山东省	90.69
滕州市	山东省	89.57
丹阳市	江苏省	89.5

按省份拼音从小到大排序

省份相同时按分值从小到大排序

（b）

图 6-1　数据排序

3. 数据筛选

数据筛选的目的是从一堆数据中找出想要的数据。通过数据筛选功能，可以将符合条件的数据集中显示在工作表上，而将不符合条件的数据暂时隐藏起来。如图 6-2 所示，既可以找出“某年中国县级城市竞争力排行榜”中属于“江苏省”的所有城市，也可找出属于“江苏省”并且分值在 90 分以上的所有城市。

	A	B	C
1	中国县级城市竞争力排行榜		
2	城市名称	所在省份	分值
3	昆山市	江苏省	95.81
4	江阴市	江苏省	95.68
5	张家港市	江苏省	94.89
6	常熟市	江苏省	94.67
8	宜兴市	江苏省	93.57
10	太仓市	江苏省	91.51
15	丹阳市	江苏省	89.5
31	海门市	江苏省	83.66

按所在省份筛选

	A	B	C
1	中国县级城市竞争力排行榜		
2	城市名称	所在省份	分值
3	昆山市	江苏省	95.81
4	江阴市	江苏省	95.68
5	张家港市	江苏省	94.89
6	常熟市	江苏省	94.67
8	宜兴市	江苏省	93.57
10	太仓市	江苏省	91.51

按所在省份及分值>90筛选

图 6-2　数据筛选

通常来说，要对数据进行筛选，数据需要满足：

① 有标题行，即数据区域的第一行为标题。

② 数据区域内不能有空行或空列。如果有空行或空列，WPS Office表格文稿会认为不是同一个数据区域。

4. 分类汇总

如果需要对 WPS Office 表格文稿中的数据按类别进行求和、计数等，可以使用分类汇总功能。所谓分类汇总，就是先对数据进行排序（通过排序进行分类），然后再进行汇总。

如图 6-3 所示，要统计每个省份（称为分类字段）入选的城市数（称为汇总项及汇总方式），按“省份”进行排序（可以是升序，也可以是降序）后，通过分类汇总（对城市名称进行计数），就可以统计出来每个省份入选的县级城市数。

值得注意的是，要进行分类汇总，必须先排序，后汇总。此外，分类汇总功能在当前数据区域插入了若干行，用于汇总数据的显示。也就是说，分类汇总功能改变了当前数据区的原有结构。

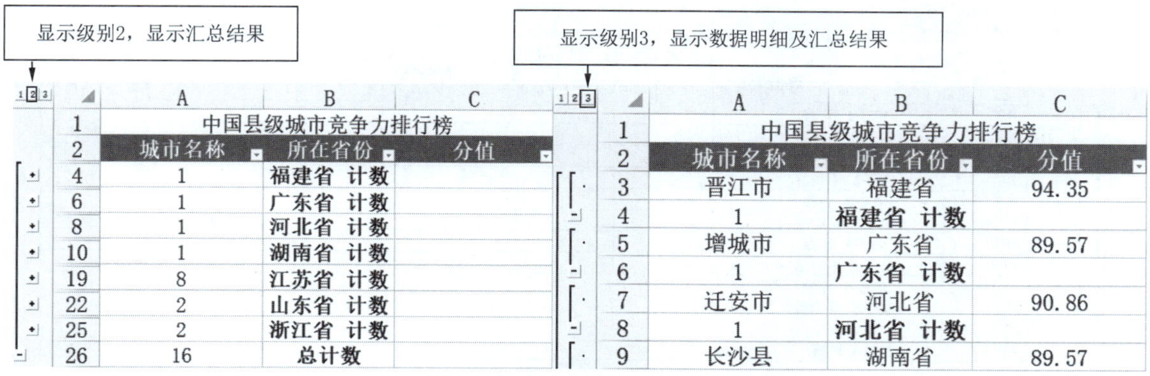

图 6-3 分类汇总

5. 数据透视表

如果需要对 WPS Office 表格文稿中的数据进行深入的分析，可以使用数据透视表功能。数据透视表是基于 WPS Office 表格文稿中的数据而产生的动态汇总表格。数据透视表功能提供了一种比分类汇总功能更强大的方式来分析数据。此外，数据透视表功能不会对已有数据产生任何改变，并可以用不同的方式来查看数据。如图 6-4 所示，通过数据透视表功能，可以得到“某年中国县级城市竞争力排行榜”中每个省份入选的城市个数，也可以得到每个省份入选的城市个数及获得的平均分。

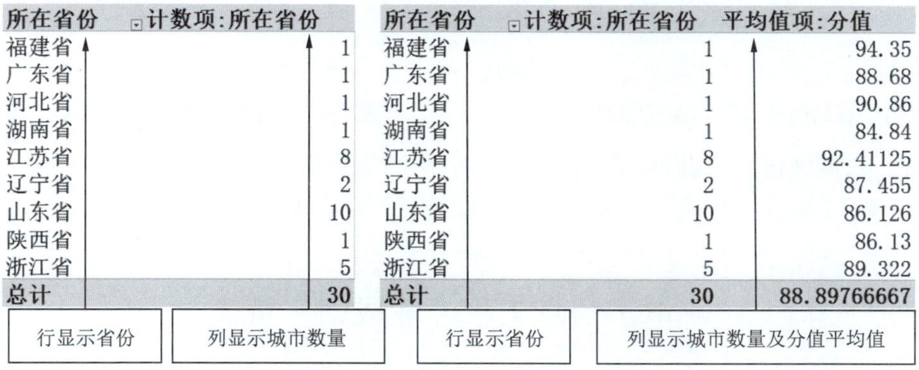

图 6-4 数据透视表

6.2.2 任务实现

1. 任务分析

李老师要对电子信息工程专业的全体学生成绩做分析，要求：

① 计算学生的平均课程绩点。

② 按平均课程绩点及德育绩点降序排序。

③ 如图 6-5 所示，分类汇总每个班的平均课程绩点的平均值。

	A	B	C	D	E	F	G	H	I
1	电子信息工程专业成绩一览表								
2	姓名	班级	德育绩点	大学英语绩点	大学计算机绩点	高等数学绩点	数字电路绩点	单片机绩点	平均课程绩点
43		电子1 平均值							2.89275
84		电子2 平均值							2.97525
125		电子3 平均值							3.09575
166		电子4 平均值							3.15125
207		电子5 平均值							2.992
208		总平均值							3.0214

图 6-5 按班级分类汇总平均课程绩点平均值结果

④ 如图 6-6 所示，分类汇总每个班的平均课程绩点的平均值及班级人数。

	A	B	C	D	E	F	G	H	I
1		电子信息工程专业成绩一览表							
2	姓名	班级	德育绩点	大学英语绩点	大学计算机绩点	高等数学绩点	数字电路绩点	单片机绩点	平均课程绩点
43	40	电子1 计数							
44		电子1 平均值							2.89275
85	40	电子2 计数							
86		电子2 平均值							2.97525
127	40	电子3 计数							
128		电子3 平均值							3.09575
169	40	电子4 计数							
170		电子4 平均值							3.15125
211	40	电子5 计数							
212		电子5 平均值							2.992
213	200	总计数							
214		总计平均值							3.0214

图 6-6　按班级分类汇总平均课程绩点平均值及人数结果

⑤ 如图 6-7 所示，不改变原始数据的前提下统计每个班的德育及平均课程绩点平均值。

⑥ 如图 6-8 所示，不改变原始数据的前提下统计每个班的德育绩点的最大值和最小值。

	A	B	C
1			
2			
3	行标签	平均值项：德育绩点	平均值项：平均课程绩点
4	电子1	3.39	2.89275
5	电子2	3.0125	2.97525
6	电子3	3.1825	3.09575
7	电子4	3.375	3.15125
8	电子5	3.3025	2.992
9	总计	3.2525	3.0214

图 6-7　统计每个班的德育及平均课程绩点平均值

	A	B	C
1			
2			
3	行标签	最大值项：德育绩点	最小值项：德育绩点2
4	电子1	3.9	1.1
5	电子2	4	0
6	电子3	3.9	2.1
7	电子4	4	1.5
8	电子5	3.9	2.2
9	总计	4	0

图 6-8　统计每个班的德育绩点的最大值和最小值

⑦ 如图 6-9 所示，筛选出可能获得奖学金的学生名单，即德育绩点 3.0 以上（含，下同），平均课程绩点 2.88 以上，单科课程绩点 2.2 以上（因为“主要干部”成绩绩点可以下调 0.3）。

	A	B	C	D	E	F	G	H	I
1		电子信息工程专业成绩一览表							
2	姓名	班级	德育绩点	大学英语绩点	大学计算机绩点	高等数学绩点	数字电路绩点	单片机绩点	平均课程绩点
3	李镇浩	电子1	3.9	3.8	3.7	3.5	3.7	3.8	3.69
4	曾文	电子1	3.6	3.6	3.5	3.5	4.0	3.4	3.58
5	蓝志东	电子1	3.8	3.6	3.4	3.9	3.0	3.2	3.45
6	张清铿	电子1	3.4	3.7	3.3	3.6	3.1	3.3	3.42
7	黄志康	电子1	3.6	2.4	2.9	3.4	3.3	3.1	3.06
8	冯汉荣	电子1	3.6	2.6	2.5	2.2	3.9	3.4	2.89
9	许俊飞	电子1	3.9	2.7	3.6	3.6	3.0	3.4	3.29
11	刘婷玉	电子1	3.3	3.2	3.8	3.3	3.5	2.2	3.15
13	罗雁珲	电子1	3.3	2.8	2.2	3.9	2.2	3.6	3.07
15	郑皓方	电子1	3.7	3.1	3.5	2.2	3.5	3.0	2.97
17	麦俊驱	电子1	3.4	2.7	3.5	2.4	3.5	2.9	2.93
21	鲍苞苞	电子1	3.7	2.8	2.7	3.1	2.5	3.7	3.01
23	曹娜	电子1	3.6	2.4	3.2	2.5	3.6	3.1	2.92
27	笪贤东	电子1	3.6	2.4	3.1	2.8	3.4	3.6	3.06
30	冯天麒	电子1	3.5	3.5	2.6	3.6	2.7	2.2	2.96
33	胡婷	电子1	3.8	3.2	3.3	2.7	3.1	3.5	3.13
36	雷斌斌	电子1	3.4	3.7	2.7	4.0	2.7	3.5	3.4
37	李建玲	电子1	3.5	2.4	2.7	2.8	2.9	3.5	2.89
47	孙俊婷	电子2	4.0	3.8	3.7	3.1	2.5	2.7	3.12
54	杨栋	电子2	3	2.2	3.0	3.6	2.6	3.6	3.08
60	张宝月	电子2	3.6	2.9	3.9	3.9	3.1	4.0	3.6
65	赵艳	电子2	3.3	3.6	3.4	3.4	3.0	2.7	3.21

图 6-9　筛选出可能获得奖学金的学生名单

2. 实现过程

（1）复制信息并冻结窗格

由于学生成绩数据多，在进行成绩操作时，希望标题、学生姓名以及课程信息等一直显示在屏幕上，可以通过冻结窗格来实现。操作步骤如下：

① 新建工作簿“成绩分析 .xlsx”，打开“相关素材 .xlsx”，同时选择“成绩素材”和“课程学分”工作表，将它们复制到“成绩分析 .xlsx”工作簿，关闭“相关素材 .xlsx”。将“成绩分析 .xlsx”的“成绩素材”工作表重命名为“平均课程绩点计算”。

② 选择“平均课程绩点计算”工作表的 B3 单元格。

③ 单击“视图”选项卡中的“拆分窗口”按钮，就实现了标题、学生姓名以及课程信息等一直显示在屏幕上。可以通过鼠标左键拖动窗口的滚动条来查看冻结的效果。

(2) 平均课程绩点计算

平均课程绩点（不含德育）计算公式为

$$\frac{\sum\text{课程学分绩点}}{\sum\text{课程学分}}=\frac{\sum(\text{课程学分}\times\text{课程绩点})}{\sum\text{课程学分}}$$

平均课程绩点带两位小数位（四舍五入）。操作步骤如下：

① 选择 I3 单元格，输入“=”，用鼠标选取 D3 单元格，输入“*”，用鼠标选取“课程学分”工作表的 B2 单元格，按【F4】键，将 B2 转换为绝对地址，此时，I3 单元格编辑区域的内容为“=D3* 课程学分 !$B$2”。在此基础上，输入“+”，重复前面的操作，完成“课程学分绩点 = ∑课程学分 × 课程绩点”的计算。I3 单元格编辑区域的内容最终为“=D3* 课程学分 !$B$2+ 平均课程绩点计算 !E3* 课程学分 !$B$3+ 平均课程绩点计算 !F3* 课程学分 ! $B$4+ 平均课程绩点计算 !G3* 课程学分 !$B$5+ 平均课程绩点计算 !H3* 课程学分 !$B$6”。

② 剪切 I3 单元格编辑栏中“=”之后的内容，在“=”之后输入“(”，粘贴刚才剪切的内容，再输入“)”，I3 单元格编辑区域的内容为“=(D4* 课程学分 !$B$2+ 平均课程绩点计算 !E4* 课程学分 !$B$3+ 平均课程绩点计算 !F4* 课程学分 ! $B$4+ 平均课程绩点计算 !G4* 课程学分 !$B$5+ 平均课程绩点计算 !H4* 课程学分 !$B$6)”。

③ 将光标定位在 I3 单元格编辑区域中内容的最后，输入“/”。

④ 单击编辑栏的名称框区域，选取 SUM 函数（如果没有显示 SUM 函数，则通过“其他函数”来选取），如图 6-10 所示。

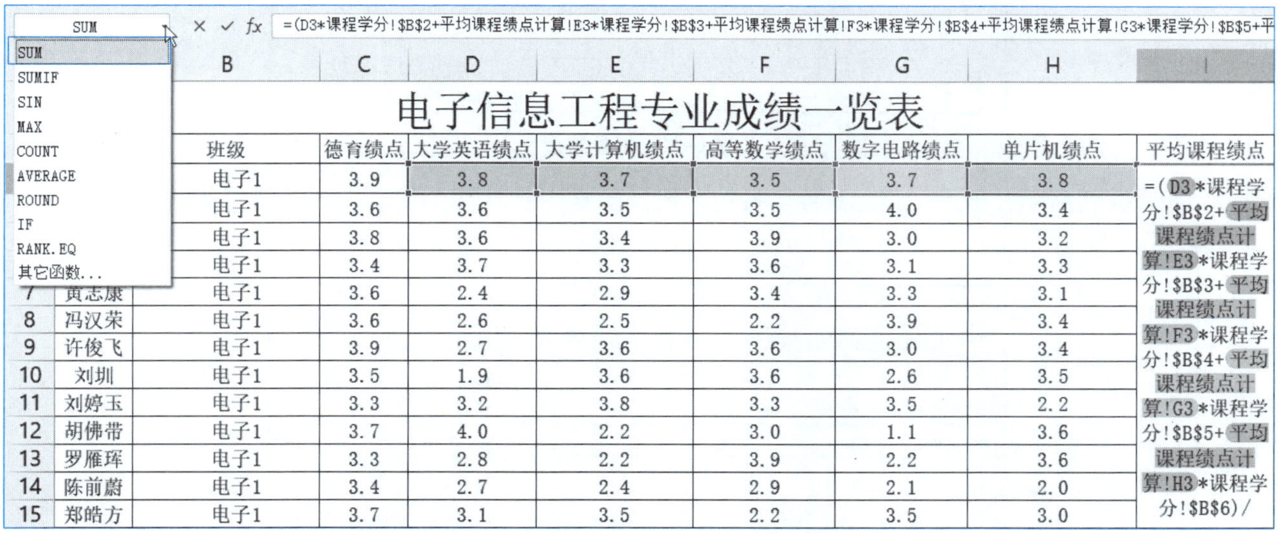

		B	C	D	E	F	G	H	I
		班级	德育绩点	大学英语绩点	大学计算机绩点	高等数学绩点	数字电路绩点	单片机绩点	平均课程绩点
		电子1	3.9	3.8	3.7	3.5	3.7	3.8	
		电子1	3.6	3.6	3.5	3.5	4.0	3.4	
		电子1	3.8	3.6	3.4	3.9	3.0	3.2	
		电子1	3.4	3.7	3.3	3.6	3.1	3.3	
7		电子1	3.6	2.4	2.9	3.4	3.3	3.1	
8	冯汉荣	电子1	3.6	2.6	2.5	2.2	3.9	3.4	
9	许俊飞	电子1	3.9	2.7	3.6	3.6	3.0	3.4	
10	刘圳	电子1	3.5	1.9	3.6	3.6	2.6	3.5	
11	刘婷玉	电子1	3.3	3.2	3.8	3.3	3.5	2.2	
12	胡佛带	电子1	3.7	4.0	2.2	3.0	1.1	3.6	
13	罗雁珲	电子1	3.3	2.8	2.2	3.9	2.2	3.6	
14	陈前蔚	电子1	3.4	2.7	2.4	2.9	2.1	2.0	
15	郑皓方	电子1	3.7	3.1	3.5	2.2	3.5	3.0	

图 6-10 插入 SUM 函数

⑤ SUM 函数的数值 1 参数设置为“课程学分 !$B$2:$B$6”。I3 单元格的内容显示为“3.686666667”。

⑥ 剪切 I3 单元格编辑栏中“=”之后的内容，单击“插入函数”按钮，在 I3 单元格插入 ROUND 函数。

⑦ ROUND 函数的数值参数设置为剪切的内容“D3* 课程学分 !$B$2+ 平均课程绩点计算 !E3* 课程学分 !$B$3+ 平均课程绩点计算 !F3* 课程学分 !B4+ 平均课程绩点计算 !G3* 课程学分 !$B$5+ 平均课程绩点计算 !H3* 课程学分 !$B$6)/SUM（课程学分 !$B$2:$B$6)”，小数位数参数设置为 2。I3 单元格编辑区域的内

容为“=ROUND((D3* 课程学分 !$B$2+ 平均课程绩点计算 !E3* 课程学分 !$B$3+ 平均课程绩点计算 !F3* 课程学分 ! $B$4+ 平均课程绩点计算 !G3* 课程学分 !$B$5+ 平均课程绩点计算 !H3* 课程学分 !$B$6)/SUM（课程学分 !$B$2:$B$6),2)”，I3 单元格显示的结果为“3.69”。

⑧ 选择 I3 单元格，移动鼠标，当鼠标指针变成填充柄+时，双击，完成公式的复制。

（3）排序、筛选和分类汇总数据准备

由于排序和分类汇总会改变原有数据的结构，而筛选会导致数据的显示发生变化，因此可以将“平均课程绩点计算”工作表复制成新的工作表。操作步骤如下：

① 选择“平均课程绩点计算”工作表，复制为“平均课程绩点计算 (2)”工作表。

② 由于被复制的工作表引用了“平均课程绩点计算”工作表的数据，为防止数据混乱，需要将其 I 列的数据复制后再进行“值粘贴”。

③ 选择“平均课程绩点计算 (2)”工作表，复制为“平均课程绩点计算 (3)”工作表、“平均课程绩点计算 (4)”工作表及“平均课程绩点计算 (5)”工作表。

④ 将“平均课程绩点计算 (2)”工作表重命名为“成绩排序”，将“平均课程绩点计算 (3)”工作表重命名为“分类汇总 1”，将“平均课程绩点计算 (4)”工作表重命名为“分类汇总 2”，将“平均课程绩点计算 (5)”工作表重命名为“数据筛选”。

（4）成绩排序

按平均课程绩点及德育绩点降序排序。操作步骤如下：

① 光标定位在“成绩排序”工作表数据区域的任一单元格。

② 选择“数据”选项卡中的“排序”的下拉按钮，选择“自定义排序”，在弹出的图 6-11 所示对话框中，勾选“数据包含标题”复选框，选择主要关键字为“平均课程绩点”，排序依据为“数值”，次序为“降序”。

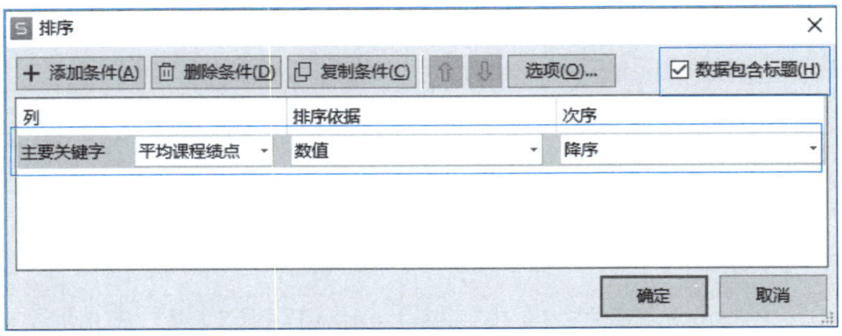

图 6-11　数据排序

③ 如图 6-12 所示，单击“添加条件”按钮，选择次要关键字为“德育绩点”，排序依据为“数值”，次序为“降序”。

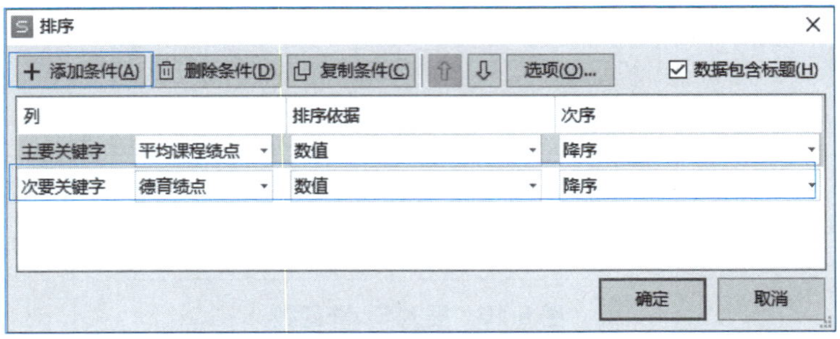

图 6-12　多条件数据排序

（5）按班级分类汇总平均课程绩点平均值

要分类汇总每个班的平均课程绩点的平均值，需要先按班级排序后再进行分类汇总。操作步骤如下：

① 如图 6-13 所示，光标定位在“分类汇总 1”工作表 B 列的任意单元格。单击“开始”选项卡中的“排序”下拉按钮，选择“升序”，按班级升序排序数据。

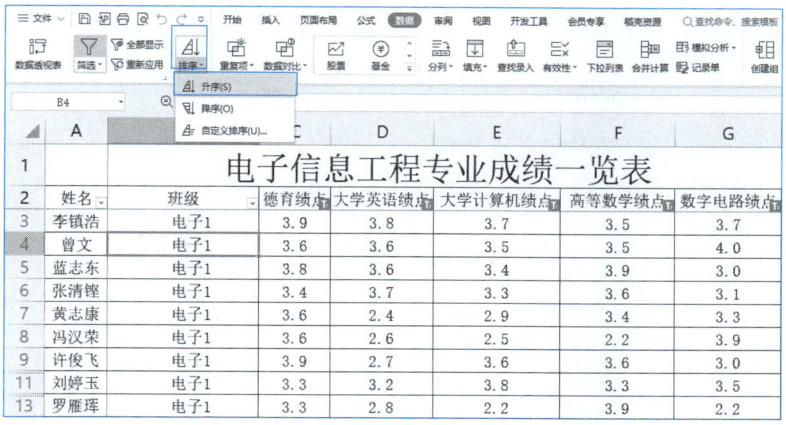

姓名	班级	德育绩点	大学英语绩点	大学计算机绩点	高等数学绩点	数字电路绩点
李镇浩	电子1	3.9	3.8	3.7	3.5	3.7
曾文	电子1	3.6	3.6	3.5	3.5	4.0
蓝志东	电子1	3.8	3.6	3.4	3.9	3.0
张清锃	电子1	3.4	3.7	3.3	3.6	3.1
黄志康	电子1	3.6	2.4	2.9	3.4	3.3
冯汉荣	电子1	3.6	2.6	2.5	2.2	3.9
许俊飞	电子1	3.9	2.7	3.6	3.6	3.0
刘婷玉	电子1	3.3	3.2	3.8	3.3	3.5
罗雁珲	电子1	3.3	2.8	2.2	3.9	2.2

图 6-13　按班级排序数据

② 如图 6-14 所示，单击“数据”选项卡中的“分类汇总”按钮，在弹出的对话框中选择分类字段为“班级”，汇总方式为“平均值”，选定汇总项为“平均课程绩点”。

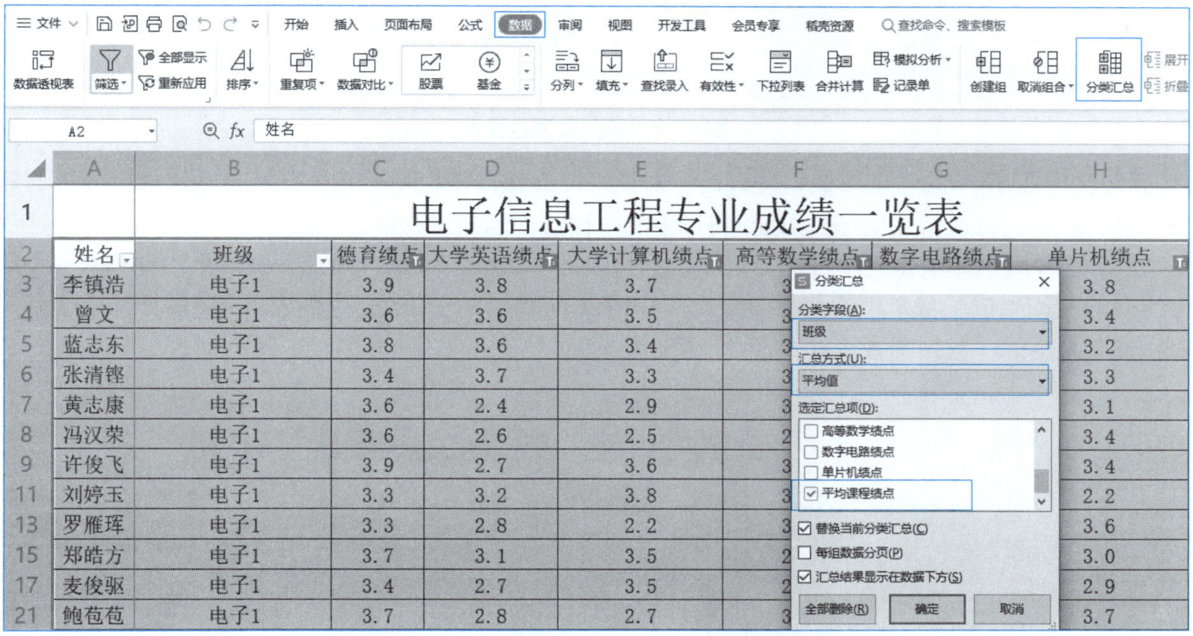

图 6-14　按班级分类汇总平均课程绩点平均值

③ 切换到“2 级”显示，即可以看到分类汇总的结果。

(6) 按班级分类汇总平均课程绩点平均值及人数

要分类汇总每个班的平均课程绩点平均值及班级人数，就需要先按班级对平均课程绩点分类汇总，然后再按班级对姓名进行分类汇总。操作步骤如下：

① 光标定位在“分类汇总 2”工作表 B 列的任意单元格。选择“开始”选项卡中的“排序”下拉按钮，选择“升序”，按班级升序排序数据。

② 单击“数据”选项卡中的“分类汇总”按钮，在弹出的对话框中选择分类字段为“班级”，汇总方式为“平均值”，选定汇总项为“平均课程绩点”。

③ 如图 6-15 所示，再次单击“数据”选项卡中的“分类汇总”按钮，在弹出的对话框中选择分类字段为“班级”，汇

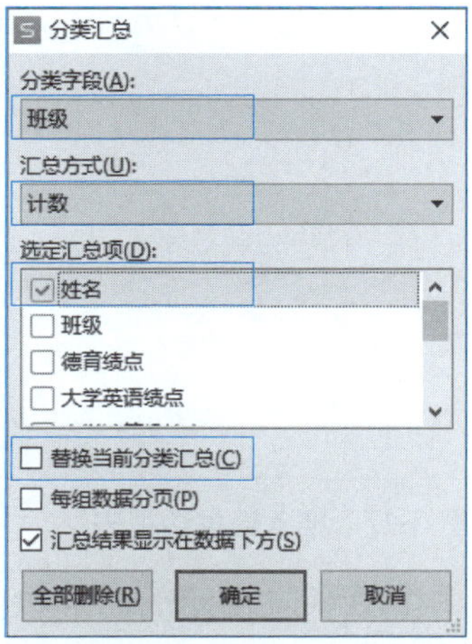

图 6-15　班级分类汇总平均课程绩点平均值及人数

总方式为“计数”，选定汇总项为“姓名”，不勾选“替换当前分类汇总”复选框（表明在原有的分类汇总基础上再分类汇总）。

④ 切换到“3 级”显示，即可以看到分类汇总的结果。

(7) 统计每个班的德育及平均课程绩点平均值

在不改变原始数据的前提下统计每个班的德育绩点及平均课程绩点的平均值，可以使用数据筛选功能。操作步骤如下：

① 如图 6-16 所示，光标定位在“平均课程绩点计算”工作表的任一单元格，单击“插入”选项卡中的“数据透视表”按钮。

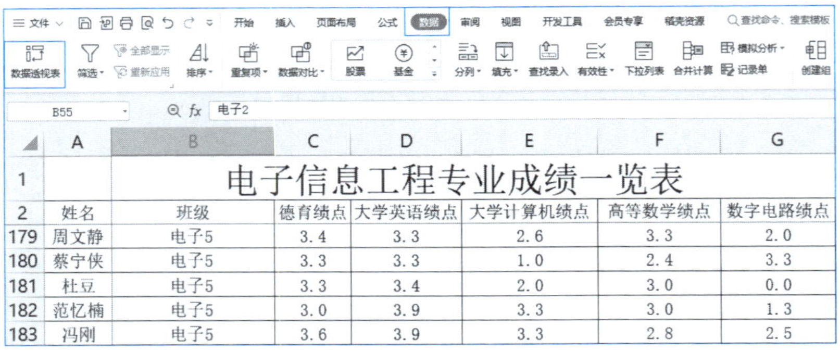

电子信息工程专业成绩一览表

姓名	班级	德育绩点	大学英语绩点	大学计算机绩点	高等数学绩点	数字电路绩点
周文静	电子5	3.4	3.3	2.6	3.3	2.0
蔡宁侠	电子5	3.3	3.3	1.0	2.4	3.3
杜豆	电子5	3.3	3.4	2.0	3.0	0.0
范忆楠	电子5	3.0	3.9	3.3	3.0	1.3
冯刚	电子5	3.6	3.9	3.3	2.8	2.5

图 6-16　插入数据透视表

② 弹出图 6-17 所示的“创建数据透视表”对话框。在该对话框中，系统已经自动选择要分析的数据区域（用户也可以自己修改数据区域）。选择将产生的数据透视表放置在新工作表中。

③ 在图 6-18 所示的工作表中，选择要添加到报表的“班级”、“德育绩点”及“平均课程绩点”字段，就在工作表的左侧生成了每个班的德育及平均课程绩点的和。单击“数据透视表工具 / 设计”选项卡“数据透视表样式”组中的“数据透视表样式浅色 17”。

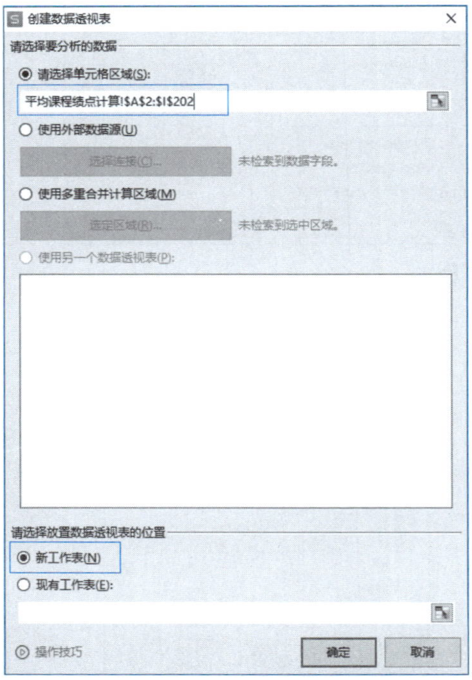

图 6-17　插入数据透视表

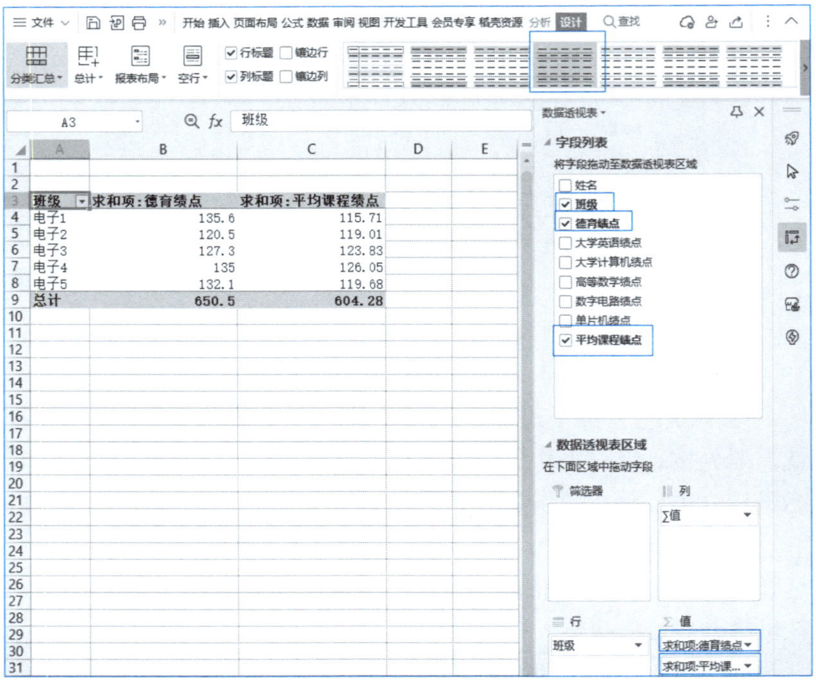

图 6-18　设置数据透视表样式及字段

④ 单击图 6-18 所示的“求和项：德育绩点”旁的下拉按钮，弹出图 6-19 所示的快捷菜单，选择“值字段设置”。

⑤ 在弹出的图 6-20 所示的“值字段设置”对话框中，将计算类型改为“平均值”。

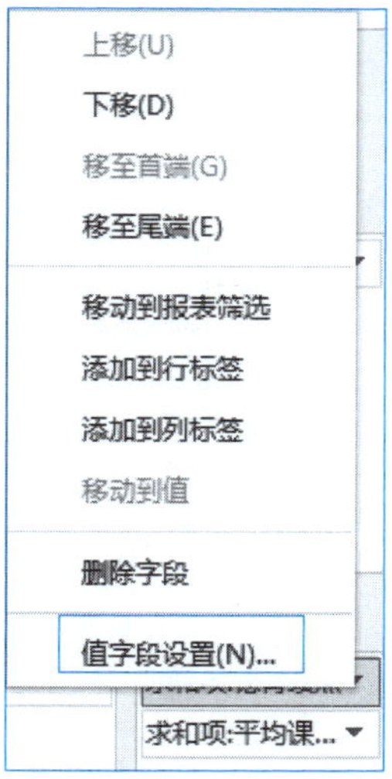

图 6-19　数据透视表的值字段更改

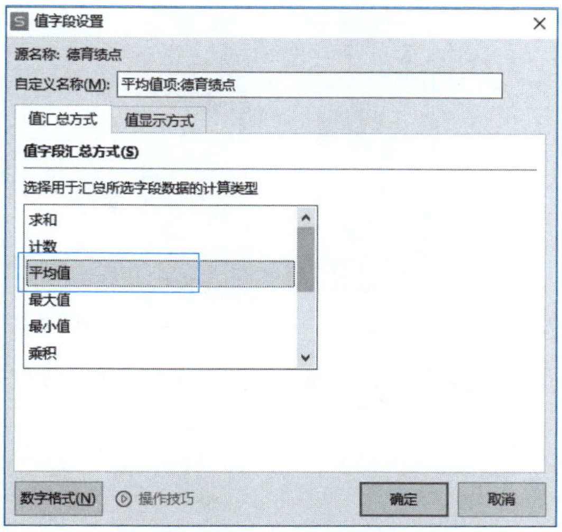

图 6-20　数据透视表的值字段设置

⑥ 将“求和项：平均课程绩点”的计算类型改为“平均值”，就可以得到每个班的德育及平均课程绩点的平均值了。

⑦ 将透视结果所在的工作表重命名为“数据透视表 1”。

(8) 统计每个班的德育绩点的最大值和最小值

要统计每个班的德育绩点的最大值和最小值，可以使用数据筛选功能。操作步骤如下：

① 光标定位在“平均课程绩点计算”工作表的任一单元格，单击“插入”选项卡中的“数据透视表”按钮。

② 在数据透视工作表中，选择要添加到报表的“班级”及“德育绩点”字段。

③ 如图 6-21 所示，鼠标指向“德育绩点”，将“德育绩点”拖到“值”所在的区域。

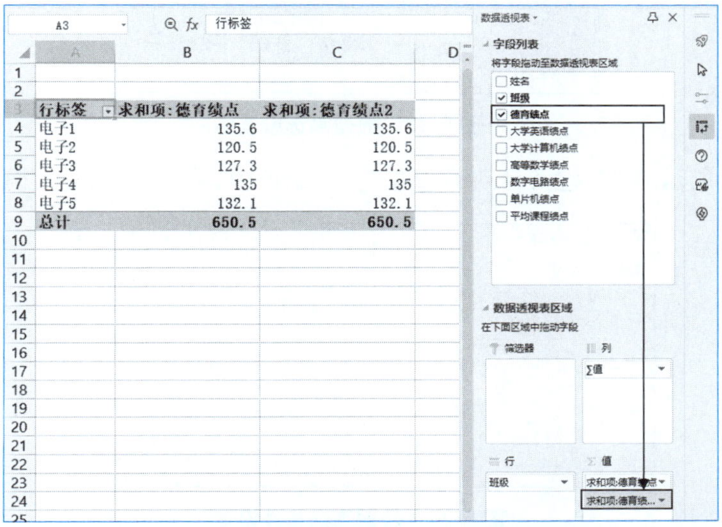

图 6-21　求最大值和最小值的数据透视表设置

④ 将数值中的“求和项:德育绩点”的计算类型改为“最大值”，“求和项:德育绩点 2”的计算类型改为“最小值”，就可以得到每个班的德育绩点的最大值和最小值了。

⑤ 将透视结果所在的工作表重命名为“数据透视表 2”。

(9) 筛选出可能获得奖学金的学生名单

根据奖学金评选规则，可能获得奖学金的学生成绩应该满足：德育绩点 3.0 以上（含，下同），平均课程绩点 2.88 以上，单科课程绩点 2.2 以上（因为“主要干部”成绩绩点可以下调 0.3）。因此，可以筛选出满足上述条件的数据。操作步骤如下：

① 如图 6-22 所示，选择“数据筛选”工作表的第二行，单击“数据”选项卡中的“筛选”按钮。

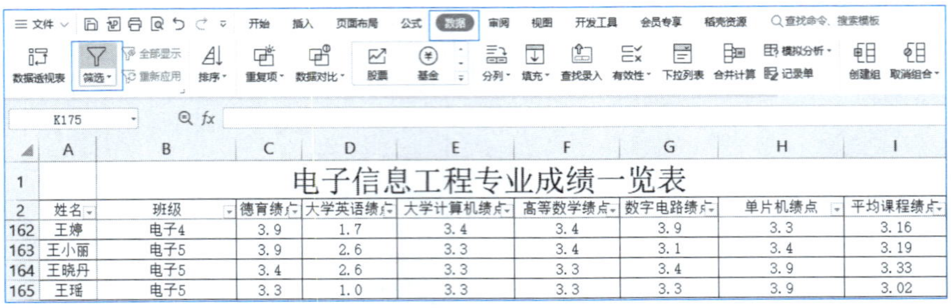

图 6-22　数据筛选

② 如图 6-23 所示，单击 C2 单元格（德育绩点）旁的下拉按钮，选择“数字筛选”→“大于或等于”。

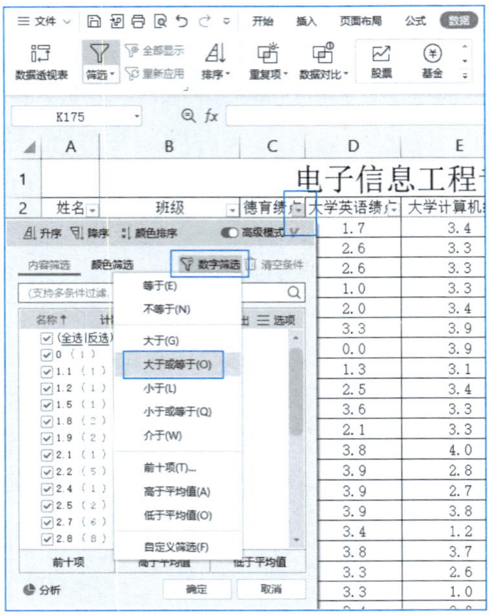

图 6-23　数据筛选设置

③ 在弹出的图 6-24 所示的“自定义自动筛选方式”对话框中，将“德育绩点”设置为“大于或等于 3.0”。

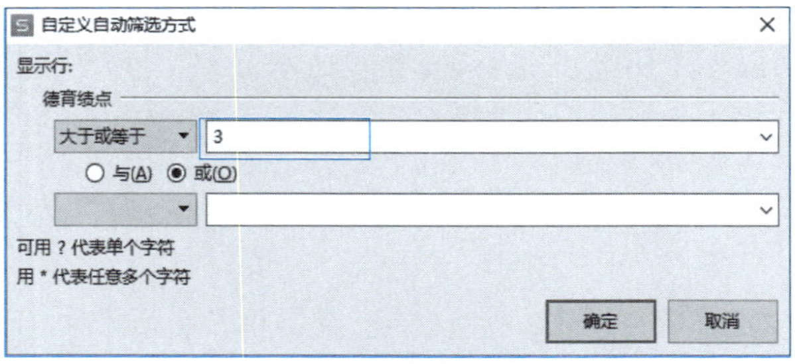

图 6-24　数据筛选条件设置

④ 将大学英语绩点、大学计算机绩点、高等数学绩点、数字电路绩点及单片机绩点的条件设置为大于或等于 2.2。

⑤ 将平均课程绩点的条件设置为大于或等于 2.88。在状态栏就可以看到“在 200 条记录中找到 89 个”的提示，表明可能获得奖学金的学生有 89 人。

6.2.3　总结与提高

1. 高级筛选

利用 WPS Office 表格文稿的数据筛选功能，可以将符合条件的结果显示在原有的数据表格中，不符合条件的将自动隐藏。但在有些时候，可能需要更复杂的筛选。例如，需要将“德育绩点 4.0，或者课程平均

绩点 <=2.88 并且大学英语绩点 3.0 以上”的数据筛选出来，就需要使用高级筛选功能。

针对高级筛选，首先需要设置筛选条件区域。筛选条件有三个特征：

① 条件的标题要与数据表的原有标题完全一致。

② 多字段间的条件若为“与”关系，则写在一行。

③ 多字段间的条件若为“或”关系，则写在下一行。

要将“德育绩点 4.0，或者课程平均绩点 <=2.88 并且大学英语绩点 3.0 以上”的数据筛选出来，首先设置图 6-25 所示的筛选条件区域 K2:M4。具体内容如下：

① K2:M2 放置的为标题字段。

② K3 的值为 4，表示“德育绩点 =4”。L4 的值为“>=3.0”，表示“大学英语绩点 >=3.0”。M4 的值为“<=2.88”，表示“平均课程绩点 <=2.88”。

③ 第 4 行两个条件为与的关系，即“大学英语绩点 >=3.0 并且平均课程绩点 <=2.88”。

④第 3 行条件和第 4 行条件为或的关系，即“‘德育绩点 =4’或者‘大学英语绩点 >=3.0 并且平均课程绩点 <=2.88’”。

选择“数据”选项卡“筛选”下拉列表中的“高级筛选”，弹出图 6-26 所示的“高级筛选”对话框，其中，列表区域 $A$2:$I$202 为要参与筛选的原始数据区域，条件区域为 $K$2: $M$4，筛选出来的数据放置在 $K$8 开始的位置。

	K	L	M
1			
2	德育绩点	大学英语绩点	平均课程绩点
3	4		
4		>=3.0	<=2.88

图 6-25　高级筛选条件区设置

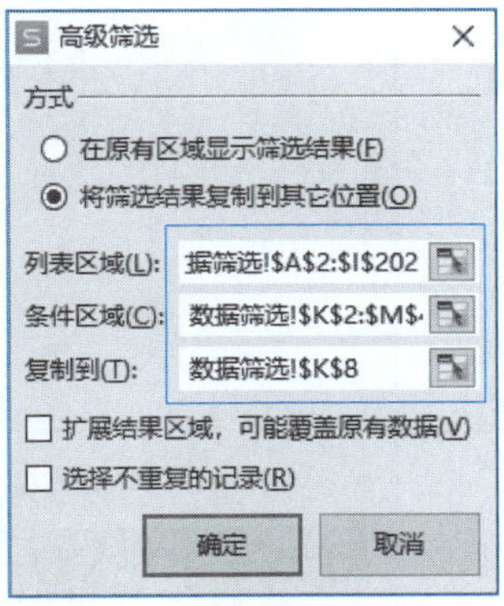

图 6-26　高级筛选设置

至此，即可以得到图 6-27 所示的筛选结果。

姓名	班级	德育绩点	大学英语绩点	大学计算机绩点	高等数学绩点	数字电路绩点	单片机绩点	平均课程绩点
胡佛带	电子1	3.7	4.0	2.2	3.0	1.1	3.6	2.85
孙俊婷	电子2	4.0	3.8	3.7	3.1	2.5	2.7	3.12
铁鹏超	电子2	2.8	3.0	2.7	3.1	2.7	2.6	2.84
邓香貌	电子2	3.6	3.0	3.7	3.4	3.6	0.0	2.66
方敏豪	电子2	0	3.0	3.6	3.3	1.9	1.2	2.58
康晓艳	电子3	2.5	3.1	3.4	1.8	3.3	3.3	2.88
李郅	电子3	2.2	3.0	3.4	1.2	2.8	3.7	2.7
吴凡	电子3	3.4	3.0	3.1	1.2	3.0	0.0	1.87
范文君	电子4	4.0	3.3	2.0	3.3	3.4	3.3	3.12
何超	电子4	3.3	3.9	0.0	2.7	3.9	3.0	2.77
李娟	电子4	4.0	3.4	2.1	3.6	2.2	3.3	3.02
李思柔	电子4	4.0	3.3	3.9	3.3	3.1	3.9	3.49
李晓璇	电子4	4.0	3.9	3.3	3.9	3.3	3.4	3.59
马晖	电子4	4.0	4.0	3.1	3.3	3.1	3.0	3.29
苏莉	电子4	4.0	2.0	3.4	3.6	0.0	3.0	2.51
王惠玲	电子4	4.0	3.3	3.4	3.4	2.5	3.0	3.13
周敏杰	电子5	3.9	3.4	1.2	3.1	2.6	2.7	2.68
蔡宁侠	电子5	3.3	3.3	1.0	2.4	3.3	3.4	2.72
杜豆	电子5	3.3	3.4	2.0	3.0	0.0	3.3	2.45
贺盼	电子5	3.0	3.4	3.4	2.7	1.2	3.3	2.8
梁远军	电子5	3.1	3.3	2.8	1.0	2.0	3.3	2.38
刘洁	电子5	3.1	3.0	1.2	0.0	2.3	3.6	1.93
马莹	电子5	3.3	3.1	2.6	2.5	2.7	3.4	2.86
孟小琳	电子5	3.3	3.1	1.0	3.6	1.7	3.3	2.7
彭杰	电子5	3.4	3.6	2.0	2.1	2.6	3.4	2.73
钱琪玮	电子5	3.0	3.3	3.3	2.2	2.1	3.4	2.82

图 6-27　高级筛选结果

2. 数据透视表与筛选

利用数据透视表的筛选功能，可以对透视结果进行进一步分析统计。如图 6-28 所示，利用数据透视表，可以分专业统计每个考场及考试时间的参加考试学生人数。通过增加“性别”作为报表筛选字段，就可以筛选出每个考场的参加考试男女生人数等。

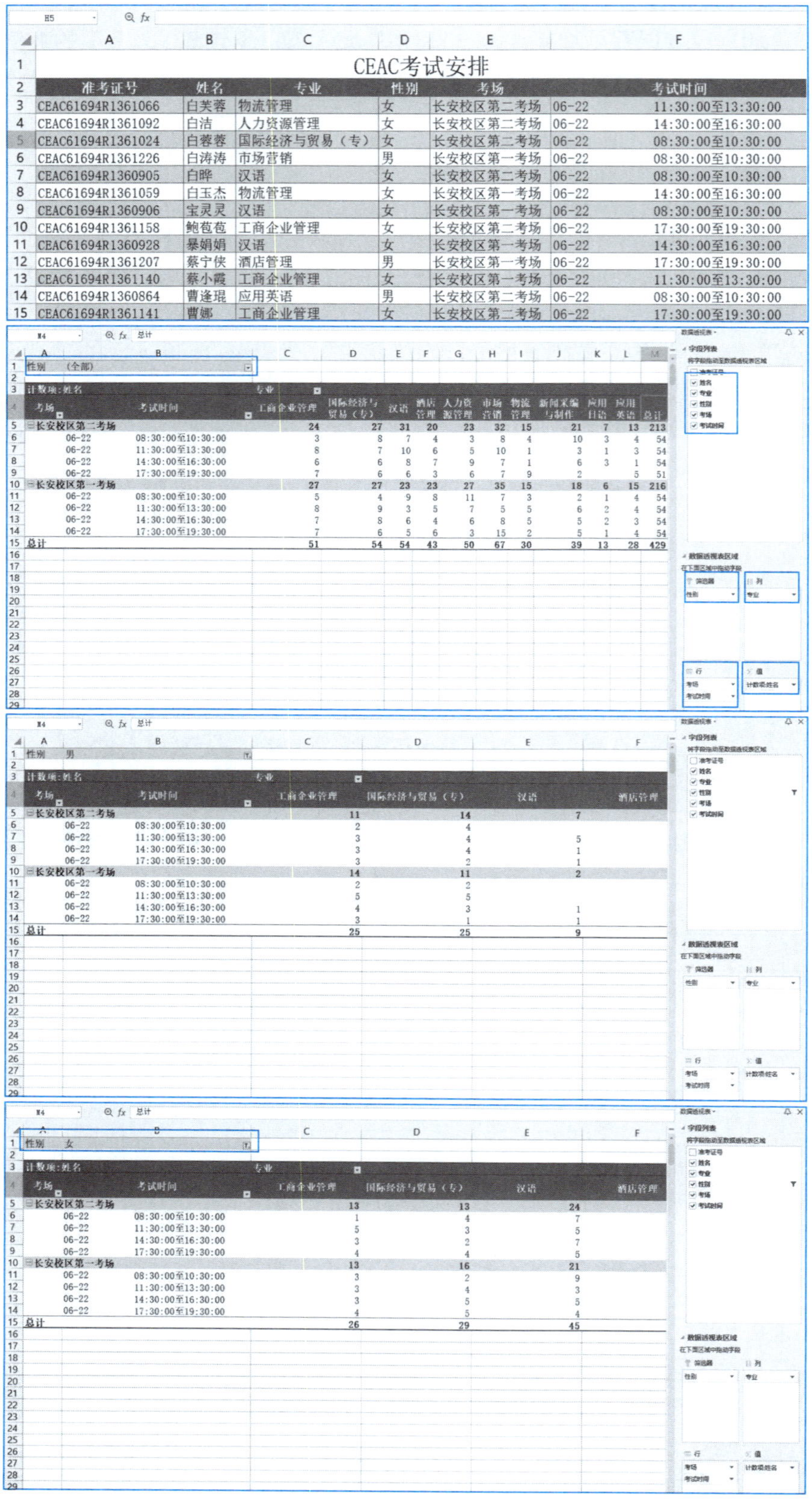

CEAC考试安排

准考证号	姓名	专业	性别	考场		考试时间
CEAC61694R1361066	白芙蓉	物流管理	女	长安校区第二考场	06-22	11:30:00至13:30:00
CEAC61694R1361092	白洁	人力资源管理	女	长安校区第二考场	06-22	14:30:00至16:30:00
CEAC61694R1361024	白蓉蓉	国际经济与贸易（专）	女	长安校区第二考场	06-22	08:30:00至10:30:00
CEAC61694R1361226	白涛涛	市场营销	男	长安校区第一考场	06-22	08:30:00至10:30:00
CEAC61694R1360905	白晔	汉语	女	长安校区第二考场	06-22	08:30:00至10:30:00
CEAC61694R1361059	白玉杰	物流管理	女	长安校区第一考场	06-22	14:30:00至16:30:00
CEAC61694R1360906	宝灵灵	汉语	女	长安校区第一考场	06-22	08:30:00至10:30:00
CEAC61694R1361158	鲍苞苞	工商企业管理	女	长安校区第二考场	06-22	17:30:00至19:30:00
CEAC61694R1360928	暴娟娟	汉语	女	长安校区第一考场	06-22	14:30:00至16:30:00
CEAC61694R1361207	蔡宁侠	酒店管理	男	长安校区第一考场	06-22	17:30:00至19:30:00
CEAC61694R1361140	蔡小霞	工商企业管理	女	长安校区第一考场	06-22	11:30:00至13:30:00
CEAC61694R1360864	曹逢琨	应用英语	男	长安校区第二考场	06-22	08:30:00至10:30:00
CEAC61694R1361141	曹娜	工商企业管理	女	长安校区第二考场	06-22	17:30:00至19:30:00

图 6-28　数据透视表与筛选

3. 数据透视表与切片器

利用切片器功能，可以让数据分析与呈现更加可视化。例如，如果想按专业查看分布在每个考场及考试时间的参加考试学生人数，操作步骤如下：

① 光标定位在图 6-29 所示的数据透视表的任一单元格。

② 单击“分析”选项卡中的“插入切片器”按钮。

③ 如图 6-29 所示，在“插入切片器”对话框中，选择“专业”，就可以按专业查看分布在每个考场及考试时间的参加考试学生人数。如果需要同时查看多个专业，则可以按住【Ctrl】键来进行选择。

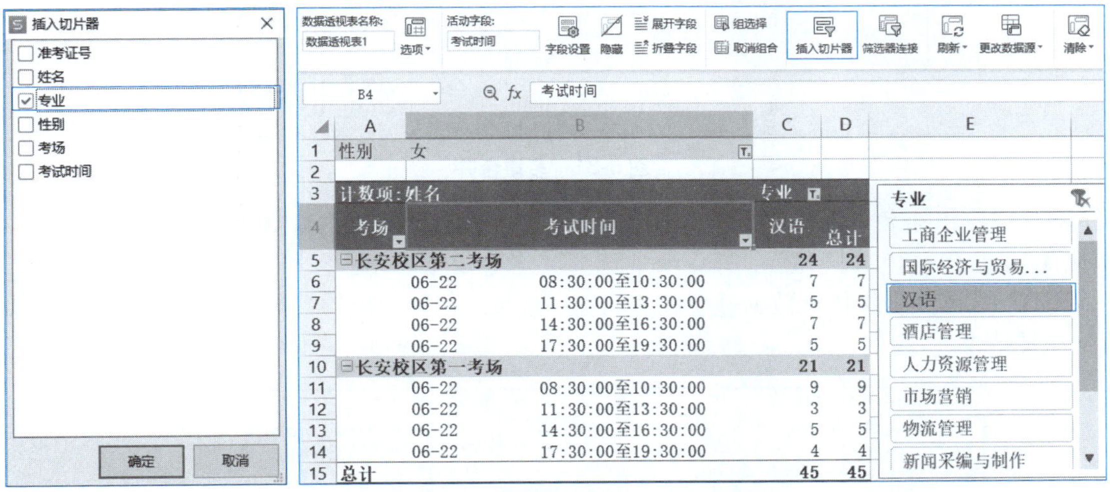

图 6-29 数据透视表与切片器

4. 数据透视图

WPS Office 表格文稿在生成数据透视表时，可以同时生成数据透视图，从而更直观地显示统计结果。通过“插入”选项卡中的“数据透视图”按钮，就可以同时生成图 6-30 所示的数据透视表与数据透视图。此外，可以将切片器与数据透视表结合使用，数据透视图会随着切片器数据的变化而变化。

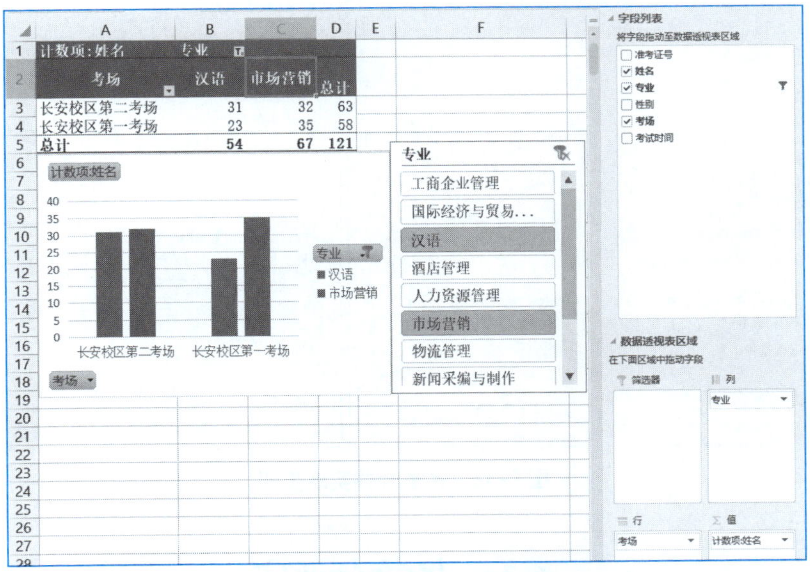

图 6-30 数据透视表与数据透视图

5. 多重合并

如果需要对多个工作表中的数据进行统计，可以使用数据透视表的多重合并功能。例如，如图 6-31 所示，Sheet1 工作表和 Sheet2 工作表中存放了好再来办公设备公司 1 月和 2 月的销售统计数据，现在希望能得到该公司 1～2 月的统计数据，可以通过数据透视表的多重合并来实现。

图 6-31　多重合并

按【Alt+D+P】组合键，弹出图 6-32 所示的“创建数据透视表和数据透视图”对话框，在第 1 步中选择“使用多重合并计算区域”；第 2 步中选择“自定义页字段”，选取区域为 Sheet1!$A$2:$B$7 和 Sheet2!$A$2:$B$8；第 3 步中指定数据透视表的位置，就可以得到对应的数据透视表，对其进行字段改名即可得到数据透视结果。

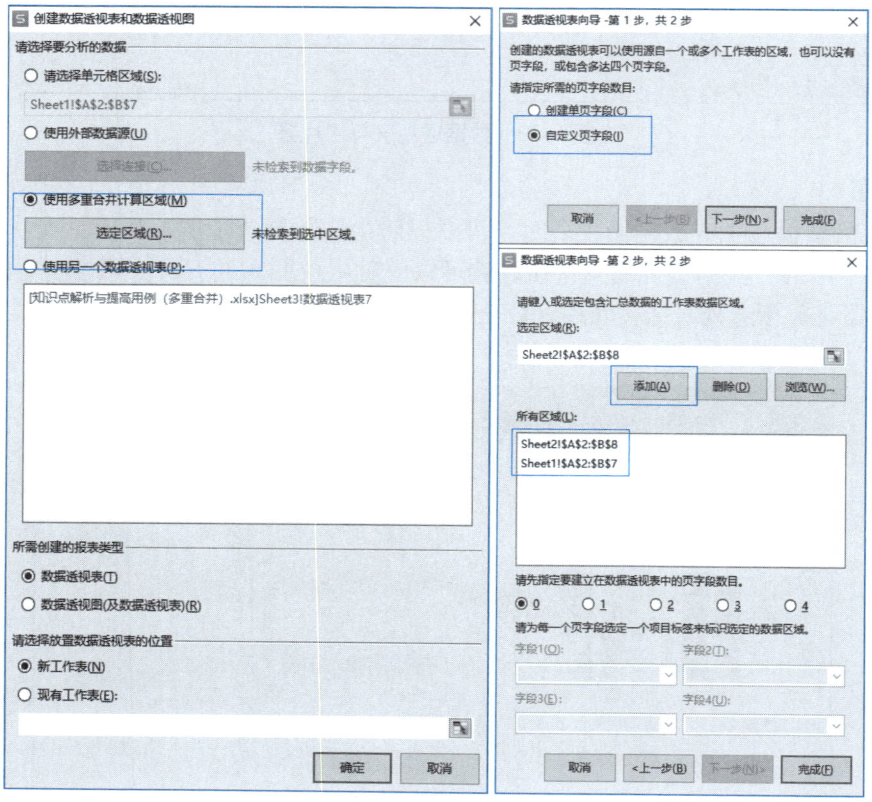

图 6-32　多重合并实现步骤

6.3　奖学金评定

6.3.1　知识点解析

1. VLOOKUP 函数

如图 6-33 所示，要填写“录取名录表”中每个学生的录取专业名称及辅导员，就需要根据每个学生的录取专业代码查找“专业代码对应表”中的数据。例如，要填写“陈萍萍”的录取专业名称及辅导员，就需要根据“陈萍萍”的专业代码“1301”，在“专业代码对应表”中找到专业代码“1301”所在的行，然后将“1301”所在行对应的录取专业名称及辅导员填写到对应位置。

因此，实现上述填充查找的关键是：

① 明确要填充的结果（录取专业名称，辅导员）。

② 要填充的结果所依据的查找元素（录取专业代码）。

③ 被查找的元素在哪里（专业代码对应表），称为查找区域。

④在查找区域的什么位置查找（专业代码列）。

⑤ 找到被查找的元素后，哪些结果作为填充值（对应专业代码行所在的专业名称及专职辅导员）。

WPS Office 表格文稿提供了 VLOOKUP 函数来实现上述功能。VLOOKUP 函数可以在查找区域的第一列中查找指定的值，然后返回与该值同行的其他列的数据。

VLOOKUP 函数的语法格式为 VLOOKUP（查找值，数据表，列序数，匹配条件），参数的含义分别是：

① 查找值：表示要填充的结果所依据的查找元素。

② 数据表：被查找的元素所在的查找区域，并要求在查找区域的第 1 列去查找。

③ 列序数：找到被查找的匹配项后，被查找到的结果位于查找区域的第几列。

④匹配条件：查找时是大致匹配查找（1 或 true）还是精确匹配查找（0 或 false）。

VLOOKUP 的返回结果为要填充的元素。

根据 VLOOKUP 函数的语法格式，要填写“陈萍萍”的录取专业名称，对应的 VLOOKUP 参数值如下：

① 查找值为 B15，即根据“陈萍萍”的录取专业代码值去查找。

② 数据表为 A3:B8，A3:B8 为查找区域，要确保所依据的查找元素（录取专业代码）对应的专业代码在查找区域的第 1 列。

③ 列序数为 2，表示找到对应的匹配项后，返回 A3:B8 区域中找到的行数据中的第 2 列，即对应的专业名称值作为函数的结果。

④匹配条件为 0，表示精确查找。

因此，C15 单元格对应的公式为“=VLOOKUP(B15,A3:B8,2,0)”。由于公式复制时，查找区域 A3:B8 是不发生改变的，因此 C15 单元格对应的最终公式为“=VLOOKUP(B15,$A$3:$B$8,2,0)”。而要填写“陈萍萍”的辅导员，D15 单元格对应的公式为“=VLOOKUP(B15,$A$3:$C$8,3,0)”。

也可将单元格区域 A3:C8 定义为“专业代码区域”名称，这样，C15 单元格的公式可以写为“=VLOOKUP(B15, 专业代码区域，2,0)”，而 D15 单元格对应的公式为“=VLOOKUP(B15, 专业代码区域，3,0)”。

2. IFERROR 函数

如图 6-34 所示，由于“刘嘉楠”的录取专业代码在“专业代码对应表”(A3:B7) 中找不到，因此填充结果为“#N/A”，表示公式执行过程中出现了“值不可用”的错误。

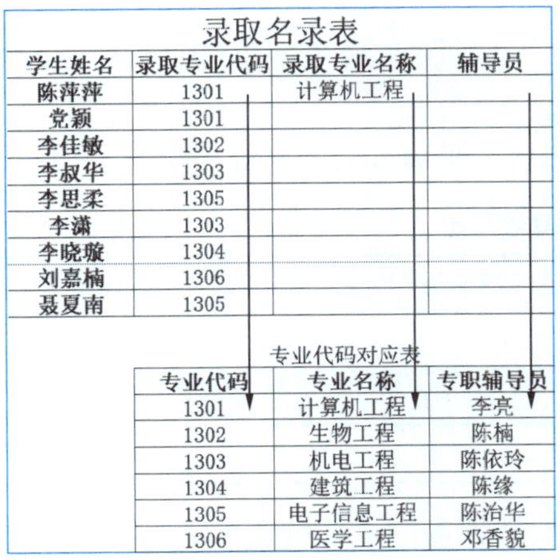

录取名录表

学生姓名	录取专业代码	录取专业名称	辅导员
陈萍萍	1301	计算机工程	
党颖	1301		
李佳敏	1302		
李叔华	1303		
李思柔	1305		
李潇	1303		
李晓璇	1304		
刘嘉楠	1306		
聂夏南	1305		

专业代码对应表

专业代码	专业名称	专职辅导员
1301	计算机工程	李亮
1302	生物工程	陈楠
1303	机电工程	陈依玲
1304	建筑工程	陈缘
1305	电子信息工程	陈治华
1306	医学工程	邓香貌

图 6-33 查询示意

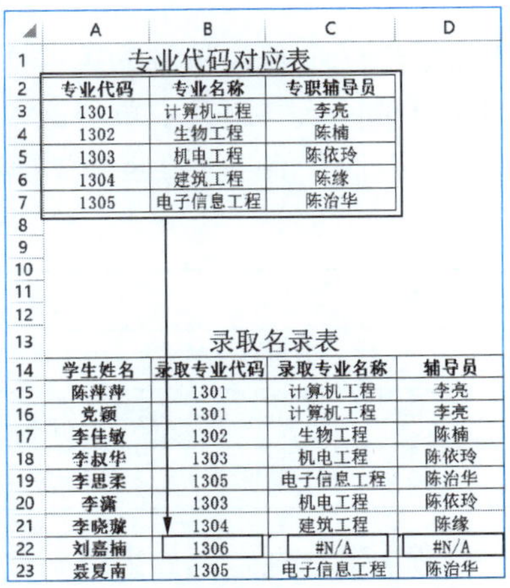

	A	B	C	D
1	专业代码对应表			
2	专业代码	专业名称	专职辅导员	
3	1301	计算机工程	李亮	
4	1302	生物工程	陈楠	
5	1303	机电工程	陈依玲	
6	1304	建筑工程	陈缘	
7	1305	电子信息工程	陈治华	
8				
9				
10				
11				
12				
13	录取名录表			
14	学生姓名	录取专业代码	录取专业名称	辅导员
15	陈萍萍	1301	计算机工程	李亮
16	党颖	1301	计算机工程	李亮
17	李佳敏	1302	生物工程	陈楠
18	李叔华	1303	机电工程	陈依玲
19	李思柔	1305	电子信息工程	陈治华
20	李潇	1303	机电工程	陈依玲
21	李晓璇	1304	建筑工程	陈缘
22	刘嘉楠	1306	#N/A	#N/A
23	聂夏南	1305	电子信息工程	陈治华

图 6-34 查询不到相应元素示意图

可以使用 IFERROR 函数来捕获和处理公式中的错误。IFERROR 函数的语法格式为 IFERROR（值，错误值），其参数的含义是：

① 值：为可能出错的公式。如果公式不出错，就将 Value 公式的结果作为返回值。

② 错误值：公式计算结果错误时返回的值。

如上例所示，可以将 C15 单元格的公式修改为"=IFERROR(VLOOKUP(B15,$A$3:$B$7,2,0)," 无此专业代码 ")"来解决专业代码不存在的情况。这样，在进行公式复制后，"刘嘉楠"的录取专业名称显示为"无此专业代码"。

6.3.2 任务实现

1. 任务分析

要计算某学生是否获得奖学金，需要：

① 确定其级别身份为"主要干部"、"一般干部"还是"无"。如图 6-35 所示。

电子信息工程专业任职一览表			
姓名	班级	担任职务	职务级别
陈俊晔	电子1	班级干事	
冯汉荣	电子1	团支书	
冯天麒	电子1	学院学生会干事	
胡婷	电子1	学院团委干事	
黄志康	电子1	班级干事	
李子媚	电子1	校社团干事	
刘婷玉	电子1	班长	
罗雁珲	电子1	校学生会主席	
麦俊驱	电子1	班级干事	
张军	电子1	校团委干事	
郑皓方	电子1	班级干事	
白蓉蓉	电子2	学院学生会干事	
陈依玲	电子2	学院团委干事	
韩玉儿	电子2	校社团干事	
王荣宇	电子2	班级干事	
王媛	电子2	团支书	
许肖婷	电子2	班长	
杨嘉乐	电子2	校学生会副主席	

职位名称	级别
校学生会主席	主要干部
校学生会副主席	主要干部
校团委书记	主要干部
校团委副书记	主要干部
校学生会部长	主要干部
校学生会副部长	主要干部
校社团会长	主要干部
学院学生会主席	主要干部
学院团委书记	主要干部
班长	主要干部
团支书	主要干部
校团委干事	一般干部
校学生会干事	一般干部
学院学生会干事	一般干部
学院团委干事	一般干部
班级干事	一般干部
校社团干事	一般干部

电子信息工程专业任职一览表			
姓名	班级	担任职务	职务级别
陈俊晔	电子1	班级干事	一般干部
冯汉荣	电子1	团支书	主要干部
冯天麒	电子1	学院学生会干事	一般干部
胡婷	电子1	学院团委干事	一般干部
黄志康	电子1	班级干事	一般干部
李子媚	电子1	校社团干事	一般干部
刘婷玉	电子1	班长	主要干部
罗雁珲	电子1	校学生会主席	主要干部
麦俊驱	电子1	班级干事	一般干部
张军	电子1	校团委干事	一般干部
郑皓方	电子1	班级干事	一般干部
白蓉蓉	电子2	学院学生会干事	一般干部
陈依玲	电子2	学院团委干事	一般干部
韩玉儿	电子2	校社团干事	一般干部
王荣宇	电子2	班级干事	一般干部
王媛	电子2	团支书	主要干部
许肖婷	电子2	班长	主要干部
杨嘉乐	电子2	校学生会副主席	主要干部

姓名	班级	级别身份	德育绩点	大学英语绩点	大学计算机绩点	高等数学绩点	数字电路绩点	单片机绩点	平均课程绩点
李镇浩	电子1	无	3.9	3.8	3.7	3.5	3.7	3.8	3.69
张宝月	电子2	无	3.6	2.9	3.9	3.9	3.1	4.0	3.6
宋超	电子3	无	3.3	3.3	3.4	3.9	3.9	3.4	3.6
李晓璇	电子4	无	4.0	3.9	3.3	3.9	3.3	3.4	3.59
刘嘉楠	电子4	无	3.9	3.9	3.3	3.9	3.4	3.3	3.58
曾文	电子1	无	3.6	3.6	3.5	3.5	4.0	3.4	3.58
周爽	电子5	主要干部	3.4	3.8	3.7	3.6	3.9	3.0	3.57
钟雪敏	电子5	无	3.9	3.9	3.8	3.7	3.5	3.0	3.56
陈明明	电子2	无	3	3.1	3.9	3.4	3.9	3.6	3.56
郑皓方	电子1	0	3.7	3.1	3.5	2.2	3.5	3.0	2.97
吴康	电子3	无	3.0	3.6	3.6	3.5	3.4	3.7	3.56
毛旭	电子3	一般干部	3.0	3.9	3.6	3.6	3.4	3.3	3.55

图 6-35　确定学生担任职务情况

② 根据奖学金条件限制的单科课程绩点要求，分别统计"单科课程绩点 >=2.5 的门次"，"单科课程绩点∈[2.4,2.5) 的门次"以及"单科课程绩点∈[2.2,2.5) 的门次"。

③ 根据级别身份，计算每个学生达到奖学金要求的课程门次，见表 6-1。

表 6-1　达到奖学金要求的课程门次

级 别 身 份	达到奖学金要求的课程门次
主要干部	单科课程绩点 >=2.5 的门次 + 最多 2 门单科课程绩点∈[2.2,2.5)
一般干部	单科课程绩点 >=2.5 的门次 + 最多 2 门单科课程绩点∈[2.4,2.5)
无	单科课程绩点 >=2.5 的门次

④ 奖学金资格判定：如果达到奖学金要求的课程门次 = 修读课程门次，则表明其有评选奖学金资格，否则就没有评选奖学金资格。

⑤ 筛选出有奖学金资格的名单，并对名单按平均课程绩点排序，当平均课程绩点相同时，按德育绩点排序。

⑥ 计算奖学金名额。一等奖学金名额不超过专业总人数 2%（含，下同），二等奖学金名额不超过专业总人数 5%，三等奖学金名额不超过专业总人数 8%，人数出现小数的，采用去尾法计算。

⑦ 按给定名额数量，对符合奖学金的学生进行评定。

⑧ 确定最终奖学金名单，并给出按姓名查询详细情况。

2. 实现过程

（1）数据准备

在相关素材中，“职务级别”工作表存放的是图 6-35 所示的职务与级别的对应关系，“任职一览表”工作表存放的是图 6-35 所示的所有担任学生干部的名单，“奖学金计算”工作表存放的是图 6-35 所示的筛选出来的可能符合奖学金评选条件的名单。

因此，新建“奖学金评定 .xlsx”工作簿，将上述三张工作表复制到该工作簿中。

（2）确定担任职务的对应级别

根据“职务级别”工作表的对应关系，将“任职一览表”工作表中学生的担任职务转换为对应的职务级别。要得到“陈俊晔”同学的职务级别（D3），就需要根据其“担任职务”（C3 单元格），在“职务级别”工作表中的 !$A$2:$B$18 单元格区域去查找。操作步骤如下：

① 选择“任职一览表”工作表的 D3 单元格，单击“公式”选项卡中的“查找与引用”下拉按钮，选择 VLOOKUP 函数，弹出图 6-36 所示的“函数参数”对话框。

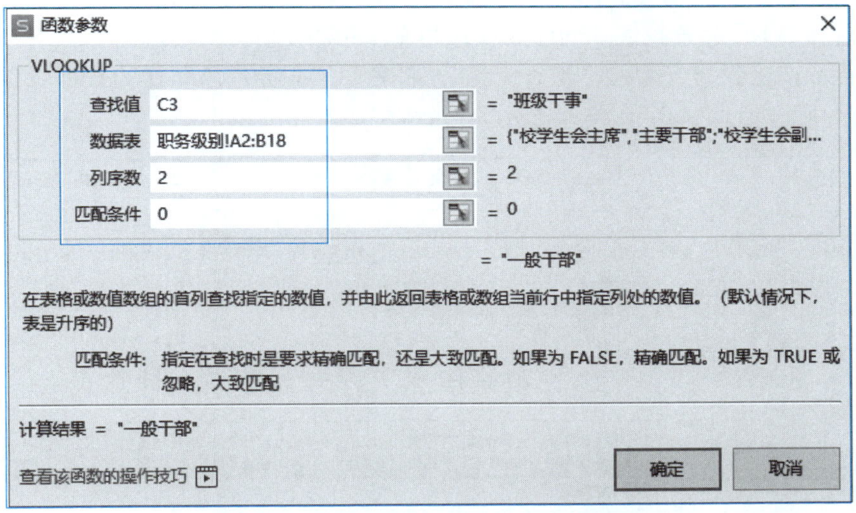

图 6-36　用 VLOOKUP 函数查找职务级别

② 在“函数参数”对话框中，选择 C3 作为查找值参数值，选择职务级别 !$A$2:$B$18 作为数据表参数值，列序数设置为 2，匹配条件设置为 0。对应的公式为“=VLOOKUP(C3，职务级别 !$A$2:$B$18,2,0)”，其含义是：根据当前 C3 单元格的值，去单元格区域 !$A$2:$B$18 的第一列查找，如果找到匹配项，则将单元格区域 !$A$2:$B$18 的对应匹配项所在行的第二列的值填充到当前位置。

③ 选择 D3 单元格，移动鼠标，当鼠标指针变成黑色填充柄时，双击，完成函数及公式的复制。

（3）确定奖学金名单的级别身份

将“任职一览表”工作表中学生的职务级别对应到“奖学金计算”工作表中的“级别身份”，如果没有相应的职务级别，则显示“无”。需要根据“奖学金计算”工作表的“姓名”来查找“任职一览表”工作表中的“姓名”，如果找到，就将其“职务级别”填充到对应的“级别身份”位置。

因此，可以通过在“奖学金计算”工作表运用 VLOOKUP 函数，将“任职一览表”中的相应数据查找出来。操作步骤如下：

① 如图 6-37 所示，选择“任职一览表”工作表的 A3:D57 单元格区域，单击“公式”选项卡中的“名

称管理器”按钮，在弹出的“名称管理器”对话框中，单击“新建”按钮，将“名称”命名为“职务信息”。这样，需要引用“任职一览表”工作表 A3:D57 单元格区域的地方都可以用“职务信息”名称来替代。

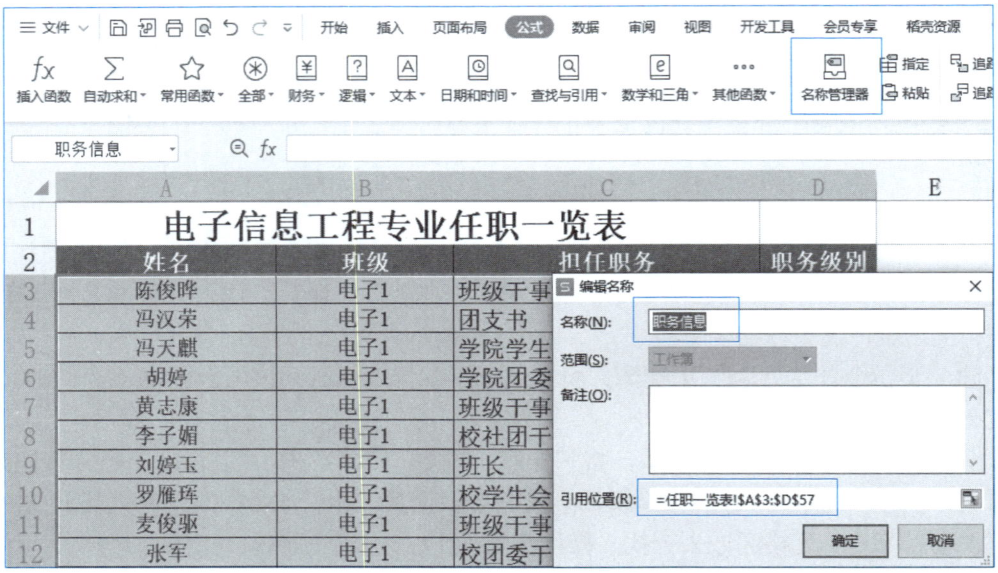

图 6-37　用 VLOOKUP 函数查找职务级别

② 选择“奖学金计算”工作表的 C4 单元格，选择“公式”选项卡“查找与引用”下拉列表中的 VLOOKUP 函数，选择 A4 作为查找值，列序数设置为 4，匹配条件设置为 0。

③ 如图 6-38 所示，在数据表输入“职务信息”，将名称“职务信息”作为数据表参数值。对应的公式为“=VLOOKUP(A4, 职务信息 ,4,0)”，结果显示为“#N/A”。

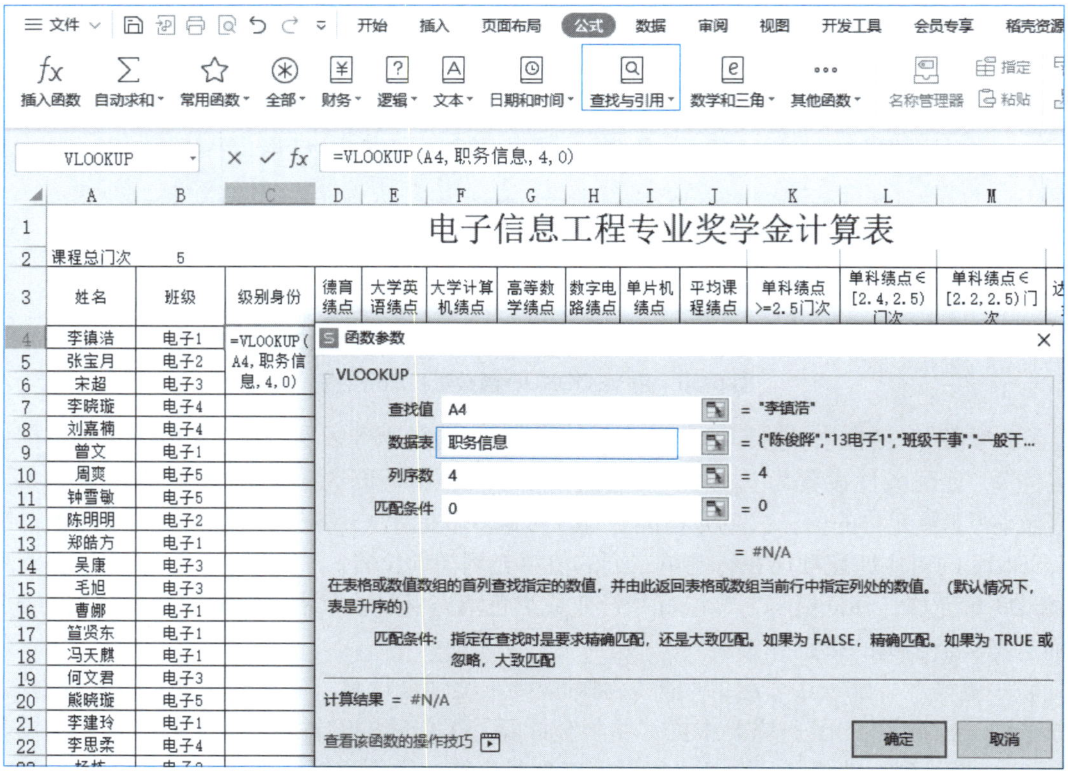

图 6-38　用 VLOOKUP 函数查找级别身份

④ 将 C4 单元格编辑栏区域中“=”之后的内容剪切下来。

⑤ 选择 C4 单元格，单击“公式”选项卡中的“逻辑”下拉按钮，选择 IFERROR 函数。在图 6-39 所

示的对话框中，“值”为剪切的内容（"VLOOKUP(A4, 职务信息 ,4,0)"），“错误值”为“" 无 "”。对应的公式为“=IFERROR(VLOOKUP(A4, 职务信息 ,4,0)," 无 ")”，结果显示为“无”。

⑥ 选择 C4 单元格，移动鼠标，当鼠标指针变成黑色填充柄时双击，完成函数及公式的复制。

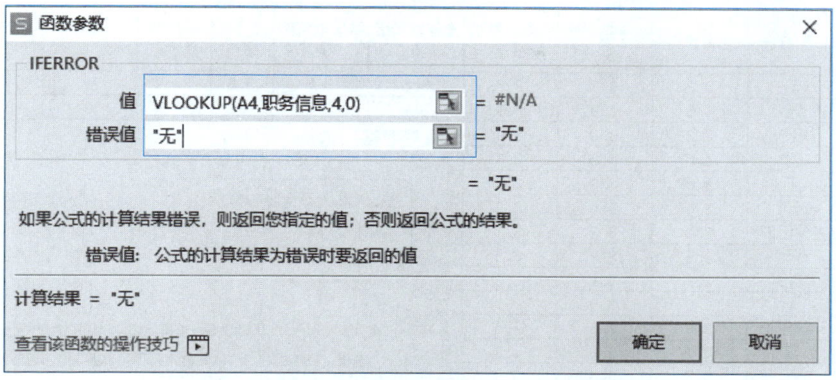

图 6-39　用 IFERROR 函数处理错误显示

（4）统计单科课程绩点范围

根据奖学金条件限制的单科课程绩点要求，分别统计单科课程绩点 >=2.5 的门次，单科课程绩点 ∈ [2.4,2.5) 的门次以及单科课程绩点 ∈ [2.2,2.5) 的门次，可以采用 COUNTIF 及 COUNTIFS 函数来实现。操作步骤如下：

① K4 单元格的公式为“=COUNTIF(E4:I4,">=2.5")”。

② L4 单元格的公式为“=COUNTIFS(E4:I4,"<2.5",E4:I4,">=2.4")”。

③ M4 单元格的公式为“=COUNTIFS(E4:I4,"<2.5",E4:I4,">=2.2")”。

④ 分别选择 K4、L4 及 M4 单元格，移动鼠标，当鼠标指针变成黑色填充柄时双击，完成函数及公式的复制。

（5）符合奖学金课程门次计算

根据级别身份，计算每个学生达到奖学金要求的课程门次。由于“主要干部”最多可以有 2 门单科课程绩点 ∈ [2.2,2.5)，“一般干部”最多可以有 2 门单科课程绩点 ∈ [2.4,2.5)，因此可以用 IF 函数来对不同级别身份进行判断，而 MIN 函数则可以求出最多可以有 2 门单科课程绩点 ∈ [2.2,2.5) 和最多可以有 2 门单科课程绩点 ∈ [2.4,2.5)，其逻辑表达见表 6-2。

表 6-2　达到奖学金要求的课程门次计算逻辑

级 别 身 份	达到奖学金要求的课程门次
主要干部	单科课程绩点 >=2.5 的门次 +MIN(单科课程绩点 ∈ [2.2,2.5) 的门次 ,2)
一般干部	单科课程绩点 >=2.5 的门次 +MIN(单科课程绩点 ∈ [2.4,2.5) 的门次 ,2)
无	单科课程绩点 >=2.5 的门次

操作步骤如下：

① 选择 N4 单元格，插入 IF 函数，IF 函数的测试条件的值为“C4=" 主要干部 "”，光标定位在真值区域，选择 K4 单元格，然后输入“+”，在名称框选择需要嵌入的 MIN 函数，如果没有显示 MIN 函数，则单击“其他函数”中的“全部函数”，找到并嵌入 MIN 函数，如图 6-40 所示。

② 在图 6-41 所示的 MIN 函数的对话框中，数值 1 区域选择 M4 单元格，数值 2 的值输入 2。

③ 单击“确定”按钮后，光标定位在 N4 单元格编辑区域的 IF 函数位置，单击编辑栏前的“插入函数”图标 fx，弹出 IF 函数对话框。将光标定位在假值的输入框中，在函数名称框选择需要嵌入的 IF 函数，IF 函数的参数分别为：测试条件的值为“C4=" 一般干部 "”，假值为“K4”，真值为“K4+MIN(L4,2)”。N4 单元格的最后公式为“=IF(C4=" 主要干部 ",K4+MIN(M4,2),IF(C4=" 一般干部 ",K4+MIN(L4,2),K4))”，结果显示为 5。

④ 选择 N4 单元格，移动鼠标，当鼠标指针变成黑色填充柄时双击，完成函数及公式的复制。

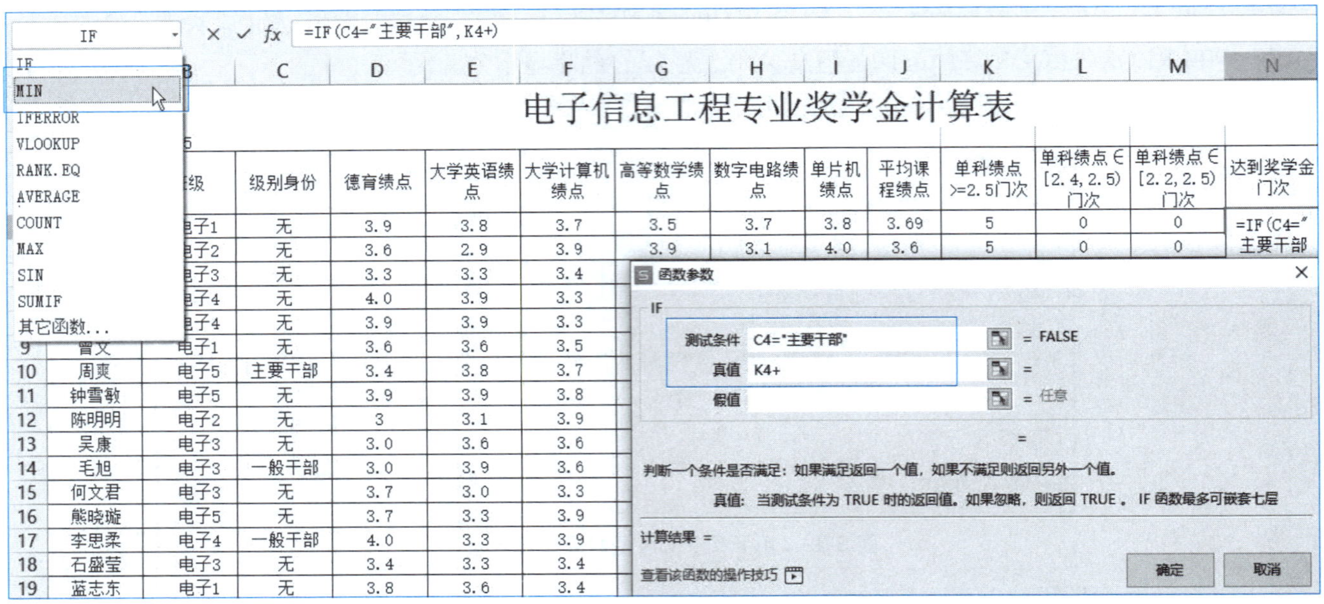

图 6-40 用 IF 函数判断级别身份

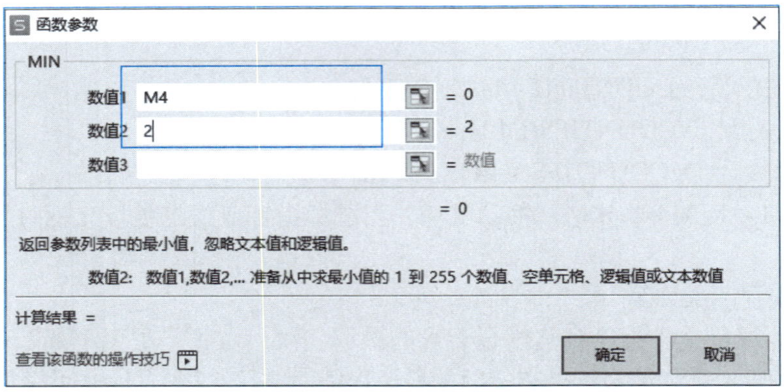

图 6-41 用 MIN 函数求单科课程绩点 ∈[2.2,2.5) 的门次与 2 的最小值

(6) 奖学金资格判定

如果达到奖学金的课程门次与本学期所学的课程门次相等，就表示该学生具备奖学金资格。因此 O4 单元格可以根据 N4 单元格的值是否与课程总门次(B2)是否相等来填写是否具备奖学金资格。需要注意的是，由于课程总门次（B2）不随公式的位置变化而发生变化，因此，需要使用绝对地址。操作步骤如下：

① 选择 O4 单元格，选择 IF 函数并填写相应参数。O4 的公式为“=IF(N4=$B$2," 是 "," 否 ")”，结果显示为“是”。

② 选择 O4 单元格，移动鼠标，当鼠标指针变成黑色填充柄时双击，完成函数及公式的复制。

(7) 筛选和排序符合奖学金名单

将有奖学金资格的学生名单筛选出来，并对名单按平均课程绩点排序，当平均课程绩点相同时，按德育绩点排序。操作步骤如下：

① 选择 A3:P92 单元格区域，单击“开始”选项卡中的“筛选”下拉按钮，选择“筛选”。

② 单击 O3 单元格的筛选下拉按钮，在弹出的下拉列表中只勾选“是”。状态栏显示“在 89 条记录中找到 69 个”，表明有 69 个学生具备奖学金资格。

③ 光标定位在“平均课程绩点”列的任一单元格，单击“开始”选项卡中的“排序”下拉按钮，选择“降序”，数据就按照平均课程绩点的大小进行了降序排序。

④ 光标定位在当前工作表的任一位置，单击“开始”选项卡中的“排序”下拉按钮，选择“自定义排序”，在弹出的“排序”对话框中添加图 6-42 所示的条件。

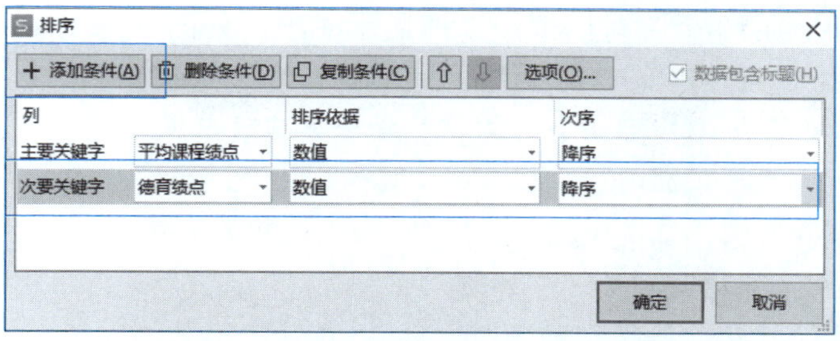

图 6-42　排序奖学金资格名单数据

(8) 奖学金名额确定

根据奖学金评定规则，首先要确定每个等级的获奖人数：一等奖学金名额不超过专业总人数 2%（含，下同），二等奖学金名额不超过专业总人数 5%，三等奖学金名额不超过专业总人数 8%，人数出现小数的，采用去尾法计算。操作步骤如下：

① 将“相关素材”的“奖学金名额”工作表复制到“奖学金评定 .xlsx”工作簿中。

② 计算每个等级的获奖人数，由于人数出现小数的要采用去尾法计算，因此可以使用 ROUNDDOWM 函数来实现。D2 单元格的公式为“=ROUNDDOWN($B$1*B2,0)”，结果为 4。

③ 选择 D2 单元格，移动鼠标，当鼠标指针变成黑色填充柄时双击，完成函数及公式的复制。计算得到一等奖 4 名，二等奖 10 名，三等奖 16 名。

(9) 奖学金评定

要根据奖学金名额来评定奖学金，还需要考虑如下规则：当平均课程绩点和德育绩点相同导致奖学金等级不同时，奖学金等级按最高等级计算，下一等级奖学金名额相应减少。如果平均课程绩点和德育绩点相同导致最后一个等级名额不够时，则自动扩充奖学金。操作步骤如下：

① 单击“奖学金计算”工作表的 J3 单元格的筛选按钮，在弹出的下拉列表中选择“数字筛选”→“前十项”，如图 6-43 所示。

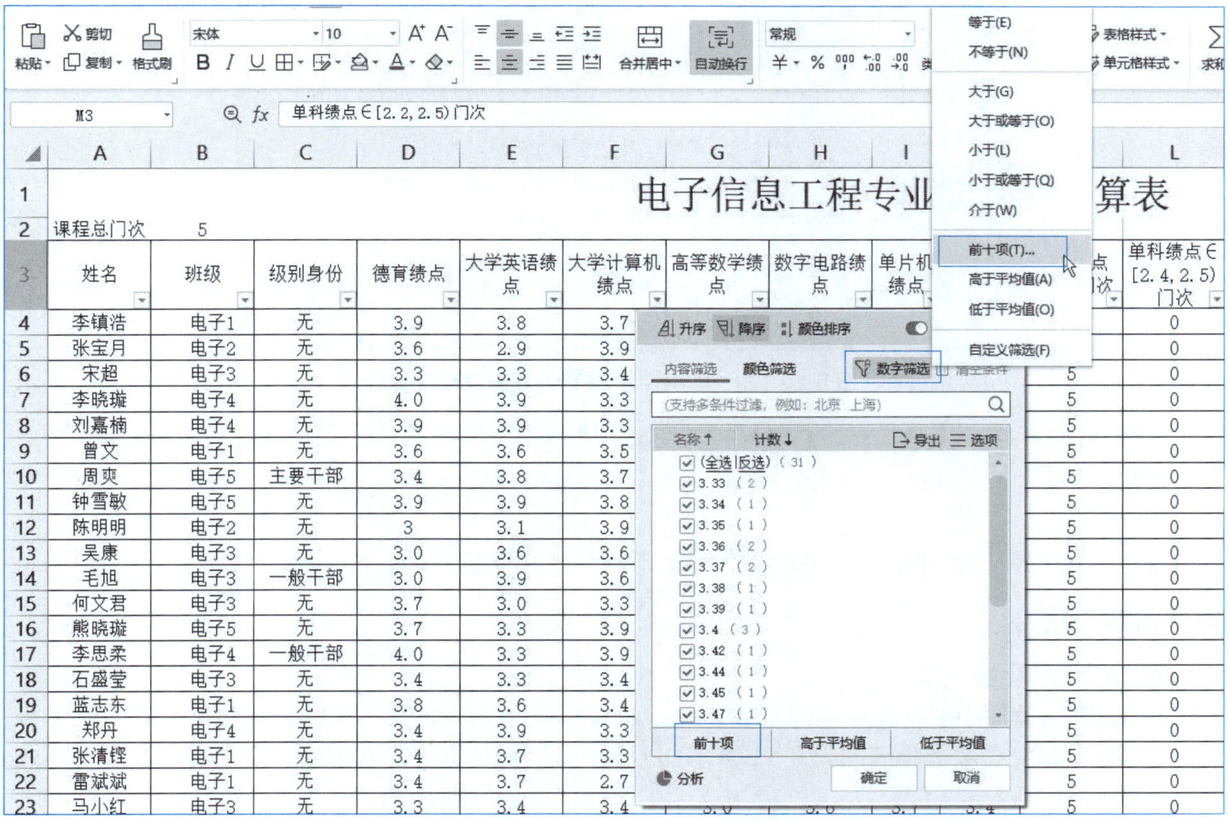

图 6-43　筛选出前 10 个最大的数据

② 在弹出的“自动筛选前 10 个”对话框中选择显示 4 项，如图 6-44 所示。

③ 状态栏显示“在 89 个记录中找到 4 个”，将其奖学金区域填充为“一等奖”。

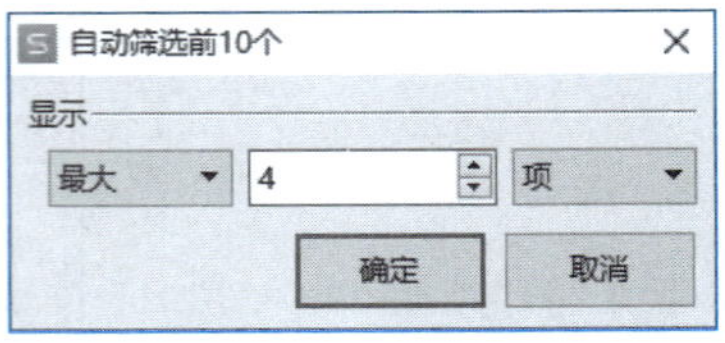

图 6-44　筛选出前 4 个最大的数据

④ 单击 J3 单元格的筛选按钮，筛选出前 14 项（一、二等奖的人数），将其奖学金区域为空的 10 个单元格填写为“二等奖”。

⑤ 单击 J3 单元格的筛选按钮，筛选出前 30 项（一、二、三等奖的人数），状态栏显示“在 89 个记录中找到 31 个”。观察最后的数据，发现第 30 个和第 31 个数据的平均课程绩点和德育绩点相同，因此符合三等奖的学生有 17 名，将其奖学金区域为空的 17 个单元格填写为“三等奖”。

⑥ 选择整个工作表，将其内容复制，粘贴到一个新的工作表，命名为“奖学金最终名单”。

(10) 奖学金名单查询

需要按奖学金最终名单数据，按“姓名”查询每个学生的详细情况。由于查询的姓名是奖学金最终名单的学生，因此可以用数据有效性来进行姓名限制。而要查询到其他具体情况，可以根据姓名去查询奖学金最终名单中对应的数据，可以使用 VLOOKUP 来实现。操作步骤如下：

① 将相关素材中的“奖学金名单查询”工作表复制到“奖学金评定 .xlsx”工作簿中。

② 选择“奖学金最终名单”工作表的 A4:P34 单元格区域，将其名称定义为“奖学金名单”。

③ 选择“奖学金名单查询”的 B2 单元格，将其数据有效性的条件设置为允许“序列”，来源于“= 奖学金最终名单 !$A$4:$A$34”。

④ 选择 B3 单元格，如图 6-45 所示，定义其公式为“=VLOOKUP($B$2，奖学金名单，2,0)”，表示根据 B2 单元格值，去查找“奖学金名单”名称区域，找到后将其第 2 列数据返回。需要注意的是，由于 B3:B12 单元格都需要根据姓名（B2 单元格的值）去查找，因此将 B2 定义为绝对地址 $B$2。

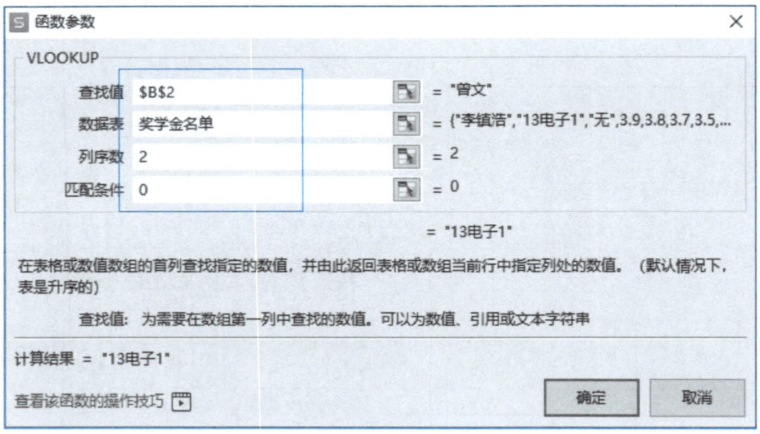

图 6-45　用 VLOOKUP 根据姓名查找班级名称

⑤ 选择 B3 单元格，移动鼠标，当鼠标指针变成黑色填充柄时双击，完成函数及公式的复制。

⑥ 选择 B4 单元格，修改公式中的参数，返回数据为第 3 列，对应公式为“=VLOOKUP($B$2，奖学金名单，3,0)”。

⑦ 按照对应关系，分别选择 B5:B12 单元格，修改公式中的参数。

6.3.3　总结与提高

1. VLOOKUP 函数

VLOOKUP 函数用于查找区域中的重复数据，如图 6-46 所示，值得注意的是，如果 VLOOKUP 函数的查找区域中第一列中有多个相同的值，VLOOKUP 函数只能返回与查找值相同的第 1 条数据所对应的其他列的值。

VLOOKUP 函数的参数匹配条件指明在查找时是按大致匹配查找（1 或 true）还是精确匹配查找（0

或 false）。

如图 6-47 所示，如果将 C22 的公式变更为“=VLOOKUP(B22,$A$3:$B$7,2,1)”，采取大致匹配查找法进行查找，就出现了与图 6-46 截然不同的结果。

专业代码对应表

专业代码	专业名称	专职辅导员
1301	计算机工程	李亮
1302	生物工程	陈楠
1303	机电工程	陈依玲
1304	建筑工程	陈缘
1305	电子信息工程	陈治华
1302	医学工程	邓香貌

录取名录表

学生姓名	录取专业代码	录取专业名称	辅导员
陈萍萍	1301	计算机工程	李亮
党颖	1301	计算机工程	李亮
李佳敏	1302	生物工程	陈楠
李叔华	1303	机电工程	陈依玲
李思柔	1305	电子信息工程	陈治华
李潇	1303	机电工程	陈依玲
李晓璇	1304	建筑工程	陈缘
刘嘉楠	1302	生物工程	陈楠
聂夏南	1305	电子信息工程	陈治华

图 6-46 VLOOKUP 函数查找区域中的重复数据

专业代码对应表

专业代码	专业名称	专职辅导员
1301	计算机工程	李亮
1302	生物工程	陈楠
1303	机电工程	陈依玲
1304	建筑工程	陈缘
1305	电子信息工程	陈治华

录取名录表

学生姓名	录取专业代码	录取专业名称	辅导员
陈萍萍	1301	计算机工程	李亮
党颖	1301	计算机工程	李亮
李佳敏	1302	生物工程	陈楠
李叔华	1303	机电工程	陈依玲
李思柔	1305	电子信息工程	陈治华
李潇	1303	机电工程	陈依玲
李晓璇	1304	建筑工程	陈缘
刘嘉楠	1306	电子信息工程	无此专业代码
聂夏南	1305	电子信息工程	陈治华

图 6-47 VLOOKUP 大致匹配查找

这是由于在查找区域 $A$3:$B$7 查找“1306”时，没有找到“1306”，因此将与其最接近的“1305”作为查找到的匹配元素，因此将“1305”所对应的“电子信息工程”当作了返回结果。

大致匹配查找通常用作图 6-48 所示的区间范围查找的情况。需要注意的是，大致匹配查找是将小于或等于查找值的最接近的值作为查找到的匹配项（如与 8 000 最接近，又小于或等于 8 000 的数字为 0，因此返回的是 0 所对应的提成比例 0.01）。

销售额提成比例表

销售额	提成比例	说明
0	0.01	0~10000
10000	0.05	10000~25000
25000	0.10	25000~50000
50000	0.15	50000~100000
100000	0.20	100000以上

提成奖励表

销售员	销售额	提成比例	应提金额
陈萍萍	8000	0.01	80
党颖	12000	0.05	600
李佳敏	30000	0.10	3000
李叔华	60000	0.15	9000
李思柔	120000	0.20	24000
李潇	5000	0.01	50
李晓璇	35000	0.10	3500
刘嘉楠	25000	0.10	2500
聂夏南	13000	0.05	650

图 6-48 VLOOKUP 函数大致匹配查找应用

2. HLOOKUP 函数

HLOOKUP 函数与 VLOOKUP 函数相似，都是用来查找数据。其不同点是 VLOOKUP 函数在查找区域中第一列找到匹配项后，将匹配项所在行对应的某列的值作为结果返回。而 HLOOKUP 函数则是在查找区域中第一行找到匹配项后，将匹配项所在行对应的某行的值作为结果返回。其应用示例如图 6-49 所示。其中，C11 单元格的公式为“=HLOOKUP(B11,$B$2:$G$4,2,0)”。

C11 =HLOOKUP(B11, $B$2:$G$4, 2, 0)

	A	B	C	D	E	F	G
1	专业代码对应表						
2	专业代码	1301	1302	1303	1304	1305	1306
3	专业名称	计算机工程	生物工程	机电工程	建筑工程	电子信息工程	医学工程
4	专职辅导员	李亮	陈楠	陈依玲	陈缘	陈治华	邓香貌
5							
6							
7							
8							
9	录取名录表						
10	学生姓名	录取专业代码	录取专业名称	辅导员			
11	陈萍萍	1301	计算机工程	李亮			
12	党颖	1301	计算机工程	李亮			
13	李佳敏	1302	生物工程	陈楠			
14	李叔华	1303	机电工程	陈依玲			
15	李思柔	1305	电子信息工程	陈治华			
16	李潇	1303	机电工程	陈依玲			
17	李晓璇	1304	建筑工程	陈缘			
18	刘嘉楠	1306	医学工程	邓香貌			
19	聂夏南	1305	电子信息工程	陈治华			

图 6-49　HLOOKUP 函数应用

3. 名称管理

如果需要对工作簿中已经定义的名称进行查看、编辑或者删除等操作，可以通过“公式”选项卡中的“名称管理器”按钮，打开“名称管理器”对话框来进行操作。

6.4　奖学金统计

6.4.1　知识点解析

1. 批注

通过批注，可以对单元格的内容添加注释或者说明。如图 6-50 所示，通过对“小计”添加批注，可以清晰知道小计金额的由来。由于批注类似于 WPS Office 演示文稿中的文本框，因此，可以通过设置批注的填充效果为图片，而让“活页夹”添加图片批注。

办公用品采购表

序号	项目	单价	数量	小计
1	文件袋	￥5.00	50	￥250.00
2	订书机	￥20.00	10	￥200.00
3	5号电池	￥4.00	20	￥80.00
4	7号电池	￥3.50	30	￥105.00
5	活页夹	￥60.00	40	￥2,400.00
6	圆珠笔	￥4.50	100	￥450.00
总计				￥3,485.00

小计=单价×数量

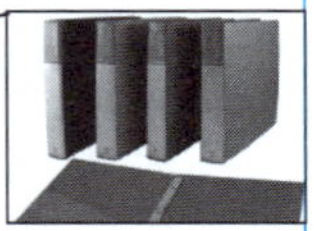

图 6-50　批注

2. SUMIF 函数

如图 6-51 所示，要统计“北京”地区的荣誉奖章总积分，需要：

	A	B	C
1	荣誉奖章积分排行榜		
2	姓名	地区	荣誉奖章积分
3	李　明	北京	16500
4	陈思欣	上海	17580
5	蓝敏绮	北京	20100
6	钟宇铿	北京	16500
7	李振兴	北京	14680
8	张金峰	上海	15680
9	王嘉明	上海	16000
10	彭培斯	北京	17500

荣誉奖章积分排行榜

姓名	地区	荣誉奖章积分
李　明	北京	16500
蓝敏绮	北京	20100
钟宇铿	北京	16500
李振兴	北京	14680
彭培斯	北京	17500

图 6-51　SUMIF 函数示意

① 确定要过滤的单元格区域。

② 将“北京”地区的所有数据过滤出来。

③ 在过滤出来的数据中找到对应的荣誉奖章积分区域。

④ 对找到的对应荣誉奖章积分区域求和。

而要实现上述功能的自动计算，可以采用 SUMIF 函数来完成。SUMIF 函数的语法格式为：

```
SUMIF(Range,Criteria,Sum_range)
```

其中，Range 为要过滤的单元格区域（即第 1 步中确定的单元格区域）；Criteria 为指定的条件（即给定的条件）；Sum_range 表示需要对哪些单元格求和（即找到的单元格区域）；SUMIF 函数将得到符合条件的和（即对应单元格区域的求和）。

对应的公式为“=SUMIF(B3:B10," 北京 ",C3:C10)”。其含义是：将 B3:B10 单元格区域中为“北京”的数据过滤出来，在过滤出来的数据中求对应的 C3:C10 单元格数值的和。

3. COUNTIFS 函数的条件区域

如图 6-52 所示，要统计“北京”地区荣誉奖章积分在 17 000 分以上（含）的人数，需要：

① 将“北京”地区的所有数据过滤出来。

② 在过滤出来的数据中对积分 >=17000 的数据进行再次过滤。

③ 统计最后过滤出来的积分 >=17000 的单元格数。

因此，可以使用 COUNTIFS 函数来实现。其对应的参数是：

① Criteria_range1 参数值为 B3:B10 单元格区域。

② Criteria1 参数值为“北京”。

③ Criteria_range2 参数值为 C3:C10 单元格区域。

④ Criteria2 参数值为“>=17000”。

公式为“=COUNTIFS(B3:B10," 北京 ",C3:C10,">=17000")”。其含义是：将 B3:B10 单元格区域中为“北京”的数据过滤出来，在过滤出来的数据中，再将 C3:C10 单元格区域中 >=17000 的数据过滤出来，在得到的数据区域中统计 C3:C10 单元格区域的单元格个数。

6.4.2 任务实现

1. 任务分析

辅导员李老师现在要统计奖学金获奖情况，包括：

① 计算每个人应获得的奖学金数额。

② 为了按班级总体发放奖学金，需要统计每个班获得的奖学金总额。

③ 为了对比各班之间的情况，需要按班统计每个班的各等级奖学金获奖人数。

④ 为 H3 单元格添加“按班级统计奖学金总额”批注，为 G12 单元格添加“按班统计各等级奖学金获奖人数”批注，如图 6-53 所示。

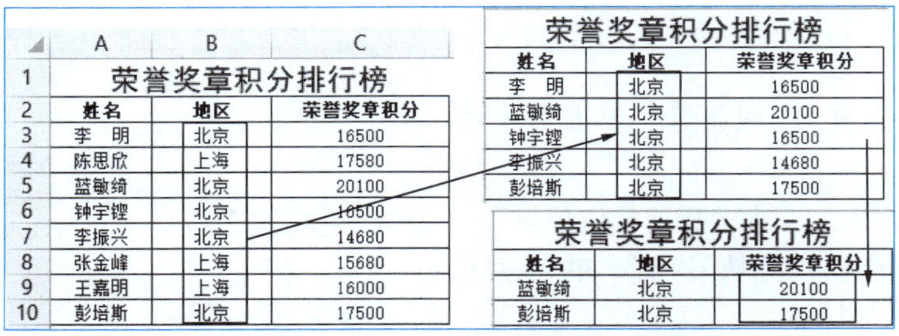

	A	B	C
1	荣誉奖章积分排行榜		
2	姓名	地区	荣誉奖章积分
3	李　明	北京	16500
4	陈思欣	上海	17580
5	蓝敏绮	北京	20100
6	钟宇铿	北京	16500
7	李振兴	北京	14680
8	张金峰	上海	15680
9	王嘉明	上海	16000
10	彭培斯	北京	17500

荣誉奖章积分排行榜

姓名	地区	荣誉奖章积分
李　明	北京	16500
蓝敏绮	北京	20100
钟宇铿	北京	16500
李振兴	北京	14680
彭培斯	北京	17500

荣誉奖章积分排行榜

姓名	地区	荣誉奖章积分
蓝敏绮	北京	20100
彭培斯	北京	17500

图 6-52　COUNTIFS 函数的条件区域

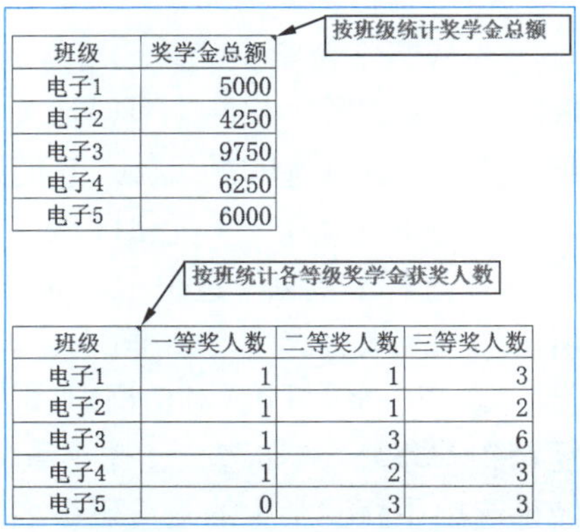

班级	奖学金总额
电子1	5000
电子2	4250
电子3	9750
电子4	6250
电子5	6000

班级	一等奖人数	二等奖人数	三等奖人数
电子1	1	1	3
电子2	1	1	2
电子3	1	3	6
电子4	1	2	3
电子5	0	3	3

图 6-53　奖学金统计信息

⑤ 用图表展示每个班的各等级奖学金人数，如图 6-54 所示。

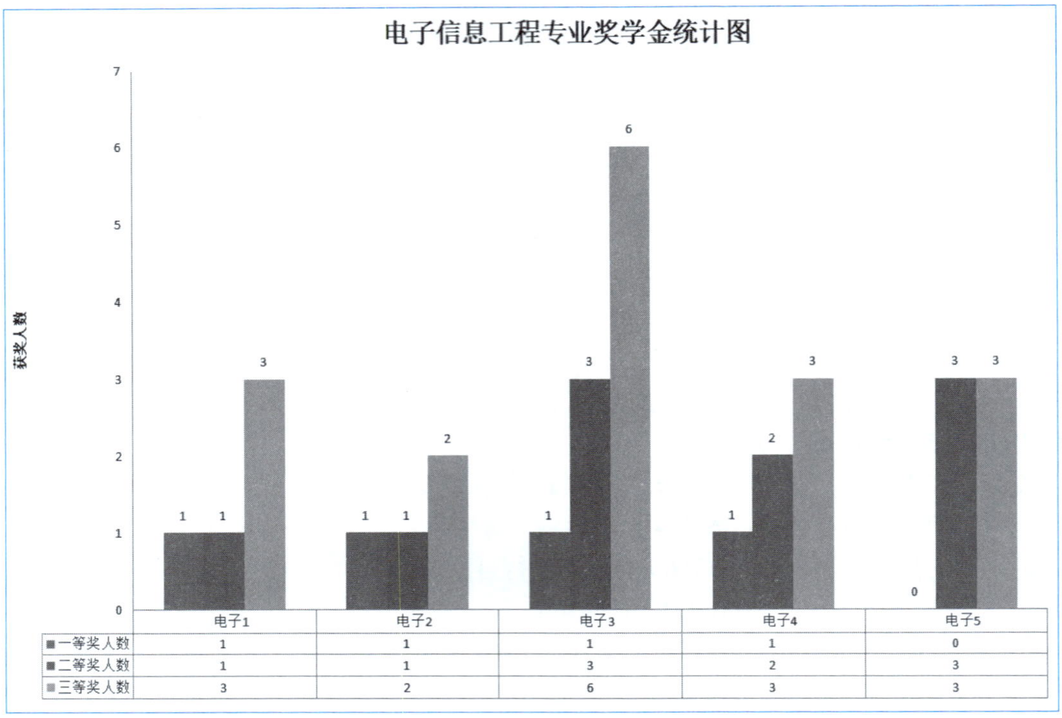

图 6-54　奖学金对比图

2. 实现过程

(1) 数据准备

在相关素材中，“奖学金名单”工作表存放的是所有获得奖学金的名单，“奖学金标准”工作表存放的是各等级奖学金对应的奖学金金额。

因此，新建“奖学金统计 .xlsx”工作簿，将上述两张工作表复制到该工作簿中，并将“奖学金名单”工作表重命名为“奖学金发放统计”。

(2) 计算学生应发奖学金

要填写每个学生的奖学金数额，需要根据每个人的获奖等级查找到对应的奖学金标准，因此可以用 VLOOKUP 函数来实现。操作步骤如下：

① 选择“奖学金发放统计”工作表的 E3 单元格，单击“公式”选项卡“查找与引用”中的 VLOOKUP 函数。

② 在“函数参数”对话框中，选择 D3 作为查找值，选择“奖学金标准 !$A$2:$B$4”作为数据表参数值，列序数设置为 2，匹配条件设置为 0。对应的公式为“=VLOOKUP(D3，奖学金标准 !$A$2:$B$4,2,0)”。

③ 选择 E3 单元格，移动鼠标，当鼠标指针变成黑色填充柄时双击，完成函数及公式的复制。

(3) 填充班级名称

要从奖学金学生名单的班级信息（B2:B33 单元格区域）得到每个获奖班级的班级名称，实际上可以认为是从有重复数据的序列中去掉重复数据，可以使用数据筛选的高级筛选功能来实现。操作步骤如下：

① 选择 B2:B33 单元格区域。

② 选择“数据”选项卡“筛选”下拉列表中的“高级筛选”，弹出图 6-55 所示的“高级筛选”对话框。

③ 在“高级筛选”对话框中，选择方式为“将筛选结果复制到其他位置”，复制到 $G$3，并勾选“选择不重复的记录”。这样，就从 B2:B33 单元格区域筛选出了获奖学生的对应班级名称。

④ 选择 G3:G8 单元格区域，将其复制到 G12:G17 单元格区域。

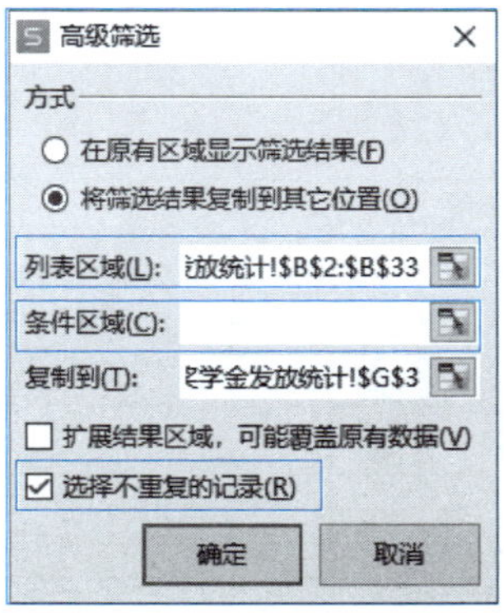

图 6-55　用高级筛选获取班级名称

(4) 添加批注

为 H3 单元格添加“按班级统计奖学金总额”批注，为 G12 单元格添加“按班统计各等级奖学金获奖人数”批注。操作步骤如下：

① 如图 6-56 所示，选择 H3 单元格，单击“审阅”选项卡“批注”组中的“新建批注”按钮，在对应的批注框中输入“按班级统计奖学金总额”。此时，“新建批注”按钮变成“编辑批注”。

② 选择“按班级统计奖学金总额”文本，右击，在弹出的快捷菜单中选择“设置批注格式”将其设置为红色，加粗显示。

③ 调整批注栏到合适大小。

④ 单击“审阅”选项卡“批注”组中的“显示所有批注”按钮，将批注显示在屏幕上。

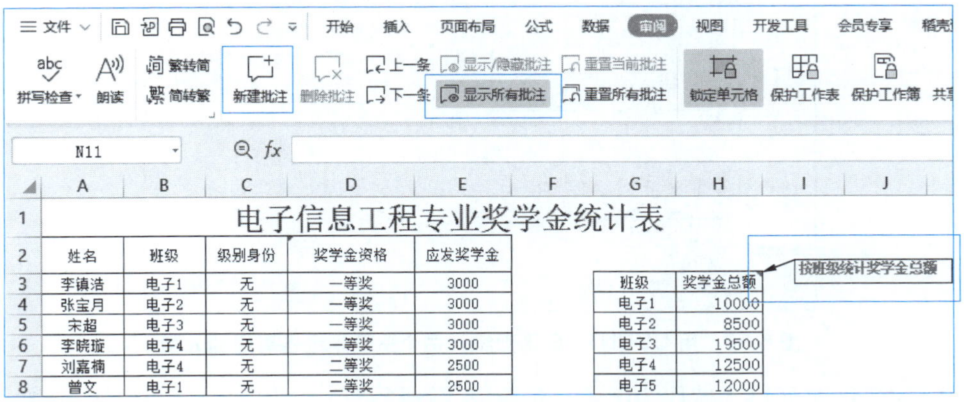

图 6-56 添加批注

⑤ 为 G12 单元格添加“按班统计各等级奖学金获奖人数”批注。

(5) 统计每个班的奖学金总额

要统计每个班的奖学金总额，实际上是对获奖名单按“班级”来对“应发奖学金”进行求和。例如，要统计“电子 1”的奖学金总额，就是要将获奖名单中属于“电子 1”的数据过滤出来，然后将过滤出来的“应发奖学金”相加即可。上述要求可以使用 SUMIF 函数。操作步骤如下：

① 选择 H4 单元格，单击单元格编辑栏前的插入函数按钮，通过查找，找到并插入 SUMIF 函数，弹出图 6-57 所示的“函数参数”对话框。

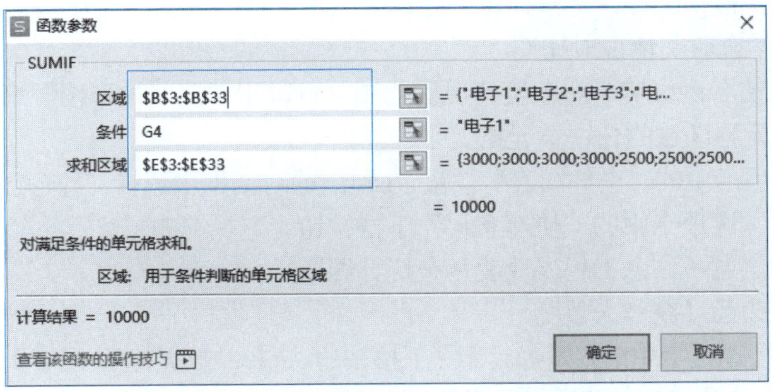

图 6-57 用 SUMIF 函数统计每个班的奖学金总额

② 选择 B3:B33 单元格区域作为 Range 参数值，G4 单元格作为 Criteria 参数值，E3:E33 单元格区域作为 Sum_range 参数。其含义是：将 B3:B33 单元格区域中等于 G4 单元格内容的行过滤出来，将过滤得到的行所对应的 E 列单元格区域中的值相加作为结果。由于在公式复制时，B3:B33 单元格区域和 E3:E33 单元格区域都是不应该变化的，因此将其转化为绝对引用。H4 单元格的最终公式为“=SUMIF($B$3:$B$33,G4,$E$3:$E$33)”。

③ 选择 H4 单元格，移动鼠标，当鼠标指针变成黑色填充柄时双击，完成函数及公式的复制。

（6）统计每个班奖学金各等级的人数

要统计每个班奖学金各等级的人数，实际上是对获奖名单按“班级”及“奖学金资格”来汇总对应的单元格个数。例如，要统计“电子 1”获得“一等奖”的人数，就是要将获奖名单中属于“电子 1”的数据过滤出来，然后在过滤出来的数据中再用“一等奖”进行过滤，最后统计过滤出来的“一等奖”单元格数。上述要求可以使用 COUNTIFS 函数。操作步骤如下：

① 选择 H13 单元格，单击“公式”选项卡中的“其他函数”下拉按钮，选择“统计”下面的 COUNTIFS 函数，弹出图 6-58 所示的“函数参数”对话框。

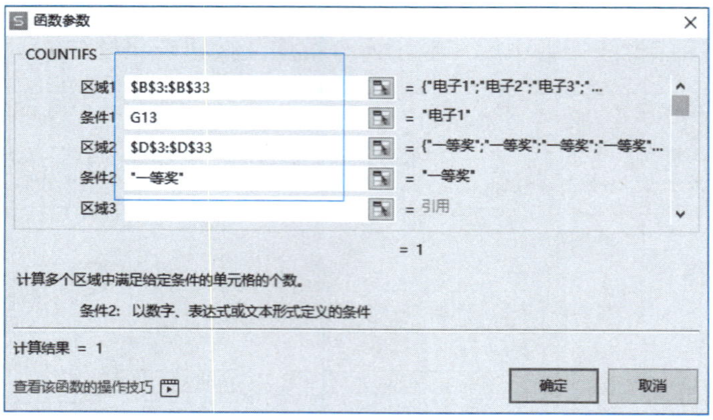

图 6-58　用 COUNTIFS 函数统计每个班奖学金各等级的人数

② 选择 $B$3:$B$33 单元格区域作为区域 1 参数值，选择 G13 作为条件 1 参数值，选择 $D$3:$D$33 单元格区域作为区域 2 参数值，输入“" 一等奖 "”作为条件 2 参数值，其含义是：将 $B$3:$B$33 单元格区域中等于 G13 单元格内容的数据过滤出来，将过滤得到数据中 $D$3:$D$33 单元格区域中等于“一等奖”的数据再过滤出来，最后统计过滤出来的 $D$3:$D$33 单元格区域中的单元格数。H13 单元格的最终公式为“=COUNTIFS($B$3:$B$33,G13,$D$3:$D$33," 一等奖 ")”。

③ 选择 H13 单元格，移动鼠标，当鼠标指针变成黑色填充柄时双击，完成函数及公式的复制。

④ I13 单元格的最终公式为“=COUNTIFS($B$3:$B$33,G13,$D$3:$D$33," 二等奖 ")”。

⑤ 选择 I13 单元格，移动鼠标，当鼠标指针变成黑色填充柄时双击，完成函数及公式的复制。

⑥ J13 单元格的最终公式为“=COUNTIFS($B$3:$B$33,G13,$D$3:$D$33," 三等奖 ")”。

⑦ 选择 J13 单元格，移动鼠标，当鼠标指针变成黑色填充柄时双击，完成函数及公式的复制。

（7）制作各班级奖学金获奖情况对比图

要制作图 6-54 所示的各班级奖学金获奖情况对比图，可以用“簇状柱形图”来实现。操作步骤如下：

① 选择 G12:J17 单元格区域的任一单元格。

② 单击“插入”选项卡中的“全部图表”按钮，在弹出的对话框中选择“柱形图”中的“簇状柱形图”。

③ 单击“图表工具”选项卡中的“快速布局”下拉按钮，选择“布局 5”。

④ 将图表标题改为“电子信息工程专业奖学金统计图”。

⑤ 将纵坐标轴标题改为“获奖人数”。

⑥ 单击“图表工具”选项卡中的“添加元素”下拉按钮，选择“数据标签”选项，设置为“数据标签外”。

⑦ 单击“图表工具”选项卡中的“添加元素”下拉按钮，选择“网格线”选项，将“主轴主要水平网格线”取消选择。

⑧ 单击“图表工具”选项卡中的“移动图表”下拉按钮，将其移到“奖学金统计图”的新工作表中。

6.4.3　总结与提高

1. SUMIFS 函数

如图 6-59 所示，要统计“北京”地区荣誉奖章积分在 17 000 分以上（含）的总积分，需要：

（1）将“北京”地区的所有数据过滤出来。

（2）在过滤出来的数据中，对积分“>=17000”的数据进行再次过滤。

（3）统计最后过滤出来的积分“>=17000”的和。

可以使用 SUMIFS 函数来实现。SUMIF 函数用来对区域中满足多个条件的单元格求和。SUMIF 函数的语法格式为

```
SUMIFS(Sum_range, Criteria_range1, Criteria1, [Criteria_range2, Criteria2], …)
```

参数的含义是：

Criteria_range1 和 Criteria1：用 Criteria1 条件对 criteria_range1 区域进行过滤。

Criteria_range2 和 Criteria2：用 Criteria2 条件对 criteria_range2 区域进行过滤。依此类推。

Sum_range：要求和的单元格区域。

因此，统计“北京”地区荣誉奖章积分在 17 000 分以上（含）的总积分的公式为“=SUMIFS(C3:C10,B3:B10," 北京 ",C3:C10,">=17000")”。

需要注意的是，SUMIFS 函数和 SUMIF 函数的参数顺序有所不同。Sum_range 参数在 SUMIFS 函数中是第一个参数，而在 SUMIF 函数中则是第三个参数。

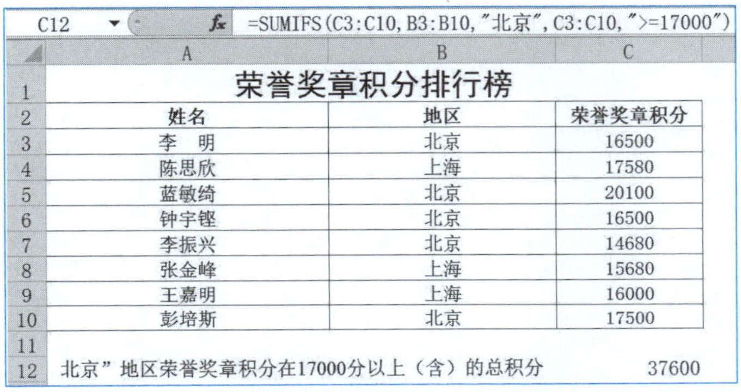
C12 =SUMIFS(C3:C10,B3:B10,"北京",C3:C10,">=17000")

荣誉奖章积分排行榜

姓名	地区	荣誉奖章积分
李　明	北京	16500
陈思欣	上海	17580
蓝敏绮	北京	20100
钟宇铿	北京	16500
李振兴	北京	14680
张金峰	上海	15680
王嘉明	上海	16000
彭培斯	北京	17500

北京”地区荣誉奖章积分在17000分以上（含）的总积分 37600

图 6-59　用 SUMIFS 函数统计“北京”地区荣誉奖章积分在 17 000 分以上的总积分

2. 双轴线图表制作

如图 6-60 所示，要制作国内生产总值及增速比较图，由于数据差异大，采用统一的坐标轴来展现是不合适的。此时可以通过调整分别设置国内生产总值的坐标轴和增速的坐标轴，即用双轴线图表来实现数据差异过大的图表展现。

2006—2010年国内生产总值及增速

	国内生产总值（万元）	增速
2006	216314	12.7%
2007	265810	14.2%
2008	314045	9.6%
2009	340903	9.2%
2010	397883	10.3%

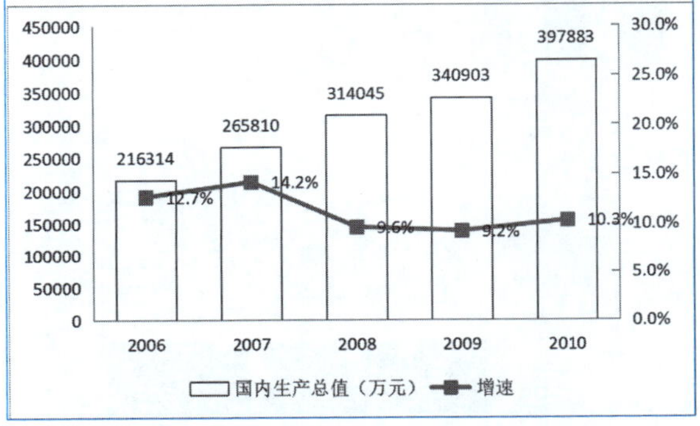

图 6-60　双轴线图表

操作步骤如下：

① 选择数据区域，插入簇状柱形图。

② 将其布局方式设置为“布局 4”。

③ 选中图表中代表增速的数据图形，右击，在弹出的快捷菜单中选择“设置数据系列格式”命令，在“系列”选项卡中，将其设置为次坐标轴，如图 6-61 所示。

④ 双击图表右边的百分比坐标轴数字标签，将其最大值设置为 0.3，刻度线主要类型为“内部”，如图 6-62 所示。

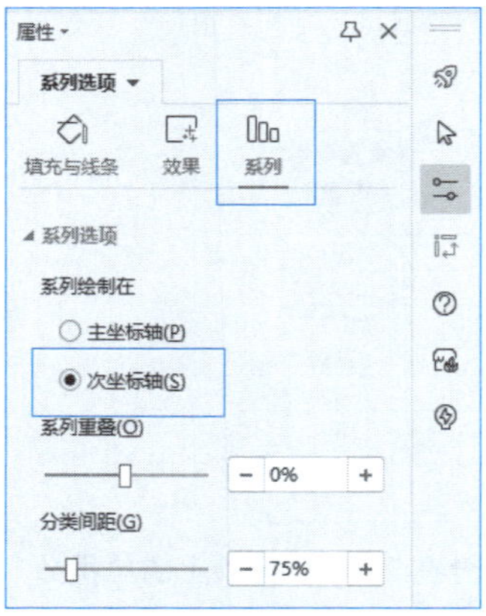

图 6-61　设置次坐标轴

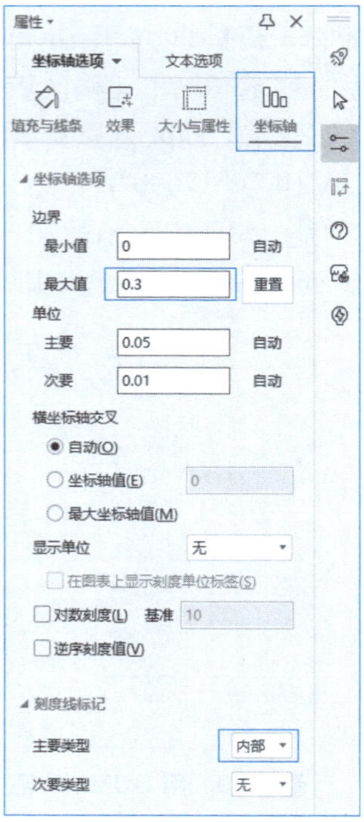

图 6-62　设置次坐标的坐标轴格式

⑤ 选中图表中代表增速的数据图形，右击，在弹出的快捷菜单中选择“更改系列图表类型”命令，在弹出的“更改图表类型”对话框的“组合图”选项卡中，将“增速”设置为折线图，如图 6-63 所示。

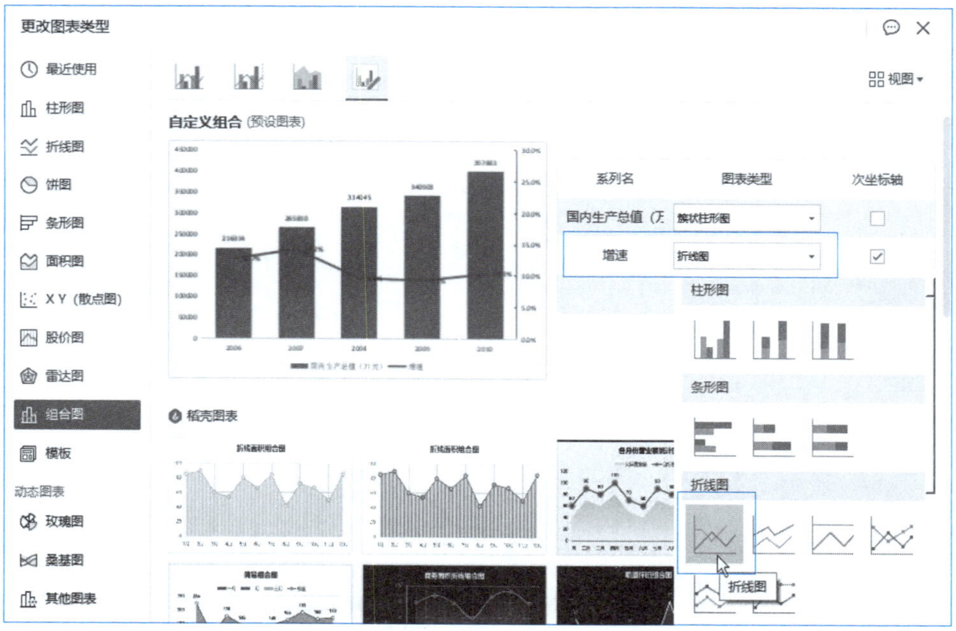

图 6-63　更改增速系列数据的图表类型

⑥ 选中图表中代表增速的数据图形，右击，在弹出的快捷菜单中选择“设置数据系列格式”命令，将其“填充与线条”的“标记”中的“数据标记选项”类型设为“内置”，大小为 7，如图 6-64 所示。

⑦ 选中图表中代表国内生产总值的数据图形，通过“图表工具”选项卡中的“设置格式”按钮，把柱状图填充的颜色去掉，换成框线。

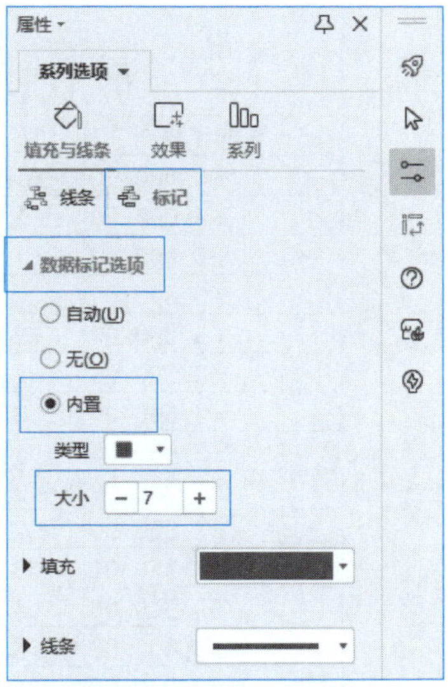

图 6-64　设置数据系列格式

3. 查找与替换高级应用

WPS Office 表格文稿的“查找”功能，除了可以在工作表中查找数据外，也可以进行特殊格式的查找和替换。通过“开始”选项卡中的“查找”按钮，可以对选定的单元格区域、工作表或整个工作簿，查找出使用了公式、批注、条件格式或数据验证等特殊格式的单元格，也可以查找和替换含公式的自定义高级格式。

如图 6-65 左图所示，由于部分员工的奖金是用美元计算（货币格式为“-US$1,234.10”），因此在计发当月工资时，需要将奖金结算为人民币。因此，针对 C 列的奖金，需要找出货币格式为“-US$1,234.10”的单元格，并将其内容替换为原单元格数值 × 美元兑人民币汇率。

	A	B	C	D	E
1	员工工资计算				
2	姓　名	基本工资	奖　金	人民币奖金	奖金总额
3	李　春	¥3,500.00	¥1,200.00		
4	许伟嘉	¥4,000.00	¥1,500.00		
5	李泽佳	¥5,000.00	¥1,600.00		
6	谢灏扬	¥3,600.00	¥800.00		
7	黄绮琦	¥4,350.00	US$125.00		
8	刘嘉琪	¥3,300.00	¥2,000.00		
9	李　明	¥3,600.00	US$220.00		
10	陈思欣	¥3,000.00	US$175.00		
11	蓝敏绮	¥3,000.00	¥2,000.00		
12	钟宇铿	¥2,850.00	¥2,100.00		
13	李振兴	¥4,350.00	US$135.00		
14	张金峰	¥3,300.00	US$200.00		
15	王嘉明	¥3,600.00	¥2,000.00		
16	彭培斯	¥3,500.00	¥1,600.00		
17	林绿茵	¥4,000.00	¥1,700.00		
18	邓安瑜	¥4,100.00	¥1,899.00		
19	许　柯	¥4,300.00	¥3,100.00		
20	美元兑人民币汇率：		6.3		

	A	B	C	D	E
1	员工工资计算				
2	姓　名	基本工资	奖　金	人民币奖金	奖金总额
3	李　春	¥3,500.00	¥1,200.00	¥1,200.00	
4	许伟嘉	¥4,000.00	¥1,500.00	¥1,500.00	
5	李泽佳	¥5,000.00	¥1,600.00	¥1,600.00	
6	谢灏扬	¥3,600.00	¥800.00	¥800.00	
7	黄绮琦	¥4,350.00	US$125.00	¥787.50	
8	刘嘉琪	¥3,300.00	¥2,000.00	¥2,000.00	
9	李　明	¥3,600.00	US$220.00	¥1,386.00	
10	陈思欣	¥3,000.00	US$175.00	¥1,102.50	
11	蓝敏绮	¥3,000.00	¥2,000.00	¥2,000.00	
12	钟宇铿	¥2,850.00	¥2,100.00	¥2,100.00	
13	李振兴	¥4,350.00	US$135.00	¥850.50	
14	张金峰	¥3,300.00	US$200.00	¥1,260.00	
15	王嘉明	¥3,600.00	¥2,000.00	¥2,000.00	
16	彭培斯	¥3,500.00	¥1,600.00	¥1,600.00	
17	林绿茵	¥4,000.00	¥1,700.00	¥1,700.00	
18	邓安瑜	¥4,100.00	¥1,899.00	¥1,899.00	
19	许　柯	¥4,300.00	¥3,100.00	¥3,100.00	
20	美元兑人民币汇率：		6.3		

图 6-65　高级查找和替换效果

由于 WPS Office 表格文稿不允许单元格的自引用，因此可以将 C 列中的数据复制到 D 列，然后对 D3:D19 中的数据进行查找与替换，如果其货币格式为“-US$1，234.10”，则用 C 列中对应的单元格数据 × 美元兑人民币汇率来替代当前单元格的内容即可。

操作步骤如下：

① 选择 C3:C19 单元格区域，将其复制到 D3:D19 单元格。

② 如图 6-66 所示，选择 D3:D19 单元格区域，单击“开始”选项卡中的“查找”下拉按钮，选择“替换”选项，展开“替换”对话框。

③ 单击“替换”对话框中的“选项”展开更多选项，单击“格式”下拉按钮，在下拉列表中选择“从单元格选择格式”下方的“全部格式”，用鼠标选择 D7 单元格，表示查找与 D7 单元格格式相同的数据。

④ 单击“替换为”选项后面的“格式”下拉按钮，在下拉列表中选择“从单元格选择格式”下方的“全部格式”，用鼠标选择 D3 单元格，表示将查找到的内容的格式替换为 D3 单元格格式。

⑤ 在“替换为”内容框中，输入“=INDEX(C:C,ROW(),0)*C20”。表示将查找到的内容替换为 C 列（C:C）当前行（ROW()）单元格乘以 C20 单元格的值。

⑥ 重新选中 D3:D19 单元格区域，单击“全部替换”按钮，完成替换。

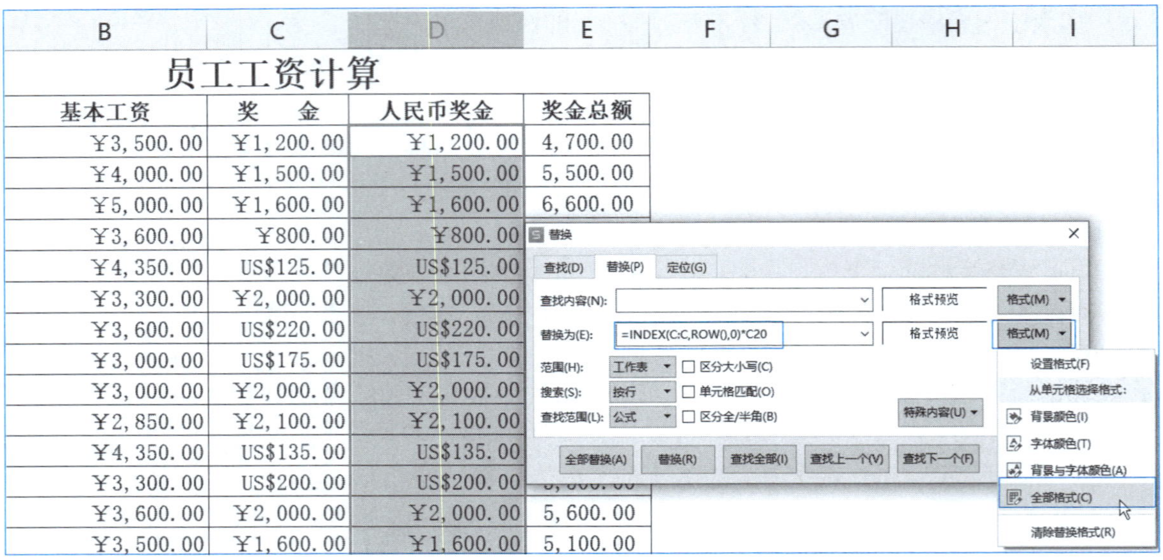

图 6-66　高级查找和替换

习　题

1. 打开“员工信息表（素材）.xlsx”，进行设置：

（1）标题字体为“黑体，20 号字”，表格居中对齐。

（2）表格项设置为“宋体，10 号字”，边框为细虚线。

（3）“加班小时”“迟到次数”“请假天数”“绩效等级”“绩效排名”分两行显示，其他设置为垂直居中对齐。

（4）总工资数据以会计专用格式显示，不带小数。

（5）按“部门”升序排序。

（6）从“088001”开始编排员工号。

（7）“加班小时”允许输入的数据为 0 ～ 100；迟到次数和请假天数允许输入的数据为 0 ～ 31；输入错误时给出“错误，请按要求输入数据”提示。

（8）将“考勤数据表”的数据复制到当前工作表中。

2. 对表格进行计算和打印设置：

（1）绩效工资 = 加班小时 ×25- 迟到次数 ×50- 请假天数 ×100。

（2）计算平均绩效工资、最高绩效工资、最低绩效工资。

（3）计算绩效等级：绩效工资大于平均绩效工资 100 元以上（含 100 元），绩效等级为“A”；绩效工资在平均绩效工资 100 元以内幅度（不含 100 元），绩效等级为“B”；绩效工资小于平均绩效工资 100 元以上（含 100），绩效等级为“C”。

（4）计算总工资 = 基本工资 + 绩效工资 + 绩效等级奖励（A：奖励 200，B：奖励 50，C：不奖励）。

（5）进行绩效排名。

（6）计算总工资总额。

（7）计算公司总人数。

（8）统计有迟到记录的人数及有请假记录的人数。

（9）统计迟到请假均有的人数。

（10）统计全勤人数。

（11）统计非全勤人数。

（12）打印员工考勤及工资表，要求：B5 纸横向打印，上下边距为 3 cm，左右边距为 2 cm，工作表的第 1 ～ 3 行为打印标题行。

提示：

（1）统计本月迟到请假均有的人数可用 COUNTIFS 函数，判断区域 1 为“I3:I23”，条件为“>0”；判断区域 2 为“J3:J23”，条件为“>0”。

（2）统计本月全勤的人数可用 COUNTIFS 函数，判断区域 1 为“I3:I23”，条件为“""”（即单元格中没有任何数据）；判断区域 1 为“J3:J23”，条件为“""”。

3. 制作图 6-67 所示的考勤情况分布图，要求：

（1）用簇状条形图显示。

（2）系列以图案填充，边框为红实线。

（3）标题为“飞达公司考勤情况分布图”。

（4）横坐标轴显示人数刻度，纵坐标轴显示“有迟到记录的人数”、“有请假记录的人数”、“迟到请假均有的人数”及“全勤人数”。

（5）在每个分数段所对应的二维柱状图上显示人数。

（6）设置工作区及绘图区背景，样式自定。

（7）图表在新工作表（考勤图）中显示。

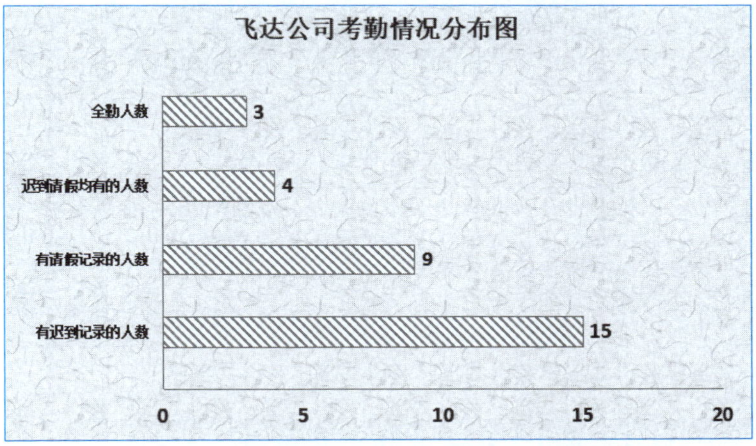

图 6-67 考勤情况分布图

4. 制作图 6-68 所示的工资单，要求：

（1）如果绩效等级为 A，则在备注栏填写“绩效奖励 200 元”。

（2）如果绩效等级为 B，则在备注栏填写“绩效奖励 100 元”。

（3）其他情况，备注栏内容为空。

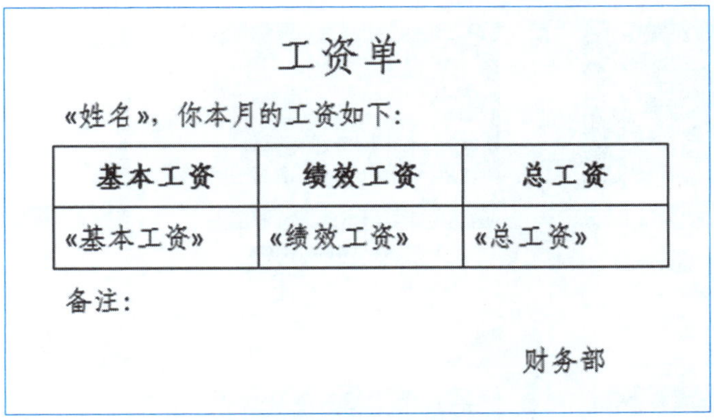
工资单

«姓名»，你本月的工资如下：

基本工资	绩效工资	总工资
«基本工资»	«绩效工资»	«总工资»

备注：

财务部

图 6-68 工资单

第 7 章

WPS Office 演示文稿基本应用——产品介绍和工作汇报

7.1 项目分析

王文毕业后进入一家互联网科技公司，公司推出了一款轻薄笔记本，为了配合笔记本的宣传，产品总监让王文制作一个产品介绍演示文稿，提升宣传效果。

王文利用公司提供的资料，使用 WPS 演示文稿工具，按照以下步骤很快完成了任务：

① 新建并保存演示文稿。

② 设计并统一整个文稿的外观，包括背景、字体等。

③ 设计封面页、目录页和封底。

④ 添加表格、图表、智能图形、音频等多媒体内容，精心设计每张幻灯片。

在产品发布六个月后，公司需要王文针对本次项目做一个总结汇报。王文使用工作总结汇报的模板，根据自己梳理的内容和经验，快速制作了一个图文并茂且美观的演示文稿，针对项目做了回顾总结。制作工作总结报告步骤如下：

① 利用模板创建文稿。

② 根据内容对模板进行删减。

③ 替换模板内容，对文字和图片进行编排。

制作完成的演示文稿的效果如图 7-1 所示。

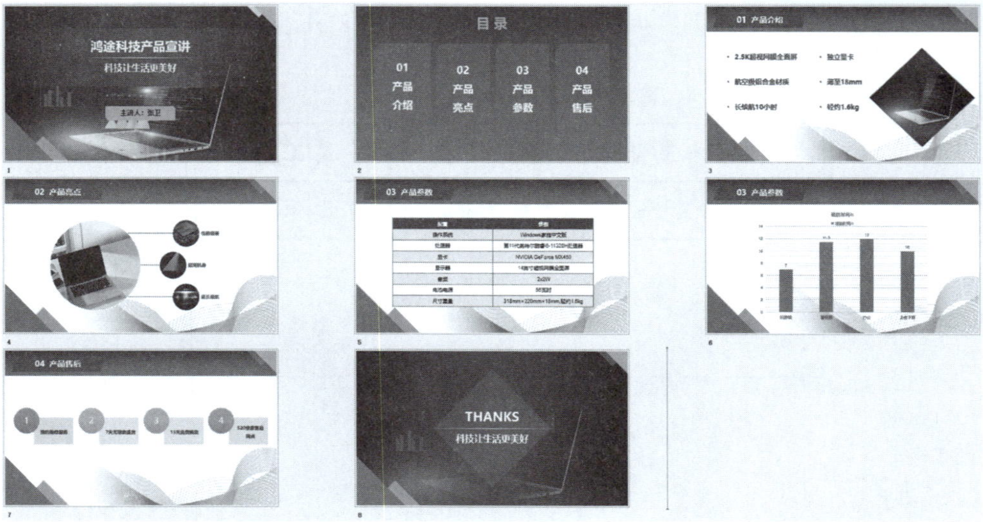

图 7-1 产品介绍和工作汇报演示文稿

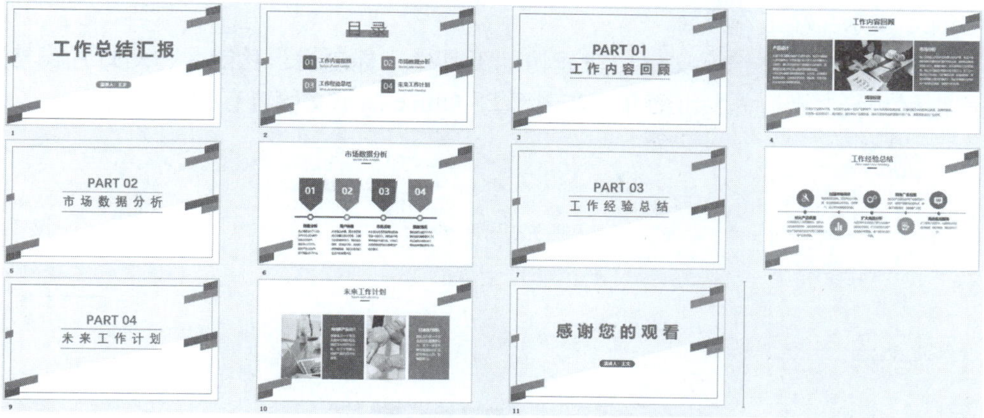

图 7-1 产品介绍和工作汇报演示文稿（续）

7.2 新建并保存文稿

7.2.1 知识点解析

1. 什么是演示文稿

WPS 演示文稿是一种直观的图形应用程序，它能从静态和动态两个方面让展示的内容更美观生动，增强视觉感受。广泛用于工作汇报、企业宣传、产品推介、婚礼庆典、项目竞标、电子课件制作等领域。用户不仅可以通过计算机或者投影仪进行演示，也可以将演示文稿打印出来，制作成胶片，由幻灯片机放映，或通过 Web 进行远程发布。

WPS Office 演示文稿有如下的显著特点：

① 由若干张排列有序的幻灯片组成。

② 有丰富的多媒体内容，如文本、图片、表格、智能图形、图表、视频、音频等。

③ 有强大的静态和动态视觉效果，最后通过放映视图展示。

2. 创建有效演示文稿的建议

演示文稿制作水平可由内容选择和视觉效果两方面决定，两方面同等重要，要实现两者的有效结合。内容要提取精华，突出纲要重点，保证框架逻辑清晰。视觉效果要合理运用图片、图表、表格和智能图形等，设置恰当的颜色、背景、动画等，注重排列、对齐、留白等细节，保证美观协调，避免杂乱。

例如，在图 7-2 中，3 张幻灯片要表达的内容是一样的，但第 2 张对第 1 张的文本进行了提炼精简，使用了项目符号加短句，就使表达的内容更清晰，一目了然，而第 3 张加入了图形来表达，则视觉效果就更完美。

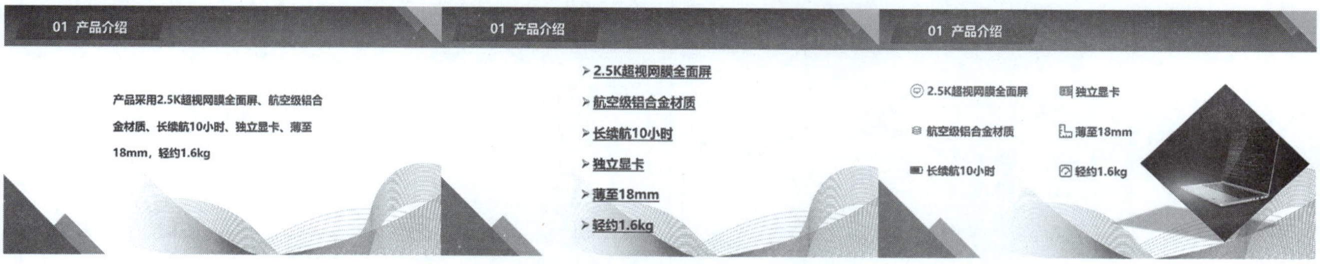

图 7-2 幻灯片效果对比

互联网上有很多专业演示文稿制作的网站，WPS 的稻壳素材中也有很多优秀的案例，下载优秀案例来欣赏并分析，对掌握演示文稿制作的方法和技巧是十分有益的，也可下载模板、主题或图片等其他素材直接应用到自己的演示文稿中，使自己的演示文稿更快速地具有专业水准。

3. WPS Office 演示文稿工作界面

如图 7-3 所示，WPS Office 演示文稿由快速访问工具栏、标题栏、功能区、幻灯片窗格、占位符、缩略图窗格、备注窗格和状态栏组成。下面介绍其中 WPS Office 演示文稿特有的界面元素。

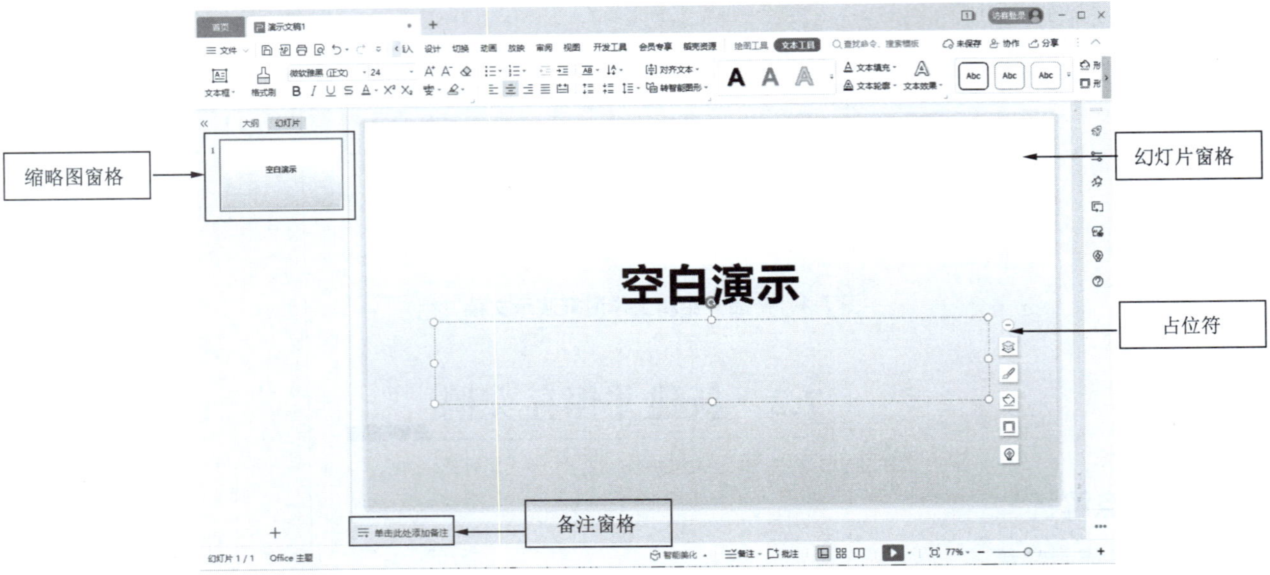

图 7-3 WPS Office 演示文稿界面

幻灯片窗格：主工作区，用来编辑每张幻灯片上的具体内容，进行细节的设置等。

占位符：幻灯片上的虚线边框，是系统预先建好的一些容器，根据提示可在其中输入文本或插入图片、图表、表格、视频等对象。

缩略图窗格：普通视图下以缩略图显示幻灯片，便于遍历演示文稿全局，轻松地重新排列幻灯片。

备注窗格：可以键入当前幻灯片的演讲稿、注释、解释、说明等，以备参考。在多台监视器上放映演示文稿时可私下查看演讲者备注。

4. 新建演示文稿

在制作产品介绍演示文稿前，首先要用 WPS Office 演示软件正确创建文档，并保存文档。创建演示文稿可以创建空白文档，也可以选择模板进行创建。

7.2.2 任务实现

1. 任务分析

新建演示文稿如图 7-4 所示，要求：

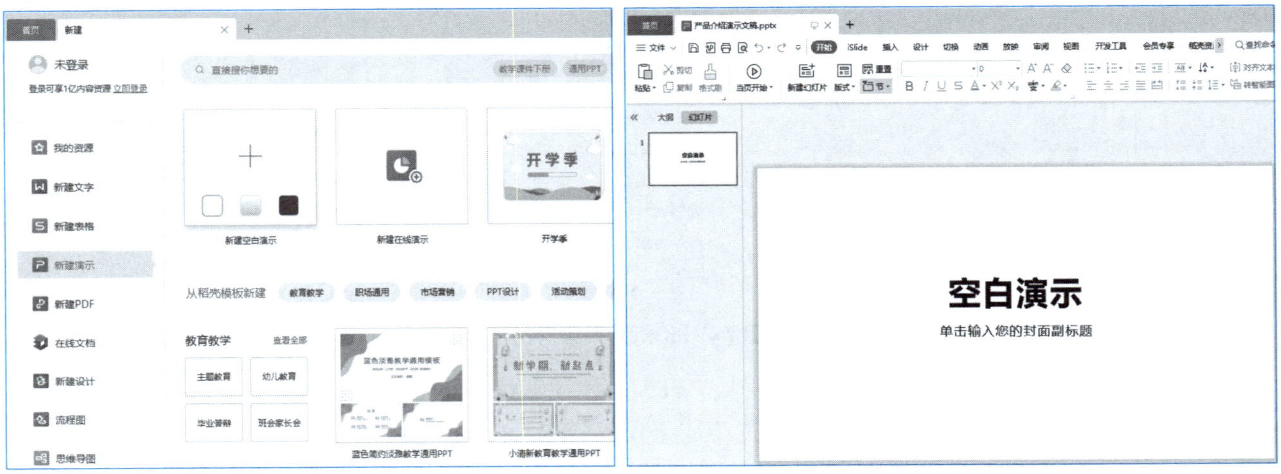

图 7-4 新建演示文稿示例

① 启动 WPS Office 演示文稿软件，选择创建文档类型即可成功创建一份文档。

② 将演示文稿另存为“产品介绍演示文稿 .pptx”。

③ 成功保存后，效果如图 7-4 所示，可以看到文档中显示了文档保存时的名称。

2. 实现过程

（1）新建演示文稿

打开 WPS Office 软件，单击“新建”选项卡，选择“新建演示”，单击“新建空白演示”中的加号，如图 7-5 所示，就创建了一个演示文稿。其中，“新建空白演示”处有三种颜色可以选择，单击颜色方块可以选择文稿背景。也可以在下方的“从稻壳模板新建”中选择合适的演示文稿模板去创建。

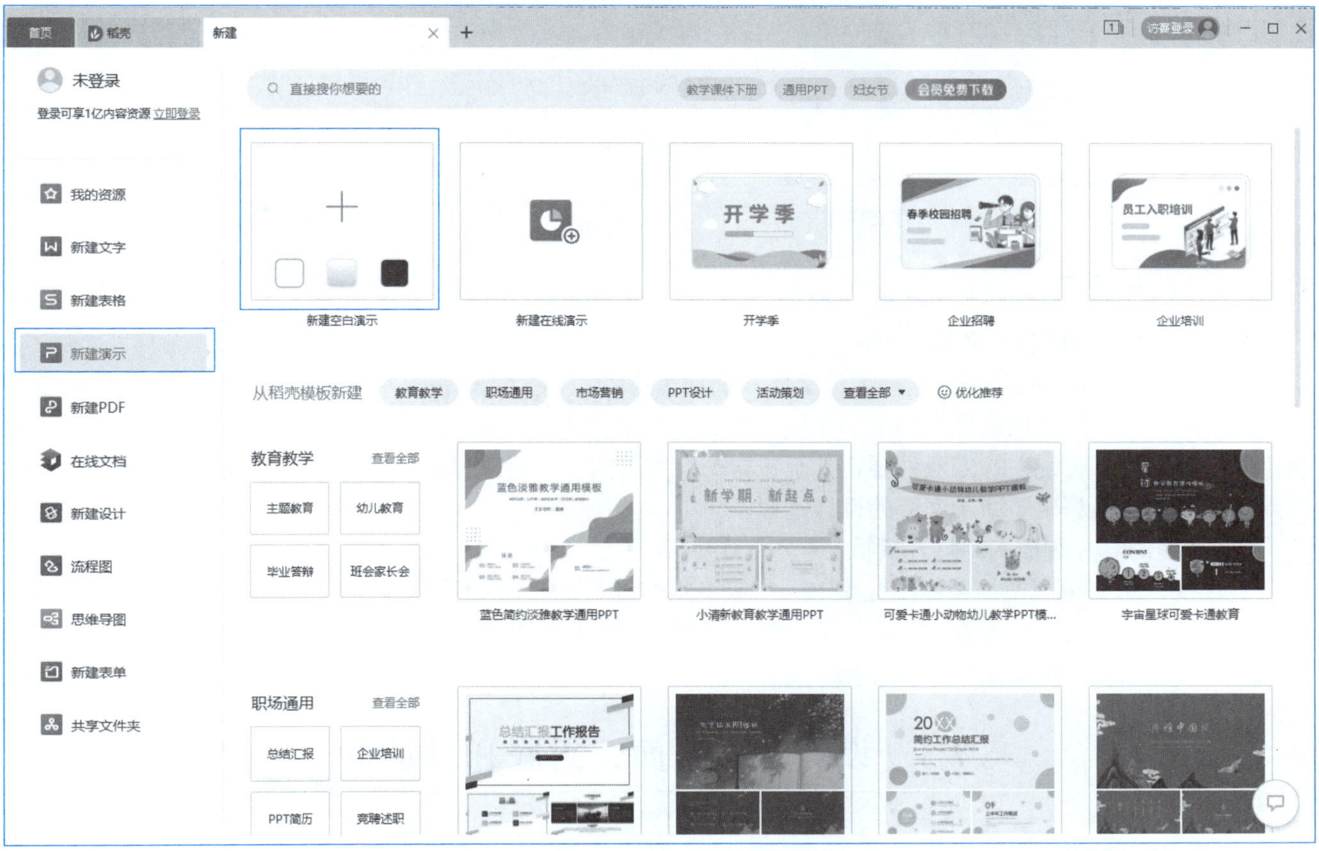

图 7-5　新建演示文稿

（2）保存演示文稿

创建新文档后，第一步应该是正确保存后再进行内容编排，防止内容丢失。保存步骤如下：

① 在新建好的文档界面下，单击左上方的“保存”按钮即可保存，如图 7-6 所示，也可以按【Ctrl+S】组合键进行保存操作。

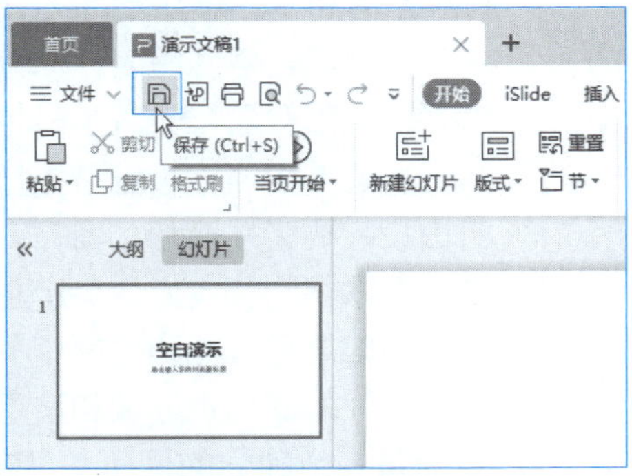

图 7-6　保存演示文稿

② 在打开的“另存文件”对话框中选择文件存储的位置，在“文件名”文本框中输入文件名称，文件类型采用默认的“Microsoft PowerPoint 文件 (*.pptx)”，单击“保存”按钮，将当前演示文稿保存为“产品介绍演示文稿 .pptx”，如图 7-7 所示。

③ 成功保存文稿后，就可以看到显示的文稿名称变成了“产品介绍演示文稿 .pptx”，如图 7-8 所示。之后在编辑文稿的过程中，只需随时按【Ctrl+S】组合键，就可以及时保存更新的文稿，有效避免文档内容因为突发情况而丢失。

图 7-7　另存文件

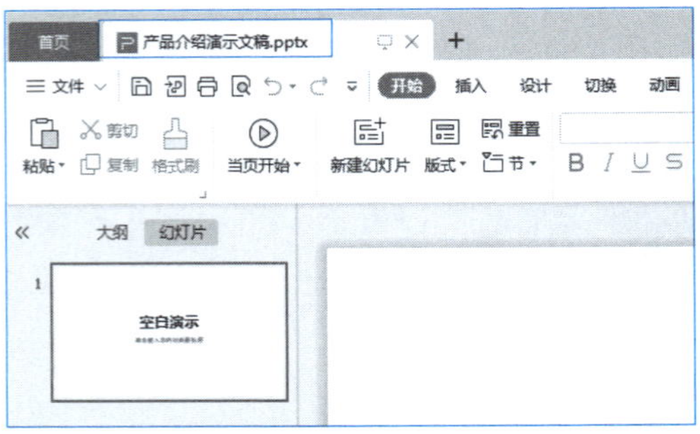

图 7-8　查看保存效果

7.2.3　总结与提高

1. 根据模板创建演示文稿

在 WPS Office 演示文稿中，单击“文件”选项卡中的“新建”按钮，可以搜索稻壳模板上提供的各种各样的模板文件来直接创建类似的演示文稿，例如，企业招聘、企业培训、教育教学、职场通用等。以模板新建的演示文稿具有统一的专业外观，甚至包含幻灯片的内容建议或提示，只要根据提示输入或修改为自己的内容即可，从而简化了演示文稿的设计过程。

2. 新建幻灯片时插入幻灯片模板

若当前演示文稿想使用其他模板中的一张或多张幻灯片时，只要在“插入”选项卡中单击“新建幻灯片”的下拉按钮，在弹出的“新建幻灯片”窗格中，选择想要添加的幻灯片模板，插入到当前演示文稿中，可以快速高效地完成幻灯片的制作。

7.3　设计文稿封面、封底和目录页

7.3.1　知识点解析

1. 封面设计要点

一般商务用 PPT，都有公司统一的封面 / 封底格式，这种类型的 PPT 不需要设计封面 / 封底的。甚至有的公司对 PPT 的标题栏、图表、动画、字体、颜色等都有统一的要求，这样就免去了整体设计环节，只需要设计内容版面就好了。若自己设计封面，则一般有如下几个要点：

① 封面表达的内容一般包括主标题、副标题、Logo/ 公司名称、作者等。

② 封面设计要素一般是：图片 / 图形 / 图标 + 文字 / 艺术字。

③ 设计要求简约、大方，突出主标题，弱化副标题和作者，高端水平还要求有设计感或艺术感。

④ 图片内容要尽可能和主题相关或者接近，避免毫无关联的引用。

⑤ 封面图片的颜色也尽量和演示文稿整体风格的颜色保持一致。

⑥ 封面是一个独立的页面，可在母版中设计（如母版有统一的风格页面，可在其对应的“标题幻灯片版式”中覆盖一个背景）。

2. 封底设计要点

如果要让自己的演示文稿在整体上形成一个统一的风格，就要专门针对每一个演示文稿设计封底。封底设计的要点如下：

① 封底表达的内容一般包括致谢、作者信息、联系方式、公司网址等。

② 封底的设计要和封面保持不同，避免给人偷懒的感觉，但在颜色、字体、布局等方面要和封面保持一致。

③ 封底的图片同样需要和演示文稿主题保持一致，或选择表达致谢的图片。

3. 目录页

为了让观众对演讲内容首先有个总体了解，做到心中有数，也让演讲者自己在演讲过程中理清条理，演示文稿中往往会增加目录页，用来显示演示文稿的纲要。

一般还可对纲要增加超链接，以链接到对应的内容幻灯片。

7.3.2 任务实现

1. 任务分析

按图 7-9 ～图 7-11 所示设计封面、封底和目录页，要求如下：

图 7-9　封面

图 7-10　封底

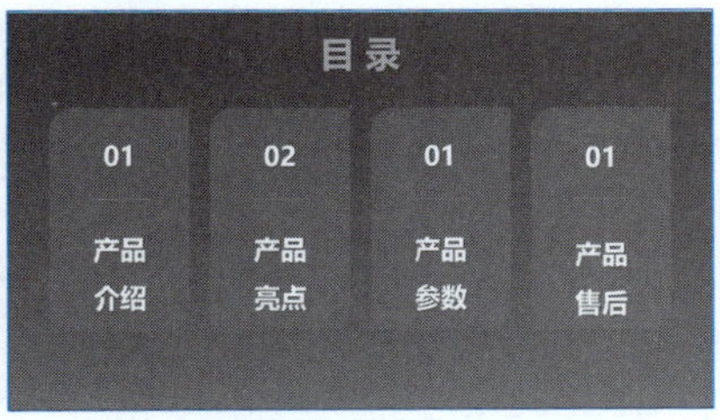

图 7-11　目录页

（1）为文稿设计封面页

① 删除版式中所有的占位符。

② 插入图片“封面背景 .jpg”。

③ 插入“矩形”形状，设置填充为“渐变填充”，调整渐变角度为“0°”，参数为“停止点:1，位置:0，颜色:蓝色，透明度 100%”“停止点:2，位置:50，颜色:蓝色，透明度 0%”“停止点:3，位置:100，颜色:蓝色，透明度 100%”。

④ 插入“直角三角形”形状，设置填充颜色为“矢车菊蓝，着色 1”。

⑤ 插入“等腰三角形”形状，设置填充颜色为“矢车菊蓝，着色 1，浅色 40%”，调整大小和位置。

⑥ 选中两个三角形，将其“组合”，复制粘贴，旋转 180°调整大小和位置。

⑦ 插入两个文本框，输入文字“鸿途科技产品宣讲”，设置格式为“微软雅黑，44 号，白色，加粗”；输入“科技让生活更美好”，设置格式为“微软雅黑，32 号，白色，加粗”。

⑧ 插入“剪去对角的矩形”，调整矩形颜色“橙色，着色 4”，输入“主讲人：张卫”，设置格式为“微软雅黑，24，黑色，加粗”。

⑨ 插入“直线”形状，设置线型为“3 磅”，轮廓为“渐变线”，渐变角度为“0°”，参数为“停止点：1，位置：0，颜色：白色，透明度 100%”“停止点：2，位置：50，颜色：白色，透明度 0%”“停止点：3，位置：100，颜色：白色，透明度 100%”。

（2）在演示文稿最后新建幻灯片并进行封底设计

① 删除所有占位符。

② 将封面幻灯片内容全选，复制粘贴过来。

③ 删除蓝色和黄色矩形框。

④ 新建“菱形”形状，设置颜色为“矢车菊蓝，着色 1”，调整大小和位置，将图层“下移一层”三次。

⑤ 在复制过来的两个文本框中分别输入文字“THANKS”，设置格式为“微软雅黑，44 号，白色，加粗”；“科技让生活更美好”，设置格式为“微软雅黑，32 号，白色，加粗”。

（3）在封面页后新建幻灯片

① 删除所有占位符。

② 设计幻灯片背景，设置填充为“渐变填充”，参数为“停止点：1，位置：0，颜色：暗板岩蓝，着色 1，深色 50%，透明度 0%”“停止点：2，位置：100，颜色：矢车菊蓝，着色 1，透明度 0%”。

③ 插入文本框“目录”，设置格式为“微软雅黑，48 号，加粗，橙色，着色 4”。

④ 插入“对角圆角矩形”形状，设置填充“矢车菊蓝，着色 1，透明度 50%”。

⑤ 在形状中插入文字“01 产品介绍”，设置格式为“微软雅黑，白色，36 号，加粗，1.5 倍行距”。将填充好文字的形状复制粘贴 3 组，调整到合适的位置并修改文字内容。

2. 实现过程

（1）设计封面

选中封面幻灯片进行内容编辑，主要涉及的操作是图片插入、形状绘制、文本框添加。

① 首先要删除封面幻灯片中的内容，在第一张幻灯片内，按【Ctrl+A】组合键，选中所有内容，然后按【Delete】键删除内容。

② 插入准备好的图片素材。单击“插入”选项卡中的“图片”下拉按钮，选择“本地图片”，如图 7-12（a）所示，弹出“插入图片”对话框，按照路径选择素材图片“封面背景.jpg”，如图 7-12（b）所示。

（a）选择本地素材图片　　（b）“插入图片”对话框

图 7-12　插入本地图片

③ 插入“矩形”形状。单击“插入”选项卡中的“形状”下拉按钮，如图 7-13（a）所示，选择“矩形”形状，按住鼠标左键，在图片上绘制出一个矩形，如图 7-13（b）所示。单击选中矩形，可以看到矩形四周出现控制句柄，将鼠标指针移动至边缘，当鼠标指针变成一个双向黑色箭头↕的时候，就可以按住鼠标左键拖动来调整矩形大小。将矩形宽调整到与幻灯片等宽，拖动矩形调整到如图合适的位置。

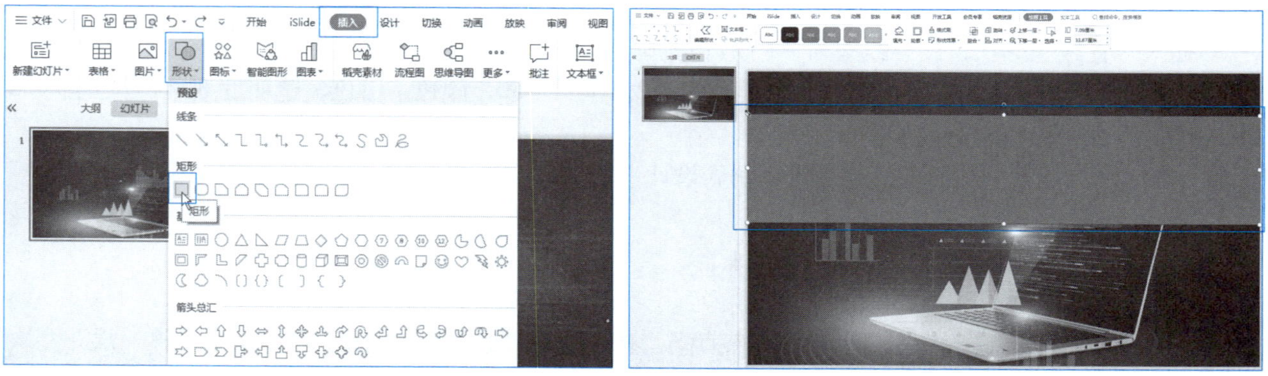

（a）选择“矩形”　　（b）绘制矩形

图 7-13　插入形状

单击“绘图工具”选项卡中的“填充”下拉按钮，选择“渐变”，在右侧弹出的“对象属性”任务窗格的“填充与线条”→“填充”选项中选择“渐变填充”，在“角度”文本框中输入“0°”，选中渐变条上的渐变光圈，单击右边的“删除渐变光圈”按钮删除掉一个渐变光圈。选中渐变光圈的“停止点 1”，设置色标颜色为“蓝色”，设置“位置”为 0%，设置“透明度”为 100%。选中渐变光圈的“停止点 2”，设置色标颜色为“蓝色”，设置“位置”为 50%。选中渐变光圈的“停止点 3”，设置色标颜色为“蓝色”，设置“位置”为 100%，设置“透明度”为 100%。将“线条”选项设置为“无线条”，如图 7-14 所示。

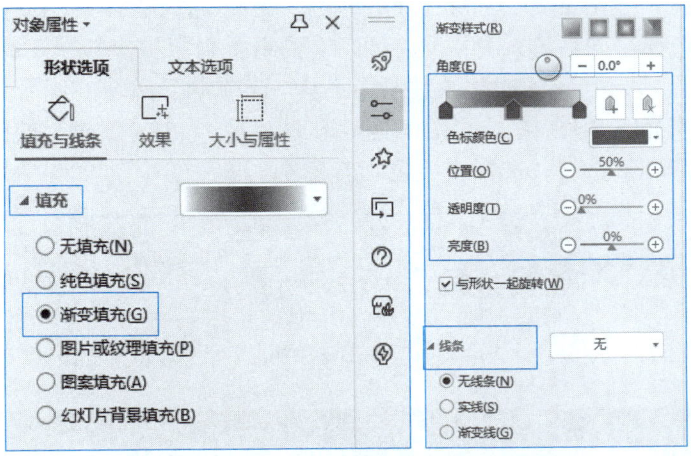

图 7-14　设置渐变填充

④ 插入“直角三角形”形状。如图 7-15 所示，单击“插入”选项卡中的“形状”下拉按钮，选择“直角三角形”，按住鼠标左键拖动，在幻灯片上绘制出一个直角三角形。单击选中直角三角形，在“绘图工具”选项卡中，设置“形状高度” 6.00厘米 、“形状宽度” 6.00厘米 都为 6 cm，单击“填充”按钮，设置填充颜色为“矢车菊蓝，着色 1”。单击“绘图工具”选项卡中的“对齐”按钮，选择“左对齐”，接着选择“靠下对齐”，可以看到直角三角形和幻灯片左下角对齐。

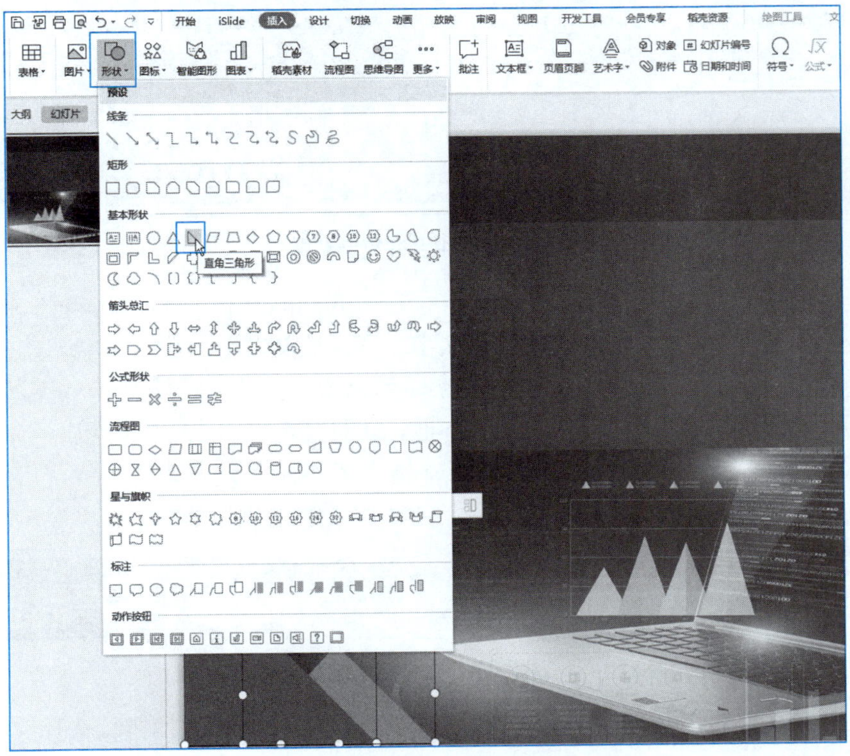

图 7-15　插入三角形

⑤ 插入“等腰三角形”形状。单击“插入”选项卡中的“形状”下拉按钮，选择“等腰三角形”，按住鼠标左键拖动，在幻灯片上绘制出一个等腰三角形。单击选中等腰三角形，在“绘图工具”选项卡中，设置

“形状高度”为 3 cm，“形状宽度”为 6 cm，单击“填充”按钮，设置填充颜色为“矢车菊蓝，着色 1，浅色 40%”。单击等腰三角形，按住鼠标左键拖动，将其移动到合适的位置。

⑥ 单击选中一个三角形，按住【Shift】键单击选中另外一个三角形，将鼠标光标定位在控制句柄上，右击选择“组合”选项，将其组合成一个对象。选择组合的对象，按【Ctrl+C】组合键复制对象，按【Ctrl+V】组合键粘贴到幻灯片上。在“绘图工具”选项卡下，单击“旋转”按钮，在弹出的下拉列表中选择“向右旋转 90°”，接着再次选择“向右旋转 90°”，可以看到组合对象被旋转了 180°。按住鼠标左键将组合对象拖到幻灯片右上角位置。选中组合对象，在“绘图工具”选项卡下，单击“组合”按钮，选择“取消组合”，可以取消组合。单击选中直角三角形，在“绘图工具”选项卡下，单击“填充”按钮，选择“橙色，着色 4”。单击等腰三角形，单击“填充”按钮，选择“橙色，着色 4，浅色 60%”，如图 7-16 所示。

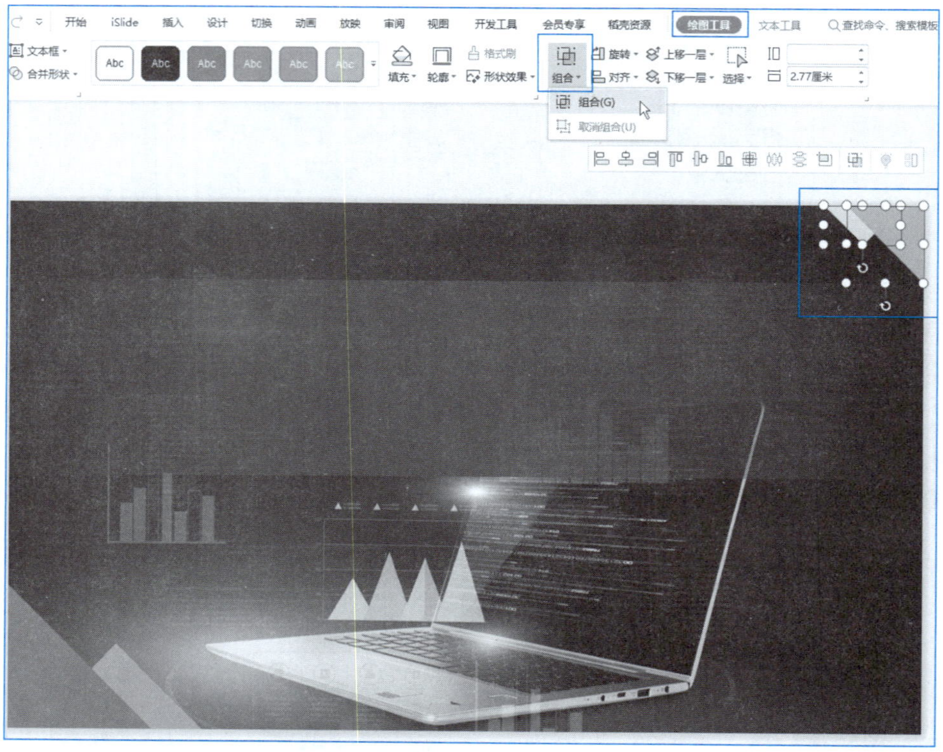

图 7-16　组合并复制粘贴

⑦ 插入文本框。单击“插入”选项卡中的“文本框”下拉按钮，选择“横向文本框”，按住鼠标左键拖动，创建一个横向文本框，输入“鸿途科技产品宣讲”文字。选中该文本框，在“文本工具”选项卡下，设置字体为“微软雅黑”，大小为“44”，字形为“加粗”，字体颜色为“白色，背景 1”，对齐方式为“居中对齐”，可以发现，文字因为内容过多变成了两行，选中文本框，调整文本框右边的控制句柄，将其拉长，如图 7-17 所示。重复此步骤，创建“科技让生活更美好”文本框，字体大小设置为“32”，将文本框调整到合适的位置。

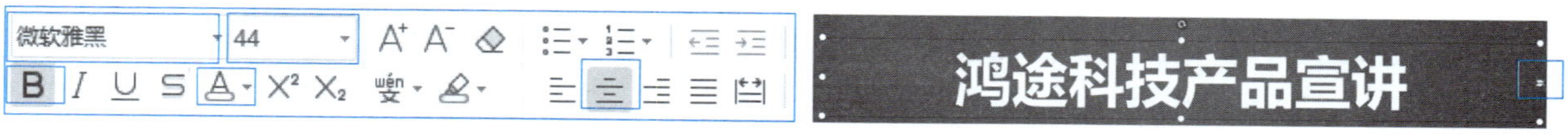

图 7-17　文本格式设置

⑧ 插入“剪去对角的矩形”。单击“插入”选项卡中的“形状”下拉按钮，选择“剪去对角的矩形”，按住鼠标左键拖动，创建一个矩形。选中矩形，输入文字“主讲人：张卫”，单击“绘图工具”选项卡中的“填充”按钮，选择“橙色，着色 4”，设置字体为“微软雅黑”“24”“加粗”“居中对齐”，调整文本框到合适的位置。

⑨ 插入“直线”形状。单击“插入”选项卡中的“形状”下拉按钮，选择“直线”，按住鼠标左键拖动，

创建一条直线（同时按住【Shift】键可以保证直线水平）。选中直线，单击“绘图工具”选项卡中的“轮廓”下拉按钮，选择“线型”为 3 磅，单击“更多设置”按钮，打开右侧“对象属性”任务窗格，展开“线条”折叠窗口，选择“渐变线”选项，根据前面的操作步骤，设置“角度”为 0°，设置渐变光圈“停止点 1”参数为“白色，位置 0%，透明度 100%”，渐变光圈“停止点 2”参数为“白色，位置 50%，透明度 0%”，渐变光圈“停止点 3”参数为“白色，位置 100%，透明度 100%”，如图 7-18 所示。

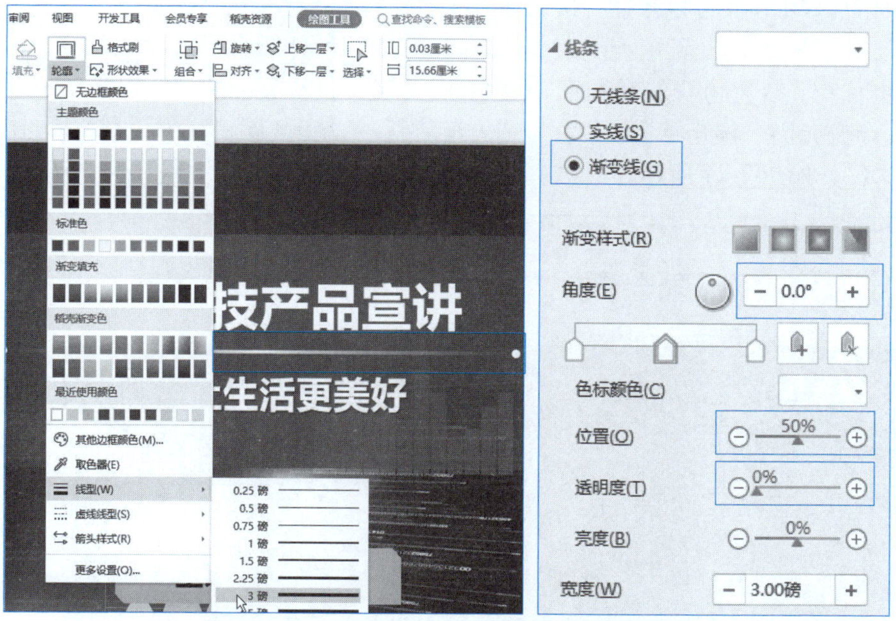

图 7-18　设置渐变线参数

（2）设计封底

新建幻灯片，并按图 7-10 所示设计封底。操作步骤如下：

① 选中最后一张幻灯片，单击“开始”选项卡中的“新建幻灯片”按钮。在新建的幻灯片中，按【Ctrl+A】组合键全选并删除所有占位符。

② 回到封面幻灯片的页面，按【Ctrl+A】组合键将封面幻灯片内容全选，按【Ctrl+C】组合键复制，按【Ctrl+V】组合键粘贴。

③ 单击选中蓝色矩形框，按住【Shift】键继续选中黄色矩形框，按【Delete】键删除蓝色和黄色矩形框，如图 7-19 所示。

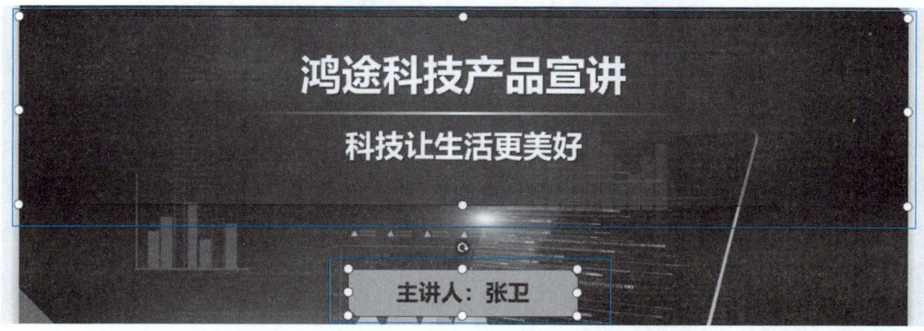

图 7-19　删除矩形框

④ 单击“插入”选项卡中的“形状”下拉按钮，选择“基本形状”→“菱形”，按住鼠标左键拖动新建一个菱形，选中菱形，单击“绘图工具”选项卡中的“填充”按钮，设置颜色为“矢车菊蓝，着色 1”，单击“更多设置”，打开“对象属性”调整对话框，设置“填充”透明度为“50%”，在“绘图工具”选项卡下，设置形状高度和宽度都为 15 cm，通过“对齐”按钮，设置为“水平居中”“垂直居中”，重复单击“下移一层”按钮三次，将菱形下移到文字的下方。

⑤ 在上面文本框中输入“THANKS”，在下面文本框中输入“科技让生活更美好”，如图 7-20 所示。

图 7-20　修改文字内容

(3) 设计目录页

新建幻灯片，并按图 7-11 所示设计目录页。操作步骤如下：

① 在封面页后，新建幻灯片，删除所有占位符。

② 单击“设计”选项卡中的“背景”按钮，在右侧打开的“对象属性”对话框中，设置填充为“渐变填充”，设置渐变光圈“停止点 1”参数为“矢车菊蓝，着色 1，深色 50%”“位置 0%”，渐变光圈“停止点 2”参数为“矢车菊蓝，着色 1”“位置 100%”，如图 7-21 所示。

图 7-21　调整渐变背景

③ 单击“插入”选项卡中的“文本框”下拉按钮，选择“横向文本框”，输入“目录”，在“文本工具”选项卡调整文字颜色大小为“微软雅黑，48，加粗，文字阴影，橙色，着色 4，居中对齐”，如图 7-22 所示。

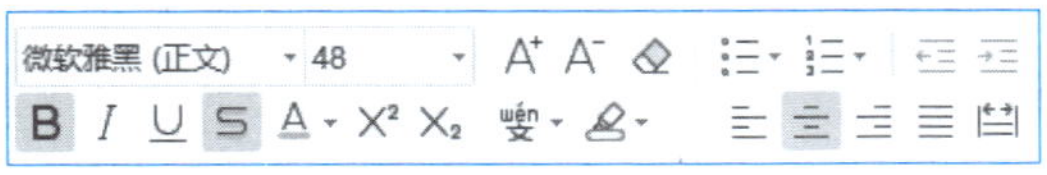

图 7-22　设置文本格式

④ 插入“对角圆角矩形”形状，在“绘图工具”选项卡中设置颜色为“矢车菊蓝，着色 1”，透明度为 50%，轮廓为“无边框颜色”，“形状高度”为 10 cm，“形状宽度”为 7 cm。选中形状，按【Ctrl+C】组合键复制，按【Ctrl+V】组合键粘贴另外三个一样的形状，调整好合适的位置，选中四个形状，单击“绘图工具”选项卡中的“对齐”按钮，选择“智能对齐”→“分组顶部对齐”，完成对齐后，将四个形状“组合”，并调整到幻灯片的中央位置，如图 7-23 所示。

⑤ 单击选中第一个“对角圆角矩形”，输入文字“01 产品介绍”，调整字体为“微软雅黑，36，加粗，阴影，白色，背景 1，居中对齐，1.5 倍行距”，在“01”、“产品”和“介绍”之间按【Enter】键换行，按照此格式输入后面的文字内容，如图 7-24 所示。

7.3.3　总结与提高

1. 过渡页

若一个 PPT 中包含多个部分，应在不同内容之间可以增加恰当的过渡页，起到承上启下的作用，否则内容之间缺少衔接，容易显得突兀，不利于观众接受。独立设计的过渡页，最好也能够展示该部分的内容提纲。

过渡页的设计在颜色、字体、布局等方面一般要和目录页保持一致，最好区别于一般的内容幻灯片。

图 7-23　制作目录页

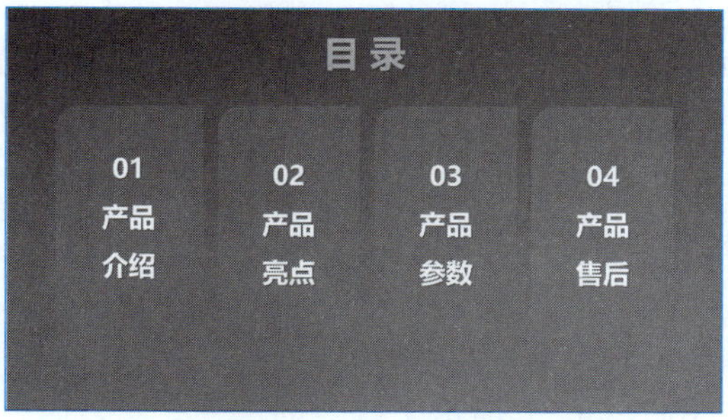

图 7-24　输入目录文字

2. 插入超链接

可以在目录页插入超链接，在放映幻灯片时，单击对应的超链接即可跳转到设置好的位置。首先选中目录页的“01 产品介绍”形状，单击“插入”选项卡中的“超链接”下拉按钮，选择“本文档幻灯片页”，在弹出的对话框中，选择“本文档中的位置”→“幻灯片标题”→“3. 幻灯片 3”，如图 7-25 所示。单击“确认”按钮，“01 产品介绍”区域就设置好了超链接，放映幻灯片的时候，单击该区域就可以跳转到第 3 页幻灯片。按照这个步骤分别设置后面三个超链接。

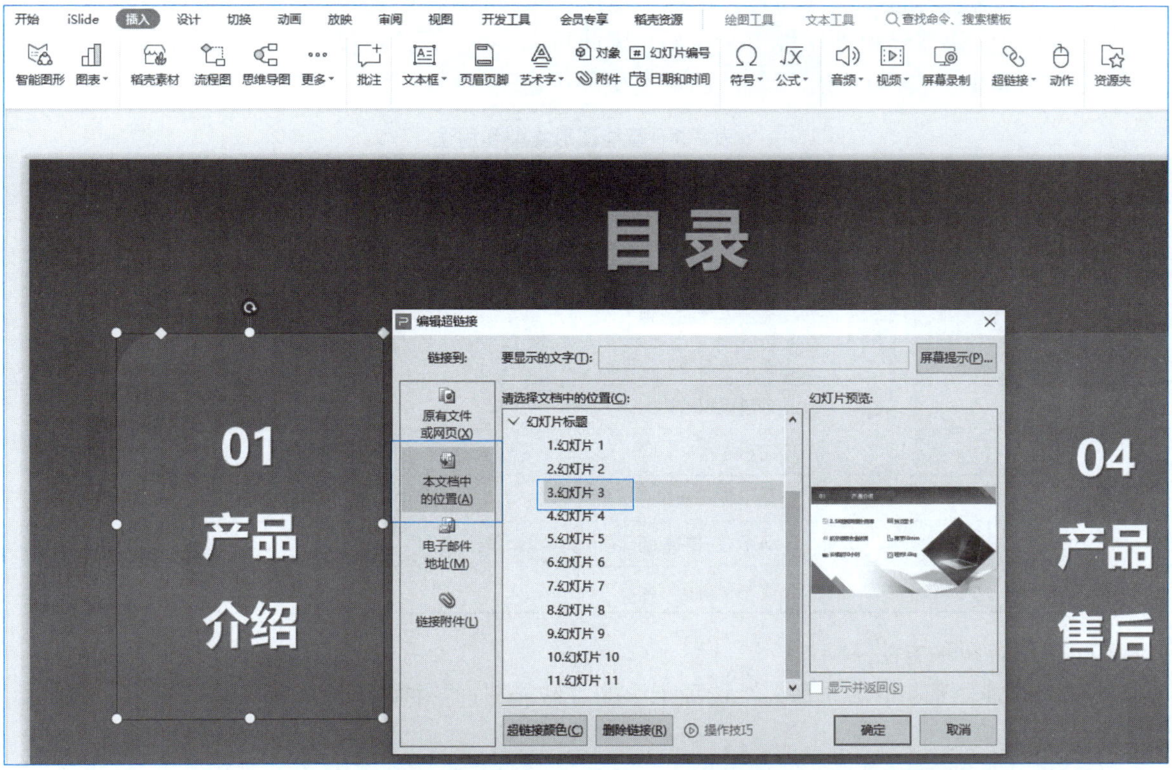

图 7-25　设置超链接

7.4　设计内容幻灯片

7.4.1　知识点解析

1. 表格

表格是罗列、对比多项文本内容的较好组织方式，可以通过下面的方法创建表格：

① 在幻灯片的内容占位符中直接单击“插入表格”图标▦。

② 单击“插入”选项卡中的“表格”下拉按钮，可以通过下拉列表中的表格直接创建表格，也可以选择“插入表格”“绘制表格”。

③ 从 WPS Office 文字文稿或 WPS Office 表格文稿中复制和粘贴表格到幻灯片中。

添加表格后，和 WPS Office 文字文稿 、WPS Office 表格文稿中对表格的操作相同，可以设置表格的边框、底纹、对齐方式等样式和布局。

2. 图表

对于一系列同类的数值数据采用图表表示，比文字更一目了然，更能直观地表达对比、趋势等。在表现力方面，文不如表，表不如图。

当在 WPS Office 演示文稿中创建一个图表后，要使用 WPS Office 表格文稿编辑该图表的数据，但数据仍然保存在 WPS Office 演示文稿文件中。

选中图表，在“图表工具”选项卡中可修改图表的类型、数据、布局和样式。

3. 智能图形

利用智能图形能自动生成包含一系列美观整齐的形状的图形，这些形状里可以放置要展示的文本和图片信息，它让图片和文本混合编排的工作更简捷、更美观、更具有艺术性，是制作图文并茂的幻灯片的快速有效方法。

创建智能图形要根据信息内容之间的逻辑关系，选择合适的类型和布局，此时需要考虑传达什么信息（文本、图片）、信息之间的关系（列表、流程、层次、循环等），还要考虑文本数量和文本级别。在 WPS Office 演示文稿中可以快速轻松地切换更改布局，因此可以尝试不同类型的不同布局，直至找到最适合对信息进行图解的布局为止。表 7-1 列出了智能图形类型和用途。

表 7-1　智能图形类型和用途

图 形 类 型	图形的用途
列表	显示无序信息
流程	在流程或日程表中显示步骤
循环	显示连续的流程
层次结构	显示决策树
层次结构	创建组织结构图
关系	图示连接
矩阵	显示各部分如何与整体关联
棱锥图	显示与顶部或底部最大部分的比例关系
图片	绘制带图片的族谱

创建智能图形有两种方法 ：

① 直接插入智能图形：单击“插入”选项卡中的“智能图形”按钮，直接插入智能图形，然后输入编辑文本。

② 文本转换为智能图形 ：先输入编辑文本，然后在“开始”选项卡中单击“转智能图形”按钮，将文本转换为智能图形，对于重点为文本的信息采用此方法更为快捷方便。

7.4.2　任务实现

1. 任务分析

内容页是幻灯片中页数占比较大的幻灯片类型，因此可以将内容页幻灯片中相同的元素提取出来，制作成母版，方便后期提高制作效果以及保证幻灯片的统一性。

（1）制作内容页母版

① 进入幻灯片母版视图，在顶部插入矩形，设置为渐变填充，角度为 90° ，参数为“停止点:1，位置:

0，颜色：暗板岩蓝，着色 1，深色 50%，透明度 0%”“停止点：2，位置：100，颜色：矢车菊蓝，着色 1，透明度 0%”。

② 退出幻灯片母版视图，将封面页中的四个三角形复制粘贴到母版中。

③ 插入“线条元素 .png”素材图片。

(2) 制作“01 产品介绍”页

① 新建一页幻灯片，版式设置为（1）中设计好的母版样式。

② 插入“平行四边形”，设置颜色“矢车菊蓝，着色 1，深色 25%”，输入文字“01 产品介绍”，格式为“微软雅黑，28 号，白色，加粗”。

③ 插入文本框，输入“2.5K 超视网膜全面屏航空级铝合金材质长续航 10 小时”，按【Enter】键换行，字体设置为“微软雅黑，24 号，加粗，矢车菊蓝，着色 1，深色 50%”，设置行距 3.0，设置圆点项目符号。复制粘贴，输入“独立显卡薄至 18mm 轻约 1.6kg”，移动到合适的位置。

④ 插入“菱形”，在形状中填充素材图片“笔记本 .jpg”。

(3) 制作“02 产品亮点”页

① 插入标题文字为“02 产品亮点”。

② 插入“圆形图片标注”智能图形。

③ 在智能图形中插入素材图片“1.png”“2.png”“3.png”“4.png”。

④ 在文本占位符中输入“性能怪兽”“超薄机身”“超长续航”文字。

(4) 制作“03 产品参数”页

① 在第 5 页幻灯片插入一个“8 行 *2 列”的表格，输入“产品参数素材 .xlsx”表格中的内容，调整颜色和样式。

② 在第 6 页幻灯片插入“簇状柱形图”，将“续航时间”图表素材 .xlsx”中的数据复制过来，设置图表样式，添加“数据标签”。

(5) 制作“04 产品售后”页

插入“堆叠列表”智能图形，在后面添加两个项目，输入产品售后介绍文字内容，更改智能图形颜色。

各页效果如图 7-26 ～图 7-30 所示。

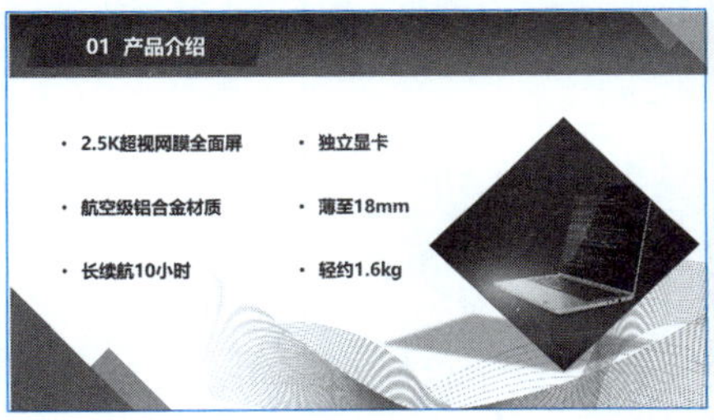

图 7-26　“01 产品介绍”页效果

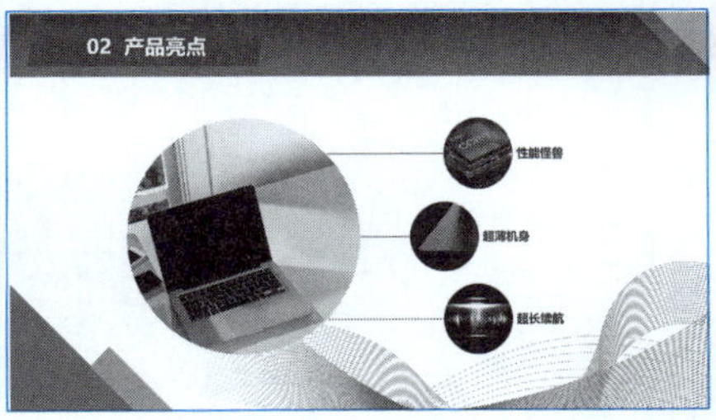

图 7-27　“02 产品亮点”页效果

图 7-28　“03 产品参数”页效果 1

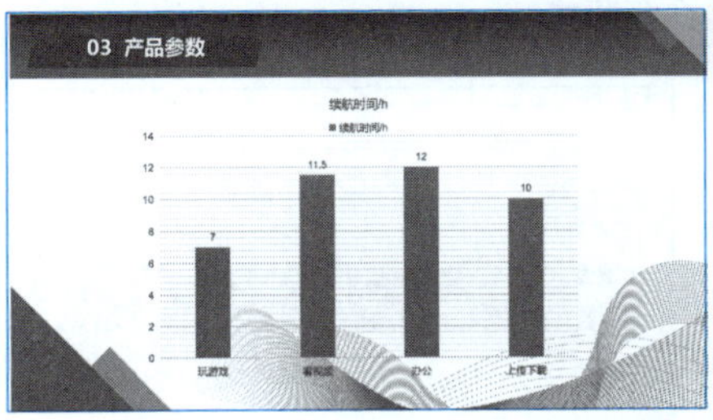

图 7-29　“03 产品参数”页效果 2

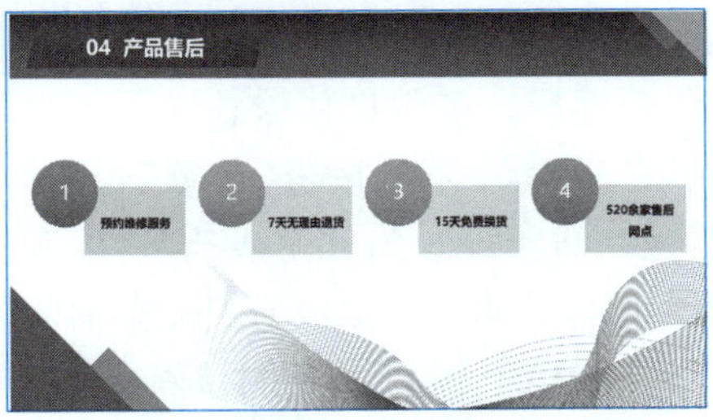

图 7-30　“04 产品售后”页效果

2. 实现过程

(1) 制作内容页母版

母版相当于模板，可以对母版进行设计，设计好母版之后，在新建幻灯片时，可以直接选中设计好的母版样式。

① 进入幻灯片母版视图。单击“视图”选项卡中的“幻灯片母版”按钮，进入到母版视图，如图 7-31 所示。

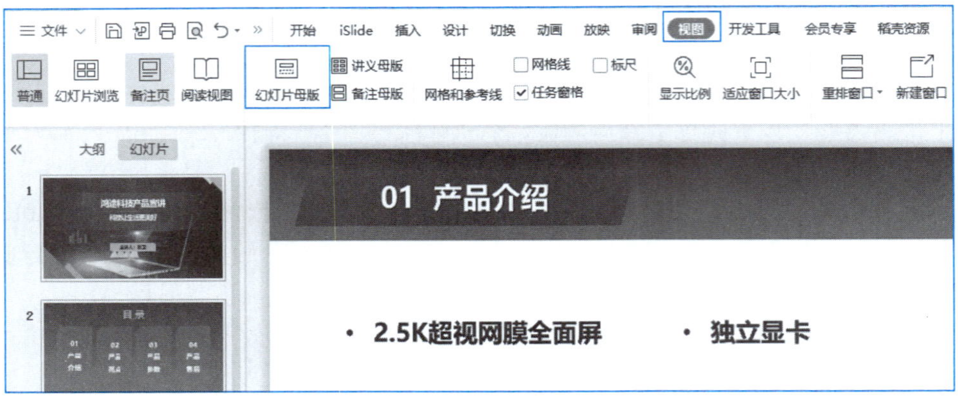

图 7-31　进入幻灯片母版视图

② 选择版式。进入“幻灯片母版”视图后，在幻灯片缩略图中选一张任何幻灯片都没有使用的版式（或新建一页幻灯片），否则更改版式设计会影响到当下页面中完成的幻灯片。

③ 删除版式中的内容。在选定的幻灯片中，按【Ctrl+A】组合键全选页面中的所有元素，按【Delete】键删除。为了避免后面选择母版时混淆，可以给该页版式重命名，选中版式左侧的缩略图，右击选择“重命名版式”命令，在弹出的对话框中输入新名称，如图 7-32 所示，单击“重命名”按钮。

图 7-32　重命名版式

④ 插入顶部渐变矩形。在幻灯片母版视图下，单击“插入”选项卡中的“形状”下拉按钮，选择“矩形”，设置填充为渐变填充，线条设置为“无线条”，渐变角度为 90°，渐变光圈“停止点 1”参数为“矢车菊蓝，着色 1，深色 50%”“位置 0%”，渐变光圈“停止点 2”参数为“矢车菊蓝，着色 1”“位置 100%”。调整矩形的大小，与幻灯片顶部对齐，如图 7-33 所示。

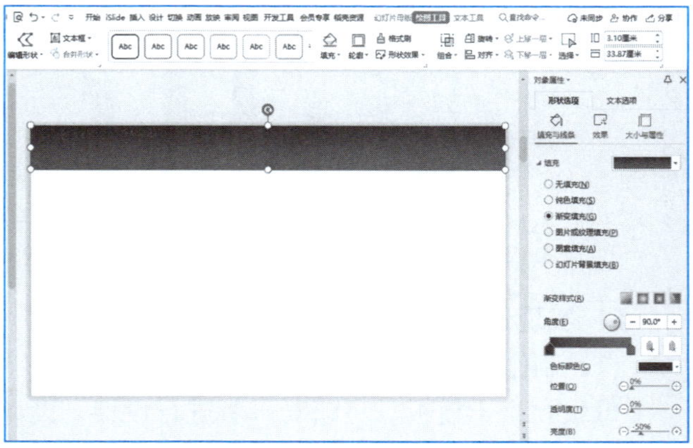

图 7-33　插入渐变矩形

⑤ 在前面封面中已经制作了装饰三角形，可以复制粘贴到母版中。首先单击“幻灯片母版”选项卡中的“关闭”按钮，退出幻灯片母版视图，在幻灯片首

页中，选中之前制作的四个三角形，按【Ctrl+C】组合键复制，单击“视图”选项卡中的“幻灯片母版”按钮，打开幻灯片母版视图，在刚刚制作的版式页面上按【Ctrl+V】组合键粘贴，如图 7-34 所示。

⑥ 插入装饰图片。单击“插入”选项卡中的“图片”下拉按钮，选择“本地图片”，按照路径选择素材图片“线条元素 .png”，单击“打开”按钮，图片就插入到幻灯片母版了。可以拖动控制句柄调整大小，拖动图片调整合适的位置，如图 7-35 所示。

图 7-34　在母版粘贴三角形

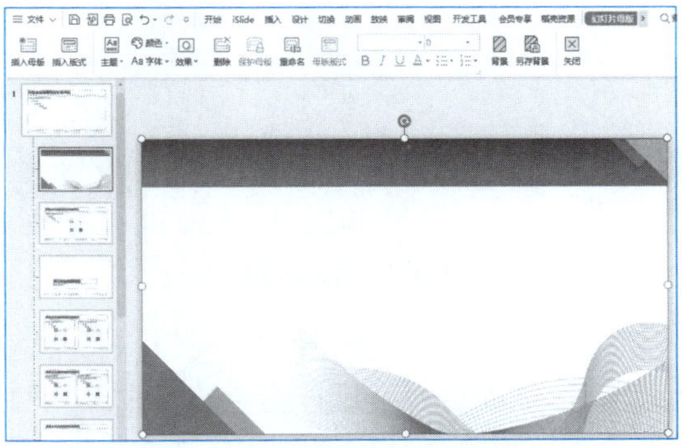

图 7-35　在母版插入图片

⑦ 完成版式设计后，就可以退出幻灯片母版视图，切换成普通视图了。单击“幻灯片母版”选项卡中的“关闭”按钮，即可退出母版编辑状态。

(2) 应用母版制作内容页幻灯片

当完成版式设计后，可以直接用设计好的版式新建幻灯片，完成内容页的制作，如图 7-26 ～图 7-30 所示。

① 选择版式新建幻灯片。将光标定位到目录页（或目录页的后面），表示要在这里新建幻灯片，单击“开始”选项卡中的“新建幻灯片”按钮，新建了一页幻灯片，选中新建的幻灯片，单击“开始”选项卡中的“版式”下拉按钮，在“母版版式”对话框中选择设计的母版版式，如图 7-36 所示。

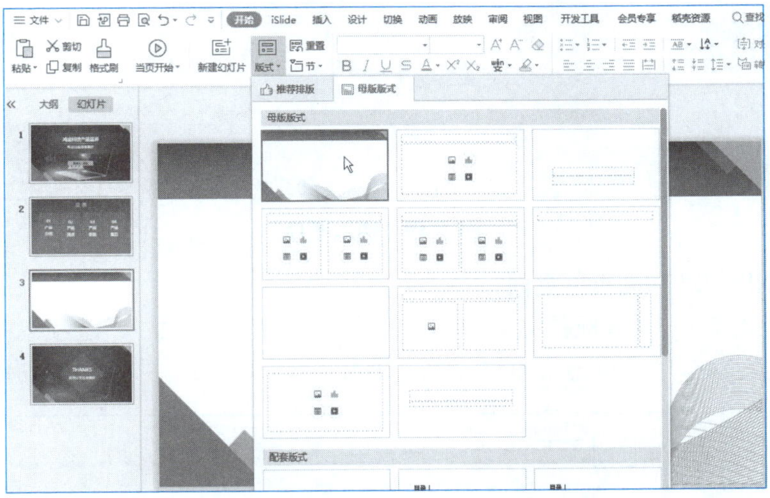

图 7-36　调整幻灯片版式

② 插入标题。单击“插入”选项卡中的“形状”按钮，插入一个“平行四边形”，设置颜色为“钢蓝，着色 1，深色 25%”，线条为“无线条”，形状高度为“2 cm”，形状宽度为“12 cm”，输入文字“01 产品介绍”，设置字体为“微软雅黑，28，加粗，文字阴影，白色，背景 1”，调整形状位置，如图 7-37 所示。

③ 插入文字内容。插入文本框，输入“2.5K 超视网膜全面屏航空级铝合金材质长续航 10 小时”，设置换行，调整字体为“微软雅黑，24 号，加粗，矢车菊蓝，着色 1，深色 50%”，单击“文本工具”选项卡中的“行距”按钮，设置行距为 3.0。单击“插入项目符号”按钮，在展开的“预设项目符号”对话框中选择最后一个圆点项目符号，如图 7-38 所示。选中文本框，复制粘贴，在复制的文本框中输入“独立显卡薄至 18mm 轻约 1.6kg”文字内容，调整对齐。

图 7-37 插入标题

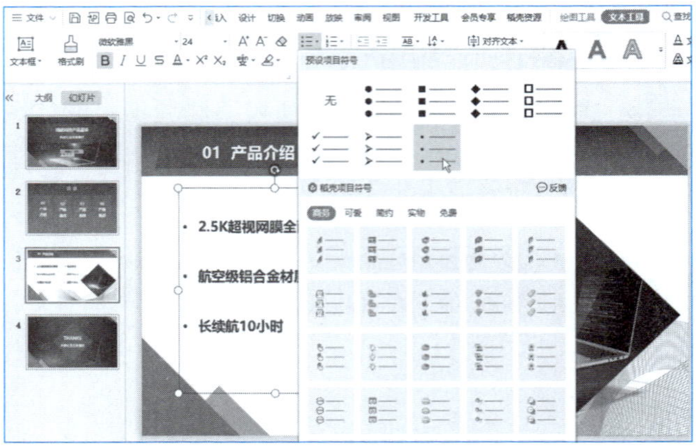

图 7-38 设置项目符号

④ 插入图片。在幻灯片中，可以直接插入图片，但是直接插入的图片不能随意调整形状。可以在形状中插入图片，从而更好地设计图片的样式。在幻灯片中插入“菱形”，设置高度宽度为 12 cm，选中菱形，右击，选择“填充图片”命令，在弹出的“填充图片”对话框中，按照路径选择素材图片“笔记本 .jpg”，如图 7-39 所示。

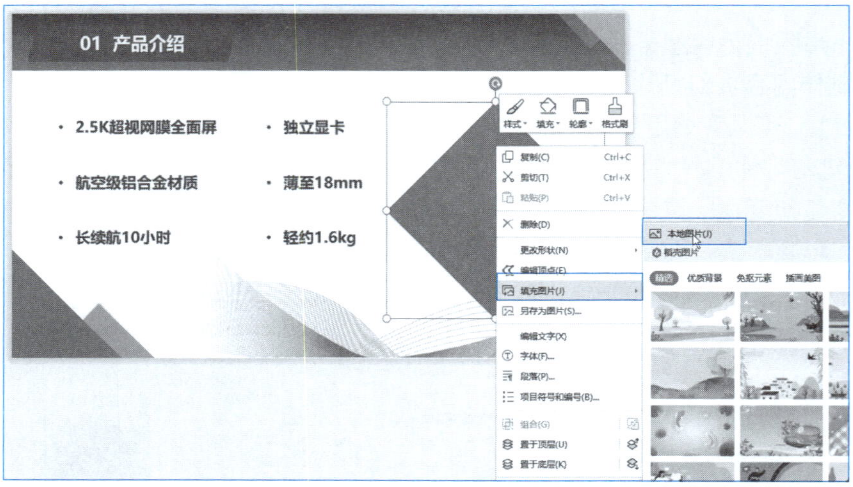

图 7-39 插入图片

(3) 用智能图形制作“产品亮点”页面

在第 3 页后面新建幻灯片，插入标题文字为“02 产品亮点”。单击“插入”选项卡中的“智能图形”按钮，在弹出的“智能图形”对话框中，单击“图片”栏，插入“圆形图片标注”，如图 7-40 所示。

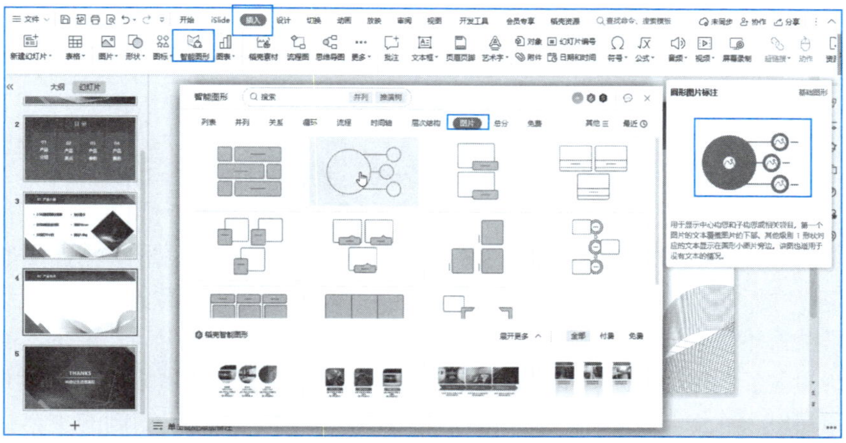

图 7-40 插入智能图形

单击智能图形左侧圆心处的“插入图片”占位符，在打开的“插入图片”对话框中，按照路径选择素材图片“1.png”。按照此方法给右边的三个圆形分别插入图片“2.png”“3.png”“4.png”。在智能图形右侧的三个“[文本]”占位符中分别输入“性能怪兽”“超薄机身”“超长续航”文字，格式为“微软雅黑，16，加粗”，如图 7-41 所示。

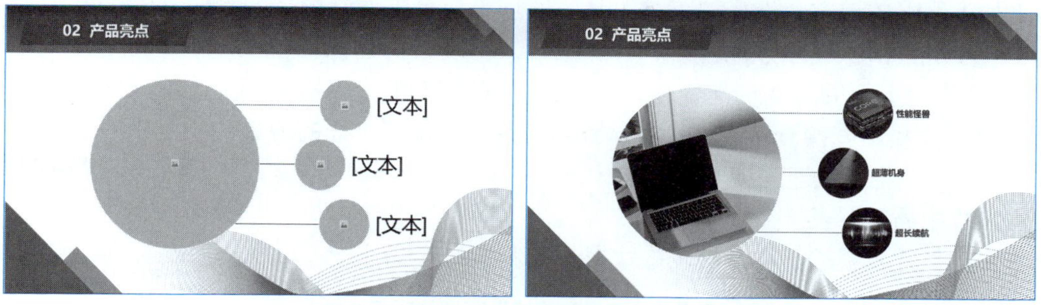

图 7-41　插入智能图形

（4）在幻灯片中插入表格。

① 插入表格。在第 4 页后新建幻灯片，插入标题文字为“03 产品参数”。单击“插入”选项卡中的“表格”下拉按钮，插入表格。插入表格的方式有三种。第一种是直接在“表格”下拉列表中用鼠标光标选定一块区域，根据选定区域创建一个对应规格的表格，如图 7-42 所示。第二种方式是使用 WPS Office 演示文稿中提供的“稻壳内容型表格”模板去创建表格，这样可以快速创建出一个美观专业的内容表格。第三种方式是选择“插入表格按钮”，在弹出的“插入表格”对话框中，设定想要制作的表格行数和列数，单击“确定”按钮就创建出一个符合要求的表格。在本页幻灯片中，插入一个“8 行 ×2 列”的表格。

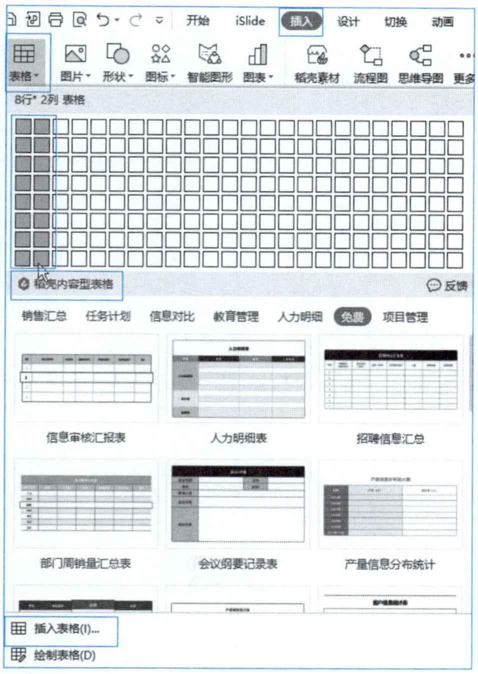

图 7-42　插入表格

② 调整表格预设样式。在表格中输入图 7-43 所示的内容，将文字设置为居中对齐。单击“表格样式”选项卡，通过“预设样式”栏可以快速调整表格的样式，单击“预设样式”下拉按钮，展开“预设样式”下拉列表，里面有不同的表格样式可供选择，下面还有“稻壳表格样式”，可以快速设置表格的外观。选择“中色系”中的第二个预设样式“中度样式 1- 强调 1”，表格的外观就发生了变化。

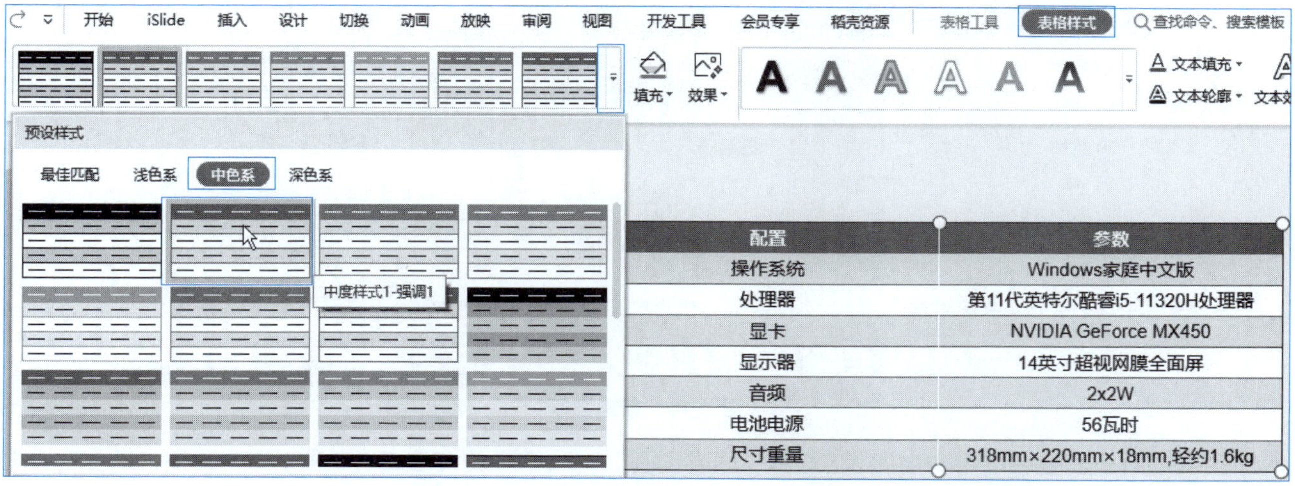

图 7-43　表格设置

③ 调整表格列宽和颜色。将光标移动到表格两列中线上，当鼠标指针变成⟺形状时，按住鼠标左键左右拖动就可以调整列宽。选中第一行，在“表格样式”选项卡中设置“填充”颜色为“矢车菊蓝，着色 1，深色 50%”。

④ 新增和删除表格的行与列。在演示文稿表格制作过程中，可以随时新增和删除行与列。首先将光标定位到想要添加或删除的地方，选择“表格工具”选项卡，可以看到图 7-44 所示的表格工具，可以自由地在选定的位置进行删除和插入行与列的操作。

⑤ 除了可以使用上面的方法创建表格，也可以从 WPS Office 表格文稿和 WPS Office 文字文稿中直接复制表格，粘贴到幻灯片中，按照上面的方式调整预设样式和颜色，也能快速完成表格的设计。

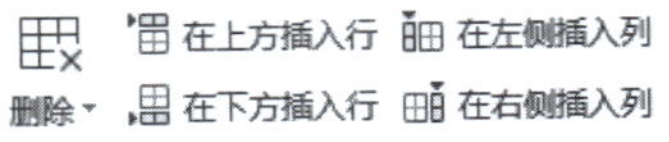

图 7-44　表格新增和删除工具

(5) 在幻灯片中插入图表。

新建第 6 张幻灯片，根据素材中的表格数据（见表 7-2）插入图表。

表 7-2　不同使用情形下续航时间统计

使用情形	续航时间（h）
玩游戏	7
看视频	11.5
办公	12
上传下载	10

操作步骤如下：

① 新建幻灯片。在第 5 张幻灯片后新建幻灯片，使用设计好的母版版式。

② 插入图表。单击“插入”选项卡中的“图表”按钮，在弹出的“图表”对话框中，可以选择不同类型的图表样式。除了基础样式外，稻壳图表还提供了丰富的图表样式可供选择。在“柱形图”栏目下，可以看到有“簇状柱形图”“堆积柱形图”“百分比堆积”柱形图，选择“簇状柱形图”，完成图表的插入，如图 7-45 所示。

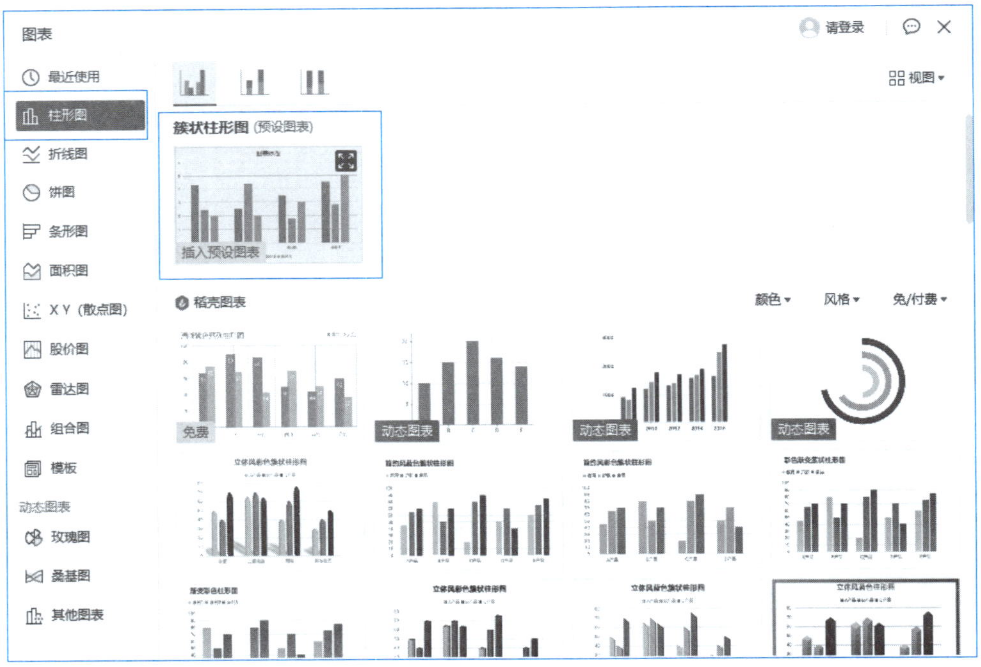

图 7-45　新建图表

③ 编辑图表数据。单击选中图表，单击“图表工具”选项卡中的“编辑数据”按钮，系统自动启动 WPS Office 表格文稿来编辑图表数据，拖动数据区域的右下角调整数据区域的大小，如图 7-46 所示。打开素材

文件“续航时间”图表素材 .xlsx”，选择相应表格数据复制。将复制的表格内容粘贴到图 7-47 中的 A1 单元格，在快捷菜单中选择“粘贴选项”中的“匹配目标格式”，将数据区中的默认模拟数据修改成实际数据。

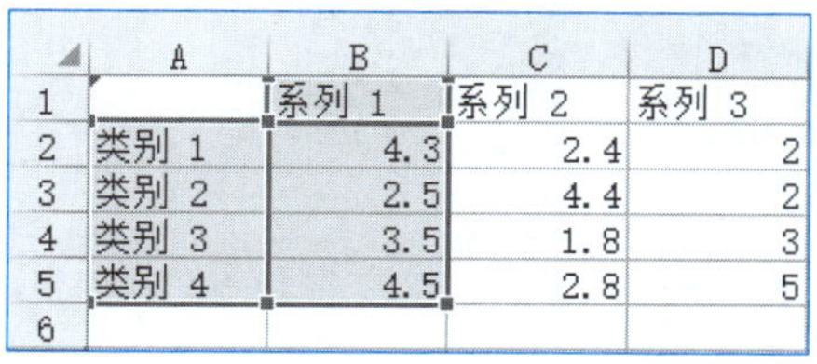

图 7-46 调整数据区域大小

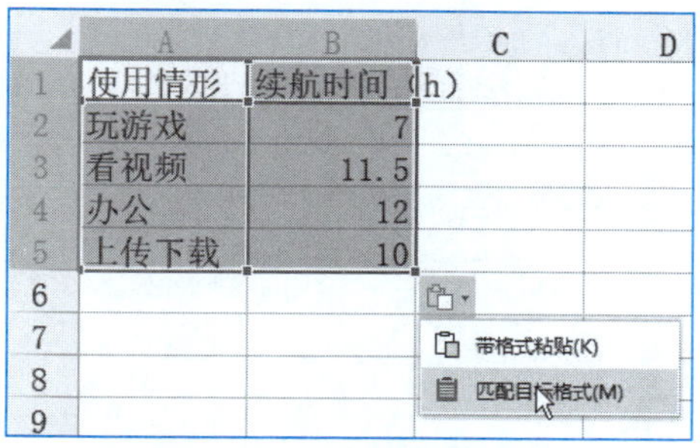

图 7-47 选择粘贴选项

④ 关闭 WPS Office 表格文稿程序，系统自动更新图表。

⑤ 设置图表样式。选中图表，在“图表工具”选项卡中的“预设样式”组中单击“样式 12”，如图 7-48 所示。双击选中图表，可以在右侧“对象属性”窗格中设置“图表选项”的背景填充颜色。单击选中图表中的系列矩形，可以设置“系列选项”的颜色。

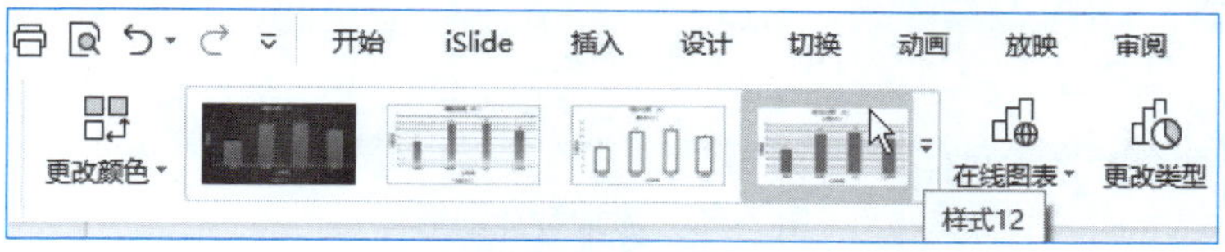

图 7-48 设置图表样式

⑥ 添加图表元素。在图表中，可以自定义设置要显示哪些图表元素。有两种设置方式。以“数据标签”为例，选中图表，单击“图表工具”选项卡中的“添加元素”下拉按钮，选择“数据标签”→“数据标签外”，数据标签就显示在图表系列的上方了。也可以直接单击图表右上角的“图表元素”按钮，勾选“数据标签”。同理，可以设置其他需要显示的图表元素，如图 7-49 所示。

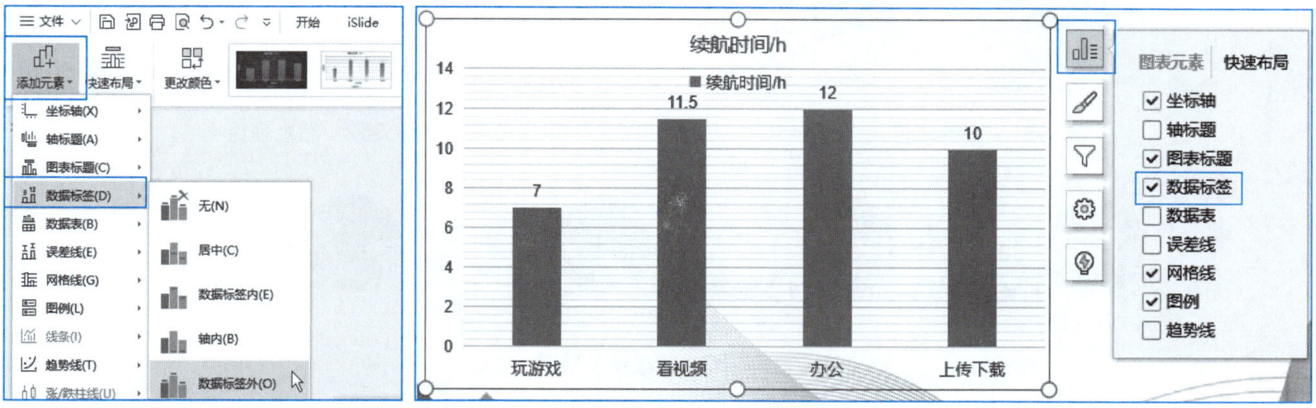

图 7-49 添加图表元素

（6）用智能图形制作“04 产品售后”页面

前面用到智能图形中的“图片”结构制作了“02 产品亮点”页面，其实智能图形的优势在于关系结构的呈现，如图 7-50 所示，在“智能图形”的对话框中，可以找到各种类型的关系结构，列表、并列、关系、循环……在下面的稻壳智能图形中，也有很多精美的智能图形可以使用。下面使用“列表”栏目下的“堆叠列表”制作“04 产品售后”页面。

① 新建幻灯片。在第 6 张幻灯片后新建幻灯片，使用设计好的母版版式。

② 插入智能图形。插入“堆叠列表”智能图形，如图 7-50 所示。

③ 删减和新增项目。选中智能图形左下和右下的两个文本框，如图 7-51 所示，按【Delete】键删除，

将光标定位在右边圆形的“文本”上，单击“设计”选项卡中的“添加项目”下拉按钮，选择“在后面添加项目”，也可以单击图 7-52 所示的“添加项目”快捷按钮，直接添加项目。重复此操作添加两个项目，如图 7-53 所示。

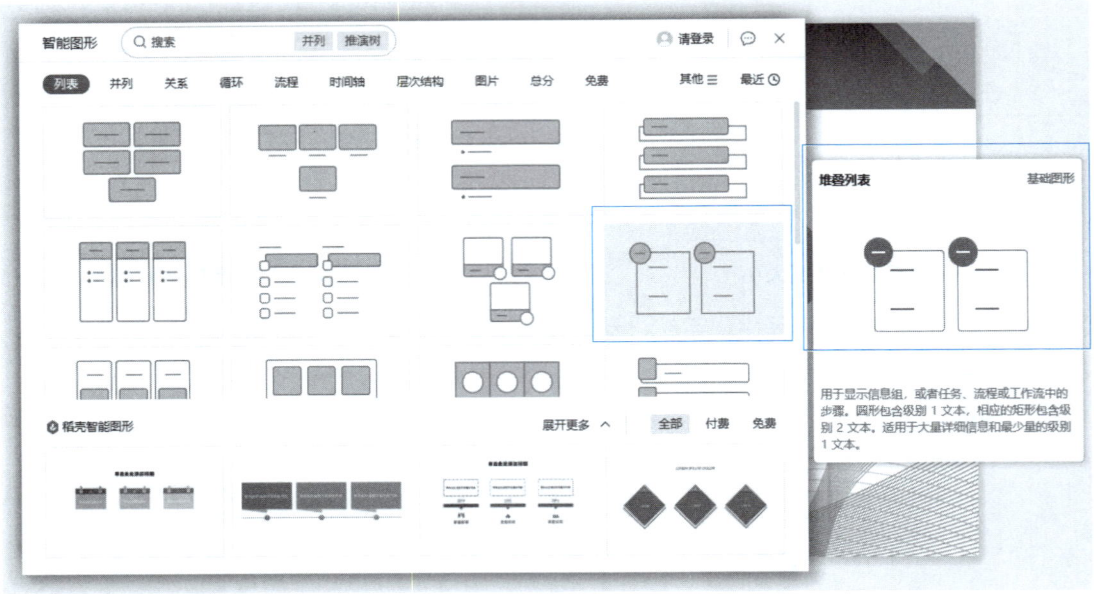

图 7-50　添加智能图形

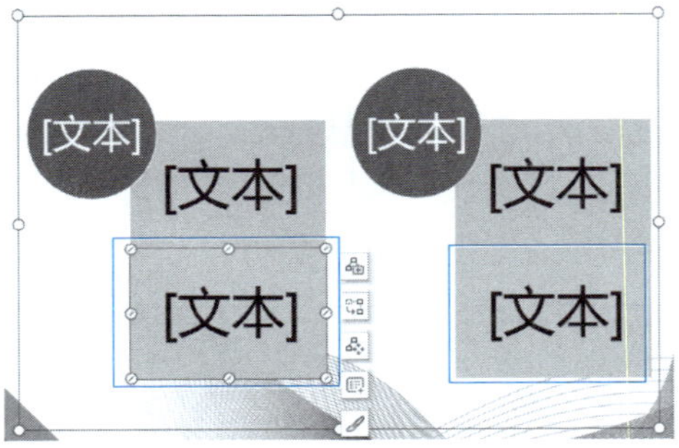

图 7-51　删除项目

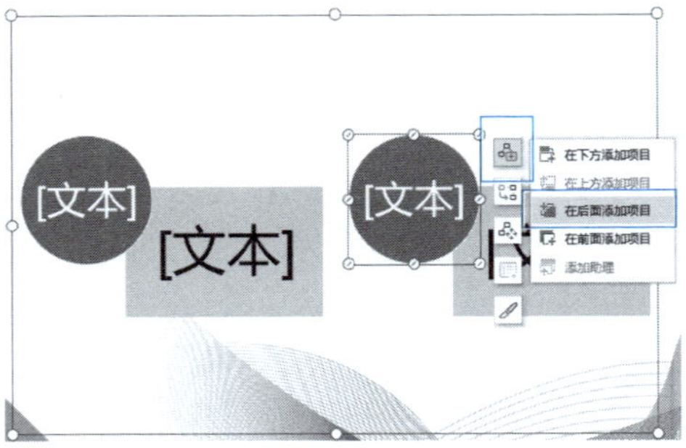

图 7-52　添加项目

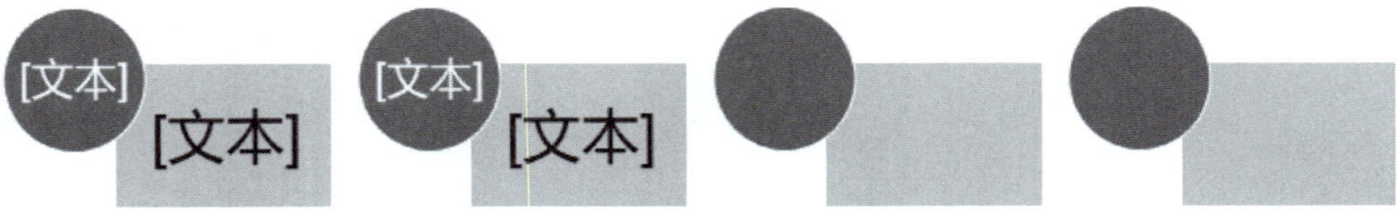

图 7-53　完成添加项目

④ 输入文字内容。按照图 7-54 输入文字内容，设置字体为“微软雅黑，加粗”，数字字号设置为“28”，中文字号设置为“16”，调整智能图形到合适的大小和位置。

图 7-54　输入文字内容

⑤ 更改智能图形样式和颜色。选中智能图形，在“设计”选项卡中的“预设样式”栏中选择第 4 个预设样式，如图 7-55 所示。单击“更改颜色”，选择“彩色”组第二个颜色搭配。

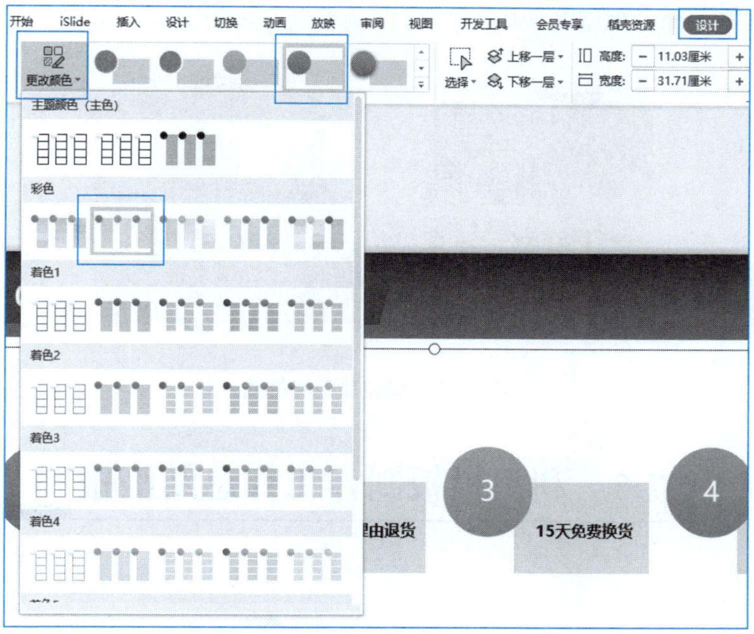

图 7-55 更改样式和颜色

7.4.3 总结与提高

1. 智能图形的形状个数

智能图形的形状个数可以通过添加和删除形状来满足实际需求。选择形状，按【Delete】键即可删除形状；选择形状，在其右键快捷菜单中选择“添加形状”命令可添加形状。但某些智能图形的形状个数是固定的，不能改变；某些智能图形中多个形状是配套出现的，删除或添加操作就会对多个配套形状而言。

2. 文本转换成智能图形

在 WPS Office 演示文稿中，文本可以转换成智能图形。操作步骤如下：

① 首先在幻灯片中插入文本框，输入要转换的文字内容，将要分开的文字内容换行处理，每一行对应智能图形中的一个项目，如图 7-56 所示。

② 选中文本框，单击“文本工具”选项卡中的“转智能图形”下拉按钮，在下拉列表中可以看到有很多智能图形样式可供选择，如图 7-57 所示，单击“基本矩阵”智能图形，文本就被转换成对应的智能图形了。如果没有找到合适的智能图形样式，还可以单击下方的“更多智能图形”按钮，打开“选择智能图形”对话框去选择。

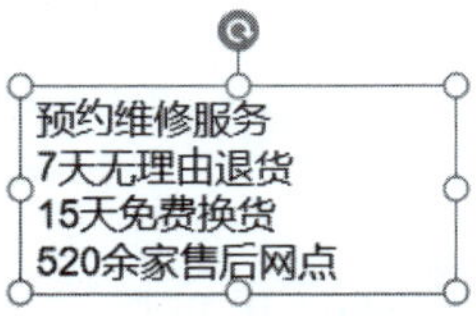

图 7-56 输入文本内容

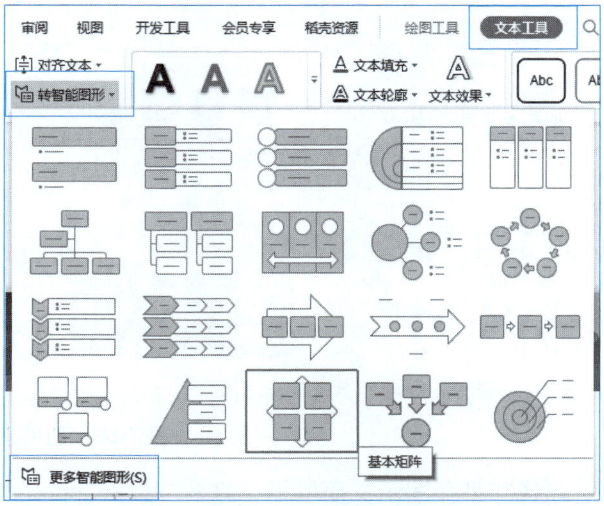

图 7-57 转智能图形

③ 选中转换好的智能图形，如图 7-58 所示，可以调整到合适的大小，更改样式和颜色。

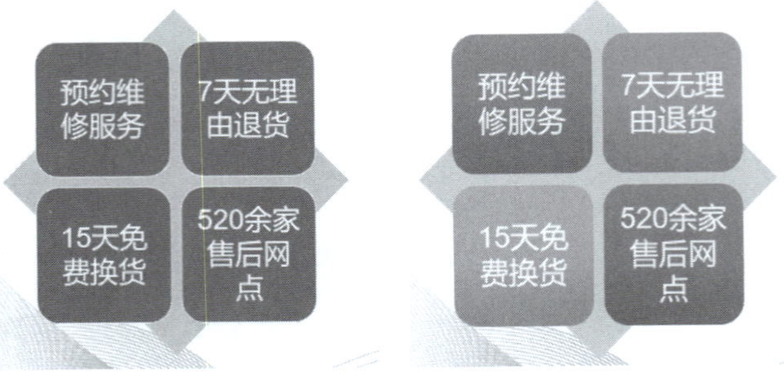

图 7-58　调整颜色和样式

7.5　利用模板制作工作总结汇报

7.5.1　知识点解析

1. 利用模板创建文稿

可以在网络上下载合适的模板，也可以直接在 WPS Office 中从稻壳模板新建，保存并重命名新建的模板。

2. 在浏览视图删除页面

打开模板，进入浏览视图快速删除不需要的页面，进入幻灯片页面，删除掉水印以及其他不需要的元素。

7.5.2　任务实现

1. 任务分析

在网上查找幻灯片模板时，首先思考要制作什么类型的幻灯片，找到风格相当的模板，利用模板简单修改完成幻灯片的制作，是提高效率的好办法。在修改模板时要掌握不同内容的修改方法，让演示文稿准确呈现自己设计的内容。在本次任务中，需要完成图 7-59 所示页面的制作。

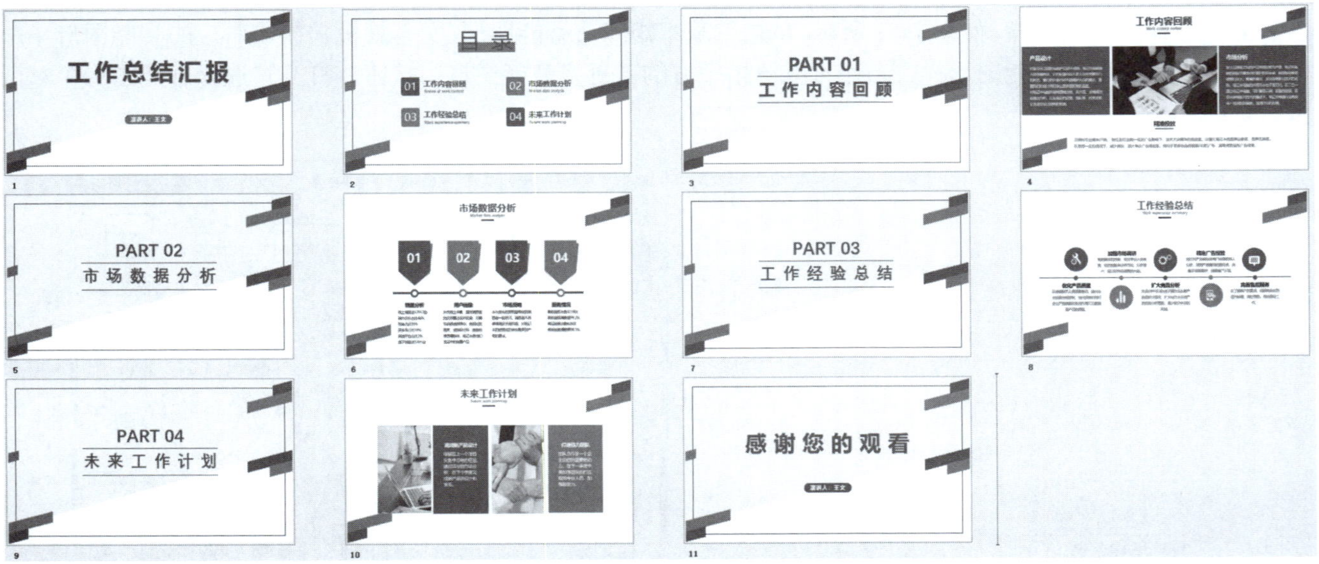

图 7-59　利用模板制作幻灯片

① 查找并另存演示文稿模板，打开“模板 .pptx”演示文稿，另存为“工作总结汇报 .pptx”。

② 删除模板中不需要的内容，在幻灯片浏览视图删除第 5、8、11、13 页，在普通视图删除首页和其他

页面中的英文文本框。

③ 修改封面页和封底页内容。

a. 修改封面页内容，将主标题框中的文字替换为“工作总结汇报”，字体为“微软雅黑，80 号，加粗，分散对齐”。副标题改为“演讲人：王文”，“微软雅黑，20 号，加粗”。

b. 修改封底内容。切换到最后一页，输入“感谢您的观看”“演讲人：王文”，格式与封面页一致。

④修改内容页图片和文字。

a. 打开“工作总结汇报文字稿 .docx”文字文稿素材。

b. 按照素材文稿的文字内容修改目录页中的文字，设置字体为微软雅黑。

c. 按照根据素材文稿中的内容，按照同样的方式修改其他页面的文字内容。

d. 打开“图片素材”文件夹，根据图片素材修改替换第 4 页和第 10 页幻灯片中的图片。

2. 实现过程

(1) 查找并另存模板

① 查找模板。网络上有很多演示文稿模板网站，免费的如扑奔网、PPTFans、优品 PPT、比格 PPT，收费的如演界网、PPTSTORE、摄图网等，除了这些网站，也可以使用 WPS Office 中的稻壳模板来创建演示文稿。在模板搜集的时候，选择职场通用分类，可以快速找到适合职场使用的幻灯片母版，选择风格和模块比较适合工作汇报的模板，下载到本地。在本次任务中，可以自己搜集一个合适的模板，也可以使用“课堂实训用素材”文件夹下的“模板 .pptx”模板来创建演示文稿。

② 另存模板文件。用 WPS Office 演示文稿打开模板文件，单击“文件”按钮，选择“另存为”选项，选择“PowerPoint 演示文件 (*.pptx)”文件类型。

③ 保存文件。在“另存为”对话框中选择“我的电脑”选项，并选择具体位置，输入文件名称“工作总结汇报”，单击“保存”按钮。

④ 查看保存好的文件。成功将文件保存后，文件的名称发生了改变，如图 7-60 所示，在对应文件夹中可找到对应的文件。

图 7-60　另存模板幻灯片

(2) 删除不需要的内容

下载的幻灯片模板中有很多页面和元素是不需要的，可以将其删除，方便后面的内容编排。

① 进入“幻灯片浏览”视图。单击“视图”选项卡中的“幻灯片浏览”按钮，进入幻灯片浏览视图，如图 7-61 所示。也可以单击右下角的“幻灯片浏览”按钮，直接进入幻灯片浏览视图。

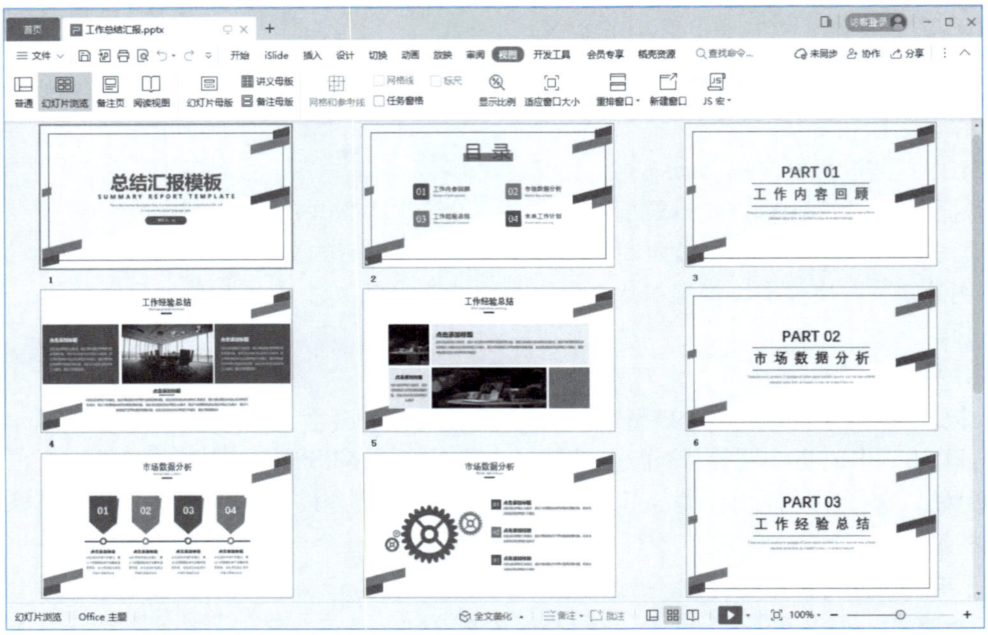

图 7-61　打开幻灯片浏览视图

② 删除不需要的幻灯片页面。在幻灯片浏览视图中，按住【Ctrl】键，选中不需要的幻灯片页面，这里选择 5、8、11、13 页的幻灯片，按【Delete】键将其删除。

③ 删除不需要的元素。单击“视图”选项卡中的“普通”按钮，切换回普通视图（也可以直接单击右下角的“普通视图”按钮切换）。单击选中首页和其他页面中的英文文本框，按【Delete】键删除。如果下载的模板中有水印或者标志等元素，也可以选中删除。有的模板中的元素通过单击无法选中，可能是制作者将元素放在了幻灯片母版中，只需要切换到幻灯片母版视图，就可以选中并删除了。

（3）修改封面页和封底页内容。

完成页面删减后，就可以开始内容的调整了。方法很简单，只需替换标题文字即可。

① 修改封面内容。切换到封面页，将光标置于标题文本框中，把原来的文字删除，输入图 7-62 所示的文字，将标题文字大小设置为 80，对齐方式设置为“分散对齐”，适当拉长标题框宽度，可以使文字显得不那么紧凑。副标题文字设置为 20，字体设置为微软雅黑。

② 修改封底内容。切换到最后一页，调整封底的内容，如图 7-63 所示。

图 7-62　打开幻灯片浏览视图

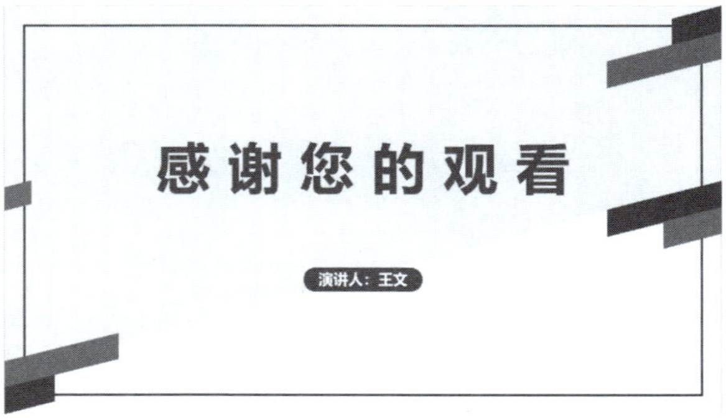

图 7-63　打开幻灯片浏览视图

（4）修改内容页图片和文字

① 修改第 2 页（目录页）。模板中的目录页有四部分的内容，如图 7-64 所示，我们的工作总结刚好也是由四部分组成，只需要修改标题中的文字并调整字体即可，字体设置为微软雅黑，如图 7-65 所示。

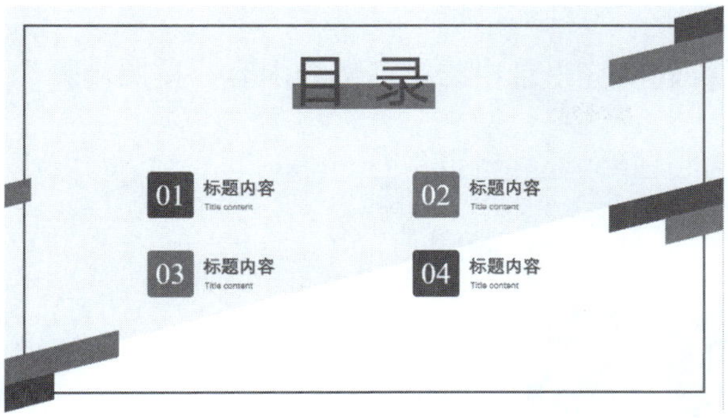

图 7-64　模板中的目录页

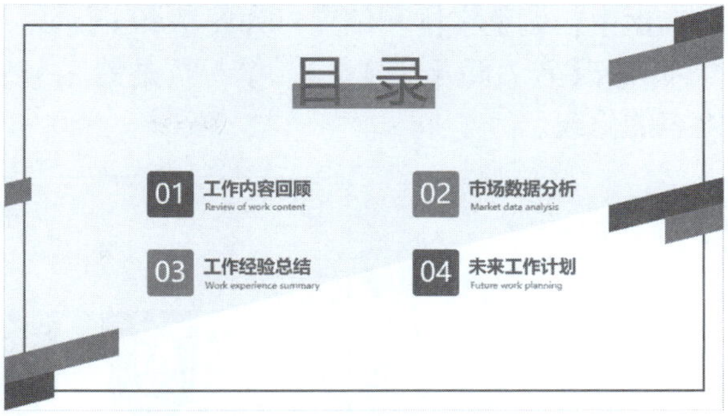

图 7-65　修改文字和字体

② 修改第 3 页（过渡页）。在前面已经设定好目录页的环节，第一个过渡页用来展示第一个环节的标题“工作内容回顾”，过渡页的存在是为了让观众能够直观地了解演讲者接下来要展示的内容。选中文本框，将文字内容和格式改成如图 7-66 所示。

图 7-66　过渡页的修改

③ 修改第 4 页文本和图片。将光标定位到顶部标题框，如图 7-67 所示，删除原来的文字，输入“工作内容回顾”，也可以将提前编辑好的文字直接复制粘贴进文本框，打开“课堂实训用素材”文件夹下的“工作总结汇报文字稿 .docx”文件，将对应的文本内容复制，粘贴到对应的文本框，按照此方式，将所有文本框中的文字替换成图 7-68 所示的内容，设置字体为“微软雅黑”。

单击选中版式中间的图片对象，右击，在弹出的快捷菜单中选择“更改图片”命令，在弹出的“更改图片”对话框中，根据路径找到“课堂实训用素材”文件夹下的“工作汇报 1.jpg”文件，单击“打开”按钮，完成图片的替换。

图 7-67　第 4 页的修改 1

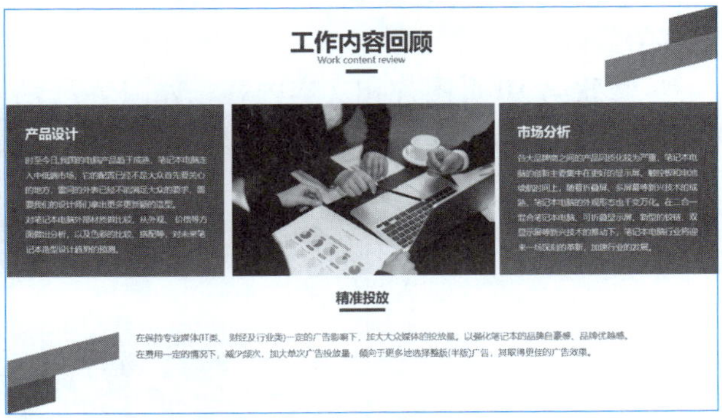

图 7-68　第 4 页的修改 2

④ 修改第 5 页（过渡页）。第 5 页是第二个过渡页，标题对应目录中的第二部分内容，按照步骤② 完成内容的修改。

⑤ 修改第 6 页文本内容。将光标定位到版式顶部标题框，输入标题“市场数据分析”，根据路径打开“课堂实训用素材”文件夹下的“工作总结汇报文字稿 .docx”文件，将对应的文本内容复制，粘贴到底部对应

的文本框中，调整字体和位置，如图 7-69 所示。

⑥ 修改第 7 页（过渡页）。第 7 页是第三个过渡页，标题对应目录中的第三部分内容，按照步骤② 完成内容的修改。

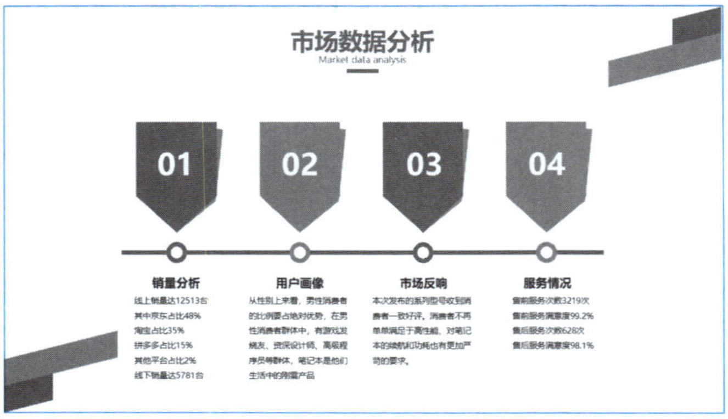

图 7-69　修改文字内容

⑦ 修改第 8 页文本内容。根据路径打开“课堂实训用素材”文件夹下的“工作总结汇报文字稿.docx”文件，将对应的文本内容复制粘贴到文本框中，调整字体和位置，如图 7-70 所示。在幻灯片中可以看到一些小图标，当想更换小图标时，可以单击“插入”选项卡中的“图标”下拉按钮，在“稻壳图标”中选择合适的图标插入。合适的图标可以在视觉上提升幻灯片的设计感。

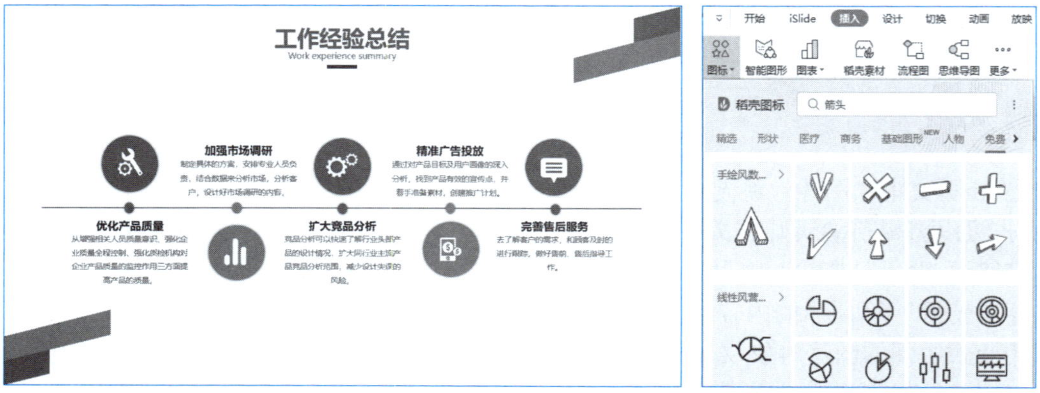

图 7-70　修改文字内容

⑧ 修改第 9 页（过渡页）。第 9 页是第四个过渡页，标题对应目录中的第四部分内容，按照步骤② 完成内容的修改。

⑨ 修改第 10 页图片和文本内容。如图 7-71 所示完成文字的替换并调整文字格式。右击左侧的图片，将左侧图片更改为“工作汇报 2.jpg”。将右侧图片更改为“工作汇报 3.jpg”。

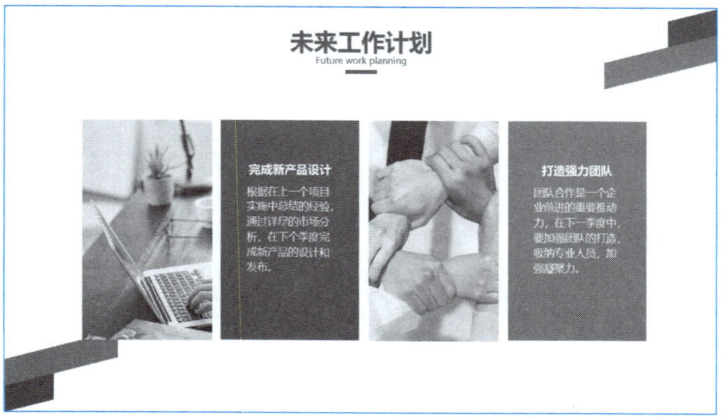

图 7-71　修改图文内容

7.5.3 总结与提高

1. 批量替换字体

从网上下载下来的模板，如果字体不统一，或者字体不符合企业的规范，逐个去修改字体会花费很多时间。和 WPS Office 文本文稿一样，WPS Office 演示文稿中也可以批量替换字体。单击“开始”选项卡中的“替换”下拉按钮，单击“替换字体”按钮，在弹出的“替换字体”对话框中，展开“替换”栏下面的折叠菜单，可以看到当前演示文稿中使用的所有字体，只要选择需要替换的字体，然后在下面的“替换为”折叠菜单中选择要替换成的字体，单击“替换”按钮，即可一键替换整个演示文稿中的字体，如图 7-72 所示。

图 7-72 替换字体

2. WPS Office 演示文稿图片处理

在模板中插入图片的过程中，有时候需要对图片做一些处理。WPS Office 演示文稿有很多图片处理功能，包括删除图片背景、图片裁剪、设置图片颜色、将图片转为文字等。

① 删除图片背景。根据路径打开“课堂实训用素材”文件夹下的“图片处理素材 .dps”文件，选中第一页幻灯片中的图片，单击“图片工具”选项卡中的“设置透明色”按钮，如图 7-73 所示，在需要删除背景的地方单击，图片中的背景就被删除了，如图 7-74 所示。需要注意的是，只有背景颜色比较单一且和主题颜色差异较大时才能使用这种方式删除背景。遇到比较复杂的图形时，可以单击“抠除背景”按钮进行抠图。

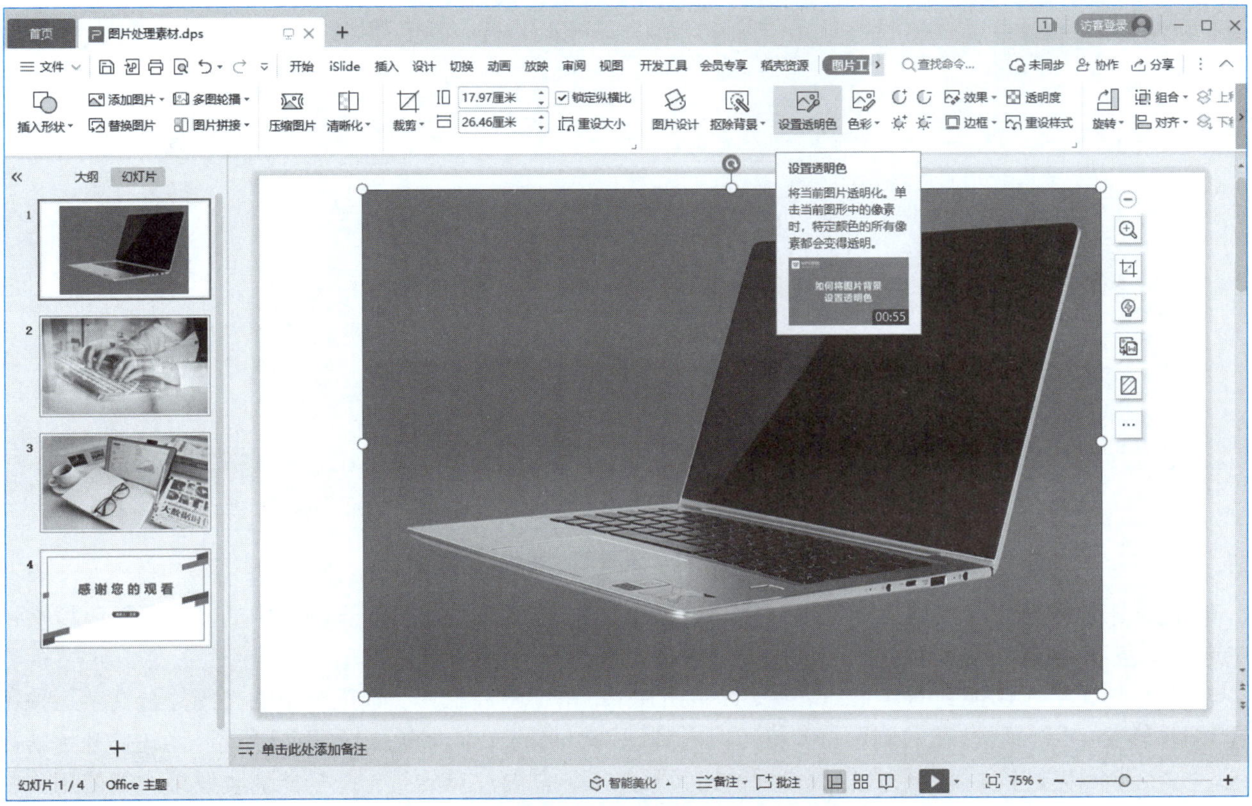

图 7-73 设置透明色

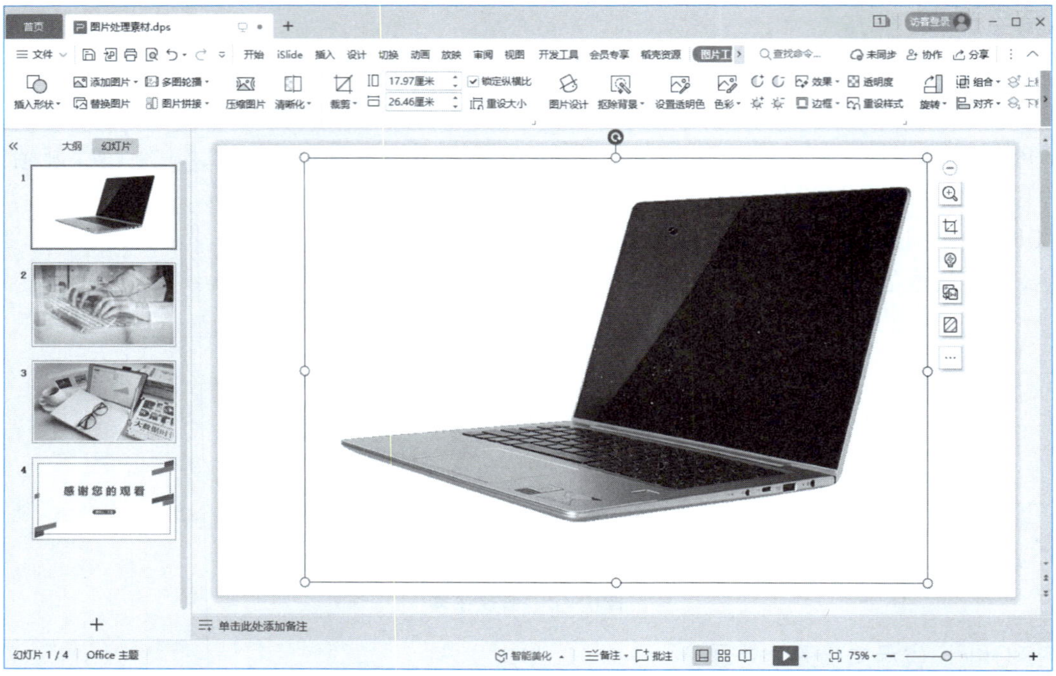

图 7-74　完成背景删除

② 裁剪图片。切换到第 2 张幻灯片中，选中图片，单击“图片工具”选项卡中的“裁剪”下拉按钮，从图形列表中选择一种形状，如选择“椭圆”，此时选中的图片就被裁剪成了椭圆形，如图 7-75 所示。

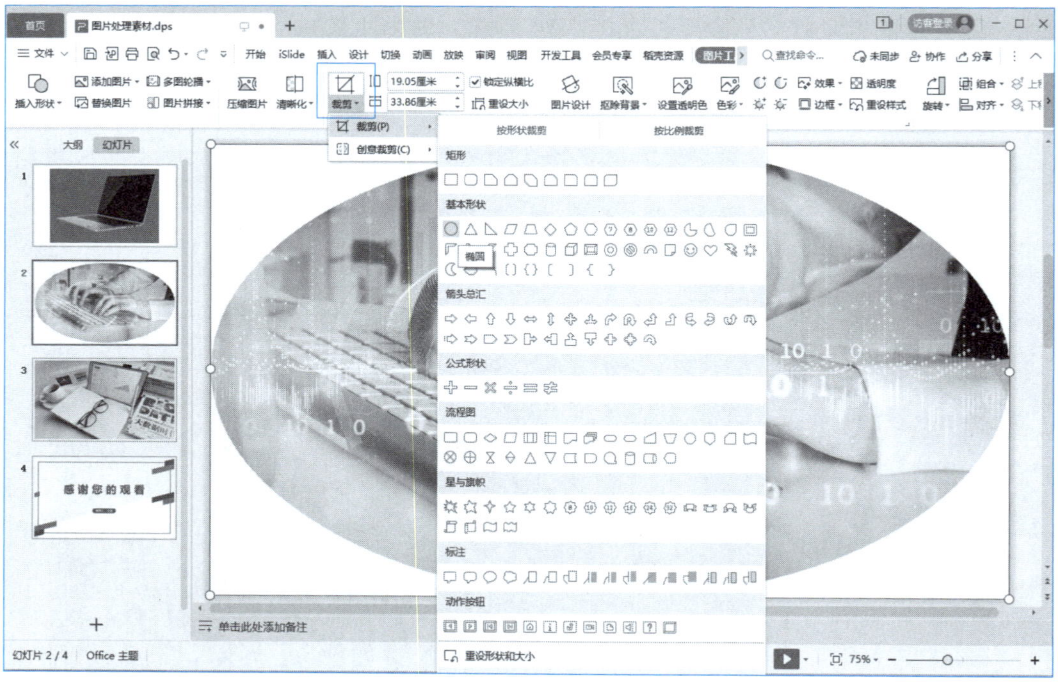

图 7-75　设置形状裁剪

③ 设置图片颜色。切换到第 3 张幻灯片，选中图片，单击“图片工具”选项卡中的“色彩”下拉按钮，从中选择“灰度”，选中的图片就改变成灰度颜色模式，如图 7-76 所示。

④ 图片转文字。切换到第 4 张幻灯片，选中图片，单击“图片工具”选项卡中的“图片转文字”按钮，打开“图片转文字”对话框，在右侧预览窗格可以看到识别出来的文字内容，如图 7-77 所示。单击“开始转换”按钮，文字就会以文字文稿的形式存到设置的路径目录下。需要注意的是，此功能需要登录才能使用，并且图片中的文字不能保证被百分之百准确地解析出来，可能会有缺漏或错误。

图 7-76　设置图片颜色

图 7-77　图片转文字

习　题

参照“教学课件（样例）.pptx”文件，利用 WPS Office 演示文稿相关排版技术及相关的素材，制作教学课件演示文稿，如图 7-78 所示。具体要求如下：

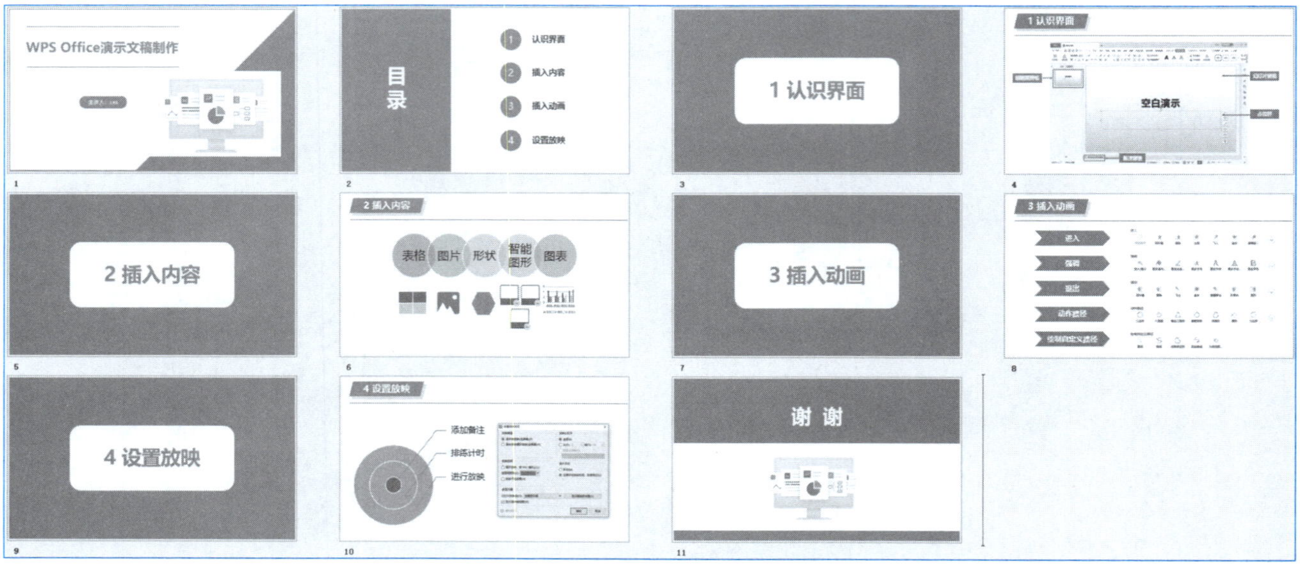

图 7-78　教学课件效果预览

1. 新建 WPS Office 演示文稿文件，另存为“教学课件 .pptx”文件。

2. 设计首页样式。

（1）删除第一页幻灯片中所有的占位符，插入全屏大小矩形，填充为“无填充颜色”，轮廓为“巧克力黄，着色 2”，轮廓线型为“6 磅”。

（2）插入“直角三角形”形状，填充为“巧克力黄，着色 2”，轮廓为“无边框颜色”，设置宽高都为 19.05 cm，对形状进行“水平翻转”，设置对齐为“右对齐”“向下对齐”。

（3）插入标题“WPS Office 演示文稿制作”，设置字体为“微软雅黑，44 号，加粗，巧克力黄，着色 2”。

（4）插入水平“直线”，设置轮廓为“巧克力黄，着色 2”，轮廓线型为“2.25 磅”，长度为 18 cm。复制粘贴，与标题“水平居中”对齐。

（5）插入“圆角矩形”，填充为“巧克力黄，着色 2”，轮廓为“无边框颜色”，输入“主讲人：×××”，设置字体为“微软雅黑，18 号，居中对齐”。

（6）插入图片。幻灯片中插入“课后习题素材”文件夹目录下的“1-WPS 图片素材 .png”图片，调整大小和位置。

3. 设计目录页。

（1）在首页后新建一页幻灯片，插入全屏大小矩形，设置填充为“白色”，轮廓为“无边框颜色”。

（2）插入矩形，填充“巧克力黄，着色 2”，轮廓“无边框颜色”，调整高度为 19.05 cm，宽度为 12.98 cm，并对齐到页面左侧。

（3）插入“文本框”，输入文字“目录”，设置字体“微软雅黑，66 号，白色，加粗”。

（4）插入“圆形”，填充“巧克力黄，着色 2”，轮廓“无边框颜色”，设置宽高都为 2.5 cm。在圆形中输入数字“1”，设置字体“微软雅黑，32 号，白色”。

（5）插入“文本框”，输入文字“认识界面”，设置字体为“微软雅黑，28 号，黑色，加粗”。

（6）选中圆形形状和文本框，将其“组合”，复制粘贴三组，修改数字，并依次输入“插入内容”“插入动画”“设置放映”，使用对齐工具将其对齐。

4. 设计过渡页。

（1）在第 2 页后新建一页幻灯片。插入全屏大小矩形，填充“巧克力黄，着色 2”，轮廓“无边框颜色”。

（2）插入“圆角矩形”，填充“白色，背景 1”，轮廓“无边框颜色”。输入“1 认识界面”，设置字体“微软雅黑，66 号，巧克力黄，着色 2，加粗”。

5. 设计内容页母版。

（1）在第 3 页后新建一页幻灯片，进入“幻灯片母版”视图。

（2）插入“平行四边形”，设置高度为 1.78 cm，宽度为 8.84 cm，填充“巧克力黄，着色 2”，轮廓“无边框颜色”。选中并复制粘贴，将复制的平行四边形颜色设置为“巧克力黄，着色 2，浅色 80%”，将其“下移一层”，调整两个平行四边形的位置，使其部分重叠放置在左上角。

（3）插入“直线”，设置轮廓为“巧克力黄，着色 2，0.5 磅”，调整直线长度和位置，使其左端对齐平行四边形最左端，右端对齐幻灯片最右边。

（4）关闭幻灯片母版。

6. 复制粘贴过渡页和内容页。

（1）在第 4 页内容页中插入“文本框”，输入标题文字“1 认识界面”，设置字体“微软雅黑，32 号，白色，加粗”，将其移动到左上角。

（2）同时选中第 3 页和第 4 页幻灯片进行复制，将其粘贴到第 4 页幻灯片之后，按照此方法，重复粘贴三次，完成剩余页面的创建。

（3）将复制粘贴的过渡页标题依次修改为“2 插入内容”“3 插入动画”“4 设置放映”。

（4）将复制粘贴的内容页标题依次修改为“2 插入内容”“3 插入动画”“4 设置放映”。

7. 设计第 4 页内容。

（1）插入“课后习题素材”文件夹目录下的“2- 认识界面 .png”图片，调整大小和位置。

（2）插入“矩形”，填充“巧克力黄，着色 2”，在矩形中输入文字“缩略图窗格”，设置字体为“微软雅黑，16 号，白色，加粗”。接着再插入一个“矩形”，设置“无填充颜色”，轮廓为“红色，0.5 磅”，用其框住图片中的缩略图窗格，然后插入箭头，就完成了图片的标注。按照同样的方法完成图片中“备注窗格”“幻灯片窗格”“占位符”的标注。

8. 设计第 6 页内容。

（1）在第 6 页幻灯片中插入“线型维恩图”智能图形，更改颜色为“着色 2”选项下的第 4 个预设颜色。选中第 4 个圆形，“在后面添加项目”，添加一个圆形。在智能图形中依次输入“表格”“图片”“形状”“智能图形”“图表”文字，设置字体为“微软雅黑，39 号，黑色”。

（2）在“表格”下方插入一个“2 行 ×2 列”的表格，在“图片”下方插入“3- 图片 .png”素材，在“形状”下面插入“六边形”，在“智能图形”下方插入“蛇形图片重点列表”智能图形，在“图表”下方插入“簇状柱形图”。调整大小和位置。

9. 设计第 8 页内容。

（1）插入“4- 插入动画 .png”图片素材，调整至合适的大小和位置。

（2）插入“燕尾形”形状，填充“巧克力黄，着色 2”，轮廓“无边框颜色”。在形状中输入“进入”，设置字体为“微软雅黑，24 号，白色，加粗”。选中燕尾形形状并复制粘贴四组，分别输入“强调”“退出”“动作路径”“绘制自定义路径”，设置左对齐，将其对应到图片中的相应的位置。

10. 设计第 10 页内容。

（1）插入“基本目标图”智能图形，更改颜色为“着色 2”选项下的第四个预设颜色。在文本占位符中依次输入“添加备注”“排练计时”“进行放映”，设置字体为“微软雅黑，28 号，黑色”。

（2）插入“5- 设置放映方式 .png”图片素材，调整至合适的大小和位置。

11. 设计封底页。

（1）在第 10 页幻灯片后新建一页幻灯片，设置幻灯片背景填充为“巧克力黄，着色 2”。

（2）插入“矩形”形状，设置填充为“白色”，轮廓为“无边框颜色”，调整大小和位置。

（3）插入“1-WPS 图片素材 .png”图片，放在白色矩形形状的中间。

（4）插入文本框，输入“谢谢”，设置字体为“微软雅黑，66 号，白色，加粗”。

12. 保存幻灯片。

第 8 章 WPS Office 演示文稿综合应用——企业宣传

8.1 项目分析

当企业需要向内部新员工或者外部来访者介绍企业信息时，需要演示企业宣传演示文稿。为了提升效果，公司让王文对宣传演示文稿进行演示设计，包括切换动画和内容动画的设计。

王文利用制作好的企业宣传演示文稿，使用 WPS 演示文稿工具，按照以下步骤完成了演示设计：

① 设置幻灯片切换动画。

② 设置幻灯片内容动画。

③ 幻灯片放映准备和预演。

企业宣传演示文稿如图 8-1 所示。

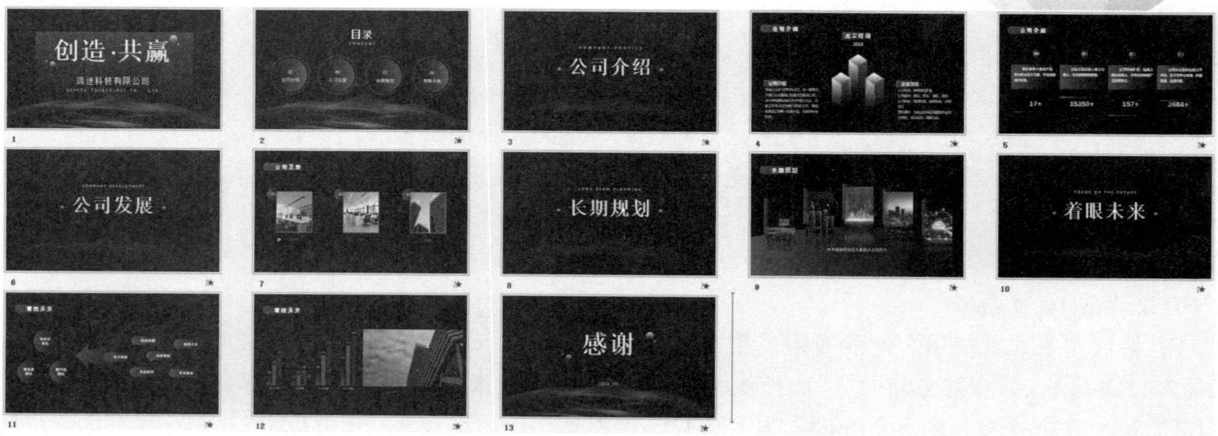

图 8-1　企业宣传演示文稿

8.2 设置幻灯片切换动画

8.2.1 知识点解析

1. 幻灯片切换效果

幻灯片切换效果是指在幻灯片放映过程中，上一张幻灯片播放完后，本张幻灯片如何显示出来的动态效果。WPS Office 演示文稿中提供了 19 种切换效果，如图 8-2 所示。

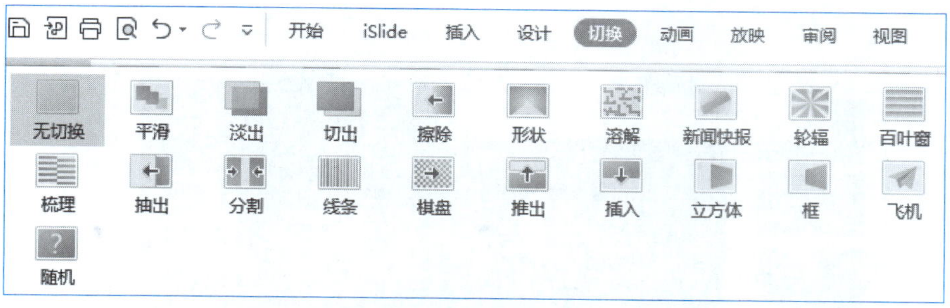

图 8-2　切换效果

2. 幻灯片切换设置

通过“切换”选项卡，可以为某张幻灯片添加切换效果库中的效果，也可全部应用；对切换效果的属性选项（颜色、方向等）重新进行自定义，可以更改标准库中的效果；可以控制切换效果的速度，为其添加声音，设置换片方式等。

8.2.2　任务实现

1. 任务分析

为演示文稿添加切换效果，来增强视觉冲击力，提高信息的生动性，提高演讲效果。要求：

① 为目录页设置“推出”切换效果。

② 为所有过渡页设置“新闻快报”切换效果。

③ 为所有内容页设置“擦除”切换效果，设置“速度”为 0.8 s。

④ 为封底页设置“百叶窗”切换效果，效果选项设置为“垂直”。

2. 实现过程

（1）为目录页设置“推出”切换效果

按照路径打开“课堂实训用素材”文件夹，打开“企业宣传.pptx”演示文稿文件。第 1 页幻灯片通常不设计切换动画，直接选择第 2 页目录页幻灯片，单击“切换”选项卡“切换效果”栏右下角的展开按钮 ▿，在展开的切换效果框中选择“推出”动画，如图 8-3 所示，单击“预览效果”按钮，可以对此页幻灯片的切换效果进行预览。

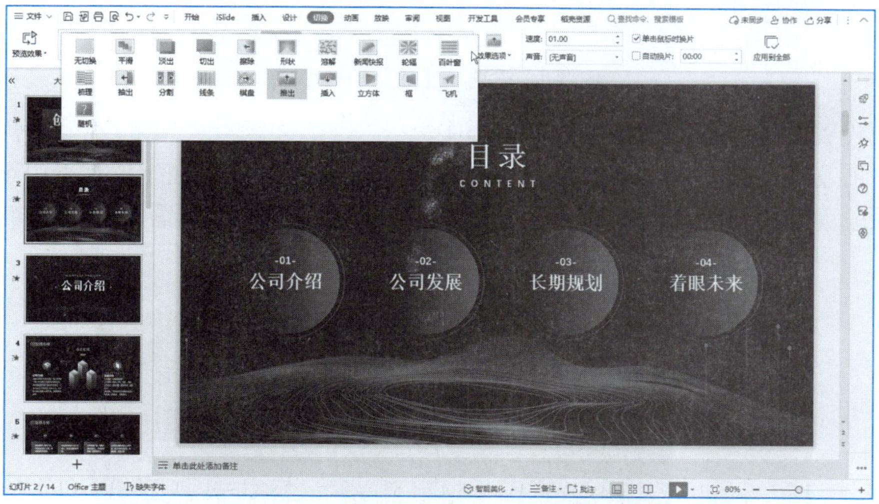

图 8-3　设置“推出”切换动画

（2）为过渡页设置“新闻快报”切换效果

演示文稿中有四个过渡页，对应了四个环节，分别是第 3、6、8、10 页，为了突出环节主题，可以将切换动画设置为“新闻快报”。按住【Ctrl】键单击第 3、6、8、10 页幻灯片缩略图，可以同时选中四张幻灯片，单击“切换”选项卡中的“新闻快报”切换效果，如图 8-4 所示，完成切换动画的设置。

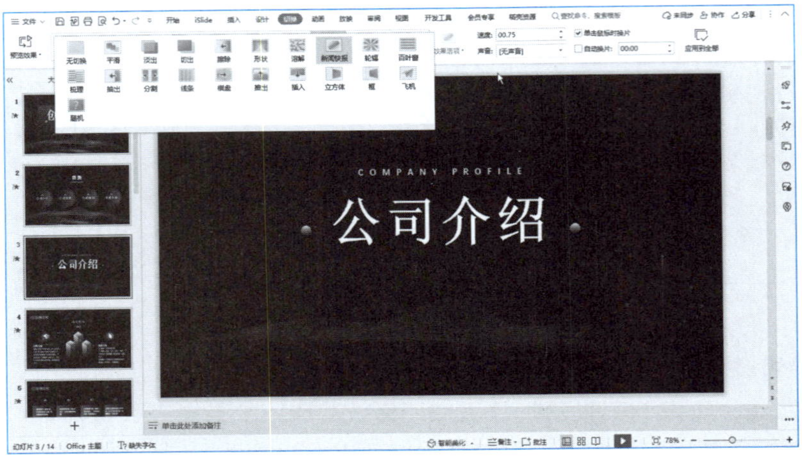

图 8-4　设置“新闻快报”切换动画

(3) 为内容页设置“擦除”切换效果

同一主题下内容页的切换动画尽量设置得简洁，如果有需要突出强调的页面，可以单独设置强调动画。按住【Ctrl】键单击第 4、5、7、9、11、12 页缩略图，选中所有内容页，设置切换动画为“擦除”，设置“速度”为 0.8 s，如图 8-5 所示。

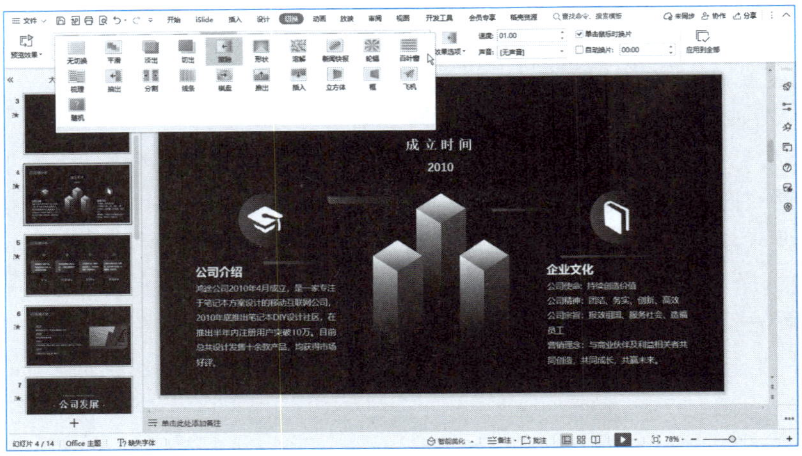

图 8-5　设置“擦除”切换动画

(4) 为封底页设置“百叶窗”切换效果

进入封底页，设置切换动画为“百叶窗”，单击“效果选项”按钮，在下拉列表中选择“垂直”，百叶窗切换动画就设置成垂直效果了，如图 8-6 所示。其他切换动画也可以根据需要进行方向的调整。

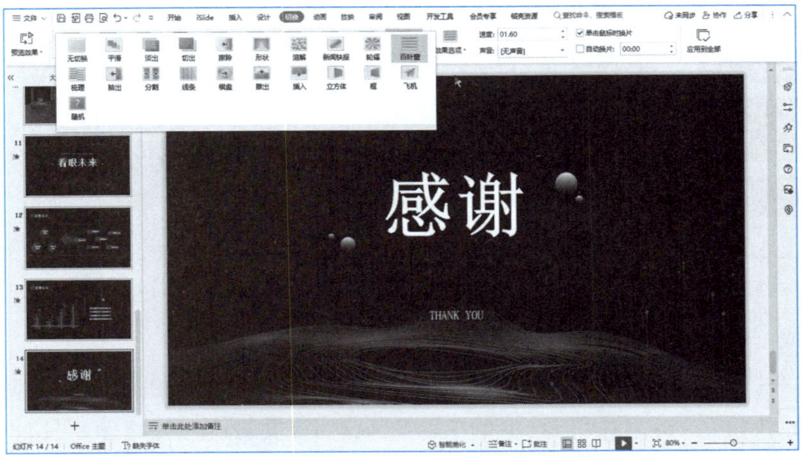

图 8-6　设置“百叶窗”切换动画

8.2.3 总结与提高

1. 快速为所有幻灯片设置相同的切换动画

为一张幻灯片设置好切换动画后，单击“切换”选项卡中的“应用到全部”按钮，可以将设置好的切换效果应用到所有幻灯片。同样，如果要取消所有页面的切换效果，只需要将“无切换”效果应用到所有幻灯片。

2. 设置自动换片

幻灯片放映时除了可以单击翻页，还可以设置自动换片。在“切换”选项卡中勾选“自动换片”复选框，在后面的时间输入框中输入想要自动换片的时间，“：”冒号前面是分钟，后面是秒数。

8.3 设置幻灯片内容动画

8.3.1 知识点解析

1. 幻灯片动画效果

除了切换效果外，还可以为幻灯片上任意一个具体对象设置动画效果，让静止的对象动起来。在设置动画效果前要选择幻灯片上的某个具体对象，否则动画功能不可用。

对象的动画效果分成四类（见图 8-7）：

① 进入：是放映过程中对象从无到有的动态效果，是最常用的效果。

② 强调：是放映过程中对象已显示，但为了突出而添加的动态效果，达到强调的目的。

③ 退出：是放映过程中对象从有到无的动态效果，通常在同一幻灯片中对象太多，出现拥挤重叠的情况下，让这些对象按顺序进入，并且在下一对象进入前让前一对象退出，使前一对象不影响后一对象，则在放映过程中是看不出对象的拥挤和重叠的，相对地扩大了幻灯片的版面空间。

④ 动作路径：是放映过程中对象按指定的路径移动的效果。

图 8-7 切换动画

复杂完美的动画效果通常要将四种效果有机结合，灵活运用。对象的动画效果是有顺序的，按添加动画的先后顺序自动编号，可以重新调整，但要符合逻辑，配合演讲者的节奏。和切换效果一样，动画效果也可通过动画属性、持续时间等设计其细节，以达到令人满意的效果。

2. 动画窗格

当设置多个动画时通常打开一个动画窗格，方便对动画进行删除、重新排序、播放等操作。观察动画窗格的变化，理解各项的含义（见图 8-8），对动画的设置很有帮助。

① 动画编号：并不是每个动画在动画窗格中都有该编号，只有开始方式为“单击时”，重新计时，才有动画编号。但在幻灯片中，不是“单击时”开始的动画，会显示和上一动画相同的编号。

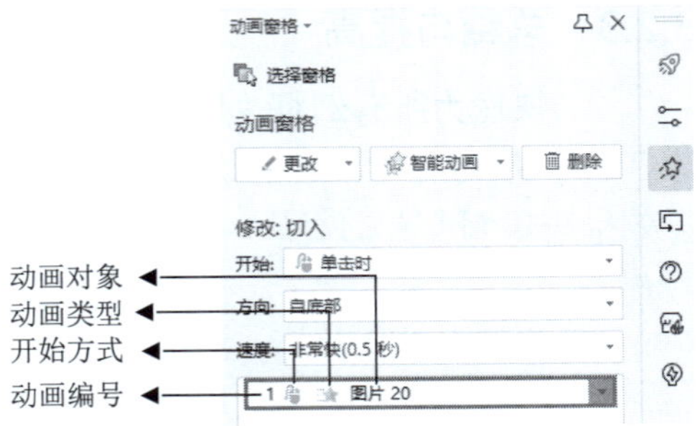

图 8-8 动画窗格

② 开始方式：鼠标图标表示“单击时”；时钟图标表示“在上一动画之后”；没有图标表示“与上一动画同时”。

③ 类型：绿色图标表示“进入”类；黄色图标表示“强调”类；红色图标表示“退出”类；带有绿红端点线条的表示“动作路径”类。

④ 动画对象：可以为标题和各级文本添加动画，还可以为艺术字、文本框、图片、形状、智能图形等所有对象添加动画。

8.3.2 任务实现

1. 任务分析

为页面元素添加各种动画效果，可以使内容呈现条理清晰，视觉震撼。根据具体需求为元素设置不同的动画，进入动画是幻灯片最常用的动画，甚至很多演示文稿就只有进入动画一种效果即可满足演讲需求。

① 为目录页的文字设置“切入”进入动画，设置“持续时间”为 00.80 s，为轮廓圆形设置“缩放”进入动画。将开始方式都设置为“在上一动画之后”，。

② 进入第 4 页幻灯片。为标题设置“擦除”进入动画，方向设置为“自左侧”，并用动画刷给其他页面的标题设置同样的动画效果。为其他元素依次设置“上升”进入动画和“下降”退出动画，开始方式为“在上一动画之后”，将退出动画延迟时间设置为“02:00”。

③ 进入第 5 页幻灯片。选中第一组元素，设置擦除动画，方向为“自左侧”，开始方式为“在上一动画之后”。选中第一个数字“17+”，设置“动态数字”进入效果，设置开始方式为“在上一动画之后”，设置动画持续时间为“00.60”。按照同样的方式，为后面三组内容设置相同的动画效果。

④进入第 7 页幻灯片。选中黄色的燕尾形形状，设置“向右”路径动画效果，开始方式为“在上一动画之后”，将路径动画终点拖到最后一张图片后面。在动画设置中将“平稳开始”和“平稳结束”取消勾选，设置“重复”次数为“直到下一次单击”。

⑤ 进入第 9 页幻灯片。为五张照片设置“渐变式回旋”进入动画，将第一个动画开始方式设置为“在上一动画之后”。为五个渐变形状设置“擦除”进入动画，将第一个矩形的动画开始方式设置为“在上一动画之后”。选中文本对象，设置“出现”进入动画，设置“在上一动画之后”“逐字播放”，将“字母之间延迟秒数”改为“0.1”，添加“打字机”声音。

⑥ 进入第 11 页幻灯片。为右侧圆角矩形设置“飞入”进入动画，为箭头设置“擦除”进入动画，并设置重复效果为“直到下一次单击”，为左侧圆形设置“缩放”进入动画和“忽明忽暗”强调动画，开始方式都设置为“在上一动画之后”。

⑦ 进入第 12 页幻灯片。为图表设置“擦除”进入动画，为视频设置“自动”播放，开始方式为“在上一动画之后”。

2. 实现过程

(1) 设置目录页

为目录页的文字设置“切入”进入动画，为轮廓圆形设置“缩放”进入动画，调整动画参数。

在设置动画之前，要先选中需要设置动画的对象，如果想一次给多个对象设置动画，可以同时选中这些对象进行设置。

① 进入目录页幻灯片，在四个圆形的目录文本框上按住【Shift】键逐个单击，选中四个对象，如图 8-9 所示。

② 单击“动画”选项卡，在动画效果框中可以看到预设动画效果，单击右下角的展开按钮 展开全部动画。在“进入”动画类型下单击“更多选项”按钮，展开所有类型的进入动画，如图 8-10 所示。

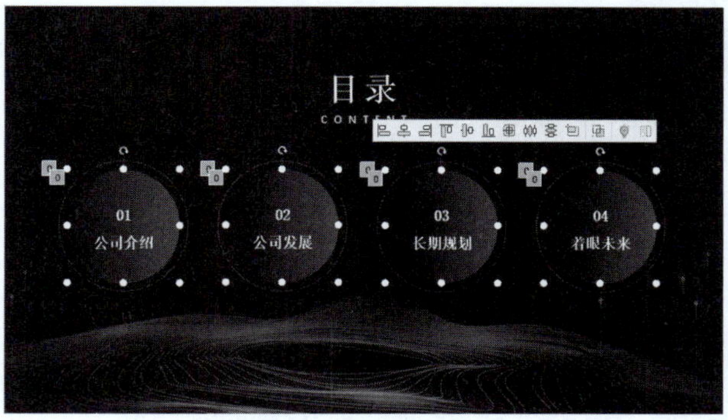

图 8-9　选中目录对象

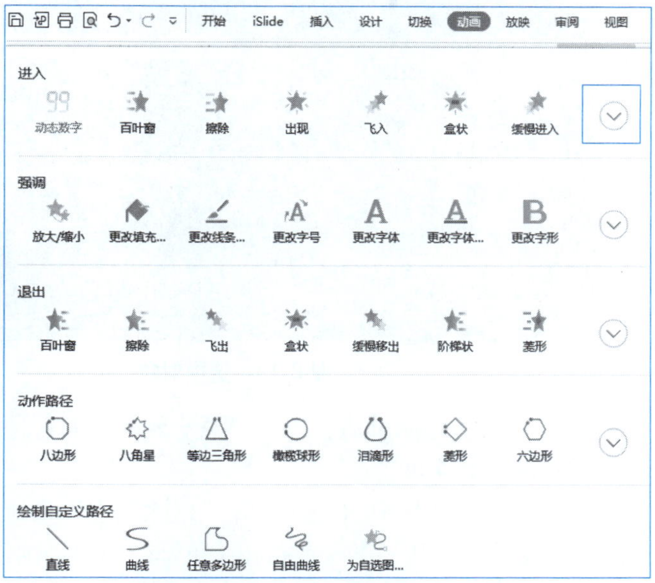

图 8-10　打开所有进入动画下拉菜单

③ 在进入动画中选择“切入”动画，如图 8-11 所示。单击“预览效果”按钮，会发现刚刚设置的几个文本对象没有出现，单击才出现切入的动画效果，是因为动画默认的开始方式是“单击时”。

④ 单击“动画”选项卡中的“动画窗格”按钮，打开动画窗格面板（也可以通过右侧任务窗格打开）。在动画窗格中，可以看到刚刚设置好的四个切入动画，在第一个动画前面有一个鼠标的形状，说明默认为“单击时”播放。要设置某个动画的属性时，需要先选中动画，也可以同时选中多个动画一起设置。选中第一个动画，展开动画开始方式折叠框，选择“在上一动画之后”，这样动画在放映时就可以自动播放了。接着按住【Shift】键同时选中四个动画，设置“持续时间”为 00.80 s，让动画速度慢一点，如图 8-12 所示。

图 8-11　添加切入动画

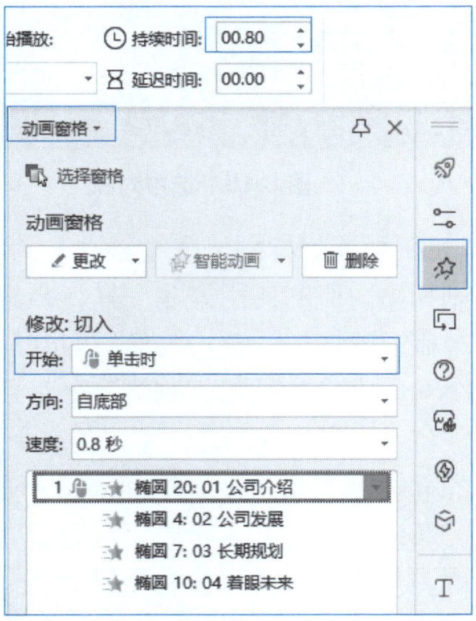

图 8-12　设置动画效果

⑤ 在目录页幻灯片上选中四个轮廓圆形（见图 8-13），设置动画为“缩放”，在动画窗格选中第五个动画，设置开始方式为“在上一动画之后”，如图 8-14 所示。

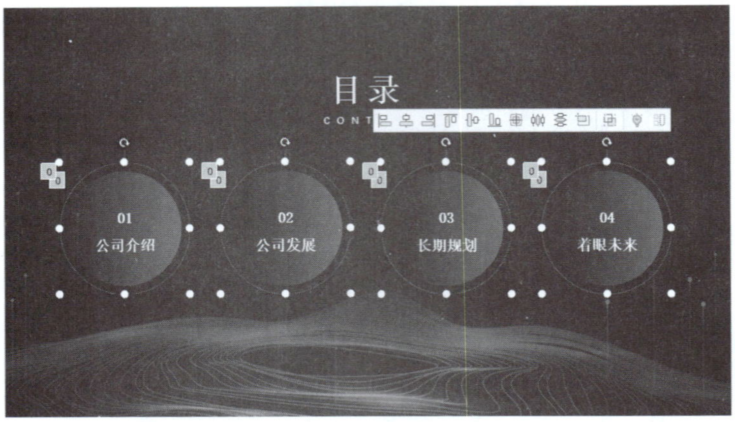

图 8-13　选中对象

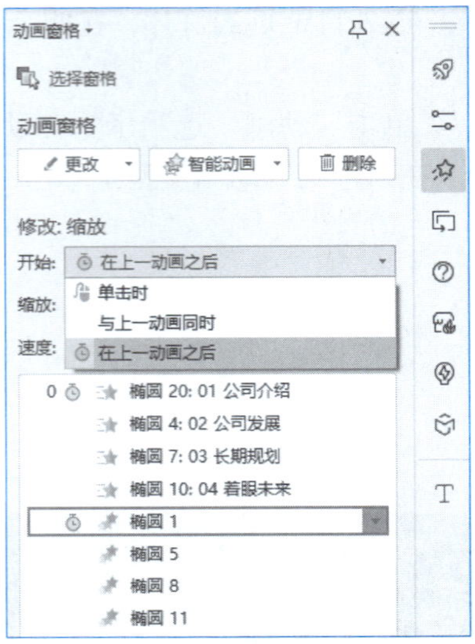

图 8-14　设置开始方式

⑥ 设置好动画效果后，单击“预览效果”即可预览。

（2）设置第 4 页

为第 4 页幻灯片中的标题设置“擦除”进入动画，并用动画刷给其他页面的标题设置同样的动画。为其他元素设置“上升”进入动画和“下降”退出动画。

① 进入第 4 页幻灯片，单击选中左上角“公司介绍”形状（见图 8-15），设置动画为“擦除”进入动画，打开“动画窗格”，开始方式设置为“在上一动画之后”，方向设置为“自左侧”（见图 8-16）。

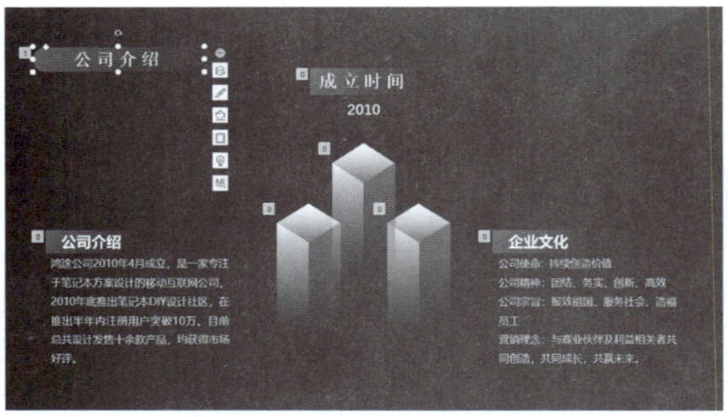

图 8-15　选中对象

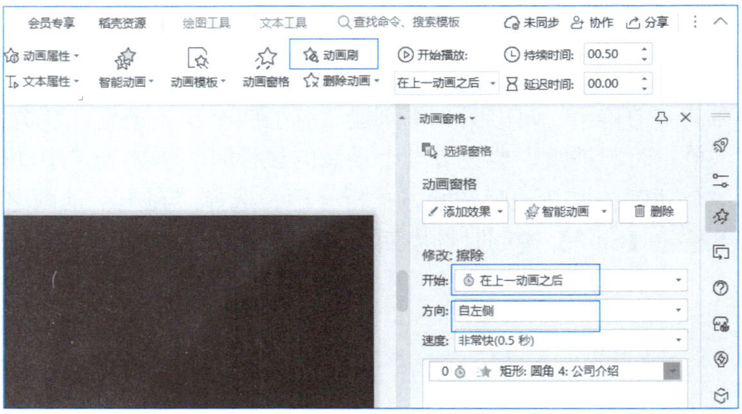

图 8-16　设置擦除动画属性

② 设置好标题进入动画后，为了节省时间，可以用动画刷将此动画效果应用到其余页面的标题上。动画刷和格式刷的使用方法一样，要先选中作为复制源的对象，接着单击“动画刷”按钮，此时，光标旁多了一个刷子的图标，单击其他页面的标题，动画格式就复制到了被单击的对象上。动画刷单击一次只能复制到一个对象上，如果想复制给多个对象，可以双击“动画刷”按钮，就可以持续复制动画了。

③ 回到第 4 页幻灯片，在这一页幻灯片想实现几段文字依次自动出现和消失的效果。首先单击页面中间的立方体形状，设置动画为“上升”进入动画，开始方式为“在上一动画之后”。接着选中“成立时间”和“2010”两个文本对象，可以按【Ctrl+G】组合键将其组合成一个对象，为组合的对象设置“上升”进入动画。接着在“选择窗格”中单击“添加效果”按钮，为其添加退出动画中“下降”效果（见图 8-17），开始方式为“在上一动画之后”，为了让观众有时间看清楚内容，可以将退出效果延迟 2 s 再出现，选中“动画窗格”中的红色退出动画，在“动画”选项卡下设置其延迟时间为“02:00”。

④ 为剩余的两组立方体和文字按照上面的步骤设置进入和退出动画，单击预览，可以看到三组文字依次自动出现和消失。

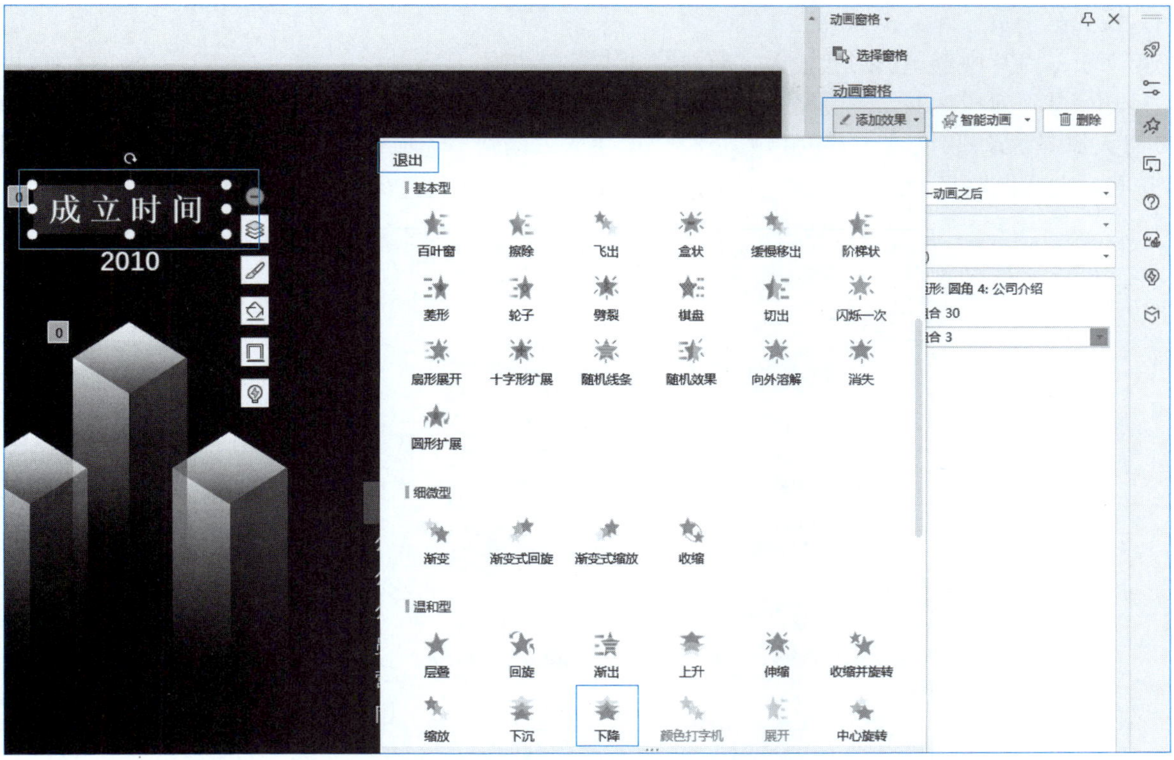

图 8-17 添加“下降”退出效果

(3) 设置第 5 页

为第 5 页幻灯片中的数字设置“动态数字”进入动画。

① 进入第 5 页幻灯片，可以看到页面中有 4 组内容，选中第一组内容（见图 8-18），设置动画效果为“擦除”进入效果，设置方向为“自左侧”，开始方式为“在上一动画之后”。

② 我们经常在一些产品发布会上看到很酷炫的数字动画效果，在 WPS Office 演示文稿中就可以进行设置。选中第一个数字“17+”，在“动画”选项卡中设置效果为“动态数字”进入效果，设置开始方式为“在上一动画之后”，单击预览，就可以看到数字从 1 增加到 17 的动画效果，但是速度很慢。在“动画”选项卡下可以看到动画持续时间默认是 2 s，将持续时间设置为“00.60”，再单击预览，数字的变化速度就快了很多。

③ 按照② 中的步骤，为后面三组内容设置相同的动画效果。

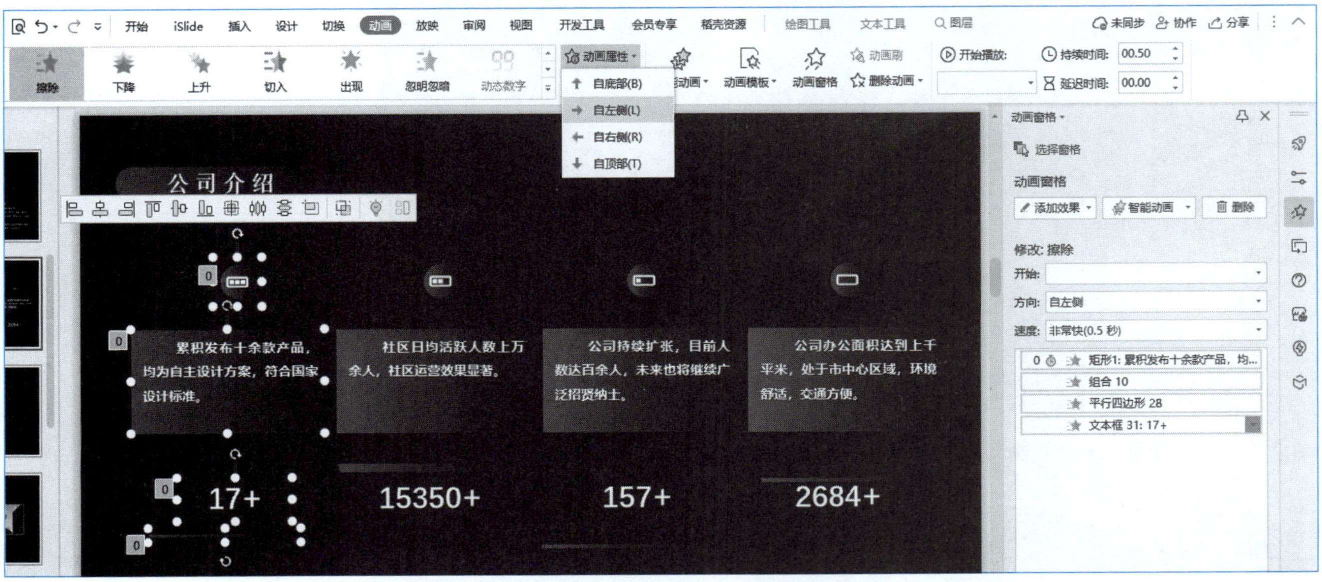

图 8-18 为第一组内容设置“擦除”进入效果

（4）设置第 7 页

为第 7 页幻灯片中燕尾形形状设置“向右”动作路径动画。

路径动画是让对象按照绘制的路径运动的一种高级动画效果，可以实现幻灯片中内容元素的运动效果。

① 进入第 7 页幻灯片，选中黄色的燕尾形形状，进入“动画”选项卡，在动画效果中找到“直线和曲线”类型，选择“向右”路径动画效果（见图 8-19），开始方式为“在上一动画之后”。

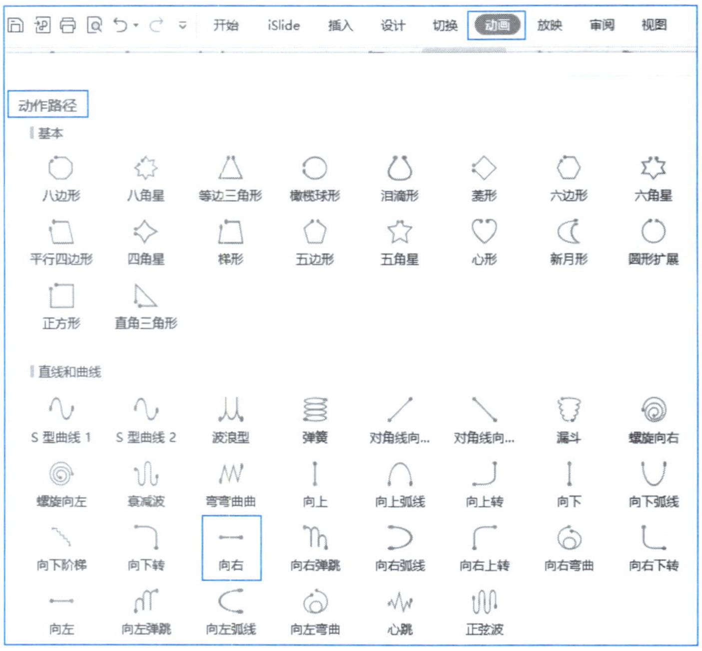

图 8-19　设置“向右”动作路径

② 单击“预览”，可以看到燕尾形形状只移动一小段距离就停止了，选中“动画窗格”中的路径动画，可以看到在燕尾形形状上出现了一个绿色的三角（见图 8-20），代表了路径的起点，在右边有一条虚线，连接着一个红色的终止符号，代表着路径的终点，燕尾形形状就是沿着这个路径运动的。将光标移动到红色的路径终止符号上，光标的形状变成了一个双向箭头，这个时候按住鼠标左键拖动，就可以调整路径终点位置，此时可以按住【Shift】键向右拖动鼠标，将路径终点水平拖动到最后一张图片后面。单击预览，即可以看到燕尾形形状运动到画面右端才停止。

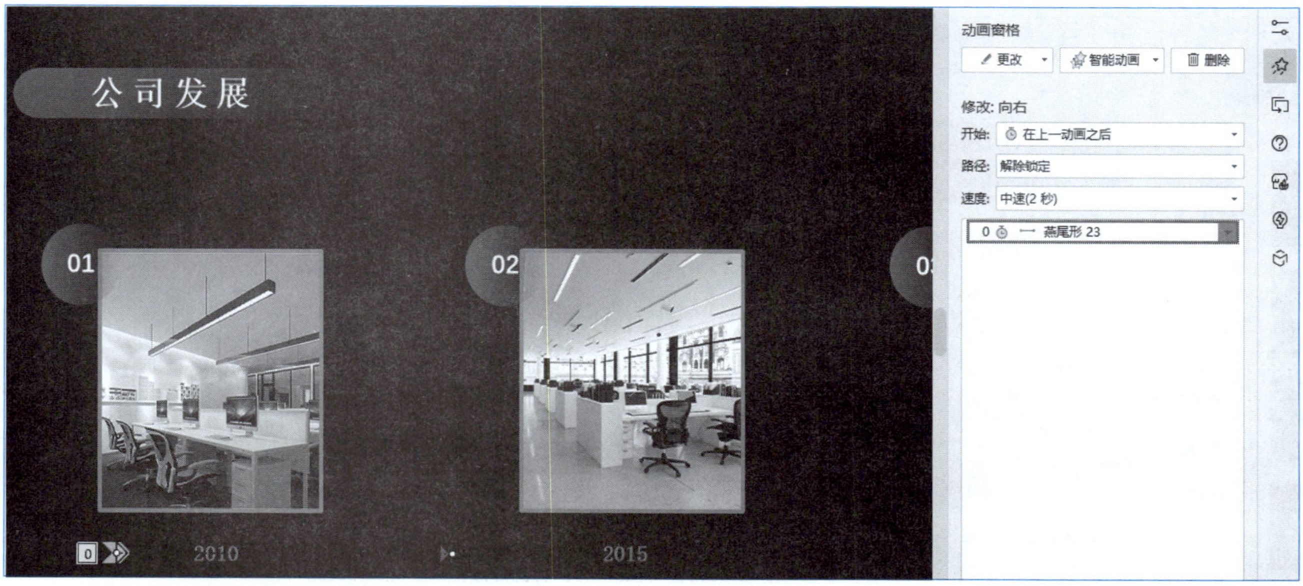

图 8-20　设置动画路径终点

③ 我们可以给该路径动画设置一个循环播放的效果。选中“动画窗格”中的燕尾形路径动画，可以看到后面有一个橙色的展开按钮，在展开的下拉列表中选择“效果选项”（见图 8-21），进入“向右”动画效果设置对话框。为了使循环动画保持匀速运动，可以将“平稳开始”和“平稳结束”取消勾选（见图 8-22）。单击“计时”选项卡，设置“重复”次数为“直到下一次单击”（见图 8-23），设置好之后单击“确定”按钮。单击“预览”按钮，发现燕尾形形状在页面中从左到右匀速重复运动。

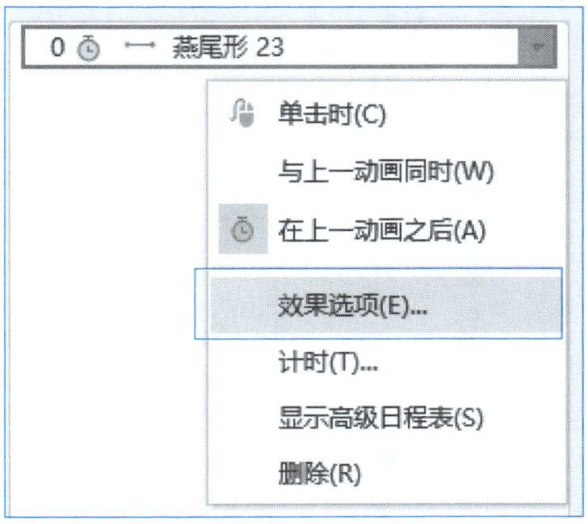

图 8-21 打开效果选项对话框

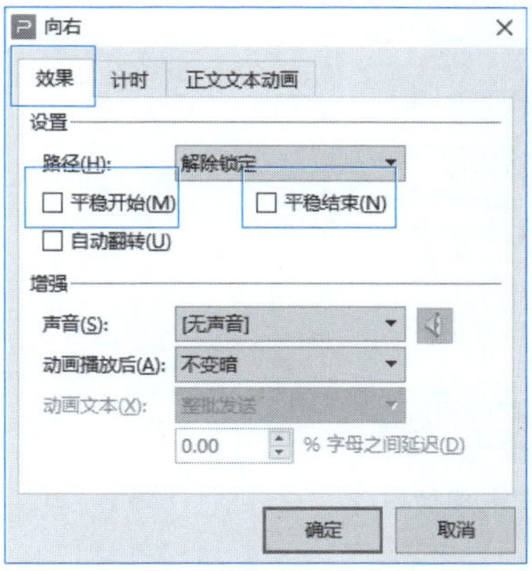

图 8-22 设置效果选项

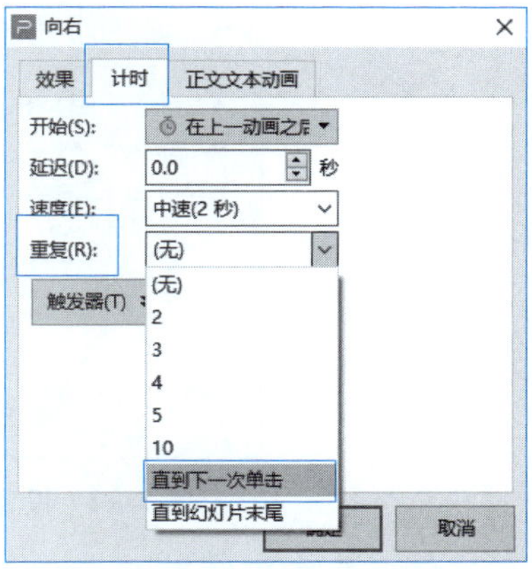

图 8-23 设置计时选项

(5) 设置第 9 页

为第 9 页幻灯片中文字设置“出现”进入动画，将文本属性设置为“逐字播放”，加上“打字机”声音。

在一些宣传片中，我们经常看到文字逐字出现的效果，在演示文稿中也可以设置这样的动画。

① 进入第 9 页幻灯片，为五张照片设置“渐变式回旋”进入动画，将第一个动画开始方式设置为“在上一动画之后”。为五个渐变形状设置“擦除”进入动画，同样将第一个矩形的动画开始方式设置为“在上一动画之后”。

② 设置好页面中其他元素动画之后，接下来开始设置页面底部文字的动画。单击选中文本对象，设置“出现”进入动画，开始方式设置为“在上一动画之后”。单击“动画”选项卡中的“文本属性”下拉按钮，在展开的下拉列表中选择“逐字播放”，如图 8-24 所示。

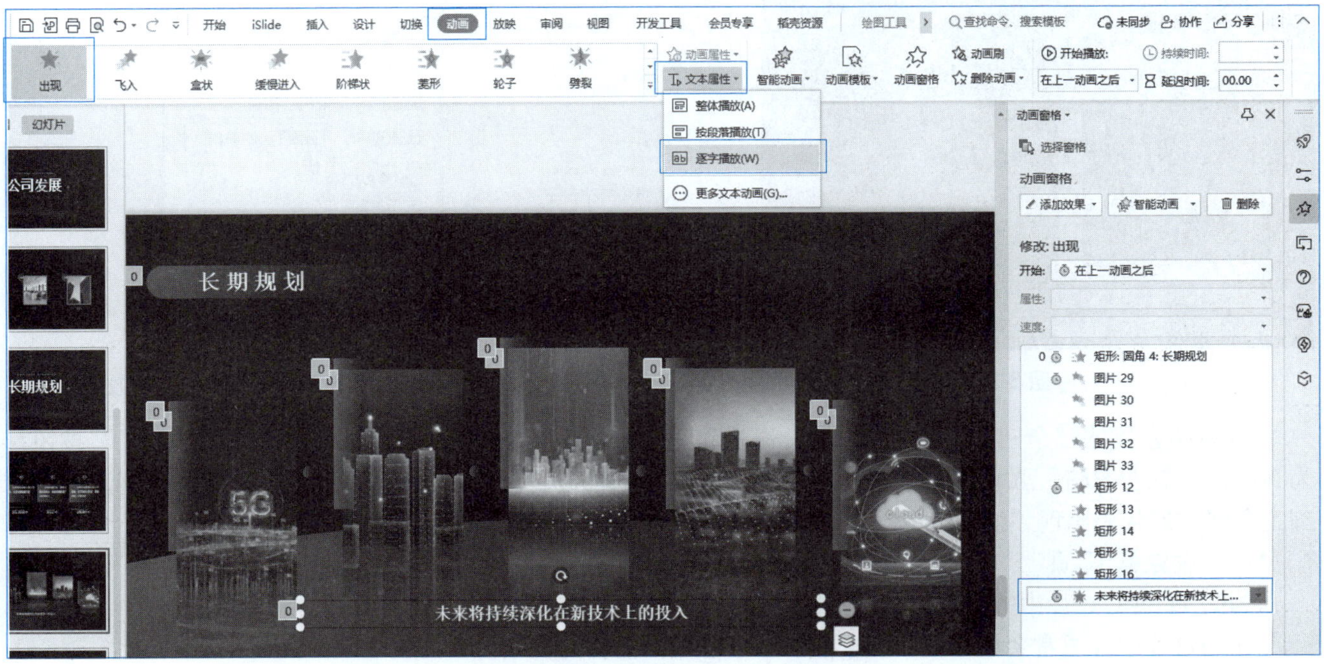

图 8-24 设置动画的“文本属性”

③ 单击预览，发现文本动画只出现一个“未”字就停止了。单击“动画窗格”中该动画后面的橙色展开按钮，进入效果选项对话框，发现字母之间延迟秒数是 20 s，将其改为“0.10”（见图 8-25）。接着单击“声音”下拉按钮，在下拉列表中选择“打字机”（见图 8-26），单击“确认”按钮。单击预览，文字开始逐字出现，并且伴随打字机的声音。

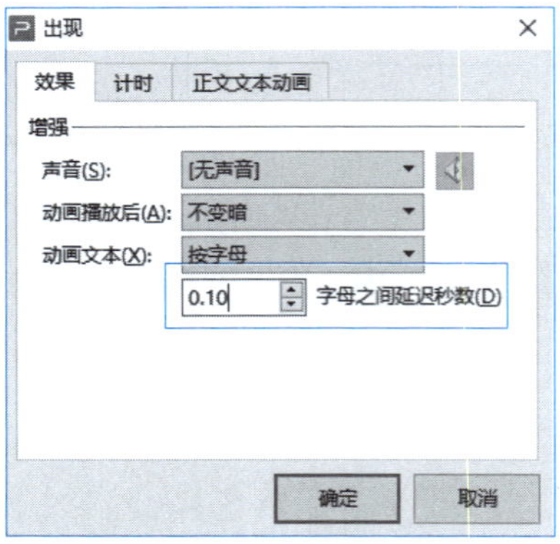

图 8-25　设置文字出现效果

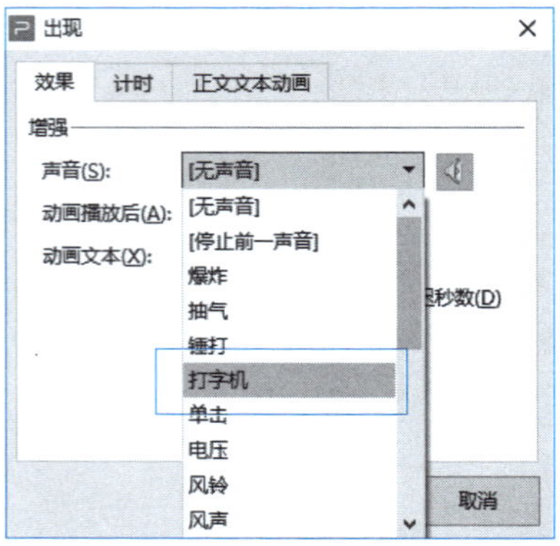

图 8-26　设置声音

(6) 设置第 11 页

为第 11 页幻灯片中的圆角矩形设置“飞入”进入动画，为箭头设置“擦除”进入动画，并设置重复出现效果，为圆形设置“缩放”进入动画和“忽明忽暗”强调动画。

第 11 页幻灯片中元素众多，但是具有清晰的逻辑关系，可以通过动画效果加强逻辑关系的呈现。

① 进入第 11 页幻灯片，选中页面右边的六个圆角矩形，设置动画效果为“飞入”，在“动画属性”中调整动画方向为“自右侧”，将第一个圆角矩形动画设置“在上一动画之后”，单击预览，可以看到六个圆角矩形从右边飞入的效果。

② 选中页面中间的箭头，设置“擦除”动画效果，设置方向为“自右侧”，开始方式为“在上一动画之后”。为了实现箭头重复出现的效果，单击动画后面的橙色三角展开按钮（见图 8-27），进入“效果选项”对话框，在“计时”选项卡下设置重复为“直到下一次单击”（见图 8-28），单击“确定”按钮。

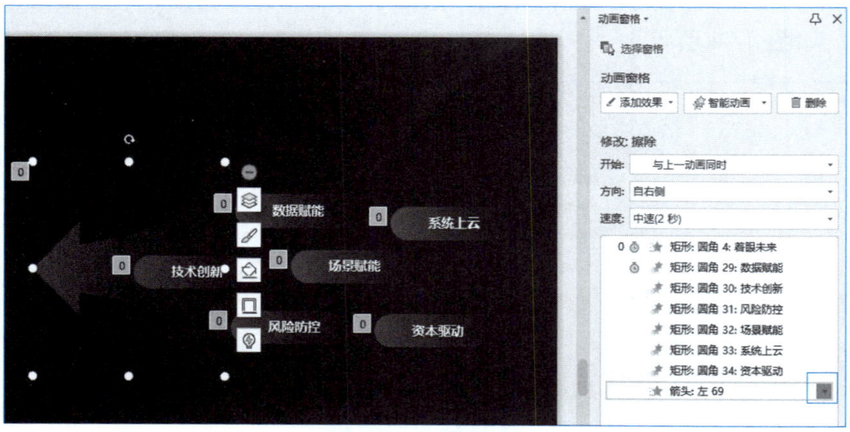

图 8-27　设置文字出现效果

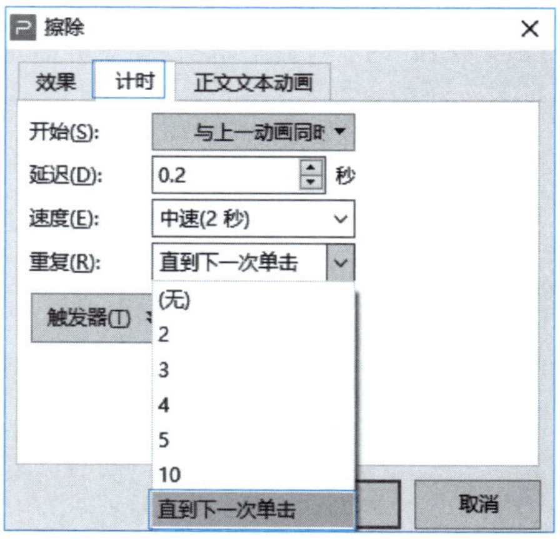

图 8-28　设置文字出现效果

③ 选中左侧的三个圆形，设置“缩放”进入动画效果，接着单击“动画窗格”中的“添加效果”按钮，为其添加“忽明忽暗”强调动画效果，将需要单击的动画都设置为“在上一动画之后”。单击预览，可以看到三个圆形形状先出现“缩放”的动画，接着出现“忽明忽暗”闪烁的强调动画（见图 8-29）。

(7) 设置第 12 页

为第 12 页幻灯片中的图表设置“擦除”进入动画，为视频设置“自动”播放。

在幻灯片中，通常会插入视频配合演讲，可以根据需要为视频设置播放效果。

① 进入第 12 页幻灯片，首先为左边图表设置“擦除”进入动画。

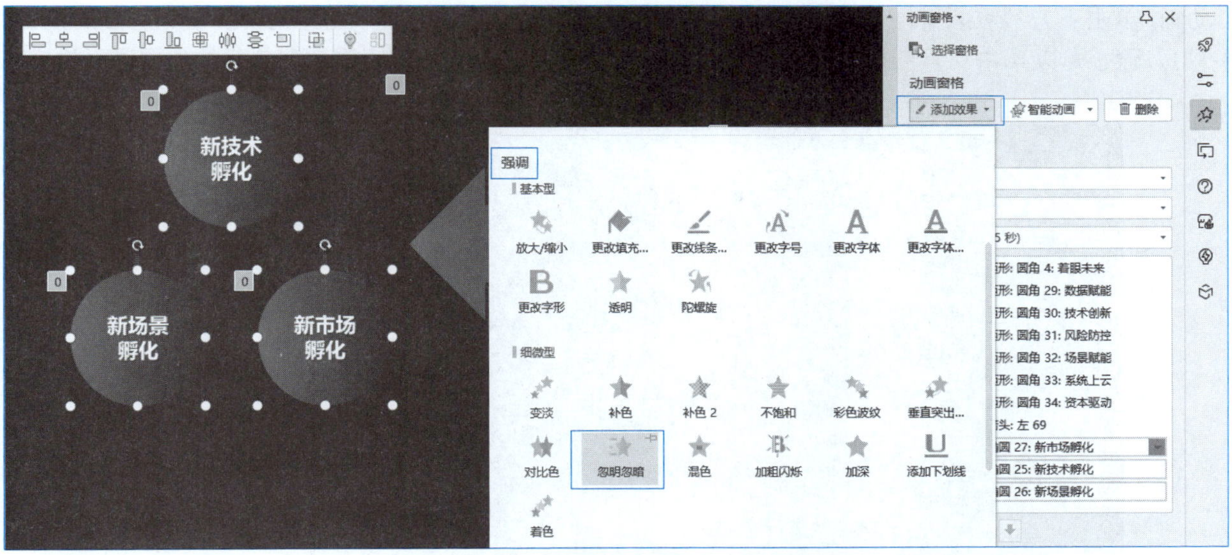

图 8-29　添加强调动画

② 单击选中右边的视频，单击“视频工具”选项卡，在“开始”下拉列表中选择“自动”（见图 8-30），可以看到右边“动画窗格”中出现了视频的动画效果。单击预览，可以看到视频接在图表后自动播放。

③ 在“视频工具”选项卡中，可以设置视频是否“全屏播放”，还可以设置“循环播放，直到停止”，只需要勾选对应的复选框，就可以完成设置。

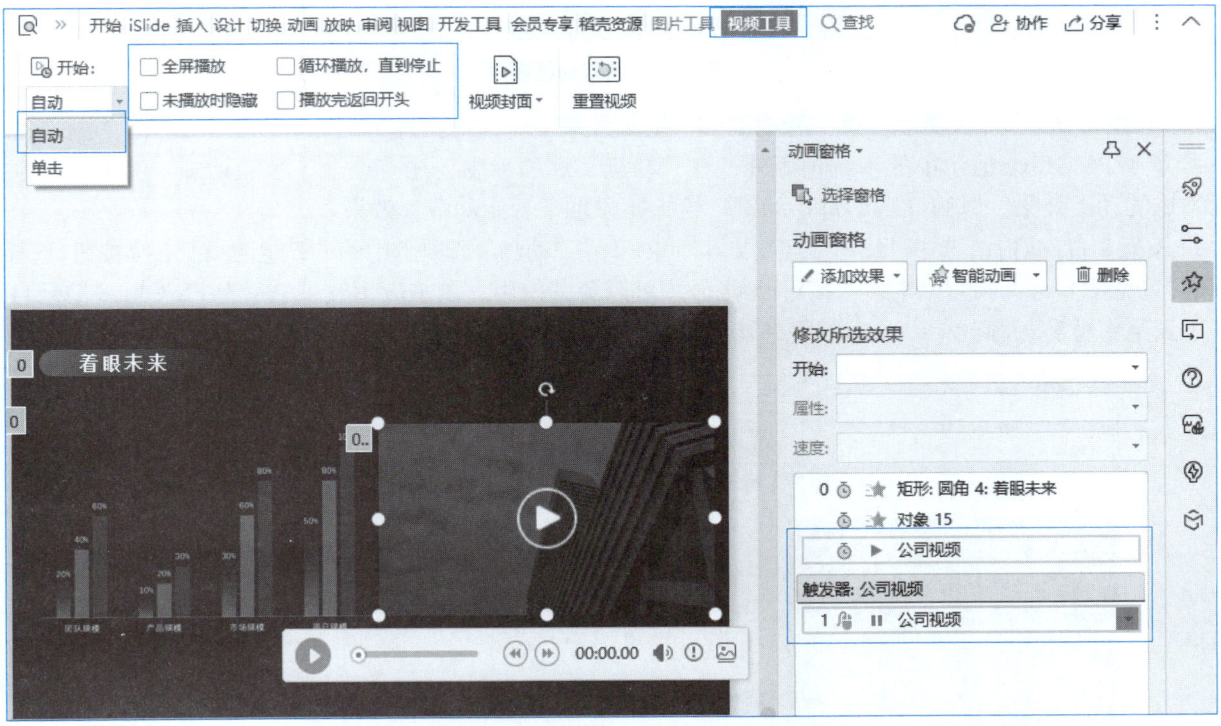

图 8-30　设置视频播放

8.3.3　总结与提高

1. 调整动画顺序

在上面的任务中，我们是按照预先构思好的流程顺序去设置动画，所以不需要调整动画顺序。但是在实际制作过程中，如果想要改变动画的出现顺序，可以直接在动画窗格中调整。以第 11 页幻灯片为例：

打开第 11 页幻灯片，选中页面中的三个圆形，可以看到右边“动画窗格”中有六个对应的动画。选中六个动画，单击下方“重新排序”向上箭头，动画就向上移动了一层，继续单击将动画移动到想要的位置（见图 8-31）。除了可以单击“重新排序”按钮调整顺序，也可以直接选中动画拖动到想要的位置进行排序。

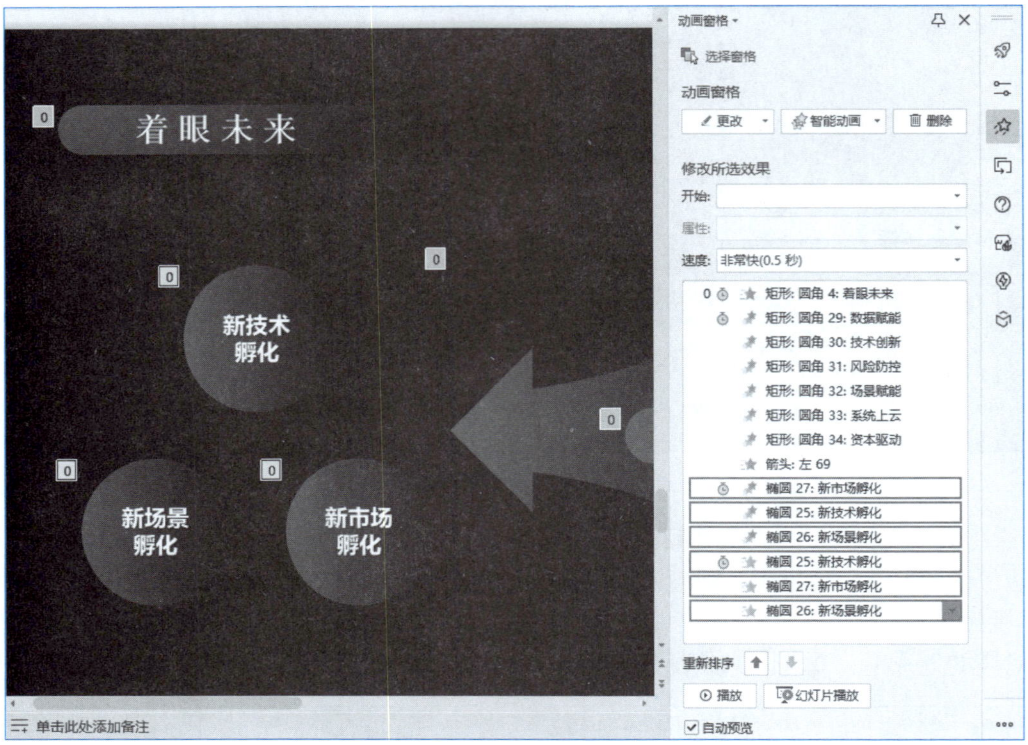

图 8-31 调整动画顺序

2. 利用 WPS Office 演示设置“智能动画”动画效果

除了 WPS Office 演示中的基础动画外，在“动画”选项卡中，还有一个“智能动画”选项，可以快速设置酷炫的动画效果。以第 3 页幻灯片为例，给标题添加“智能动画”效果：

进入第 3 页幻灯片，选中“公司介绍”文本对象，单击“动画”选项卡中的“智能动画”下拉按钮，选择“轰然下落”（见图 8-32），这里需要登录 WPS 账号才可以免费使用。单击应用效果之后 WPS Office 演示自动添加好了云朵素材和动画效果，单击预览，就可以看到“轰然下落”智能动画效果了。

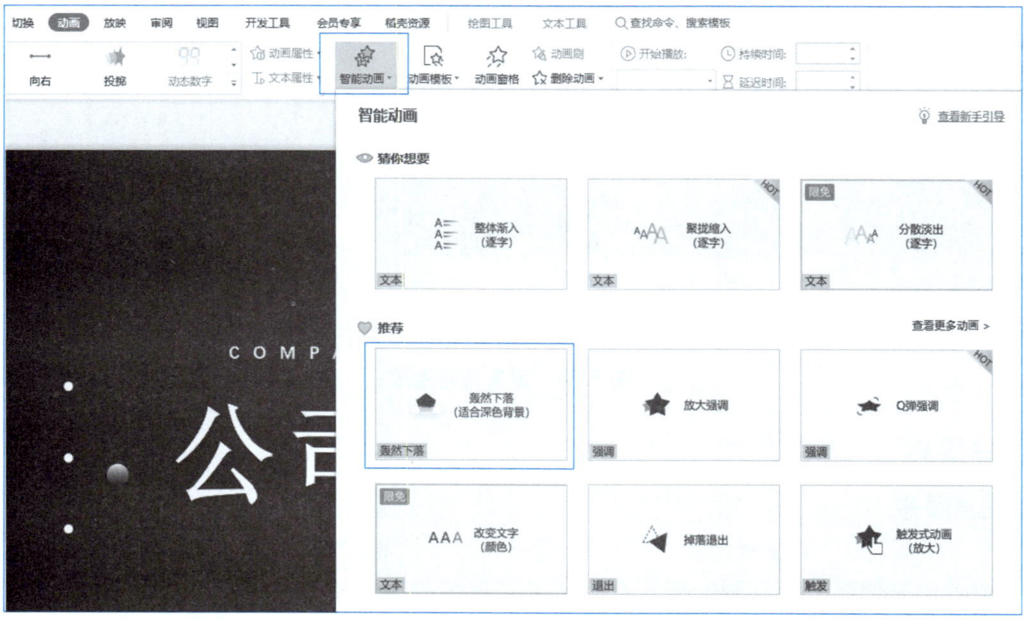

图 8-32 添加智能动画

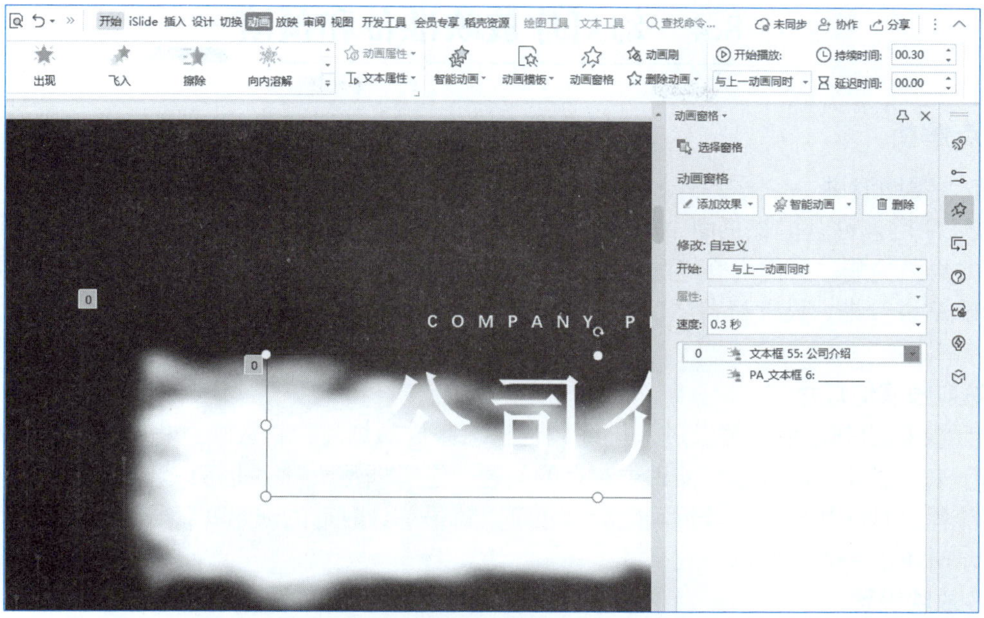

图 8-32 添加智能动画（续）

3. 利用视频提升动画效果

有些复杂的动画效果看起来的确很炫，但对于大多数用户而言并没有什么用处。

为什么这样说呢？原因有以下两点。

第一，制作复杂而酷炫的动画，往往需要付出大量的时间和精力成本，不划算。而且，动画效果只是为了内容展现服务的一个手段，动画太复杂酷炫，会干扰观众对内容本身的解读，得不偿失。

第二，WPS Office 演示并不是一个专业的制作动画的软件，能做出的效果十分有限，与专业的动画软件制作出来的效果有很大差距。比如，在 WPS Office 演示文稿中，通过给 10 个数字依次设置“出现”“消失”的动画，并设置好“延迟时间”，就可以制作一个倒计时动画，但效果一般，远不如倒计时动画视频效果好（见图 8-33）。

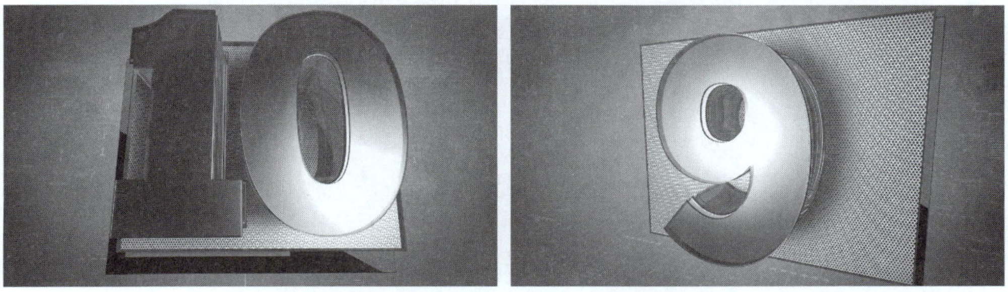

图 8-33 倒计时动画视频

第三，除了上面的功能性动画，还可以在 WPS Office 演示文稿中插入视频作为背景。比如在本次任务中，可以给首页加上一个科技视频背景，设置为自动循环播放，在放映时视觉效果就比较震撼。同样的在内容页中也可插入相关视频作为背景，强化当前页面内容的视觉效果（见图 8-34）。

图 8-34 设置动态背景

8.4 幻灯片放映准备和预演

8.4.1 知识点解析

1. 设置备注帮助演讲

在制作幻灯片后，可以提炼页面中的内容，添加到备注中，在演讲时作为提词使用。备注内容注意不要过多，简短的思路提醒、关键内容提醒就可以。如果内容过多，就无法快速找到重点，演讲时长时间盯着备注看也会影响演讲效果。设置好备注后还要设置“显示演示者视图”，打开“演讲者备注”才可以看到备注的内容。

2. 在放映前预演幻灯片

在完成演示文稿的制作后，可以进入排练计时状态播放幻灯片，将放映过程每一页停留时间的长短和操作步骤录制下来，以此来回放分析演讲中存在的问题，进行调整改进；也可以让预演完成的幻灯片自动播放。当演示的流程、时间和操作步骤都确定后，还可以将排练计时后的演示文稿导出为视频，可以避免在低版本软件中演示时不能呈现一些高级效果。

3. 幻灯片放映设置

在放映幻灯片的过程中，演讲者可能对幻灯片的放映类型、选项、数量和换片方式等有不同的需求，可以在“放映”选项卡进行相应设置。

4. 将字体嵌入文件

如果在幻灯片设计时使用了一些特殊字体，而演示设备上没有这种字体，那么字体样式会变成常规字体样式，设计的效果也就消失了。因此，可以将字体嵌入演示文稿文件，保证放映时的效果。

5. 设置适合投影屏幕的页面尺寸

当按常规尺寸做好的演示文稿，突然收到通知要改成其他比例的时候，应如何快速解决这个问题？在演示文稿中，可以直接调整幻灯片尺寸，让幻灯片内容跟随变化，再单独调整幻灯片内容。

6. 准备演讲

通过前面的学习已经把演示文稿设计好了，接下来需要将演示文稿和演讲内容对应起来，必要的排练是必不可少的。开个好头，讲好故事，会让你的演讲更有吸引力。

8.4.2 任务实现

1. 任务分析

① 打开备注窗格，输入备注内容，进入备注页视图，在备注页视图中添加备注。放映时设置“显示演示者视图”，打开“演讲者备注”。

② 执行“排练计时”命令，进入放映状态，打开并使用荧光笔和水彩笔标注，使用放大镜查看放大内容，并保留注释。保留幻灯片计时，查看计时。

③ 新建自定义幻灯片放映，添加要放映的幻灯片，调整幻灯片顺序，删除不需要的幻灯片，完成自定义幻灯片放映的设置。

④ 在“选项”中设置“将字体嵌入到文件”。

⑤ 设置适合投影屏幕的页面尺寸。

⑥ 准备演讲。准备好翻页笔，将演讲内容和 PPT 对应起来，提前排练，在演示时开启演讲者视图，设计好开场白，构思好内容故事，开始演讲。

2. 实现过程

(1) 设置备注

设置备注有两种方法：短的备注可以直接在幻灯片下方添加；长的备注可以进入备注视图添加。

① 打开“备注窗格”。首先打开“企业宣传”演示文稿，进入需要添加备注的页面，如第 5 页幻灯片，单击幻灯片下方的“备注”按钮（见图 8-35）。

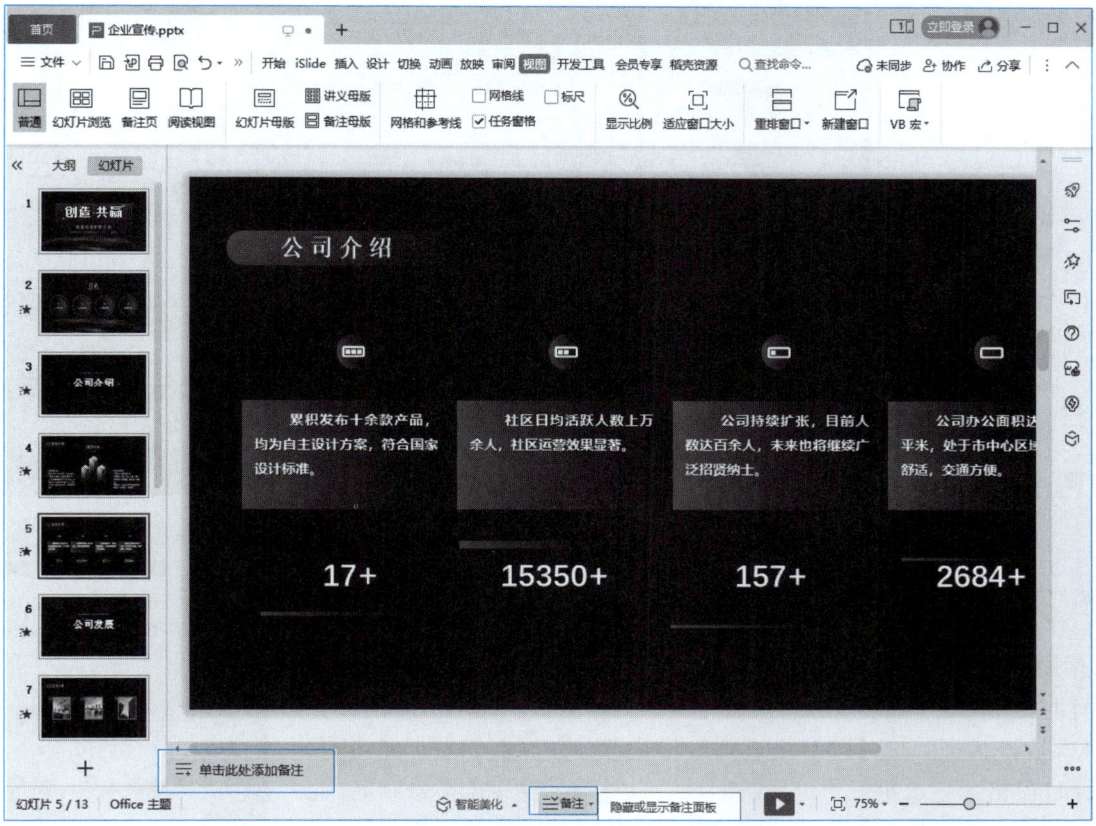

图 8-35　打开“备注窗格”

② 输入备注内容。在打开的“备注窗格”中输入备注内容，如果备注内容太长，可以打开备注页视图。单击“视图”选项卡中的“备注页”按钮，就进入了备注页视图（见图 8-36）。

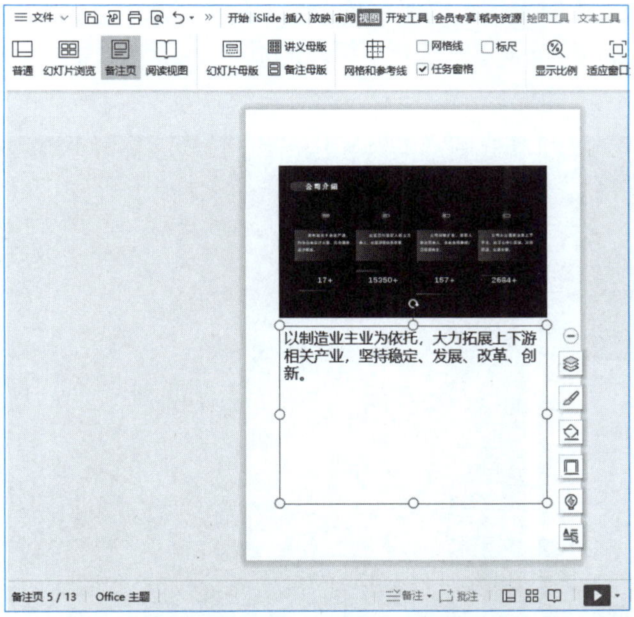

图 8-36　进入备注页视图

③ 放映时使用备注。设置好备注内容后，按下幻灯片放映快捷键【F5】，进入幻灯片播放状态。在进入到有备注的第 5 页幻灯片的时候，右击，在弹出的快捷菜单中选择“演讲备注”命令，就可以看到备注内容了（见图 8-37）。使用演讲备注功能时，计算机前的演讲者可以看到备注内容，而台下的观众则看不到备注内容。单击“确定”按钮即可关闭备注内容窗格。

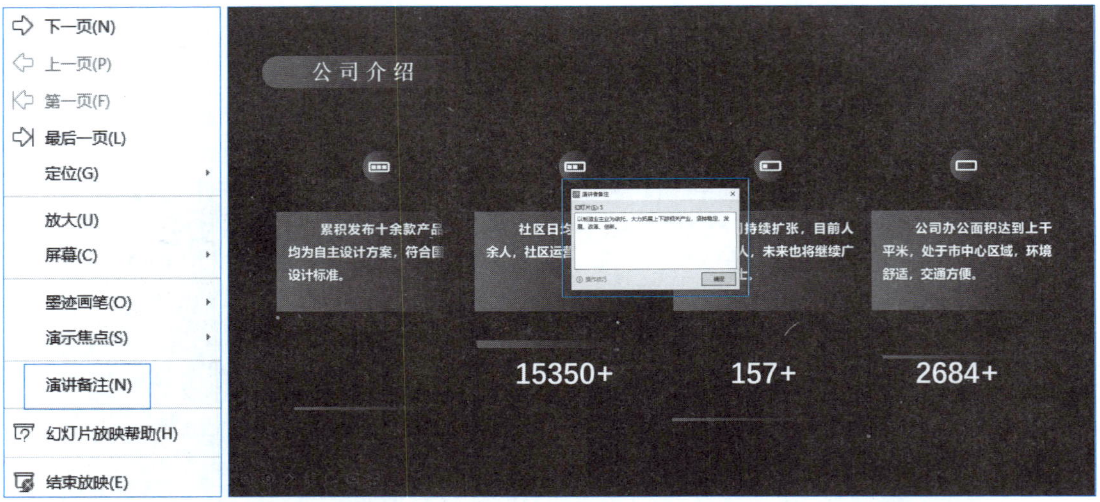

图 8-37　进入备注页视图

（2）在放映前预演幻灯片

① 开始“排练计时”。排练计时的作用是记录每张幻灯片所使用的时间，并保存用于自动放映。单击“放映”选项卡中的“排练计时”按钮，开始排练计时。

② 进入放映状态。按【F5】键进入放映状态，在界面的左上角出现计时窗格，计时窗格会记录每一页停留的时间，以及演示文稿的总放映时间。

③ 使用荧光笔和水彩笔进行标注。在幻灯片放映时，将鼠标指针移动到左下角，单击左下角的笔状按钮，在菜单中选择荧光笔或水彩笔，对画面进行标注，方便演讲者指向重要内容（见图 8-38）。荧光笔是半透明的画笔，线条粗；水彩笔线条细，颜色比较明显。

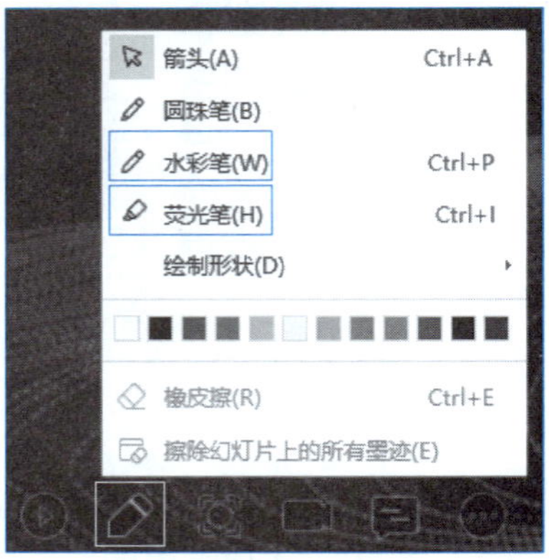

图 8-38　选择画笔

④ 使用放大镜。对于重点内容，还可以使用放大镜工具进行放大。在幻灯片放映时，右击，在弹出的快捷菜单中选择“演示焦点”→“放大镜”命令，移动鼠标，光标经过的地方就会被放大（见图 8-39）。

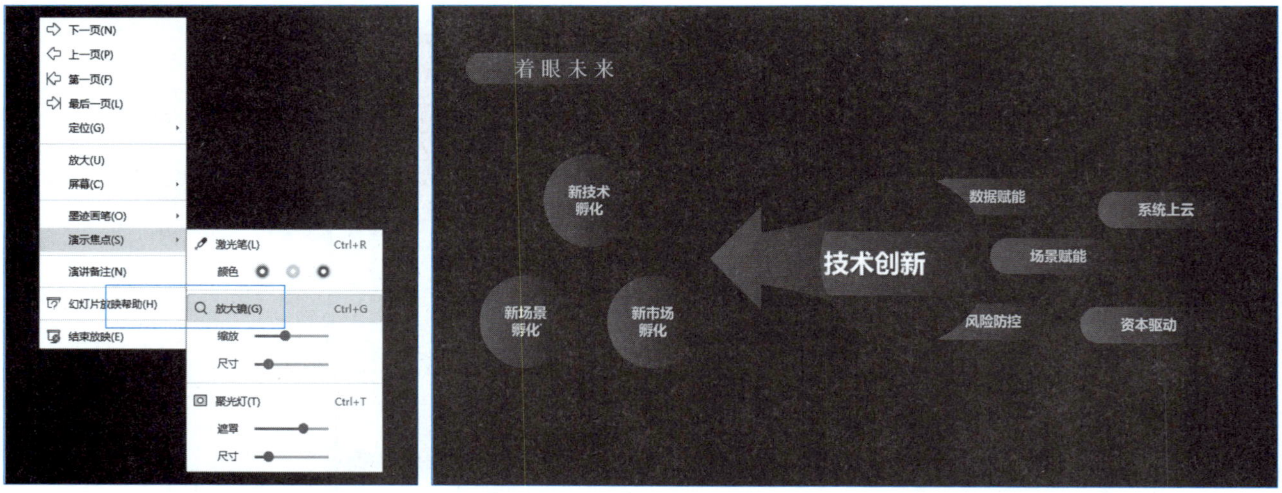

图 8-39　使用放大镜

⑤ 保留注释和幻灯片计时。当幻灯片完成所有页面的放映后，或者中途退出播放，会弹出图 8-40 所示的对话框，询问是否保存在幻灯片中使用荧光笔绘制的注释，单击“保留”按钮即可。保留注释后会弹出对话框询问是否保留计时，单击“是”按钮即可（见图 8-41）。结束放映之后，可以看到每一页幻灯片下方都记录了放映时长（见图 8-42）。

图 8-40　保留注释

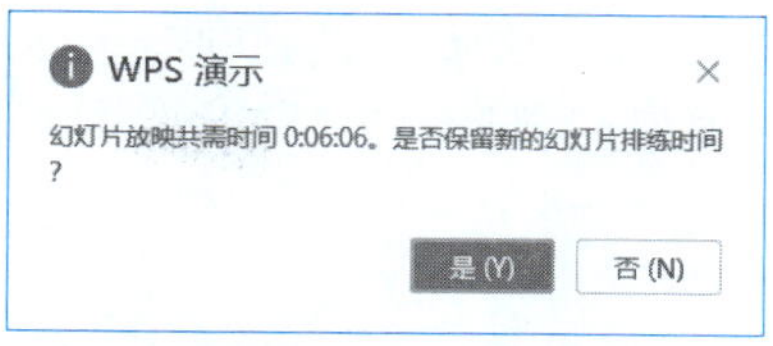

图 8-41　保留排练计时

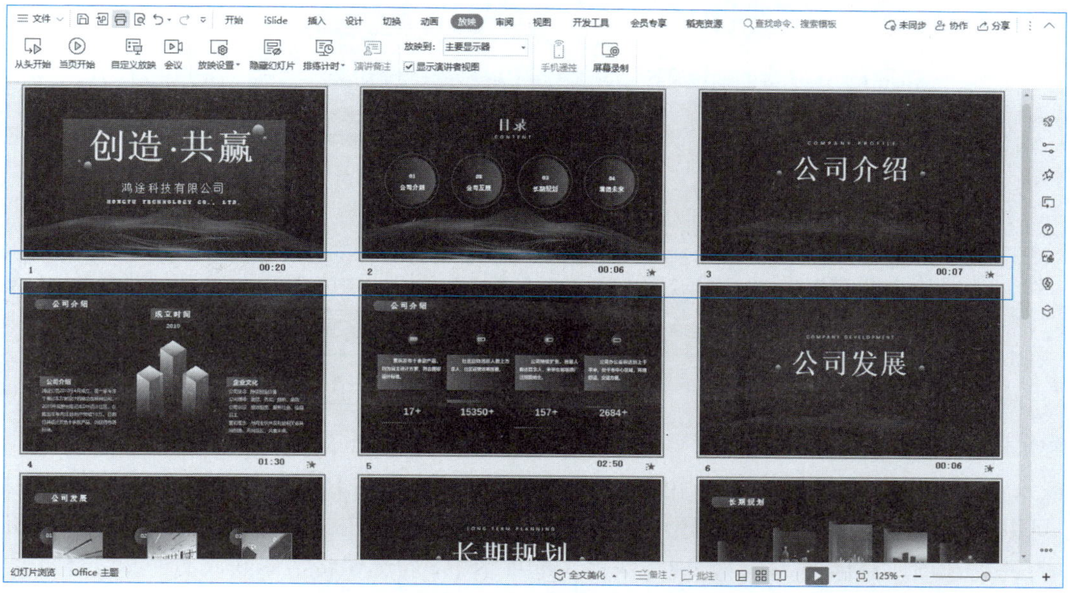

图 8-42　保留排练计时

(3) 幻灯片放映设置

在放映幻灯片时，可以自由选择要从哪一张幻灯片开始放映，也可以选择要放映的内容，以及调整放映幻灯片的顺序。

① 从当前幻灯片开始放映。我们知道，按【F5】键可以直接从头开始放映幻灯片，从当前页开始放映的快捷键是【Shift+F5】，也可以单击右下角的放映按钮，默认从当前页面开始放映（见图 8-43）。

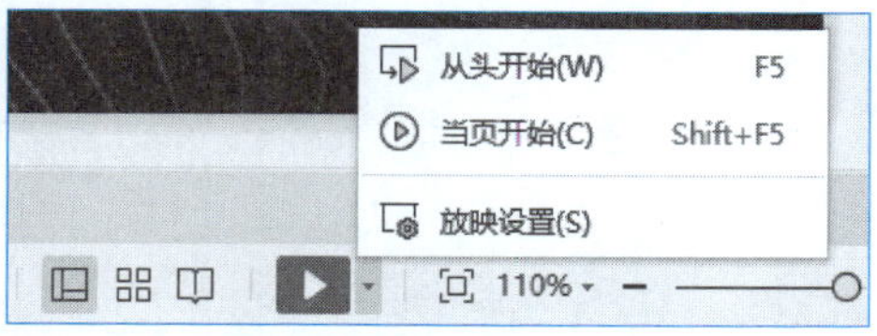

图 8-43　从当前幻灯片开始放映

② 自定义幻灯片放映。单击“放映”选项卡中的“自定义放映”按钮，在弹出的“自定义放映”对话框中单击“新建”按钮（见图 8-44），输入放映名称，选择要放映的幻灯片，单击“添加”按钮。例如，因为时间有限，可以跳过所有目录页和过渡页面，只选取封面封底和正文页放映，将这些页面添加到右边区域，按照需要调整好顺序，单击“确认”按钮就保存了自定义放映设置（见图 8-45）。关闭对话框后，单击“放映”选项卡中的“自定义放映”按钮，在打开的“自定义放映”对话框中选择刚刚设置好的放映方式，单击“放映”按钮（见图 8-46），就可以开始自定义放映了。

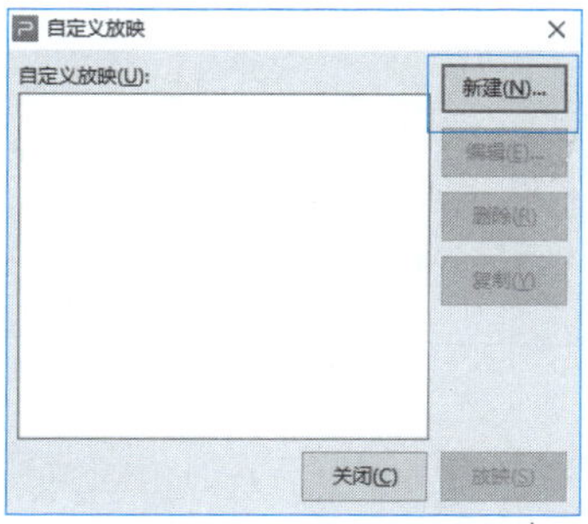

图 8-44　新建自定义放映

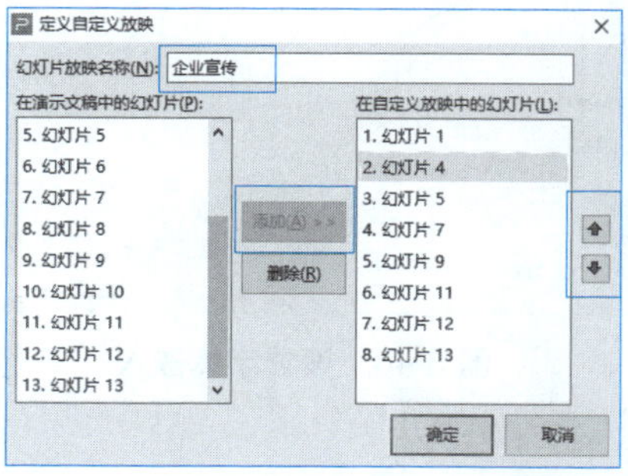

图 8-45　设置自定义放映

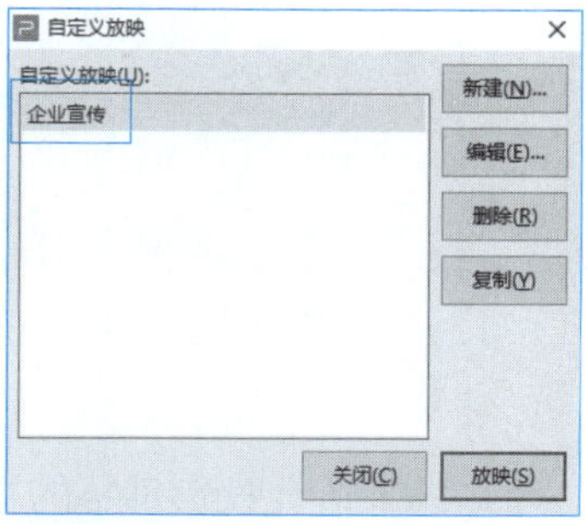

图 8-46　开始自定义放映

③ 放映方式设置。幻灯片的放映有很多地方可以单独设置，单击“放映”选项卡中的“放映设置”下拉按钮，选择“放映设置”，打开“设置放映方式”对话框（见图 8-47）。可以根据需要设置放映方式。

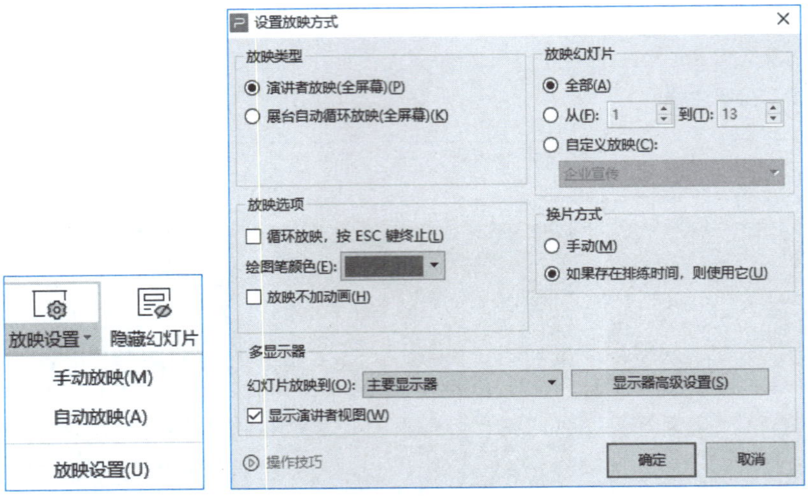

图 8-47　设置自定义放映

(4) 将字体嵌入文件

字体嵌入主要是针对在幻灯片中使用的特殊字体。为了保证能在其他设备上不会因为字体缺失而改变效果，除了可以将字体一起打包发送外，还可以将字体嵌入文件。单击文档左上角的“文件”按钮，单击“选项”按钮，打开“选项”对话框，在“常规与保存”选项卡中，勾选“将字体嵌入文件”复选框，再选择“仅嵌入文档中所用的字符”选项（见图 8-48），单击“确定”按钮。

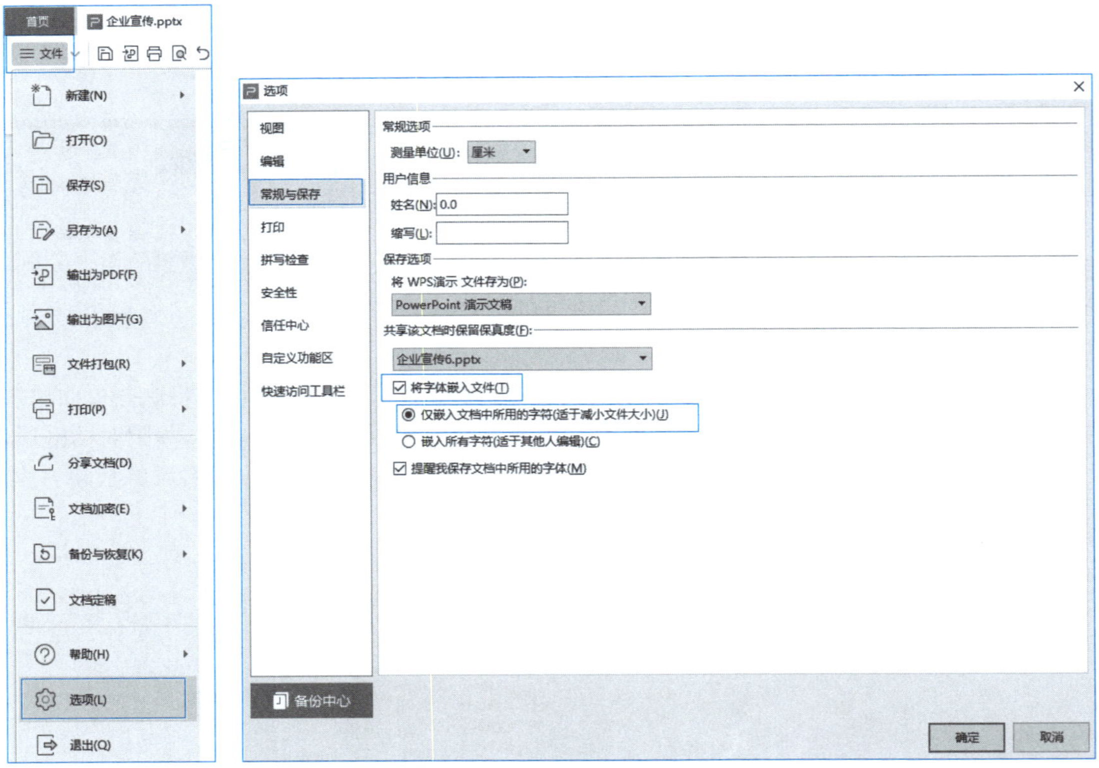

图 8-48　设置字体嵌入

(5) 设置适合投影屏幕的页面尺寸

设计好的幻灯片需要进行投影放映，为了使幻灯片页面能完美适配屏幕，取得最佳的投影效果，首先需要了解一些关于页面尺寸设置及修改的方法。下面从三个视角来谈一下幻灯片尺寸相关的知识。

① 最常见的页面尺寸。目前比较主流的尺寸，一个是 16∶9 的宽屏比例，也是主流显示器的比例；另一个是 4∶3 的近方形比例，该比例能够铺满大多数投影屏幕。在演示前要和场地负责人确定好放映幻灯片的设备尺寸。如果做的幻灯片的宽高比例为 16∶9，而投影屏幕是 4∶3，那么投影出来的页面就会如图 8-49 所示，在屏幕上下侧出现了黑边。同理，如果幻灯片的宽高比例为 4∶3，而投影屏幕里 16∶9 则显示时会在左右侧出现黑边，如图 8-50 所示。

图 8-49　幻灯片比例 16∶9 屏幕比例 4∶3

图 8-50　幻灯片比例 4∶3 屏幕比例 16∶9

一般来说，当页面与投影屏幕尺寸等比时，因为能够完全匹配，所以页面正好铺满整个屏幕，看起来比较舒服。设置幻灯片宽高比的操作步骤如下：新建一个演示文稿，如果默认的比例是 16∶9，而你想要将其调整为 4∶3，首先单击“设计”选项卡中的“幻灯片大小”下拉按钮，选择“标准（4∶3）”（见图 8-51）。

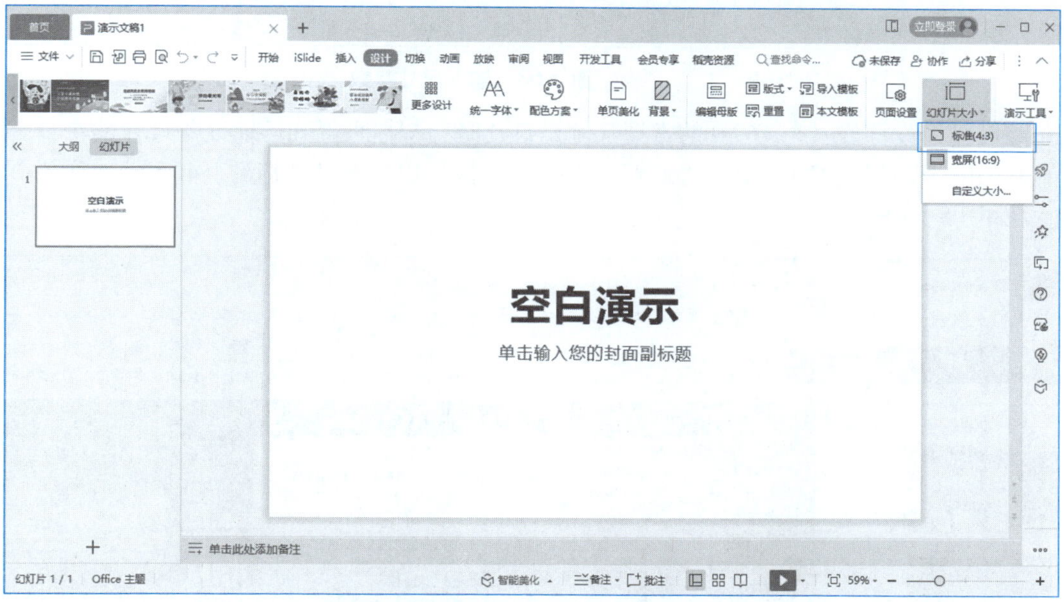

图 8-51　设置幻灯片大小

② 演讲、发布会常用的页面尺寸。除了主流的两种比例外，有的幻灯片会在一些特殊尺寸的屏幕上放映，如各种发布会、行业峰会等，放映场合多为酒店或者剧院。在这些场所中，屏幕尺寸可能会比较特殊，如有 2.35∶1 的比例。

当遇到特殊尺寸时，如何设置幻灯片页面尺寸比例呢？需要了解的一个知识是，在 WPS Office 演示文稿中，页面的最大尺寸只能设置为 142.22 cm（见图 8-52），如果需要制作的幻灯片页面宽度或高度超过了这个数值，那么就需要遵循等比原则去设置。

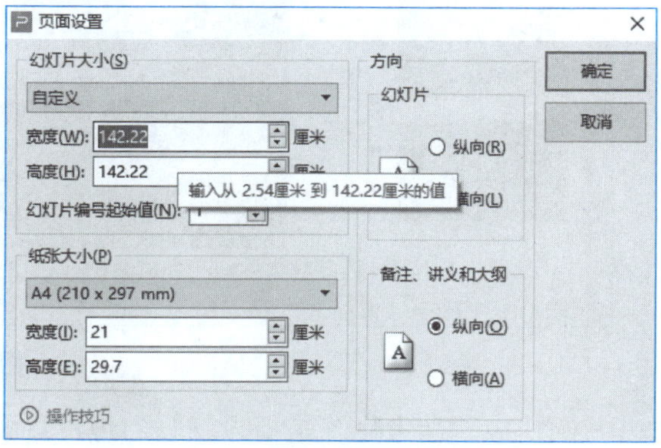

图 8-52　页面设置

例如，要在一个宽和高分别为 5 m 和 3 m 的屏幕上放映，这个数值远超 WPS Office 可设定的最大长度。如果想让幻灯片铺满整个屏幕，可以设定幻灯片页面的宽和高分别为 50 cm 和 30 cm，当然，100 cm 和 60 cm 也可以。数值越大，幻灯片画面越清晰。操作步骤如下：

单击“设计”选项卡中的“幻灯片大小”下拉按钮，选择“自定义大小”，进入“页面设置”对话框，输入相应的数值（见图 8-53）。

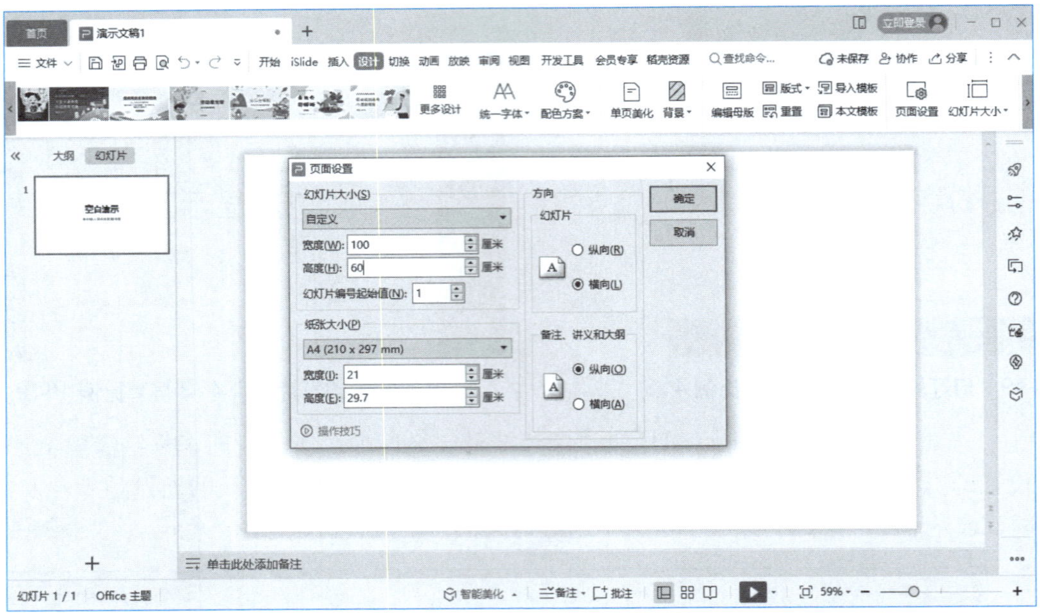

图 8-53　输入尺寸参数

③ 假设已经设计好一个 16∶9 的常规尺寸幻灯片时，却临时得知场地设备尺寸是 4∶3，需要紧急修改，此时可以单击“设计”选项卡中的“幻灯片大小”下拉按钮，选择“标准（4∶3）”，弹出“页面缩放选项”对话框，如图 8-54 所示。

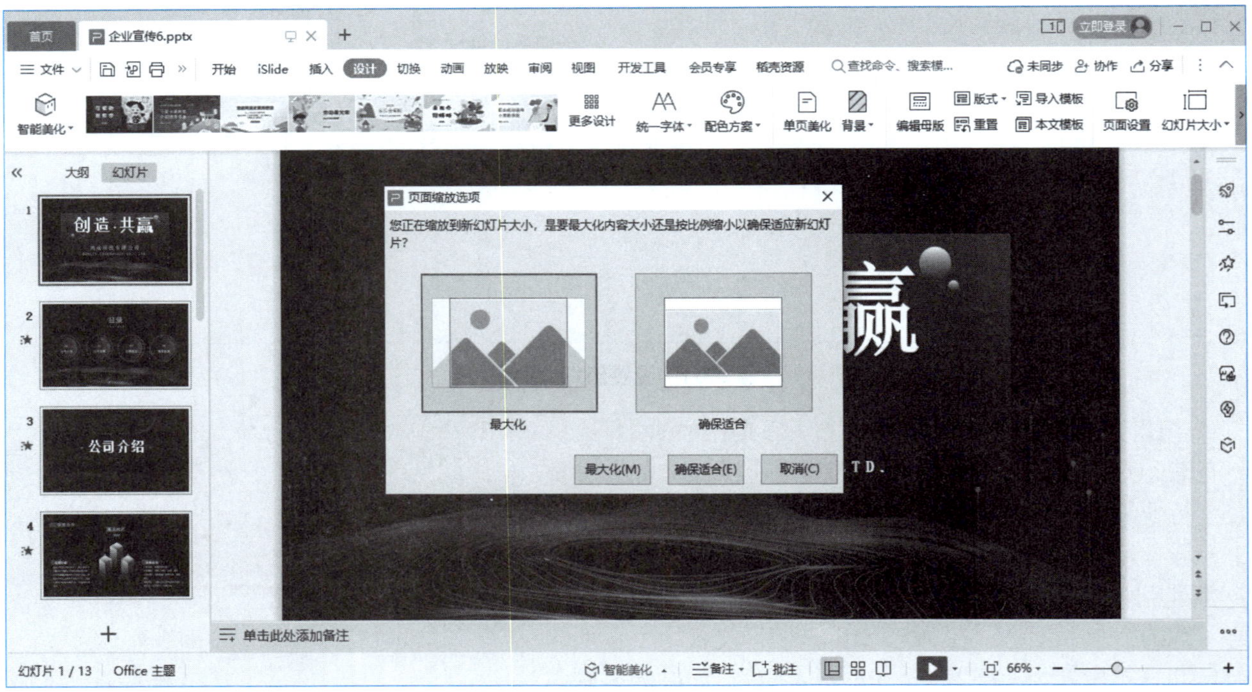

图 8-54　页面缩放选项

图片中“最大化”是指只修改幻灯片页面的大小，而内容的大小保持不变。单击该按钮之后可以发现，虽然幻灯片的页面缩小了，但由于内容大小保持不变，所以内容超出了页面边界，如图 8-55 所示。

图 8-55 应用“最大化”缩放效果

按【Ctrl+Z】组合键撤销刚才的变换，重新设置“幻灯片大小”为“标准（4∶3）”，在弹出的“页面缩放选项”对话框中单击“确保合适”按钮。“确保合适”的意思是：将页面和内容同时按照 4∶3 的比例进行缩放，效果如图 8-56 所示。页面中大部分内容按照比例进行了缩小，有些元素的位置发生了细微的变化，不过相对于“最大化”而言，在修改的难度上降低了很多，只需要针对不合适的地方进行简单调整即可。

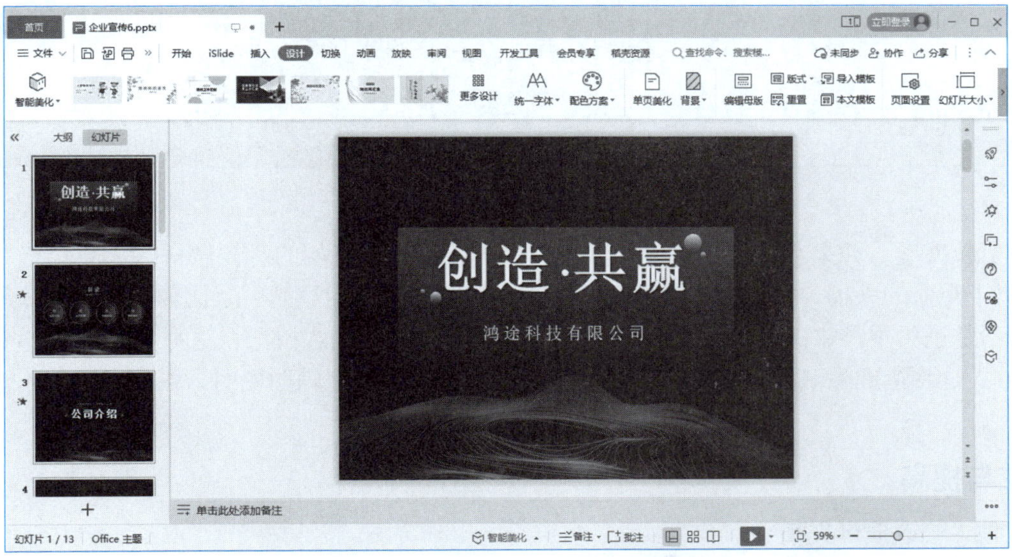

图 8-56 应用“确保适合”缩放效果

（6）准备演讲

当文稿所有内容都调整好后，就可以开始准备演讲。

① 大多数人在演示时，不会有人帮忙切换幻灯片，所以，为了避免出现演讲者需要站在计算机前面边翻页边讲解的情况，要借助一些演示放映工具。最常用的幻灯片翻页工具就是翻页笔。如果场地有网络覆盖，也可以使用 WPS Office 演示中的“放映”选项卡中的“手机遥控”功能，实现手机控制翻页效果（见图 8-57）。

② “台上一分钟，台下十年功”。口才再好的人，也需要在台下把内容背熟。提前准备好每一页 PPT 要演讲的内容，整理成一个演讲稿，对照着 PPT 进行练习，将演讲内容固定下来，在大脑中形成一种触发机制，看到 PPT 就知道要讲什么，这样也能减轻紧张感。

③ 在正式演示前一定要进行排练，提前排除演示过程中会发生的问题，也可以在排练的过程中进行优化提升。

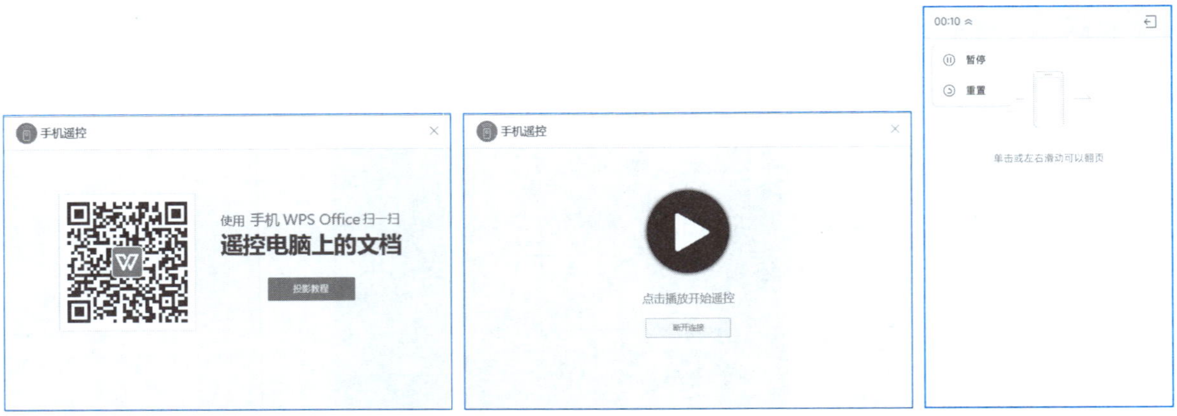

图 8-57　手机遥控功能

④ 在正式演示的时候开启演讲者视图。当 PPT 内容过多时，哪怕已经练习过很多次，有时候还是会出现忘记下一页内容的情况，可以在幻灯片设置中开启演讲者视图（见图 8-58），在外接了扩展屏幕的情况下，主屏显示演讲者视图，投影的屏幕显示全屏的幻灯片内容。

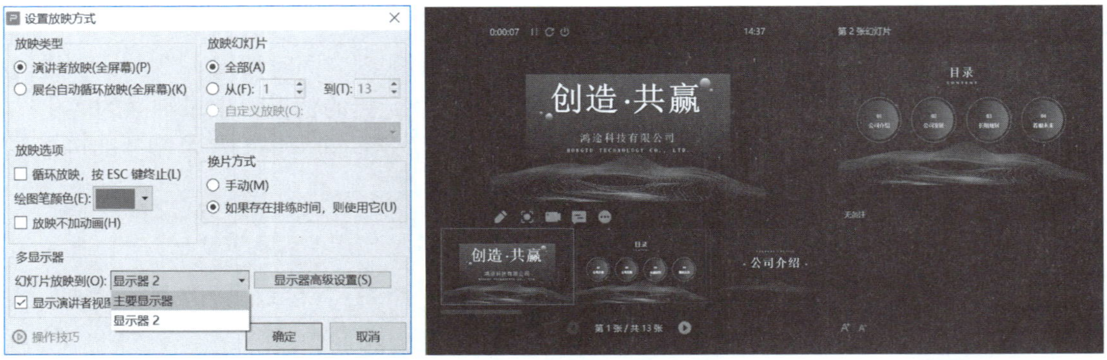

图 8-58　演讲者视图

⑤ 开头引起兴趣。如果想让别人对你的演讲感兴趣，最好在开始的时候做一些让观众感兴趣的事情。一旦成功吸引了观众的兴趣，接下来观众就会跟着你的思路走，从而达到一个比较好的演示效果。

⑥ 如果不是进行很严肃的演讲，最好不要使用太过专业的名词或概念，这样会严重阻碍演讲信息的传达。正确的方式是将道理隐藏在故事中，或者多举例子，通过例子来辅助说明，深入浅出，才能取得更好的效果。

8.4.3　总结与提高

1. 防止他人修改演示文稿

为了防止他人恶意修改，需要对作品进行加密，这不仅是对文件的一种保护，也是对设计者本人或公司资产的一种保护。WPS Office 演示中加密保护有以下两种方式：

① 设置文档权限。单击左上角的“文件”按钮，在“文档加密”中选择“文档权限”，可以将文档设置为“私密文档保护”（见图 8-59），只有登录 WPS Office 账号才可以查看 / 编辑文档。也可以设定“指定人”可查看 / 编辑文档。

② 选择密码加密。在“文档加密”中选择“密码加密”，弹出的对话框中会要求输入两个密码，分别是“打开权限”密码和“编辑权限”密码，如图 8-60 所示。通常情况下可以只设置“编辑权限”密码，这样做的好处是别人可以看到幻灯片的内容，但是不能进行修改。如果不想让别人看到内容的话，可同时设置“打开权限”密码。

2. 快速隐藏 / 删除动画

① 当演示时间比较短，或者遇到其他特殊情况时，需要隐藏所有的幻灯片动画，一个一个去删除会花

时间很多时间。这时候可以通过“放映”选项卡，打开“设置放映方式”对话框，勾选“放映不加动画”复选框，就可以隐藏掉所有动画效果了（见图 8-61）。

② 如果是在制作过程中想要删除内容动画，例如下载的模板中动画太多，可以打开“动画窗格”，按住【Shift】键，选中第一个动画和最后一个动画，即可选中所有动画，单击“删除”按钮，即可完成页面中所有动画的删除（见图 8-62）。

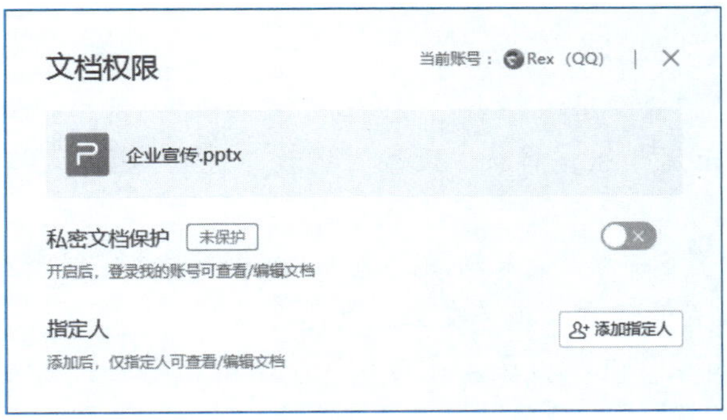

图 8-59　文档权限

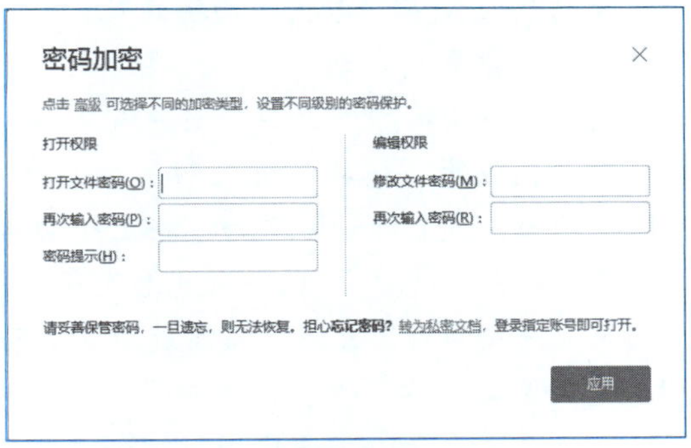

图 8-60　密码加密

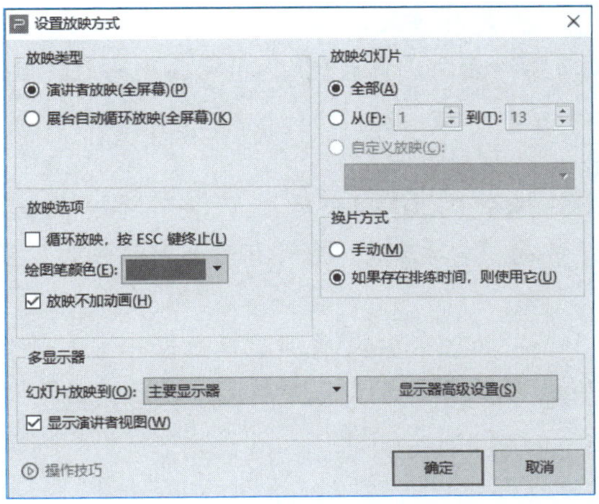

图 8-61　设置放映不加动画

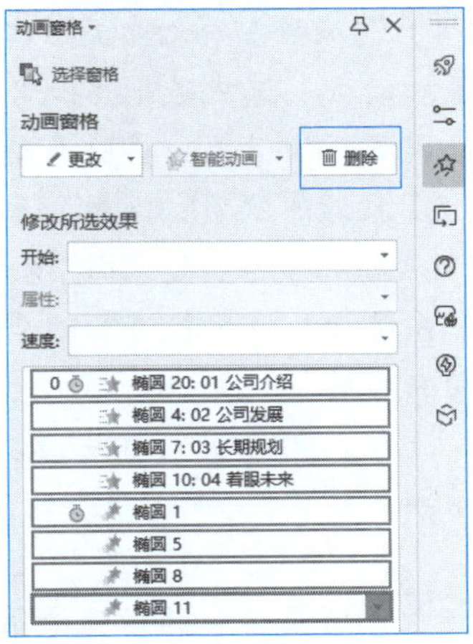

图 8-62　删除动画

习　题

参照“智能家居系统介绍（样例）.pptx”文件，利用 WPS Office 演示文稿演示设计的相关技术，制作演示动画效果，幻灯片内容如图 8-63 所示。具体要求如下：

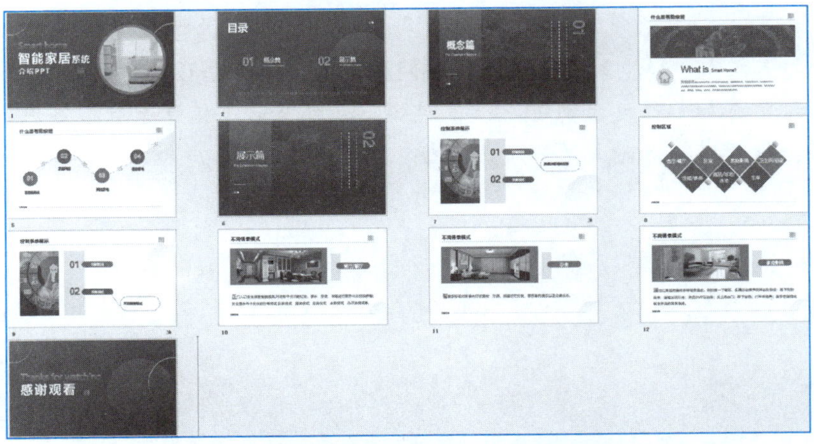

图 8-63　智能家居系统介绍演示文稿预览

1. 打开“05- 课后习题素材”文件夹下的“智能家居系统介绍（样例）.pptx”文件。

2. 为幻灯片设置切换动画。

（1）为第 2 页目录页设置“推出”切换动画。

（2）为第 3、6 页过渡页设置“飞机”切换动画。

（3）为第 4、5、7、8、9、10、11、12 页内容页设置“平滑”切换动画。

（4）为封底页设置“形状”切换效果。

3. 为幻灯片设置内容动画。

（1）进入第 2 页目录页，选中目录文本框，设置“擦除”进入动画，方向为“自顶部”。选中“01 概念篇”组合对象，设置“缩放”进入动画。选中“02 展示篇”组合对象，设置“缩放”进入动画。在动画窗格选中所有动画，设置开始方式为“在上一动画之后”。

（2）进入第 3 页过渡页，选中紫色渐变矩形形状，设置“缩放”进入动画。选中“概念篇”文字组合对象，设置“切入”进入动画。在动画窗格选中所有动画，设置开始方式为“在上一动画之后”。

（3）进入第 4 页内容页，选中英文标题，设置“出现”进入动画，将文本属性设置为“逐字播放”，字母之间延迟数设置为 0.1 s。选中图标组合对象，设置“缩放”进入动画。接着选中内容文本框，设置“阶梯状”进入动画，方向为“右下”。将所有动画开始方式设置为“在上一动画之后”。

（4）进入第 5 页幻灯片，选中波浪曲线组合对象，设置“升起”进入动画。选中 01 组合对象，设置“升起”进入动画。选中燕尾形组合对象，设置“擦除”进入动画，方向“自左侧”。用动画刷为 02、03、04 组内容设置同样的动画。将所有动画开始方式设置为“在上一动画之后”。

（5）按照第 3 页的步骤给第 6 页设置相同的动画效果。

（6）进入第 7 页幻灯片，为图片设置“回旋”进入动画。选中 01、02 组合对象，设置“滑翔”动画效果。选中“系统分区域化控制”组合对象，设置“擦除”进入，方向“自左侧”。将所有动画开始方式设置为“在上一动画之后”。

（7）进入第 8 页幻灯片，选中中间七个大菱形，设置“回旋”进入动画，将所有动画开始方式设置为“在上一动画之后”。选中四个小的菱形，设置“回旋”进入动画，设置开始方式为“与上一动画同时”，速度“中速（2 秒）”，重复“直到下一次单击”。

（8）按照第 7 页的步骤给第 9 页设置相同的动画效果。

（9）进入第 10 页幻灯片，选中图片组合对象，设置智能动画“轰然下落”。选中“客厅”文字组合对象，设置“缩放”进入动画，并添加“跷跷板”强调动画。选中内容文字，设置“出现”进入动画，设置“逐字播放”，字母之间延迟数为 0.1 s。将除智能动画以外的动画开始方式设置为“在上一动画之后”。

（10）按照第 10 页的步骤为第 11、12 页幻灯片设置同样的动画。

（11）进入封底页，为英文标题设置“光速”进入动画，为中文标题设置“升起”进入动画，将二个动画的开始方式都设置为“与上一动画同时”。

（12）保存演示文稿。

4. 为幻灯片设置备注。

（1）为第 4 页幻灯片添加“智能家居是通过物联网技术连接的家居设备”备注。

（2）为第 5 页幻灯片添加“家庭自动化 + 家庭网络 + 网络家电 + 信息家电”备注。

5. 准备好演讲稿，设置排练计时并做好演讲准备。

第 9 章

数据思维与数据洞察——让数据更有价值

9.1 了解数据思维

9.1.1 走进数据思维

当描述一件事时，要让别人更好地相信所描述的是客观事实，就需要用数据来论证。

当想要论述某个观点时，需要用到逻辑推论，由因到果，那么每一个结论的条件都需要表现出真实性，也需要用数据来论证。比如，要论述某电影很好看，就可以用这个电影的评分达到了 9.5 分、票房达到了 28 亿元、周围很多朋友连续看了 3 场等辅助数据来说明多数人都认为该电影好看。

凡是客观的定性描述，都可以找到能够量化的数据来说明。这些生活中辅助做决策的定量的描述，就是数据思维最直观的体现。

如图 9-1 所示，下晚自习时，小明突然觉得有点饿，于是去校园内的便利店准备买碗热干面充饥。到了便利店，才发现身上没有带校园卡、手机以及零钱等。于是小明和店主商量，能否先赊账，明天再过来给钱。由于小明之前有来过便利店消费，店主认识小明。店主根据小明平时的消费情况、与同学一起来店买东西时经常请客等信息判断，小明是个讲诚信而且不缺零花钱的人，因此大方地赊账给小明。店主之所以决定赊账给小明，就是基于小明的消费等数据做出的判断，这就是数据思维。

图 9-1 赊账背后的数据

如图 9-2 所示，假设你在某一个城市旅游，在几家以前从未去过的餐厅门前，你会怎么选择呢？你可能会打开手机里面的美食推荐 App，根据它的评价来缩小选择范围。但考虑到某些评价的真实性，你突然记起某位朋友去过其中的两家店，且评价还不错，这时，你很有可能就锁定这两家店了。在这两家店中做选择时，你可能会比较餐厅的品牌和用餐环境，因为以前的经历告诉自己，品牌响、用餐环境好的餐厅可能味道也会好。不管是否意识得到，在最终决定去哪家店吃饭的时候，我们已经根据自己的判断标准把候选的这几家餐厅分类成值得去、不值得去两类，而最终去了自己选择的那家餐厅。饭后也会根据自己的真实体验来判定自己之前的判断准则是否正确，同时根据这次体验来修正或改进自己的判断准则，决定下次是否还会来这家餐厅或者是否把它推荐给朋友。

在无法确定因果关系时，数据可以提供解决问题的新方法。数据中包含的信息有助于消除不确定性，而数据之间的相关性可以帮助我们得到答案，这便是数据思维的核心。

9.1.2　什么是数据思维

判断和分析事物的变化形成定性的结论一般有两种方法：一种是通过感官、经验、主观和感性判断而形成结论；另一种是通过对事物所涉及的一系列数据进行收集、汇总、对比、分析而形成结论。前者是经验思维，后者是数据思维。

美国佛罗里达州《太阳哨兵报》的记者莎莉·克斯汀在 2011 年的时候，注意到一个新闻——当地一名退休警察超速行驶，造成了恶性交通事故。萨莉查阅了近 10 年的记录，发现这样的事情不少。于是她意识到，警察超速行驶这件事，很可能是一个非常值得关注的社会问题。但是，怎么证实这件事呢？

采访？不可能。就算有些警察愿意告诉你一些情况，那也只是个例。抓现行？也不可能。莎莉真的尝试过跟踪警车，但很快发现，这根本行不通。第一，超速的不一定是警车，追了半天，发现不是警车就白追了。第二，就算运气好，抓到了警车，你也无权截停，仅仅有影像证据，并不充分，也不能服人。

莎莉最后想到了解决办法——申请数据公开。这些数据是当地警车通过不同高速公路收费站的原始记录。警车通过收费站都有时间记录，而收费站之间的距离是已知的，距离除以通行时间，就可以知道警车的行驶速度了。

通过数据分析，她发现，在 13 个月里，当地 3 900 辆警车一共有 5 100 宗超速事件，也就是说，警车超速天天发生。而且时间记录表明，绝大部分超速都发生在上下班时间和上下班途中，这说明警察超速并不是为了执行公务。

2012 年 2 月，萨莉发表了系列报道。在大量数据和调查访谈的基础上，萨莉得出结论：因为工作需要和警察的特权意识，开快车成了警察群体的普遍习惯，即使下班后身着便服，车速也没能降下来。

从图 9-3 所示的故事，我们可以看到：

第一，数据思维是用数据提出问题和找到解决问题的办法。萨莉建立了数据分析的框架，知道怎么利用数据产生她需要的结果，并且这些结果能完美地契合她要讲述的新闻故事，这就是数据思维。

第二，数据思维发挥作用，需要与其他能力组合。萨莉的新闻敏感度、问题意识、行动能力，这些都是与数据思维不同的能力和品质。它们与数据思维组合起来，才能完成一次高水平的新闻报道。

第三，数据思维是对数据知识和数据技能的认知。数据思维不同于数据知识和数据技能，我们通过所掌握的数据知识和技能形成认知，这些认知就是数据思维，然后以这些认知为工具来思考问题、解决问题，这就是数据思维的应用。

图 9-2　美食推荐背后的数据

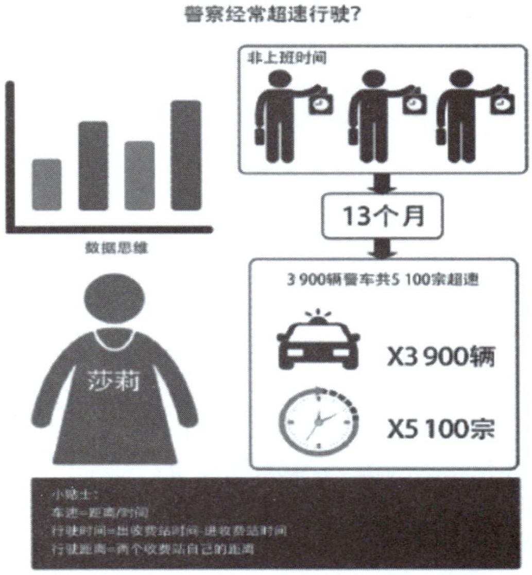

图 9-3　佛罗里达州警察群体超速驾驶的背后

那么，到底什么是数据思维呢？数据思维是根据数据来思考事物的一种思维模式，就是面对问题的时候，依靠数据去发现问题、分析问题、解决问题、跟踪问题。简单地说，数据思维就是用数据思考、用数据说话、用数据决策。

用数据思考，就是要实事求是，坚持以数据为基础理性思考，避免情绪化、主观化，避免负面思维、以偏概全、单一视角、情急生乱。用数据说话，就是要杜绝“大概、也许、可能、差不多……”，而是要以数据为依据，基于合理、有逻辑的推论。用数据决策，就是要以事实为基础、以数据为依据，通过数据的关联分析、预测分析、事实推理获得结论，避免通过直觉做决定和情绪化决策。

数据思维的核心主要有两个：一是数据敏感度；二是数据洞察力。

数据敏感度，就是当你看到一个数据时，根据你的知识和背景，你大概就能感知这个数据是否合理，当数据异常的时候，大概能知道问题可能出在哪里，并且能够追溯到原因。如图 9-4 所示，当进出地铁站时，自动测温仪报出“您的体温是 32.3 ℃，体温正常”的提示时，你的第一感觉是：人体体温正常值不可能为 32.3 ℃，应该是自动测温仪可能出现了电量不足的故障。

数据洞察力，就是当你看到问题时，能够利用数据分析的方法来解决实际问题，这也是构成数据思维很重要的一部分。如图 9-5 所示，上周你和小明去一家咖啡厅，感觉人还挺多的。小明就说，这家咖啡厅好火爆，生意还挺不错的，应该收入不少。咖啡厅能够赚多少钱，小明的思考逻辑是基于“挺多的”“火爆”“挺不错”这样的虚词，是靠直觉得出的结论。但是，对于一个拥有数据思维的人来说，他要是很想认真地回答这个问题，可能就会这么思考：咖啡厅有多少平方米，可以估算出来；厅里有多少个座位，这个大概可以数出来；座位的翻台率是多少，从自己吃饭上菜到吃完的时间和饭点时间跨度可以估算出来；客源如何，可以从餐厅附近所处的位置来判断；每样菜的毛利率，从菜单和上菜后的量可以推断。最后，综合这些维度数据，进行加工，大概率就可以估算出这家店的能否盈利，一个月大致可以盈利多少。

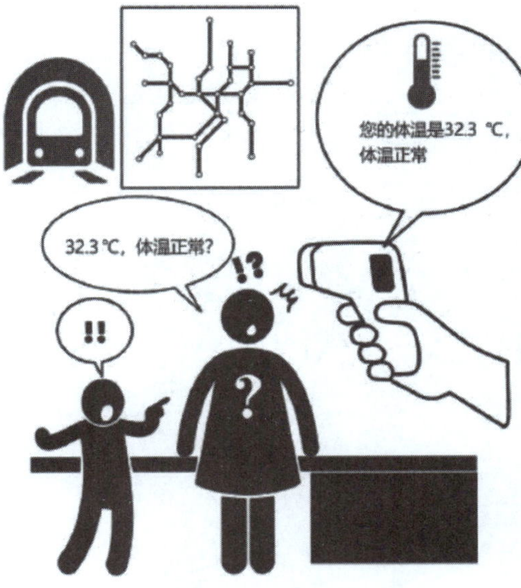

图 9-4 异常的测温仪

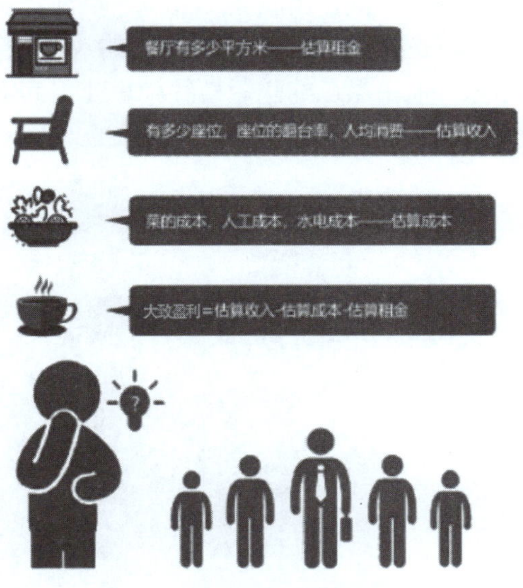

图 9-5 火爆的咖啡厅

数据思维要求能理性地对数据进行处理和分析，讲求逻辑推理。根据数据能够知道发生了什么，为什么会这样发生，有什么样的规律。同时，数据思维还要有充分的想象力，能够将数据关联到管理流程和制度，并能创造性地提出见解。

9.2 数据思维经典案例

9.2.1 约翰·雪诺与“死亡地图”

19 世纪是霍乱流行的世纪，从 1817 年到 1896 年共有五次大规模的暴发，造成了全球性的灾难。当时所有人都认为该疾病是由空气传染的。而英国的约翰 • 雪诺医生对于“霍乱是由空气传播”的理论有不同的看法，他认为霍乱可能是通过被污染的水进行传染的，其理由是：如果霍乱是通过空气进行传染的，那么发病的部位应该是肺部而不是肠道。此外，他 18 岁时为治疗煤矿工人的霍乱曾很长时间活动在臭气熏天的矿井，却没有得病。

为了证明他的观点，受过严谨医学训练的约翰 • 雪诺进行了细致的调查，他对伦敦 1849 年 8 月暴发的霍乱进行了一项大规模的调查，发现了一个极具说服力的证据：伦敦的自来水是由两家公司所供应，一家名为 Lambeth，一家名为 Southwark & Vauxhal，根据雪诺的统计，两家自来水公司居民的死亡率有着极大的差异，见表 9-1，Southwarkk & Vauxhal 公司覆盖的居民死亡率为 3.15%，Lambeth 公司的死亡率为 0.38%，二者几乎差 10 倍，而且死亡率高的 Southwarkk & Vauxhal 公司在泰晤士河的下游，水被污染的可能性的确会更大一些。

表 9-1　霍乱死亡率与饮用水源的比较

自来水公司	覆盖的房屋数	霍乱死亡人数	死　亡　率
Southwark & Vauxhall	40 046	1 263	3.15%
Lambeth	26 107	98	0.38%

约翰 • 雪诺医生积累了很多类似的证据并加上了自己的分析，写成了论文《论霍乱传递模式研究》，意在向人们证明霍乱是通过水污染而不是空气污染传播的，同时建议当局加强公共卫生管理。但由于当时空气污染的“瘴气”论过于根深蒂固，同时约翰 • 雪诺医生没有发现更加直接的证据，因此他的理论在当时没有引起人们足够的重视，并不被主流医学界和当时的人们所接受。

1854 年 8 月 31 日，伦敦的苏豪（Soho）区的宽街附近暴发了霍乱，第一天就有 56 人死亡，第二天死亡人数增到 143 例，第三天 178 例……绝望笼罩着街区。

约翰 • 雪诺医生开始冒着极大的风险调查每一个街区的死亡案例，并把所有死亡病例详细地标注在伦敦地图上，他用黑色的小短横线代表死亡病例的数量，详细地记录了死亡案例的在街道的位置以及数量，这就是后来被人们被称之为著名的“死亡地图”（见图 9-6）。

图 9-6　“死亡地图”

统计完成之后，约翰 • 雪诺医生进行了细致的分析，他发现大部分死亡病例都集中在伦敦宽街附近，而那里正好有一个免费的公共水泵，附近的众多街道的居民都在那里取水。离水泵 230 m 内的街区总共死亡人数高达 700 人，约翰•雪诺医生怀疑那个水泵被污染了。因为显而易见的事实是——水泵周围死亡最多，而离水泵越远，死亡病例越少。

尽管约翰·雪诺医生绘制“死亡地图”已经很能说明一些问题，但有人质疑，瘴气传播也能解释这张图——瘴气的中心区死亡多，离瘴气中心越远死亡越少。

严谨的科学工作者需要进一步验证猜想，雪诺继续调查附近居民的患病情况。这一次，他除了调查那些死亡病例的特征，也开始着手分析附近那些没有患病居民的特征，他发现了以下事实：

（1）离宽街仅 180 m 的一家酿造麦芽啤酒的啤酒厂的工人在这次霍乱中全部没有染病，啤酒厂的老板哈金斯告诉雪诺，由于在啤酒工厂里啤酒是免费的，因此这些工人平时都不喝水而只喝啤酒。

（2）苏豪区离宽街不远的一个监狱有 535 名囚犯，也几乎没有霍乱病例，雪诺发现该监狱有自己的水井，同样没有喝宽街水泵的水。

（3）约翰·雪诺医生发现了这次死亡案例中有两个离宽街非常遥远的 Hampstead 的霍乱死亡病例，是一位年长的妇女和她的侄女，雪约翰·雪诺医生骑车找到了该妇女的儿子，经过询问，雪诺发现了一个惊人的事实：原来该妇女曾经住在宽街，她怀念那口井水的味道，以至于她会让仆人每天从宽街用推车给她打一大瓶水，她和她侄女的最后一瓶水都是疫情开始的 8 月 31 日从宽街水井罐装的。

至此，真相终于在约翰·雪诺医生抽丝剥茧的调查中变得非常清晰明朗——问题出在那个水泵。854 年 9 月 7 日，约翰·雪诺医生向苏豪区当局报告了自己的研究，当局采纳了他的意见，在第二天关闭了那个水泵。此后伦敦地区的霍乱疫情迅速消失。

1856 年，当英国布罗姆利的新霍乱暴发时，当局应用约翰·雪诺医生的理论进行了迅速管控，有效阻止了疫情的大规模暴发。1859 年，在约翰·雪诺医生调查宽街霍乱之后的第五年，伦敦开展了下大规模的下水道改造工程，工程历时六年完工，伦敦的污水与饮用水源彻底隔离，被排往泰晤士河出海口，最终汇入大西洋。

9.2.2 敌人的指挥所

1948 年辽沈战役期间，司令部要求每天要进行例常的“每日军情汇报”，由值班参谋读出下属各个纵队、师、团用电台报告的当日战况和缴获情况。那几乎是重复着千篇一律的数据：每支部队歼敌多少、俘虏多少；缴获的火炮、车辆多少，枪支、物资多少……

有一天，如图 9-7 所示，参谋照例汇报当日的战况，司令部发现：胡家窝棚战斗中的缴获数据与其他战争的缴获数据相比，有以下三个特点：缴获的短枪与长枪的比例比其他战斗略高、缴获和击毁的小车与大车的比例比其他战斗略高、俘虏和击毙的军官与士兵的比例比其他战斗略高。根据这个异常数据，司令部判断敌人的指挥所就在胡家窝！果然，部队很快就抓住了敌方的指挥官，并取得这场重要战役的胜利。

资料来源：程光《往事回眸》。

图 9-7 敌人的指挥所

9.2.3 从“苹果大国”到“苹果强国”

苹果作为一种健康水果，受到全世界人民的欢迎。我国是世界苹果产量第一的国家，苹果产量占世界苹果总产量的 57%；我国也是世界上最大的苹果消费国，需求量占世界总需求的 50% 以上。

3—4 月开花、4—5 月结果、5—6 月套袋、7—9 月上肥、10 月采摘——每一颗苹果成熟都会经历一番春种秋实。在数月之间，果农需要随时掌握天时，防虫防病，观察供需，合理定价……

我国苹果产地主要集中在山东、辽宁、河北、陕西、山西、河南、甘肃等地，如何进行苹果产业合理规划和营销渠道拓展提供决策支持，维护果农切身利益，稳定价格市场，是苹果产业发展中需要解决的问题。

如图 9-8 所示，立足于国家农业部门已经积累了 20 年的苹果产量和面积数据、成本收益收据、20 年的苹果全国各地批发市场苹果交易数据、苹果进出口贸易量数据和贸易价格数据、全国各省市苹果零售价格数据、气象数据等建设的苹果产业大数据分析平台，可以实现：

① 凭借在线数据挖掘和产业形势分析，预测预报苹果市场动向，提出优质苹果品种结构与区域布局的建议及对策，帮助相关部门优化苹果种植布局，促进其向优势产地集中。

② 通过苹果气象灾害预测预警及灾害评估模型，为农民提供及时精准的气象灾害预警服务，降低农民的种植风险，同时为产量预估、价格预测提供数据支持。

③ 通过监测苹果产销数据，建立供需平衡和产销结构数据体系，为产业从业者提供决策支持，避免出现各大产区苹果扎堆上市的现象。

④ 通过对消费数据的采集挖掘，为苹果销售者提供消费画像、精准营销及差异化定价的决策支持。通过对不同销区消费群体的分析，科学划分与准确把握不同消费群体对苹果品种、等级、大小、价位、口感、甜度等的不同需求特点与特征，做到供需之间的适销对路和市场营销的有的放矢。

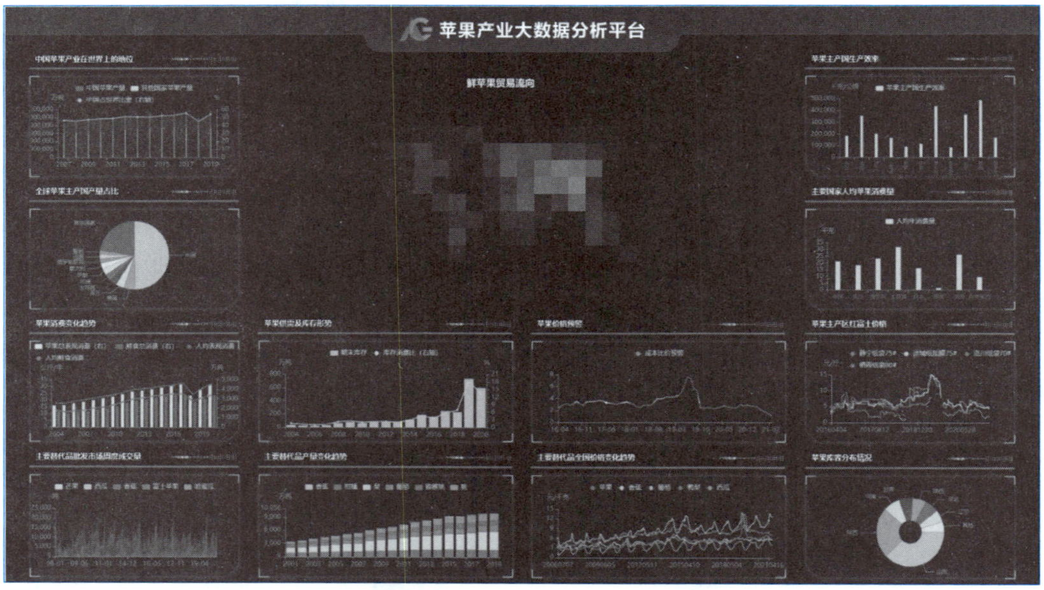

图 9-8　苹果产业大数据分析平台

基于数据思维，苹果产业大数据分析平台铺就了一条全产业链发展的乡村振兴之路，也为推进大数据在农业生产、经营、管理、服务等各环节、各领域的应用，在引导市场预期和指导农业生产中发挥重要作用，形成了可复制、可推广、可持续的农产品产业大数据应用模式。

9.2.4 尿不湿与啤酒

超级商业零售连锁巨无霸沃尔玛公司拥有世上最大的数据仓库系统之一。为了能够准确了解顾客在其门店的购买习惯，沃尔玛对其顾客的购物行为进行了购物篮关联规则分析，从而知道顾客经常一起购买的商品有哪些。在沃尔玛庞大的数据仓库里集合了其所有门店的详细原始交易数据，在这些原始交易数据的基础上，沃尔玛利用数据挖掘工具对这些数据进行分析和挖掘。一个令人惊奇和意外的结果出现了：跟尿不湿一起购买最多的商品竟是啤酒！这是数据挖掘技术对历史数据进行分析的结果，反映的是数据的内在规律。那么这个结果符合现实情况吗？是否是一个有用的知识？是否有利用价值？

为了验证这一结果，沃尔玛派出市场调查人员和分析师对这一结果进行调查分析。经过大量实际调查和分析，他们揭示了图 9-9 所示的一个隐藏在“尿不湿与啤酒”背后的美国消费者的一种行为模式：

尿不湿与啤酒并排摆放，被一起购买的概率更大

图 9-9　尿不湿与啤酒

在美国，到超市去买婴儿尿不湿是一些年轻父亲下班后的日常工作，而他们中有 30% ～ 40% 的人同时也会为自己买一些啤酒。产生这一现象的原因是：美国的太太们常叮嘱她们的丈夫不要忘了下班后为小孩买尿不湿，而丈夫们在买尿不湿后又随手带回了他们喜欢的啤酒。另一种情况是丈夫们在买啤酒时突然记起他们的责任，又去买了尿不湿。既然尿不湿与啤酒一起被购买的机会很多，那么沃尔玛就在他们所有的门店里将尿不湿与啤酒并排摆放在一起，结果是得到了尿不湿与啤酒的销售量双双增长。按常规思维，尿不湿与啤酒风马牛不相及，若不是借助数据挖掘技术对大量交易数据进行挖掘分析，沃尔玛是不可能发现数据内这一有价值的规律的。

9.2.5　颠簸的街道

美国波士顿市政府推荐市民使用一款名叫“颠簸的街道（Street Bump）”的智能手机应用，这个应用程序通过利用智能手机中内置的加速度传感器，来检查出街道上的坑洼之处——在路面平稳的地方，传感器加速度值小，而在坑坑洼洼的地方，传感器加速度值大。波士顿市民 只要下载并使用这个应用程序，他们就可以成为一名市政监督志愿者。市政厅工作人员无须亲自巡查道路，就能知道哪里的道路损坏严重，哪里需要维修，如图 9-10 所示。

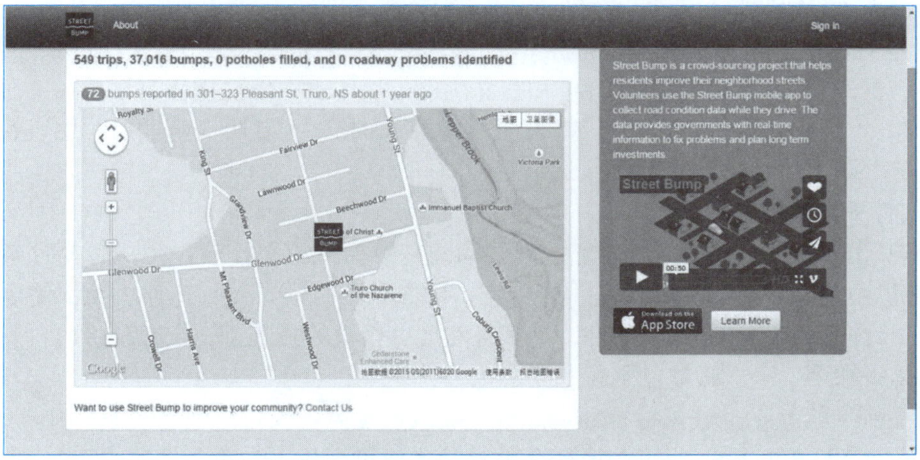

图 9-10　颠簸的街道

“颠簸的街道”体现的是众包（Crowd souring）改善政府功能的典范之作。众包是一种新的商业模式，指的是一个公司或机构把过去由员工执行的工作任务，以自由自愿的形式外包给非特定的（而且通常是大型的）大众志愿者的做法。众包模式其实就是把传统上由企业内部员工承担的工作，通过互联网以自由自愿的形式转交给企业外部的大众群体来完成的一种组织模式。

9.3 数据敏感度

9.3.1 什么是数据敏感度

人类正常的体温在 36 ～ 37℃之间，但是小明此时体温达到了 39°。30 岁 170 cm 的女性参考体重为 60 kg，同样年龄身高的小红体重却达到了 80 kg。从上面这两个生活中的例子，你很快能想到：小明发热了，小红的体重有些不健康。这种能将数字指标与实际生活之间的关联起来的能力就是数据敏感度。

类比到工作中，当看到一组业务数字时，我们能迅速根据已有数据结合标准判断业务状态是否正常并且能感知到指标细微变化的不同意义，就是拥有数据敏感度的体现。比如体温从 36℃变到 36.5℃可能属于正常范围。但是从 37℃到 37.5℃可能就是异常体温了。虽然变化值一样，但基于不同的情况所反映的最终结果却不同。在工作中也是一样，比如，在某直播平台带货，可以通过用户留存率来判断带货主播及货物是否受到顾客的欢迎。在某次直播中，用户留存率较之前降了 5%，到底是不是正常范围内的波动，需不需要出策略进行干预？能迅速对此作出反应，就是数据敏感度。

那么，如何判断自己的数据敏感度高不高呢？一个数据敏感度高的人，看到数据后，能一眼判断数据靠不靠谱，因为很多数据本身不靠谱，有指标口径问题，有数据质量问题。一个数据敏感度高的人，看到数据后，能马上思考数据本身的意义，并能快速定位数据背后的原因。

9.3.2 如何提高数据敏感度

1. 加强数据化思维训练

在思考、谈论和使用一个东西时，可以有意识地把过去定性的方式转变为定量的方式，用定量描述去替换定性描述。比如，在介绍某个项目的效果时，用数据说话，将效果的表达换算成提升幅度、增长率、投入产出比等数据和指标。

2. 用关键量去描述事务

在描述事情时，应尽量用关键量去抓住事物的本质。例如，据报道，现在的海洋正在酸化。那么，“酸化”是什么意思？它对应表示的现实世界的情况到底是什么？能否找到一个关键量，用定量的数据来说明海洋正在酸化？我们可以测量海水现在的酸碱度——pH 是 8.1，因为酸碱度的中间位置是 7，比 7 大的都是碱性的，所以海水还是碱性的。但通过查阅文献资料，我们发现一百年前的海水 pH 在 8.2 左右，pH 从 8.2 降到 8.1，说明海水正在向酸的方向发展，所以“海洋正在酸化”。

3. 加强图表解读能力训练

图表化表达是对数据进行分析和展现的常用方式。要加强对数据可视化的理解和解读能力，训练自己看图说话的能力，要善于前后对照、关联分析和交叉比对，从图表中发现规律。请教相关领域专家，明白可视化图表背后的意义，组织语言进行描述性练习，反复练习和训练，要让听众听明白。图表解读能力提高了，数据敏感度就会随之提高。

4. 加强批判性思维训练

要刻意训练自己的批判性思维，对外部数据要问清楚数据来源和计算口径，必要时亲自上手进行“交叉验证”。批判性思维是一种能力，就像是古董专家，刚入行的时候，对每一件古董都需要翻阅大量的文献书籍，反复核对和验证。量变就会引发质变，功到自然成，当验的货到了一定数量级时，就会自然而然地练就一双慧眼，只要一掌手、一上眼就能判断它的成色。

比如，如果看到一组数据：我国城镇住房建设继续较快发展，人均住宅建筑面积升至 32.11 平方米，户均住宅建筑面积升至 102.3 平方米。同时 2021 年城镇住宅建筑面积达到历史最高的 400.16 亿平方米。

这段描述是否正确呢？ 300.16/26.11 约等于 12.46 亿人左右，2021 年中国的总人口约为 14.43 亿，根据我们的常识，显然不可能有 12.46 亿城镇人口。

所以大家遇到信息时，包括新闻报道、商业报告、微信朋友圈等，都要学会质疑，养成习惯。特别是朋友圈里面假的数据、消息、新闻非常多，经常用一种质疑的态度去看他们，并找出其错误的原因，慢慢地你的数据敏感度就提高了。

9.4　数据洞察

利用数据思维去发现数据中本身就存在的、但是需要花一番功夫才能得到的分析结果，称为数据洞察。要具备利用数据思维方式去洞察数据的能力，就需要培养自己读懂数据、获取数据、整理数据、分析数据以及表达数据、探究数据的能力。

特别强调的是，大家常常认为数据就是数字，但这样的定义并不准确。凡是可以用信息化技术和电子化手段记录的都是数据，比如社交、位置、声音、图像、视频等都是数据。

9.4.1　读懂数据的能力

从“90-90 分 - 全班第一考了 90 分 - 满分 150 的考试全班第一考了 90 分”可以看出，数据只是一种度量方式，脱离了业务场景，孤立的数据本身没有任何含义，只有和业务场景结合起来，数据才有具体的含义。业务场景越具体，数据含义就越清晰。图 9-11 中的学生一开始觉得全班第一考了 90 分考得还不错，但听说考试的满分是 150 分后，感慨考试的难度大。“比”才是问题的关键。所以数据本身不形成判断，数据 + 标准才能形成判断。想读懂数据的含义，一定得看具体业务场景下，业务判断的标准是什么。

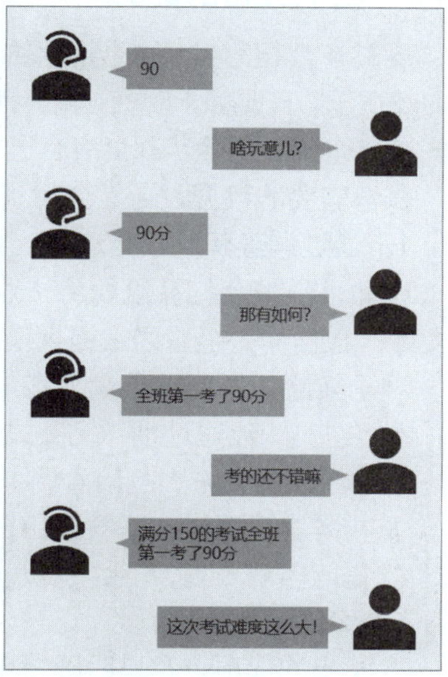

图 9-11　对同一个考试分数产生的不同评价

如图 9-12 所示，标准可以从常识中来（如百米跑步成绩的通常范围），也可以基于场景得出的标准。基于常识的标准往往比较模糊，例如一个人的百米成绩是 12 s，那到底是好还是差呢？如果是一个想要备战奥运会百米比赛的运动员，可以认为这个百米成绩太慢了；但对于参加校运会的学生而言，这个成绩已经接近 100 m 国家二级运动员的水平，是非常好的成绩。因此，想推导具体的标准，往往需基于场景做分析，满足特定场景需求的标准。

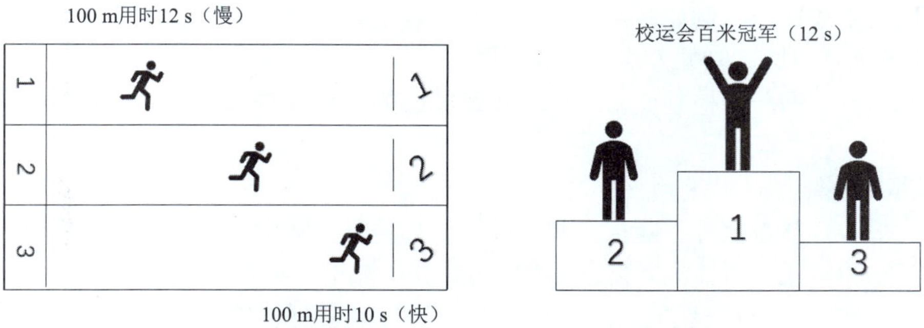

（a）判断百米比赛速度的标准（基于常识的标准）　（b）校运会百米比赛速度的标准（基于场景的标准）

图 9-12　判断的标准

那么，如何锻炼读懂数据的能力呢？

要读懂数据，首先需要具备准确辨析数据的能力。任何数据都有可能存在错误或者偏差，要从实事求是的角度去怀疑数据是否存在问题，要去验证数据的准确性。可以通过寻找数据源头来确定数据是否准确，因为源头才能去判断这个数据的来源是否具有认可的价值。当无法获取来源的时候，要从多个渠道方面去确认数据是否具有真实性，同时去观察其他人如何看待和分析这些数据，因为数据在传递的过程中，翻译和转述都会降低数据的准确性。

要读懂数据，还需要具备正确判断数据的能力。

还是以“满分 150 的考试全班第一考了 90 分”为例，当看到这个数据时，很多人已经有了自己的判断：这次考试的难度很大！为什么我们会判断这次考试的难度大呢？这是因为在我们日常生活中，150 分的考试

90 分才刚刚及格，全班第一不应该只有这样的成绩，这是我们通过观察得到的常识性的知识。而为了进一步证明“满分 150 的考试全班第一考了 90 分”这个论点，可以通过查看这个班级之前几次全班第一的成绩进行比较，发现之前全班第一的成绩都大于 130 分，因此得出“这次考试的难度很大”的论断确实是真的。

上述两种判断，其实都用到了判断数据的方法：习惯法和统计法。习惯法是把人们约定俗成的习惯量化，统计法则是基于数据统计上的差异进行高中低划分。从“全班第一考了 90 分”到“满分 150 的考试全班第一考了 90 分，这次考试太难了！”是读懂数据的一个重要转折。因为 90 分是一个客观数值，不能直接影响我们决策。但是“考试难”是一个判断结果，这个判断是会影响我们决策。

9.4.2 获取数据的能力

要具备数据思维和数据洞察能力，首要的是必须掌握数据。对每个人来说，不管做什么，身边都有可靠的数据源，只要善于观察，就会搜集到可观的数据。比如，外卖小哥对中午哪条路比较堵、哪栋楼没电梯、哪些客户比较着急等，都会有自己的认知，这些认知其实都是获取数据的结果。

获取需要的数据，通常会用到如下的方法：

1. 通过调查获取数据

比如，学生会打算给即将毕业的师兄师姐准备一份毕业礼物，可以通过问卷等方式调查师兄师姐的兴趣爱好，根据其兴趣爱好来提供匹配的礼物，这就是调查的意义。

对于某地 7 岁正常男童身高、某学校女生比例等总体范围明确和总体中包含的总体单位数量有限的有限总体问题，一般通过抽样调查或普查的方式获取数据。

最常用的调查方式是问卷调查。为了有效收集所需数据，在设计调查问卷时，至少需要遵循：

① 措辞客观严谨，语气亲切。

② 提问客观公正，不带主观倾向性或暗示性。如使用“你是否愿意……？”的提问方式比“你愿意……吗？”更公正。

③ 给出的选项应意思明确，界限清楚。如“你希望的学习方式？ A. 线下授课 B. 线上授课 C. 整周排课 D. 每星期排 1 次课”答案之间界限模糊，令回答者不知该如何选择。

2. 通过试验获取数据

试验是获取数据的重要途径。例如，要判断研制的新药是否有效、培育的花卉新品种是否具有更长的观赏期等情况，就需要通过对比试验的方法去获取数据。

通过试验获取数据时，需严格控制试验环境，通过精心的设计安排试验，以提高数据质量，为获得好的分析结果奠定基础。

3. 通过观察获取数据

在现实生活中，很多自然现象都不能被人类所控制，如地震、降雨、台风等。自然现象会随着时间变化而变化，不属于有限总体，无法用抽样调查或普查的方式获取数据。此外，由于自然现象不能被人为控制，也不能通过试验获取数据。研究这类现象，只能通过长久的持续观察获取数据。

4. 通过查询获取数据

我们研究的问题，可能众多专家研究过，他们在研究中所收集的数据可能以学术论文、专著、新闻稿等形式存在了，我们可以收集前人的劳动成果并加以利用。

常用的专业数据网站有：

（1）中国国家统计局：提供国家宏观方面的月数据、季数据、年数据、地区数据、部门数据、国际数据等内容，数据来源权威性高，可靠性强。

（2）洞见研报：行业研究数据库，覆盖各行业研究报告、行业报告、咨询报告、上市公司研报、招股书、蓝白皮书等。

（3）中文互联网数据资讯网：专注于互联网数据研究、互联网数据调研、IT 数据分析等资讯，收集了从高校、专业咨询机构、知名网络平台等出品的报告资料。

（4）第一财经商业数据中心：围绕新消费、新圈层、新方法三大研究方向，面向美妆、食品、服饰、母婴、宠物、明星及红人营销等研究领域，提供行业研究、数据沉淀、信息聚合、营销传播及商业公关等产品及服务。

（5）大数据导航：集合了各国统计机构、各行业数据指数网站、爬虫工具、在线设计网站等多种工具。

9.4.3 整理数据的能力

如表 9-2 所示，获取到的数据可能存在数据缺失、无效数据、数据不准确、数据不一致、数据不统一、重复数据等情况，在进行数据分析前，需要对数据去伪存真，我们必须具有整理数据的能力，让数据变得规范有效。

表 9-2 整理前的数据

序号	姓名	性别	出生日期	基本工资	工龄工资	总工资	是否在岗
1	王军	男	1970/12/5	¥8,900	1300	¥8,900.00	否
2	李飞飞	女	1975/2/15	¥7,800	1200	¥9,000.00	是
3	高园园		1979/1/32	¥7,300	1.00E+03	¥8,300.00	否
4	张晖	男	1970/10/8	¥9,000	1.50E+03	¥10,500.00	不知道
5	李飞飞	女	1975/2/15	7800	1.20E+03	¥9,000.00	是
6	陈冬冬	男	1875/6/13	8200	900	¥9,100.00	否
7	张洪侠	男	1965/5/1	9900	1600	¥11,500.00	是
8	卫伟	男	1963/1/1				是

1. 数据缺失

表 9-2 中的性别、工资等数据为空是典型的数据缺失。数据缺失通常会采用如下处理方法之一：① 删除该行数据；② 用其他数据替代，包括平均数、众数、中位数，或者假设为 0。

2. 无效数据

数据超出了有意义的范围，如表中 1875 年出生的人的信息和其他人放在一起是无意义的，出生日期出现了 32 日是不可能的，这些数据都是无效的。对无效数据可以参考其他数据进行修正（可以认为 1875 是因为手工录入失误导致的，应该是 1975）。

3. 数据不准确

如“是否在岗”，应该只有“是”与“否”两种情况，“不知道”是不准确的陈述。对不准确的数据可以参考原始记录进行修正。

4. 数据不一致

数据不一致通常体现在前后矛盾上，比如，总工资应该是基本工资和工龄工资之和。对不一致的数据可以参考原始记录进行修正。

5. 数据不统一

数据的不统一通常体现在格式上的不统一。如工资数据通常采用会计专用格式，可以将基本工资、工龄工资以及总工资用统一采用会计专用格式来表现。

6. 重复数据

表中的第 2 行数据和第 5 行数据表示的是同一个人，存在重复，可以删除掉其中的一行数据。

数据整理后的结果见表 9-3。

表 9-3 整理后的数据

序号	姓名	性别	出生日期	基本工资	工龄工资	总工资	是否在岗
1	王军	男	1970/12/5	¥8,900.00	¥1,300.00	¥10,200.00	否
2	李飞飞	女	1975/2/15	¥7,800.00	¥1,200.00	¥9,000.00	是
3	高园园	女	1979/1/32	¥7,300.00	¥1,000.00	¥8,300.00	否
4	张晖	男	1970/10/8	¥9,000.00	¥1,500.00	¥10,500.00	是

续表

序　号	姓　名	性　别	出生日期	基本工资	工龄工资	总　工　资	是否在岗
5	陈冬冬	男	1975/6/13	￥8,200.00	￥900.00	￥9,100.00	否
6	张洪侠	男	1965/5/1	￥9,900.00	￥1,600.00	￥11,500.00	是
7	卫伟	男	1963/1/1	￥8,400.00	￥1,300.00	￥9,700.00	是

9.4.4 分析、表达、探究数据的能力

在获得相关数据后，需要对之前处理过的数据进行分析，从而找到或验证相关问题的原因；用可视化工具等展现数据内部隐藏的逻辑关系，让人一眼就看到自己想要了解的数据；探究数据背后蕴含的规律，对未来进行预测，减少对未来的不确定性，实现合理规划、理性决策的目的。

1. 分析数据

在日常生活中，常用的数据分析方法有：

（1）逻辑树分析法

把一个已知的问题作为一个树干，然后开始思考与这个问题相关的子问题或者子任务。每次想到什么，就给问题（也就是树干）加上一个分支，指明这个分支具体代表什么问题，由此类推找出所有相关项的问题，这就是逻辑树分析法。

如图 9-13 所示，“芝加哥有多少位钢琴调音师？”可以通过逻辑树方法进行问题的拆解，将问题拆解为两个问题：问题 1：芝加哥全部钢琴调音师一年的总调音时长？问题 2：芝加哥一位调音师每年的调音时长？问题 1 的结果除以问题 2 的结果即可以得出芝加哥的钢琴调音师人数。

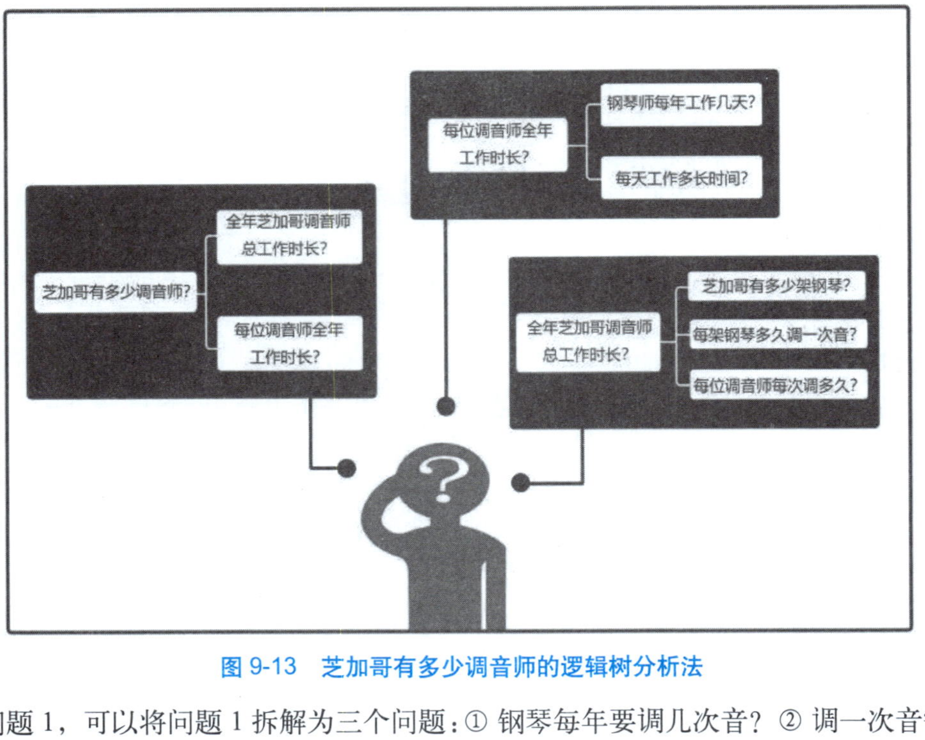

图 9-13　芝加哥有多少调音师的逻辑树分析法

而要解决问题 1，可以将问题 1 拆解为三个问题：① 钢琴每年要调几次音？② 调一次音需要多少时间？③ 芝加哥有多少架钢琴？

那么钢琴每年要调几次音呢？按照钢琴的通常调音周期，可以估算其为一年一次。调一次音需要多少时间呢？通过调查，估算其大约为 2 小时。

芝加哥有多少架钢琴又可拆解成两个问题：① 芝加哥有多少人口？② 有钢琴的人占多少比例？通过查询，可以得出芝加哥人口大约有 250 万，考虑普通家庭及学校等机构拥有的钢琴数量，估算其为 2%，即芝加哥大概有 5 万架钢琴。

因此，问题 1 的答案可以估算出来：芝加哥全部钢琴调音师一年的总调音时长 = 5 万架 ×1 次 / 年 ×2 小时 / 次 =10 万小时 / 年。

接下来解决问题 2：一位调音师每年的调音时长。按照每天工作 8 小时，一星期工作 5 天，一年工作 50 个星期估算，每天 8 小时，得出调音师每年的工作时长 =8 小时 / 天 ×5 天 / 星期 ×50 星期 / 年 =2 000 小时 / 年，减去路程上损耗的 20% 时间，一位调音师每年工作的调音时长为：2 000 小时 / 年 ×80%=1 600 小时。

因此，用 10 万小时 ÷1 600 小时 =63，即可以得出芝加哥大约有 63 位钢琴调音师。

正确的结果是怎样的？芝加哥的电话黄页上一共有 83 个钢琴调音师。这其中包括重复登记的（同一位调音师有多部电话会被再登记一次），还包括不做调音工作的钢琴技师。考虑到这些情况，估算答案还是非常接近的。

（2）多维度拆解分析法

把已知的问题拆解为不同的维度，通过不同的维度去观察同一组数据，从而洞查数据异动背后的原因。

如图 9-14 所示，在学生会主席竞选时，张三说：参加竞选的李四同学很优秀，因为他是正式党员，绩点达到 4.0 并获得校级一等奖学金，参加全国职业技能比赛获得全国一等奖，担任班级班长期间积极组织各项活动并获得校级优秀班集体的称号。

张三把评价竞选人是否符合学生会主席的指标拆解成：① 思政品德；② 学习成绩；③ 专业能力；④ 组织工作能力。张三认为适合作为学生会主席的优秀同学 = 思政品德好（维度 1）+ 学习成绩出色（维度 2）+ 专业技能突出（维度 3）+ 组织工作能力强（维度 4）。张三从不同的角度来看参与学生会主席竞选的李四同学，这里的角度就是维度，找出不同的角度就是拆解。

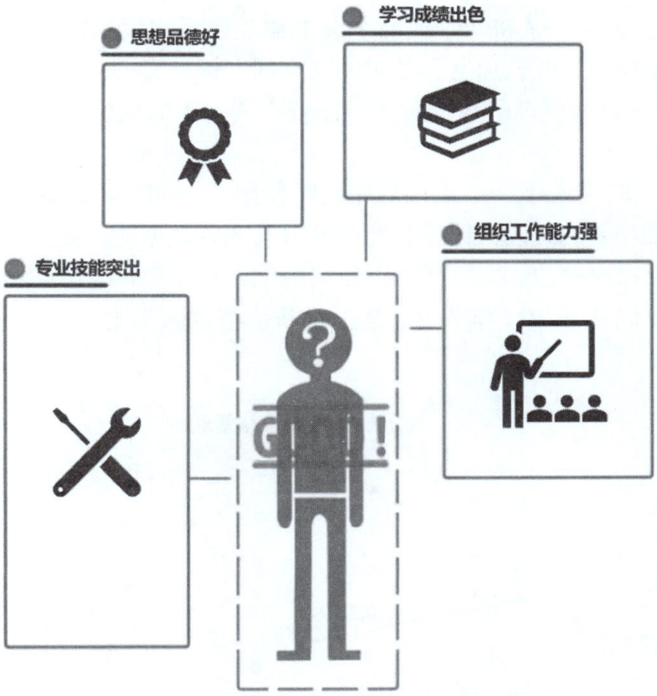

图 9-14　优秀学生会主席竞选者的多维度拆解

例如，某 App 作为一个泛品类的生活方式分享平台，其分析团队在研究不同用户群留存率的时候，发现来自新闻资讯类、社交媒体类、搜索引擎类、视频类等信息流渠道的用户留存率很低。通过用户信息分析，他们发现，这些用户有一个特性——低龄。

那么，为什么来自信息流渠道的低龄用户留存比较差呢？根据这个问题，我们可以从年龄、业务流程拆解出图 9-15 所示三个分析的维度，来查找问题产生的原因。

由于不同学生阶段的用户行为差异比较大，可以把低龄具体分为小学生、初中生、高中生。因此从年龄角度拆解出第一个分析维度——不同的低龄用户表现是否有差异？

业务流程的过程是：新用户下载某 App →用户看到 App 的首页→用户留下来继续使用或者不喜欢而离开。因此，可以从业务流程拆解出两个分析的维度：

① 从新用户下载某 App 时的动因拆解出第二个分析维度——新用户来 App 想要看到什么内容？

② 当用户注册 App 的时候，通常会选择一些自己的兴趣点，然后推荐系统根据用户选择的兴趣点，给用户推荐相关的内容。如果推荐的内容不是用户感兴趣的，用户很大概率会流失。因此，根据推荐内容得出第三个分析维度——推荐的内容是用户想看的吗？

因此，可以将“来自信息流渠道的低龄用户留存比较差”的问题拆解出至少三个分析维度来查找原因。

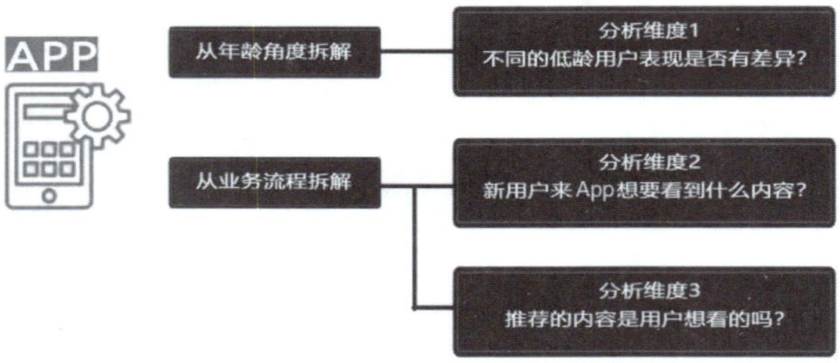

图 9-15　低龄用户留存差的多维度拆解

（3）对比分析法

对比分析法也称比较分析法，是将两个或两个以上相互联系的指标数据进行比较，分析其变化情况，了解事物的本质特征和发展规律。我们通常会从时间、空间、标准方面去进行对比。

① 时间对比。可以通过时间周期的数据对比，比较不同对象的数据水平高低。时间对比最常用的就是同比和环比。

同比一般是某个周期的时段与上一个周期的相同时段比较，如今年的 6 月比去年的 6 月相比。环比是指某个时段与其上一个时长相等的时段做比较，比如 9 月与 8 月数据的对比。

如图 9-16 所示，国家统计局发布 2022 年 3 月份居民消费价格数据：全国居民消费价格同比上涨 1.5%，环比持平。同比是指与去年同期（2021 年 3 月）居民消费价格数据相比，环比是指与上个月（2022 年 2 月）居民消费价格数据相比。

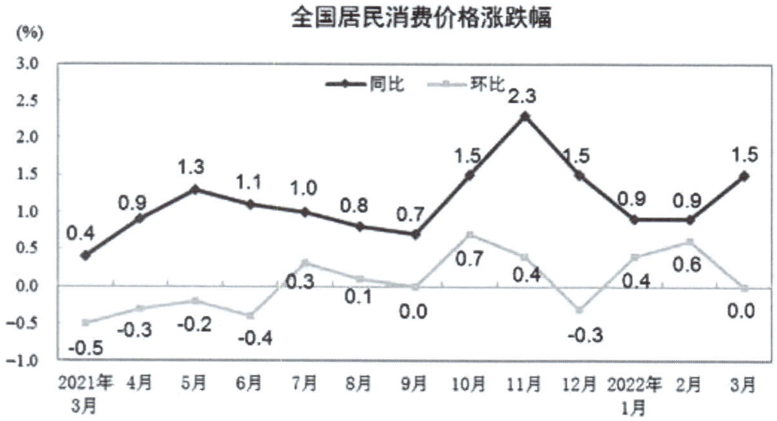

图 9-16　2022 年 3 月全国居民消费价格数据

② 空间对比。即在相同时间范围内选择与不同空间指标数据进行对比。如与同级单位、部门、地区对比，找出自身与同级别部门的差距或优势，分析自身的发展方向。

例如，为了扩大产品销售量，选择三种不同直播平台投放广告。通过分析三种平台带来的访问量、购买产品类型、购买量、用户年龄段等数据，可以了解不同直播平台的客户群喜好，以便更有针对性投放广告。

③ 标准对比。业务数据通常会设定目标计划，标准对比可以通过目前数据与设定的目标计划之间的对比，了解目前发展进程、完成进度等，并及时调整策略。

例如，食品支出占家庭支出的比重（即恩格尔系数），其反映的是居民生活水平的高低。越富裕的家庭，食品支出占比越低。根据联合国粮农组织的标准划分，恩格尔系数在60%以上为贫困，50%～59%为温饱，40%～49%为小康，30%～39%为富裕，30%以下为最富裕。

从图9-17的2009—2018年我国城乡居民家庭恩格尔系数可以看出，我国居民消费结构不断改善，已经进入富裕标准中。

图9-17 2009—2018年我国城乡居民家庭恩格尔系数

2. 表达数据

对于复杂难懂且体量庞大的数据而言，用图表表达更为浅显易懂，这也是数据可视化的核心价值所在。通过可视化图表方式，能够准确高效直观地传递数据中的规律和信息，并能实时监控系统各项数据指标，实现数据的自解释。

在进行可视化表达数据时，遵循如下原则，可以有效提升整个可视化图形的可读性。

① 使用条件格式。条件格式可以根据分配好的数据界限，为数据展示提供精确的快速指示标，如将满足特定条件的数据标注成特别颜色等。

② 使用数据筛选。为了提高展示数据的高相关性，通过为数据添加筛选，可以快速切换到需要的数据。

③ 添加趋势线。可以通过添加趋势线来查看图表中的平均值，或者从趋势线角度的变化中来分辨出趋势变化的特征。

④ 格式化数据。格式化数据（如小数位数、货币缩写）可以让数据在视觉上更有冲击力。

⑤ 数据排序。按照降序或升序对数据进行排序，会更加直观地显示所要讲述的故事。

⑥ 应用数据对比。可以通过将图表进行比较来改进和增加对可视化结果的更多见解。

常见的数据分析图表类型及适应的使用场景有：

① 柱形图、条形图。柱形图、条形图是利用柱子、条块的高度来反映数据的差异，通常适用于比较类需求。柱形图适用于条目比较少的数据展现，条形图适用于条目相对多一些的数据展现。如图9-18所示，堆积柱形图、堆积条形图还可用于占比类的需求。

② 折线图、面积图。折线图用于显示数据在一个连续的时间间隔或者时间跨度上的变化，它的特点是

反映事物随时间或有序类别而变化的趋势。面积图是在折线图的基础之上形成的，它将折线图中折线与自变量坐标轴之间的区域使用颜色填充，颜色的填充可以更好地突出趋势信息。

③ 雷达图。如图 9-19 所示，雷达图用于比较多个量化变量，比如看看哪些变量具有相似的值，或者是否存在极端值。雷达图也有助于观察数据集内哪些变量的值比较高或者低。

④ 饼图、圆环图。如图 9-20 所示，饼图、圆环图通常用于表示不同分类的占比情况，通过弧度大小显示各项的大小与各项总和的比例。饼图可通过设置其内径大小转变为圆环图。

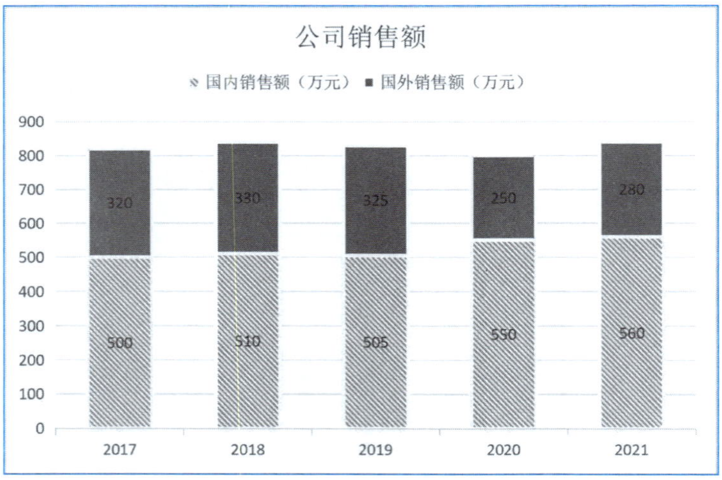

图 9-18　堆积柱形图

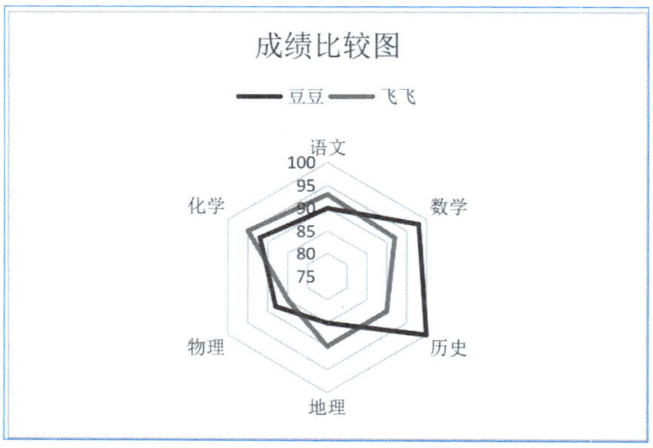

图 9-19　雷达图

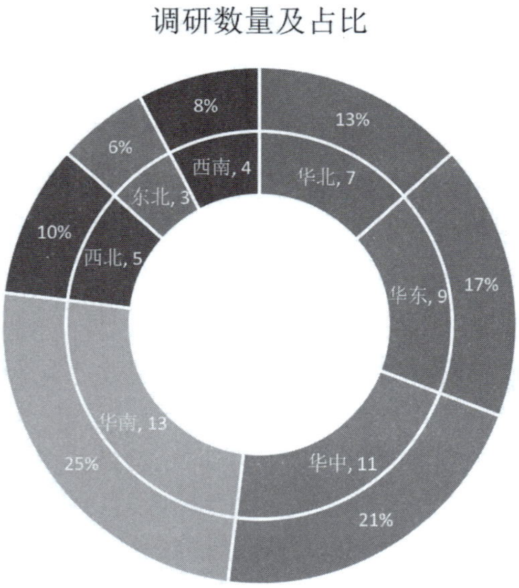

图 9-20　圆环图

⑤ 散点图、气泡图。散点图将两个变量以点的形式展现在直角坐标系上，点的位置由变量的数值决定，通过观察数据点的分布情况，可以推断出变量间的相关性。气泡图是一种多变量图表，是散点图的变体。

散点图不仅可以显示趋势，还能显示集群的形状，以及在数据云团中各数据点的关系——这在大数据应用中是极为重要的。如图 9-21 所示，使用散点图来显示统计时间与股票和基金的投资关系，可以直观地看出投资时间越长，股票和基金的回报率也越大。

3. 探究数据

探究数据，就是以预测分析的思路可以为各类企业、政府等机构提供确定未来结果的信息，帮助各类机构权衡不同决策方向的效果，并提前采取预防措施。

① 通过预测分析的方法，可以让企业在制定决策前，不断优化决策，并解决业务问题，实现更科学的

客户管理、商品销售和渠道控制，使企业未来的盈利最大化。

② 通过数据预测来管控未来绩效是降低企业风险的一大措施。绩效管理对业务部门、财务部门和市场部门尤为重要。企业的这些相关部门应当具有前瞻性，使用数据预测的方法调整传统的业务模式，满足客户和投资者的需求。

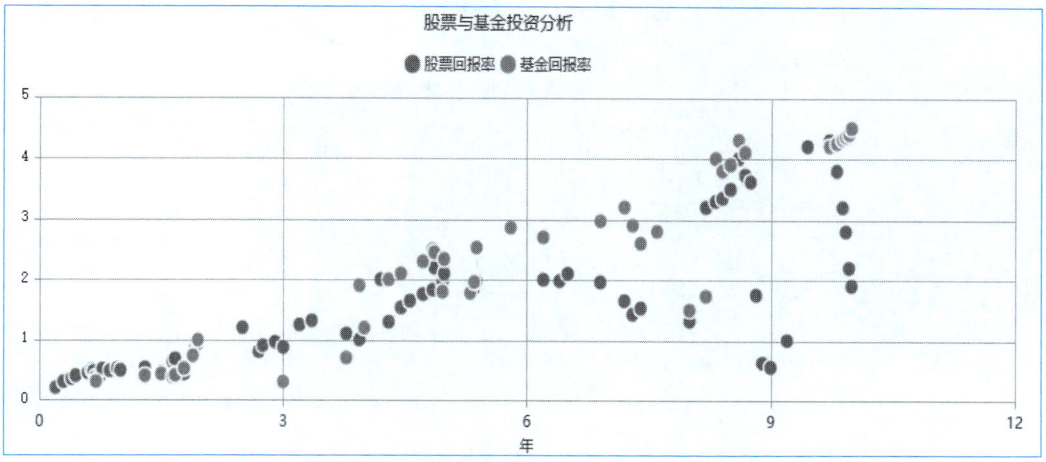

图 9-21 散点图

③ 可以通过预测分析控制成本，这在制造业中被广泛应用。长久以来，制造业面临着生产过程中的材料成本、机器成本和人工成本的控制难题。如今，许多制造企业的生产管理人员、工程师和质检员都开始学习数据预测分析，并在设备维护、人员控制和材料成本的控制上取得了极大的进步。

④ 对政府机构来说，维护城市公共安全，保障执法人员的安全是重要的任务。各城市通过增加监控设施、将罪犯信息输入计算机统一管理等手段，积累了大量与犯罪相关的数据，不仅有助于了解过去发生了什么犯罪事实，还能帮助预测未来可能出现什么犯罪现象。其原理是，综合分析历史犯罪事实的档案数据、罪犯个人信息、地理位置、天气、日期等信息，从而确定哪些地区是犯罪高发区、哪类情况最可能触发犯罪，以达到实现犯罪预测的目的。

习　题

1. 公司为节省行政成本，希望降低差旅费用，现请你用逻辑树分析法，提出分析降低差旅费用的办法。

2. 你所在的公司在新闻资讯、社交媒体、搜索引擎、视频等四个信息流渠道做了一波推广，请你用多维度拆解分析法来分析推广应用效果。

3. 9 月公司的整体业绩下滑了 18%，请用对比分析法分析：润肤类产品的销售量是否下滑？如果下滑，具体下滑到了什么程度？

第 10 章

数据思维应用——校园消费分析

10.1 项目分析

数据分析的目的是通过图表和数学方式，对数据进行整理归纳，挖掘出数据的内在规律并提取出有用的价值，以帮助人们在决策时做出更加客观理性的选择。

李丽希望通过数据分析厘清如下几个方面的问题 ：

① 学生校园消费是否存在周期性规律？

② 学生在校内哪些餐厅消费最多？学生三餐消费是否存在一定消费行为规律？

③ 不同专业不同性别的学生消费行为是否存在差异？

10.2 数据获取

10.2.1 数据搜集

数据是数据分析的基础。当分析的主体对象无法直接提供数据时，需要通过“手动”或“自动”两种方式从网上搜索寻找可用于分析的数据。

1. 手动搜集

为了保证数据的可靠性和真实性，手动搜索数据时建议选择经由官方、商业公司或者非营利结构等正规机构所发布的数据。如图 10-1 所示，可以从国家统计局的国家数据官网手动获取我国各类统计的月度数据、季度数据、年度数据、普查数据等。如果官方数据集无法提供所需数据时，可考虑从其他正规机构获取数据。如图 10-2 所示，从数据竞赛的站点阿里巴巴天池数据内也可搜索寻找与分析对象相关的数据集。

2. 自动搜集

当无法直接下载到数据集时，手动收集每一条数据会耗费大量时间和精力。借助爬虫程序等自动化手段从网站上自动爬取公开的数据集能够有效解决手动数据收集的问题。如图 10-3 所示，使用 Python 语言中的 requests、re 和 BeautifulSoup 库编写的爬虫程序示例能够从网站上自动爬取与分析对象相关的数据。

校园的学生消费数据属于校园内部数据，无法直接从网络中搜索获取。因此，李丽直接从学校六个餐厅、一家超市以及校园一卡通管理处获取到了 4 月的学生消费数据。如图 10-4 所示，学生消费数据按各餐厅分别存储在八个 CSV 文本文件中。

图 10-1　从官方网站搜索相关数据集

图 10-2　从正规机构搜索相关数据集

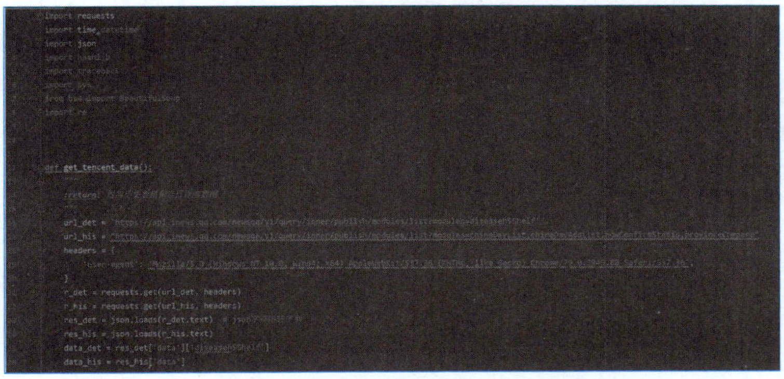

图 10-3　使用爬虫程序自动爬取数据

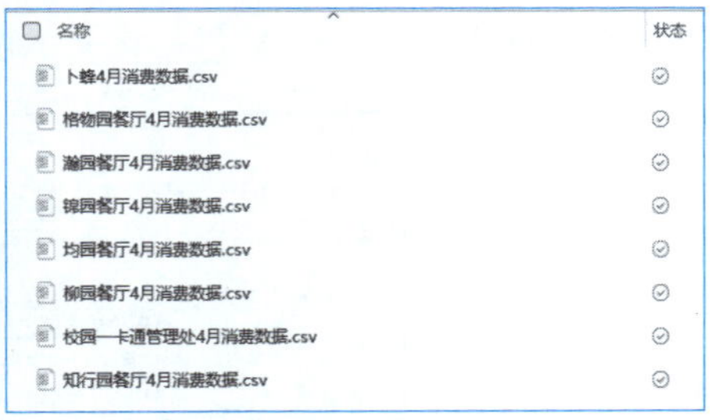

图 10-4　校园消费数据

10.2.2　数据导入

WPS 表格文稿支持用户导入多种外部文件或数据库，以获取用于分析的数据。

将以上文件中的内容导入 WPS 表格文稿工作簿是获取数据的第一步。为了便于统计与分析，可以将各个餐厅及超市的学生消费数据导入到一个工作簿中。具体操作如下：

① 新建一个 WPS 表格文稿工作簿，命名为“校园消费数据 .xlsx”并双击打开。

② 如图 10-5 所示，进入“校园消费数据”工作簿后，选中单元格地址 A1，在顶部导航栏中，单击“数据”选项卡中的“导入数据”下拉按钮，选择下拉列表中的“导入数据”功能。

图 10-5　导入数据

③ 如图 10-6 所示，单击“导入数据”命令后，出现警示对话框，提示“此操作连接到外部数据源”，可能执行有害操作。单击“确定”按钮，表示信任即将导入数据的来源。值得注意的是，当导入的外部文本文件或其他类型数据无法确保数据源安全时，应当单击“取消”按钮，放弃导入数据操作。

④ 如图 10-7 所示，WPS 表格文稿提供了“直接打开数据文件”、“ODBC DSN”以及“其他 / 高级”三种数据源选择选项。其中第一个选项支持导入 Access 数据库、Excel 文件，WPS 表格文件、文本文件等多种数据库文件，后两个选项支持 ODBC 数据源的连接。鉴于各餐厅的消费数据以 CSV 文本文件保存，此步骤通过“直接打开数据文件”选择数据源。

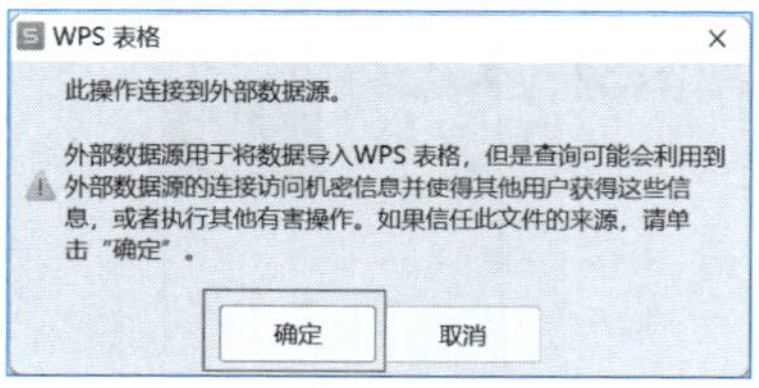

图 10-6　导入数据安全提示

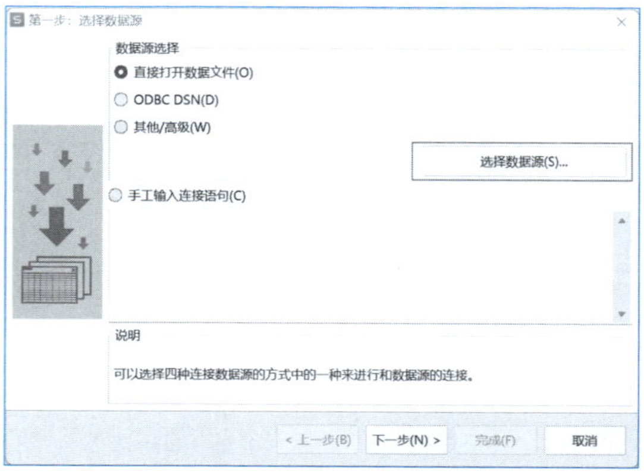

图 10-7　选择数据源

⑤ 如图 10-8 所示，通过左侧的文件导航栏，选中各餐厅消费数据文件所在的文件夹。根据默认排序，选择“卜蜂超市 4 月消费数据 .csv”作为第一个导入的消费数据。同时，单击“支持的数据库文件”选项查看到 WPS 支持导入多种数据库、文本、以及表格数据文件，但无法直接导入 DOC、DOCX 等文本文件。如需导入此类文本文件，需要先将文本内容保存为 TXT 或其他支持的文件格式后再导入。

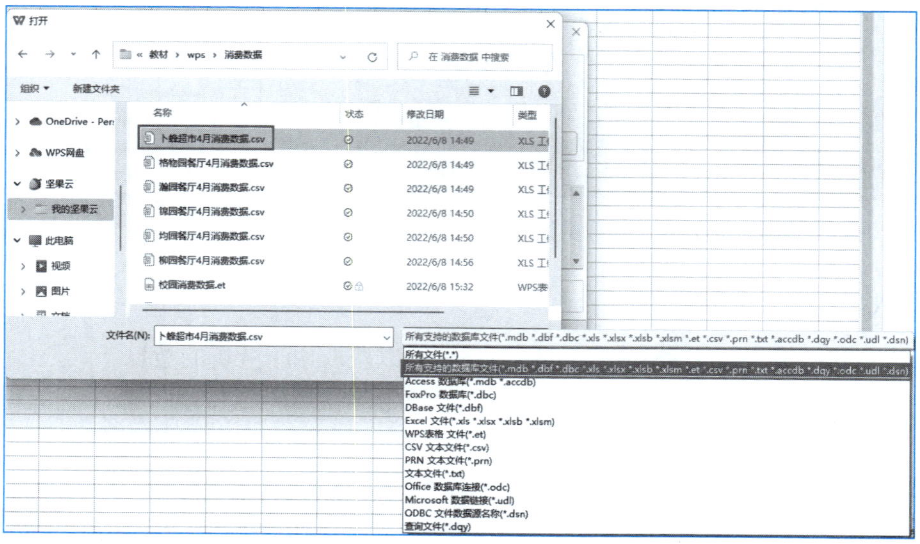

图 10-8　选择导入的文本文件

⑥ 如图 10-9 所示，导入“卜蜂超市 4 月消费记录 .csv”需要先进行文件转换，以获取该文件内的数据并填充到对应的表格单元中。在文件转换过程中，可以选择合适的编码类型，并预览数据源文档内容导入后的效果。默认文件转换编码类型为“其他编码”中的 GBK，该编码是专门为解决汉字的编码而生成的解决方案。

⑦ 如图 10-10 所示，WPS 判定导入的文本数据中有分隔符，默认推荐使用“分隔符号”对原始数据进行分隔，并从文件的第 1 行开始导入。

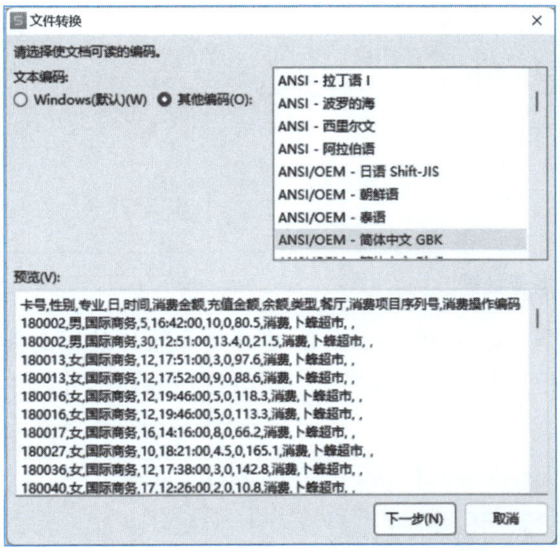

图 10-9　文件转换提示

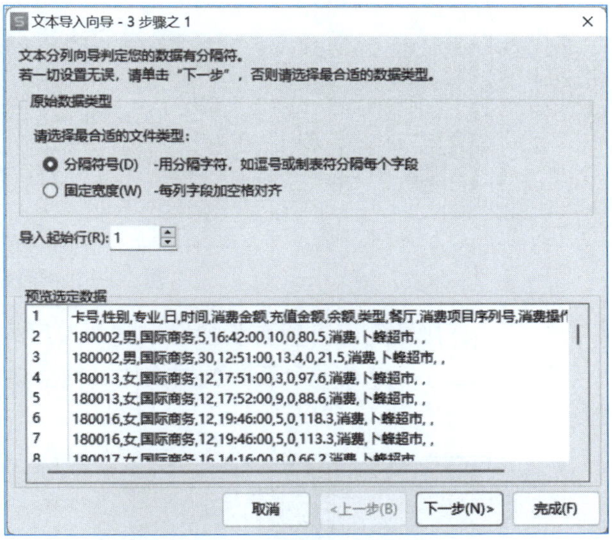

图 10-10　文本文件导入

⑧ 各校园消费数据文件的格式为 CSV（Comma-Separated Values），即“逗号分隔值”文本文件。因此，如图 10-11 所示，在导入该“卜蜂超市 4 月消费数据 .csv”时，勾选“逗号”复选框作为分隔符号。通过预览可以看到导入的数据的各列按照“卡号”、“性别”和“专业”等特征进行划分。在导入其他数据时，可根据具体情况选择合适的分隔符号（如空格、分号等）。

⑨ 如图 10-12 所示，将导入文件中的内容按照指定的逗号分隔符分隔后，还需确定各列的数据类型。默认数据类型为“常规”，即将数值转换成数字，日期值转换为日期，其余数据转换为文本。

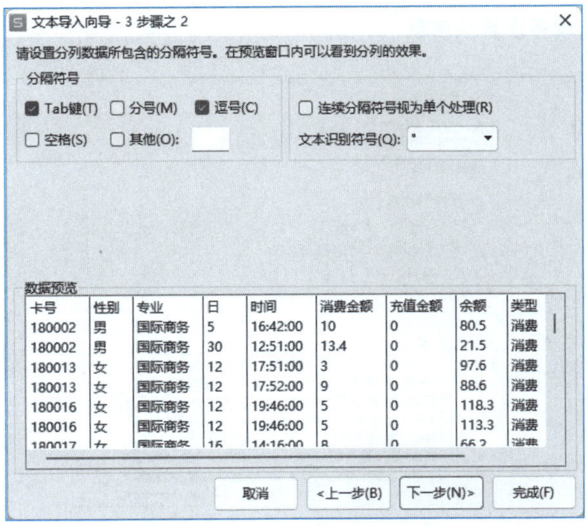

图 10-11　设置分隔符号

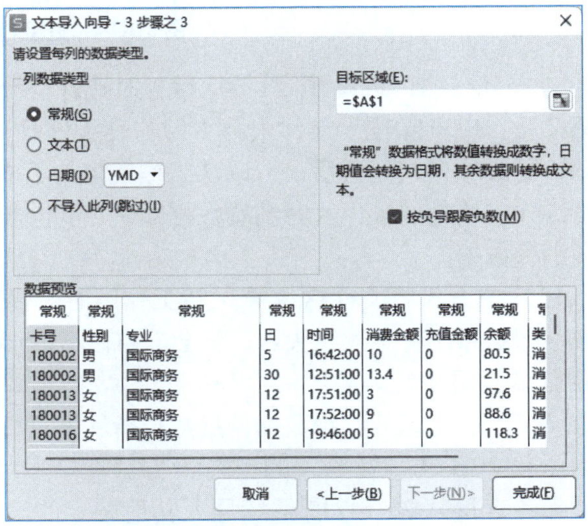

图 10-12　设置各列数据类型

⑩ 如图 10-13 所示，完成以上步骤后，顺利导入了“卜蜂超市 4 月消费数据 .csv”校园消费数据文件内的 6340 行文本信息，除了首行表头外，其余为卜蜂超市 4 月每日的消费数据。使用以下两种方式，可以从单元格地址 A6341 开始，导入剩余餐厅的消费数据。

	A	B	C	D	E	F	G	H	I	J
6323	184287	男	汽车电子技术	5	12:39:00	2	0	71.7	消费	卜蜂超市
6324	184290	女	汽车电子技术	29	14:10:00	1	0	30.1	消费	卜蜂超市
6325	184295	男	计算机应用技术	16	12:07:00	8	0	56.4	消费	卜蜂超市
6326	184297	男	计算机应用技术	12	14:19:00	2	0	179.4	消费	卜蜂超市
6327	184302	男	计算机应用技术	25	19:44:00	1.5	0	89.6	消费	卜蜂超市
6328	184302	男	计算机应用技术	20	20:01:00	3	0	14.9	消费	卜蜂超市
6329	184302	男	计算机应用技术	8	19:57:00	3	0	39.2	消费	卜蜂超市
6330	184302	男	计算机应用技术	13	9:14:00	9.5	0	71.5	消费	卜蜂超市
6331	184312	女	计算机应用技术	17	14:06:00	6	0	34.8	消费	卜蜂超市
6332	184314	男	云计算技术应用	16	16:57:00	4.5	0	35.7	消费	卜蜂超市
6333	184315	男	云计算技术应用	24	16:42:00	4	0	74.4	消费	卜蜂超市
6334	184315	男	云计算技术应用	10	15:13:00	11	0	117.7	消费	卜蜂超市
6335	184317	男	云计算技术应用	2	22:58:00	2	0	31.4	消费	卜蜂超市
6336	184318	男	云计算技术应用	24	21:14:00	6.5	0	44.4	消费	卜蜂超市
6337	184318	男	云计算技术应用	19	13:12:00	1	0	106.7	消费	卜蜂超市
6338	184319	女	云计算技术应用	7	16:19:00	4	0	35	消费	卜蜂超市
6339	184320	女	云计算技术应用	12	16:52:00	3	0	150.8	消费	卜蜂超市
6340	184332	男	工业机器人技术	4	13:21:00	7	0	189.4	消费	卜蜂超市
6341										
6342										

图 10-13　导入其他餐厅消费数据

方式一：直接重复以上所有步骤导入其他餐厅的消费数据。如图 10-14 所示，由于每个餐厅数据文件都包含有表头信息，每导入一个新的数据文件，便会多出一行表头。多余的表头信息可以在后续数据处理中进行删除。

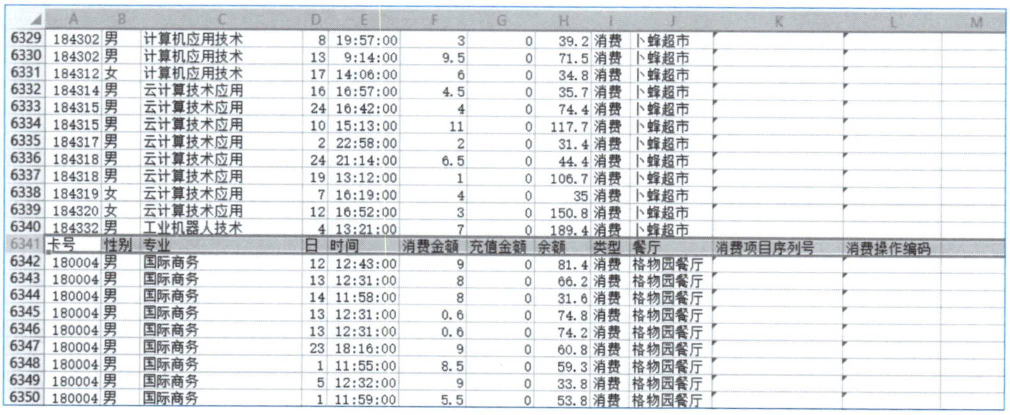

	A	B	C	D	E	F	G	H	I	J	K	L
6329	184302	男	计算机应用技术	8	19:57:00	3	0	39.2	消费	卜蜂超市		
6330	184302	男	计算机应用技术	13	9:14:00	9.5	0	71.5	消费	卜蜂超市		
6331	184312	女	计算机应用技术	17	14:06:00	6	0	34.8	消费	卜蜂超市		
6332	184314	男	云计算技术应用	16	16:57:00	4.5	0	35.7	消费	卜蜂超市		
6333	184315	男	云计算技术应用	24	16:42:00	4	0	74.4	消费	卜蜂超市		
6334	184315	男	云计算技术应用	10	15:13:00	11	0	117.7	消费	卜蜂超市		
6335	184317	男	云计算技术应用	2	22:58:00	2	0	31.4	消费	卜蜂超市		
6336	184318	男	云计算技术应用	24	21:14:00	6.5	0	44.4	消费	卜蜂超市		
6337	184318	男	云计算技术应用	19	13:12:00	1	0	106.7	消费	卜蜂超市		
6338	184319	女	云计算技术应用	7	16:19:00	4	0	35	消费	卜蜂超市		
6339	184320	女	云计算技术应用	12	16:52:00	3	0	150.8	消费	卜蜂超市		
6340	184332	男	工业机器人技术	4	13:21:00	7	0	189.4	消费	卜蜂超市		
6341	卡号	性别	专业	日	时间	消费金额	充值金额	余额	类型	餐厅	消费项目序列号	消费操作编码
6342	180004	男	国际商务	12	12:43:00	9	0	81.4	消费	格物园餐厅		
6343	180004	男	国际商务	13	12:31:00	8	0	66.2	消费	格物园餐厅		
6344	180004	男	国际商务	14	11:58:00	8	0	31.6	消费	格物园餐厅		
6345	180004	男	国际商务	13	12:31:00	0.6	0	74.8	消费	格物园餐厅		
6346	180004	男	国际商务	13	12:31:00	0.6	0	74.2	消费	格物园餐厅		
6347	180004	男	国际商务	23	18:16:00	9	0	60.8	消费	格物园餐厅		
6348	180004	男	国际商务	1	11:55:00	8.5	0	59.3	消费	格物园餐厅		
6349	180004	男	国际商务	5	12:32:00	9	0	33.8	消费	格物园餐厅		
6350	180004	男	国际商务	1	11:59:00	5.5	0	53.8	消费	格物园餐厅		

图 10-14　直接导入数据出现多余表头信息

方式二：如图 10-15 所示，导入数据时选择“导入起始行”为第 2 行，以剔除位于文件中第 1 行的表头信息。如图 10-16 所示，更改导入起始行后，可以从工作表中的第 6 341 行直接继续导入“格物园餐厅 4 月消费数据 .csv”不包含表头信息的校园消费数据。

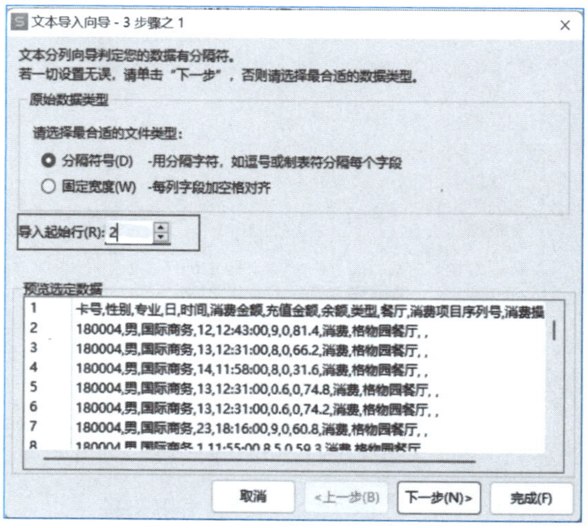

图 10-15　设定数据导入起始行为第 2 行

但是该方式将文件内容导入新工作表时，仍会占用原有行数，即虽然没有导入表头行，但会以空白行的形式在工作表的最后多占用一行。如图 10-17 所示，“格物园餐厅 4 月消费数据 .csv”原有 22 807 行数据，虽然选择从第 2 行开始导入，但由于第 29 147 行被导入的空白行占据，“导入数据”为灰色，无法直接从 29 147 行继续导入其他餐厅的消费数据。如图 10-18 所示，右击通过快捷菜单删除导入数据最后的空白行后，可继续在此导入其他数据。

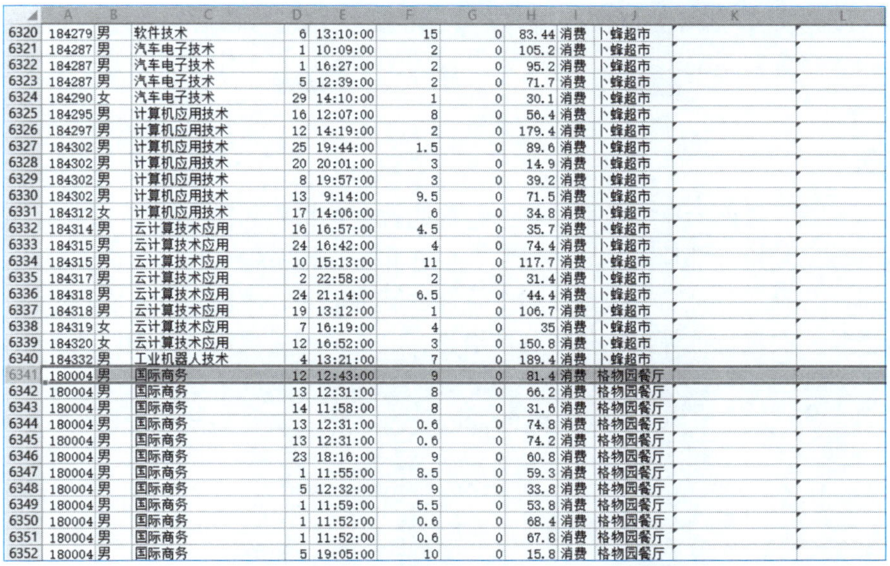

	A	B	C	D	E	F	G	H	I	J
6320	184279	男	软件技术	6	13:10:00	15	0	83.44	消费	卜蜂超市
6321	184287	男	汽车电子技术	1	10:09:00	2	0	105.2	消费	卜蜂超市
6322	184287	男	汽车电子技术	1	16:27:00	2	0	95.2	消费	卜蜂超市
6323	184287	男	汽车电子技术	5	12:39:00	2	0	71.7	消费	卜蜂超市
6324	184290	女	汽车电子技术	29	14:10:00	1	0	30.1	消费	卜蜂超市
6325	184295	男	计算机应用技术	16	12:07:00	8	0	56.4	消费	卜蜂超市
6326	184297	男	计算机应用技术	12	14:19:00	2	0	179.4	消费	卜蜂超市
6327	184302	男	计算机应用技术	25	19:44:00	1.5	0	89.6	消费	卜蜂超市
6328	184302	男	计算机应用技术	20	20:01:00	3	0	14.9	消费	卜蜂超市
6329	184302	男	计算机应用技术	8	19:57:00	3	0	39.2	消费	卜蜂超市
6330	184302	男	计算机应用技术	13	9:14:00	9.5	0	71.5	消费	卜蜂超市
6331	184312	女	计算机应用技术	17	14:06:00	6	0	34.8	消费	卜蜂超市
6332	184314	男	云计算技术应用	16	16:57:00	4.5	0	35.7	消费	卜蜂超市
6333	184315	男	云计算技术应用	24	16:42:00	4	0	74.4	消费	卜蜂超市
6334	184315	男	云计算技术应用	10	15:13:00	11	0	117.7	消费	卜蜂超市
6335	184317	男	云计算技术应用	2	22:58:00	2	0	31.4	消费	卜蜂超市
6336	184318	男	云计算技术应用	24	21:14:00	6.5	0	44.4	消费	卜蜂超市
6337	184318	男	云计算技术应用	19	13:12:00	1	0	106.7	消费	卜蜂超市
6338	184319	女	云计算技术应用	7	16:19:00	4	0	35	消费	卜蜂超市
6339	184320	女	云计算技术应用	12	16:52:00	3	0	150.8	消费	卜蜂超市
6340	184332	男	工业机器人技术	4	13:21:00	7	0	189.4	消费	卜蜂超市
6341	180004	男	国际商务	12	12:43:00	9	0	81.4	消费	格物园餐厅
6342	180004	男	国际商务	13	12:31:00	8	0	66.2	消费	格物园餐厅
6343	180004	男	国际商务	14	11:58:00	8	0	31.6	消费	格物园餐厅
6344	180004	男	国际商务	13	12:31:00	0.6	0	74.8	消费	格物园餐厅
6345	180004	男	国际商务	13	12:31:00	0.6	0	74.2	消费	格物园餐厅
6346	180004	男	国际商务	23	18:16:00	9	0	60.8	消费	格物园餐厅
6347	180004	男	国际商务	1	11:55:00	8.5	0	59.3	消费	格物园餐厅
6348	180004	男	国际商务	5	12:32:00	9	0	33.8	消费	格物园餐厅
6349	180004	男	国际商务	1	11:59:00	5.5	0	53.8	消费	格物园餐厅
6350	180004	男	国际商务	1	11:52:00	0.6	0	68.4	消费	格物园餐厅
6351	180004	男	国际商务	1	11:52:00	0.6	0	67.8	消费	格物园餐厅
6352	180004	男	国际商务	5	19:05:00	10	0	15.8	消费	格物园餐厅

图 10-16　导入不包含表头信息的消费数据

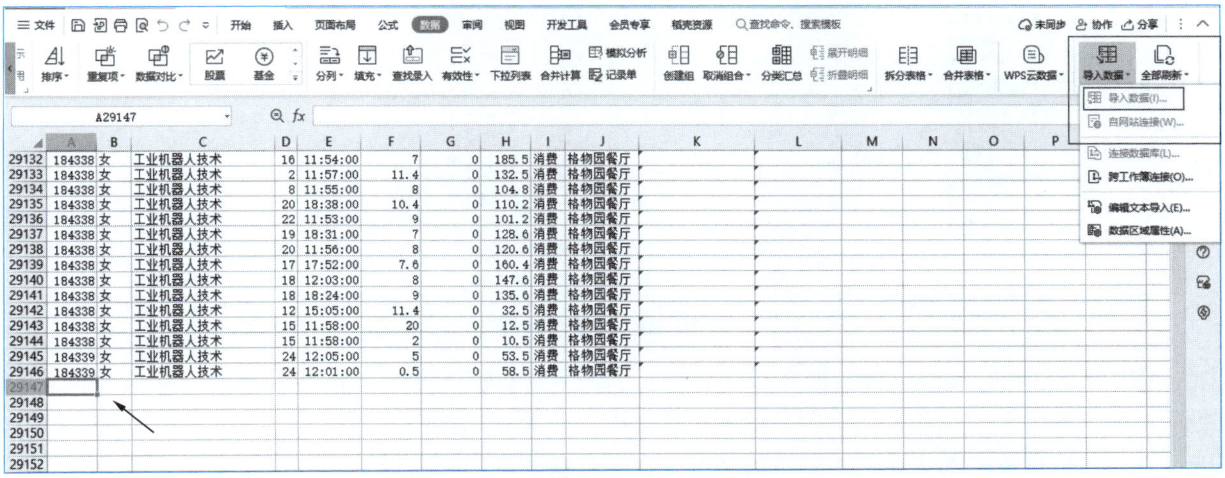

	A	B	C	D	E	F	G	H	I	J
29132	184338	女	工业机器人技术	16	11:54:00	7	0	185.5	消费	格物园餐厅
29133	184338	女	工业机器人技术	2	11:57:00	11.4	0	132.5	消费	格物园餐厅
29134	184338	女	工业机器人技术	8	11:55:00	8	0	104.8	消费	格物园餐厅
29135	184338	女	工业机器人技术	20	18:38:00	10.4	0	110.2	消费	格物园餐厅
29136	184338	女	工业机器人技术	22	11:53:00	9	0	101.2	消费	格物园餐厅
29137	184338	女	工业机器人技术	19	18:31:00	7	0	128.6	消费	格物园餐厅
29138	184338	女	工业机器人技术	20	11:56:00	8	0	120.6	消费	格物园餐厅
29139	184338	女	工业机器人技术	17	17:52:00	7.6	0	160.4	消费	格物园餐厅
29140	184338	女	工业机器人技术	18	12:03:00	8	0	147.6	消费	格物园餐厅
29141	184338	女	工业机器人技术	18	18:24:00	9	0	135.6	消费	格物园餐厅
29142	184338	女	工业机器人技术	12	15:05:00	11.4	0	32.5	消费	格物园餐厅
29143	184338	女	工业机器人技术	15	11:58:00	20	0	12.5	消费	格物园餐厅
29144	184338	女	工业机器人技术	15	11:58:00	2	0	10.5	消费	格物园餐厅
29145	184339	女	工业机器人技术	24	12:05:00	5	0	53.5	消费	格物园餐厅
29146	184339	女	工业机器人技术	24	12:01:00	0.5	0	58.5	消费	格物园餐厅
29147										
29148										
29149										
29150										
29151										
29152										

图 10-17　无法继续导入数据

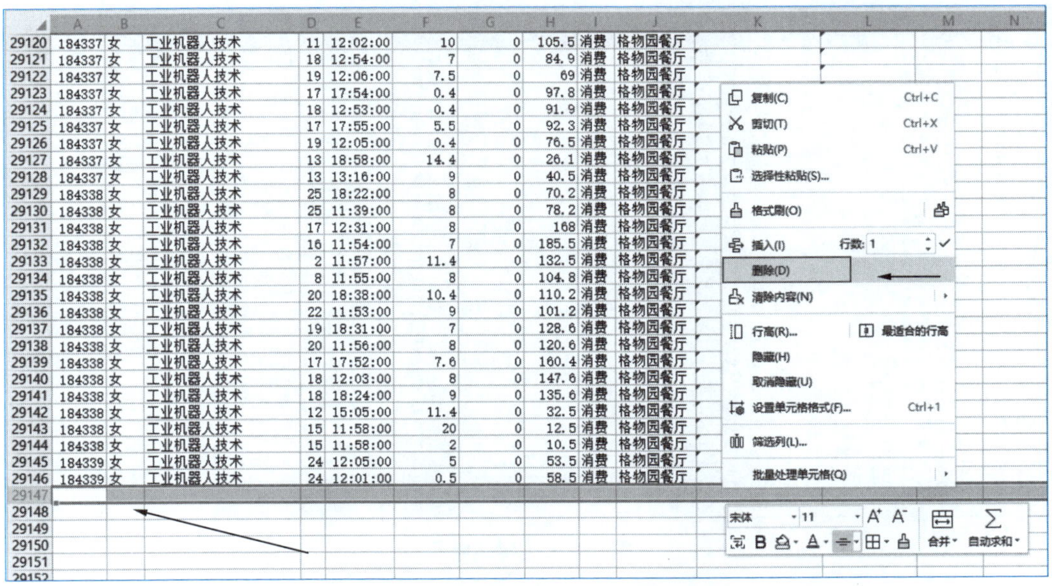

	A	B	C	D	E	F	G	H	I	J
29120	184337	女	工业机器人技术	11	12:02:00	10	0	105.5	消费	格物园餐厅
29121	184337	女	工业机器人技术	18	12:54:00	7	0	84.9	消费	格物园餐厅
29122	184337	女	工业机器人技术	19	12:06:00	7.5	0	69	消费	格物园餐厅
29123	184337	女	工业机器人技术	17	17:54:00	0.4	0	97.8	消费	格物园餐厅
29124	184337	女	工业机器人技术	18	12:53:00	0.4	0	91.9	消费	格物园餐厅
29125	184337	女	工业机器人技术	17	17:55:00	5.5	0	92.3	消费	格物园餐厅
29126	184337	女	工业机器人技术	19	12:05:00	0.4	0	76.5	消费	格物园餐厅
29127	184337	女	工业机器人技术	13	18:58:00	14.4	0	26.1	消费	格物园餐厅
29128	184337	女	工业机器人技术	13	13:16:00	9	0	40.5	消费	格物园餐厅
29129	184338	女	工业机器人技术	25	18:22:00	8	0	70.2	消费	格物园餐厅
29130	184338	女	工业机器人技术	25	11:39:00	8	0	78.2	消费	格物园餐厅
29131	184338	女	工业机器人技术	17	12:31:00	8	0	168	消费	格物园餐厅
29132	184338	女	工业机器人技术	16	11:54:00	7	0	185.5	消费	格物园餐厅
29133	184338	女	工业机器人技术	2	11:57:00	11.4	0	132.5	消费	格物园餐厅
29134	184338	女	工业机器人技术	8	11:55:00	8	0	104.8	消费	格物园餐厅
29135	184338	女	工业机器人技术	20	18:38:00	10.4	0	110.2	消费	格物园餐厅
29136	184338	女	工业机器人技术	22	11:53:00	9	0	101.2	消费	格物园餐厅
29137	184338	女	工业机器人技术	19	18:31:00	7	0	128.6	消费	格物园餐厅
29138	184338	女	工业机器人技术	20	11:56:00	8	0	120.6	消费	格物园餐厅
29139	184338	女	工业机器人技术	17	17:52:00	7.6	0	160.4	消费	格物园餐厅
29140	184338	女	工业机器人技术	18	12:03:00	8	0	147.6	消费	格物园餐厅
29141	184338	女	工业机器人技术	18	18:24:00	9	0	135.6	消费	格物园餐厅
29142	184338	女	工业机器人技术	12	15:05:00	11.4	0	32.5	消费	格物园餐厅
29143	184338	女	工业机器人技术	15	11:58:00	20	0	12.5	消费	格物园餐厅
29144	184338	女	工业机器人技术	15	11:58:00	2	0	10.5	消费	格物园餐厅
29145	184339	女	工业机器人技术	24	12:05:00	5	0	53.5	消费	格物园餐厅
29146	184339	女	工业机器人技术	24	12:01:00	0.5	0	58.5	消费	格物园餐厅
29147										
29148										
29149										
29150										
29151										
29152										

图 10-18　删除数据最后的空白行

对比两种方式可以发现，前者更加便捷高效，多余的表头信息可在后续处理中删除。因此，默认重复执行第一种操作方式，将各餐厅消费数据全部导入“校园消费数据”工作簿。至此，完成校园内全部餐厅消费数据的导入工作。

10.2.3 数据筛选

如图 10-19 所示，对于导入的原始数据，每一行称为数据，每一列称为特征。值得注意的是，在分析数据时，并不是所有的数据和特征都具备相同的权重，也并非特征越多越有利于分析。因此，从数据分析的实际问题出发，通过排序与筛选，可以从原始数据中筛选关键特征并有序排列。完成数据筛选后，可以得到数据数量、关键特征数量、关键特征等数据基本画像信息，以便后续对数据进行预处理和分析。

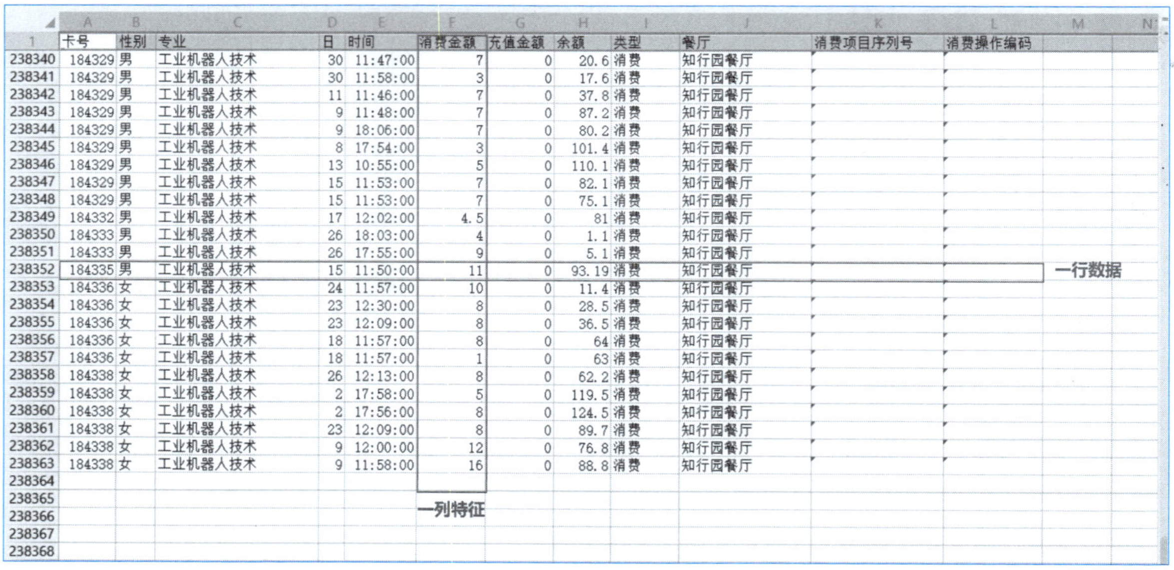

1	卡号	性别	专业	日	时间	消费金额	充值金额	余额	类型	餐厅	消费项目序列号	消费操作编码
238340	184329	男	工业机器人技术	30	11:47:00	7	0	20.6	消费	知行园餐厅		
238341	184329	男	工业机器人技术	30	11:58:00	3	0	17.6	消费	知行园餐厅		
238342	184329	男	工业机器人技术	11	11:46:00	7	0	37.8	消费	知行园餐厅		
238343	184329	男	工业机器人技术	9	11:48:00	7	0	87.2	消费	知行园餐厅		
238344	184329	男	工业机器人技术	9	18:06:00	7	0	80.2	消费	知行园餐厅		
238345	184329	男	工业机器人技术	8	17:54:00	3	0	101.4	消费	知行园餐厅		
238346	184329	男	工业机器人技术	13	10:55:00	5	0	110.1	消费	知行园餐厅		
238347	184329	男	工业机器人技术	15	11:53:00	7	0	82.1	消费	知行园餐厅		
238348	184329	男	工业机器人技术	15	11:53:00	7	0	75.1	消费	知行园餐厅		
238349	184332	男	工业机器人技术	17	12:02:00	4.5	0	81	消费	知行园餐厅		
238350	184333	男	工业机器人技术	26	18:03:00	4	0	1.1	消费	知行园餐厅		
238351	184333	男	工业机器人技术	26	17:55:00	9	0	5.1	消费	知行园餐厅		
238352	184335	男	工业机器人技术	15	11:50:00	11	0	93.19	消费	知行园餐厅		
238353	184336	女	工业机器人技术	24	11:57:00	10	0	11.4	消费	知行园餐厅		
238354	184336	女	工业机器人技术	23	12:30:00	8	0	28.5	消费	知行园餐厅		
238355	184336	女	工业机器人技术	23	12:09:00	8	0	36.5	消费	知行园餐厅		
238356	184336	女	工业机器人技术	18	11:57:00	8	0	64	消费	知行园餐厅		
238357	184336	女	工业机器人技术	18	11:57:00	1	0	63	消费	知行园餐厅		
238358	184338	女	工业机器人技术	26	12:13:00	8	0	62.2	消费	知行园餐厅		
238359	184338	女	工业机器人技术	2	17:58:00	5	0	119.5	消费	知行园餐厅		
238360	184338	女	工业机器人技术	2	17:56:00	8	0	124.5	消费	知行园餐厅		
238361	184338	女	工业机器人技术	23	12:09:00	8	0	89.7	消费	知行园餐厅		
238362	184338	女	工业机器人技术	9	12:00:00	12	0	76.8	消费	知行园餐厅		
238363	184338	女	工业机器人技术	9	11:58:00	16	0	88.8	消费	知行园餐厅		
238364												
238365												
238366												
238367												
238368												

图 10-19　数据与特征

① 如图 10-20 所示，校园消费数据具有“卡号”“性别”“专业”等 12 个特征。通过数据筛选可以发现，“消费项目序列号”和“消费操作编码”这两个特征中具有大量的空白值，即大部分数据在收集时并没有获得这些特征的对应数值。对于这一类稀疏的特征，在不具备明确预测数据值的方法时，可直接删除，不用于数据分析。

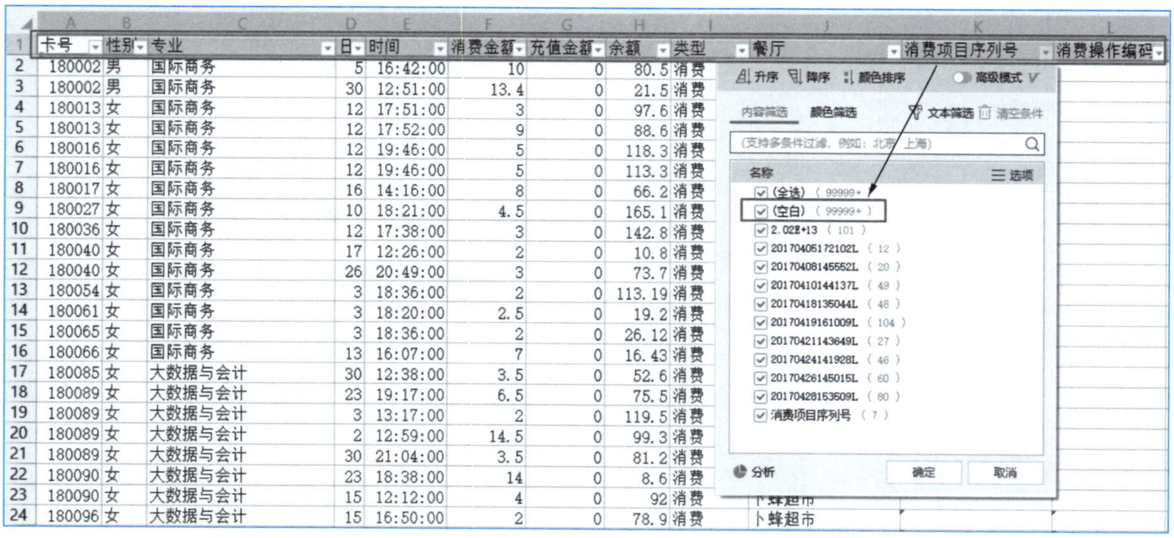

1	卡号	性别	专业	日	时间	消费金额	充值金额	余额	类型
2	180002	男	国际商务	5	16:42:00	10	0	80.5	消费
3	180002	男	国际商务	30	12:51:00	13.4	0	21.5	消费
4	180013	女	国际商务	12	17:51:00	3	0	97.6	消费
5	180013	女	国际商务	12	17:52:00	9	0	88.6	消费
6	180016	女	国际商务	12	19:46:00	5	0	118.3	消费
7	180016	女	国际商务	12	19:46:00	5	0	113.3	消费
8	180017	女	国际商务	16	14:16:00	8	0	66.2	消费
9	180027	女	国际商务	10	18:21:00	4.5	0	165.1	消费
10	180036	女	国际商务	12	17:38:00	3	0	142.8	消费
11	180040	女	国际商务	17	12:26:00	2	0	10.8	消费
12	180040	女	国际商务	26	20:49:00	3	0	73.7	消费
13	180054	女	国际商务	3	18:36:00	2	0	113.19	消费
14	180061	女	国际商务	3	18:20:00	2.5	0	19.2	消费
15	180065	女	国际商务	3	18:36:00	2	0	26.12	消费
16	180066	女	国际商务	13	16:07:00	7	0	16.43	消费
17	180085	女	大数据与会计	30	12:38:00	3.5	0	52.6	消费
18	180089	女	大数据与会计	23	19:17:00	6.5	0	75.5	消费
19	180089	女	大数据与会计	3	13:17:00	2	0	119.5	消费
20	180089	女	大数据与会计	2	12:59:00	14.5	0	99.3	消费
21	180089	女	大数据与会计	30	21:04:00	3.5	0	81.2	消费
22	180090	女	大数据与会计	23	18:38:00	14	0	8.6	消费
23	180090	女	大数据与会计	15	12:12:00	4	0	92	消费
24	180096	女	大数据与会计	15	16:50:00	2	0	78.9	消费

图 10-20　稀疏特征

② 校园消费数据是按校内各个餐厅名称顺序导入，但学生消费具有时序性。因此，将校园消费数据按

日期进行升序排序，能够更好地展示校园消费情况的变化。如图 10-21 所示，将“日”特征调整至工作表中第一列，并单击“数据”选项卡中的“排序”下拉按钮，选择“升序”进行排序。

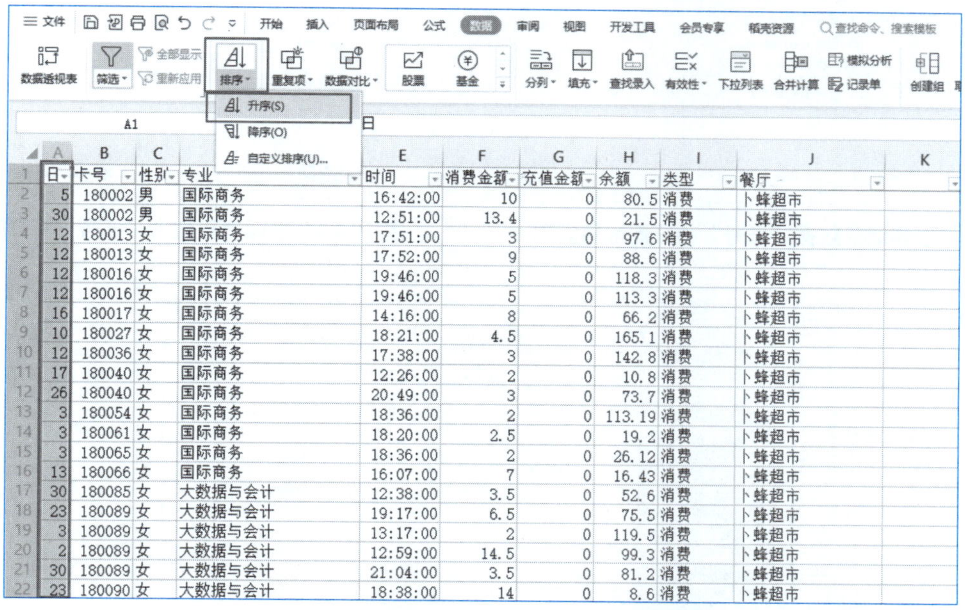

	日	卡号	性别	专业	时间	消费金额	充值金额	余额	类型	餐厅
2	5	180002	男	国际商务	16:42:00	10	0	80.5	消费	卜蜂超市
3	30	180002	男	国际商务	12:51:00	13.4	0	21.5	消费	卜蜂超市
4	12	180013	女	国际商务	17:51:00	3	0	97.6	消费	卜蜂超市
5	12	180013	女	国际商务	17:52:00	9	0	88.6	消费	卜蜂超市
6	12	180016	女	国际商务	19:46:00	5	0	118.3	消费	卜蜂超市
7	12	180016	女	国际商务	19:46:00	5	0	113.3	消费	卜蜂超市
8	16	180017	女	国际商务	14:16:00	8	0	66.2	消费	卜蜂超市
9	10	180027	女	国际商务	18:21:00	4.5	0	165.1	消费	卜蜂超市
10	12	180036	女	国际商务	17:38:00	3	0	142.8	消费	卜蜂超市
11	17	180040	女	国际商务	12:26:00	2	0	10.8	消费	卜蜂超市
12	26	180040	女	国际商务	20:49:00	3	0	73.7	消费	卜蜂超市
13	3	180054	女	国际商务	18:36:00	2	0	113.19	消费	卜蜂超市
14	3	180061	女	国际商务	18:20:00	2.5	0	19.2	消费	卜蜂超市
15	3	180065	女	国际商务	18:36:00	2	0	26.12	消费	卜蜂超市
16	13	180066	女	国际商务	16:07:00	7	0	16.43	消费	卜蜂超市
17	30	180085	女	大数据与会计	12:38:00	3.5	0	52.6	消费	卜蜂超市
18	23	180089	女	大数据与会计	19:17:00	6.5	0	75.5	消费	卜蜂超市
19	3	180089	女	大数据与会计	13:17:00	2	0	119.5	消费	卜蜂超市
20	2	180089	女	大数据与会计	12:59:00	14.5	0	99.3	消费	卜蜂超市
21	30	180089	女	大数据与会计	21:04:00	3.5	0	81.2	消费	卜蜂超市
22	23	180090	女	大数据与会计	18:38:00	14	0	8.6	消费	卜蜂超市

图 10-21 按“日”特征升序排序

③ 完成排序后，单击“视图”选项卡中的“冻结窗口”按钮，选择“冻结首行”功能将首行的特征信息冻结。如图 10-22 所示，拉至工作表底部可以看到校园消费数据共有 238 363 行，其中首行为表头信息，238 357 ～ 238 363 是直接导入各餐厅消费数据时多余的表头信息，可直接删除。

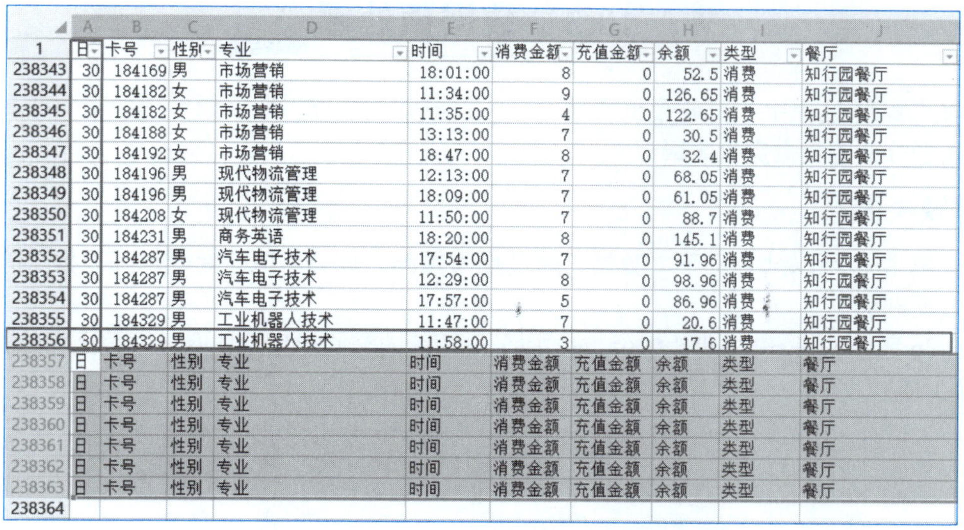

1	日	卡号	性别	专业	时间	消费金额	充值金额	余额	类型	餐厅
238343	30	184169	男	市场营销	18:01:00	8	0	52.5	消费	知行园餐厅
238344	30	184182	女	市场营销	11:34:00	9	0	126.65	消费	知行园餐厅
238345	30	184182	女	市场营销	11:35:00	4	0	122.65	消费	知行园餐厅
238346	30	184188	女	市场营销	13:13:00	7	0	30.5	消费	知行园餐厅
238347	30	184192	女	市场营销	18:47:00	8	0	32.4	消费	知行园餐厅
238348	30	184196	男	现代物流管理	12:13:00	7	0	68.05	消费	知行园餐厅
238349	30	184196	男	现代物流管理	18:09:00	7	0	61.05	消费	知行园餐厅
238350	30	184208	女	现代物流管理	11:50:00	7	0	88.7	消费	知行园餐厅
238351	30	184231	男	商务英语	18:20:00	8	0	145.1	消费	知行园餐厅
238352	30	184287	男	汽车电子技术	17:54:00	7	0	91.96	消费	知行园餐厅
238353	30	184287	男	汽车电子技术	12:29:00	8	0	98.96	消费	知行园餐厅
238354	30	184287	男	汽车电子技术	17:57:00	5	0	86.96	消费	知行园餐厅
238355	30	184329	男	工业机器人技术	11:47:00	7	0	20.6	消费	知行园餐厅
238356	30	184329	男	工业机器人技术	11:58:00	3	0	17.6	消费	知行园餐厅
238357	日	卡号	性别	专业	时间	消费金额	充值金额	余额	类型	餐厅
238358	日	卡号	性别	专业	时间	消费金额	充值金额	余额	类型	餐厅
238359	日	卡号	性别	专业	时间	消费金额	充值金额	余额	类型	餐厅
238360	日	卡号	性别	专业	时间	消费金额	充值金额	余额	类型	餐厅
238361	日	卡号	性别	专业	时间	消费金额	充值金额	余额	类型	餐厅
238362	日	卡号	性别	专业	时间	消费金额	充值金额	余额	类型	餐厅
238363	日	卡号	性别	专业	时间	消费金额	充值金额	余额	类型	餐厅
238364										

图 10-22 校园消费数据排序结果

④ 因为每一张卡号对应一位同学，所以可以通过删除卡号重复项获得学生数量信息。如图 10-23 所示，将所有“卡号”特征数据复制至一张新的工作表中，单击“数据”选项卡中的“重复项”下拉按钮，选择“删除重复项”。如图 10-24 所示，删除卡号重复项后，获得 3 228 条唯一项（其中一项为特征名），即该校园消费数据总共包含有 3 227 位同学在 4 月的校园消费数据。

⑤ 如图 10-25 所示，以相同方式可以得到校园消费数据来自 26 个专业。

⑥ 通过以上步骤，获得校园消费数据的基本画像：该校园消费数据共包含 238 355 条数据和 10 个特征；记录了学校中来自 26 个专业的 3 227 位同学在校内六个餐厅、一家超市以及校园一卡通管理处，从 4 月 1 日至 4 月 30 日的每日消费相关信息。

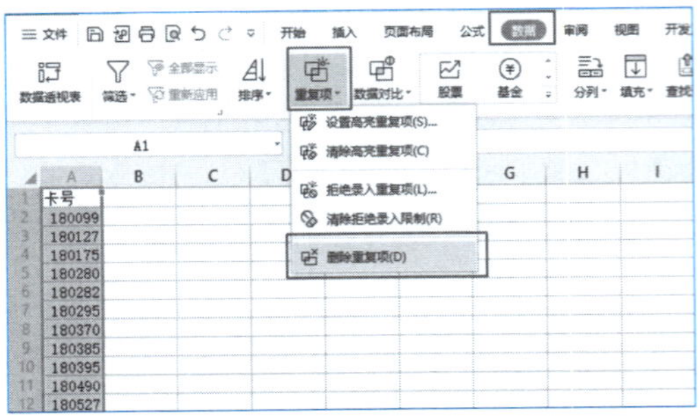

图 10-23　校园消费数据“卡号”特征删除重复项

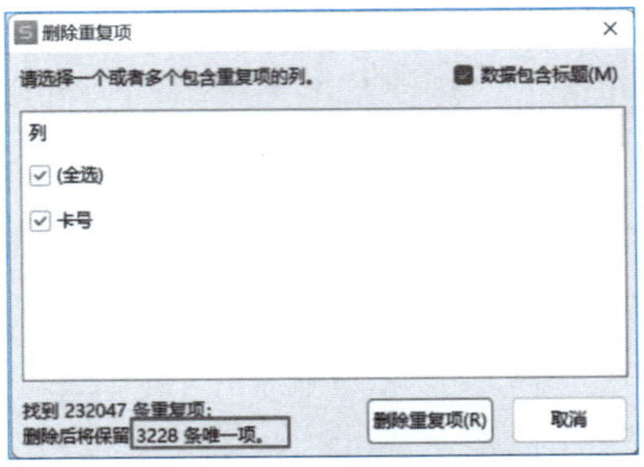

图 10-24　校园消费数据“卡号”特征唯一项数量

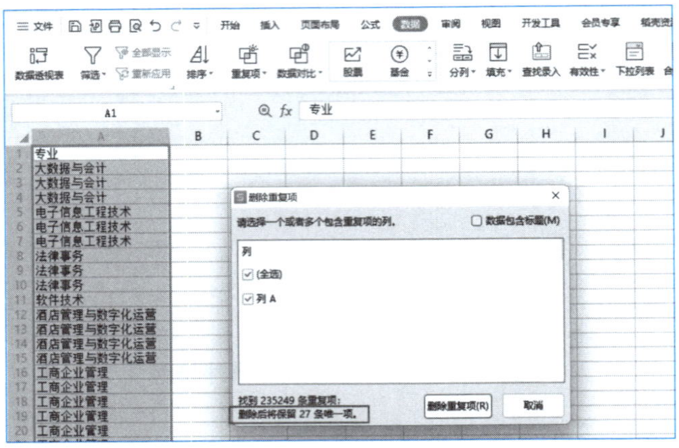

图 10-25　校园消费数据“专业”特征唯一项数量

10.3　数据预处理

数据在收集与统计过程中，可能会出现数据丢失、异常等情况。数据预处理便是对存在问题的数据进行处理，保证用于分析的数据完整无误。

10.3.1　处理缺失值

对于缺失的数据，可以结合上下文数据，通过推断预测、计算均值、寻找最临近值等方式进行填充，或者直接将该数据剔除。

① 如图 10-26 所示，在校园消费数据中，对“时间”特征内容筛选后发现有五条数据在该特征的值为“空白”，即存在缺失值。

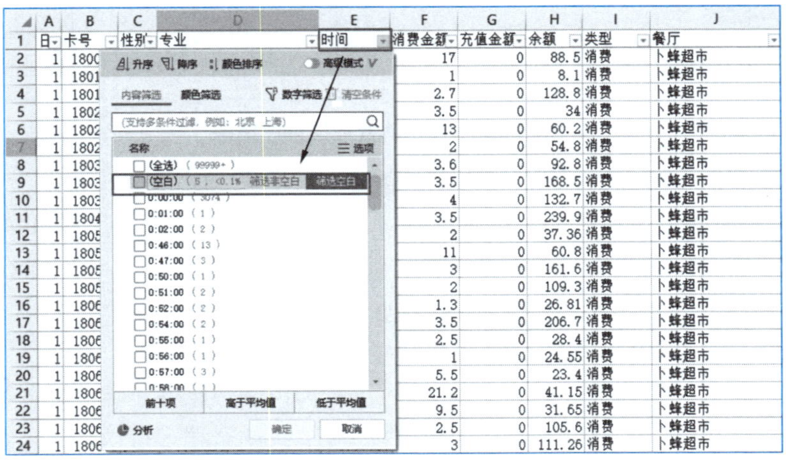

图 10-26　筛选缺失值

② 如图 10-27 所示，对于筛选出的五条“时间”为空的数据，结合卡号、消费金额、充值金额、余额等特征，发现这些数据来自两位同学，且消费金额、余额等均未发生任何变化，推测出现缺失值的原因是这两位同学的刷卡信息出现的无效数据。这些数据存在与否并不会影响数据分析结果，可直接删除处理。

	A	B	C	D	E	F	G	H	I	J
1	日	卡号	性别	专业	时间	消费金额	充值金额	余额	类型	餐厅
123511	15	184335	男	工业机器人技术		0	0	93.19	消费	知行园餐厅
124789	16	184335	男	工业机器人技术		0	0	93.19	消费	格物园餐厅
137225	17	182654	女	商务英语		0	0	0	消费	瀚园餐厅
146855	18	184335	男	工业机器人技术		0	0	93.19	消费	格物园餐厅
146856	18	184335	男	工业机器人技术		0	0	93.19	消费	格物园餐厅
238357										

图 10-27 查看缺失值数据

③ 在校园消费数据中，“专业”和“消费金额”特征中也存在缺失值。如图 10-28 所示，通过筛选“专业”特征查看消费数据中专业特征的缺失值来自卡号为“180011”和“183106”的两位同学。

	A	B	C	D	E	F	G	H	I	J
1	日	卡号	性别	专业	时间	消费金额	充值金额	余额	类型	餐厅
1109	1	180011	女		7:38:00	1.2	0	49	消费	瀚园餐厅
170656	21	183106	男		17:49:00	8.5	0	92.2	消费	瀚园餐厅
238352										
238353										
238354										

图 10-28 查看专业缺失值情况

④ 如图 10-29 所示，通过卡号筛选发现卡号“183106”所对应的专业应为计算机应用技术。以相同方式填充卡号为“180011”的同学专业为国际商务。

	A	B	C	D	E	F	G	H	I	J
1	日	卡号	性别	专业	时间	消费金额	充值金额	余额	类型	餐厅
135527	17	183106	男	计算机应用技术	11:45:00	9	0	46.7	消费	格物园餐厅
137733	17	183106	男	计算机应用技术	7:25:00	2	0	56.3	消费	瀚园餐厅
137734	17	183106	男	计算机应用技术	7:26:00	0.6	0	55.7	消费	瀚园餐厅
138873	17	183106	男	计算机应用技术	22:06:00	3.5	0	34.2	消费	锦园餐厅
145383	17	183106	男	计算机应用技术	18:00:00	9	0	37.7	消费	知行园餐厅
148465	18	183106	男	计算机应用技术	9:08:00	2	0	32.2	消费	瀚园餐厅
148466	18	183106	男	计算机应用技术	9:08:00	1.5	0	30.7	消费	瀚园餐厅
149464	18	183106	男	计算机应用技术	20:25:00	8	0	22.7	消费	锦园餐厅
156014	19	183106	男	计算机应用技术	11:54:00	10	0	12.7	消费	格物园餐厅
157871	19	183106	男	计算机应用技术	17:53:00	8	0	4.7	消费	瀚园餐厅
157872	19	183106	男	计算机应用技术	17:56:00	1.5	0	3.2	消费	瀚园餐厅
165828	20	183106	男	计算机应用技术	9:17:00	2.5	0	0.7	消费	瀚园餐厅
170656	21	183106	男		17:49:00	8.5	0	92.2	消费	瀚园餐厅
173185	21	183106	男	计算机应用技术	12:02:00	0	100	100.7	存款	校园一卡通管理处
174903	22	183106	男	计算机应用技术	11:29:00	8	0	81.6	消费	格物园餐厅

图 10-29 查看专业缺失值情况

⑤ 完成填充后，“专业”特征中不再含有缺失值。但仍有四条数据缺失“消费金额”特征数据。如图 10-30 所示，筛选出该特征值为“空白”的数据后，发现这些数据所对应的“类型”均为存款，且对应的“餐厅”都是校园一卡通管理处。

	A	B	C	D	E	F	G	H	I	J
1	日	卡号	性别	专业	时间	消费金额	充值金额	余额	类型	餐厅
27973	3	180030	女	国际商务	12:05:00		80	83.6	存款	校园一卡通管理处
182821	22	180030	女	国际商务	11:38:00		80	98.3	存款	校园一卡通管理处
193748	23	182362	女	市场营销	17:29:00		80	80.3	存款	校园一卡通管理处
213596	25	184230	女	商务日语	11:54:00		100	103.4	存款	校园一卡通管理处
238352										
238353										

图 10-30 “消费金额”缺失值

⑥ 如图 10-31 所示，按“类型”特征重新筛选所有存款数据后，查找到出现缺失值，卡号为“180030”的数据。通过前后存款数据比对，推断缺失值产生的原因是校园一卡通在充值时遗漏了消费金额的默认填充。

⑦ 如图 10-32 所示，结合上下文数据，确定使用数值 0 对缺失的“消费”数据进行填充。以相同方式，处理图 10-30 中另外三条缺失值数据。

	A	B	C	D	E	F	G	H	I	J
1	日	卡号	性别	专业	时间	消费金额	充值金额	余额	类型	餐厅
17591	2	184339	女	工业机器人技术	16:56:00	0	100	119.5	存款	校园一卡通管理处
21985	3	182956	男	汽车电子技术	11:08:00	0	200	201.9	存款	瀚园餐厅
27967	3	180004	男	国际商务	11:50:00	0	200	207.8	存款	校园一卡通管理处
27968	3	180007	男	国际商务	17:57:00	0	200	230.9	存款	校园一卡通管理处
27969	3	180011	女	国际商务	12:10:00	0	100	100.4	存款	校园一卡通管理处
27970	3	180015	女	国际商务	16:58:00	0	100	103.4	存款	校园一卡通管理处
27971	3	180017	女	国际商务	12:13:00	0	100	132.8	存款	校园一卡通管理处
27972	3	180029	女	国际商务	16:32:00	0	100	102.5	存款	校园一卡通管理处
27973	3	180030	女	国际商务	12:05:00		80	83.6	存款	校园一卡通管理处
27974	3	180045	女	国际商务	18:05:00	0	100	109.8	存款	校园一卡通管理处
27975	3	180046	女	国际商务	12:01:00	0	100	101.9	存款	校园一卡通管理处

图 10-31　推断缺失值出现原因

	A	B	C	D	E	F	G	H	I	J
1	日	卡号	性别	专业	时间	消费金额	充值金额	余额	类型	餐厅
17591	2	184339	女	工业机器人技术	16:56:00	0	100	119.5	存款	校园一卡通管理处
21985	3	182956	男	汽车电子技术	11:08:00	0	200	201.9	存款	瀚园餐厅
27967	3	180004	男	国际商务	11:50:00	0	200	207.8	存款	校园一卡通管理处
27968	3	180007	男	国际商务	17:57:00	0	200	230.9	存款	校园一卡通管理处
27969	3	180011	女	国际商务	12:10:00	0	100	100.4	存款	校园一卡通管理处
27970	3	180015	女	国际商务	16:58:00	0	100	103.4	存款	校园一卡通管理处
27971	3	180017	女	国际商务	12:13:00	0	100	132.8	存款	校园一卡通管理处
27972	3	180029	女	国际商务	16:32:00	0	100	102.5	存款	校园一卡通管理处
27973	3	180030	女	国际商务	12:05:00	0	80	83.6	存款	校园一卡通管理处
27974	3	180045	女	国际商务	18:05:00	0	100	109.8	存款	校园一卡通管理处
27975	3	180046	女	国际商务	12:01:00	0	100	101.9	存款	校园一卡通管理处

图 10-32　填充缺失值数据

10.3.2　处理异常值

对于数据中出现的异常值，其处理方式与缺失值相同，可结合上下文数据，修复或删除异常值。

① 一般而言，消费数据统计中，“消费金额”特征中的值不应为负数。如果出现负数，则应判定为异常值。如图 10-33 所示，通过内容筛选发现共有九条消费数据的“消费金额”特征值为负数，判定为出现异常值。

② 如图 10-34 所示，查看“消费金额”特征异常值数据。

③ 如图 10-35 所示，“消费金额”负值的“类型”均为退款。筛选查看所有退款数据，发现消费金额为负数出现在锦园餐厅、柳园餐厅和卜蜂超市。观察判定锦园餐厅和卜蜂超市在进行退款操作时，同步设置了正值的充值金额以及负值的消费金额，而柳园餐厅则是只设置了负值的消费金额，并没有及时进行充值操作。

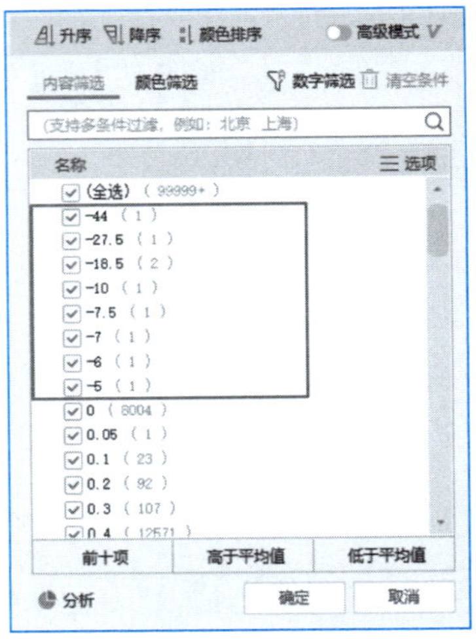

图 10-33　“消费金额”特征异常值数据

④ 基于以上判定，锦园餐厅和卜蜂超市存在的异常值，只需要将负值的消费金额修改为 0 即可。

⑤ 柳园餐厅的异常值数据为两条完全相同的数据。因此，如图 10-36 所示，除了将其中一条数据消费金额修改为 0，充值金额修改为 18.5 之外，需将冗余的异常数据删除。

⑥ 如图 10-37 所示，筛选校园消费数据的“时间”特征发现，有 3 074 条数据的消费具体时间为 0 点 0 分。分析认为这些数据并不符合对于学生在餐厅日常三餐时间进行消费的行为特征，判定其为异常值。

	A	B	C	D	E	F	G	H	I	J
1	日	卡号	性别	专业	时间	消费金额	充值金额	余额	类型	餐厅
23271	3	183645	女	云计算技术应用	20:09:00	-44	44	63.8	退款	锦园餐厅
23315	3	183859	女	软件技术	12:16:00	-7	7	218.7	退款	锦园餐厅
65430	9	182485	女	现代物流管理	14:19:00	-6	6	144	退款	锦园餐厅
101167	12	181048	女	市场营销	16:42:00	-18.5	18.5	51.6	退款	柳园餐厅
101168	12	181048	女	市场营销	16:42:00	-18.5	18.5	51.6	退款	柳园餐厅
123708	16	181831	男	建设工程管理	17:32:00	-27.5	27.5	155.8	退款	卜蜂超市
188675	23	182105	男	人力资源管理	14:20:00	-7.5	7.5	93.45	退款	锦园餐厅
228557	29	183968	男	法律事务	21:49:00	-5	5	65.9	退款	锦园餐厅
234551	30	182995	男	计算机应用技术	14:18:00	-10	10	162.1	退款	锦园餐厅
238352										

图 10-34　查看“消费金额”特征异常值数据

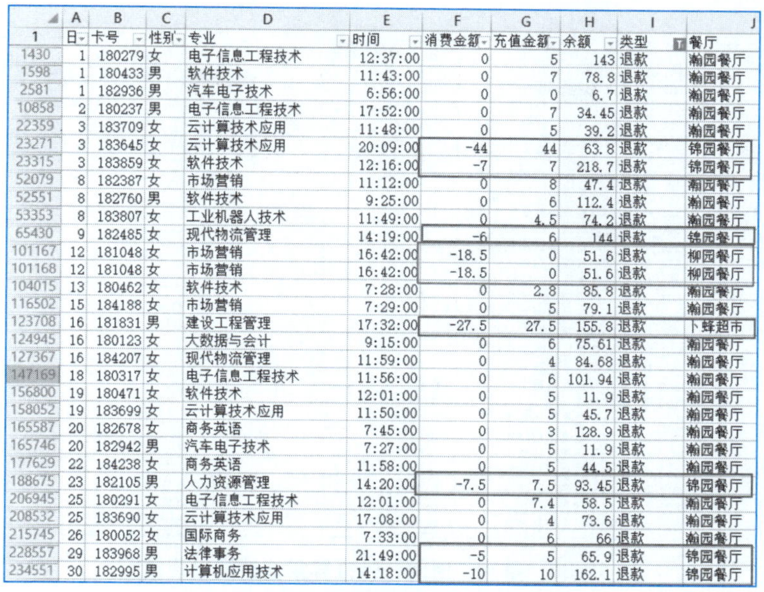

	日	卡号	性别	专业	时间	消费金额	充值金额	余额	类型	餐厅
1430	1	180279	女	电子信息工程技术	12:37:00	0	5	143	退款	瀚园餐厅
1598	1	180433	男	软件技术	11:43:00	0	7	78.8	退款	瀚园餐厅
2581	1	182936	男	汽车电子技术	6:56:00	0	0	6.7	退款	瀚园餐厅
10858	2	180237	男	电子信息工程技术	17:52:00	0	7	34.45	退款	瀚园餐厅
22359	3	183709	女	云计算技术应用	11:48:00	0	5	39.2	退款	瀚园餐厅
23271	3	183645	女	云计算技术应用	20:09:00	-44	44	63.8	退款	锦园餐厅
23315	3	183859	女	软件技术	12:16:00	-7	7	218.7	退款	锦园餐厅
52079	8	182387	女	市场营销	11:12:00	0	8	47.4	退款	瀚园餐厅
52551	8	182760	男	软件技术	9:25:00	0	6	112.4	退款	瀚园餐厅
53353	8	183807	女	工业机器人技术	11:49:00	0	4.5	74.2	退款	瀚园餐厅
65430	9	182485	女	现代物流管理	14:19:00	-6	6	144	退款	锦园餐厅
101167	12	181048	女	市场营销	16:42:00	-18.5	0	51.6	退款	柳园餐厅
101168	12	181048	女	市场营销	16:42:00	-18.5	0	51.6	退款	柳园餐厅
104015	13	180462	女	软件技术	7:28:00	0	2.8	85.8	退款	瀚园餐厅
116502	15	184188	女	市场营销	7:29:00	0	5	79.1	退款	瀚园餐厅
123708	16	181831	男	建设工程管理	17:32:00	-27.5	27.5	155.8	退款	卜蜂超市
124945	16	180123	女	大数据与会计	9:15:00	0	6	75.61	退款	瀚园餐厅
127367	16	184207	女	现代物流管理	11:59:00	0	4	84.68	退款	瀚园餐厅
147169	18	180317	女	电子信息工程技术	11:56:00	0	6	101.94	退款	瀚园餐厅
156800	19	180471	女	软件技术	12:01:00	0	5	11.9	退款	瀚园餐厅
158052	19	183699	女	云计算技术应用	11:50:00	0	5	45.7	退款	瀚园餐厅
165587	20	182678	女	商务英语	7:45:00	0	3	128.9	退款	瀚园餐厅
165746	20	182942	男	汽车电子技术	7:27:00	0	5	11.9	退款	瀚园餐厅
177629	22	184238	女	商务英语	11:58:00	0	5	44.5	退款	瀚园餐厅
188675	23	182105	男	人力资源管理	14:20:00	-7.5	7.5	93.45	退款	锦园餐厅
206945	25	180291	女	电子信息工程技术	12:01:00	0	7.4	58.5	退款	瀚园餐厅
208532	25	183690	女	云计算技术应用	17:08:00	0	4	73.6	退款	瀚园餐厅
215745	26	180052	女	国际商务	7:33:00	0	6	66	退款	瀚园餐厅
228557	29	183968	男	法律事务	21:49:00	-5	5	65.9	退款	锦园餐厅
234551	30	182995	男	计算机应用技术	14:18:00	-10	10	162.1	退款	锦园餐厅

图 10-35　推断异常值出现原因

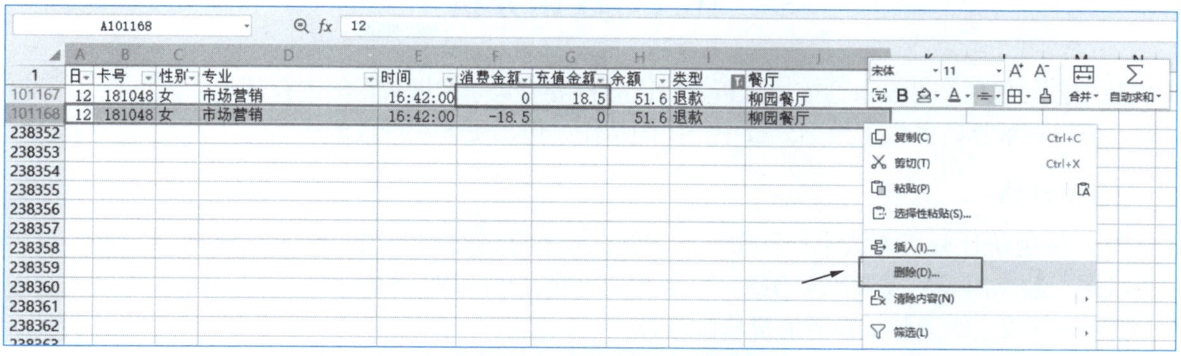

图 10-36　修复柳园餐厅异常值数据

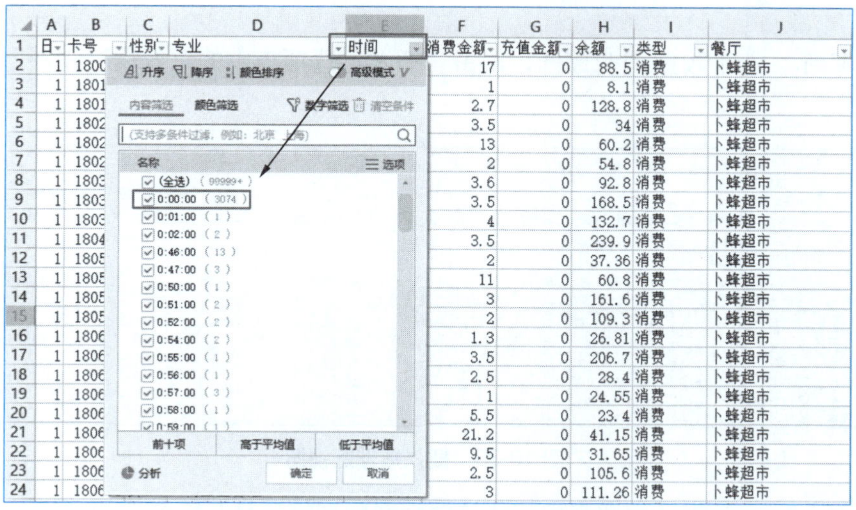

图 10-37　“时间”特征异常值

⑦ 如图 10-38 所示，筛选出所有消费时间的 0:00:00 的消费记录，发现异常数据大部分来自均园餐厅，少部分来自格物园餐厅和瀚园餐厅，推测异常值是餐厅系统记录消费时间时出错所导致。由于消费时间无法根据上下文进行恢复原始真实数据，为了避免对后续消费数据分析产生影响，采取直接删除数据的方式进行处理。

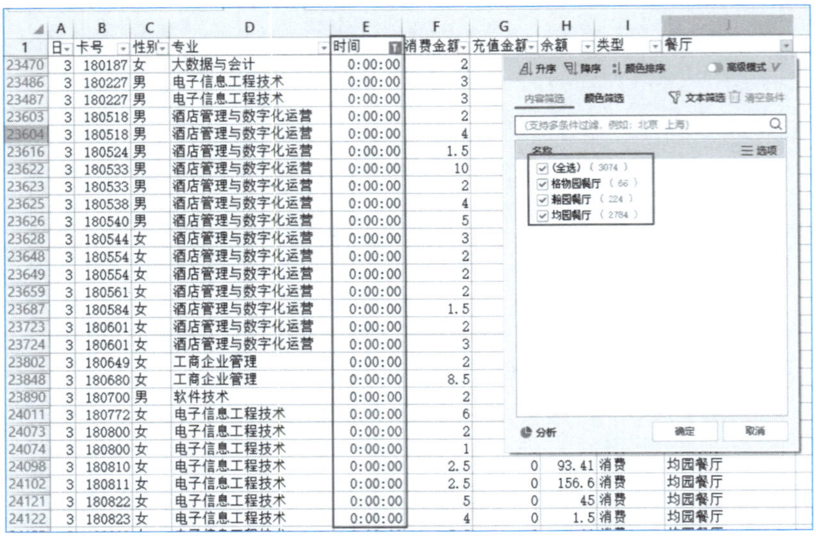

图 10-38　推测“时间”特征异常值数据出现原因

10.4　数据分析

完成数据预处理后，可以通过描述分析、对比分析等方式，挖掘数据的内在规律，提取有价值的信息，从而帮助人们理解数据，并根据数据分析中得出的结论，做出更客观理性的决策。

10.4.1　描述分析

描述性分析是统计分析方法中一种常见的方法，指的是通过对数据的整理及归纳，以图表（柱状图、饼图、折线图、散点图等）或者数学方法，分析数据可能存在的规律和趋势。

1. 绘制柱状图、饼图分析校园消费总体态势

柱状图能够直观地将大量数据之间的关系展现出来，帮助用户理解数据的总体统计信息；饼图则是利用圆内扇形面积表示总体中各组成部分占比情况。通过绘制柱状图和饼图，能够分析校园消费总体态势以及各餐厅占比情况。

① 如图 10-39 所示，选中校园消费数据，单击“插入”选项卡中的“数据透视图”按钮，插入数据透视图。

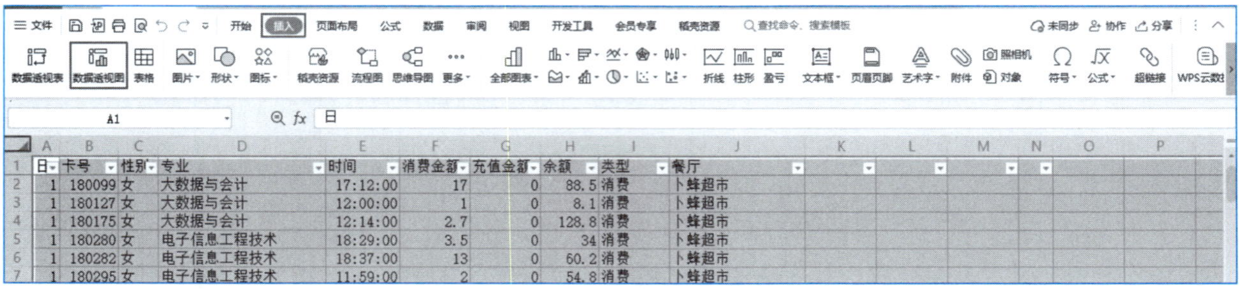

图 10-39　插入数据透视图

② 如图 10-40 所示，在数据透视图表中，将校园消费数据的“日”特征选为“行”，将“消费金额”特征选为“值”，并设置为“求和项”。

③ 如图 10-41 所示，通过表格分析得到 4 月份校园消费基本情况。4 月校园消费总金额为 872 484.25 元。默认插入的数据透视图为柱状图，从图中可以看出，学生每日校园消费均高于 1 万元。

④ 如图 10-42 所示，继续添加“餐厅”特征作为数据透视表中的“列”，可以分析得出学生 4 月每日在各餐厅的消费情况。

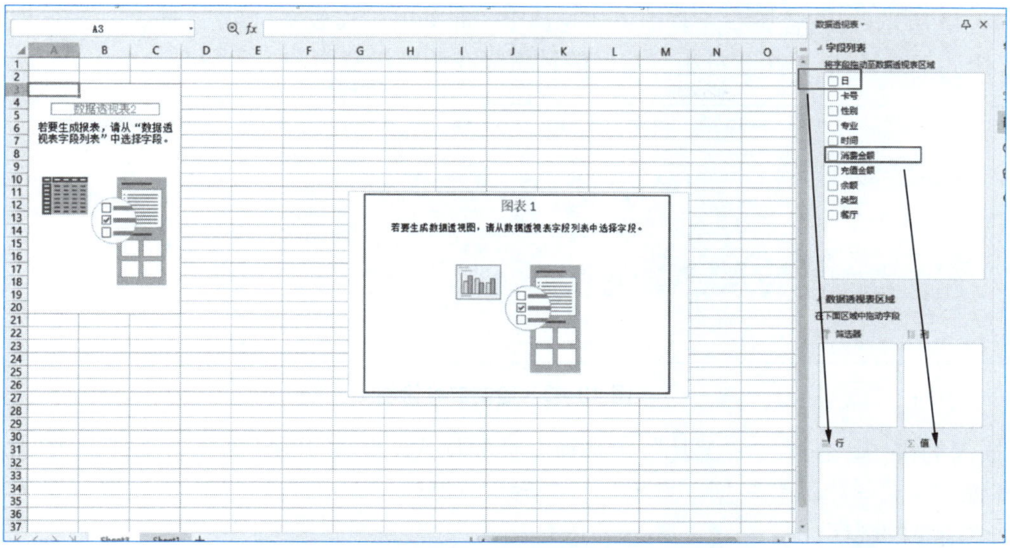

图 10-40　设置数据透视图

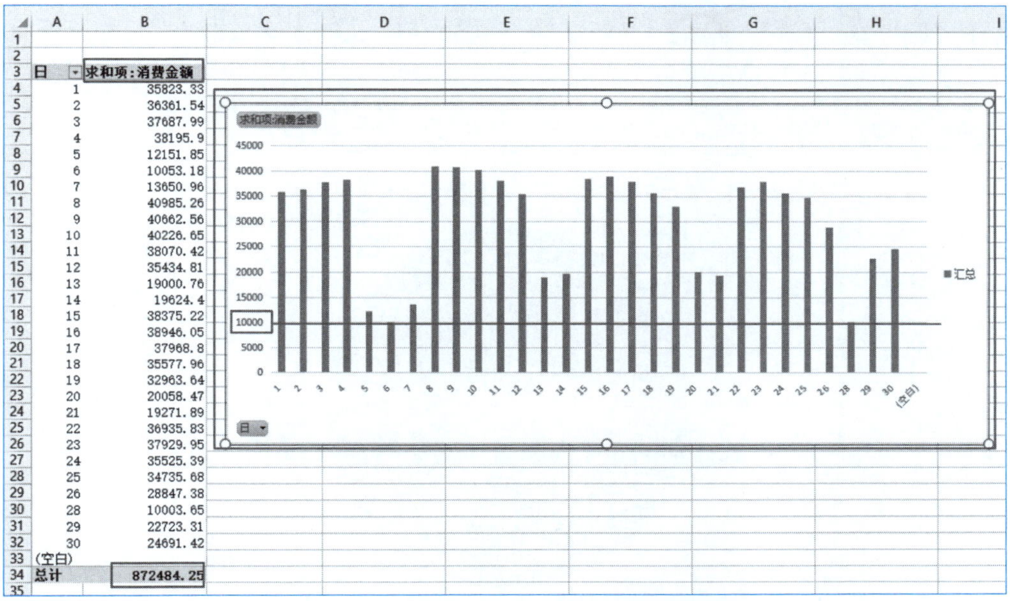

图 10-41　校园消费金额情况分析柱状图

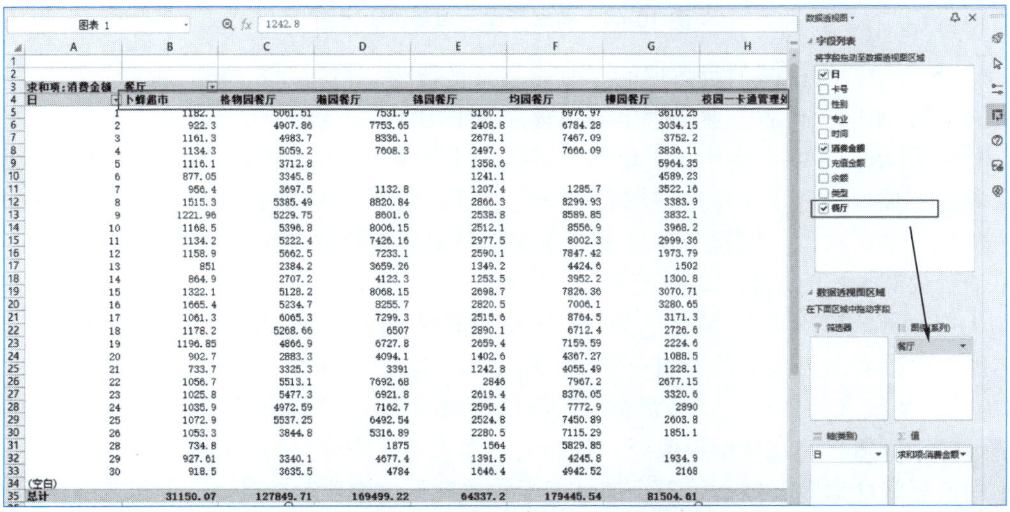

图 10-42　校园消费情况数据透视表

⑤ 如图 10-43 所示，提取各餐厅 4 月销售额总计至一张新的工作表中，单击“插入”选项卡中的“图表”下拉按钮，选择“二维饼图”，用于分析各餐厅的销售额在校园消费中的占比情况。

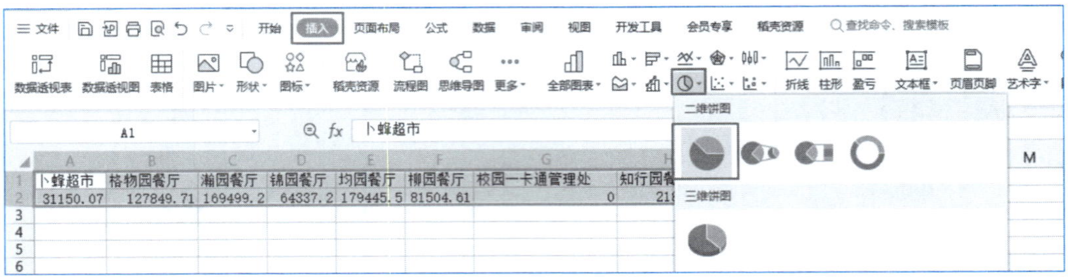

图 10-43　绘制二维饼图

⑥ 单击插入的饼图，在“图表工具”中选择合适的样式。如图 10-44 所示，选择以图例加比例的占比的方式显示各餐厅 4 月学生消费数据，发现知行园餐厅（25%）、均园餐厅（21%）、瀚园餐厅（19%）为校内学生消费排名前三的餐厅。

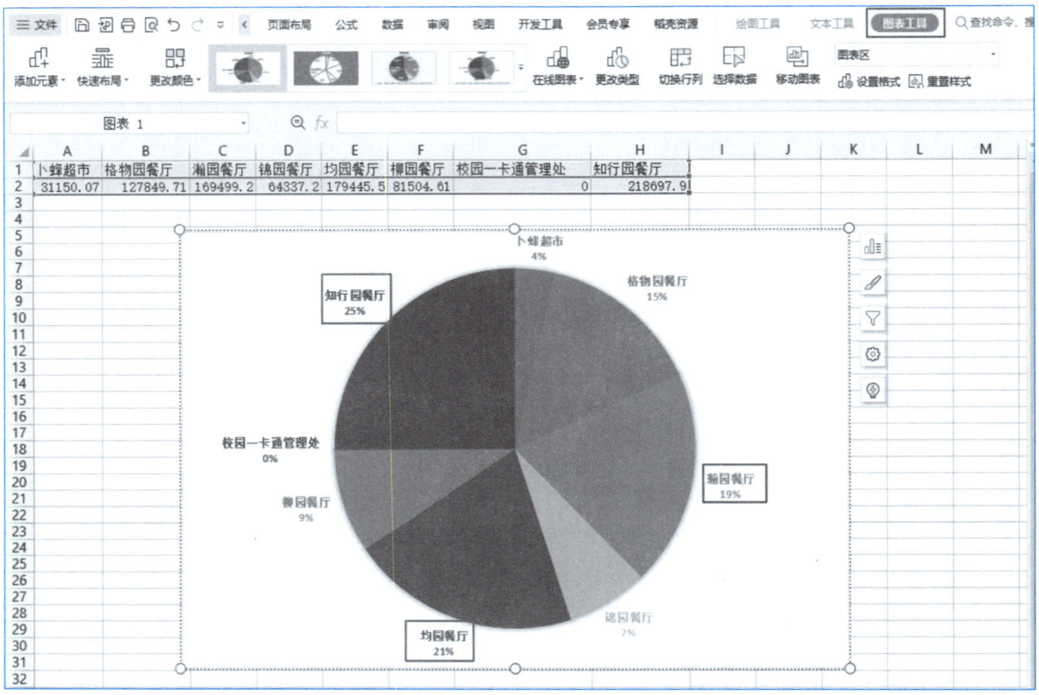

图 10-44　各餐厅学生消费占比饼图

⑦ 如图 10-45 所示，将校园消费数据的“专业”特征选为“行”，将“消费金额”特征选为“值”，并设置为“平均值项”，可以获得各专业学生单笔消费数额平均值。

⑧ 如图 10-46 所示，提取各专业学生单笔消费数额平均值至一张新的工作表中，对学生消费平均值按降序排列后，单击“插入”选项卡中的“图表”下拉按钮，选择“簇状柱形图”，分析各专业的学生单笔消费数额平均值情况。分析得出计算机应用技术专业学生单笔消费数额平均值最高（4.52 元），工商企业管理专业学生单笔消费数额平均值最低（2.99 元）。

⑨ 如图 10-47 所示，将“性别”特征选为“行”，将“消费金额”特征选为“值”，并设置为“平均值项”，绘制簇状柱形图，可以看出男同学单笔消费数额平均值明显高于女同学。

⑩ 将“卡号”特征选为“行”、“消费金额”特征选为“值”，并设置为“平均值项”，可以得到每一位学生单笔消费数额平均值，将该数据提取至一张新的工作表中，降序排列后绘制图 10-48 所示的每位学生单笔消费数额平均值簇状柱形图。但是由于少部分同学的单笔平均消费数额过高，使得其他学生的数据信息被淹没。为了解决这一问题，将前 30 条单笔平均消费金额大于 20 元的数据删除后，重新绘制簇状柱形图。

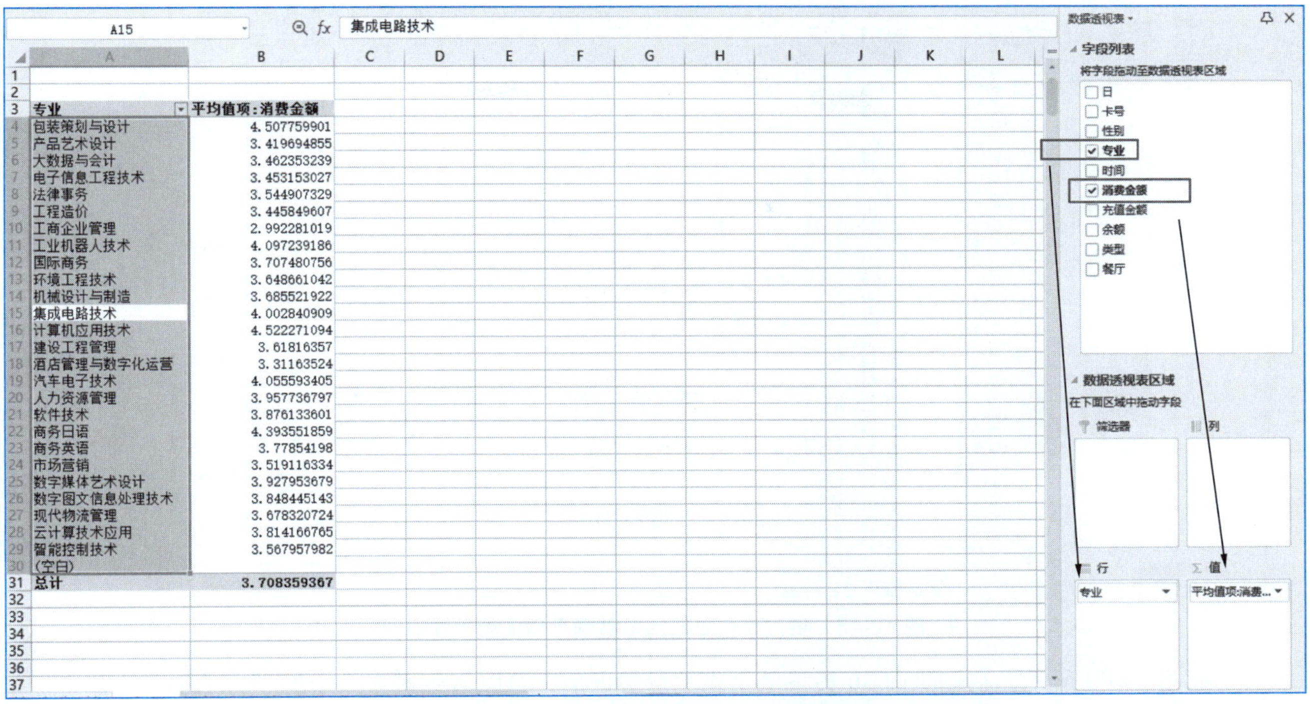

图 10-45　各专业学生单笔消费数额平均值数据透视表

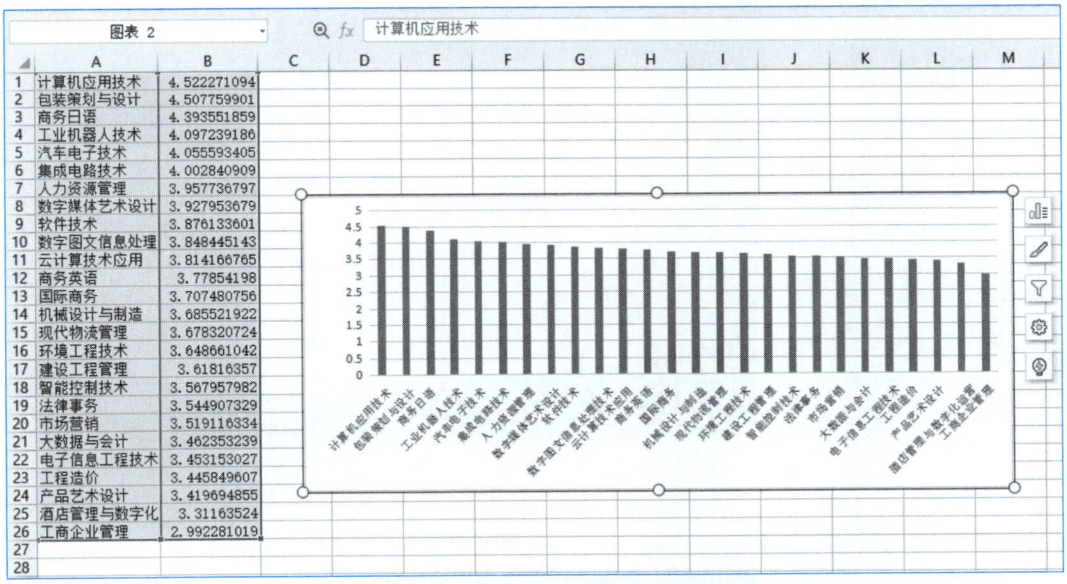

图 10-46　各专业学生单笔消费数额平均值簇状柱形图

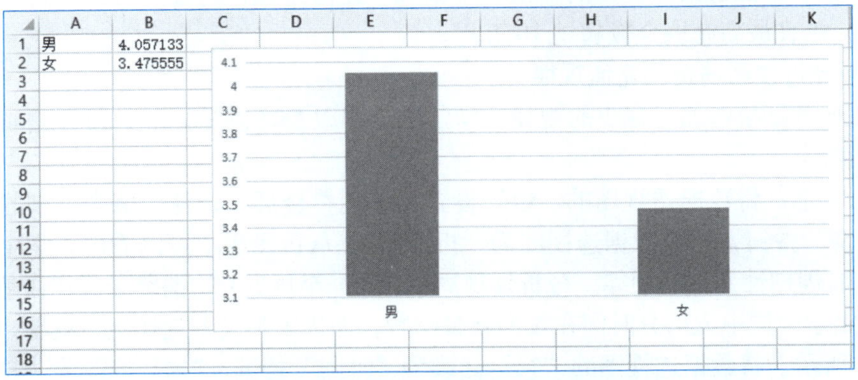

图 10-47　不同性别学生单笔消费数额平均值簇状柱形图

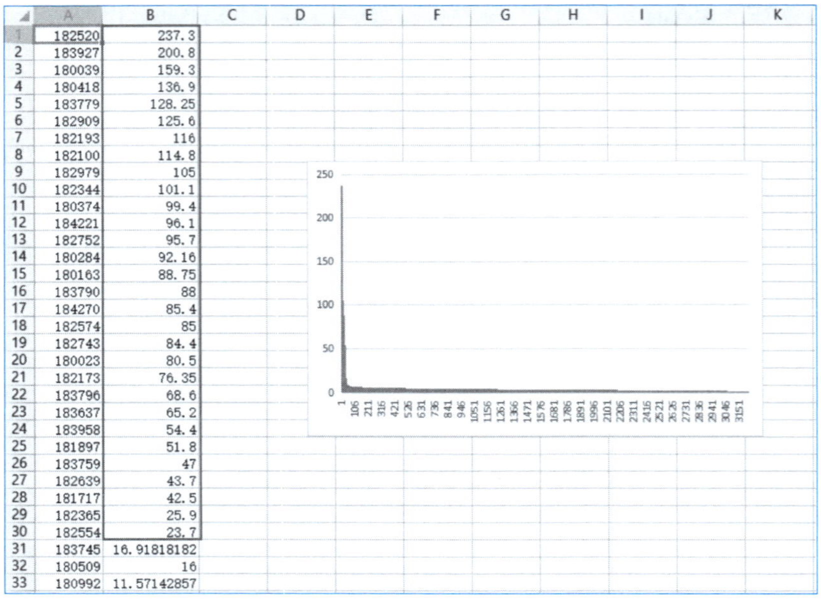

图 10-48　每位学生单笔消费数额平均值簇状柱形图

⑪ 如图 10-49 所示，在剔除前 30 条单笔平均消费数据后，可以看出接近一半的学生单笔平均消费低于 4 元，有一部分同学单笔平均消费低于 2 元。

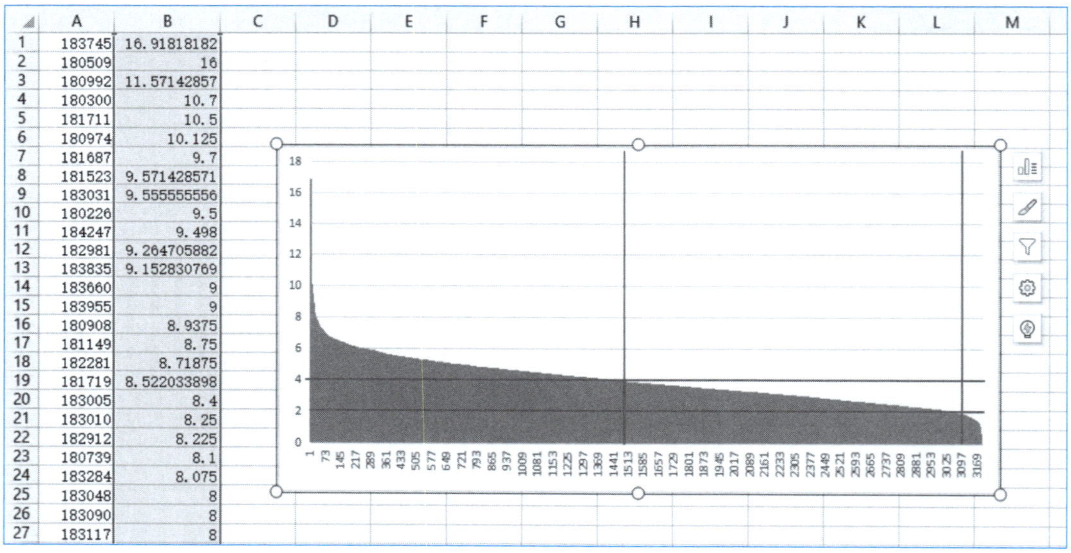

图 10-49　单笔消费数额平均值簇状柱形图

⑫ 如图 10-50 所示，在数据透视图的“值”中添加“充值金额”特征，可以分析得出学生在 4 月总计充值 901 803.76 元，单日最高充值金额超过 10 万元。

2. 绘制折线图分析校园消费和充值规律

折线图可以反映出数据增加与减少的规律、增加的速率以及峰值等特征。通过绘制折线图分析学生校园消费和充值的规律。

① 如图 10-51 所示，将数据透视图的“值”设置为“消费金额”特征，单击绘制的数据透视图，选择导航栏中“更改类型”按钮，修改数据透视图为“折线图”。从折线图中可以看出，学生校园消费金额存在以“周”为时间周期，周期性变化的规律。分析发现周中（周一至周五）的消费金额往往是周末的 2 ～ 3 倍。通过这一规律，判定学生周中大部分时间在校内就餐消费，而周末则更多选择出校就餐。

② 如图 10-52 所示，将数据透视图的“行”修改为“时间”特征，“列”修改为“日”特征，单击数据透视表中的“日”选项，筛选出单日校园消费最高的 4 月 8 日的时间段数据，绘制折线图。

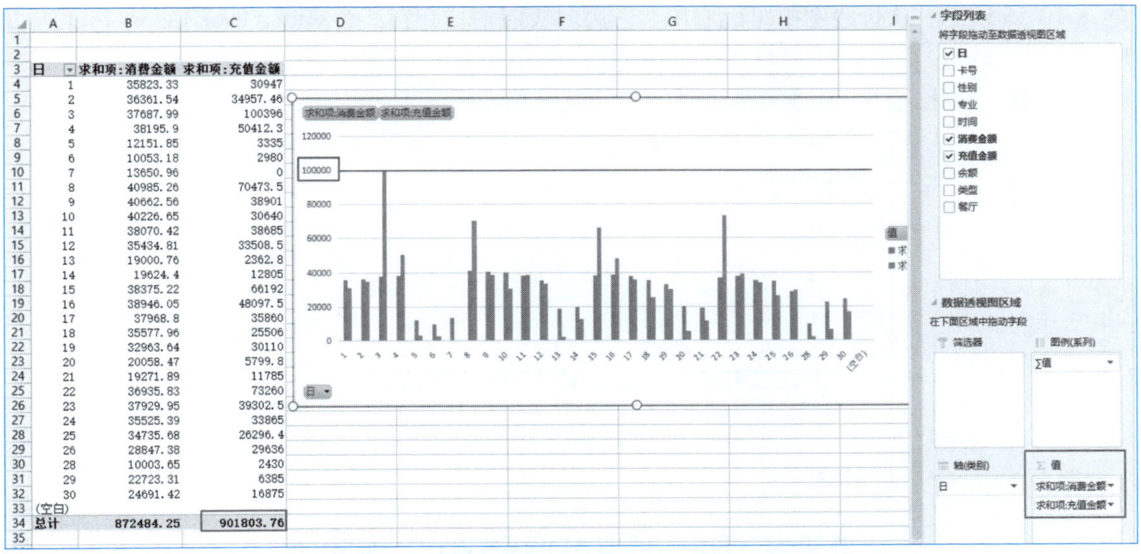

图 10-50　校园消费金额和充值金额数据汇总

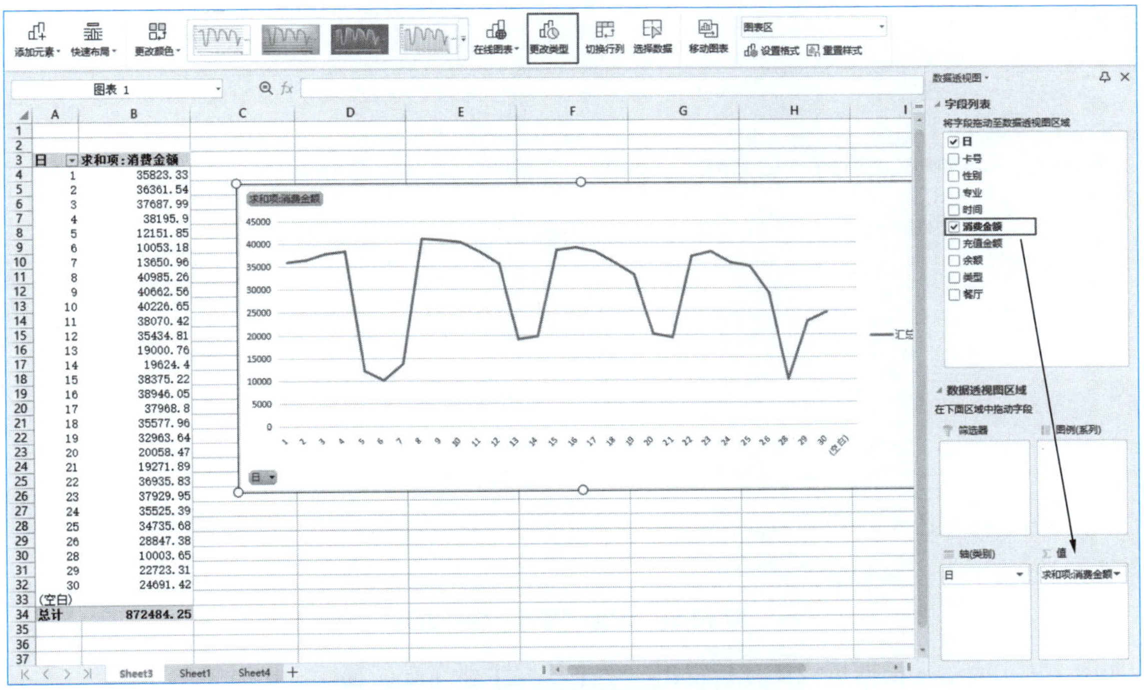

图 10-51　学生校园消费折线图

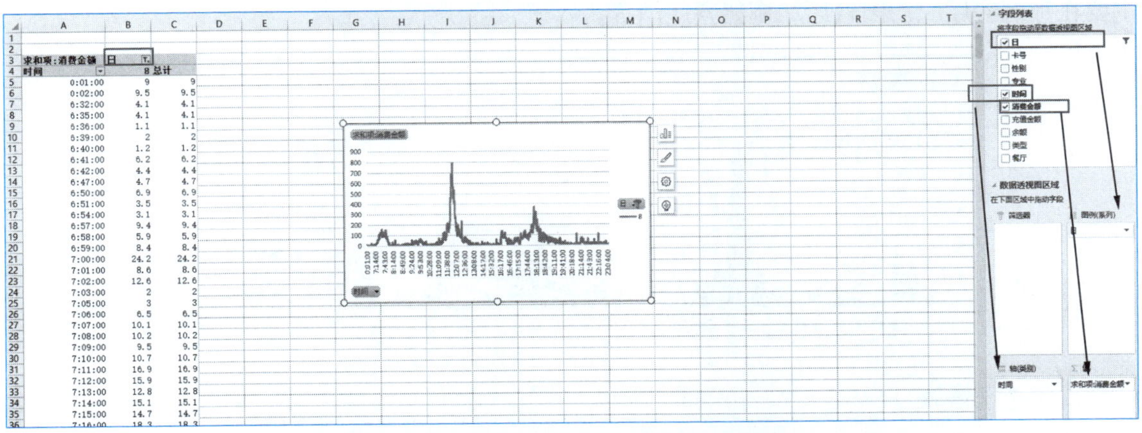

图 10-52　4 月 8 日各时间段校园消费折线图

③ 如图 10-53 所示，从折线图中可以看出，一天内校园消费存在三个高峰，即 7:14—8:14 的早餐时段、11:38—12:36 的午餐时段、17:44—18:42 的晚餐时段。其中午餐和晚餐时段的总消费金额较高，最高峰出现在正午 12:00 左右。除此之外，其他大部分时间段的消费总金额低于 100 元。

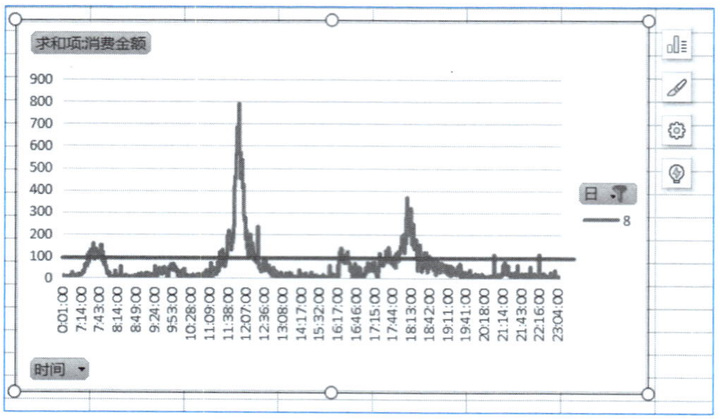

图 10-53　学生 4 月 8 日各时间段校园消费折线图分析

④ 如图 10-54 所示，将数据透视图的“列”增加“餐厅”特征后，可以分析校园内各餐厅在不同时间段的销售趋势。

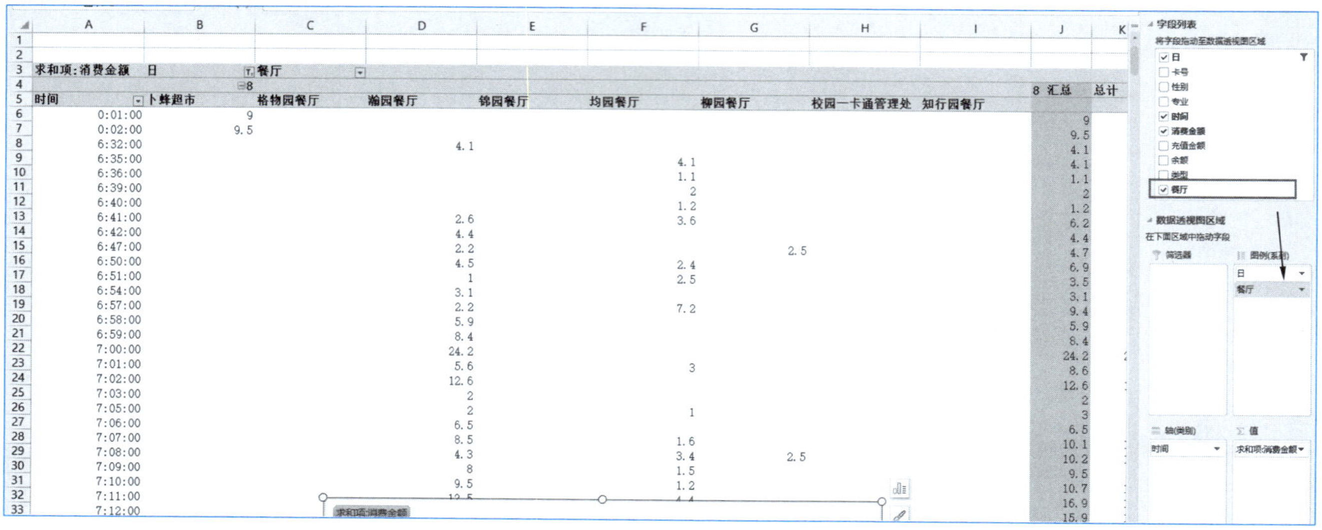

图 10-54　增加“餐厅”特征为列

⑤ 如图 10-55 所示，根据折线图分析得出，学生早餐主要在瀚园餐厅、均园餐厅、和柳园餐厅消费；午餐和晚餐主要在知行园餐厅、均园餐厅、柳园餐厅和瀚园餐厅消费；21:00 左右消费主要集中在卜蜂超市；夜宵则主要在锦园餐厅、均园餐厅和柳园餐厅消费。

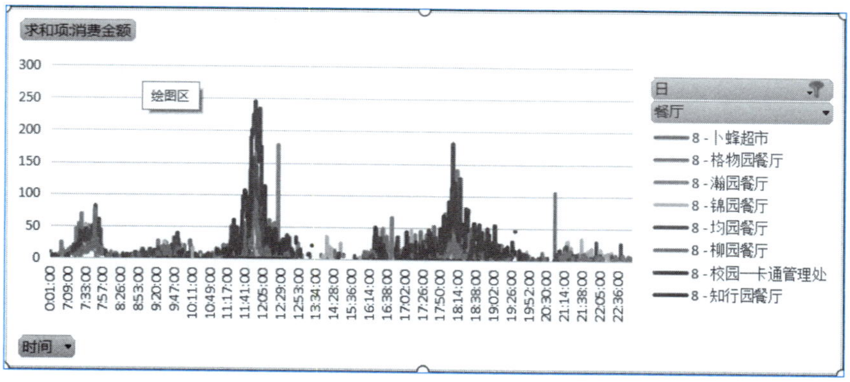

图 10-55　4 月 8 日在各餐厅消费金额折线图分析

⑥ 如图 10-56 所示，将折线图的“餐厅”筛选为消费最多的知行园和卜蜂超市后，分析得出在餐厅没有开放的时间段，学生主要在校内的卜蜂超市进行消费，由此可见校内超市是餐厅的重要补充。

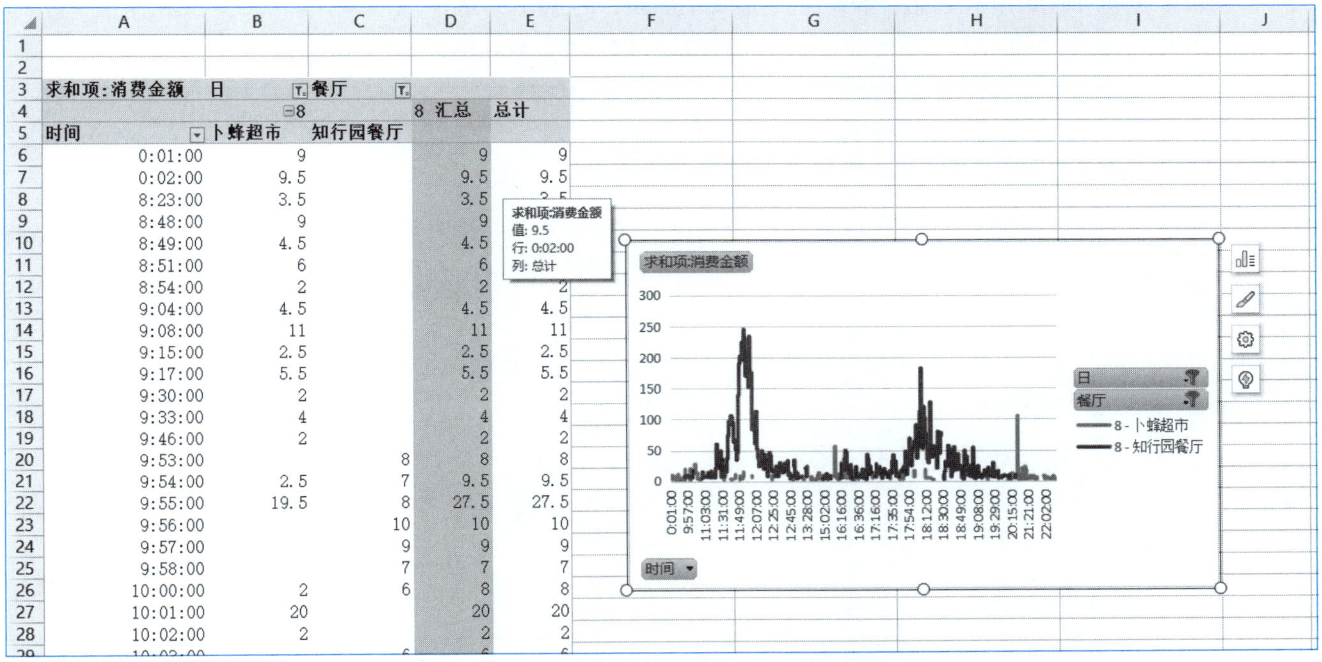

图 10-56　4 月 8 日在知行园餐厅和卜蜂超市消费情况

⑦ 如图 10-57 所示，将数据透视图的“值”修改为“充值金额”特征，绘制 4 月学生在校充值金额折线图。由折线图分析得出，学生充值金额存周期性变化的规律：主要在月初和每周开始时进行充值。这一观察符合学生群体的资金分配行为习惯。

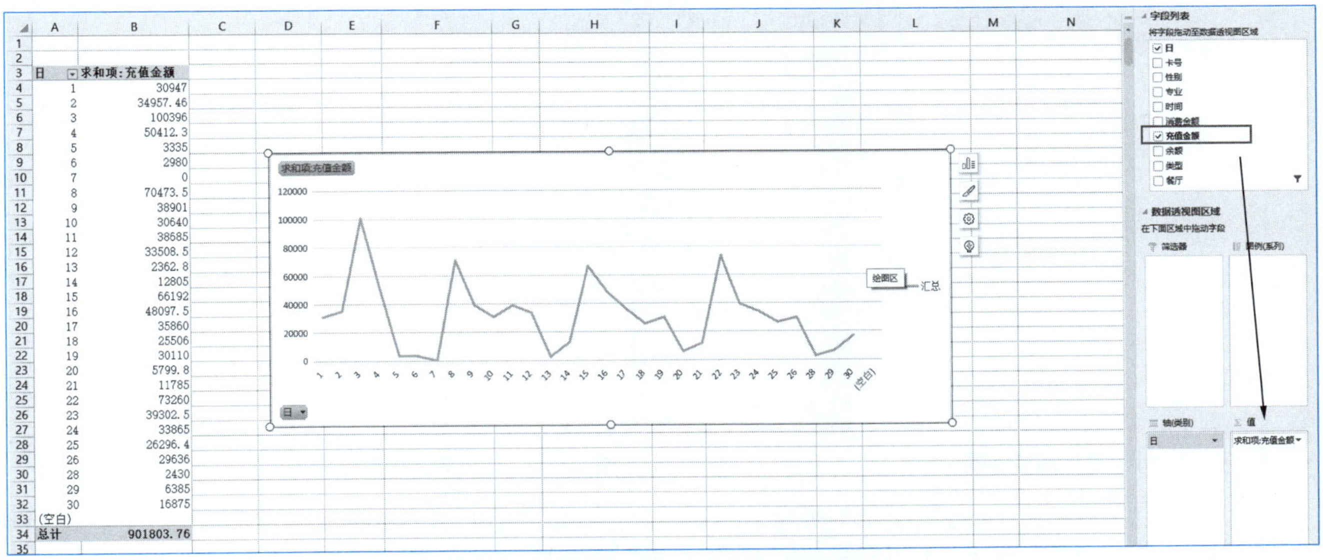

图 10-57　学生 4 月充值金额折线图

3. 绘制趋势线分析学生超市消费趋势

在折线图中增加趋势线，可以更加清晰地展示数据在一段时间内的总体变化趋势。通过绘制趋势线，可以分析学生在校园内卜蜂超市的消费趋势。

① 如图 10-58 所示，将“消费金额”特征添加到数据透视表“值”区域，将“餐厅”特征添加到“列”区域，并在数据透视表中筛选“餐厅”为卜蜂超市。

② 如图 10-59 所示，从数据透视表中，选取 1 ～ 30 每日卜蜂超市的“消费金额”求和项信息并复制到

工作簿中一张新的工作表中。在“消费金额”特征右边创建一列新的特征，命名为“累计消费金额”，设置 SUM 函数为“=SUM($B$2:B2)”，并对所有数据进行填充，获得学生每日在卜蜂超市的累计消费金额。

③ 如图 10-60 所示，所有数据“累计消费金额”特征完成填充后，选中该列，单击“插入”选项卡中的“图表”下拉按钮，选择“插入折线图”命令，绘制学生在卜蜂超市累计消费金额变化趋势折线图。

图 10-58　筛选数据透视表信息

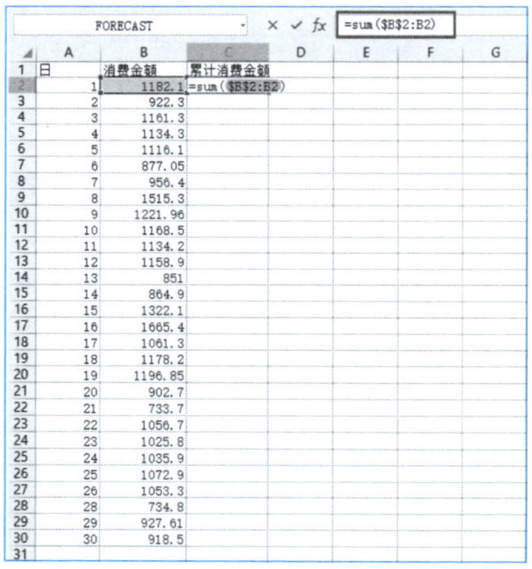

图 10-59　计算累计消费金额

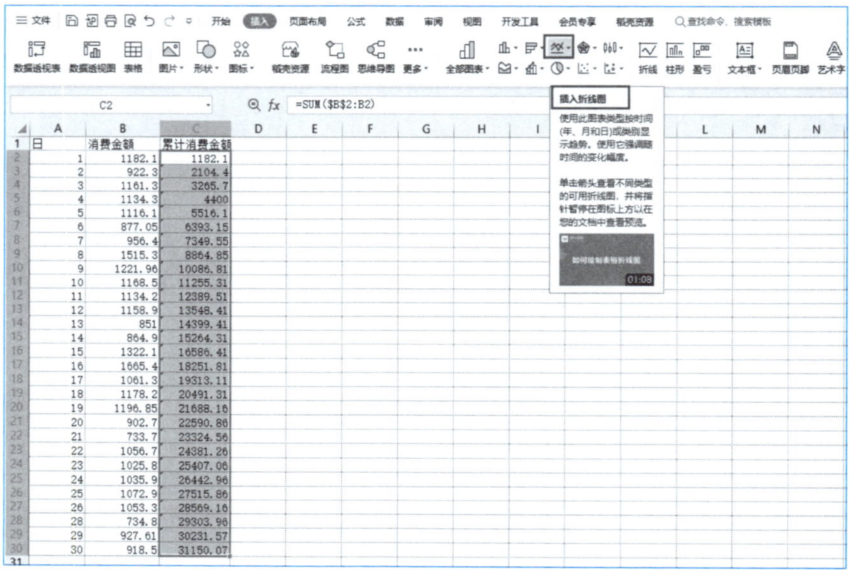

图 10-60　绘制累计消费金额折线图

④ 如图 10-61 所示，折线图显示卜蜂超市的累计消费金额波动很小。在此分析的基础上，选中累计消费金额折线图，在右边弹出的图例中第一个“图表元素”内勾选“趋势线”，可在折线图中查看到淡蓝色虚线展现的消费金额总体呈平缓上升趋势。

4. 绘制散点图预测分析学生在卜蜂超市消费金额

散点图可以显示、观察数据的分布，并描述数据自变量 X 与因变量 Y 之间的线性相关性。对于存在线性相关的数据，通过线性回归模型能够预测分析因变量 Y 未来可能出现的数值。基于卜蜂超市 4 月累计消费金额的变化趋势，可以进一步以“日”数据为自变量 X，“累计消费金额”数据为因变量 Y 绘制散点图，预测分析学生下个月在卜蜂超市的消费金额。

① 如图 10-62 所示，选中“日”和“累计消费金额”两列特征对应数据，单击“插入”选项卡中的“图

表”下拉按钮，选择“插入散点图 (X,Y)”，绘制散点图。

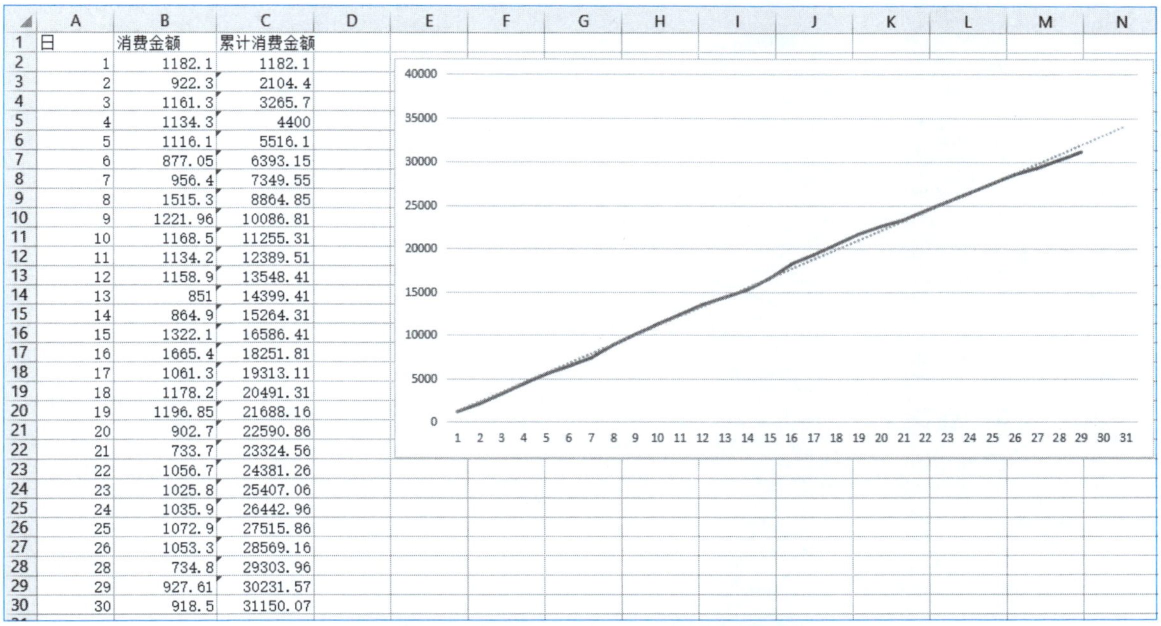

图 10-61　卜蜂超市 4 月累计消费金额折线图趋势线

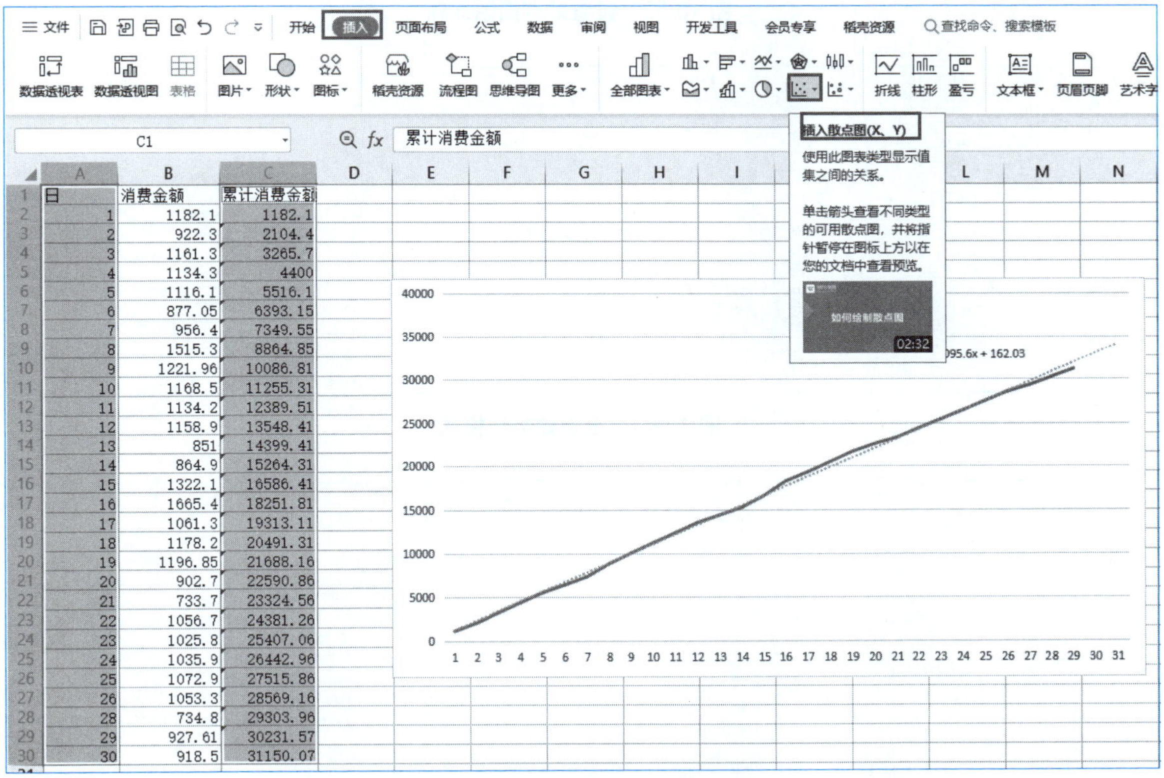

图 10-62　绘制率散点图

② 如图 10-63 所示，选中“日”和“累计消费金额”散点图，在右边弹出的图例中第一个“图表元素”内勾选“轴标题”和“趋势线”复选框，将 X 轴标题设置为“天数”，将 Y 轴标题设置为“累计消费金额”。

③ 如图 10-64 所示，右击散点图中的趋势线，可以通过右键快捷菜单设置趋势线格式。

④ 如图 10-65 所示，在趋势线格式设置中，勾选显示公式，得到如式（10-1）所示的趋势线公式。该公式表明了天数和累计消费金额，二者之间存在线性关系。

$$y=1\,073.1x+388.6 \tag{10-1}$$

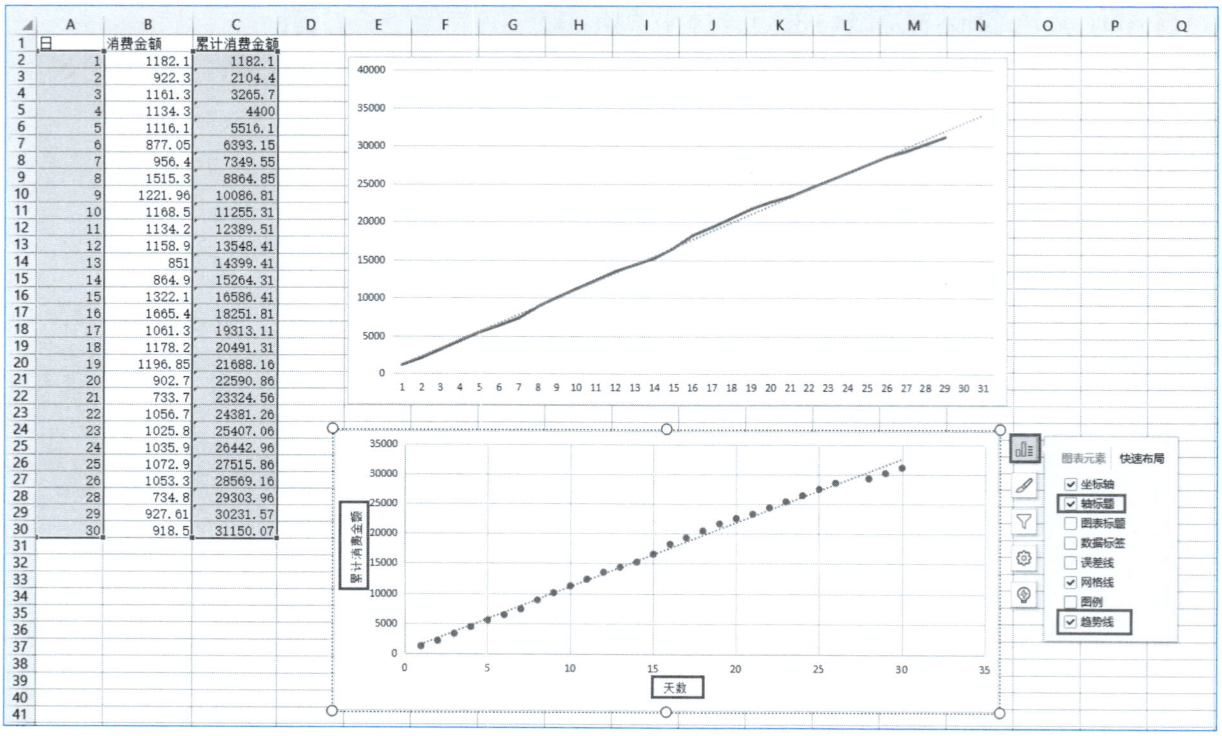

图 10-63 设置散点图轴标题

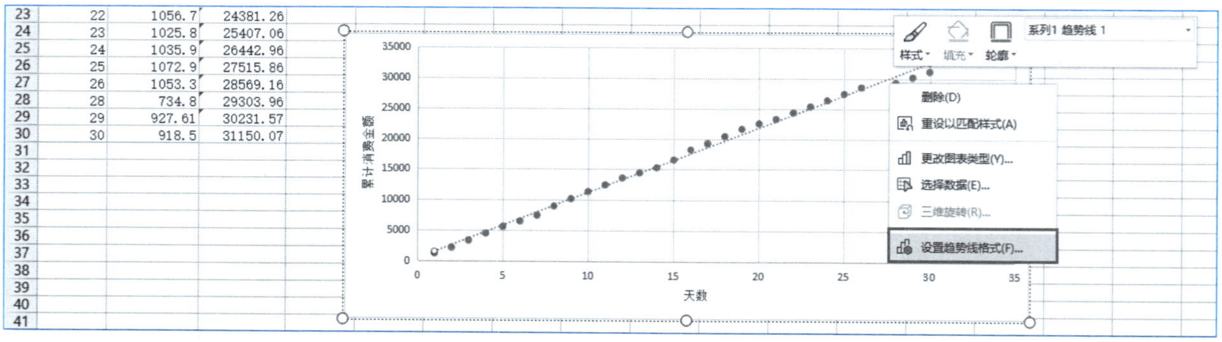

图 10-64 设置趋势线格式

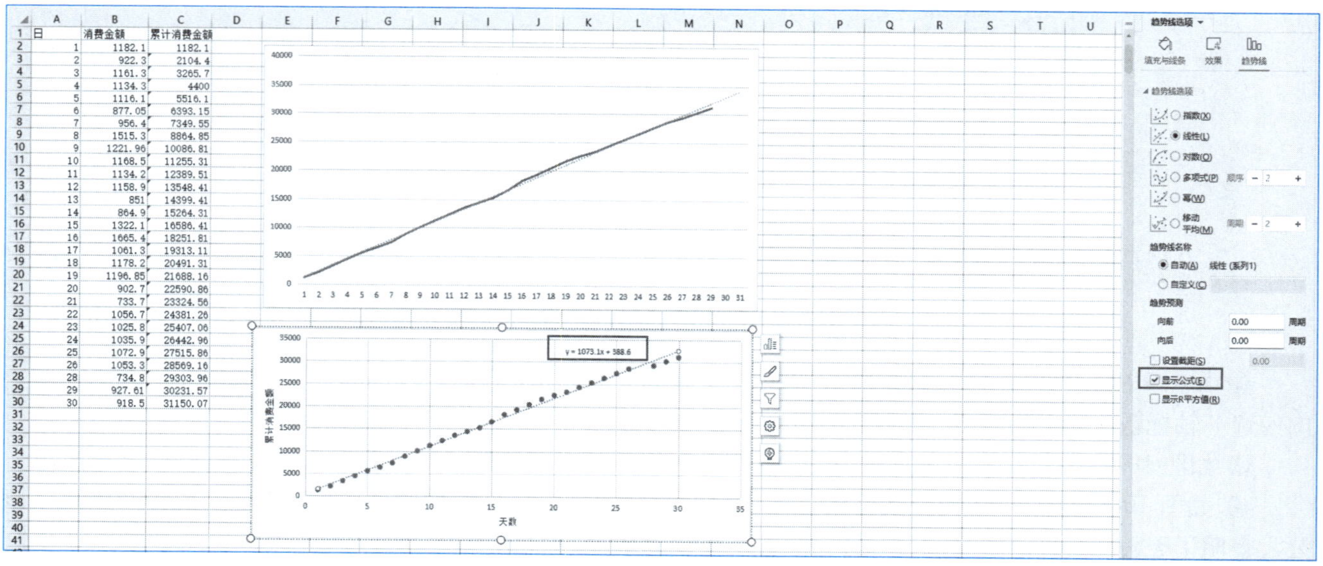

图 10-65 显示趋势线公式

⑤ 对于存在线性关系的数据，可以通过线性回归分析预测可能的取值。如图 10-66 所示，在 4 月 30 日时，累计消费金额为 31 150.07。在单元格 C31，单击“公式”选项卡中的“插入函数”按钮，查找 FORECAST 函数，可以预测 4 月 30 日当日的累计消费金额。

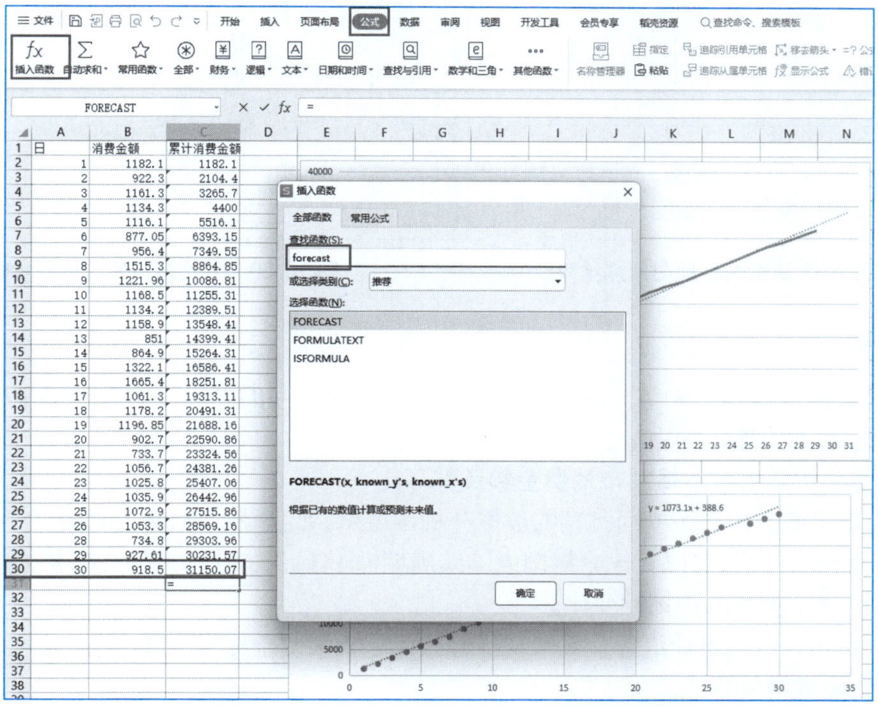

图 10-66 使用 FORECAST 函数预测数据

⑥ 如图 10-67 所示，在 FORECAST 函数参数设置界面内，由于需要预测的是 4 月 30 日的累计消费金额，因此选择当日的 30 日为预测点 X 值（即单元格 A30）。Y 值集合和 X 集合分别为之前的日期和每日累计消费金额数据，即 C2:C29 和 A2:A29。

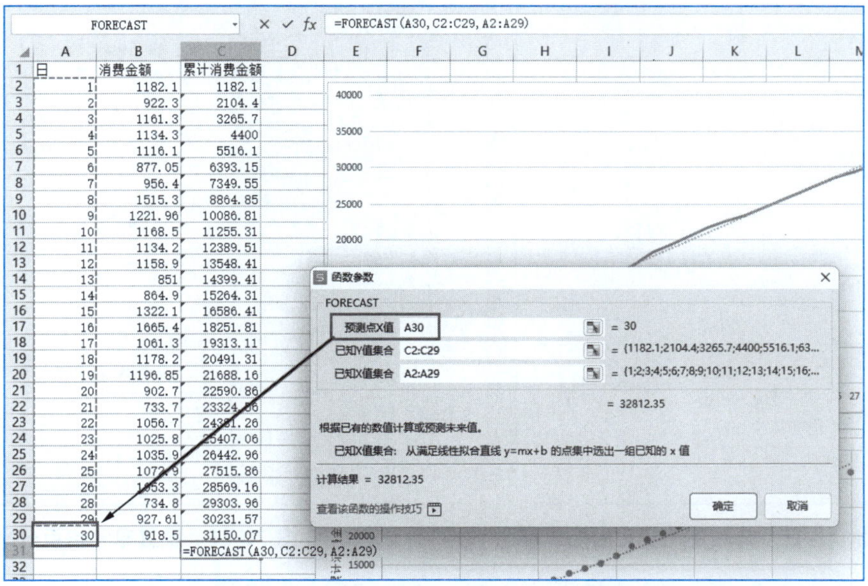

图 10-67 设置 FORECAST 函数参数

⑦ 如图 10-68 所示，FORECAST 函数根据历史数据，预测 4 月 30 日的累计消费金额为 32 812.35。虽然与真实累计销售金额数值之间还存在一定误差，但是预测分析的结果具有参考价值。

⑧ 如图 10-69 所示，利用 FORECAST 预测下个月（即 30 天后），学生在卜蜂超市的累计消费金额将会

平稳线性增长到达 65 355.97 元。如果超市想要超出预期的营业额，便需要在校园内开展相应的促销活动。

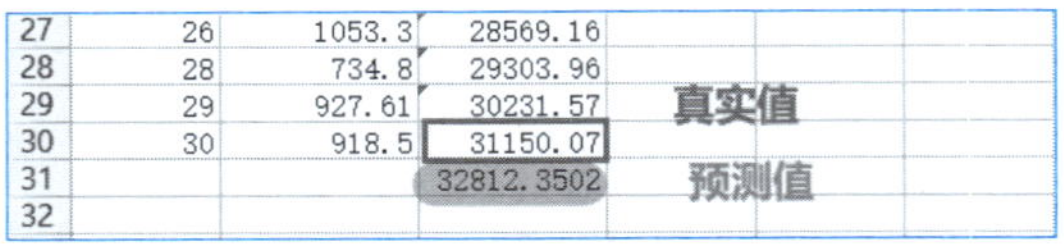

图 10-68　FORECAST 函数线性回归预测结果

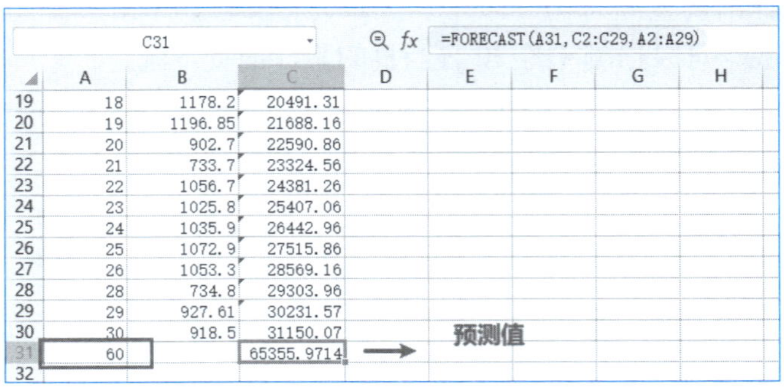

图 10-69　卜蜂超市累计消费金额预测

10.4.2　对比分析

对比分析指的是通过绘制图表等方法，对比分析多个数据之间的差异，客观地展现数据的不同，帮助人们更好地理解数据并做出理性的决策。

1. 绘制组合图分析学生在卜蜂超市消费金额及其环比

组合图表指的是将多个特征按不同类型的数据分析图展示。默认情况下，WPS 中组合图表为簇状柱形图 - 折线图的组合。通过组合图表，可以对比分析国内连续周期内（日、周、月、季度等）新增变化比，也称为环比。日环比分析能够判断学生消费的周期性变化。

① 如图 10-70 所示，将“累计消费金额”特征修改为“日消费金额增长环比”。根据式（10-2），从 4 月 2 日开始计算日消费金额增长环比。

$$\text{日消费金额增长环比} = \frac{\text{当天消费金额} - \text{前一天消费金额}}{\text{前一天消费金额}} \tag{10-2}$$

② 如图 10-71 所示，将“日消费金额增长环比”单元格格式设置为百分比。

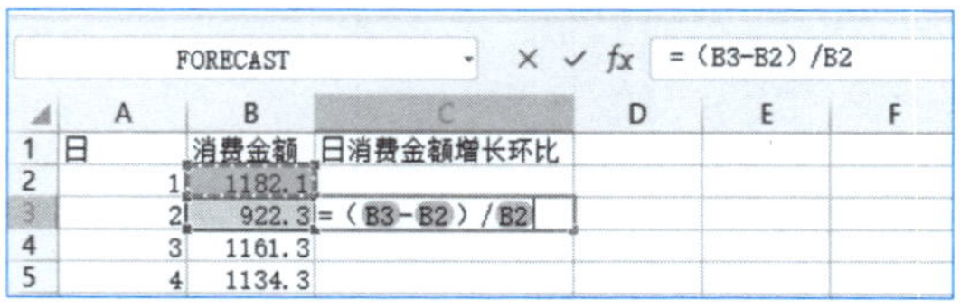

图 10-70　计算 4 月份学生在卜蜂超市消费金额增长环比

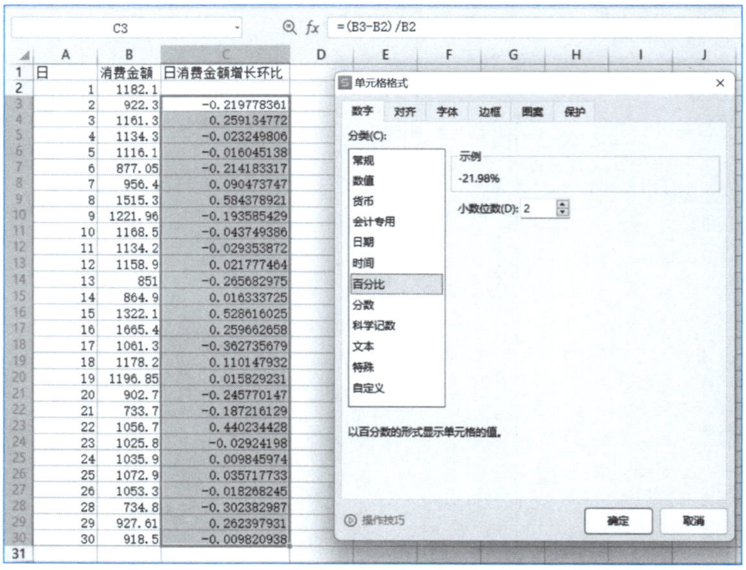

图 10-71　设置单元格百分比

③ 如图 10-72 所示，选中工作表内的所有数据，单击“插入”选项卡中的“全部图表”，在图表左侧导航栏内单击“组合图”，设置“消费金额”特征“图表类型”为簇状柱状图，“日消费金额增长环比”特征“图表类型”为折线图，并勾选该特征为“次坐标轴”。

④ 如图 10-73 所示，对插入的组合图，设置图表标题为“4 月份学生在卜蜂超市日消费金额及其增长环比”，单击图表右侧次坐标轴，在“坐标轴选项”内的“坐标轴”中设置“数字”的“类别”为百分比。

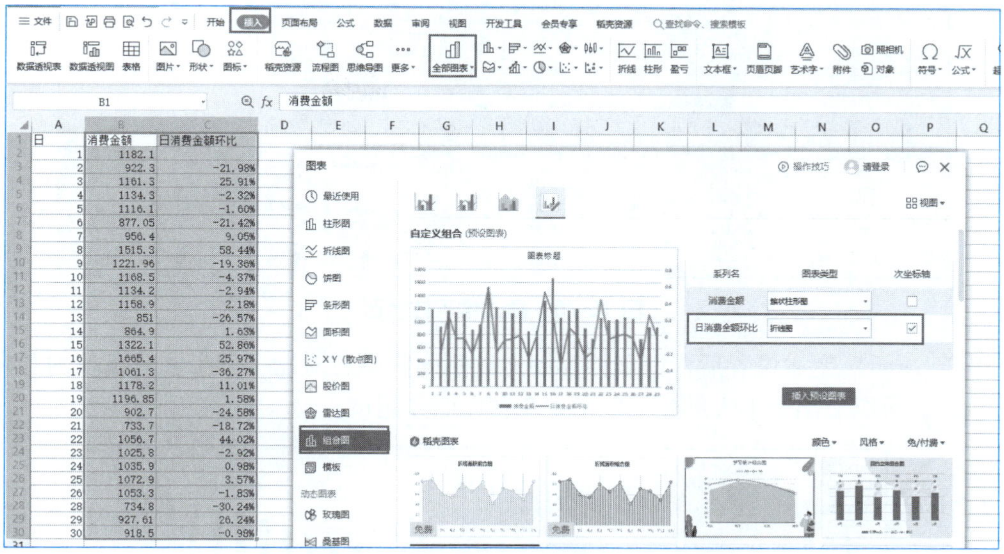

图 10-72 插入组合图

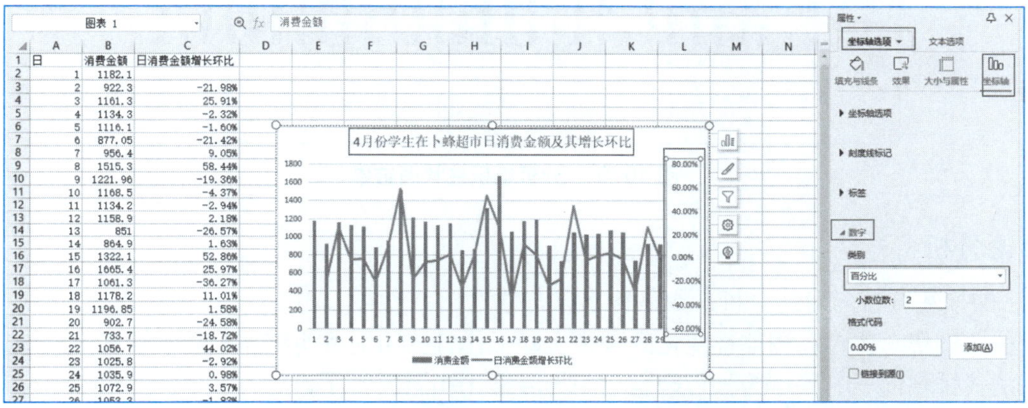

图 10-73 设置组合图图示

⑤ 如图10-74所示，虽然学生在卜蜂超市的消费也存在一定的周期性，但没有学校食堂消费的周期性强。分析推测这是由于虽然学生周末会外出就餐，但不影响其在学校超市消费。

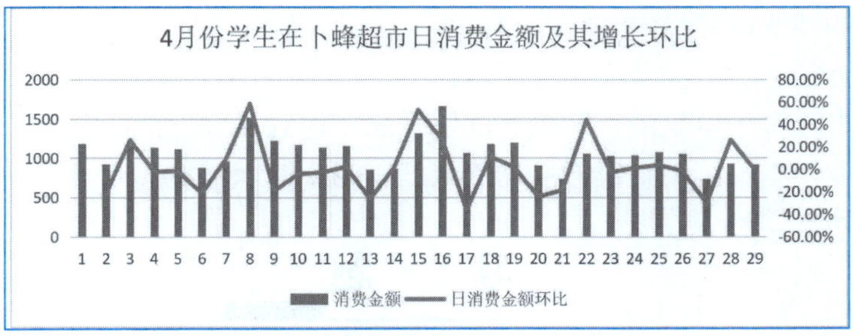

图 10-74 组合图结果分析

2. 绘制堆积柱状图对比分析学生在各个餐厅的消费情况

堆积柱状图可以比较整体的各个部分随时间变化的关系。选取校园内六家餐厅及一家超市的消费金额数据，通过绘制堆积柱状图可以对比分析学生在各个餐厅的消费情况。

① 以前文中图10-59所提到的方式，计算出学生4月每日在卜蜂超市、格物园餐厅、瀚园餐厅、锦园餐厅、均园餐厅、柳园餐厅和知行园餐厅的累计消费数据，组合成一张新的工作表。

② 如图10-75所示，选中数据，单击“插入”选项卡中的“堆积柱形图”，插入堆积柱状图。

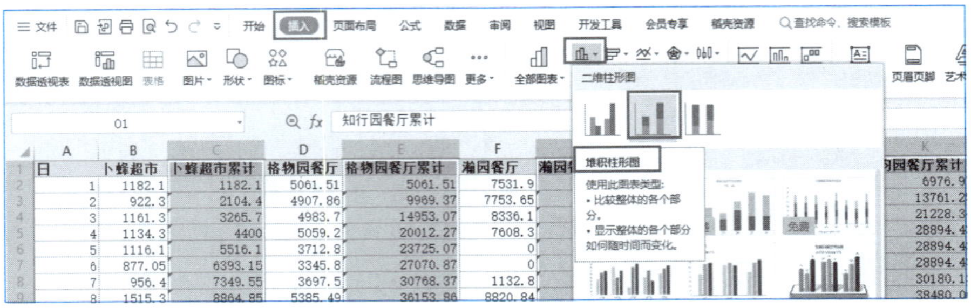

图 10-75　插入堆积柱状图

③ 如图 10-76 所示，完成设置后，堆积柱形图通过不同的颜色对比了学生 4 月在校内各个餐厅和超市每日累计消费数据。可以看出学生大部分消费发生在餐厅而非超市。

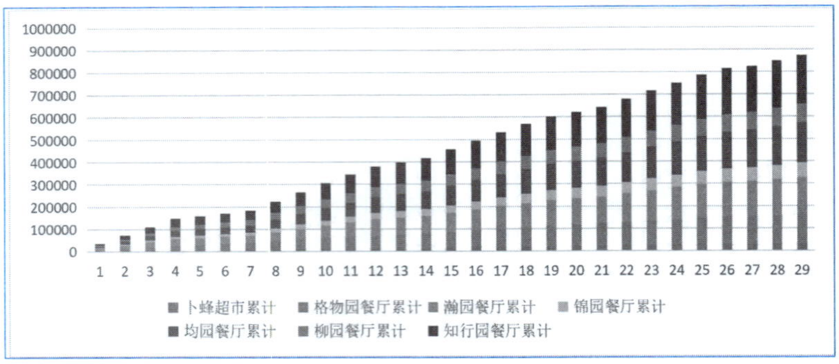

图 10-76　分析堆积柱状图结果

10.4.3　结论分析

通过以上的描述分析与对比分析，李丽得出以下结论：

① 学生校园消费总体存在周期性变化的规律，即工作日校园消费明细高于周末消费。

② 学生消费排名前三的餐厅为知行园餐厅、均园餐厅和瀚园餐厅。

③ 学生早餐主要在瀚园餐厅、均园餐厅和柳园餐厅消费。

④ 学生午餐和晚餐主要在知行园餐厅、均园餐厅、柳园餐厅和瀚园餐厅消费。

⑤ 学生夜宵主要在锦园餐厅、均园餐厅和柳园餐厅消费。

⑥ 学生大部分消费发生在餐厅而非超市。

⑦ 学生在卜蜂超市的消费比较稳定。

⑧ 男同学单笔消费数额平均值明显高于女同学。

⑨ 计算机应用技术专业学生单笔消费数额平均值最高，达到 4.52 元。

⑩ 工商企业管理专业学生单笔消费数额平均值最低，为 2.99 元。

习　题

根据“校园消费数据 .xlsx”文件，分析人工智能学院学生的消费行为。具体要求如下：

1. 从原始文件中获取，筛选出人工智能学院中软件技术专业、云计算技术应用专业、计算机应用专业的学生消费数据。

2. 处理人工智能学院学生校园消费数据的缺失值和异常值。

3. 绘制柱状图、饼图分析人工智能学院学生校园消费总体态势以及在各餐厅消费占比情况。

4. 绘制折线图分析人工智能学院学生校园消费以及充值规律。

5. 绘制趋势线分析人工智能学院学生在知行园餐厅消费趋势。

6. 绘制散点图预测人工智能学院学生下个月在知行园餐厅消费金额。

第 11 章

数据思维表达——撰写消费分析报告

11.1　项目分析

数据分析报告是对数据分析的一个总结，也是数据思维的一种表达方式。完成了学生校园消费数据的处理和分析后，李丽希望通过撰写学生校园消费分析报告，对在校生的就餐行为和消费行为进行分析，为学校餐厅运行提供建议并为低消费学生群体提供帮助。在撰写报告前，李丽需要先了解数据分析报告常见的类型、基本框架和数据表达方式，明确以下几个问题后，撰写完成图 11-1 所示的消费分析报告。

① 哪种报告类型适用于消费分析报告？

② 消费分析报告应该采用什么样的结构框架撰写？

③ 如何在分析报告中有效地展示消费数据？

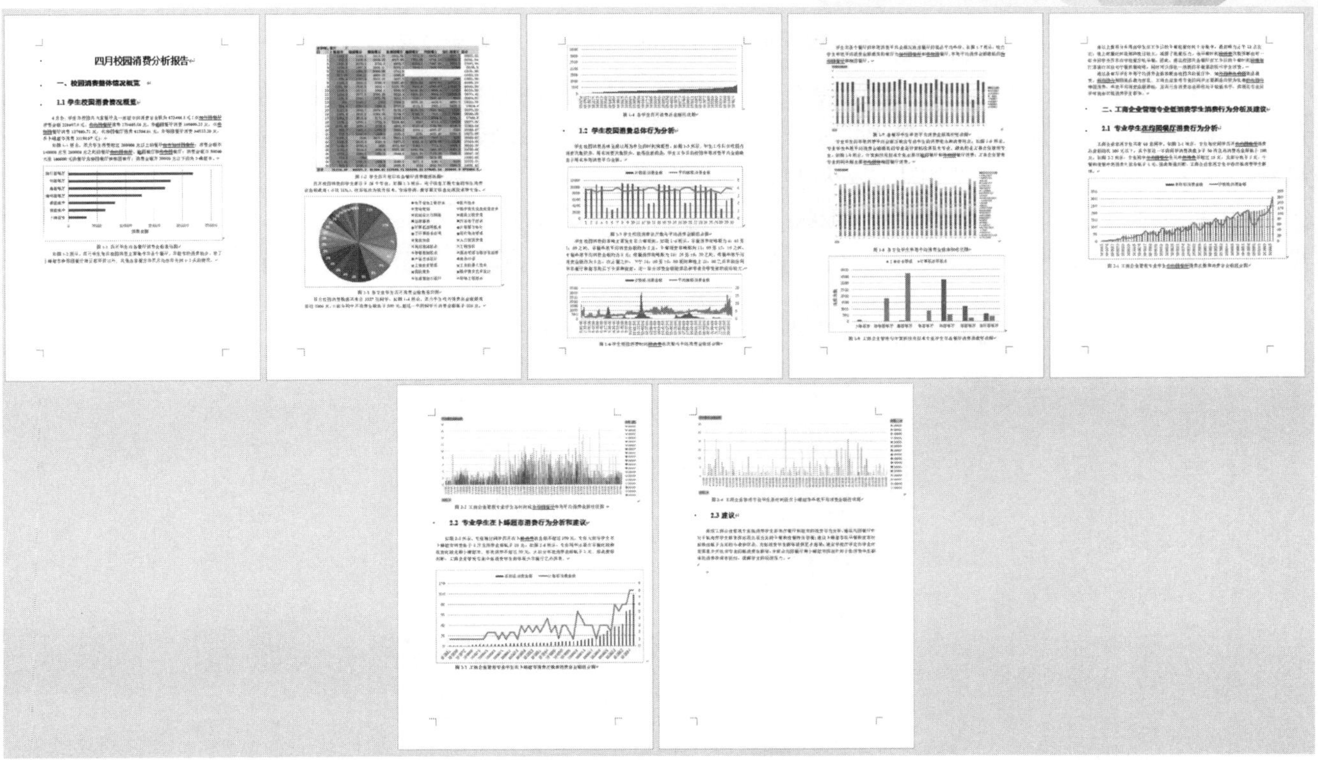

图 11-1　消费数据分析报告样例

11.2 了解数据分析报告

11.2.1 常见报告类型

数据分析报告可以从受众、主体、时效等方面进行类型的划分。常见的分析报告类型包括数据情况通报、决策分析报告、专题分析报告、综合分析报告、不定期分析报告、定期分析报告等。

1. 数据情况通报和决策分析报告

根据报告受众的不同，数据分析报告可以简单分为“数据情况通报”和“决策分析报告”两个大类。

“数据情况通报”的受众以了解相关数据为主要需求。因此，其主要作用是通过文字或图表清晰地将受众所关心的数据展现出来，以公告数据为主要目的，无须提供指导性的分析决策意见。这一类数据分析报告常见于政府部分发布的公告。例如，国家统计局发布的普查公报等各类公告。

如图 11-2 所示，中国国家统计局发布的《第七次全国人口普查公告（第八号）》，通过文字叙述的方式向社会通报了我国第七次全国人口普查结果的人口数、性别构成、居住时间等五个不同方面的数据。

根据第七次全国人口普查结果，现将2020年11月1日零时居住在我国大陆31个省、自治区、直辖市（以下简称省份）接受普查登记的港澳台居民和外籍人员主要数据公布如下：

一、人口数

居住在31个省份并接受普查登记的香港特别行政区居民371380人、澳门特别行政区居民55732人、台湾地区居民157886人，外籍人员845697人，合计1430695人。

二、性别构成

上述人员[2]中，男性736286人，女性694409人。

其中：香港特别行政区居民，男性为202296人，女性为169084人。澳门特别行政区居民，男性为29067人，女性为26665人。台湾地区居民，男性为102897人，女性为54989人。外籍人员，男性为402026人，女性为443671人。

三、居住时间

上述人员中，居住时间三个月以下的40659人；居住时间三个月至半年的56342人；居住时间半年至一年的166884人；居住时间一年至两年的248174人；居住时间两年至五年的 314954人；居住时间五年以上的603682人。

图 11-2 国家统计局发布的《第七次人口普查公告》

“决策分析报告”的受众则一般为决策者，需要根据数据分析的结果做出决策。因此，决策分析报告通过对数据的展示和分析，为决策者提供决策的参考和依据。这一类数据分析报告常见于商业咨询报告、行业趋势报告等。例如，上市公司的业绩分析报告。

如图 11-3 所示，某上市公司的业绩报告分析了公司营业总收入、净利润等数据，展示了同比增长、季度环比增长、业绩预告等分析预测结果，为股民和机构做出买入或卖出该公司股票决策提供参考依据。

业绩报表 业绩快报 业绩预告 预约披露时间 资产负债表 利润表 现金流量表

报告期 全部	每股收益(元)	每股收益(扣除)(元)	营业总收入			净利润			每股净资产(元)	净资产收益率(%)	每股经营现金流量(元)	销售毛利率(%)	利润分配	股息率(%)	首次公告日期	最新公告日期
			营业总收入(元)	同比增长(%)	季度环比增长(%)	净利润(元)	同比增长(%)	季度环比增长(%)								
2022 03-31	0.07	-	3132万	12.77	-65.39	691.7万	-27.36	-87.98	18.35	0.46	-0.0228	89.02	-	-	2022 04-29	2022 05-06
2021 12-31	1.21	1.10	1.91亿	25.28	453.46	9884万	28.48	14271	5.6233	24.04	0.0581	88.46	10派2.77	0.54	2022 04-07	2022 04-07
2021 09-30	0.5	0.43	1.00亿	35.24	-70.79	4132万	12.61	-98.72	4.9209	10.81	-0.0641	86.15	-	-	2022 01-10	2022 01-10
2021 06-30	0.5	0.47	8374万	-	101.51	4092万	-	229.72	4.916	10.71	0.1752	86.66	-	-	2021 11-02	2022 01-24
2021 03-31	0.12	-	2777万	-	-64.45	952.2万	-	-76.34	-	-	-	86.51	-	-	2022 04-29	2022 05-06
2020 12-31	0.94	0.89	1.52亿	174.35	-	7694万	1738.2	-	4.4164	38.16	0.1354	88.16	-	-	2021 06-29	2022 04-07
2020 09-30	0.45	-	7401万	-	-	3669万	-	-	-	-	-	92.58	-	-	2022 01-10	2022 01-10
2019 12-31	-	-	5545万	1288.5	-	418.5万	108.55	-	1.0896	5.81	-0.1818	82.94	-	-	2021 06-29	2022 01-24
2018 12-31	-	-	399.3万	-	-	-4898万	-	-	3.9121	-117.18	-0.6655	85.18	-	-	2021 06-29	2022 01-24

图 11-3 某上市公司业绩分析报告

2. 专题分析报告和综合分析报告

根据分析主体的不同，数据分析报告可以分为“专题分析报告”和“综合分析报告”。

顾名思义，“专题分析报告”的主要目的是以某一个特定问题或主题为分析主体，通过对数据的深入分析，推测产生问题的原因，尝试提出解决问题的方案。这一类报告一般由专业机构发布。例如，大数据分析公司发布的《微博平台 KOL 影响力分析》等专题分析报告。

如图 11-4 所示，广州数说故事公司与香港城市大学研究人员针对“微博平台 KOL 影响力分析”这一主题开展联合研究并发布了专题分析报告。该专题报告分析发现“国潮”成为2021年上半年的发文趋势关键字，势不可挡。这一结论能够为品牌方带来新的营销方向。

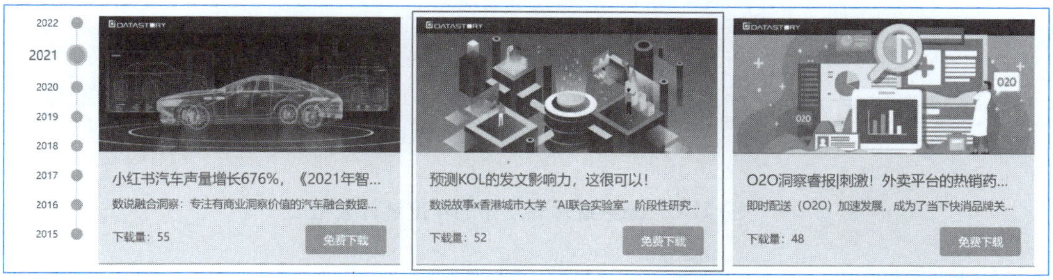

图 11-4　专题分析报告

不同于专题分析报告的分析主体，“综合分析报告”一般指以地区、部门、单位等为主要的分析主体，从多个维度对该主体内各个部分的相关数据进行全面分析。例如国家统计局的统计公报、产业分析报告等。

如图 11-5 所示，由横琴数链数字金融研究院联合零壹智库发布的《中国区块链产业全景报告（2021）》便是一份关于我国区块链产业发展的综合分析报告。

图 11-5　中国区块链产业综合分析报告

3. 不定期分析报告和定期分析报告

以上提及的各类分析报告如果无须定期发布，则称为“不定期分析报告”，反之则称为“定期分析报告”。

“定期分析报告”对数据的时效性有着严格的要求，常见的形式有日报、周报、月报、季报等。其主要目的是向受众定期发布报告，以展示数据在一定时间内的变化。根据报告受众和主体的不同，定期分析报告可以是数据情况通报、决策分析报告、专题分析报告、综合分析报告中的任意一种或组合。例如上市公司的业绩季报等。

如图 11-6 所示，国家统计局官网每年会定期发布全国年度统计公报。

图 11-6　国家统计局发布的年度统计公报

11.2.2　报告结构框架

不同类别数据分析报告的结构也有所区别。一般而言，除了结构相对简单的数据通报，其他类别的数据分析报告大部分均采用“总 - 分”或者“总 - 分 - 总”的架构进行撰写。

1. “总 - 分”结构

在撰写时采用“总 - 分”结构的数据分析报告，一般可以分为“总体概述”和“具体分析”两部分。其中，“总体概述”是对分析主体数据的全面展现，“具体分析”则是针对主体内各个部分数据的具体分析。

如图 11-7 所示，《中华人民共和国 2021 年国民经济和社会发展统计公报》便采用的是“总 - 分”结构。从目录中可以看出，该分析报告在第一部分对我国 2021 年全年国内生产总值、第一第二第三产业、进出口和国民总收入等数据的变化趋势从总体上进行了阐述。随后，针对农业、工业和建筑业、服务业等 11 个类别的经济数据开展具体分析。

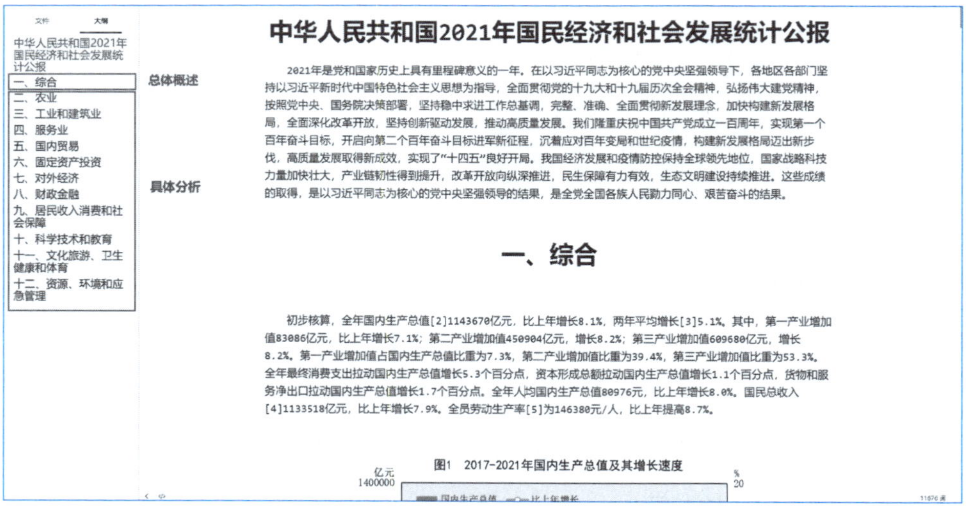

图 11-7　国家统计局报告“总 - 分”结构目录

2. “总 - 分 - 总”结构

以“总 - 分 - 总”结构行文的数据报告通常包含以下三部分：

① 背景与目标：该部分位于报告正文的开篇，主要阐述报告的背景、概况和目标。

② 展示与分析：该部分为正文中最重要的部分，依据明确的数据指标，以文字表述、图表可视化等方式展现分析结果，并得出有价值的结论。

③ 总结与展望：该部分为正文的结尾，主要总结分析结果，得出有价值的结论，提出可行的建议，对未来可能遇到的问题提出展望。

如图 11-8 所示，由中国能源研究会碳中和产业合作中心联合零壹智库发布的《中国绿色技术创新指数报告（2021）》专题分析报告采用的是“总 - 分 - 总”结构。从目录可以看出，该分析报告的框架按“总 - 分 - 总”架构划分为“背景与目标”、“展示与分析”和“总结与展望”三部分。其中第一部分主要介绍了绿色技术创新的历史沿革、内涵与评价；第二部分则结合图表数据，从全国绿色技术创新指数走势、各区域和各城市的绿色技术创新情况多个方面展开具体分析；最后总结我国绿色技术创新总量指数整体呈现飞速增长趋势并提出对绿色技术创新发展在“双碳目标”引领下的展望。

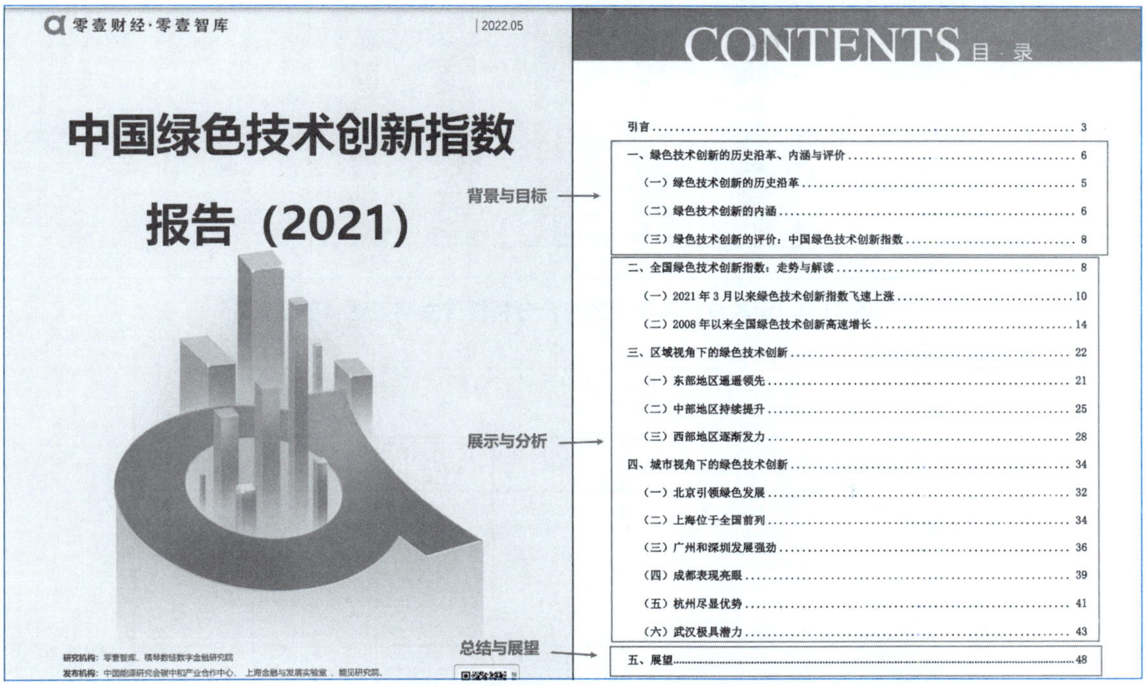

图 11-8　中国绿色技术创新指数报告“总 - 分 - 总”结构目录

11.2.3　数据表达方式

分析报告中数据的表达是否清晰准确决定了报告的质量。在报告中使用合适的数据表达方式，才能够为决策者在决策时提供有效的参考和依据，带来真正的价值。常见的数据表达形式有文字、表格和图形。

1. 文字表述

分析报告中的文字表述，既有对分析结果的论述，也有对图表的描述。不论是哪一种表述，都应基于客观事实，遵守简洁、准确、规范、统一、真实、合法的要求，避免出现长篇大论。

如图 11-9 所示，国家统计局发布的《中华人民共和国 2021 年国民经济和社会发展统计公报》中关于全年粮食产量的对比，对报告中“图 8”的描述文字为“全年粮食产量 68285 万吨，比上年增加 1336 万吨，增产 2.0%”，量词使用准确，对比描述简洁清晰，值得借鉴。

2. 表格展示

在报告中展现大量数据时，仅使用文字描述容易造成阅读困难，使得重要数据淹没在文字中。此时可以选择将数据的特征提取为列，将每条数据表示为行，以表格的形式罗列数据。通过改变文字颜色、字体、样式和背景颜色的方式，可以在表格中清晰地展现数据，突出重要的内容，便于查找。

如图 11-10 所示，国家统计局发布的《中华人民共和国 2021 年国民经济和社会发展统计公报》中通过表 11 罗列了“大豆”“食用植物油”“铁矿砂及其精矿”等 13 种主要商品在“单位”“数量”“比上年增长”等五个特征中的数据，便于从表格中寻找关键信息。例如，从表格中可以清晰地对比发现天然气是相比于上一年进口数量增长最多的主要商品，增幅为 19.9%。

二、农业

全年粮食种植面积11763万公顷，比上年增加86万公顷。其中，稻谷种植面积2992万公顷，减少15万公顷；小麦种植面积2357万公顷，增加19万公顷；玉米种植面积4332万公顷，增加206万公顷。棉花种植面积303万公顷，减少14万公顷。油料种植面积1310万公顷，减少3万公顷。糖料种植面积146万公顷，减少11万公顷。

全年粮食产量68285万吨，比上年增加1336万吨，增产2.0%。其中，夏粮产量14596万吨，增产2.2%；早稻产量2802万吨，增产2.7%；秋粮产量50888万吨，增产1.9%。全年谷物产量63276万吨，比上年增产2.6%。其中，稻谷产量21284万吨，增产0.5%；小麦产量13695万吨，增产2.0%；玉米产量27255万吨，增产4.6%。

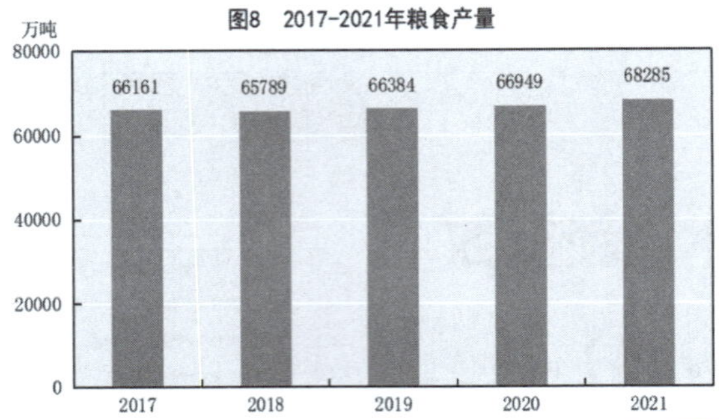

图 11-9 国家统计局发布的综合分析报告文字表述（节选）

表11 2021年主要商品进口数量、金额及其增长速度

商品名称	单位	数量	比上年增长（%）	金额（亿元）	比上年增长（%）
大豆	万吨	9652	-3.8	3459	26.1
食用植物油	万吨	1039	-3.7	706	24.0
铁矿砂及其精矿	万吨	112432	-3.9	11942	39.6
煤及褐煤	万吨	32322	6.6	2319	64.1
原油	万吨	51298	-5.4	16618	34.4
成品油	万吨	2712	-4.0	1078	31.6
天然气	万吨	12136	19.9	3601	56.3
初级形状的塑料	万吨	3397	-16.4	3950	8.8
纸浆	万吨	2969	-2.7	1296	19.5
钢材	万吨	1427	-29.5	1210	3.9
未锻轧铜及铜材	万吨	553	-17.2	3387	12.5
集成电路	亿个	6355	16.9	27935	15.4
汽车（包括底盘）	万辆	94	0.6	3489	7.6

图 11-10 国家统计局发布的综合分析报告表格（节选）

3. 图形可视化

表格虽然能够清晰地罗列数据，但不易于体现数据的内在规律。在数据分析中使用图形能够更加直观地展现数据之间的对比、变化趋势、占比等特性。

如图 11-11 所示，从《中华人民共和国 2021 年国民经济和社会发展统计公报》的缩略图中可以看到，该报告使用了大量柱状图、饼图、折线图等图表直观地展示数据，提高报告了的可读性。

在撰写数据报告时，可以使用 WPS 自带的以下几种类型的图表实现数据的可视化。

① 基础图表：如图 11-12 所示，WPS 中常见的基础图表为柱形图、折线图、饼图、条形图、面积图、散点图。其中折线图和条形图主要用于直观地比较不同类别之间数值的区别；折线图和面积图主要用于直观地体现数据随时间或类别的改变所产生的变化趋势；饼图体现了整体内各个部分的占比情况；散点图则是显示数据本身 X 值与 Y 值之间的关系。

② 进阶图表：如图 11-13 所示，除了基础图表，WPS 还提供了股价图、雷达图和组合图这三种进阶图表。其中，股价图是针对显示股价数据的特殊图表；雷达图主要是使用网络图的样式，体现多个数值与整体之间的对比情况；组合图则是主要用于展现混合数据类型数据的变化趋势。

③ 动态图表：如图 11-14 所示，WPS 提供了玫瑰图、桑基图、词云等多种样式的动态图表支持用户与

图片的互动，当单击动态图表时，会动态显示对应类别数据的类别和数值。值得注意的是，使用 WPS 动态图表需要用户登录，且只有会员才能够生成不带水印的动态图表。

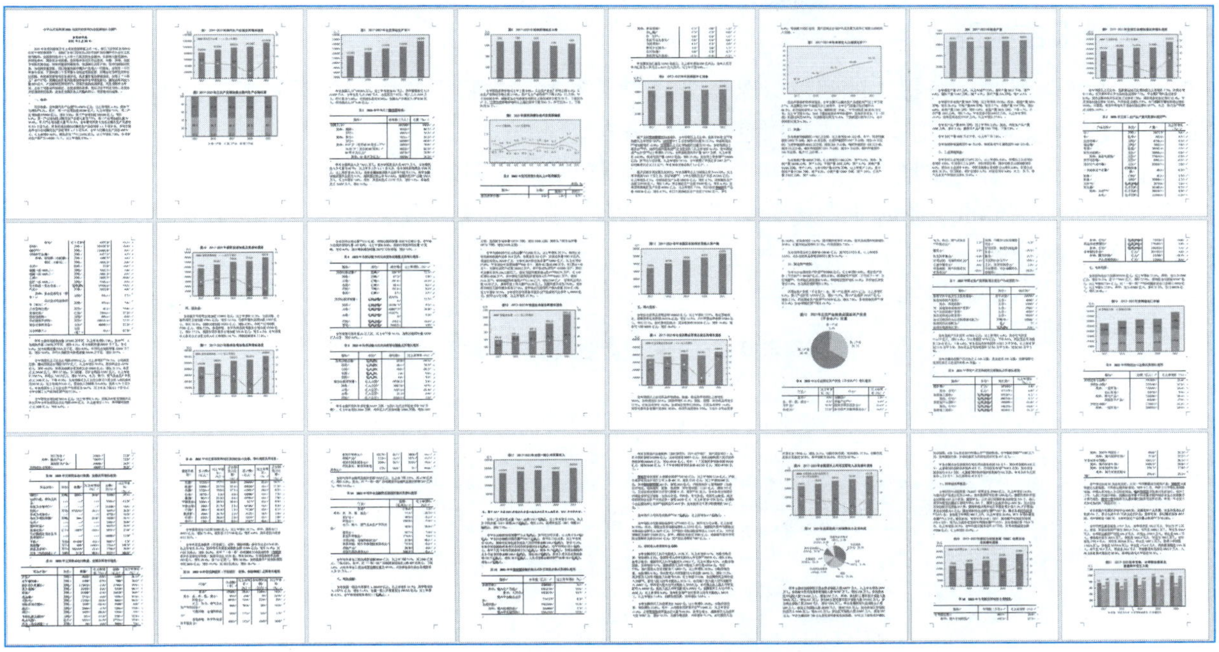

图 11-11　国家统计局综合分析报告缩略图

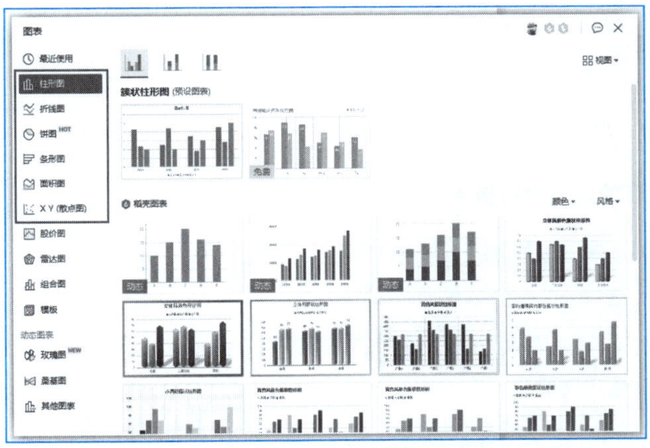

图 11-12　WPS 基础图表

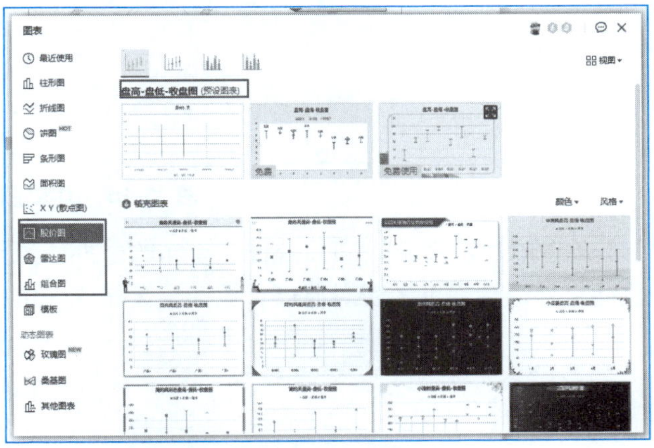

图 11-13　WPS 进阶图表

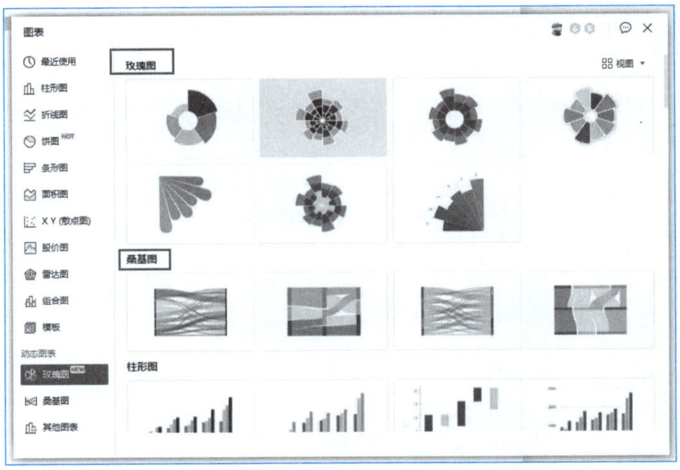

图 11-14　WPS 动态图表

11.3 撰写消费分析报告

11.3.1 选择报告类型

李丽需要结合消费分析报告的目的，选择合适的报告类型。鉴于学生校园消费是随时间发展所变化的，因此该报告具有时效性的要求，考虑选用定期分析报告。

参考国内官方发布的定期数据分析报告，发现既有数据情况通报，也有综合分析报告类型。如图 11-15 所示，国家统计局发布的企业就业人员平均工资情况定期分析报告，以文字和表格的形式罗列相关数据，但不进行深入的数据分析。

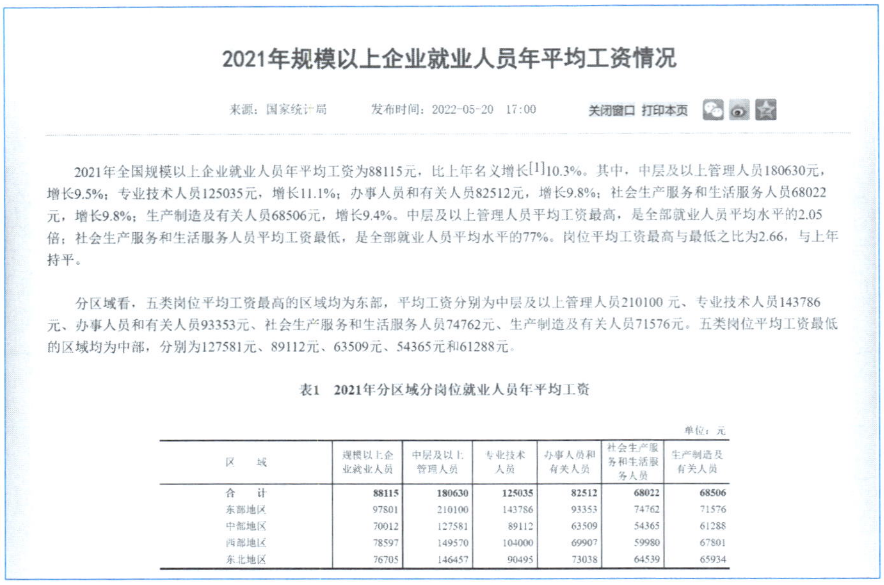

2021年规模以上企业就业人员年平均工资情况

来源：国家统计局　　发布时间：2022-05-20　17:00　　关闭窗口　打印本页

2021年全国规模以上企业就业人员年平均工资为88115元，比上年名义增长[1]10.3%。其中，中层及以上管理人员180630元，增长9.5%；专业技术人员125035元，增长11.1%；办事人员和有关人员82512元，增长9.8%；社会生产服务和生活服务人员68022元，增长9.8%；生产制造及有关人员68506元，增长9.4%。中层及以上管理人员平均工资最高，是全部就业人员平均水平的2.05倍；社会生产服务和生活服务人员平均工资最低，是全部就业人员平均水平的77%。岗位平均工资最高与最低之比为2.66，与上年持平。

分区域看，五类岗位平均工资最高的区域均为东部，平均工资分别为中层及以上管理人员210100 元、专业技术人员143786元、办事人员和有关人员93353元、社会生产服务和生活服务人员74762元、生产制造及有关人员71576元。五类岗位平均工资最低的区域均为中部，分别为127581元、89112元、63509元、54365元和61288元。

表1　2021年分区域分岗位就业人员年平均工资

单位：元

区　域	规模以上企业就业人员	中层及以上管理人员	专业技术人员	办事人员和有关人员	社会生产服务和生活服务人员	生产制造及有关人员
合　计	88115	180630	125035	82512	68022	68506
东部地区	97801	210100	143786	93353	74762	71576
中部地区	70012	127581	89112	63509	54365	61288
西部地区	78597	149570	104000	69907	59980	67801
东北地区	76705	146457	90495	73038	64539	65934

图 11-15　国家统计局发布的定期分析报告

如图 11-16 所示，国家统计局发布的定期能源生产情况报告则为综合分析报告，除了介绍总体能源生产数据之外，会通过图表对原煤、原油、天然气、电力生产进行对比分析展示。

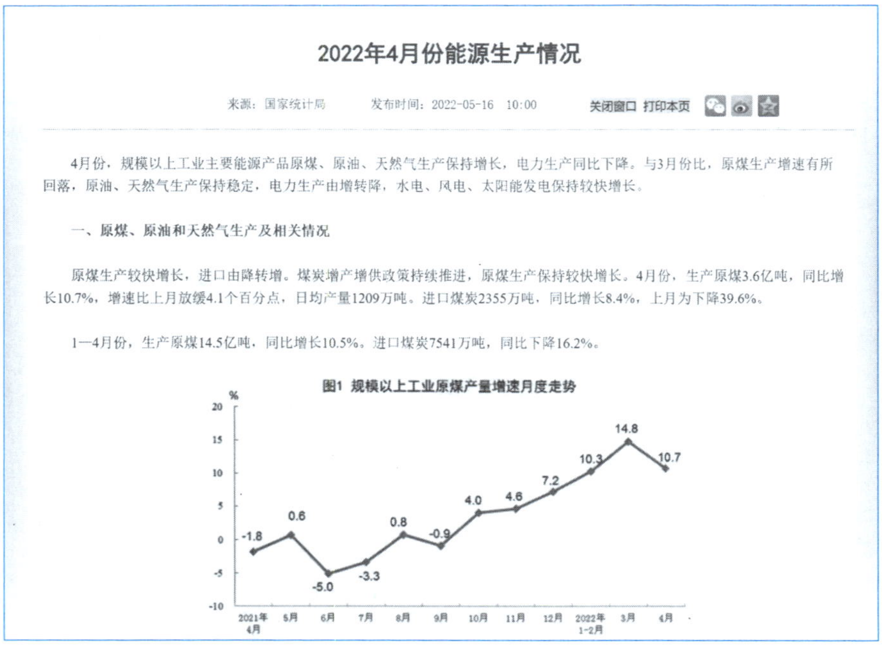

2022年4月份能源生产情况

来源：国家统计局　　发布时间：2022-05-16　10:00　　关闭窗口　打印本页

4月份，规模以上工业主要能源产品原煤、原油、天然气生产保持增长，电力生产同比下降。与3月份比，原煤生产增速有所回落，原油、天然气生产保持稳定，电力生产由增转降，水电、风电、太阳能发电保持较快增长。

一、原煤、原油和天然气生产及相关情况

原煤生产较快增长，进口由降转增。煤炭增产增供政策持续推进，原煤生产保持较快增长。4月份，生产原煤3.6亿吨，同比增长10.7%，增速比上月放缓4.1个百分点，日均产量1209万吨。进口煤炭2355万吨，同比增长8.4%，上月为下降39.6%。

1—4月份，生产原煤14.5亿吨，同比增长10.5%。进口煤炭7541万吨，同比下降16.2%。

图 11-16　国家统计局发布的定期综合分析报告

通过对比以上两类不同的定期分析报告，李丽决定撰写按月定期发布的学生校园消费定期综合分析报告，分析校园内学生的消费行为，并重点分析低消费学生的消费行为，以达到为学校餐厅运行提供建议并为低消费学生群体提供帮助的目的。

11.3.2　确定报告框架

选定报告类型后，需进一步确定消费分析报告的结构框架。结合获取的学生四月校园消费数据，李丽决定采用“总 - 分”结构撰写数据分析报告，报告名为“四月校园消费分析报告”。如图 11-17 所示，报告中“总体概述”包含“学生校园消费情况概览”和“学生校园消费总体行为分析”两部分；“具体分析”关注“工商企业管理专业低消费学生消费行为分析及建议”。

目录

四月校园消费分析报告……1

一、　校园消费整体情况概览……1

1.1 学生校园消费情况概览……1

1.2　学生校园消费总体行为分析……3

（总体概述）

二、工商企业管理专业低消费学生消费行为分析及建议……5

2.1　专业学生在均园餐厅消费行为分析……5

2.2　专业学生在卜蜂超市消费行为分析和建议……6

2.3 建议……7

（具体分析）

图 11-17　消费分析报告结构框架

11.3.3　数据获取与表达

“校园消费数据”记录了 4 月各专业学生在校内各餐厅每日消费时间和消费金额等信息。因此，李丽需要针对消费分析报告中各个部分，从“校园消费数据”中获取相关数据并设计合理的表达方式，并基于此完成消费分析报告的撰写。

1. 校园消费整体情况概览

消费分析报告中“校园消费整体情况概览”部分的主要目标是清晰地将学生按餐厅、专业和个人的消费数据展现出来。李丽决定采用文字表述 + 图表的方式展现并分析学生消费数据。

① 各餐厅“消费金额”数据的获取和表达。在创建数据透视表时，将校园消费数据的“餐厅”特征选为“轴”，将“消费金额”特征选为“值”，并设置为“求和项”。值得注意的是，因为主要分析学生消费行为，因此需要在“餐厅”特征中筛选掉用于充值的校园一卡通管理处。如图 11-18 所示，使用规范简洁的文字表述，准确表述出学生 4 月校园消费总金额数据，并详细说明学生在各个餐厅和超市的消费金额。

4 月，学生在校园内六家餐厅及一家超市的消费总金额为 872 484.3 元（在知行园餐厅消费金额 218 697.9 元，在均园餐厅消费 179 445.54 元，在瀚园餐厅消费 169 499.22 元，在格物园餐厅消费 127 849.71 元，在柳园餐厅消费 81 504.61 元，在锦园餐厅消费 64 337.20 元，在卜蜂超市消费 31 150.07 元）。

图 11-18　学生校园消费数据文字表述

在文字表述的基础上，李丽设计按升序绘制各餐厅消费总金额的条形图，用于对比分析学生在各餐厅四月份消费的情况。具体操作如下，单击“插入”选项卡中的“图表”下拉按钮，选择“插入条形图”。在插入的条形图中单击“餐厅”，选择“其他排序选项”。如图 11-19 所示，在“排序选项”选项组中选择按“求和项：消费金额”执行“升序排序”。

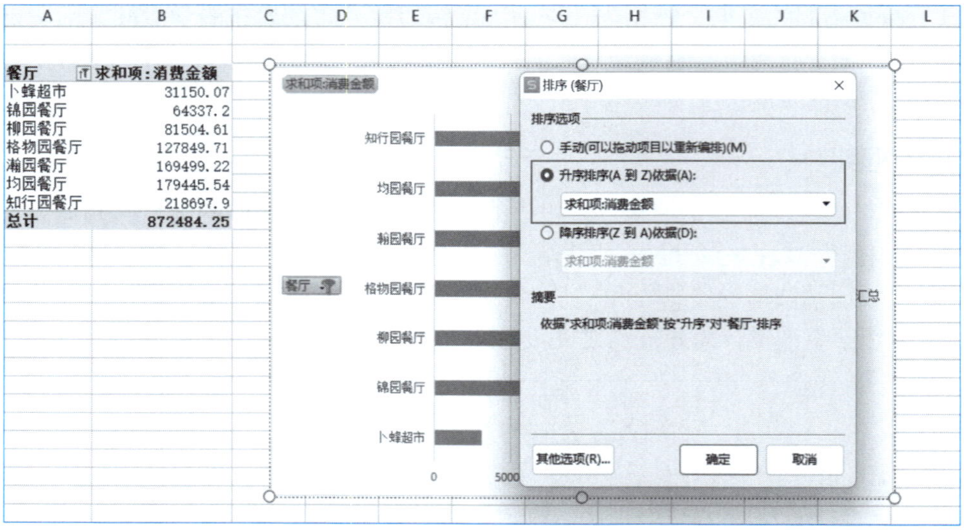

图 11-19　设置条形图排序项

通过绘制热图能够分析学生 4 月每天消费金额最高的餐厅。具体操作如下，将数据透视表的“行”修改为“日”特征，“列”修改为“餐厅”特征，从而筛选学生 4 月每天在各餐厅的消费数据。如图 11-20 所示，选择筛选后的各餐厅消费数据，单击“开始”选项卡中的“条件格式”下拉按钮，选择“色阶”→“红 - 黄 - 绿色阶”，绘制当月各餐厅每日消费金额数据热图。值得注意的是，在“红 - 黄 - 绿色阶”热图中，颜色越红表示数值越大。基于热图可以展示学生消费金额最高的餐厅。

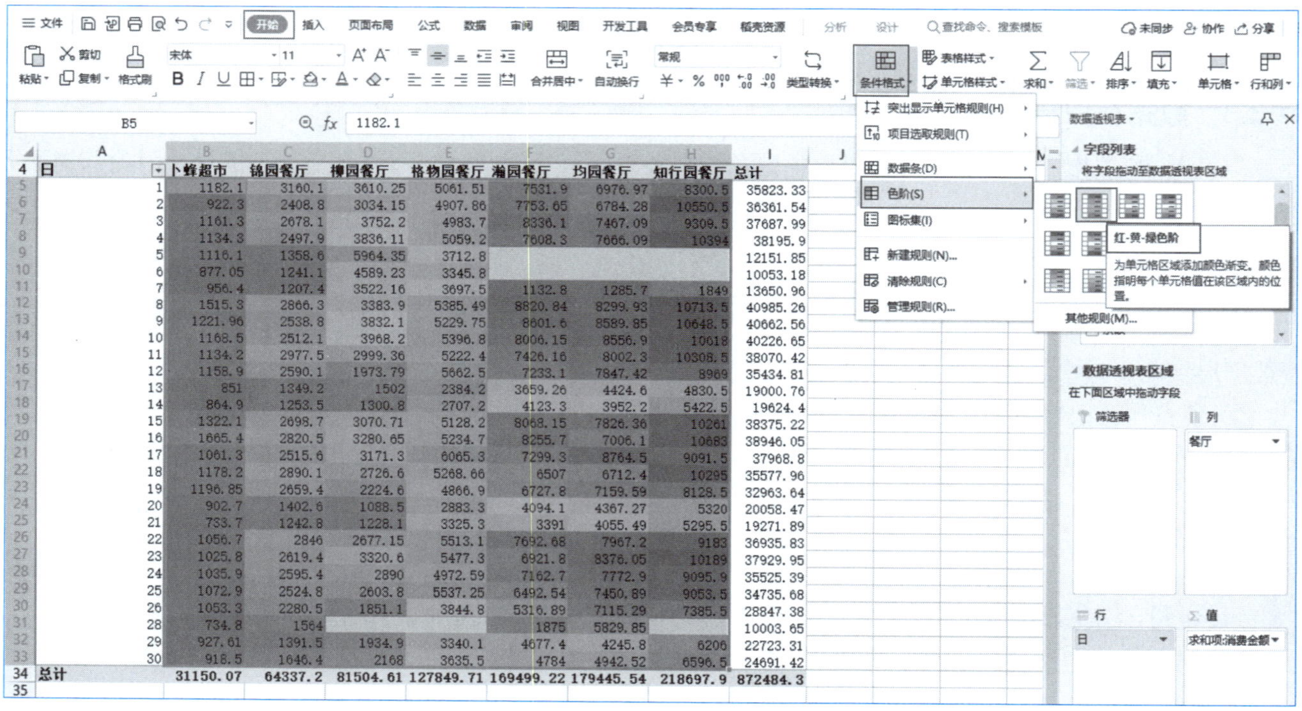

图 11-20　绘制数据热图

② 专业学生 4 月校园消费金额数据的获取和表达。将“校园消费数据”中“消费金额”特征选为“值”，“专业”特征选为“行”并创建数据透视表。查看数据后发现电子信息工程专业、软件技术专业和市场营销专业为学生消费最多的专业。在简单文字表述的基础上，李丽设计绘制饼图用于展现各专业在校园消费中的占比情况。

③ 每位同学消费总金额数据的获取和表达。创建相关特征数据透视表，李丽在文字表述的基础上，绘制柱状图展示每位同学 4 月消费总金额情况。

2. 学生校园消费总体行为分析

学生校园消费总体行为可以从学生在每日、各时段、各餐厅的消费次数和单笔平均消费金额进行分析。

① 学生每日消费次数和平均消费金额数据获取与表达。将“校园消费数据”中“专业”特征选为“行”，“消费金额”特征选为“值”创建数据透视表。值得注意的是，如图 11-21 所示，需要在“值”中添加两次“消费金额”特征，并将两个“消费金额”特征分别设置为“计数项”和“平均值项”用于获得学生 4 月每日校园消费次数和平均单笔消费金额。

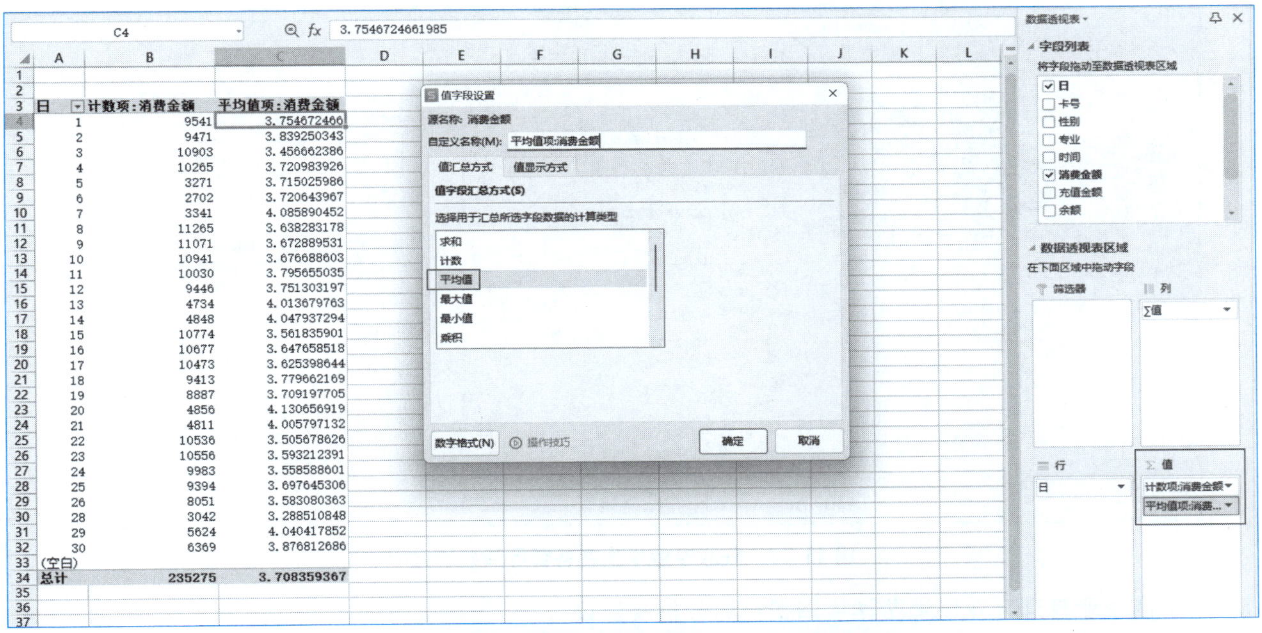

图 11-21　设置数据透视表值字段为平均值项和计数项

② 学生各时间段消费次数和平均消费金额数据获取与表达。只需要将以上的数据透视表的“行”修改为“时间”特征即可获得各时间段消费次数和平均消费金额数据。

③ 各餐厅学生单笔平均消费金额数据获取与表达。如图 11-22 所示，数据透视表中“值”仅保留平均值项：消费金额特征，将“列”设置为“餐厅”特征便可获得各餐厅学生单笔平均消费金额数据。李丽设计绘制堆积柱状图来展示本各餐厅单笔平均消费金额之间的区别，并分析各餐厅菜品平均的单价的高低。基于数据绘制堆积柱状图在第 10 章有详细介绍，在此便不再赘述。

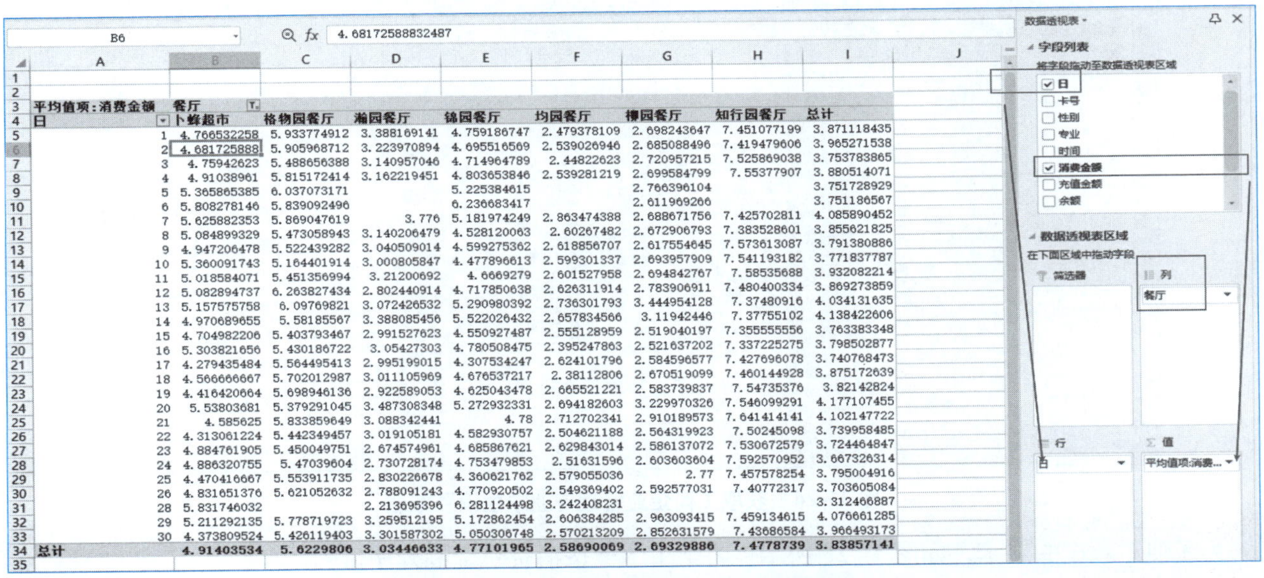

图 11-22　获取各餐厅学生单笔平均消费金额数据

④ 各专业学生单笔平均消费金额以及在各餐厅就餐次数数据获取与表达。将以上数据透视表中“列”设置为“专业”特征可获得各专业学生单笔平均消费金额数据。经过分析发现计算机应用技术专业学生单笔平均消费金额最高，工商企业管理专业学生单笔平均消费金额则为最低。如图 11-23 所示，将数据透视表内“值”修改为“计数项：消费金额”、“行”修改为“餐厅”特征、“列”修改为“专业”特征并筛选出工商企业管理与计算机应用技术专业学生消费数据。通过绘制设计簇状柱状图，能够进一步分析这两个专业学生的消费行为，寻找低消费学生群体。

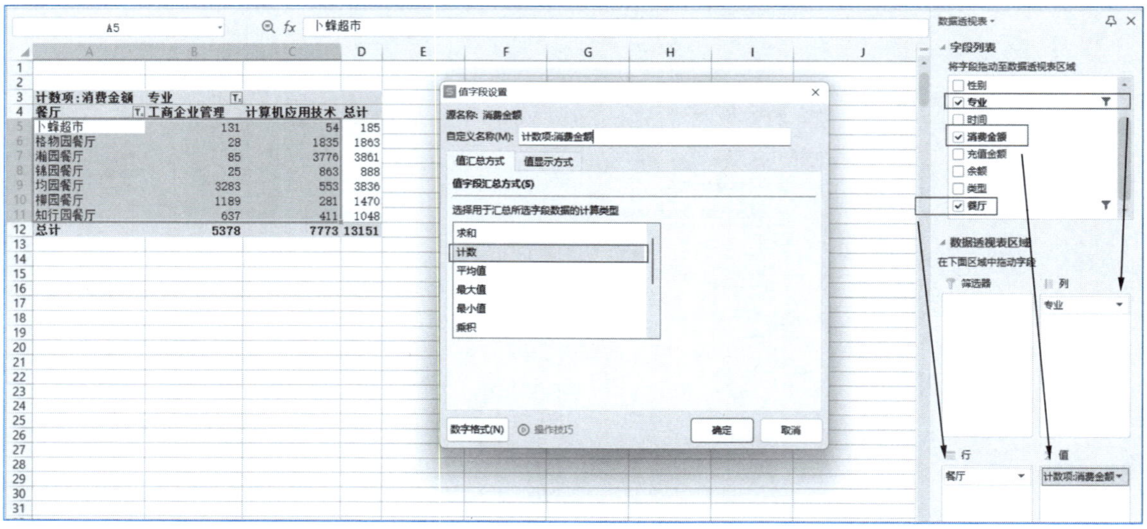

图 11-23　获取专业学生在各餐厅消费次数

3. 工商企业管理专业低消费学生消费行为分析及建议

以工商企业管理专业学生在均园餐厅消费行为分析为例，通过展示学生的每日和各时段的消费次数、消费总金额、平均消费金额等相关信息，能够分析得出低消费学生消费行为。

① 学生在均园餐厅消费次数和消费总金额数据获取与表达。创建数据透视表后，如图 11-24 所示，将“列”设置为“专业”和“餐厅”两个特征，并在数据透视表中筛选出工商企业管理专业和均园餐厅，将“行”设置为卡号，在“值”中添加两次“消费金额”特征，并将两个“消费金额”特征分别设置为“求和项”和“计数项”，获得工商企业管理专业学生在均园餐厅消费次数和消费总金额数据。

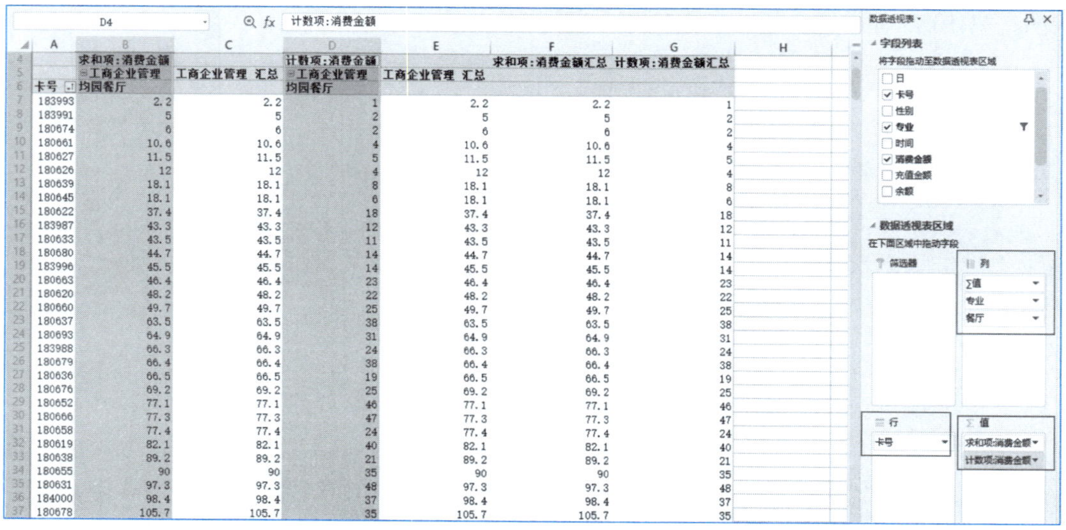

图 11-24　获取工商企业管理专业学生消费数据

为了便于数据的展示，如图 11-25 所示，将学生卡号按消费总金额升序排列。

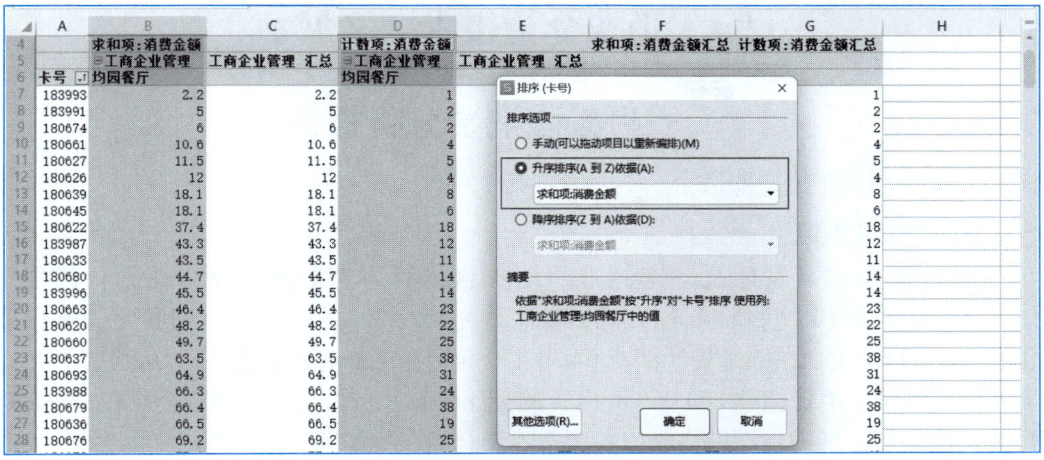

图 11-25　学生消费数据升序排列

考虑到“消费次数”适用于折线图体现变化趋势而“消费总金额”更适用于柱状图进行对比，李丽决定绘制组合图来展现相关数据。如图 11-26 所示，单击“插入”选项卡中的“图表”下拉按钮，选择“插入组合图”，将“计数项：消费金额”对应的“图标类型”选择为“折线图”，并勾选“次坐标轴”。值得注意的是，可以通过调整组合图内图例的颜色，使得关键信息更加突出。

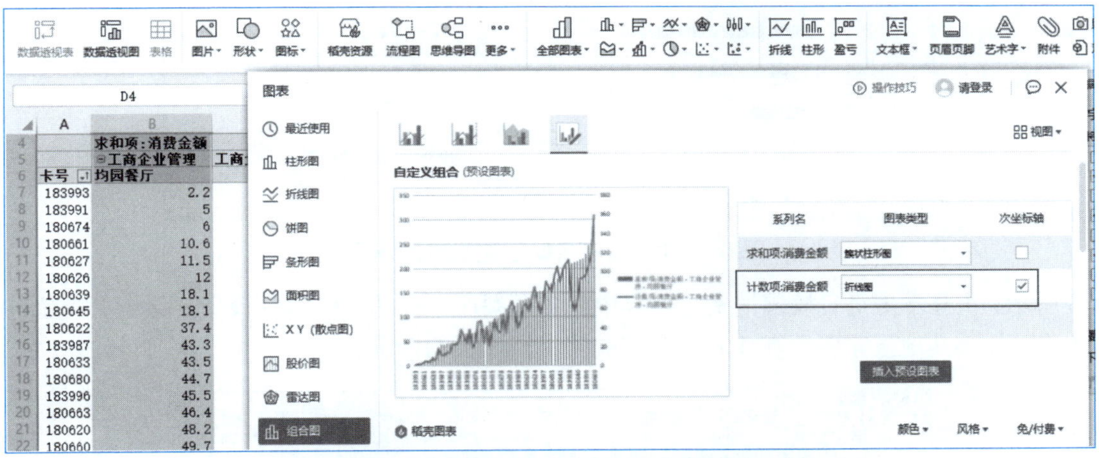

图 11-26　绘制消费次数和消费总金额组合图

② 专业学生各时间段在均园餐厅单笔平均消费金额数据获取与表达。如图 11-27 所示，数据透视表的“值”修改为“平均值项:消费金额”,“列”修改为“餐厅”、“专业”和“卡号”三个特征,“行”修改为“时间”特征，并对筛选出的数据绘制簇状柱状图即可。

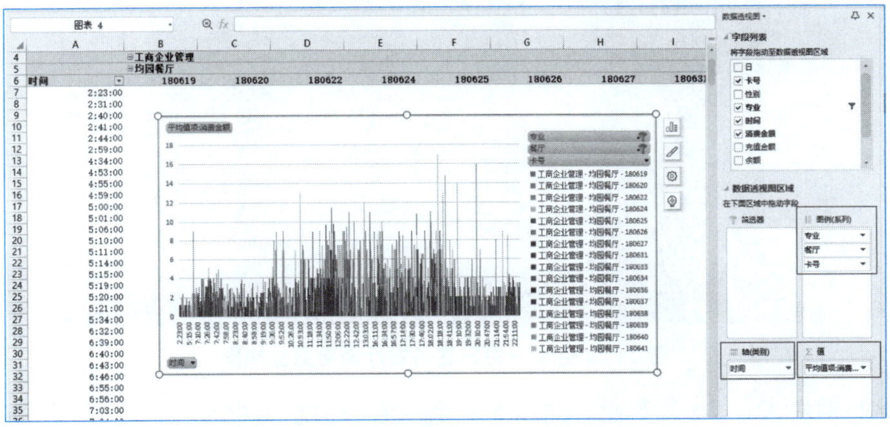

图 11-27　学生消费数据获取与表达

11.4 消费分析报告全文展示

4 月校园消费分析报告

一、校园消费整体情况概览

1. 学生校园消费情况概览

4 月，学生在校园内六家餐厅及一家超市的消费总金额为 872 484.3 元（在知行园餐厅消费金额 218 697.9 元，在均园餐厅消费 179 445.54 元，在瀚园餐厅消费 169 499.22 元，在格物园餐厅消费 127 849.71 元，在柳园餐厅消费 81 504.61 元，在锦园餐厅消费 64 337.20 元，在卜蜂超市消费 31 150.07 元）。

如图 1 所示，4 月学生消费超过 200 000 元以上的餐厅仅有知行园餐厅；消费金额在 100 000 ～ 200 000 元之间的餐厅为均园餐厅、瀚园餐厅和格物园餐厅；消费金额在 50 000 ～ 100 000 元的餐厅为柳园餐厅和锦园餐厅；消费金额在 50 000 元以下的为卜蜂超市。

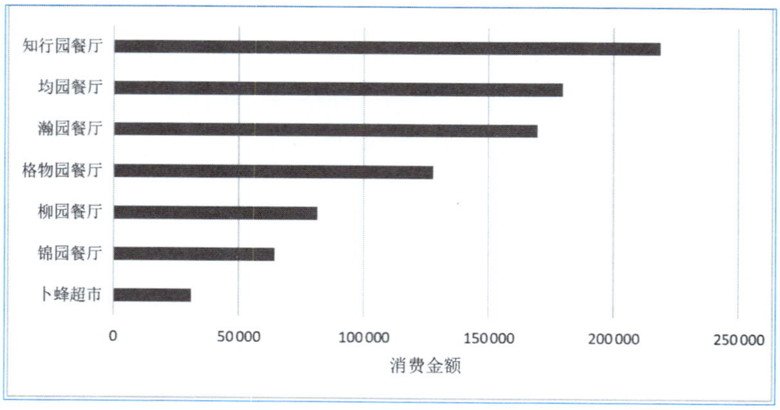

图 1　4 月学生在各餐厅消费金额条形图

如图 2 所示，4 月学生每日校园消费主要集中在各个餐厅，在超市的消费较少。除了卜蜂超市和锦园餐厅每日都开放以外，其他五家餐厅在 4 月均存在关闭 1 ～ 3 天的情况。

求和项：餐厅

日	卜蜂超市	锦园餐厅	柳园餐厅	格物园餐厅	瀚园餐厅	均园餐厅	知行园餐厅	总计
1	1182.1	3160.1	3610.25	5061.51	7531.9	6976.97	8300.5	35823.33
2	922.3	2408.8	3034.15	4907.86	7753.65	6784.28	10550.5	36361.54
3	1161.3	2678.1	3752.2	4983.7	8336.1	7467.09	9309.5	37687.99
4	1134.3	2497.9	3836.11	5059.2	7608.3	7666.09	10394	38195.9
5	1116.1	1358.6	5964.35	3712.8				12151.85
6	877.05	1241.1	4589.23	3345.8				10053.18
7	956.4	1207.4	3522.16	3697.5	1132.8	1285.7	1849	13650.96
8	1515.3	2866.3	3383.9	5385.49	8820.84	8299.93	10713.5	40985.26
9	1221.96	2538.8	3832.1	5229.75	8601.6	8589.85	10648.5	40662.56
10	1168.5	2512.1	3968.2	5396.8	8006.15	8556.9	10618	40226.65
11	1134.2	2977.5	2999.36	5222.4	7426.16	8002.3	10308.5	38070.42
12	1158.9	2590.1	1973.79	5662.5	7233.1	7847.42	8969	35434.81
13	851	1349.2	1502	2384.2	3659.26	4424.6	4830.5	19000.76
14	864.9	1253.5	1300.8	2707.2	4123.3	3952.2	5422.5	19624.4
15	1322.1	2698.7	3070.71	5128.2	8068.15	7826.36	10261	38375.22
16	1665.4	2820.5	3280.65	5234.7	8255.7	7006.1	10683	38946.05
17	1061.3	2515.6	3171.3	6065.3	7299.3	8764.5	9091.5	37968.8
18	1178.2	2890.1	2726.6	5268.66	6507	6712.4	10295	35577.96
19	1196.85	2659.4	2224.6	4866.9	6727.8	7159.59	8128.5	32963.64
20	902.7	1402.6	1088.5	2883.3	4094.1	4367.27	5320	20058.47
21	733.7	1242.8	1228.1	3325.3	3391	4055.49	5295.5	19271.89
22	1056.7	2846	2677.15	5513.1	7692.68	7967.2	9183	36935.83
23	1025.8	2619.4	3320.6	5477.3	6921.8	8376.05	10189	37929.95
24	1035.9	2595.4	2890	4972.59	7162.7	7772.9	9095.9	35525.39
25	1072.9	2524.8	2603.8	5537.25	6492.54	7450.89	9053.5	34735.68
26	1053.3	2280.5	1851.1	3844.8	5316.89	7115.29	7385.5	28847.38
28	734.8	1564			1875	5829.85		10003.65
29	927.61	1391.5	1934.9	3340.1	4677.4	4245.8	6206	22723.31
30	918.5	1646.4	2168	3635.5	4784	4942.52	6596.5	24691.42
总计	31150.07	64337.2	81504.61	127849.71	169499.22	179445.54	218697.9	872484.3

图 2　学生 4 月每日在各餐厅消费数据热图

4 月校园消费的学生来自 26 个专业。如图 3 所示，电子信息工程专业的学生消费总金额最高（占比 11%），往后依次为软件技术、市场营销、数字图文信息处理技术等专业。

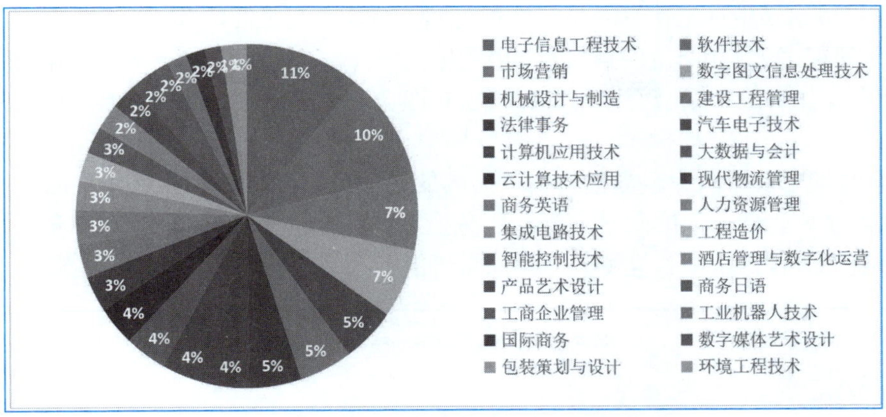

图 3　各专业学生 4 月消费金额数据饼图

4 月校园消费数据共来自 3 227 位同学。如图 4 所示，4 月学生校内消费总金额最高接近 3 000 元，大部分同学月消费金额低于 500 元，超过一半的同学月消费金额低于 250 元。

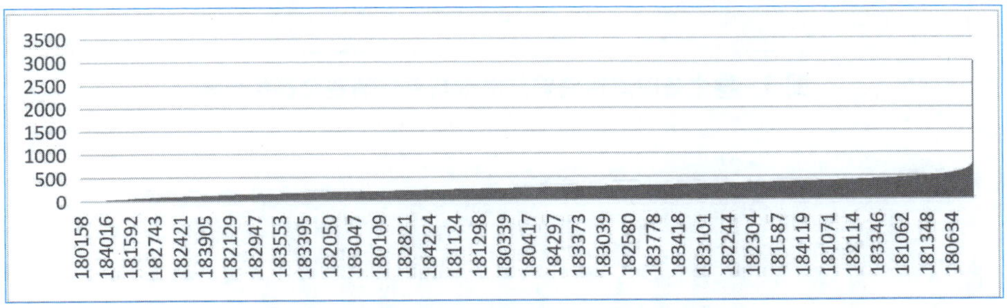

图 4　各学生 4 月消费总金额柱状图

2. 学生校园消费总体行为分析

学生校园消费总体呈现以周为单位的时间周期性。如图 5 所示，学生工作日在校园内消费次数较多，周末消费次数较少。值得注意的是，学生工作日的校园单笔消费平均金额略低于周末单笔消费平均金额。

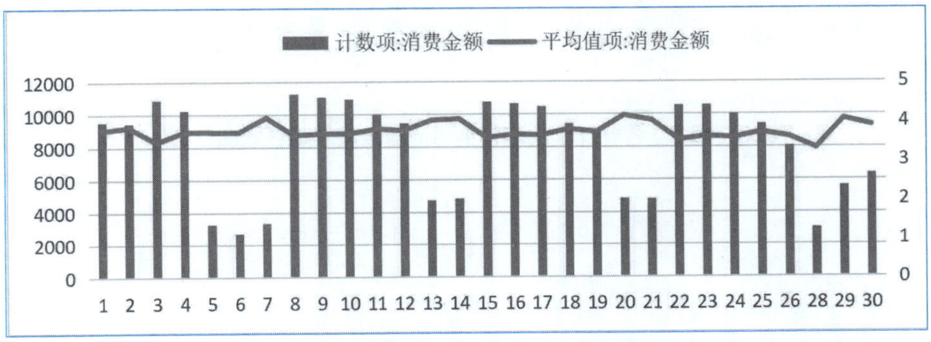

图 5　学生校园消费总次数与平均消费金额组合图

学生校园消费的高峰主要发生在三餐期间。如图 6 所示，早餐消费高峰期为 6:45—7:50 之间，早餐单笔平均消费金额约为 2 元；午餐消费高峰期为 11:00—13:10 之间，午餐单笔平均消费金额约为 5 元；晚餐消费高峰期为 16:20—19:30 之间，晚餐单笔平均消费金额约为 5 元。在正餐之外，14:00—15:00 期间和 21:00 之后有部分同学在餐厅和超市购买下午茶和夜宵，这一部分消费金额随菜品和零食价格变化的波动较大。

学生在各个餐厅的单笔消费平均金额反映出餐厅的菜品平均单价。如图 7 所示，校内学生单笔平均消费金额最高的餐厅为知行园餐厅和格物园餐厅，单笔平均消费金额最低的为均园餐厅和柳园餐厅。

专业学生的单笔消费平均金额反映出专业学生的消费能力和消费特点。如图 8 所示，专业学生单笔平均消费金额最高的专业是计算机应用技术专业，最低的是工商企业管理专业。如图 9 所示，计算机应用技术专业主要在瀚园餐厅和格物园餐厅消费；工商企业管理专业的同学则主要在均园和柳园餐厅消费。

由以上数据分析得出学生在工作日的午餐就餐时间十分集中，最高峰为 12:00 左右；晚上就餐时间段则跨度比较大，减缓了就餐压力。由早餐时间段消费次数推断出有一部分同学并没有在学校餐厅吃早餐。因此，建议校园内各餐厅在工作日的午餐时间段增加打菜窗口以应对午餐就餐高峰，同时可以推出一些新的早餐菜品吸引学生消费。

通过各餐厅学生单笔平均消费金额推断出校园内的餐厅中，知行园和格物园菜品最贵，而均园与柳园菜品最为便宜。工商企业管理专业的同学主要都是在较为实惠的均园与柳园消费，单笔平均消费金额最低，且 4 月消费总金额也处于较低水平，推测其专业同学可能存在低消费学生群体。

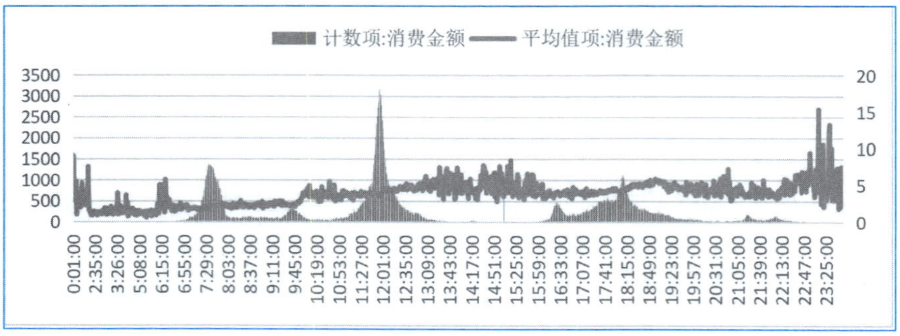

图 6　学生各时间段消费总次数与平均消费金额组合图

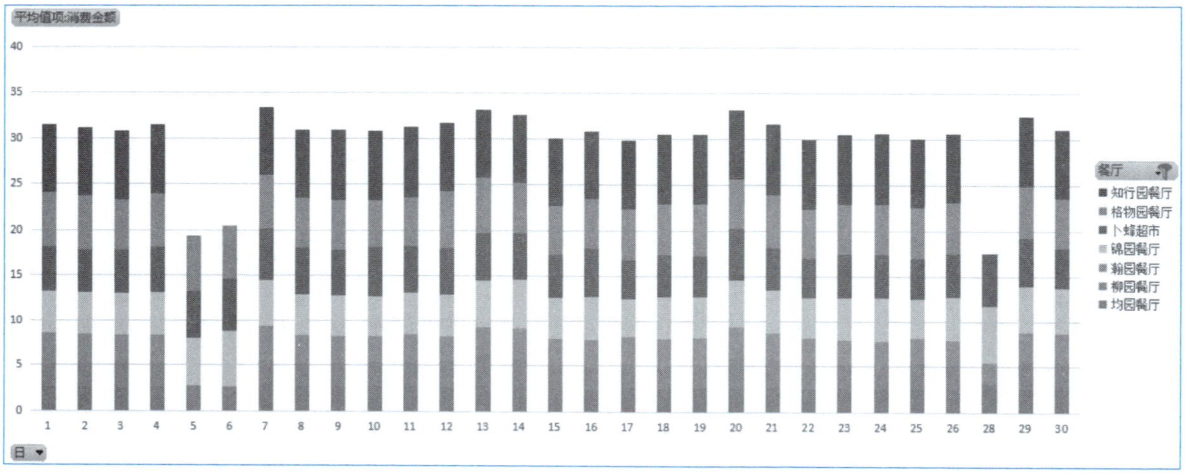

图 7　各餐厅学生单笔平均消费金额堆积柱状图

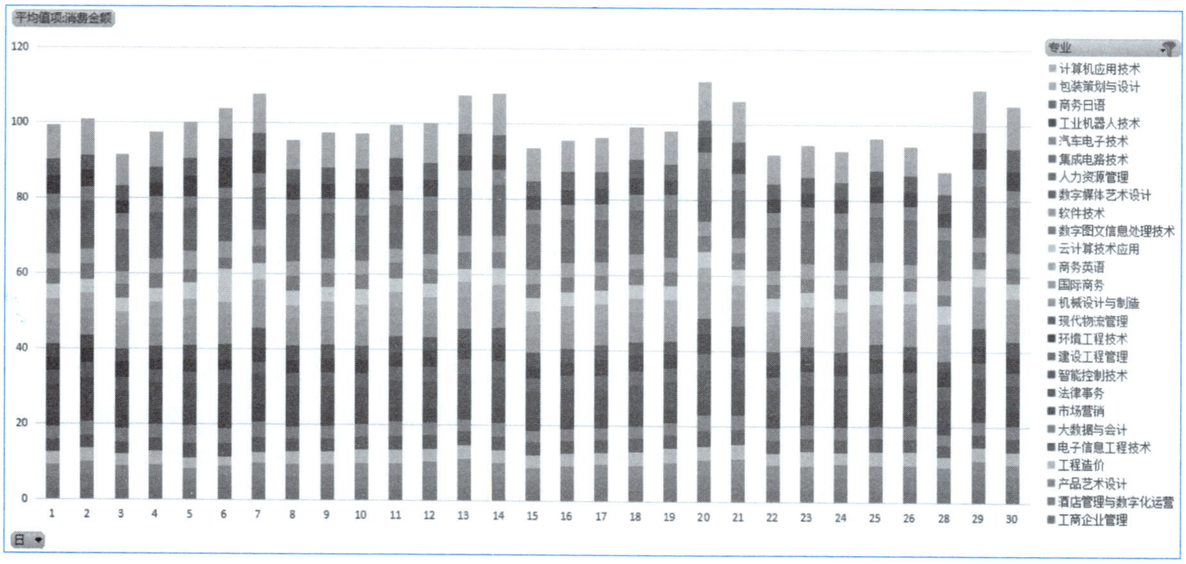

图 8　各专业学生单笔平均消费金额堆积柱状图

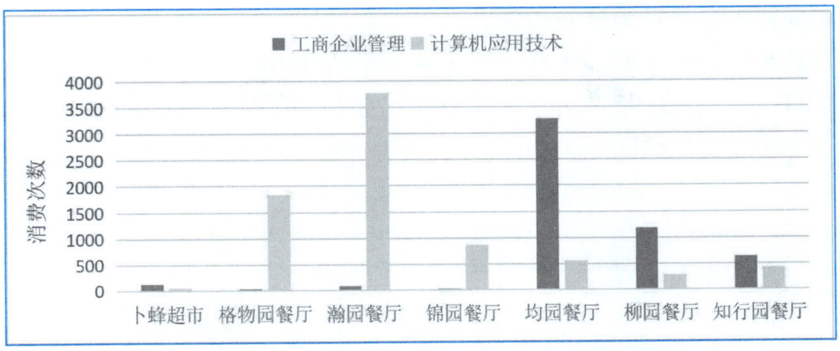

图 9　工商企业管理与计算机应用技术专业学生在各餐厅消费次数柱状图

二、工商企业管理专业低消费学生消费行为分析及建议

1. 专业学生在均园餐厅消费行为分析

工商企业管理专业共有 64 名同学。如图 10 所示，专业每位同学 4 月在均园餐厅消费总金额均在 300 元以下，其中接近一半的同学消费次数少于 50 次且总消费总金额低于 100 元。如图 11 所示，专业同学在均园餐厅全天单笔消费不超过 18 元，大部分低于 2 元，午餐和晚餐单笔消费大部分低于 6 元。据此数据判断，工商企业管理专业中存在低消费学生群体。

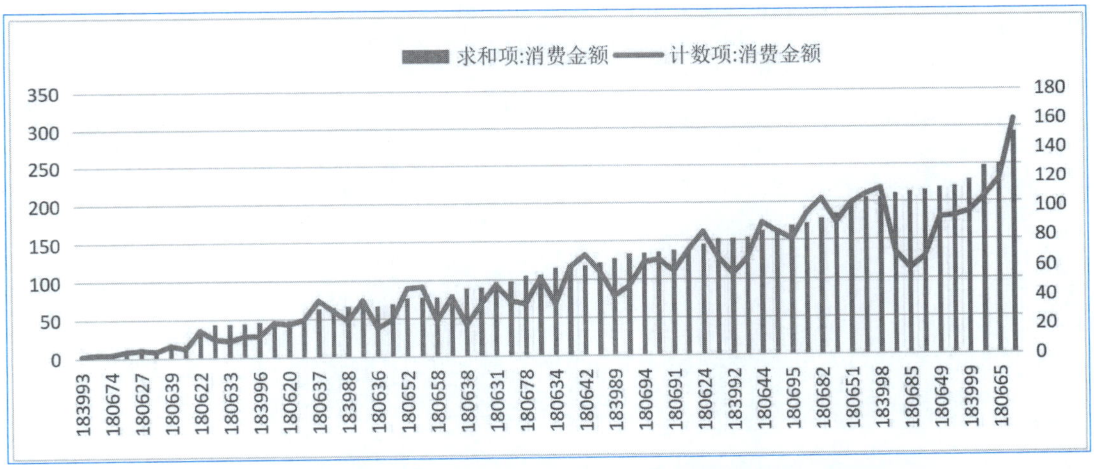

图 10　工商企业管理专业学生在均园餐厅消费次数和消费总金额组合图

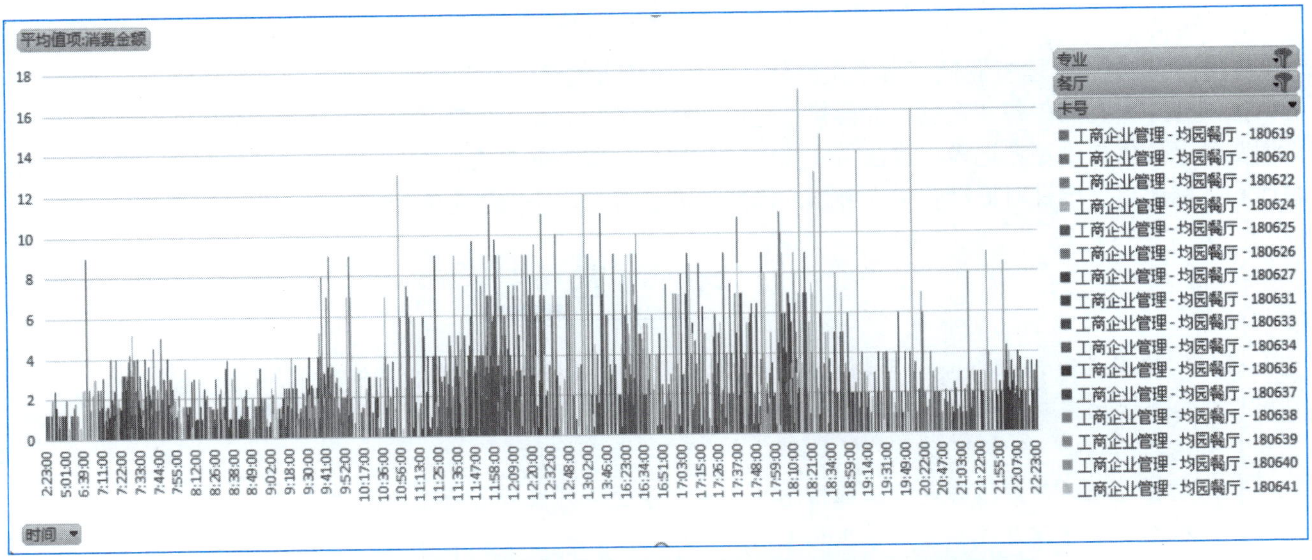

图 11　工商企业管理专业学生各时间段在均园餐厅单笔平均消费金额柱状图

2. 专业学生在卜蜂超市消费行为分析和建议

如图 12 所示，专业每位同学 4 月在卜蜂消费总金额不超过 100 元，专业大部分学生在卜蜂超市消费低于 4 次且消费金额低于 20 元。如图 13 所示，专业同学主要在早餐时段和夜宵时段光顾卜蜂超市，单笔消费不超过 30 元，大部分单笔消费金额低于 5 元。据此数据判断，工商企业管理专业中低消费学生群体很少在餐厅之外消费。

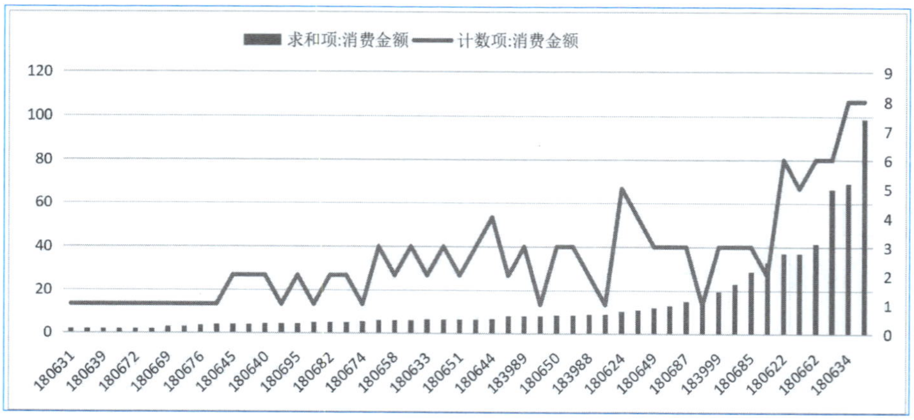

图 12　工商企业管理专业学生在卜蜂超市消费次数和消费总金额组合图

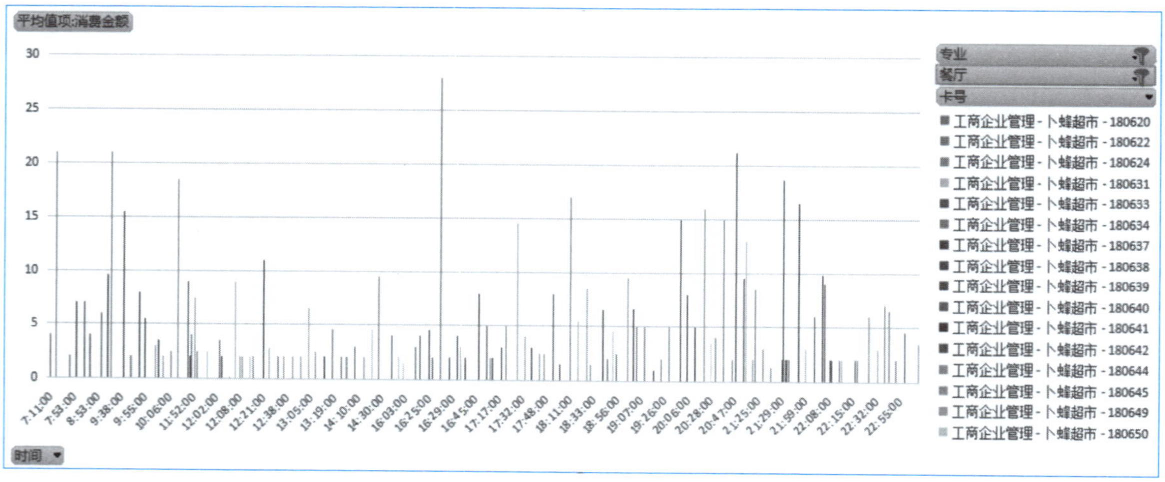

图 13　工商企业管理专业学生各时间段在卜蜂超市单笔平均消费金额柱状图

3. 建议

根据工商企业管理专业低消费学生群体在餐厅和超市的消费行为分析，建议均园餐厅针对低消费学生群体推出 4～5 元的午餐和晚餐特价套餐；建议卜蜂超市在早餐和夜宵时段推出低于 5 元的小食和饮品，为低消费学生群体提供更多选择；建议学校在评定助学金时需要重点关注该专业的低消费生群体，并联合均园餐厅和卜蜂超市推出针对低消费学生群体的消费券或者折扣，缓解学生的经济压力。

习　题

根据“校园消费数据 .xlsx”数据文件，撰写校园消费数据分析报告。具体要求如下：

1. 报告类型为定期分析报告（月报），时间为（4 月）。
2. 采用“总 - 分”结构撰写。
3. 以数据通报的形式报告电子工程信息技术专业学生 4 月校园消费整体情况。
4. 分析电子工程信息技术专业学生总体消费习惯。
5. 分析电子工程信息技术专业低消费学生群体消费行为习惯。

参 考 文 献

[1] 吴雪飞，王铮钧，赵艳红 . 大学计算机基础 [M]. 北京：中国铁道出版社，2014.

[2] 许晞，刘艳丽，聂哲 . 计算机应用基础 [M].3 版 . 北京：高等教育出版社，2013.

[3] 周晓宏，聂哲，李亚奇 . 计算机应用基础 [M]. 北京：清华大学出版社，2013.

[4] 夏耘，黄小瑜 . 计算思维基础 [M]. 北京：电子工业出版社，2012.

[5] 程向前，陈建明 . 可视化计算 [M]. 北京：清华大学出版社，2012.